精通 QTP——自动化测试技术领航

51Testing 软件测试网　组编

余　杰　赵旭斌　编著

人 民 邮 电 出 版 社

北 京

图书在版编目（C I P）数据

精通QTP ：自动化测试技术领航 / 余杰，赵旭斌编著 ；51Testing软件测试网组编. -- 北京 ：人民邮电出版社，2012.1
ISBN 978-7-115-26983-6

Ⅰ. ①精… Ⅱ. ①余… ②赵… ③5… Ⅲ. ①软件软件－测试－自动化 Ⅳ. ①TP311.56

中国版本图书馆CIP数据核字(2011)第245035号

内 容 提 要

本书共分为6章，书中实例新颖、趣味性强、案例贴近实际，在逼真的软件测试模拟项目环境下试验。

第1章和第2章帮助读者系统地学习QTP最实际的应用。第1章将需要掌握的自动化测试知识依次讲解，这是精心设计的内容。掌握了这些基本技能后就可以进入第2章的学习，里面涵盖了大量真实的模拟项目的例子，以及做项目时需要的一些QTP技术和技巧。学通这两章，读者就可以独自承担起自动化测试的脚本开发工作。

第3章和第4章让读者深度掌握QTP应用。包括项目应用高级扩展实例精讲和QTP深入探索，学会了这些技术，读者才会有更多的底蕴，也是一个很重要的跨越阶段。

第5章和第6章讲解了设计模式和自动化测试框架的内容，这两章内容是QTP测试技术精华的浓缩，如QTP设计模式和自动化测试框架。

另外，本书在第1章至第4章精心设置了习题，帮助读者巩固已学的内容，也给读者一些练习的素材。建议读者用心完成以后再参考提供的答案，效果会更佳！

很多测试朋友在论坛中常问各种各样的QTP问题，但发现很多问题其实都是大同小异的，本书在最后以附录的形式把经典的疑难问题浓缩成“QTP科普问答典藏30例”，它涵盖了一些很值得关注的软件测试实战技术。

本书适合初学者、测试工程师、QTP项目开发人员、QTP架构师、测试经理、培训师等，也适合学校相关专业的教学用书。

精通QTP——自动化测试技术领航

◆ 组　　编　51Testing软件测试网
　编　　著　余　杰　赵旭斌
　责任编辑　张　涛

◆ 人民邮电出版社出版发行　　北京市丰台区成寿寺路11号
　邮编　100164　　电子邮件　315@ptpress.com.cn
　网址　http://www.ptpress.com.cn
　固安县铭成印刷有限公司印刷

◆ 开本：787×1092　1/16
　印张：33.75　　　　2012年1月第1版
　字数：742千字　　　2024年7月河北第26次印刷

ISBN 978-7-115-26983-6

定价：69.00元

读者服务热线：(010)81055410　印装质量热线：(010)81055316
反盗版热线：(010)81055315
广告经营许可证：京东市监广登字20170147号

《51Testing 软件测试网作品系列》编辑委员会名单

前　　言

本书终于如期与广大读者见面了！在此，本书的两位作者首先感谢朋友们的鼎力支持！同时，我们也非常感谢51Testing软件测试网（上海博为峰软件技术有限公司）一年来的肯定与支持，这次能与51Testing联名合作，是一种缘分，也是一股巨大的动力！

在这一年的时间里，两位作者肩上的担子真的很重：有时间的压力，它凝聚了我们365天的所有工作之余的业余时间，将这些时间加起来，就是本书的实际编著时间；有精神上的压力，工作任务艰巨，当下班后原本就已疲惫不堪的身躯和灵魂仍然要提起120%的精神坐在计算机前，一字一字地敲击着键盘进行输入；有责任感的压力，我们从没有想过以“敷衍、草草了事”的态度来完成本书的创作，因为我们深知这会伤害到花了“银子”买书的读者以及两位作者的个人声誉！从整本书的框架构思开始到实际编著内容时，我们都时刻提醒自己！多少次熬夜、多少次反复修稿……一切的一切就是要为了出一本好书，至少我们很肯定这是一本好书，本书是我们的心血之作、100%用心之作，凝聚了春、夏、秋、冬四季轮回的酸甜苦辣！

在写这本书前，我们考虑到了两个大难题。

其一，就是如何才能让读者（尤其是QTP初学者）真正地学会实际应用QTP做企业项目，而且还能灵活应用！光这一点作者就花了相当大的精力，最后得出了共同的结论：写作上“通俗且幽默”。相信大家都有这样的体会，就是拿着一本计算机的技术书或者工具书，看着那些枯燥的代码和文字，往往会有想睡觉的感觉。但在本书中，读者时常会看到和QTP没关系的话题，相信这么做是有很多好处的，因为技术类书籍如果写得太枯燥、不生动，太官方化、太专业化反而会让读者有睡觉的冲动，如果使用通俗的文字，读者理解起来就很方便了，再配上一点点的幽默，读者就会有看下去的欲望，至少不会觉得很累！没有那么多条条框框的限制。

其二，实例素材的收集。我们知道，市面上现有的QTP书籍无非是采用老套的QTP自带的飞机订票系统，都这么多年了，也该换换“口味”了！那个系统不光陈旧也不够真实，和现在我们做的项目出入太大！所以经过讨论，我们两位作者最后达成共识，决定启用“51Testing门户网站”、“51Testing论坛”、“51Testing博客”、“百度”等大型Web网站测试为样板，它们都是最新、最贴近现实、最鲜活的“现成项目”。这样，读者就等同于在边学QTP边做真实项目。我们提供的模拟项目越真实，读者吸收到的养分就越多，吸收得也越快！讲解中还有意地安排了“循环性的重复”，从而不断巩固知识点！所以只要用心研读，最后一定能掌握写QTP代码的技巧，并能够实际运用到企业的项目中去，这不就是我们学QTP的目的吗？拿现成的代码运行一次是肯定学不会QTP的！另外，作者是期盼着我们用过的实例对象全都发生变化，这样读者也就不能照着书依“葫芦画瓢”了，从而不得不静下心来思考如何去改代码，就不由自主地又变成了积累脚本维护经验的绝佳机会，相信通过一段时间的积累，读者一定会通悟 QTP 的！

本书的 7 大特色

1．“三合一”全能读物：教科书、实战项目指导书、高端技术/管理人员参考书。

2．采用 QTP 10.0 版本，保证读者学到的内容不过时。

3．本书的理念就是“实用”，故所有不实用、项目中不常用的内容全部剔除。

4．本书没有 QTP“录制”方面的任何内容，全部是 QTP 脚本开发的教学与指导。

5．不是一本照抄 QTP“帮助文档”的书籍。

6．实例新颖、趣味、符合实际，市面上目前最真实的模拟项目环境。

7．首创的知识巩固练习题配合练习详解，帮助读者学以致用。

关于如何使用好本书（快速了解本书）

并不是每一位读者在买回一本书后都可以很好地利用它的！作者考虑到了这点，所以在此给出一个导向，引导读者快速了解本书，希望能最大化地为每一位读者服务。

本书没有所谓的“篇”的概念，但是，假设要划分为“篇”，作者会分为 3 个篇章。将第 1 和第 2 章归为一篇，将第 3 章和第 4 章归为一篇，最后将第 5 章和第 6 章归为一篇。下面大致介绍一下这 3 个“假设性篇章”的功能。

“第一篇”能让读者系统化地学习 QTP 最实际的应用。整个第 1 章就是将所需掌握的知识依次讲解，讲解顺序都是精心设计过的。在基本知识掌握后，还需要一些真实项目的经验积淀，那就可以进入第 2 章的学习了，里面涵盖了大量真实鲜活的模拟项目的例子，以及做项目时需要的一些其他 QTP 技术，作者讲解这些例子时也不断地在为读者扩展思路，帮助大家举一反三。一旦这两章学通了，一定可以独自承担自动化测试的脚本开发工作！

“第二篇”能让读者深度掌握 QTP，里面介绍的技术虽然不一定每次、每天都会使用，但是要使用时如果你不会就比别人更逊一筹了！这两章一旦学通，可以说是“出师”了，也是一个很重要的跨越阶段！

“第三篇”能让读者有一个层次上的上升。这个提升尤其体现在看待自动化测试的角度上。读我们这本书的设计模式和自动化测试框架的内容，千万别照搬学样，我们的初衷不是让读者模仿，而是借鉴！学会借鉴然后去和自己的测试项目匹配。因为这两章内容是浓缩的精华，就拿“设计模式”来说，这些设计模式都是国外的 QTP 专家认可的！

另外，本书在第 1 章、2 章、3 章、4 章节精心设置了习题和讲解，目的就是帮助读者巩固已学的内容，也给读者一些练习的素材，做过这些习题后，读者以后也就知道如何找素材来练习了。建议读者用心完成以后再参考作者的讲解内容，效果更佳！

51Testing 论坛是中国测试界的一个“百家讲坛”，很多测试朋友在论坛中会问各种各样的 QTP 问题，但是时间长了，发现很多问题其实都是大同小异的，所以在附录内容中添加了“QTP 科普问答典藏 30 例”，它涵盖了一些很值得关注的问题。

本书针对的读者群

- 自动化测试初学者——深度知悉自动化测试到底是什么，怎么做。

他们可以在本书中掌握自动化测试的技巧、理念，吸取作者的测试自动化经验。

- QTP 初学者——学会使用 QTP 编程技术。

这本书就是一本非常好的“教科书”，两位作者也是从初学者走过来的，最能体会初学者最想要什么、最需要什么！这本书最适合这部分读者了！

- QTP 项目开发人员——提高自身的编程技巧，拓展 QTP 知识。

在做项目的时候，如果能在办公桌上备有本书，相信能减少查询百度的次数，且提高工作效率。因为本书中涵盖了各种 QTP 实用技术，且这些技巧只针对项目中的实际应用。

- QTP 技术高手——本书部分高级内容给这部分读者参考、借鉴、补缺。

从第 4 章开始的所有内容都会帮助到这部分读者。以设计模式举例，一个技术高手不一定擅长此道，本书给出了实战应用。

- QTP 架构师——本书第 5 章、第 6 章内容给这部分读者更多的灵感。

本书的第 6 章“QTP 原创框架设计展示”是作者花了非常多的心血原创的实际框架，并会细致地解析，相信对 QTP 架构师会是一个很好的参考。

- 测试经理——若不了解自动化测试和 QTP 自动化实施，看完本书就了解了测试流程和技术。

本书能帮助测试经理提高 QTP 功能自动化测试这块的业务水平。

- 自动化测试组长——本书的第 1 章～第 6 章都适合这个角色。
- QTP 培训师——这本书给这部分用户最大的便利，这么好的、现成的教科书拿来就能用。

作者认为本书最适合的对象除了初学者就是培训师了，因为本书的一大功能就是“教科书”功能，作者通过自身丰富的培训经验，完全是以循序渐进的理念来指导每一位读者，最后成为一名 QTP 自动化测试技术高手。

特别致初学者

在学习第 1 章和第 2 章时，请务必按章节顺序依次学习，这些章节的顺序都是作者精心设计过的，这样才能事半功倍。

特别致 QTP 培训讲师

建议教授初学者，请循序渐进地教授第 1 章和第 2 章。而面对其他水平的学员，教学顺序不限定。无论哪个水平的学员还是建议教会他们真正举一反三的方法，可以直接引用本书所设置的练习题，也可借鉴后自行设计习题。

本书在写作中，作者已尽力创作，但由于水平有限，加之技术不断更新，难免有疏漏之处，诚请广大读者批评指正，编辑的联系方式为：zhangtao@ptpress.com.cn。

目　　录

第 1 章　测试脚本开发从零开始 …… 1
1.1　自动化测试从零开始 …… 2
1.1.1　什么是自动化测试 …… 2
1.1.2　严格的自动化测试流程 …… 7
1.1.3　自动化测试用例设计详解 …… 14
1.1.4　教父级自动化测试工具 QTP …… 17
1.1.5　总结 …… 18
知识点巩固和举一反三练习 …… 18
1.2　帮助文档（HELP）-QTP 的说明书 …… 19
1.2.1　永远任劳任怨的良师益友“F1” …… 20
1.2.2　妙用 F1 可事半功倍 …… 22
1.2.3　请遗忘脑中的代码，掌握查阅 Example 实例技巧 …… 25
1.2.4　总结 …… 28
知识点巩固和举一反三练习 …… 28
1.3　录制与回放——QTP 的开关 …… 28
1.3.1　请拒绝“录制”，再开始你的实际项目之旅 …… 28
1.3.2　录制功能更多的只是新人学习时的利器 …… 30
1.3.3　录制时需注意模式的切换 …… 40
1.3.4　有必要让你掌握尤其重要的 QTP 回放机制 …… 43
1.3.5　总结 …… 52
知识点巩固和举一反三练习 …… 52
1.4　认清并请远离 QTP 的脚本录制模式 …… 53
1.4.1　QTP 的两种视图及思维转换 …… 54
1.4.2　总结 …… 57
知识点巩固和举一反三练习 …… 58
1.5　QTP 精华——对象库（上）之基础攻略篇 …… 58
1.5.1　引言 …… 59
1.5.2　对象库的出现改写了软件测试历史 …… 59
1.5.3　一个简单的实例介绍对象库原理、机制及操作流程 …… 60
1.5.4　对象库基本操作 …… 69
1.5.5　Object Spy 让对象无处藏身 …… 89
1.5.6　对象库的最高指挥官（Object Repository Manager） …… 96
1.5.7　总结 …… 103
知识点巩固和举一反三练习 …… 104
1.6　对象库（下）之进阶编程篇 …… 104
1.6.1　引言 …… 104
1.6.2　基于 Expert View 的对象库编程必备知识 …… 105
1.6.3　封装对象模型——Test Objects VS Run-time Objects …… 118

1.6.4 梳理运行时对象的封装与自身接口的属性区别 …… 127
1.6.5 几种常见对象无法识别或识别错误的原因 …… 130
1.6.6 总结 …… 132
知识点巩固和举一反三练习 …… 132
1.7 描述性编程（Descriptive Programming） …… 134
1.7.1 一点都不高深的描述性编程技术 …… 134
1.7.2 掌握描述性编程的两种写法 …… 135
1.7.3 Object Identification 与 Spy 结合 DP 的妙用 …… 139
1.7.4 描述性编程的妙用以及与对象库编程的混搭 …… 140
1.7.5 终极对决——对象库编程(OP) VS 描述性编程(DP) …… 144
1.7.6 总结 …… 145
知识点巩固和举一反三练习 …… 145
1.8 数据池（Data Table）的应用 …… 145
1.8.1 引言 …… 146
1.8.2 学会使用 DataTable 进行参数化 …… 146
1.8.3 Test DataTable VS Run-time DataTable …… 154
1.8.4 用好 DataTable 对象使脚本更加灵活 …… 157
1.8.5 总结 …… 159
知识点巩固和举一反三练习 …… 160
1.9 操作模块（Actions） …… 160
1.9.1 使用 Actions 来控制好业务流 …… 161
1.9.2 Call Action 的 3 种方式 …… 163
1.9.3 Action 的切分 …… 166
1.9.4 总结 …… 167
知识点巩固和举一反三练习 …… 167
1.10 QTP 的验证点与测试报告 …… 167
1.10.1 自动化测试的有效性取决于验证点的质量 …… 168
1.10.2 侦探 Jack 再度登场 …… 168
1.10.3 抛弃工具的使用，请使用 QTP 验证点函数 …… 169
1.10.4 灵活地自定义验证点 …… 171
1.10.5 走进 QTP Report——Test Report 正式登场 …… 174
1.10.6 自定义验证点——HTML 模式 …… 176
1.10.7 总结 …… 178
知识点巩固和举一反三练习 …… 179
第 2 章 轻松驾驭实际项目 …… 180
2.1 VBScript 在项目中的应用 …… 181
2.1.1 请培养代码规范的好习惯 …… 181
2.1.2 VBS 基础知识提炼 …… 183
2.1.3 常用函数解析 …… 186
2.1.4 Function VS Sub 终极角逐 …… 193
2.1.5 获取对象引用 GetRef 方法 …… 194
2.1.6 类的简单应用 …… 195
2.1.7 VBS 中 SendKeys 与项目结合的妙用 …… 196
2.1.8 总结 …… 199
知识点巩固和举一反三练习 …… 200
2.2 精通项目中 10 类常用 Web 控件 …… 200
2.2.1 读前布告（引言） …… 200

2.2.2 Browser&Page……201
2.2.3 Link……206
2.2.4 WebEdit&WebButton……210
2.2.5 WebElement……214
2.2.6 WebCheckBox……217
2.2.7 WebList&WebRadio Group……221
2.2.8 WebTable……225
2.2.9 总结……231
知识点巩固和举一反三练习……231
2.3 函数资源库（Library Files）……233
2.3.1 引言……233
2.3.2 资源池静态调用方式……233
2.3.3 强大的动态调用方式……236
2.3.4 函数库功能在 QTP 10.0 中的增强……237
2.3.5 总结……239
知识点巩固和举一反三练习……239
2.4 环境变量（Environment Variables）……239
2.4.1 引言……239
2.4.2 实用的 QTP 内置环境变量……240
2.4.3 灵活地自定义环境变量及利用外部 XML 配置环境变量……244
2.4.4 综合实例——环境变量的动态生成与秘密加载……246
2.4.5 总结……248
知识点巩固和举一反三练习……248
2.5 常用保留对象（Utility Objects）……249
2.5.1 常用保留对象介绍……249
2.5.2 隐藏保留对象介绍……251
2.5.3 自定义保留对象……252
2.5.4 总结……255
2.6 QuickTest 自动化模型对象（AOM）……255
2.6.1 不同开发环境下的 AOM 使用解析……255
2.6.2 QTP 自动化模型的引用……256
2.6.3 让 QTP 舞动起来……258
2.6.4 总结……259
2.7 无人值守测试的守护神——场景恢复（Recovery Scenarios）……259
2.7.1 必须知道的几种场景恢复的误区……259
2.7.2 陌生的 Web 默认场景恢复……261
2.7.3 无所不能的自定义场景恢复函数……262
2.7.4 总结……265
第 3 章 项目应用高级扩展实例精讲……266
3.1 正则表达式……267
3.1.1 何时在脚本中设计正则表达式……267
3.1.2 正则之对象属性参数化应用详解……268
3.1.3 RegExp 对象的应用讲解……271
3.1.4 总结……274
知识点巩固和举一反三练习……274
3.2 HTML DOM 测试应用……274
3.2.1 了解 DOM 在 QTP 中应用的好处……275
3.2.2 IE 对象模型结合 HTML DOM 的 Web 应用……277
3.2.3 DOM 在 QTP Web 测试中的应用……283

3.2.4 总结……290
知识点巩固和举一反三练习……290
3.3 数据库操作(ADO)……290
3.3.1 何时使用 ADO 数据验证……290
3.3.2 构建数据库连接字符串的两种方式……291
3.3.3 数据库查询……294
3.3.4 数据库修改……297
3.3.5 自定义动态数据库验证函数……300
3.3.6 总结……303
知识点巩固和举一反三练习……304
3.4 Excel——数据驱动必备利器……304
3.4.1 利用 EOM 自动化 EXCEL……304
3.4.2 动态加载并运行宏代码……309
3.4.3 Excel 使你可以实现更多……313
3.4.4 总结……318
知识点巩固和举一反三练习……318
3.5 WshShell 对象常用方法介绍……318
3.5.1 WshShell 对象介绍……319
3.5.2 激活窗口 AppActivat……320
3.5.3 获取当前路径 CurrentDirectory……322
3.5.4 最常用的 sendkeys 发送……324
3.5.5 轻松完成注册表的读写……326
3.5.6 总结……328
3.6 FSO 对象模型……328
3.6.1 利用 FSO 模型完成各种操作方式……329
3.6.2 相对路径的应用……335
3.6.3 轻松利用 FSO 生成 QTP 测试日志……337
3.6.4 总结……339
3.7 重要的 Test Design Studio……340
3.7.1 领略什么才是为 QTP 量身定做……340
3.7.2 Quick Bundles 飞一样的速度……344
3.7.3 强大的静态代码分析……346
3.7.4 堪比 Visual Studio 的 Intellisense……347
3.7.5 智能 XML Comments 自动生成……349
3.7.6 独一无二的 VBScript 文档生成……350
3.7.7 总结……353
知识点巩固和举一反三练习……353
3.8 DotnetFactory 对象……353
3.8.1 调用.NET 标准类库……354
3.8.2 调用自定义编写的.NET 类库……358
3.8.3 建立 GUI 数据配置交互的.Net Form……360
3.8.4 总结……363
知识点巩固和举一反三练习……364
3.9 API 的应用……364
3.9.1 Extern 对象详解……364
3.9.2 VB API 转化 QTP API……366
3.9.3 纯 VBS 调用 API 实现简单 GUI 自动化……368
3.9.4 总结……372
知识点巩固和举一反三练习……372
第 4 章 QTP 领先技术之走向世界……373
4.1 QTP 深入探索……374
4.1.1 访问对象自身接口的特殊渠道……374

4.1.2 重载页面后 Web 对象的重用 ……375
4.1.3 ORM 对象库自动化模型 …377
4.1.4 重写 Reporter 对象 ……380
4.1.5 XML 联合 XSL 输出 HTML 报表 ……383
4.1.6 创建保留对象的会话实例 ……396
4.1.7 AutoLtX 技术的应用 ……387
4.2 QTP 深层机密 ……389
4.2.1 访问.NET 控件对象私有属性 ……390
4.2.2 保留对象 Setting 的隐藏模式 ……392
4.2.3 管理动态保留对象的隐藏组件 ……398
4.2.4 自定义 Class 类注入测试对象 ……400
4.2.5 注册异类子控件强制注入开启 Hook ……401
4.2.6 MFL 自动化路径模型对象应用 ……404
4.2.7 映射无法识别的.NET 对象类 ……406
4.3 总结 ……408

第 5 章 QTP 领先技术之模式设计 ……409

5.1 QTP 设计模式 ……410
5.1.1 初识设计模式（Design Patterns）……410
5.1.2 单例设计模式（Singleton）……410
5.1.3 工厂设计模式（Factory）……415
5.1.4 命令包装模式（Command）……417
5.1.5 回调设计模式（CallBack）……419
5.1.6 函数指针模式（Function Pointer）……422
5.1.7 类的继承模式（Extends）……424
5.1.8 总结 ……427
5.2 GUI 层面向对象的扩展设计 ……427
5.2.1 层的概念 ……427
5.2.2 封装测试对象类 ……427
5.2.3 调用业务行为 ……430
5.2.4 对象识别结果分析 ……430
5.2.5 总结 ……431

第 6 章 QTP 原创框架设计展示 ……432

6.1 框架设计理念 ……433
6.1.1 框架核心介绍 ……433
6.1.2 框架设计总图 ……435
6.1.3 框架结构细分 ……436
6.1.4 框架目录结构 ……440
6.2 框架设计平台 ……440
6.2.1 认知 Excel Macros ……441
6.2.2 自动加载自定义工具栏 ··442
6.2.3 UserForm 的使用 ……446
6.2.4 利用 API 让 UserForm 界面焕然一新 ……447
6.3 公共对象管理 ……450
6.3.1 测试对象捕获 ……450
6.3.2 对象文件存储及转化 ……451
6.3.3 测试对象自动更新 ……452
6.4 用例设计管理 ……455
6.4.1 用例创建 ……455
6.4.2 步骤生成 ……458
6.4.3 步骤修改 ……460
6.4.4 重用模块 ……462
6.5 公共函数工厂 ……463

6.5.1 公共函数介绍……464
6.5.2 常用行为函数……464
6.5.3 业务行为函数……467
6.5.4 注册行为函数……467
6.6 测试执行管理……468
6.6.1 配置加载……468
6.6.2 语句拼接……470
6.6.3 排序执行……472
6.6.4 分类执行……473
6.6.5 异常监控……473
6.6.6 报告生成……474
6.7 测试报表管理……477
6.7.1 测试执行状态……477
6.7.2 错误定位信息……478
6.7.3 结果分布统计……479
6.7.4 测试报表导出……481
6.8 一点写给读者的话语（总结）…482
附录一：QTP 科普问答典藏 30 例……484
附录二：章节练习详解及参考答案……497
附录三：参考文献&在线答疑……525

Chapter 1

第1章 测试脚本开发从零开始

1.1 自动化测试从零开始

阶段要点

- 自动化测试的优势与劣势。
- 引入自动化测试的条件。
- 避免自动化测试的因素。
- 实例解读软件测试自动化。
- 严格的自动化测试流程。
- 自动化测试用例设计详解。

1.1.1 什么是自动化测试

1.1.1.1 引言

"自动化测试"，一个耳熟能详的软件测试行业术语、一个绝大部分测试界人员的奋斗目标、一个听上去就很有感觉的名词、一个甚至能牵动未来测试界发展水平快慢的技术。是的，以上说的几点都没有错，它就是软件测试行业中最高端的技术之一，测试自动化技术！它以程序测试程序、以代码代替思维、以脚本的运行代替手工测试。自动化测试同时涵盖各种各样的测试种类，常见的有以下几种：功能（黑盒）自动化测试、功能（白盒）自动化测试、性能测试、压力测试、GUI 测试、安全性测试，它们都可以由测试自动化技术来代替手工测试，其实还有很多，作者只是概括了大家都熟悉的软件测试种类，其他的诸如作者曾经收到过这样一个问题，这名测友问："网络游戏的功能可以引入自动化测试吗？"虽然作者并没有游戏行业的软件开发、测试经验，但是作者确信，网络游戏一样也可以引入测试自动化技术，为什么？因为网络游戏同样是用程序写出来的，只要是一种程序，那么它一定能用程序测试程序、用代码代替思维、用脚本的运行为手工测试代劳！

可以这么说，自动化测试这个术语，每天都索绕在我们的耳边，所以，掌握测试自动化这门技术，对测试工程师来说，是至关重要的，我们并不需要精通每种测试自动化技术，但是，至少我们需要精通其中的一种，只要精通其中一种，相信你在测试这个领域一定会占有一席之地，这门技术能带给你非常大的优势！虽然测试永远脱离不了手工测试，但是，未来测试行业一定会是由自动化测试来引导。这是不争的事实，中国测试行业发展之快也是有目共睹的，如果你现在能掌握这门技术，相信未来的测试路会越走越顺畅，你的测试职业生涯会越来越精彩。

1.1.1.2 自动化测试能做到什么及其优势，你心知肚明吗

万物存在即合理，自动化测试能不断地发展至今，足以证明其在测试领域中有着举足轻重的地位，能切实地帮助项目进度的推动、提高项目的质量和协助测试人员提高工作效率。那么自动化测试究竟有何功能呢？这里归纳了最重要的几点并予以分析。

- **回归测试更方便、可靠。**通常来说，这是自动化测试最主要的任务和特点，特别是在程序修改比较频繁时，效果是非常明显的。由于回归测试的业务流程操作和测试用例是预先完全设计好的，预期结果也是完全在项目人员掌握之中的，将回归测试交给计算机自动运行，可以极大提高测试效率，缩短回归测试时间。这里需要强调一点，上述说的程序修改比较频繁指的是新功能的不断加入，而老功能的逻辑是不变或者很少变化的，不是指整个程序全部或大批量地改动，因为这样是违反自动化测试原理的，在下文也会有类似的讲解。
- **可运行更多、更繁琐的测试，且快速、高效。**自动化测试的一个明显好处是，可以在较少的时间内运行更多的测试。我们知道，有很大一部分业务功能由于业务逻辑极其繁琐（暂时不说有多复杂），使用手工测试往往耗费大量的时间，测试 1 次、2 次、3 次可以，但是，如果测试 10 次以上或者更多呢？当一个测试人员测试同一个业务功能 10 次以上，几乎可以断定，没有一个测试人员会继续耐心地测试下去。所以，此时自动化测试就能发挥作用，自动化测试的耐心是无限大的，而且计算机的执行速度远比人工快！
- **可执行一些对于手工测试来说相当困难或根本做不到的测试。**比如，对于大量用户的测试并发，不可能同时让足够多的测试人员同时进行测试，但是却可以通过自动化测试模拟同时有许多用户并发点击某一功能，从而达到测试的目的。再比如，人工不可能 24 小时不眠不休地进行测试，但是计算机则不用休息。当然，类似的例子还有很多，无法全部列举出来。
- **更好地利用资源，使资源的使用更有价值。**将繁琐的任务自动化，可以提高准确性和测试人员的积极性，将测试技术人员解脱出来投入更多精力设计更好的测试用例。有些测试不适合于自动化测试，仅适合于手工测试，将可自动化测试的测试自动化后，可以让测试人员专注于手工测试部分，提高手工测试的效率。在引入自动化测试后，测试人员的工作很大一部分可以交给计算机，而自己则解放出来，将精力投入新功能或者测试更深的业务逻辑，争取发现更深层次的缺陷，能做到这些，自动化测试可以说功不可没。
- **具有一致性和可重复性的特点。**由于测试是机器自动执行的，每次测试的结果和执行的内容与操作的一致性是可以得到保障的，从而达到测试可重复的效果。机器可以按照相同的轨迹不断地执行测试并丝毫没有差错（即使错了也可以自动解决），但是人不能！
- **自动化测试脚本完全具有复用性。**由于自动化测试通常以脚本的方式来实现，这样在不同的版本之间，就有可能只需要做少量的维护甚至不做任何修改，实现在不同的测试版本中使用相同的测试脚本执行相同的测试用例。
- **使软件更有信任度。**由于测试是由计算机自动代劳的，所以，不存在执行过程中的疏忽和错误，完全取决于测试的设计质量。一旦软件通过了具有说服力的自动化测试后，软件的信任度一定会大大增加。
- **多环境下测试。**我们知道，一个系统往往会被要求能支持各种不同的环境并稳定运行，但是这么多不同的环境，比如常用浏览器有 IE6、IE7、IE8、FireFox 等，系统有 Windows 2003、Windows XP、Windows Vista、Windows 7 等，甚至还有杀毒软件，如卡巴斯基、360、诺顿等，那么多的环境组合，如果每一种环境组合我们都需要花人力、物力去把功能测试一遍的话，估计研发周期至少得增加 10 倍！在这种情况下，自动化测试又可以完全发挥其优势与作用了，由计算机去代劳，在不同的环境组合中执行测试。

1.1.1.3 自动化测试无法做到的事及其劣势分析

当然，自动化测试不是万能的，它的能力仍然是有限的。自动化测试同样有着各种各样的缺点和无法做到的事情。不过，人类是不断在进步的，测试自动化技术随着人类进步的步伐也一定会越来越强大。下面同样归纳了最重要的一些自动化测试的劣势以及它力不能及的事情。

- **永远不可能完全取代手工测试**。自动化测试不能完全替代手工测试，这已经是业界中不需要再争辩的事实了。自动化测试无法做到手工测试的覆盖率。不是每个测试用例都适合转换成自动化测试用例的。另外，复杂性极强的操作也只能通过手工测试来完成，如果将这个复杂的操作写成代码那将会是件大麻烦事。还有一个例子也能证明，就是比如我们当前需要验证页面上的布局是否正确，那试问这该如何写成脚本代码呢？
- **无法完全保证测试的正确性**。上面也说到了，自动化测试是由测试脚本组成，它的核心仍然是代码，说的简单点，自动化测试就是程序测试程序。我们知道，是程序就一定会有缺陷，所以，不能保证测试工程师开发的脚本就完全 100%没有缺陷，如果代码中出现一个小小逻辑错误，哪怕一个条件判断的误写也会导致测试结果完全出错。当然，对于一个有经验和优秀的自动化测试开发工程师来说，大多数的错误还是会在脚本调试中避免的。
- **手工测试能发现的缺陷远比自动化测试多**。可以这么说，有 85%的缺陷是归功于手工测试，而只有 15%的缺陷归功于自动化测试（注意：这个标准并不是随便说的，而是由自动化测试专家共同总结得出的一组数据结论）。而且在这 15%中，大约只有 0.1%不到的缺陷属于新缺陷。的确，自动化测试几乎是无法发现新缺陷的，自动化测试大多是用来发现曾经发现过的缺陷在每个版本下有没有重新出现。当然，我们情愿自动化测试永远不要找出缺陷！自动化测试更适合缺陷预防而不是发现更多缺陷。请记住，自动化测试最大的用途就是回归……再回归。
- **对测试质量的依赖性极大**。自动化测试的运行首先要建立在版本测试质量（在这里基本指手工测试质量）稳定的大条件下，如果当前版本的测试质量不够稳定，运行自动化测试将会非常不顺利，几乎是一种无用功和白白浪费时间的行为。
- **测试自动化可能会制约软件开发**。由于自动化测试比手工测试更脆弱，以及脚本维护会受到限制，从而制约软件的开发。
- **自动化测试工具是死的，它本身没有任何想象力**。自动化测试是无法做到像人类一样随心所欲地创造的，自动化测试的好坏，完全取决于自动化测试负责人和测试开发工程师的思想与技术，和自动化测试工具没有任何关系，工具是没有思想的，所有的操作全部由人通过输入代码的方式告诉工具它该怎么做。
- **成本投入过高，风险大**。自动化测试需要很大的成本投入，并且如果没有良好的成本分析与控制手段以及自动化测试计划与执行过程控制，那么失败的自动化测试案例数不胜数，导致企业白白浪费人力物力还得不到任何回报。
- **自动化测试对测试人员的技术要求较高，对测试工具同样有一定要求**。自动化测试对测试工程师来说必须有一定的开发技术背景，开发技术越高则写出来的脚本质量也就越高、越有技术性和想象力。不是每个测试工程师都适合或有能力开发质量好的测试脚本的。同样，也不是每一个测试工具能真正地被使用在真实的项目中并驾驭项目的，也没有听说过有一个自动化测试工具能做到适合每一个项目。

1.1.1.4　何时适合引入自动化测试

在之前的章节中，通过总结和分析，相信读者已经对自动化测试的特性和优劣有了一定的了解，接下来，分析在实际项目中关于自动化测试成败的点点滴滴。

在我们的自动化测试中，必须让读者知道哪些情况下才适合把项目的系统测试交给自动化测试来完成。但是，如果不能善加利用，则给自己或者组织造成的后果还是比较严重的。下面让我们一起认知何时才比较适合做软件测试自动化！

- **项目周期长，系统版本不断。**如果你目前所在测试的项目（或系统）是属于一个周期比较长的项目的时候，可以说，的确非常适合引入自动化测试，把大量的回归测试托付给测试自动化是一个比较明智的选择。还有一种根据是从系统的版本数得来的，曾经测试领域专家有过相关的研讨并最后得出结论，一般自动化测试耗费的时间是手工测试的 6～10 倍，所以，如果你所在的项目（或系统）版本数在 10 个以上，那么，引入测试自动化也同样非常的睿智，并且和之前的项目周期综合下，时间越长随之而来需要测试的版本就会越来越多，这样，自动化测试可以发挥它最大的作用，给企业带来各方面的利益。
- **需求变更不频繁。**当项目的需求非常稳定，不会经常出现变更的时候，此时也很适合引入测试自动化。
- **系统中的测试对象基本可以正常识别。**一般来说，自动化测试的基本要求或者说自动化测试工具对系统的基本要求就是对象的识别，一个自动化测试工具的好坏评判最基本的标准就是，是否能够识别更多的系统控件以及对无法识别的控件能否提供各种解决方案或自定义开发各种控件的识别代码。
- **系统中不存在大批量第三方控件。**有实际项目经验的读者一定会发现，无论什么系统，B/S 架构的也好、C/S 架构的也行，多少存在一些第三方控件，但是，如果这些第三方的控件数量不多的话，经过详细的计划与评估后，完全可以引入测试自动化，当然，如果第三方控件数量庞大或者形式种类庞大的话，就会带来很多麻烦，在下文中也会提到。
- **需要反复测试，如可靠性测试需要进行上千次的系统测试。**在我们的 1.1.1.2 项目的第一条例子中，提到过类似的情形。在项目中，如遇到这种情况，从理论上讲是相当适合使用自动化测试策略的，当然，前提条件是有能力把自动化测试做好，如果遇到这种情形，测试自动化实行最后成功的话，一定能给整个项目团队带来“丰功伟业”！

1.1.1.5　何时避免展开自动化测试

在 1.1.1.4 节中，归纳了自动化测试的适宜条件，但是万物都有另外一面，自动化测试也有很多禁忌，作为一名测试工程师或者未来的自动化测试工程师来说，如果触犯了禁忌还要执着地做下去，后果也只有一个，就是自讨苦吃，给企业、项目团队带来损失，使得领导以后再也不信任自动化测试，使自己对测试自动化技术更加迷茫！接下来，作者以自己多年自动化测试实战经验以及学习经验，一定要告诉读者，在自动化测试中，哪些是犯了大忌的，读者务必吸取前人的教训，扬长避短，如果以后在项目中和以下任何一条有冲突，千万不要开展自动化测试。

- **项目周期短，需求变更频繁**。当你的项目周期不是很长的情况下，请不要引入测试自动化，因为这样的话，不但收不回成本，而且会延长产品的发布时间，并且这样的行为是毫无意义的！作者在 1.1.1.3 小节中的第一条已经提到了。自动化测试的成本计算方式及其计算实际参照，在这里则不再多加阐述。当然，还有一个问题，相信有项目经验的读者一定会碰到过类似的问题，即使这个项目是一个长期的项目，但是客户经常性地更改需求，甚至时常更改老功能的业务逻辑。这种情况下，即使周期再长的项目也最好别引入测试自动化，因为，即使你有再好的自动化测试方案和执行技术，但你始终赶不上客户变更的速度，最终仍然还是会放弃，因为永远在收拾“烂摊子”！
- **在软件版本还没有稳定的情况下**。当你准备引入测试自动化时，请先确定你所在的项目，版本功能是否已经稳定，如果版本功能还不是很稳定，主功能或大量的功能有被重新更改的可能性的话，务必暂时缓一缓，不要随意地开始自动化测试之旅。
- **没有明确的项目测试自动化计划、措施和管理**。在这里，作者根据多年的项目自动化测试实战经验可以用很确定的态度与语气告诉读者，软件自动化测试和软件开发工程是一脉相传的！作者在此不阐述软件开发工程的基本概念，但是作者一定会强调，在自动化测试的开发过程中，一样需要通过严格的开发计划、版本管理、代码管理等一系列相关措施，兢兢业业地做好每一步工作，踏实地管理和控制好每一个环节。自动化测试脚本不是一次性的，而是需要长时间维护下去的，如果事先没有制定良好的测试方案，实施过程中不严格根据方案执行，开发完毕后又不做任何改进或提出各种优化方案等，那么你说，最后项目自动化测试会成功吗？
- **领导不支持**。目前，较多企业，特别是中小型企业的高级管理人员还是没有能力或者没有信心可以将软件测试自动化做好。在这种情况下，首先，作者认为还是先和领导沟通好，取得他们的支持、理解与信任后再引入测试自动化比较妥当；没有领导的肯定与支持，自动化测试之旅一定是无法顺利展开的，最终也达不到终点，多半情况下会中途不了了之，如果这样的话，还不如不要引入测试自动化呢。
- **多数对象无法识别以及脚本维护频繁与艰难，二者有其一，自动化测试注定失败**。又一次提到了这个说法，因为它的确太重要了！希望读者能真正地通过作者一次又一次地重复，真切地了解到这个自动化测试的重大问题。根据前文的不断讲述，作者再总结一下，如果项目中存在大量无法识别的控件（这种情况基本是发生在系统中存在大量的第三方控件）或者没有获得相应的对象识别插件，是没有办法写出自动化测试脚本的。当然，对象的识别不一定要靠插件，还有其他解决方法，比如 SDK 插件扩展，或者让开发人员提供相应的 DLL 来识别等，但是，如果有一半的插件不能识别，那么再强行为之，耗费的人力、物力将会有多大？估计能够重新开发一个新项目了。脚本维护频繁是直接和前文所述的需求变更频繁有关的，需求一直在变，自动化测试工程师只能跟着将脚本永无止境地变化下去，直到头晕目眩、直到大量测试开发工程师受不了如此的“虐待”而离职。最终，自动化测试正式宣布“失败”！

1.1.2　严格的自动化测试流程

1.1.2.1　影响自动化测试成功与否的关键因素是流程

作者通过多年的自动化测试实战经验认为，必须将整个自动化测试过程看成一个软件开发项目的过程，因为测试脚本是由代码组成的，而测试代码又是自动化测试的根本。有效地开发并维护良好的测试脚本，是自动化测试过程的重中之重。但是，想要行之有效地管理好这些测试脚本并不是容易的事情，就像管理好项目代码一样！所以，自动化测试过程就是一个软件开发的过程，需要经历各类分析、测试计划、框架及测试用例设计、脚本开发、测试执行、提交报告、脚本维护、版本控制等一系列繁琐的过程。图 1-1 所示是作者经过的一些成功项目自动化测试后总结并描绘的一张自动化测试流程图。

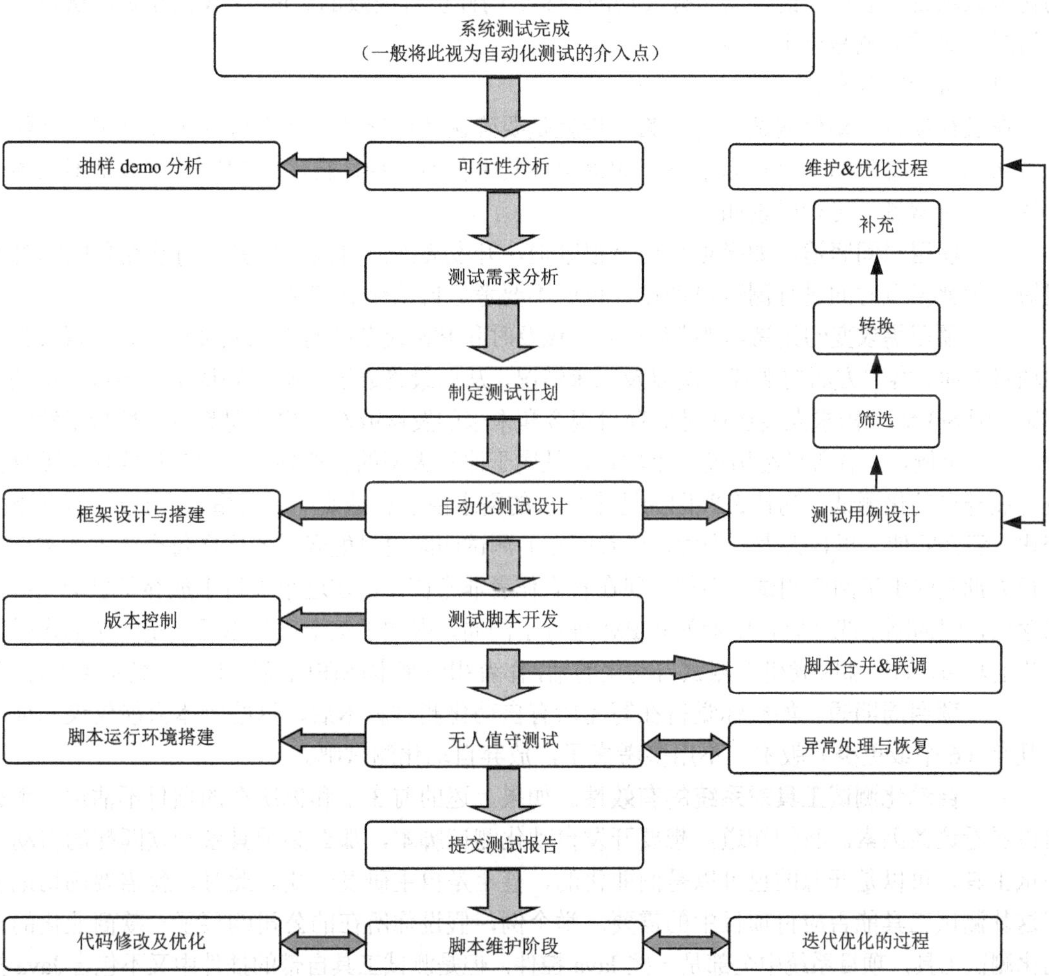

图 1-1

接下来，根据“图 1-1”逐一讲解每一个关键过程（阶段），让读者明确自动化测试流程及其中的一些细节。

1. 合理的自动化测试切入点

通常，项目只有在经历了完整的系统测试后才算具备了基本的引入测试自动化的条件。于是，一般也就在这个时间段，项目经理与测试经理才会以此定为自动化测试开始筹划与准备的时间点。到目前为止，绝大部分的公司都以系统测试完成为标准来作为自动化测试的切入点，因为在之前的任何阶段中都不是非常适合做自动化测试。

2. 测试自动化分析

在具备了可自动化测试的基本条件后，仍然需要默认自动化测试工作展开的难度之大！我们必须通过各种分析来确定是不是要继续将测试自动化做下去。根据作者在完成了多个自动化测试项目后总结出的经验（有成功的经验、同样也有失败的经验），我们在做测试自动化分析时最该做的就是以下 3 种。

（1）可行性分析。

在进行项目自动化测试之前，第一步就是要确认其可行性，是否可以实行测试自动化。作者认为，在常见的不可行因素下，如果出现其中任何一种，自动化测试工作都是不应该展开的，项目常见不可行因素如下。

- **项目时间紧迫**。如果项目进度很紧迫，开发周期的时间表很紧，每次交付间隔时间很短，你就没有时间进行测试自动化，也就不要考虑自动化测试了。
- **项目需求变幻无常**。测试负责人应该及时和 PM 或专门的需求人员沟通来获得最直接的项目方面、客户方面的现有情况以及未来情况，从而最终通过分析来确认是否要进行自动化测试。因为 PM 和需求人员往往是对项目现今和未来的发展或对客户的思想及个性最了解的人群。举一个例，作者曾经经历过一个项目，是属于比较大型的长期项目，但是最终这个项目并没有展开自动化测试。为什么？因为这个项目的需求由于总是要“赶时髦”，所以一直在不断变化，那么即使它再耗人力、物力，作者所在的测试团队也只能老老实实在每个版本下来后去进行大批量的手工回归测试。当然，现在看来作者非常庆幸，在这个项目中放弃了自动化测试的念头，因为刚上线那时，作者就和 PM 进行了沟通，得知了这个项目以后会是一个需求时常变化的项目。如果那时候引入测试自动化的话，作者相信基本现在已经属于一个烂尾楼工程了！
- **项目周期短**。如果你觉得在写完所有自动化测试脚本后，这些脚本只能仅仅为你服务几个（6 个或更少）版本，不用多考虑了，放弃自动化测试吧。
- **自动化测试工具对系统的有效性**。如果上述的前 3 个和你所在的项目不沾边，那么请再看看这条因素。我们知道，想要开发自动化测试脚本，那么必须具备一款匹配的自动化测试工具，可以是开源的也可以是商业化的，甚至是自主研发一款。此时，就需要确切地了解这款测试工具能否应付项目中的需要。举个例，假设你所在的公司购买了一款商业化的自动化测试工具，项目系统中全部是一些 Java 控件，但是测试工具自带的插件中又不包含 Java 控件的识别插件，那么此时就算拥有这款自动化测试工具，但由于无法有效地识别到项目中的控件，所以，对于项目来说是毫无作用的。

（2）抽样 demo 分析。

通过可行性分析后，接下来要做的就是一个做 demo 了，等待 demo 完成后，可以再次通过分析看看自动化测试工作能否顺利地展开下去，因为 demo 已经是一个实体案例，所以，可以完全通过透析 demo 来发现是否存在技术上的致命问题。通常在 demo 完成之后，有经验的自动化测试工程师或组长就能对这个项目的自动化测试工作有一个大体的把握了。换言之，可以把 demo 看成更深层次的可行性分析，一旦通过了抽样 demo 分析，自动化测试就可以展开了。关于 demo 的选取，一般直接选择冒烟测试用例（大冒烟）写成测试脚本后执行，检查脚本是否能够成功运行通过，已设计的测试点是否全部执行到即可。

（3）测试需求分析。

到了测试需求分析这一步，分析的就不再是能否在项目中引入测试自动化了，而是在为下一阶段定制具体计划打下基础。测试需求其实就是测试目标，也可看做测试自动化的功能点，也就是自动化测试工程师想完成的任务。比如我们需要分析项目中具体哪些测试需求（功能点）准备进行自动化测试。一条测试需求可以包含多条自动化测试用例，通过测试需求分析来判定项目中测试自动化要做到什么程度。举个例子，在自动化测试用例的设计上，**大体是以正向、反向**（见小提示）划分的，一般在自动化测试中，优先考虑实现正向的测试用例后再去实现反向的测试用例，而且反向的测试用例大多都是需要进行分析然后筛选出来的，因为反向的测试用例实在太多了。我们知道，自动化测试是不需要也没有必要做到 100%覆盖率的。所以，在测试需求分析这个阶段，确定测试覆盖率以及自动化测试粒度、测试用例上的筛选等都是重点工作。

小提示

自动化测试用例设计中的“正向”和“反向”指什么？通俗点讲，“正向”测试用例就是正常的业务操作流，几乎没有什么非正常情况操作融入在其中。反之，“反向”测试用例就是异常的业务操作流。我们可以想象一下，做出来的软件是给谁用的？当然是给用户使用的，一般情况下，用户在基本使用上不会像测试工程师那样去“破坏”，他们只关注软件的功能是否好用、是否有异常、是否有差错。所以，“正向”的测试用例就是只针对正常的操作，不会去考虑异常情况，当然，也必须是自动化测试脚本优先要写出来的。待把这些正常的业务操作的测试脚本全部完成后，才去考虑加入部分最重要且优先级最高的“反向”测试用例进去，比如一个注册页面中某表单的填写，用户一样比较关心系统对错误的处理情况，这时候，就需要把自动化测试用例设计成“反向”的，然后加入到回归测试中。不过，“反向”测试用例实在太多，如果全部都写成脚本，是没必要也不符合自动化测试的特性。所以，才需要分析、筛选、决策。

3. 测试计划定制

在经过了测试需求分析阶段后，项目 PM 和自动化测试组长就该正式起草正式方案了。写一个优秀、完善、精致的测试计划是必须的工作。当然，这里不会讲述测试计划是如何写的。只是要告诉读者，测试计划的质量和以后的工作顺利进展有着密切的联系，能越早地把各种情况都考虑在计划中对以后自动化测试项目的展开都是很有利的，想要使得自动化测试最终成功，也必须踏踏实实抓住每一个环节，测试计划定制阶段如果能做好，则可以看作是一个良好的开始。而且，通过作者的经验发现，自动化项目的测试计划越全面，后期越能够循规蹈矩的去实施，自动化测试的成功率就越高；如果自动化测试计划设计不周全，靠后期去完善、补充，基本上这个自动化测试项目就成了一个实验项目。

4. 自动化测试设计阶段

在这个阶段，把它分为两个核心部分。第一个部分就是自动化测试框架，第二部分就是自动化测试用例。

（1）自动化测试框架设计、开发与搭建。

自动化测试框架的好与坏直接影响以后项目的实施。作一个恰当的比喻，一个软件项目如果没有一个好的架构，那这个项目也不会好到哪里去，自动化测试框架对于整个自动化测试项目来说就相当于一个架构，这个架构越好、功能越强大和实用，那就可以给今后整个自动化测试项目的工作过程带来更多的好处。不过，国内目前很多自动化测试框架都过于浮夸，很多工程师为了把自动化测试框架设计得更加强大，开发了一个又一个的“强大”功能，其实到头来只是“花拳绣腿”，根本和自动化测试项目无法兼容！他们也忘了做自动化测试的基本目的是“测试”两个字，把自动化测试框架搞成了一个新项目来开发，真是得不偿失！自动化测试框架其实不止是一种程序，它也应该是、一种思想、一个规范。测试框架的好坏判定应该以实用、适用、扩展性强、使用范围广、稳定、思想先进为先，绝对不能以“强大”却又背道而驰的可用功能为主！**在本书的自动化测试框架章节中，作者会把自己原创的自动化测试框架完全奉献给每一位读者。**

下面，作者也来谈谈是如何看待“自动化测试框架”这个“香馍馍”的吧。自动化测试的基本概念有以下两点。

- 自动化测试框架是能保证测试的分布执行，脚本模块化,数据驱动，日志分析，错误截图，报表回收,共享对象库，公共函数库，环境配置，统一设计模式，异常处理,场景恢复等的一个无人值守的，针对每个独立项目的测试框架。
- 自动化测试框架就是一个“舞台”，可以让所有自动化测试工程师在“舞台”上表演，没有这个“舞台”，自动化测试工程师就只能单干，在一段时间内是可以的，但是长期发展后会遇到很大的瓶颈，这时候就需要自动化测试框架来突破瓶颈。

（2）自动化测试用例设计三部曲。

自动化测试流程其实跟手工测试流程差不太多，要先编写测试用例，只是被叫作自动化测试用例而已。先设计好自动化测试用例，再严格根据设计完成的测试用例编写测试脚本，这是一种规律、一个过程。

自动化测试用例设计和手工测试用例设计是有明显区别的。手工测试用例是从无到有的过程，而自动化测试用例不是的。自动化测试用例是有参考物的，它就是手工测试用例。它有时候可以直接拿来用、有时候需要稍加修改，作者把整个自动化测试用例设计过程分为 3 步，我们就把它叫做自动化测试用例设计三部曲。

- **筛选手工测试用例的过程。**自动化测试用例设计应该是拿来主义，首先要根据测试需求分析阶段得出的“分析结果”筛选出所有要被“测试自动化”的手工测试用例。在全部筛选完毕后，再分成两部分，一部分是可以直接二次复用的手工测试用例，不要客气，直接拿来即可。另外一部分则要经历下一个过程。实际上，大多数还是需要经过改造的，毕竟自动化测试用例的设计方法和手工测试用例的设计方法有点出入，哪怕是冒烟测试用例多少也要稍加修改。
- **转换手工测试用例的过程。**把无法直接复用的手工测试用例部分依据自动化测试用例设计方法与规则转换成自动化测试用例。一般转换要素无非两种，一种就是测试用例的格式和规则，另一种就是优化自动化测试业务流程。自动化测试业务流程和手工测试业务流程还是有一定区别的。自动化测试业务流程更精简、严格（是一就是一，是二它就绝对不应该是三）！
- **新增&补充自动化测试用例的过程。**最后就是新增和补充一些手工测试用例没有涉及的自动化测试业务流程了，请严格根据自动化测试用例设计的方法和规则进行增补（关于“自动化测试用例设计”请见下一章节内容）。

自动化测试用例经过“三部曲”的“洗礼”后基本算是搞定了，但是读者千万别忘了今后我们仍然会重新回到这个阶段，经历自动化测试用例的维护、不断优化的过程。

5. 测试脚本设计与开发

世间万物皆有灵魂，而自动化测试的灵魂则是测试脚本的设计与开发。自动化测试项目的开发过程的重要性绝不亚于软件项目开发过程。脚本开发阶段也是整个自动化测试流程中最关键的一个阶段。

在自动化测试中，测试脚本大致可划分为 5 种。

（1）线性脚本：通过录制直接产生的线性执行的脚本。

（2）结构化脚本：具有顺序、循环、分支等结构的脚本。

（3）可共享脚本：可以被多个测试用例使用，被其他脚本调用的脚本。

（4）数据驱动脚本：测试数据和业务流程控制分离的脚本，通过读入数据文件来驱动流程进行的脚本。

（5）关键字驱动脚本：脚本、数据、业务分离，数据和关键字在不同的数据表中，通过关键字来驱动测试业务逻辑。关键字驱动脚本的特点是，它看起来更像描述一个测试用例在做什么,而不是如何做。

从上面 5 种不同的脚本特性可以看到，自动化测试脚本开发的发展是和软件工程思想的发展一脉相承的。软件开发的模式从面向计算机、到面向过程，再到面向对象、面向服务，是一个从底层到高层、从具体到抽象，复用的粒度从细到粗的发展过程。而软件开发中的模块化、层次化、松耦合等思想对自动化测试脚本的设计与开发都具有借鉴意义。

作者认为，如果作为一名自动化测试新手，应该多学习并吸取前人的经验，在学习过程中乃至平时的工作中不断地模仿、深刻钻研，钻研后的尝试最后达到融会贯通。同时，作者也总结了几点关于自动化测试脚本开发的经验与感悟，希望能给读者更多的参考。

- 自动化测试脚本代码必须严谨、规范。

- 自动化测试脚本是参照自动化测试用例开发出来的，测试用例即是开发参照物。
- 发挥自己的想象尽一切可能使自动化测试脚本更智能、高效、稳定、复用性高。
- 开发过程中多利用程序插桩+断点，检查业务组件是否存在缺陷或代码是否存在漏洞。
- 自动化测试脚本开发完毕后，至少运行成功 3 次以上，方可认为脚本已经没有问题。

此外，项目中也必须具备一款优秀的代码版本管理软件来管理好每一个测试版本的自动化测试脚本，这也是自动化测试项目中非常重要的环节。

6. 自动化测试执行

这个阶段可以说已经是自动化测试流程中的后期阶段了，所有的自动化测试脚本全部开发完毕并发布后会进入合并联调阶段，**脚本联调**（见小提示）成功后方能进入这一阶段。

> **小提示**
>
> “脚本联调”是很关键的一个时期，联调如果不通过是无法进行下一个环节的，毕竟都到了这个阶段了，已经花了许多工时了！想要联调的时候顺利通过，功夫还得花在平时！平时写代码规范点，严格按照规范标准去写代码，到了这个阶段遇到的问题就少，即使发生了也好解决。

这个阶段的开始也就意味真正的自动化测试开始了。会很开心，辛辛苦苦写的脚本终于有了用武之地，系统开始进行“自动化测试”！既然是自动化测试，那当然可以由计算机来测试啦，人就不用管了，而且出了问题计算机自动会帮我们解决并重新自动测试。

（1）无人值守的测试。

使测试自动执行，大致会经历以下步骤。

- 环境搭建、部署与配置。

首先搭建一个自动化测试执行环境是必不可少的，这部分的功能往往以自动化测试框架来支持，此外市面上还有很多类似的批量脚本执行工具也可以做此类的操作。如果是自动化测试框架支持的话，通常需要根据实际情况做相应的配置使其生效。

- 自动化测试用例和测试脚本互相绑定。

接下来的工作就是将自动化测试脚本与当初设计的自动化测试用例做关联和绑定了（这部分在前期也可以做）。

- 自动化测试用例执行顺序排列与组合。

在完成了上面的工作后，就可以创建一个测试集，在测试集里添加各种各样的自动化测试用例。当然，根据业务实际情况，测试用例的先后排列顺序和各种组合是非常有讲究的。

（2）异常处理和场景恢复。

俗话说：“天有不测风云”。谁都没法预料在自动化测试过程中会碰到什么问题，系统服务器崩溃？电脑卡机？服务器无响应？如果发生了这些情况怎么办？如果在白天的话，自动化测试工程师守候在执行机器旁边那还好，重新花时间整理。那如果晚上呢？自动化测试工作就要被迫停止了？当然不行！这个时候，一个优秀的异常处理与场景恢复机制就显得尤为重要了，有了这个机制，我们才能放心地将测试交给计算机执行。在本书以后的章节中，也会详细和精辟地分享这方面的具体内容。

（3）一个自动化测试执行实例。

在本阶段讲解的最后，作者举一个 QC 自动化测试框架（HP 公司产品 Quality Center，一款集测试解决方案、测试流程管理、缺陷管理的工具，其本身也是一个自动化测试框架）的例子，其实也算是一个完整过程。

我们将测试脚本上传至 QC 服务器并与相应的测试用例绑定。最后，可以生成一个测试集，测试集里可以导入之前设计的测试用例，如果导入的用例和脚本有过绑定，则脚本也随之自动加载到测试集中，只需要点击“执行”按钮，QC 就会自动执行脚本，开始测试了。

如果在执行过程中发生意外情况，只要预先设置了各种异常情况及处理应对方式，QC 就会自动进行处理，并把测试场景恢复到预置的状态重新自动执行测试。

等测试集中的测试用例全部运行完毕后，QC 就会显示这些测试用例的运行结果并生成图表，然后自动将缺陷提交到服务器中，方便测试工程师了解自动化测试运行以及完成的情况乃至发现的缺陷情况。

7. 提交自动化测试产物

这个阶段，是对自动化测试项目开展、实施的反馈。通常，在自动化测试执行后，大致需要提交执行情况、测试结果、分析报表、测试报告、质量情况等（具体每个项目都会有所不同）。其实细心的读者应该能察觉到，在上面那个阶段讲解最后的实例中，已经有这个阶段的影子了。

值得开心的是，在提交了自动化测试产物后，自动化测试就算大功告成了！接下来，通常需要做一些会议总结、经验分享、自动化整体测试过程分析、自动化测试项目改进建议等工作，为了在后续的版本使自动化测试能取得更大的硕果。

8. 测试脚本维护

其实到了“提交自动化测试产物”这个阶段，一个自动化测试流程就算是结束了。测试脚本维护阶段不能单纯地被看作是一个阶段，因为测试脚本维护的工作是时刻穿插在各个阶段中的（“第五阶段 测试脚本设计与开发”开始）。严格来讲，每个阶段都在做测试脚本维护的工作。只是，测试脚本维护对于整个自动化测试项目非常重要，也是需要做最久的一项工作，所以，作者将其单独列为一个阶段来讲解。

自动化测试脚本维护也是一个持续性的优化过程，总是不断地在优化、改进、修正。作者觉得，做自动化测试最多的还是“维护”！不值得“维护”的自动化测试项目是不值得立项的！

1.1.2.2 自动化测试项目“标配”

了解了自动化测试流程的繁琐与严格后，再了解以下自动化测试团队的人员标准配置。从目前国内企业实际角度出发，算上自动化测试项目管理人员，我们以 5 人的团队为例。先让我们看以下这 5 人团队内存在的角色及其角色定义。

- **自动化测试组长：** 自动化测试团队的最高管理，拥有发言权。负责自动化测试项目从自动化立项到进度实施，到验收报告等整个测试流程；负责团队人员调度与管理；负责与上级领导、项目经理、手工测试负责人沟通与协调，并带领整个自动化小组工作。

- **高级测试开发工程师**：团队中技术最牛的角色，通常负责自动化测试框架的设计与搭建；负责自动化项目实施过程中各类技术难点的解决；负责公共数据的提炼和开发，如公共函数库等。
- **自动化测试用例设计人员**：由团队中对业务和手工测试情况最熟悉的人员担当。负责自动化测试用例的设计开发工作，及今后的测试用例维护工作；负责测试脚本的验收工作，监督测试脚本业务逻辑是否与设计好的自动化测试用例一致。
- **脚本开发人员**："战场前线"人员。负责自动化测试脚本的设计与开发；负责脚本合并联调工作；负责后期的脚本维护工作。
- **自动化项目库管理人员**：类似文职人员，可以没有代码开发经验。负责整个自动化团队日常工作中的文档变更记录的整理、公共对象库管理、代码版本管理及公共函数库管理等。

基本职责为。

A 某：自动化测试组长。

B 某：高级测试开发工程师。

C 某：自动化测试用例设计人员。

D 某：脚本开发人员。

E 某：自动化项目库管理人员。

接下来，就让我们看以下 5 人团队怎么样人员配置（注：一人可同时兼任多种角色）吧。

自动化测试组长：1 人次（A）

高级测试开发工程师：1～2 人次（B、A）

自动化测试用例设计人员：2 人次（C、E）

脚本开发人员：3～4 人次（D、A、B、C）

自动化项目库管理人员：1 人次（E）

以上就是一个 5 人自动化测试小组的标准配置和角色划分，仅供读者参考。

1.1.3 自动化测试用例设计详解

通常，在项目的测试过程中，测试工程师都会首先获取测试需求，接着熟悉测试需求，等待测试计划产出后，编写和设计测试用例，一般测试工程师都会根据事先设计好的测试用例来验证实际结果是否符合预期，包括后期的回归测试。而自动化测试项目同样也有这样一个流程，需要自动化测试工程师首先分析测试需求，产出自动化测试计划，设计好自动化测试用例后才能开始进入后续的脚本设计开发阶段。那么，既然要写自动化测试用例，有些读者可能会问，不是有手工测试用例吗，为什么还要去完成自动化测试用例？为什么不能用手工用例来直接替代自动化测试用例呢？它们之间到底有什么区别呢？自动化测试用例的设计原则到底又是什么呢？在上一章节中，内容虽有涉及，但作者并没有作细化介绍，因为自动化测试用例设计是一个非常重要的环节，所以必须单独列为一个章节进行系统化的解析。

很多公司在实施自动化测试的过程中，往往会把所有的手工测试用例作为自动化测试用例，并且直接进行脚本的开发工作，甚至有些公司不写自动化测试用例，直接想当然地开发测试脚本，这些都是极其不规范的做法，甚至很有可能是导致最后自动化测试项目失败的最大原因。那么问题就来了，为什么不能使用手工测试用例完全替代自动化测试用例呢？有以下几点原因，同时也是自动化测试用例的设计原则。

- **原则 1：自动化测试用例的范围往往是核心业务流程或者重复执行率较高的。**

在选取自动化测试用例范围时，很多测试工程师或者上级领导可能心里会过分依赖自动化测试，会认为自动化测试就应该覆盖所有的手工测试用例，自动化测试的覆盖率就应该达到百分之百。其实恰好相反，这样的想法往往会导致自动化测试最终失败。在一些大型项目中，往往测试用例的数量会很庞大，而且如果遇到一些繁杂的被测程序（特别是 C/S 架构），脚本开发工作往往会相当耗时间，并且很多测试用例甚至根本就不能通过自动化来实现。举些例子，现在很多公司自动化测试都是刚起步，对自动化测试的了解程度只是停留在字面上，在公司对测试也不是非常重视的情况下，当然不太愿意去花精力招一个具有自动化测试开发经验的工程师，很多还是停留在使用工具的录制回放功能来完成自动化测试。正是存在这样的技术限制情况下，往往在实施中，会出现很多录制回放不能解决的问题，测试工具完全无法识别测试对象，无法识别一些特殊的加密测试控件。还有，如果项目的变更频率，测试用例数量大的话，增加了后期的维护工作量等，都是造成最终失败的一些隐患。投入越大，损失越大。因此，往往我们会选取最核心的一些业务路径或者是重复执行率较高的一些手工测试用例进行自动化测试，这样能够充分发挥出自动化测试的优势。

- **原则 2：自动化测试用例的选择一般以“正向”为主。**

手工测试用例分正常情况和异常情况，在设计的时候，可能往往会去设计很多异常情况来验证程序是否有 Bug，并且一个正常情况的测试用例往往会对应几十个非正常情况的测试用例，而每种异常情况的测试用例都会有各种各样的预期结果。在自动化测试中，很多人喜欢将正常情况称为“正向”；反之，异常情况则称为“反向”。下面，我们试想以下，如果将这些异常情况全部转化、反应到自动化测试脚本中，那肯定需要非常繁琐的判断才能做到。这个对于自动化测试工程师来说，其现有的工作量还是今后的脚本维护量都是不可小视的。对于整个自动化测试项目来说，如果每个异常情况都要写进脚本中，那真的是花了大价钱买一堆小东西，小东西真正能发挥大作用的毕竟很少。因此，真正在自动化测试项目实施中，往往会舍弃反向用例，个别比较重要的除外。使每个东西都能发挥其最大的作用才是企业最想看到的。功能自动化测试主要还是用于回归测试，回归测试的目的就是保证新增功能后老功能是否能够正常继续运作。而自动化测试则是让测试人员从繁琐又枯燥的重复手工测试中解放出来，这就是目的和目标。

- **原则 3：不是所有手工测试用例都可以使用自动化测试来实现的。**

这里纠正许多测试从业人员的一个错误观念，刚接触测试自动化的普遍都会认为手工测试用例全部要转化为自动化测试用例，但是在真正实施的时候，却发现很多测试用例是自动化无法实现的，或者有些测试用例根本就没有必要去自动化的。例如，有些用例会牵涉到硬件设备辅助的，最简单的例子就是用例执行过程中需要使用刷卡机才能获取卡号信息（如果有技术能力，当然不排除自行开发接口供测试工具调用，但毕竟能有技术实力做到这一步的不多，能有这样的重视程度的更不多）；再比如，有些测试用例是需要与合作机构进行互动联调，联调时是需要和对方实时沟通，以及根据具体情况给予响应的，这些情况多数还是只能使用手工人为地来完成。当然，决定是否转化为自动化测试，必须事先有一个规范文档来定义哪些是需要转化为自动化测试哪些是不需要的，否则测试工程师就会不知所措，没有一个标准。一旦有了这个标准，自动化测试工程师就可以严格按照文档里的流程去完成需要转化部分的自动化测试用例的脚本开发工作了。

- **原则 4：手工测试用例可以不用回归原点，而自动化用例往往是必须的。**

很多有经验的自动化测试从业人员一定有这样的经历，很多时候脚本写完后，第一次执行没有任何问题，而第二次执行时立刻就会报错，原因就是没有回归原点。所谓回归原点就是执行的测试用例最终需要恢复其在执行前的初始状态，如果没有回归原点，就会把此脚本称之为死脚本。举个最简单的例子，比如添加用户功能，我们都知道每个用户名都是唯一的，当写完一个添加用户的脚本之后，执行第一次没有问题，因为执行前此用户还不存在，但是当执行第二次时，程序就会出现用户重复而报错，此时这个添加用户的脚本就失去了它的价值，在这种情况下，我们就需要在自动化测试用例的最后加上删除这个用户的步骤，这样在下次执行用例时就不会出现用户重复的情况了。当然，除了回归原点，还可以使用另一种方式进行，那就是初始化数据，比如 ATM 机取款，假设需要执行取款 100 元的操作，而银行卡余额是 120 元，当测试脚本第一次执行时可能没有任何问题，但是第二次系统就会报余额不足，这样就成为了死脚本，解决方案有两种：一种是直接进行初始化数据，每次执行用例之前都重置下余额（只需大于 100 即可）；第二种方法可以在用例执行前，先查询下余额是否大于 100，若大于等于则继续，若小于则做一笔充值 100 的操作，这样即可解决。两种方式可以看具体情况使用，数据初始化方便，但有时候初始化之后可能会影响到其他自动化测试用例的执行，而第二种方式相对在脚本上需要稍微花点功夫。究竟使用哪种方式还需要具体情况具体分析。总之，在执行自动化测试用例之前做好数据准备，这也是自动化测试的关键步骤。

- **原则 5：自动化测试用例和手工测试用例不同，不需要每个步骤都写预期结果。**

在手工测试用例的设计过程中，几乎每一个测试步骤都有一个预期结果。但是，在自动化测试用例的设计中并不采用，在自动化测试用例中，只有准备在测试脚本中设置成检查点的步骤才有预期结果，其他所有的步骤只将它看作一个步骤，这样做的好处是一目了然、目的明显、层次分明，以后写测试脚本直接跟着自动化测试用例就行了。因为经过前面的探讨应该已经知道，自动化测试中并不是所有的东西都需要验证的。所以，作者在前面的章节中也提到过，基本上手工测试用例多多少少都要进行一些转换的，就是因为它们之间的格式是不一致的。举一个简单的例子，假设需要设计一个注册页面的自动化测试用例，有 10 几个表单需要填写，在手工测试用例中，每个表单的填写都一定会有预期结果，因为它的确在检查每一项是对了还是错了，只是用的是你的眼睛在检查而已，所以速度非常的快，甚至你自己潜意识都忽略了其实你已经检查了。但是，在自动化测试中，我们知道如果你要检查，那一定需要写代码，如果每项都检查，那代码量有多大是可想而知的，不是说做不到，只是这样做根本不符合自动化测试的特点。所以，绝大部分时候，这些在自动化测试中可有可无的检查，我们全部“不检查”，只当做一个业务流程和步骤，是不需要设立预期结果的。

1.1.4 教父级自动化测试工具 QTP

由于测试工程师经常会遇到许多循环重复劳动，非常枯燥乏味，给测试工程师带来了许多不必要的重复任务，因此，为了减少测试从业人员的工作量，自动化测试工具就这样诞生了。

目前，市面上的自动化测试工具有很多，选择面也非常的广，比如目前全球市场占有率最高的 QTP，还有 SilkTest、WinRunner、Watir、Rational Robot、TestComplete、RFT 等。这些都是目前主流的自动化测试工具，我们再来参考一下 Indeed.com 网站提供的一项从 2005 年～2010 年的主流自动化测试工具趋势分布图，如图 1-2 所示。

图 1-2

从图 1-2 中可以分析出，从 2005 年～2006 年左右，WinRunner 一直是主流地位，占有率最高，而从 2007 年开始，QTP 慢慢地兴起，开始有超越 WinRunner 的势头，这段时间 Mercury 已经停止了 WinRunner 的版本更新、下载以及服务，而把主要战略方向转投向他们近几年非常成功的 QTP。从 2007 年后半年开始，WinRunner 开始走下坡路，而此时 QTP 和 Selenium 正以十分迅猛的势头赶超上来。直到今天，QTP 成为了最终的霸主，而 Selenium 排行老二，WinRunner 只能位居第三，其余自动化测试工具基本没有多大的变化。不过趋势图有些地方还是只能作为参考的，而且这张数据图的出处在国外论坛，不能完全反应国内的一些情况。作者个人感觉目前 Web 测试中开源的 Watir 测试框架在全球也有一定的市场占有率。那么接下来我们就来看一下商业化自动化测试工具 QTP 的实力。这里作者就拿 QTP 与 Watir 进行一个简单的对比作为参考，如表 1-1 所示。

表 1-1 QTP 和 Watir 对比

功 能	QTP	Watir
录制	支持	不支持
被测系统	支持 B/S 和 C/S	不支持 C/S
对象识别	强	弱
对象库	支持	不支持

续表

功　能	QTP	Watir
IDE	强	弱
回放	速度快	高亮定位
脚本编写	方便	快速
支持语言	VBScript	Ruby
函数库	支持	支持
测试结果	支持	需要开发扩展
与其他测试工具联动	支持	不支持
自身扩展	弱	强
价格	昂贵	免费

可以看出，在表 1-1 中，QTP 很多功能都是 Watir 无法比拟的。当然，此表也只是列举了一些表面功能上的对比，QTP 还有许多更深层次的功能是其他任何自动化测试工具所无法比拟的。不过呢，任何事物都有两面性，有好的一面也总有不大好的一面，QTP 最大的缺点就是价格相当昂贵，而且由于其商业工具的特殊性，所以不可能开源，导致无法对测试工具本身的核心进行个性化的扩展定制。这点 Watir 就比较好了，虽然有很多功能没有 QTP 那么强大，但其开源的特性使得我们可以对其进行随意的修改和扩展，可以把需要实现的功能进行二次扩展开发，同样也可以使其成为一款非常强大的自动化测试工具。不过这肯定需要非常强大的编程功底以及一定的开发工作量，需要投入大量的时间和精力。

从下一章开始，本书将对自动化测试工具 QTP 进行深度的剖析，同时结合大量新鲜实例，使读者能够在实际项目中掌握 QTP 的应用。内容会由基础核心、到高级扩展、到领先技术、再到框架展示，拨洋葱式的层层深入，让读者能够由浅入深地掌握好测试自动化这一门技术。

1.1.5 总结

本章节是作者根据其多年的自动化测试项目实战经验和学习经验的一个深度总结。可以使读者绕开弯路，循规蹈矩地认知到底什么是自动化测试，以及其中的一些精髓理论！章节中穿插了大量的实践、实用元素。

知识点巩固和举一反三练习

一、请审题后根据题目的素材设计“最最简单的登录功能”的自动化测试用例。

素材 1：系统名称<XX 自动化测试用例设计练习系统>，B/S 架构。

素材 2：整个登录功能的验证只涉及 2 个页面<登录页面>、<内容页面>。

素材 3：“登录页面”具备 4 个控件[用户名输入]、[密码输入]、[登录]、[重置]。

素材 4：“内容页面”中存在文字<欢迎回来，xx>，具备 1 个控件[退出系统]。

素材 5：该系统如果不用手工清除 IE 缓存，不点击[退出系统]，直接关闭网页，下次访问无须重新登录，直接以已登录状态访问<内容页面>，非常方便。

素材 6：在“素材 4”中，内容页面里的文字专门用作检查登录系统是否成功。

二、请根据要求将手工测试用例转化成自动化测试用例。

手工测试用例设计表

用例编号	所测功能模块	作者	版本
TEST01	注册模块	余杰	V1.0
步骤序列	业务操作描述	预期结果	实际结果
1	进入“XX 自动化测试用例设计练习系统”首页	进入系统首页	
2	点击[注册]按钮	进入注册界面	
3	输入有效的[用户昵称]	字段验证通过	
4	输入有效的[账户密码]	字段验证通过	
5	选择有效的[密码找回问题]	选择成功	
6	输入有效的[密码找回提示问题答案]	字段验证通过	
7	点击[确定]按钮	注册成功，进入“下一个”页面且生成“用户账号”	

要求 1：需要验证点击[注册]按钮后是否能够成功进入注册页面。

要求 2：“用户昵称”需要在测试脚本中验证字段。

要求 3：需要验证注册完毕后系统的反应。

附：自动化测试用例设计表模板参照

用例编号	所测功能模块	作者	版本
ATC01	注册模块		
步骤序列	业务操作描述	预期结果	测试所用数据
1	进入“XX 自动化测试用例设计练习系统”首页	进入系统首页	…
…	…	…	…
…	…	…	…

1.2　帮助文档（HELP）-QTP 的说明书

阶段要点

- F1 的简单介绍。
- 焦点功能引导法。

- 脚本定位跟踪法。
- 查阅 Example 实例技巧。

1.2.1 永远任劳任怨的良师益友“F1”

1.2.1.1 “F1”的简单介绍

F1 键相信很多朋友都不会陌生，举个最简单的例子，当用户打开 Windows 自带的 notepad（记事本），按下 F1 键后，系统就会自动弹出 notepad 的帮助文档，如图 1-3 所示。

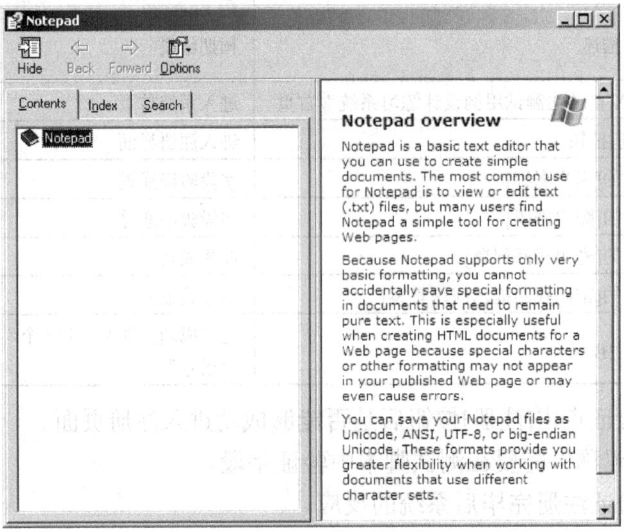

图 1-3

不止是 notepad 有 F1，微软 Office 的 Word/Excel/PowerPoint 有 F1，QQ/MSN 有 F1，IE 有 F1，甚至是 Windows 的桌面也会有 F1，不管你使用的是什么软件，F1 总是能如影随形的跟着我们，在我们最需要的时候给予最大的帮助。这就是 F1，在你刚刚入门时，它会成为你的向导栏；当你处于迷茫时，它会成为你的指路牌；当你准备学习前，它会成为你的教科书；当你需要查询时，它将成为你的小词典。

接下来就来看一下 QTP 中 F1 的使用，首先打开 QTP，切换到 Expert View 后，点击 F1，就可以看到 QuickTest Professional Help 文档，如图 1-4 所示。

从图 1-4 中可以看到有 4 个 tab，在第一个 tab 中可以看到一共有 8 本书。

- Welcome。

大致对 QTP 做了简单的介绍以及帮助文档的使用与更新。

- What’s New in QuickTest Professional。

主要介绍了当前 QTP 版本的一些新特性。

- XHP QuickTest Professional User Guide。

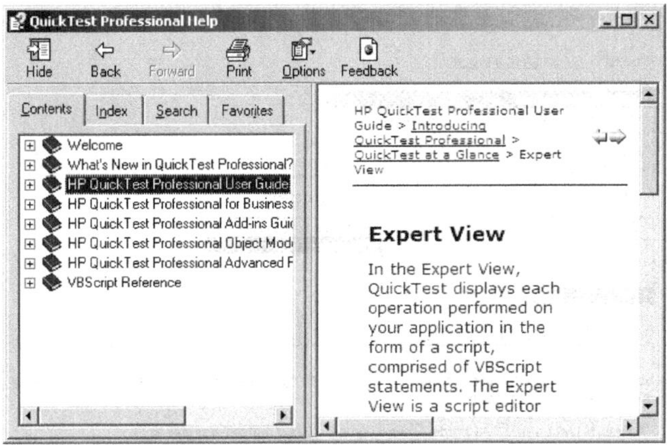

图 1-4

QTP 的一些基本知识，建议初学者能认真的把这本书通读一遍。

- HP QuickTest Professional for Business Process Testing User Guide。

介绍如何使用业务组件功能来进行测试。

- HP QuickTest Professional Add-ins Guide。

对 QTP 所有支持的插件的使用方法进行了简单介绍。

- HP QuickTest Professional Object Model Reference。

用于查阅 QTP 所有封装对象的接口与用法。

- HP QuickTest Professional Advanced References。

QTP 的一些高级用法，需要深入学习的建议读一下。

- VBScript Reference。

对 QTP 的平台语言进行详细的介绍，查阅时也相当有用途。

1.2.1.2　如何获取最新的帮助文档

如果需要获取 QTP 最新版本或者任意版本的帮助文档，可以直接打开 IE，进入 HP 官方网站（需注册登录），如图 1-3 所示。

- Product：

QuickTest Professional。

- Product Version：

选择需要的版本。

- Operating System：

Windows。

按要求选择产品以及所需要的版本并点击 Search 按钮后，页面下方即会显示所有文档的列表。左边一栏是标题，右边一栏是文档更新的日期，如图 1-6 所示。

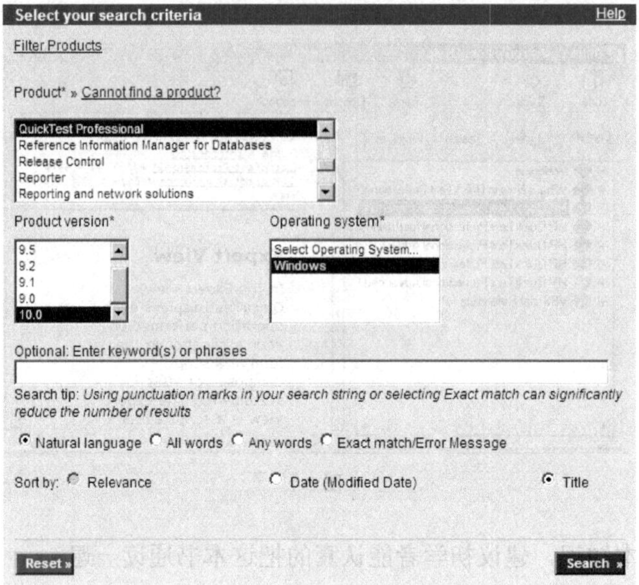

图 1-5

↓Title	Date
.NET Add-in Extensibility Developer's Guide QTP10_Net_Addin_ExtenDev.pdf	Jan 27, 2009
Add-ins Guide QTP10_AddIn.pdf	Jan 27, 2009
Business Process Testing User Guide QTP10_BPT_UserGuide.pdf	Feb 25, 2009
Delphi Add-in Extensibility Developer's Guide QTP10_DelphiAddin_Extens_Dev.pdf	Jan 27, 2009
Functional Testing Concurrent License Server Installation Guide QTP10_FuncTestConcurrent_License.pdf	Jan 27, 2009
Installation Guide QTP10_Install.pdf	Jan 27, 2009
Java Add-in Extensibility Developer's Guide QTP10_Java_Addin_ExtenDev.pdf	Jan 27, 2009
Online Help QTP10_OnlineHelp.html	Jun 11, 2009
Open Source and Third-Party Software License Agreements QTP10_OpenSource3rdParty.pdf	Nov 3, 2009
QuickTest Professional 10.00 Product Availability Matrix - Feb 2010 QTP10_ProdAvailMatrx.pdf	Jun 8, 2009
QuickTest Professional for Business Process Testing User Guide QTP10_BPT_TestUser.pdf	Jan 27, 2009
Read Me QTP10_ReadMe.pdf	Jan 30, 2009
Tutorial QTP10_Tutorial.pdf	Jan 27, 2009
User Guide (Vol 1 and Vol 2) QTP10_UserGde.pdf.zip	Mar 9, 2009
User Guide Volume 1 QTPUG_10_V1.pdf	Mar 9, 2009
User Guide Volume 2 QTPUG_10_V2.pdf	Mar 9, 2009
Web Add-in Extensibility Developer's Guide QTP10_Web_Addin_ExtenDev.pdf	Jan 27, 2009

图 1-6

1.2.2 妙用 F1 可事半功倍

做任何事情都会有一定的方式方法，好的方式方法可以达到事半功倍的效果，下面我们就来看一下如何才能更好地利用 F1 键来解决实际中遇到的问题。

1.2.2.1 焦点功能引导

之前说过 F1 对于新手来说是个非常有利的工具，它可以引导用户熟悉 QTP 的每项功能。当你的手指按下 F1 键的瞬间，F1 就会被激活并且激活的内容会与当前的焦点自动匹配。这样的一种引导模式对于新手的学习来说，是非常便捷的。

→技术指导：切换焦点后点击 F1。

- 焦点切换到 DataTable，如图 1-7 所示。
- 焦点切换到对象库（图 1-8）。

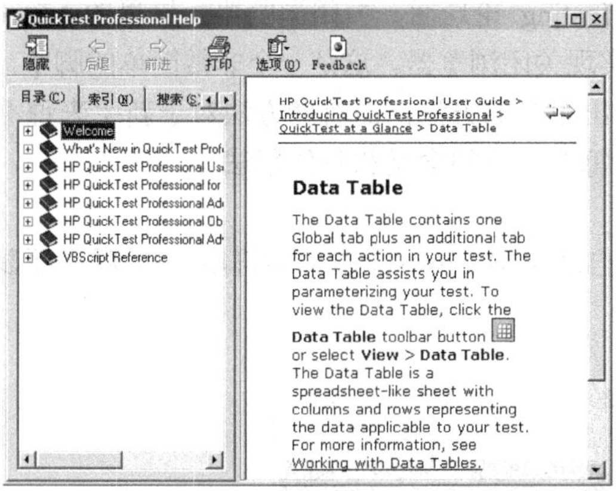

图 1-7

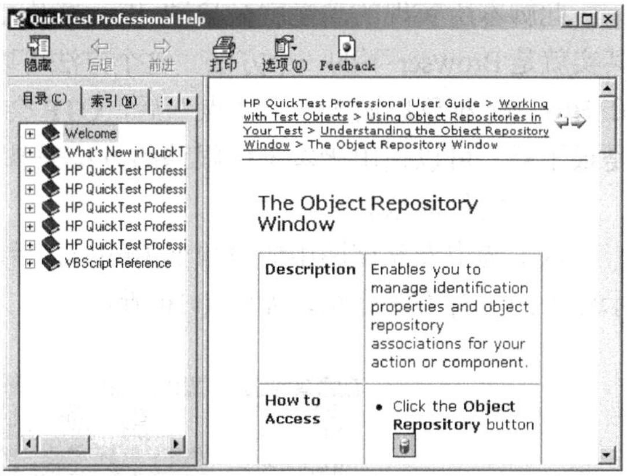

图 1-8

- 焦点切换到 SPY（图 1-9）。

无论焦点走到哪里，F1 都能精确地对内容进行匹配，可以充分利用此功能进行模块化以及针对性的学习。对于已经熟悉 QTP 的读者，此功能也是非常有帮助的。因为我们不可能把 QTP 的所有功能都一一吃透，大多数情况都只是对常用的功能比较熟悉，当在项目中遇到了瓶颈需要使用QTP的新功能或者新技术来解决问题的时候，在面对 QTP 的一些不是很了解或者相对比较陌生的功能时，此时最好的帮助老师就是 F1。当然还可以找"百度大叔"。如果是对于每次 QTP 升级版本时的新功能发布而言，"百度大叔"也就束手无策了，最终还是只能靠 F1。

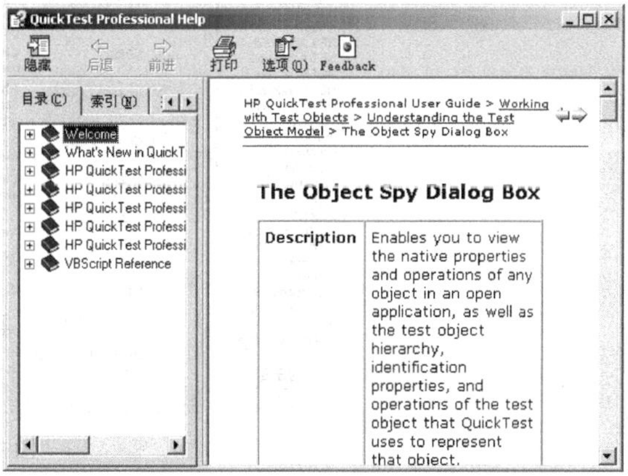

图 1-9

1.2.2.2 脚本定位跟踪

刚开始学习使用专家视图的读者一定会非常困惑一个问题，那就是每个 QTP 的封装对象都会有 N 多个方法，每个方法都代表着不同的含义，有着不同的用法，在调用方法时还会有不同的参数，不同的参数类型以及是否有返回值等一系列的问题。

➔技术指导：双击定位选取后点击 F1。

我们来看一段很简单的脚本：

```
'************Launch IE **********
Systemutil.Run "IEXPLORE.EXE","http: //bbs.51testing.com/default.php"

' ************CLOSE BROWSER************
Browser("51Testing 软件测试论坛 软件测试|").Close
```

此脚本所实现的功能就是启动 IE，打开 51Testing 论坛后，关闭浏览器。这里的 Close 其实就是 Browser 下的一个方法。这个方法可以实现关闭浏览器。这是一个非常简单的脚本，在 Browser 对象后输入一个“点”后，QTP 会弹出很多的方法，而有些方法对于新手来说不是很了解，可以使用脚本定位跟踪的方法来掌握每个方法的含义和具体用法。

- 定位对象。

双击选中专家试图中的对象名 Browser 后，自动选中 Browser 脚本字符串，F1 后页面显示对象的所有方法介绍，如图 1-10 所示。

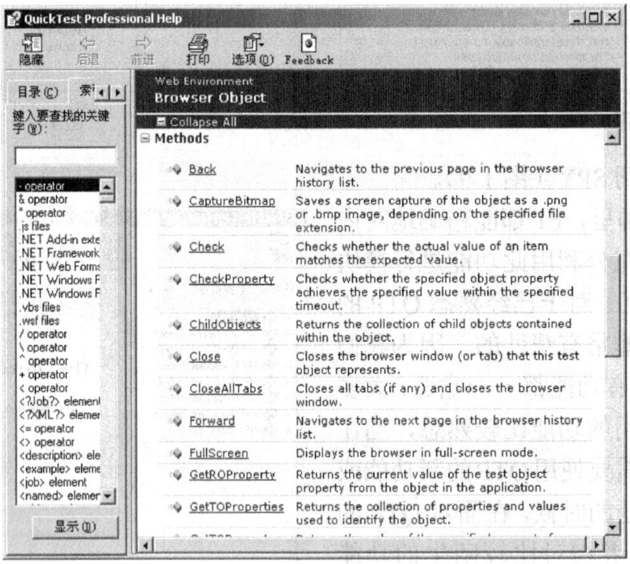

图 1-10

- 定位方法。

当需要直接定位对象方法时，可以直接双击选中专家视图中的方法名 Close，按 F1 键后页面显示 Close 方法的描述、参数个数、返回值等，如图 1-11 所示。

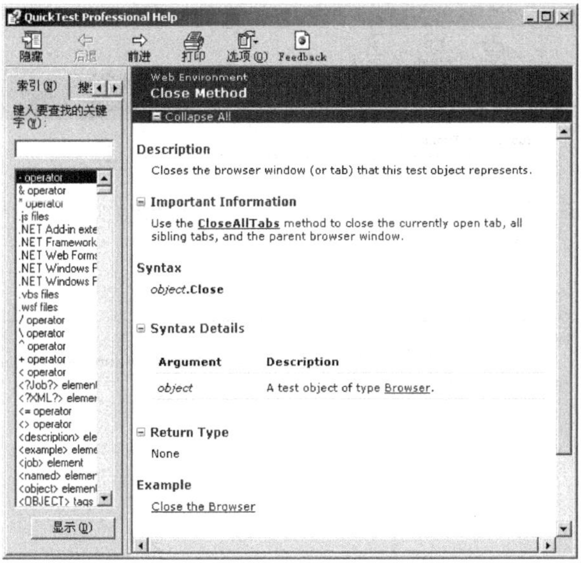

图 1-11

1.2.3　请遗忘脑中的代码，掌握查阅 Example 实例技巧

1.2.3.1　封装方法实例查阅

上一章我们讲了脚本定位跟踪，这一章主要来讲跟踪后查阅 Example 实例的技巧。在这里再次提醒读者，脚本不是死记硬背的，而是要活学活用的，成千上万个方法也不可能都把它背下来。所以，必须掌握这个技巧来应对下一个未知的方法。还是用上一节的例子查阅一个方法的描述如表 1-2 所示。

表 1-2　方法的描述

Description：	方 法 描 述
Syntax：	语法使用
Syntax Details：	语法细节
Return Type：	返回类型
Example：	举例说明

学会查阅方法是一种必备的技能，当看到一个陌生的方法时，必须能够会使用定位跟踪方法进行查阅，仔细查看对象的方法描述、语法使用、语法细节、返回类型、举例说明。特别是举例说明这一栏，作者个人感觉是很实用的。有时候一个过于复杂的方法，介绍也写的有些含糊，这时可以点击 example 实例进行查看能够省去很多的时间。如 Close 方法，如果没有看懂说明，就可以直接点击 example，页面就会显示此方法的具体实例，如图 1-12 所示。

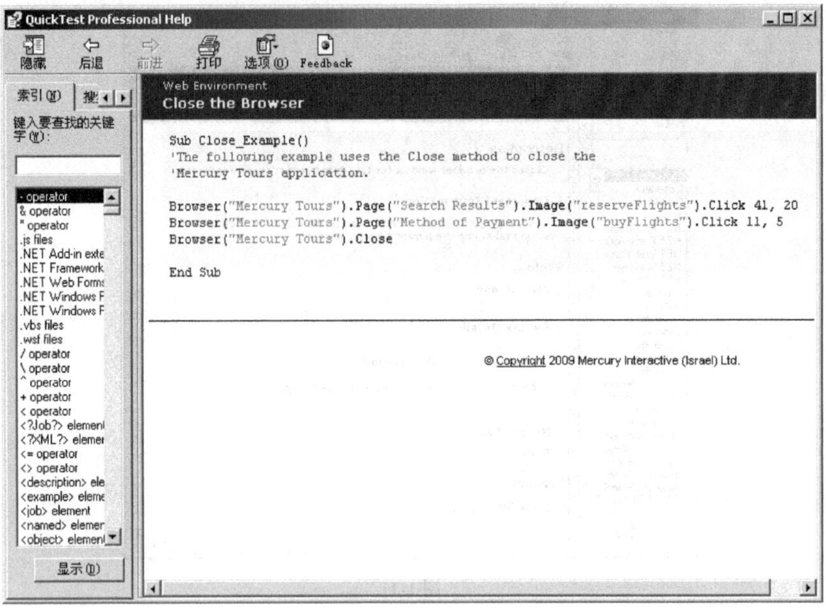

图 1-12

实例程序如下：

```
Sub Close_Example()
'The following example uses the Close method to close the
'Mercury Tours application.

Browser("Mercury Tours").Page("Search Results").Image("reserveFlights").Click 41, 20
Browser("Mercury Tours").Page("Method of Payment").Image("buyFlights").Click 11, 5
Browser("Mercury Tours").Close

End Sub
```

当看完此实例后，就能够轻松掌握 Close 方法的所有用法了。

1.2.3.2 VBScript 方法函数查阅

QTP 的底层语言是 VBScript，因此是否能够灵活运用好 VBScript 脚本语言在自动化测试中是至关重要的。VBScript 虽然语法不多，也不是很严谨，但是方法和函数却非常繁多，往往新手在学习时都不能把全部的函数和方法都熟记下来，因此必须找出一种方式方法来摆脱这种非常被动的局面。通过 F1 定位进行实例查询，现学现用。

● 实例 InStr 函数的定位。

首先在 QTP 里输入 Instr，双击选取 Instr 后，点击 F1 进行内容定位匹配，接着就可以看到 Instr 方法的介绍与用法，如图 1-13 所示。

从帮助文档的说明中可以看到，此函数返回的是一个字符串在另一个字符串中的首个位置，参数一共有 4 个，如下所示。

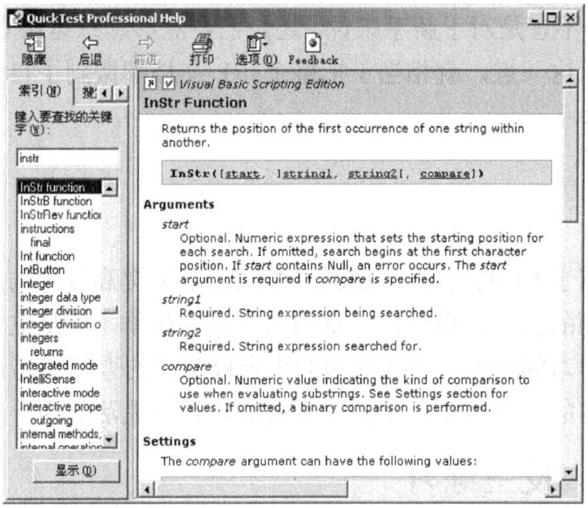

图 1-13

- **Start**：起始位置，可选。
- **String1**：需要被搜索的字符串，必选。
- **String2**：需要搜索字符串，可选。
- **Compare**：比较方式，可选。

对于新手来说，看完以上这些说明之后，若还是比较迷茫。怎么办呢？可以直接把 Example 的内容拷贝到 QTP 中执行一遍，相信一定会恍然大悟的，并且会发现原来这个函数的用法是那么的简单，对自动化测试的学习也会越来越有信心。

InStv 实例程序如下：

```
Dim SearchString, SearchChar, MyPos
SearchString ="XXpXXpXXPXXP"  ' String to search in.
SearchChar = "P"  ' Search for "P".
MyPos = Instr(4, SearchString, SearchChar, 1)
' A textual comparison starting at position 4. Returns 6.
MyPos = Instr(1, SearchString, SearchChar, 0)
' A binary comparison starting at position 1. Returns 9.
MyPos = Instr(SearchString, SearchChar)
' Comparison is binary by default (last argument is omitted). Returns 9.
MyPos = Instr(1, SearchString, "W")
' A binary comparison starting at position 1. Returns 0 ("W" is not found).
```

通过 Example 可以很明显地看出，需要搜索的范围是 XXpXXpXXPXXP，而搜索的内容为 P，第一个则是在这个搜索范围里从第 4 个位置开始搜索 P，直到找到 P 位置，然后停止搜索，并返回找到的位置。由于此处的第 4 个参数是 1，为文本比较，是忽视大小写的，因此，此处返回的位置为第 6 个，所以返回值也就是 6，后面 3 个原理基本也是一样的，读者可以自行尝试琢磨一下看。

通过以上的例子相信读者应该已经学会了，如果通过灵活地运用 F1 来定位内容并匹配，能够现学现用。此技巧不管是对于新手来说，还是已经能够熟练运用 QTP 的来说都是必备的技能。一旦能够做好了这一点，就相当于把整个 F1 文档都搬到了自己的大脑里、相当于上升到了一个新的台阶。

1.2.4 总结

这一章节主要介绍了 F1 的使用，以及如何通过 F1 来提高学习与工作的效率，以便掌握现学现用解决实际问题的技巧。虽然这一章的内容较为简单，但是这一章的一些技巧基本会贯穿整个自动化测试学习的过程。需要掌握的是定位跟踪的查阅技巧，而不是去背 F1。这才是作者要讲这章节内容的关键所在。希望读者能够牢记并灵活应用。

知识点巩固和举一反三练习

1．请利用 F1 查阅 SystemUtil 对象的具体用法。

2．请根据以下代码利用 F1 脚本跟踪定位法来查阅 filter 方法在如下代码中的用法。

```
Dim arrIndex
Dim arr (3)
arr(0) = "Quick"
arr(1) = "Quick Test"
arr(2) = "Quick Test Professional"
arrIndex = Filter(arr, "Test") ' MyIndex(0) contains "Monday".
MsgBox arrIndex(0)
```

1.3 录制与回放——QTP 的开关

阶段要点

- 录制在实际项目应用中的价值观（极低）。
- 新手切记不可在项目应用时被禁锢在录制中。
- 录制及其相关功能的重点知识点提炼。
- 录制功能“旁门左道”式的妙用。
- 录制的 3 种模式及应用。
- QTP 回放机制重要原理。
- 实际项目应用时关于 QTP 脚本回放的几项重要设置详解。

1.3.1 请拒绝“录制”，再开始你的实际项目之旅

1.3.1.1 引言

当人们一提到 QTP，第一反应就是，它是 Mercury 公司旗下的一款强大的商业化自动化测试工具（现已被 HP 公司收购）。那么当提到 QTP 有什么主要功能的时候，大家的第一反

应一定是“录制”。

很多新人认为，QTP 自动化测试工具最强大的功能就是“录制”。在众多的自动化测试工具中，QTP 的“录制”的确做地非常有优势和全面、以及高档。但是，作者很负责任地告诉读者，QTP 的录制功能虽然相当精彩，一些相关的“出彩”功能，作者甚至碰都没有碰过，不过这并不影响作者使用 QTP 出色地完成各类自动化测试项目，因为靠“录制”是做不了项目的，甚至连一个 demo 都做不出来。

就像作者在之前的“1.1.2 严格的自动化测试流程”章节中说过的那样，自动化测试项目和软件开发项目同属软件工程学，两者是同属一派的。在自动化测试项目的实际应用中，只有直接编码才能出色地根据之前的设计思想来完成脚本，如果是靠“录制+加强”的模式，那就不可能按照前面定制的设计方法和思想来开发测试脚本。

1.3.1.2　一些“理论性的社会实际问题”实例

作者在 1.1.2.1“测试流程是关键”这一节中的第五大点里提到过几种测试脚本种类，录制就属于其中最低级的“线性脚本”的范畴。录制出来的脚本给作者这样一种感觉“貌似华丽，其实没有任何价值和思想”，也可以把这类脚本比作古代战场中的一员有勇无谋的武将，表面上凶猛无比，其实只不过是横冲直撞之辈尔，没有任何战略、谋略，必然无法永远打胜仗。

虽然 QTP 在录制时有很多“华丽”的辅助功能，比如 Keyword View 界面的各种直观操作、Active Screen 等。但是这些东西基本上也只是有一个华丽的表面而已，如 Active Screen，如果开启了这个功能，那么即使你录制一个简单的注册功能，这个脚本的大小估计都有 10MB 左右！因为脚本里都是截取下来的图！一个注册脚本就要 10MB，那么一个自动化测试项目测试下来需要多少 MB？另外，在添加对象方面上，录制也显得差强人意，因为靠录制的方式添加对象，表面上来看十分快速，但是通过这种方式添加到对象库中的对象，它们的命名都是 QTP 自动命名的，相当乱，还需要一个个去改，而且很多对象还是不需要的，QTP 也给自动添加进来了，这样，效率远不如一开始就一个个添加对象，并根据规范为它们逐一命名再进行编程呢。对象库这章还没讲到，届时会在章节中引导读者做一个有趣的实验来证明，在这里也不再阐述了。

小提示

关于文中提到的“录制”两字。——作者在文中提到的“录制”是指以录制的方式并配合使用其他 QTP 自带的功能录制出来的脚本，从而完成自动化测试脚本编写的整个过程（线性脚本、结构化脚本都在此范畴之内），而不是指单一的录制功能。举个例子，比如 QTP 这个测试工具自带了很多检查点的设置与操作，其实在真正的项目应用中，是用不到的，而是靠代码的方式去实现，绝非靠工具本身提供的功能去实现。关于检查点，在这里点到为止，后续的“验证点”章节中，会详细地讲解靠代码实现验证点并且通过实例证明，为什么实际项目应用中的验证是从来不靠 QTP 自带的检查点功能的。

最后，有一点需要做声明，本书的作者绝对没有诋毁 QTP 的录制功能，正是因为有了这项强大功能的开发与研究成果，才能让自动化测试工具一步一步走上更高的高度。只是作者觉得，“录制”在实际的自动化测试项目的应用中几乎没有任何可发挥的余地。因为本书并不是一本自动化测试工具功能的介绍书籍，而是一本融合实战技术、项目实践及经验的指导书籍。

在下一个章节中，会对“QTP 录制”的核心做必要的介绍和讲解，这些内容，读者还是必须掌握的。

1.3.2 录制功能更多的只是新人学习时的利器

1.3.2.1 录制相关功能只需把握几个重点

学习“录制”只是能更多的了解 QTP 这个自动化测试工具，但在自动化测试项目中几乎没有发挥的余地。如果只从实际项目角度出发，那是不是可以完全抛弃学习呢？是可以的。不过在本章节中，作者总结了一些关于“录制”方面的重点知识点，这些重要的知识点不仅和“录制”有关，它们和以后在具体的项目应用中也有关系。所以把这些知识拎出来作重点介绍。希望可以给读者以启发，本书也从本章节开始正式引领读者去实践 QTP、实践自动化测试项目应用。

1. Add-in Manager & BHO Manager

Add-in 和 BHO 相关的知识点表面看似和“录制”没直接联系，其实它不仅仅和“录制”有关联性，和很多知识点也同样都有关联，比如以后会介绍的对象库，可以说这两个一直伴随着 QTP 自动化测试项目。选择将这两个知识点放在“录制”这章节介绍更加妥当，毕竟无论是“录制”、“插件”、还是“BHO”都是学习 QTP 一开始就要接触的知识点。

在打开 QTP 之后，可以看到一个 Add-in Manager 框（见图 1-14）弹出来，这是一个 QTP 插件管理器，每次启动前需要选择对应的插件（在插件名称左侧打钩）才能进行测试。QTP 默认自带 3 个插件，分别是 ActiveX、Visual Basic 以及 Web，其中属 Web 插件最重要，使用率最高，也是本书所用到的重点插件。如果需要使用其他插件，可以向官方购买，或由用户自主定制自己的插件。加载新插件后，插件管理页面中就会显示新加载的 QTP 插件。

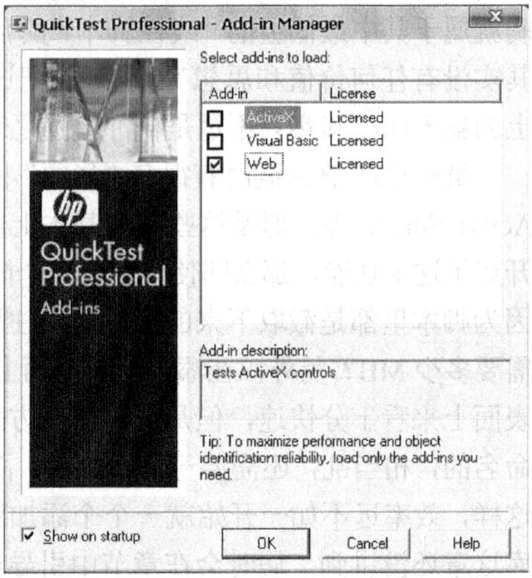

图 1-14

经常会在测试论坛上看到一些测试同行问“这个项目是用什么语言写的？应该选择哪个插件做自动化测试？”。其实提出这个问题足以证明大家并没有了解插件的真正含义和作用。

插件的含义与作用。

Add-in 的选择是为了能够成功识别对应插件的测试对象控件，也就是说插件的选择是和被测对象控件有关的，以 QTP 应用最广泛的 Web 网页测试而言，它与项目具体使用的是哪种语言没有多大关系。但是对于 Windows 桌面应用程序而言，插件的选择是和开发语言有关系的。针对 C++、Java 和.NET 程序，QTP 都有相应的 Add-in 提供，分别用于对应的语言开发的 Windows 桌面应用程序。

一个实例：

需求：使用 QTP 的 Spy 识别“51Testing 软件测试网”首页上的[登录]按钮（WebButton）控件，如图 1-15 所示。

注 1：Spy 功能是 QTP 重要的一个机制，在后续的章节“Object Spy”中会进行详解。这里，只给出该功能的位置及基本用法。

注 2：Spy 的位置：进入 QTP→上方菜单栏→Tools→Object Spy→点击后弹出 Spy 框。

注 3：Spy 的基本用法：点击 后会出现一个“手指头”并重新切换到之前的页面，用“手指头”点击被测对象控件即可。

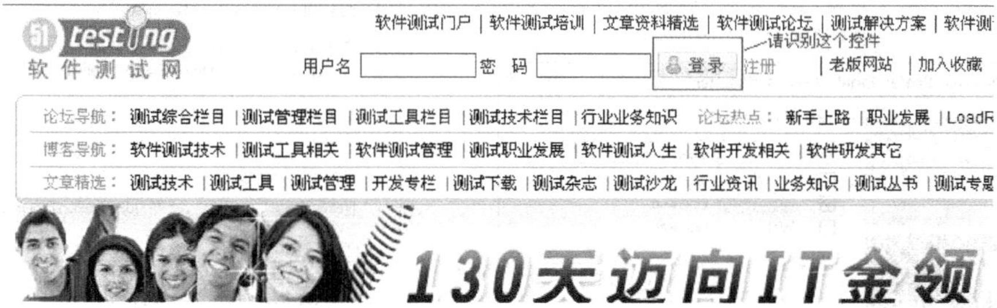

图 1-15

“51Testing 软件测试网”是一个 B/S 架构的 Web 网站，需要加载 Web 插件（见图 1-14 中的插件选择状况）才能够正确识别网站中的对象。下面看一下选择了正确的插件后，利用 Spy 定位“登录”这个 WebButton 对象控件的结果，如图 1-16 所示。

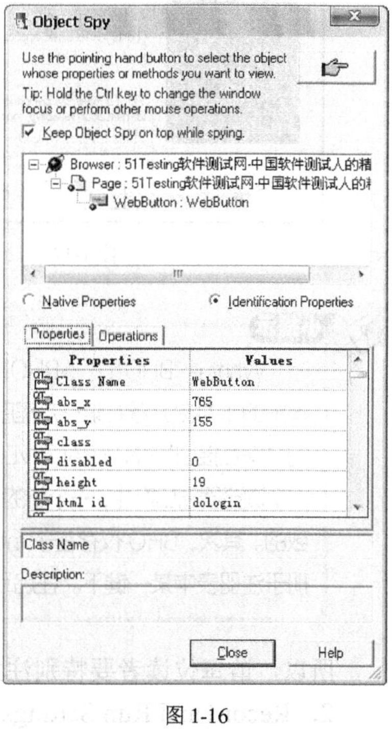

图 1-16

通过图 1-16，可以很清楚地看到控件识别成功了。“登录”这个对象控件的所有属性尽在 Spy 的掌握中。

那么如果没有选择相对应的插件去进行识别会是什么情况呢？首先如图 1-17 所示，作者把 Web 插件的钩选去除，只选择 Visual Basic 插件。然后再次用 Spy 去定位“登录”这个控件。

操作完毕，结果如图 1-18 所示。

这就是选择错误插件后，Spy 的识别图。由于没有选择对应的插件，“小手指”都没有办法具体定位到“登录”按钮这个 WebButton 控件对象，只能把整个浏览器识别为一个对象。

通过上述内容，相信读者已经对插件有了深刻的了解。但是内容还没有结束，你知道吗？即使选择正确的插件，有时仍然会出现图 1-18 中的情况。如果以后发生类似的问题，解决办法相当简单，只要关闭 QTP 和测试网页，然后先打开 QTP，再打开测试网页即可解决！为什么会这样呢？说的简单点就是，QTP 和 BHO 机制是挂钩的。因为安装完 QTP 之后，每次打开 IE，浏览器会自动加载 BHOManager，而 QTP 在 IE 中识别对象是依靠一个名为 BHOManager Class 的动态链接库来完成的，如果是先打开 IE 再打开 QTP，QTP 就不能成功读到 BHOManager Class 这个动态链接库，从而导致 QTP 识别对象失败。

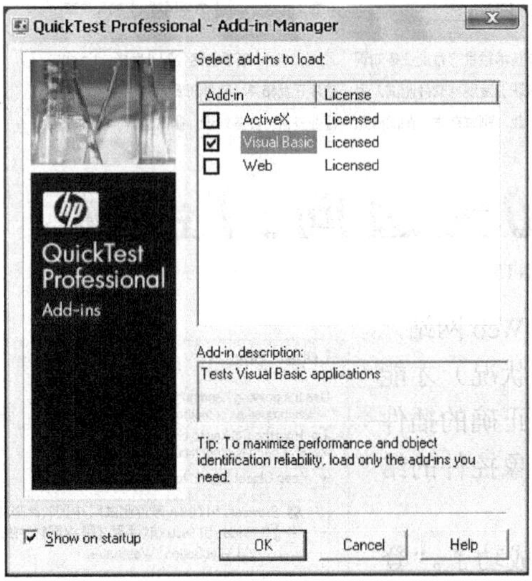

图 1-17

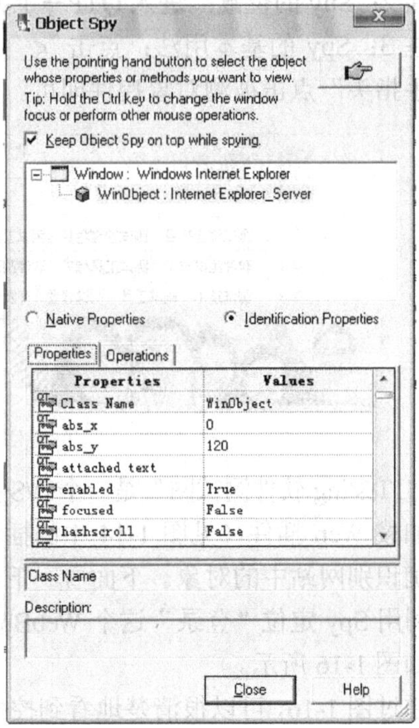

图 1-18

小提示

What is "BHO"?——BHO(Browser Helper Object，浏览器辅助对象，简称 BHO)。BHO 是微软推出的作为浏览器对第三方程序员开放交互接口的业界标准，通过简单的代码就可以进入浏览器领域的“交互接口”(INTERACTIVED Interface)。BHO 对象依托于浏览器主窗口。实际上，这意味着一旦一个浏览器窗口产生，一个新的 BHO 对象实例就要生成。任何 BHO 对象与浏览器实例的生命周期是一致的。其次，BHO 仅存在于 Internet Explorer 4.0 及以后版本中。BHO 是一个 COM 进程内服务，注册于注册表中某一键下。在启动时，Internet Explorer 查询那个键并把该键下的所有对象预以加载。

所以，请每位读者要特别注意这里的小细节，别疏忽了它。

2. Record and Run Settings

它翻译后的中文是：录制与运行设置。即和录制有关系又和运行有关系，它们和“Add-in”

及“BHO”一样，同样会一直伴随着 QTP 自动化测试项目。

这个知识点从界面就可以很直观地了解了，先看以下两张图(图 1-19、图 1-20)。

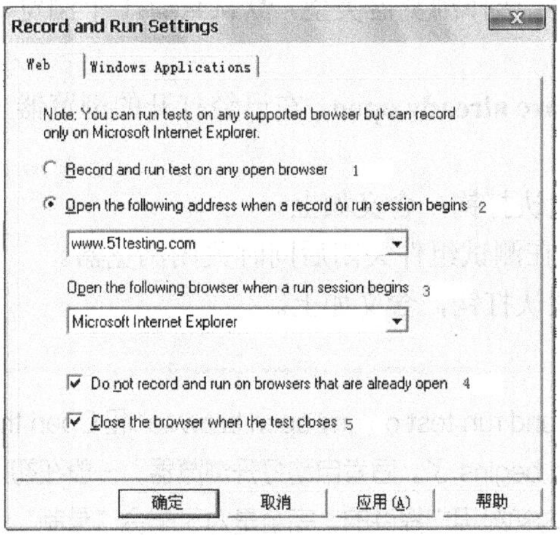

图 1-19

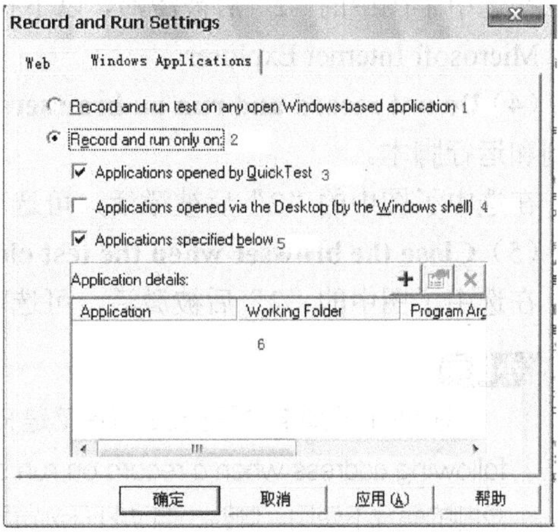

图 1-20

注 1：Record and Run Settings 的位置：进入 QTP→上方菜单栏→Automation→Record and Run Settings。

点击 Record and Run Settings 后，会弹出一个窗口，窗口中有两个选项卡，分别是 Web 选项卡（图 1-19）以及 Windows Applications 选项卡（图 1-20）。

先介绍最常用的 Web 选项卡，它用在 B/S 架构的系统中。作者已经在图 1-19 中对每个选项进行了编号，让我们对 Web 选项卡下的各选项进行全面的了解。

（1）**Record and run test on any open browser**。在任意打开的浏览器上录制和运行测试组件。

选中这个选项后，在录制的时候，这个选项需要手动打开浏览器，并且在录制的过程中可以随时暂停录制、修改、继续录制等。在回放的时候选择了这个选项就会引申出一个问题了。

举一个实例，假设当前计算机上同时开启了两个网页 A 和 B，录制的脚本是网页 A 的，大家都知道网页只能同时看一个，如果此时网页定格在网页 B（也就是说你在看网页 B），你重新回到 QTP 并点击“F5”运行脚本，此时 QTP 其实是在网页 B 上运行脚本的，而脚本里的各个元素又是针对网页 A 的，然后理所当然 QTP 就会一直卡在那里不动直到等待时间超过后报错，原因很简单，QTP 无法识别网页 B 上的控件。所以，读者以后千万要避免类似的问题发生，解决办法也很简单，最好是在做自动化测试运行工作时只开启一个网页，如果一定要开启多个网页，也请记得在运行前把网页重新激活定格到被测试网页中。

（2）**Open the following address when a record on run session begins**。当开始录制时打开下面输入的地址。

选中这个选项后，会同时激活网址输入框及图中的“3”、“4”、“5”，在网址输入框中输入需要的被测网页地址即可，此时 QTP 就会打开该网页。

（3）**Open the following browser when a run session begins**。当开始录制时以下面选择的浏览器类型打开。

在选中了图中的“2”后被激活，以下拉框形式选择浏览器类型，默认只有 1 个浏览器类型：Microsoft Internet Explorer。

（4）**Do not record and run on browsers that are already open**。在已经打开的浏览器上不录制和运行脚本。

在选中了图中的“2”后被激活，可选项，默认打钩，含义如上。

（5）**Close the browser when the test closes**。在测试组件关闭后同时关闭浏览器。

在选中了图中的“2”后被激活，可选项，默认打钩，含义如上。

小提示

在 Web 选项卡中最主要的选择就是 Record and run test on any open browser 和 Open the following address when a record on run session begins 了。后者自动打开浏览器，一般在初始录制的情况下使用。同时，自动打开浏览器也是为初级用户提供的，完全是为了配合“录制”这个功能而开发的。手工写脚本的情况下，一定是选择前者。在这里先预告下，在 QTP 脚本开发中，打开浏览器的函数是 SystemUtil，在后续的章节中会详细讲解该函数，这个函数下的很多方法在实际项目应用中都相当实用。

接下来介绍 Windows Applications 选项卡，这个选项卡是关于 QTP 在录制应用程序时的应用设置。作者已经在图 1-20 中对每个选项进行了编号，下面对 Windows Applications 选项卡下的各选项进行全面的了解。

（1）**Record and run test on any open Windows-based application**。在任意打开的 Windows 底层程序上录制和运行测试组件。

原理和 Web 一致，不再重复阐述。

（2）**Record and run only on**。只在 XX 应用程序上录制和运行。

选中这个选项后会同时激活图中的“3”、“4”、“5”、“6”。

（3）**Applications opened by Quick Test**。被 QTP 打开的应用程序。

在选择了图中的“2”后被激活，可选项，默认打钩。在这里要说明一下，被 QTP 打开的应用程序可以是由“6”中手工添加程序的方式也可以是由代码的方式，代码函数仍然是 SystemUtil。

（4）**Applications opened via the Desktop (by the Windows shell)**。通过快捷方式或快速启动栏打开的程序（包括开启录制之前、之后打开的）。

在选择了图中的“2”后被激活，可选项，默认不打勾。这里要注意一下，如果决定勾选这个选项，一定要勾选“5”（为什么一定要勾选“5”会在下面讲到），然后添加快捷方式或快速启动栏图标的实际路径。

（5）**Applications specified below**。在下方 **Applications details 里指定程序路径**。

在选择了图中的“2”后被激活，可选项，默认打钩。如果不打勾，则不会激活“6”，也就无法添加程序。在“4”里讲到必须勾选“5”就是因为这个原因，只有勾选了才能在下面的 Application details space 里添加程序实际路径、快捷方式实际路径或快速启动栏图标实际路径等。

（6）**Applications details space**。程序详情资料空间（space 是作者自己加的）。

在选中图中的“2”并勾选“5”后被激活。这个区域被激活以后有新增、编辑、删除 3 个按钮，并且在添加程序完毕后以列表形式显示并排列，如图 1-21 所示。

下面看一下如何添加程序，点击添加按钮（绿色的+号）后的效果，如图 1-22 所示。

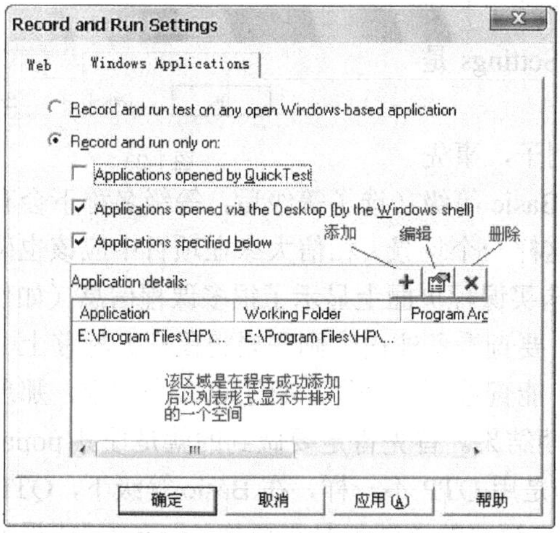

图 1-21

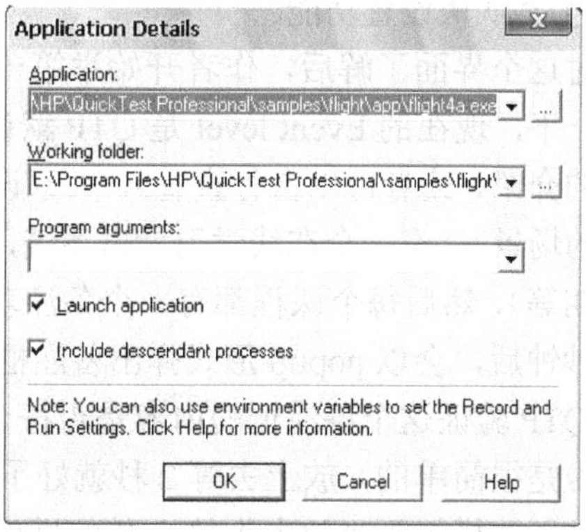

图 1-22

在点击添加按钮以后就会弹出图 1-22 中的界面。

- **Application**：这里是添加程序具体路径的地方，可以手动输入，也可以通过右侧路径按钮进行选择。需要注意的是，这里的路径是需要定位到文件名的，比如 flight4.exe，如果是 QQ 的话，就是 QQ.exe。
- **Working folder**：这里是添加工作文件夹的路径，不用具体定位到文件名。
- **Program arguments**：简单的说就是输入一个程序变量的编辑框，平时就算是“录制”。
- **Launch application**：可选项，默认勾选，勾选后的效果是，在录制的时候可以自动开启程序。
- **Include descendant processes**：可选项，默认勾选，对于实际项目的应用同样做不了贡献，如果读者感兴趣，可以使用第 2 小章节中讲到的 F1 定位跟踪技术自行研究。

3. Web Event Recording Configuration

首先，公布下这个功能的入口处：进入 QTP→上方菜单栏→Tools→Web Event Recording Configuration，点击进入后会出现如图 1-23 所示的界面：

该功能只能应用于 B/S 架构的系统，在录制时，对一些 Web 事件进行设置，这个设置究竟是怎么回事？设置后的效果是什么？稍后，作者会举一个例子，然后在 51Testing 网站上选择一个相对比较贴切的实际场景进行操作，让读者看明白。

先熟悉一下这个弹出的界面，首先了解一下 Event configuration level 的概念，QTP 把它默认分成 3 级：Basic（最下面那格，也是默认的设置，图 1-23 的显示效果就是 Basic 效果）、Medium（中间那格）、High（最上面那格），要设置等级只需要将游标移动到相应位置即可。其次，可以看到有 Custom Settings 按钮，这个按钮就是用户的个性化定制，在 QTP 默认的 3 个等级都不符合场景需求时，可以使用该功能（下文会对这个功能的要点作讲解）。最后，Default Settings 是恢复 QTP 默认设置功能。

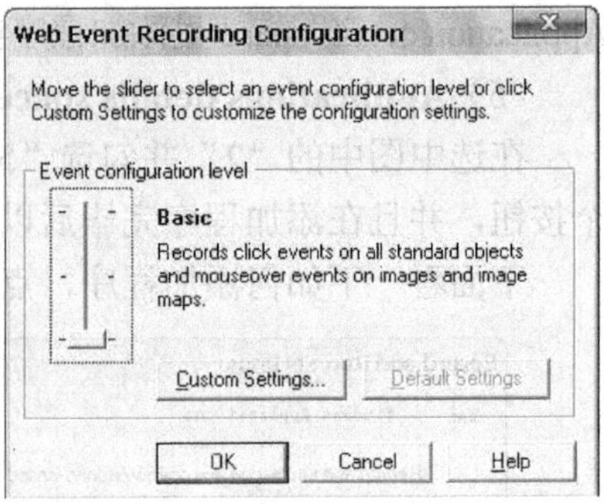

图 1-23

对这个界面了解后，作者开始举第一个例子，事先提醒一下，现在的 Event level 是 QTP 默认的 Basic 等级（选了等级后，等级名称下会有些该等级的介绍，读者可以自行查看），大家设想这样一个场景（相信大家在项目中应该也碰到过类似的场景）：有一个在线学习考试系统，在购买课程页面上显示了很多课程信息（如价格、有效期等），然后每个课程都有一个备注功能，要查看备注内容则需要将鼠标光标移上去并保持 2 秒钟后，会以 popup 形式弹出备注框后才能查看到。好了，有了这么个需求，那现在需要用 QTP 验证这个备注框的内容是否符合预期结果。首先肯定要做到的就是使其 popup，手工操做是很简单的，放上去等 2 秒就好了，但是用 QTP 不一样，在 Basic 等级下，QTP 在录制时是无法模拟到“放上去等 2 秒的操作的”。解决的办法就是需要把 Event level 提高到可以模拟这个操作的那个 level。只有通过该解决方案才能解决项目应用的实际问题，不然这个自动化测试用例就没法实现成脚本！接下来，就从 51Testing 网站挑选一个相对比较适宜的场景，录一段脚本，一起来看看脚本效果。在这里先知会一下，作者找了很久，实在没找到 51Testing 网站上有 popup 形式的控件，所以，作者的实例不是以 popup 形式的，不过原理是一样的，而且还可以多了解不同的场景。先看看场景图 1-35 所示。

图 1-24 中作者用到的场景区域进行了标示，简单介绍一下，这块区域是一个信息公告区，不是静态的，是动态地从下到上滚动显示的。然后当将鼠标光标移动到某条信息上时，整个信息公告区就会变成静态的了，点击后就可以查看到那条信息。现在提出需求：成功将鼠标光标移动到[企业内训]下的第 2 条信息“圆满完成上海西门子医疗器械有限公...”上面，等待 0.5 秒，待信息公告区移动禁止后点击，这个需求很简单，（注：这里强调一下，等待 0.5 秒的需求是作者虚拟出来的，实际上鼠标光标只要放到信息公告栏里，信息就会变成静态的）。

现在开始分析，从手工操作的角度上来说，完成这个业务需求的时间不会大于 2 秒。步骤就是，鼠标光标→移动到信息上→等待信息公告区从动态变成静态→点击。但是从用 QTP 角度上来分析，就不会像手工操作那么简单了，难点就和 popup 例子一样，如何能使 QTP 模拟到鼠标光标停止在第 2 条信息上 0.5 秒的操作。其实就是将 Event level 提高或自定义至可以完成这个需求。Basic 这个默认的等级完成不了这个需求，调高 2 级至 High 这个等级就可以了，反正这个实例只是为了给读者看看实际效果，原理之前就已经讲述了。大家只要知道，项目中遇到搞不定的需求只要把等级提高就行，如果 QTP 默认设定的几个等级都无法满足项目中的需求那就进行个性化定制（这方面有些重点内容等后面会讲解），即可完美搞定！实现的效果如图 1-25 所示。

图 1-24

```
'默认的Basic等级的录制效果，没有完成需求中的要求
Browser("Browser").Page("51Testing软件测试网-中国软件测试人的精神家园")._
Link("圆满完成上海西门子医疗器械有限公司软件测试培训").Click

'设置成High等级后录制的效果，完成了需求中的要求"停留0.5秒"
'使用的是FireEvent方法，参数是"onmouseover"
Browser("Browser").Page("51Testing软件测试网-中国软件测试人的精神家园")._
Link("圆满完成上海西门子医疗器械有限公司软件测试培训").FireEvent "onmouseover"

Browser("Browser").Page("51Testing软件测试网-中国软件测试人的精神家园")._
Link("圆满完成上海西门子医疗器械有限公司软件测试培训").Click
```

图 1-25

我们可以看到，用 Basic 等级录制出来的脚本根本无法实现鼠标光标停留在第 2 条信息上的需求，尽管在录制的时候鼠标光标是停留了 0.5 秒后再点击的，但是 QTP 无法录制到。但是用 High 等级就不同了，鼠标光标停留的动作就被录制到了，函数是 FireEvent，参数是 onmouseover，它就是传说中的“鼠标悬停”事件。预告下，在下面的“1.3.4 小节”中会讲关于 FireEvent 函数结合该节内容做一个实例演示，这个函数事件的知识点还是比较常用的，敬请期待吧！

好了，现在讲一下如果用 High 等级都满足不了需求的情况下，就需要个性化定制了，点击 Custom Settings 按钮后进入如图 1-26 所示的界面。

图 1-26 所示左边是 QTP 的对象列表树，包含了 Web 中 QTP 所能识别的所有控件，可以通过 Add Object 添加 Object 控件。右边是与控件相对应的实例，包含了相对应的控件的鼠标光标录制属性，可以通过 Add Event 来添加 Event 类型，点击 OK 保存设置。个性化定制完毕后就可以开始录制脚本了。

4. 脚本录制的一些良好建议和注意事项

上文中的 1、2、3 都是读者必须了解，并在项目实际应用中使用价值比较高的“录制”方面的知识点。最后，作者对“录制”进行总结，并根据实际经验给出一些意见。

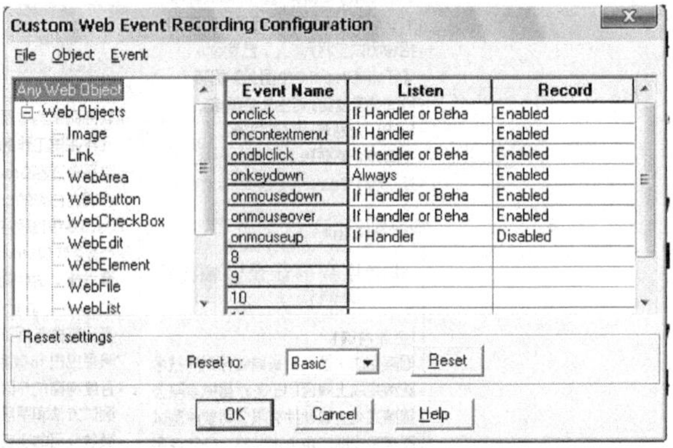

图 1-26

- 在开始录制之前，应关闭录制会话不需要的所有浏览器、网页或应用程序，以免造成不必要的困扰，从而影响工作效率。
- 如果在网站上进行录制，应确定该网站的安全区域。当在 Web 浏览器中录制时，浏览器可能用安全警告对话框提醒，这样在脚本运行时就会由于对象库中没有事先添加安全警告对话框这个对象而导致脚本运行失败。解决方案有两个：一是选择禁用/启用这些对话框，二是将安全警告对话框添加进对象库。
- 事先明确好准备在录制和运行测试时，如何打开 Web 浏览器或应用程序。可以选择让 QTP 打开一个或多个指定的 Web 浏览器或应用程序，也可以在已经打开的 Web 浏览器或应用程序上录制和运行，但是务必事先明确，以免发生不必要的“意外”。
- 如果要对 Web 对象进行录制，必须对该对象的值进行更改或初始化还原，以便使 QTP 录制到该步骤。例如，要录制 WebList 对象的选择操作，如果页面上已经选择过某选项了，就必须单击该下拉列表，滚动到最初的那个默认选项（当然，这一步可别录进去啊!），然后再重新选择你准备选择的备选项（这叫还原）。如果不还原，可能会导致脚本在运行时无法通过。

1.3.2.2 为什么说录制是学习利器，有根有据，请听我细细道来

作者一直认为学习“录制”相关方面的知识绝大数时候不是为了今后能在实际项目中应用，而是能对 QTP 做一个整体的了解，包括 QTP 的一些原理、QTP 的一些主要功能、用 QTP 进行自动化测试的基本业务操作流程等。可以这么说吧，“录制”只能说是用 QTP 做自动化测试项目的“启蒙老师”，有将“徒弟”引进门的功劳，但最多也就这点功劳了，因为做实际项目“录制”是不够用的，以后必须进行不断深造。

作者在这里还要给大家分享一个小小的经验和技巧。录制这个单项且独立的功能，在以后具体做项目写脚本的过程中是有辅助作用的，也可以说是小小的“投机取巧”吧。在前面的章节中就有

这么一个理念，那就是“要以代码的方式写脚本，但不要硬记代码，有问题用 F1 查找”！首先，作者保证这个理念肯定是正确的，但是，有时候会遇到这么一个窘境，先让我们看图 1-28 所示。

图 1-27

对[同意网站服务条款]这个 WebCheckBox 控件“打钩”或者“取消打钩”的代码分别是：

```
'勾选[同意]的代码如下:
Browser("51Testing 软件测试论坛 软件测试 |").Page("51Testing 软件测试论坛 软件测试 |").WebCheck
Box("同意").Set "ON"
'取消勾选[同意]的代码如下:
Browser("51Testing 软件测试论坛 软件测试 |").Page("51Testing 软件测试论坛 软件测试 |").WebCheck
Box("同意").Set "OFF"
```

很明显，需要“打钩”的话 Set 方法后面跟参数“ON”；如果需要“取消打钩”，Set 方法后面跟参数“OFF”。在手写代码时，这个很好记住，参数 ON 是打钩、参数 OFF 是取消打钩。但是，参数后面的“ON”或者“OFF”是大小写就没那么好记了，经常容易忘记或混淆！如果在该写成大写的时候误写成小写，那么就相当于参数写错，最后运行脚本肯定是过不了！如果你有经验，能反应过来是大小写问题；如果没经验，估计需要折腾一阵子，说不定还发现不了到底是哪里出错了，象遇到类似的问题有什么办法应对呢？建议读者在以后的项目测试过程中，可以参考下面的小技巧。

小技巧

如果遇到上述的情况，录制功能就可以帮上大忙了，录制下这个控件的操作，正确的代码就会显示在 QTP 中！录制出来的代码是不会出错的！

OK，这就是作者在做项目中的一些经验，在这里分享给读者，通过这个小技巧就可以在具体的脚本编写过程中无往不利！

俗话说，打铁要趁热！接下来再一起看第二个实例，先看一下图 1-28 所示。

图 1-28 是 51Testing 论坛的一个搜索功能，可以看到页面中有一个 WebRadioGroup 控件，

这个控件内一共存在 4 个选项（所有选项都同属于一个控件）。默认选中的是第 1 个选项“帖子”，假设需求要求将所有选项从左到右全部点击一遍，从第 2 个选项开始点起，点完第 4 个选项以后再点击第 1 个选项。应该说，完成这个需求很简单，请看下面的代码：

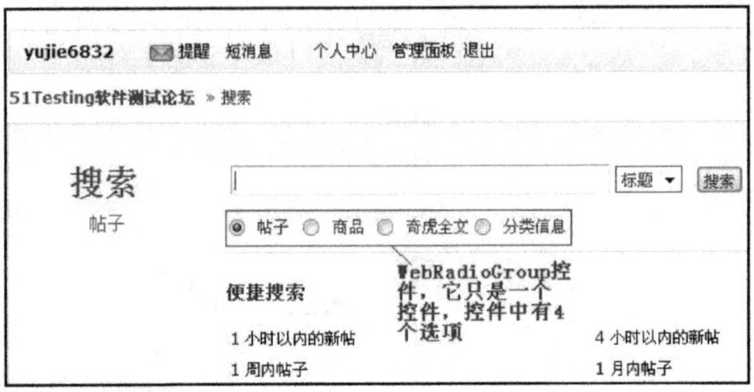

图 1-28

```
'预告：作者强烈推荐在脚本的编写过程中尽量多使用 With 函数，益处良多，在以后的章节
'中会进行介绍，并且在本书中，With 的使用率将会非常高！
With Browser("51Testing 软件测试论坛 软件测试 |")._
Page("51Testing 软件测试论坛 软件测试 |")
        .WebRadioGroup("st").Select "#1"        '选中“商品”按钮
        .WebRadioGroup("st").Select "#2"        '选中”奇虎全文“按钮
        .WebRadioGroup("st").Select "#3"        '选中“分类信息”按钮
        .WebRadioGroup("st").Select "#0"        '选中“帖子”按钮
End With
```

在写脚本的时候，WebRadioGroup 控件下的选项可以简写，如“#0”等，可以说提供了相当大的方便。但是，新手往往由于不熟悉这些数字的规律，所以不敢乱用简写，在这种吃不准但又想使用简写，且不想花太多时间去研究的情况下，上面的“小技巧”又可以帮助我们达成目标并提高效率，只要简单的录制一下，QTP 就会准确、快速地获得这些选项的编号。

1.3.3　录制时需注意模式的切换

1.3.3.1　3 种录制模式的基本介绍

在这一小节中，将要介绍 QTP 中的 3 种录制模式：正常录制、模拟录制、低级录制。

1. 正常录制模式

QTP 默认的录制模式，这种录制模式是 QTP 最突出的特点，是直接对对象的操作，可以说此类模式继承了对象模型的所有优点，能够充分发挥对象库的威力。它通过识别程序中的对象来代替以前依赖识别屏幕坐标的形式。但是正常模式并不能保证识别程序中所有的对象，因此，仍然需要其他两种模式来补充。在录制完之后，不管再次打开的对象位置在哪（简单的说就是不具体记录对象控件的坐标，但是被测页面上必须存在该控件对象），它都能执行到。开启正常录制模式的方式。

（1）QTP 上方菜单栏→Automation→Record。

（2）直接使用快捷键“F3”。

（3）在 QTP 界面上点击正常录制图标，如图 1-29 所示。

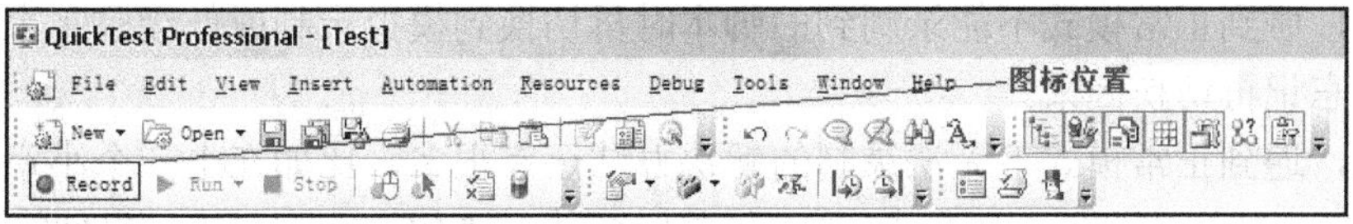

图 1-29

2. 模拟录制模式（Analog Recording）

此类模式录制了所有键盘和鼠标的精确操作，对于正常录制模式不能录制到的动作，可以使用模拟录制模式来弥补。例如，录制一个鼠标光标拖动的动作，正常录制模式无法录制这个业务操作，这时就可以考虑切换到模拟录制模式记录鼠标光标的轨迹。模拟录制模式录制下来的脚本文件比较大，而且依靠这种方式是不可以由 QTP 进行编辑的。选择模拟录制模式，如果在回放时，改变了屏幕的分辨率或者窗口/屏幕的位置， 回放就会失败。开启模拟录制模式的方式。

（1）前提是开启正常录制模式。

（2）QTP 上方菜单栏→Automation→Analog recording。

（3）直接使用快捷键“Shift+Alt+F3”。

（4）在 QTP 界面上点击模拟录制图标，如图 1-30 所示。

3. 低级录制模式（Low Level Recording）

此类模式是用来录制 QTP 不能识别的环境或对象。它不止录制了鼠标和键盘的所有操作，对对象的位置要求也非常严格。按此模式录制的对象都以 Windows 和 WinObject 的形式存在。QTP 按照屏幕上的 x 坐标和 y 坐标录制该对象，将所有父类对象录制为 Windows 测试对象，将所有的其他对象录制为 WinObject 测试对象。它们在 ActiveScreen 中显示为标准 Windows 对象，并且在录制回放时，对象的坐标有任何一点改变就会失败。这类方式适用于 QTP 不能正常识别对象时的应用，主要是记录坐标的位置，可以对 QTP 不支持的对象进行坐标记录。但是不到万不得已的时候，不推荐使用此模式。开启低级录制模式的方式。

（1）前提是开启正常录制模式。

（2）QTP 上方菜单栏→Automation→Low Level Recording。

（3）直接使用快捷键“Ctrl+Shift+F3”。

（4）在 QTP 界面上点击低级录制图标，如图 1-31 所示。

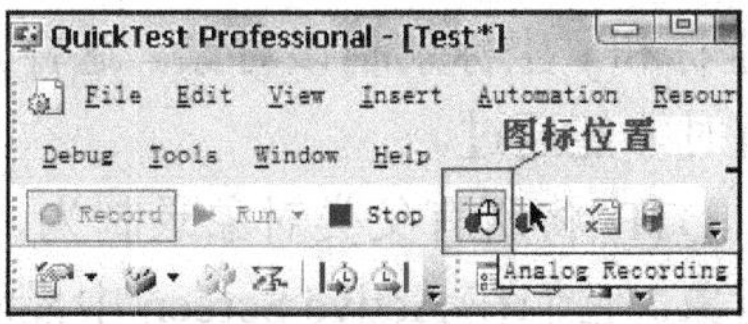

图 1-30

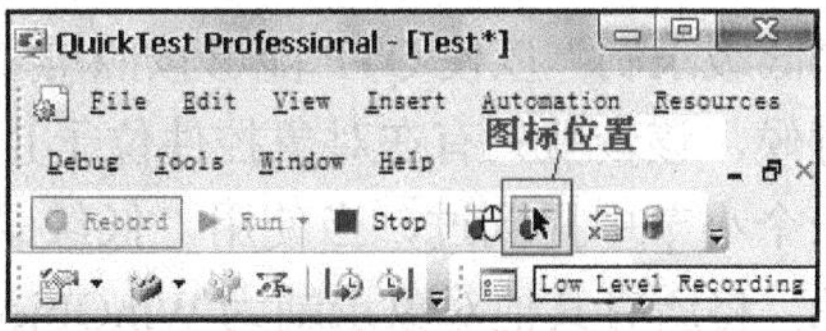

图 1-31

以上就是 QTP 的 3 种录制模式，读者可在进行录制时，根据实际的业务需求进行灵活地切换运用。只有在正常模式下不能录制自己想要的业务操作的时候才可以使用模拟录制和低级录制，模拟录制和低级录制比正常录制需要占用更多的硬盘资源。一般先使用正常录制模式录制脚本，碰到正常模式不能录制到的脚本时再切换到模拟录制或低级录制来录制这些步骤，之后别忘记再切换回来。

实际上，遇到正常模式下无法录制的解决办法还有很多，比如在上一个小章节中提及的 Web Event Recording Configuration 实现一些鼠标事件，诸如 onmouseover 事件等。

1.3.3.2 Analog Recording 和 Low Level Recording 的区别与规则

在 1.3.3.1 小节中，介绍了模拟录制模式和低级录制模式，细心的读者可以发现，这 2 个录制模式之间有很多的相似之处，容易产生混淆。其实，它们之间无论在功能还是实际用法上都有很大的区别。

1. Analog Recording（模拟录制）

将“模拟录制”应用于要在录制期间录制鼠标光标的实际移动的应用程序。这些可能包括绘制鼠标签名或者使用通过拖曳鼠标光标创建图像的绘图应用程序等。

模拟录制模式分为两种：一种是相对于指定窗口的录制，另一种是相对于屏幕的录制。

- **相对于指定窗口录制**。选择相对于指定窗口录制，就会只录制鼠标、键盘的指定窗口内的所有动作，而不会录制在指定窗口外部执行的任何单击或鼠标光标移动。当使用这种模式时，QTP 不会捕获任何 Active Screen 图像。
- **相对于屏幕录制**。可以录制在整个屏幕内所做的所有动作，包括点击 Windows 任务栏上的 QTP 图标，但在 QTP 窗口内所做的操作不会进行录制。当使用这种模式时，QTP 将捕获你在其中进行录制的窗口的最终状态的 Active Screen 图像。

使用“模拟录制”录制的步骤被保存在单独的数据文件中。该文件与在其中录制模拟步骤的操作或组件一起存储，并且在以“模拟录制”模式进行录制时，QTP 将向测试或组件添加一个调用所录制的模拟文件的“RunAnalog”语句。相应的 Active Screen 将显示在模拟录制会话期间执行的最后一个模拟步骤的结果。

2. Low Level Recording（低级录制）

将“低级录制”应用于在不受 QTP 支持的环境或对象上进行录制应用程序。或者当需要在应用程序屏幕上录制操作的精确位置时，也请使用“低级录制”。

当以正常模式录制时，不用关心对象控件具体在什么位置，即使该对象控件每次都移动到屏幕上的新位置也没关系。但是，如果对象控件的位置方位对于测试或组件非常重要，请切换到“低级录制”以使 QTP 能够按照屏幕上的 x 坐标和 y 坐标录制该对象。这样，在运行脚本的时候，该步骤只有在对象控件位于正确的位置时才能通过。

前一个小节中提到过，当使用“低级录制”时，QTP 将所有父类对象录制为 Windows 测试对象，将所有其他对象录制为 WinObject 测试对象。它们在 Active Screen 中显示为标准 Windows 对象。下面列举“低级录制”对每个测试对象支持的方法。

- **WinObject 测试对象：** Click、DblClick、Drag、Drop、Type 。
- **Windows 测试对象：** Click、DblClick、Drag、Drop、Type、Activate、Minimize、Restore、Maximize 。

以“低级录制”模式录制的每个步骤都显示在关键字视图和专家视图中，而“模拟录制”仅仅录制关键字视图中那个调用外部模拟数据文件的步骤。

总结。当选择“模拟录制”或“低级录制”时，需要参考一定的规则性，才能做到事半功倍的效果，在遇到实际问题时仔细考虑以下规则。

- 只有当 QTP 的正常录制模式不能准确录制和满足业务操作时，方可使用“模拟录制”或“低级录制”。
- “模拟录制”和“低级录制”要求比正常录制模式更多的磁盘空间。
- 对于特定的业务步骤，可以在录制会话期间切换到“模拟录制”或“低级录制”。在以“模拟录制”或“低级录制”模式录制了必要的业务步骤之后，就可以返回到正常录制模式来完成录制会话的其余部分。

1.3.4 有必要让你掌握尤其重要的 QTP 回放机制

掌握了 QTP 录制的原理那就一定要掌握 QTP 的回放原理，后者的重要性远远胜于前者，因为在做实际项目的时候可以抛弃录制，但是脚本回放永远抛弃不了！QTP 的脚本回放机制勤勤恳恳地服务于每一次自动化测试，如果失去它，自动化测试将不复存在！

那么 QTP 的回放机制大致是一个怎么样的概念呢？最简单的说法就是“回放机制是封装对象与真实对象的匹配”。

深化点讲就是，QTP 根据脚本中记录下来的对象操作的顺序进行回放（再通俗点的说法就是，在没有特殊情况下是从上到下执行，一句一句执行的，特殊情况就是，比如遇到 Function 时会“跳”）。QTP 从脚本中读取到该对象，并根据对象的层次和名称到对象库中寻找相同名称的测试对象，在对象库找到相应的测试对象并获得该测试对象的属性，然后根据这个测试对象的属性，在运行的网页或应用程序中进行匹配，寻找运行时对象。如果成功匹配上，再根据脚本中记录的该对象的方法、动作和参数值进行应用，如果未能匹配上，则在超出了等待时间后报错，脚本即宣布运行失败。

在这里公布一下 QTP 的回放功能怎么开启。

（1）QTP 上方菜单栏→Automation→Run。

（2）直接使用快捷键“F5”。

（3）在 QTP 界面上点击 Run 图标，如图 1-32 所示。

了解了 QTP 回放机制的原理后，下面一起来掌握一些关于 QTP 回放机制的重要相关设置，并做一些深入扩展。作者总结和提炼了 4 个相对比较重要的设置，这些知识点在以后的实际项目应用中也经常会使用到。

1. File→Settings→Run

顺利进入设置页面后可以对运行相关方面进行各类不同的设置，页面效果如图 1-33 所示，这个页面下的所有设置在项目应用中都非常重要，下面对这些设置进行分解。

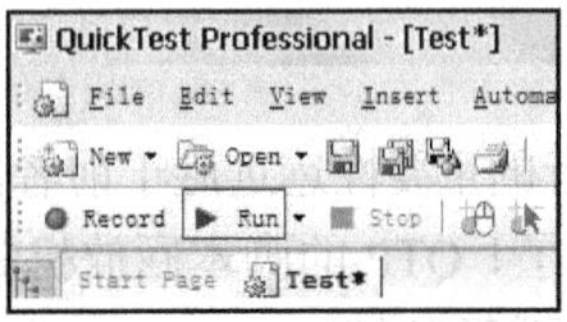

图 1-32

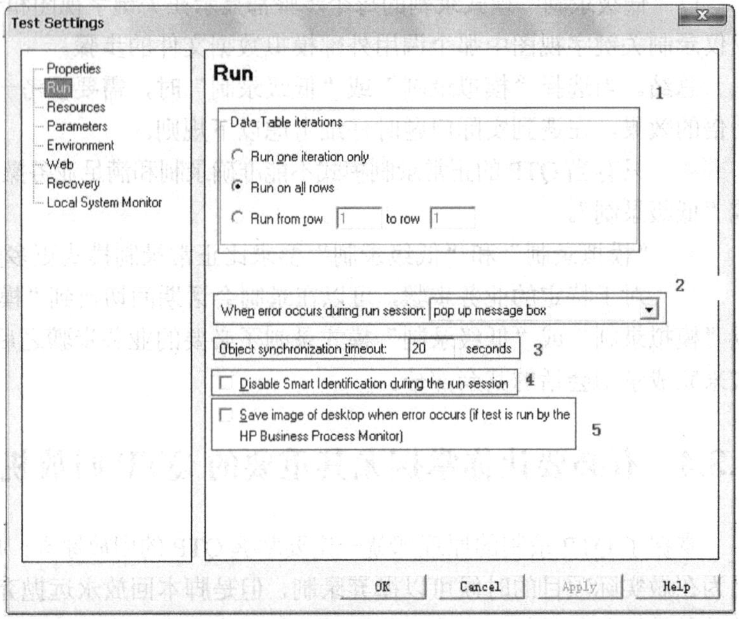

图 1-33

（1）**Data Table iterations.** QTP 自带的数据表功能在运行时的迭代设置，如图 1-34 所示。

图 1-34 中一共有 3 行数据，QTP 默认选中的是 **Run on all rows** 选项，这种情况下，在运行时，QTP 则会根据行数来决定迭代运行多少次，如果有 3 行数据则运行 3 次。这里要注意一个情况，如果图 1-34 中有第 4 行数据，但是数据的值是空，则 QTP 会运行 4 次，只是参数的值是空值。

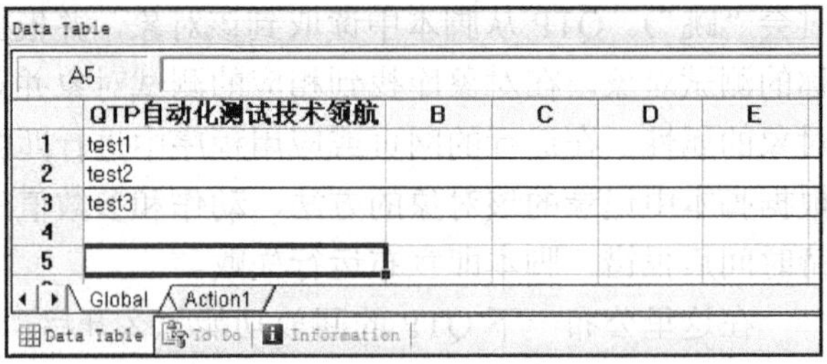

图 1-34

如果激活 **Run one iteration only** 选项，QTP 在运行时只运行第 1 行数据，无论后面还存在多少行数据，它只执行第 1 行的数据且只运行 1 次。

最后，如果激活 **Run from row XX to XX** 选项（假设是 3～5），QTP 则读取第 3～5 行的数据并运行 3 次，从第 3 行开始执行直到第 5 行结束。

（2）**When error occurs during run session：** 当在运行期间发生错误时。

pop up message box （默认）QTP 弹出一个错误信息提示框，并显示对应错误。必须去

掉这个 错误提示框后才能继续运行脚本。

proceed to next action iteration　继续执行下一个业务行为迭代。举个例子，QTP 自带数据表中有 2 行数据，当前执行的是第 1 行数据（即第一次迭代），运行期间遇到错误后，如果此时激活的是这个选项，那么 QTP 将直接跳过本次迭代，进入第二次迭代（执行第 2 行数据），如果第二次迭代又发生了错误，此时由于数据表中并没有第 3 行数据也就没有了后续的迭代操作，所以脚本运行结束。

stop run　这个相当直观，当发生错误，则停止脚本运行。

proceed to next step　当发生错误时，跳过本业务步骤，进入下一个业务步骤，即脚本代码的下一行。

（3）**Object synchronization timeout：XX seconds.** 同步的延时时长（默认 20 秒）。

（4）**Disable Smart Identification during the run session.** 默认不勾选，若勾选则在运行期间屏蔽智能识别功能，也就是说，即使测试对象开启智能识别功能，只要在运行时勾选这个选项，智能识别就不会生效，可以说这个功能是一个总阀门。关于智能识别功能会在后续的“对象库”章节中做介绍。

（5）**Save image of desktop when error occurs (if test is run by the HP Business Process Monitor).** 在出现错误时，截图并在 QTP Report 中反应。该功能只限于业务组件的脚本运行，关于业务组件脚本的位置如图 1-35 所示。

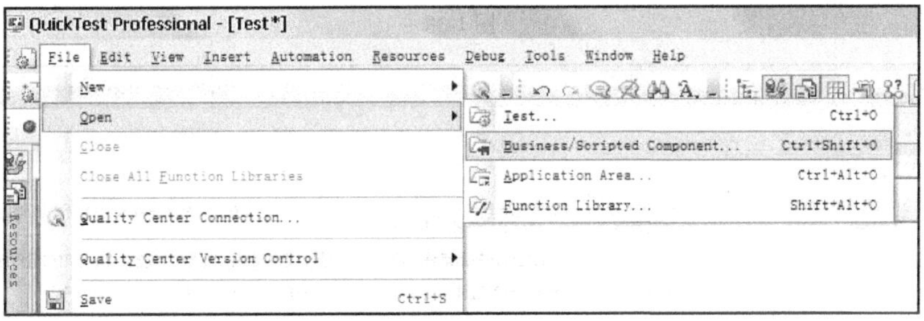

图 1-35

注意

要新建或者打开一个业务组件的必须条件是 QTP 和 QC 联通，否则会弹出错误信息，如图 1-36 所示。

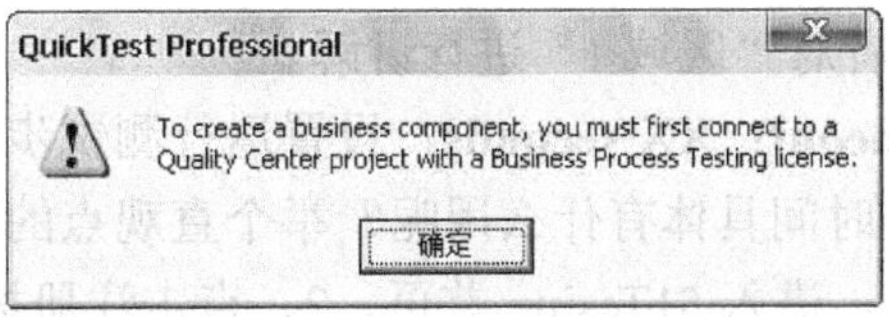

图 1-36

另附 QC 中的业务组件模块初览（图 1-37、图 1-38、图 1-39）所示。

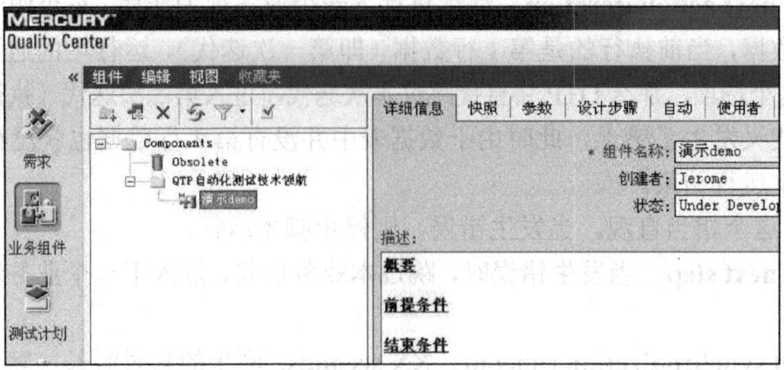

图 1-37

图 1-38

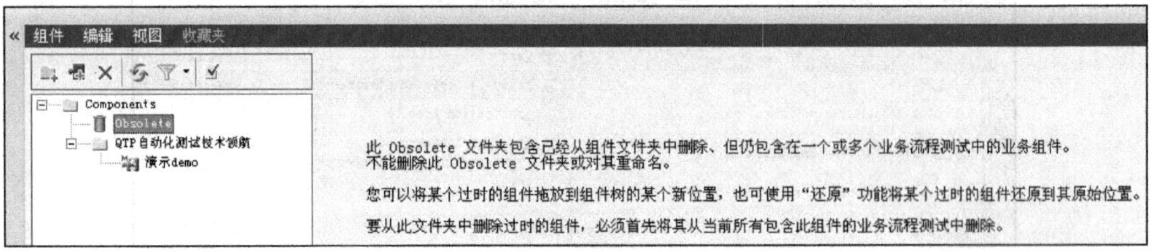

图 1-39

上图就是 QC9.0 中的业务组件模块位置和业务组件概念介绍，在这里作者对这部分内容不多做阐述，如果有兴趣的读者可以自行研究，或问“百度大叔”或在 51Testing 论坛发帖等等。

2. File→Settings→Web

这个设置只针对 B/S 架构的系统，页面效果如图 1-40 所示，这个页面下只有图中的“区域 1”相对重要。下面，作者对“区域 1”进行讲解。

Browser navigation timeout：XX seconds：设置运行测试步骤之前等待网页加载时间的最大值（默认 60 秒）。这个时间具体有什么用呢？举个直观点的例子，假设有一个脚本，内容很简单，就两个步骤，“1、进入 51Tesing 首页，2、点击注册按钮”，而访问网站的宽带最近又出了点小问题，打开 51Testing 网站的首页每次都非常慢，至少需要 2 分钟（120 秒），那么此时 QTP 脚本在运行时就会报错。为什么？因为默认等待网页打开的时间已经超过了 60 秒，此时 QTP 就会执行下一个步骤“点击注册”，但是由于网页还没有打开所以走到下一个步骤的时候在页面上找不到“注册”这个测试对象，最终导致运行失败并报错。所以，此时的解决方案就是打开这个选项，然后将超时时间设置得更大。读者以后如果在项目中遇到类似的问题请记得这个小小的实用设置。

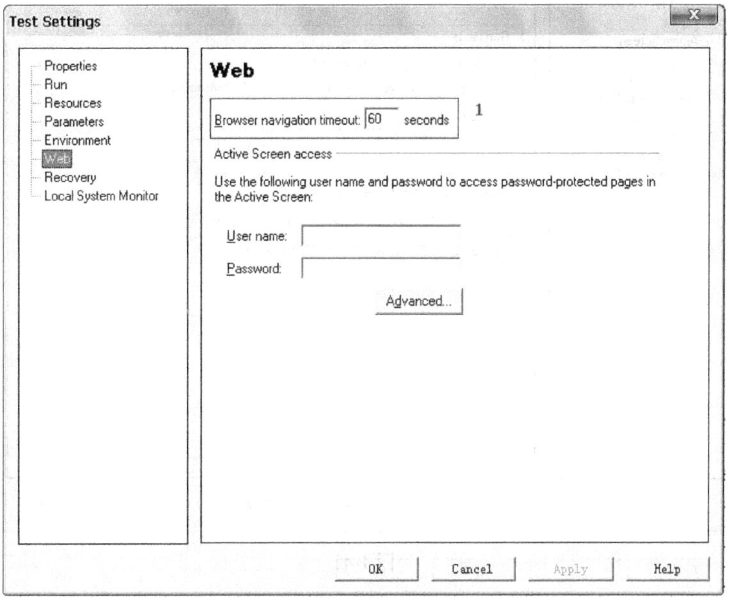

图 1-40

注

这个设置在 QTP 10.0 的帮助文档内这样说明“The maximum time (in milliseconds) that QuickTest waits for a Web page to load before running a step”。请大家注意下划线部分，文档内标注的时间以毫秒为单位，但其实文档内写错了，实际情况是以秒为单位的，和 QTP 实际界面（图 1-40）中的一样，实际界面中写的就是 seconds 而非 milliseconds，请读者注意！

3. Tools→Options→Run

这是第二个关于脚本运行相关方面的设置，顺利进入界面后的效果如图 1-41 所示，这个页面下的大多数设置在项目应用中也经常会使用到，下面，对这些设置进行分解（没有标识区域的则说明不重要或基本不会使用）。

（1）**Run mode (Normal or Fast)：** QTP 在脚本运行时一共分两种运行模式。Normal 模式是一种正常的运行模式，Fast 则是一种快速运行模式。

先一起看一下正常运行模式，可以从图 1-41 中看到该模式下有这么一个设置“Delay each step

execution by：XX milliseconds”，这是什么意思呢？其实很简单，实际效果就是在运行回放时每一个步骤之间停顿的时间，默认是 0，那也就是没有停顿，如果将其设置成 2000（这里是以毫秒为单位的），再回放时，那么第 1 个步骤结束后，QTP 就会停顿 2 秒钟时间再执行下一个步骤。

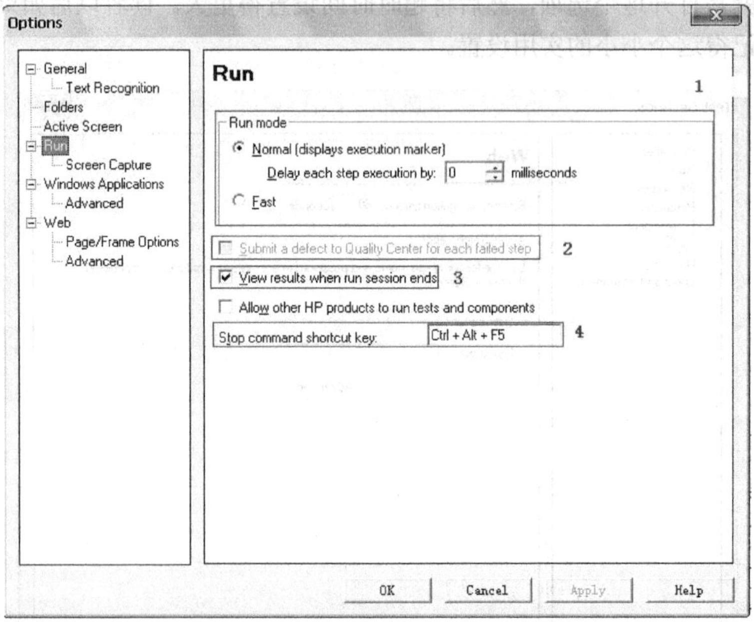

图 1-41

好了，再让我们看一下快速运行模式，这种模式肯定就不可能有停顿的可能了，除了这个之外，作者在这里还要扩展一下知识面，如果以 QC 调用 QTP 脚本并执行，默认且只可能是以 Fast 模式运行的。

最后，再给各位读者看一下两个模式间的一个区别，如图 1-42 所示。

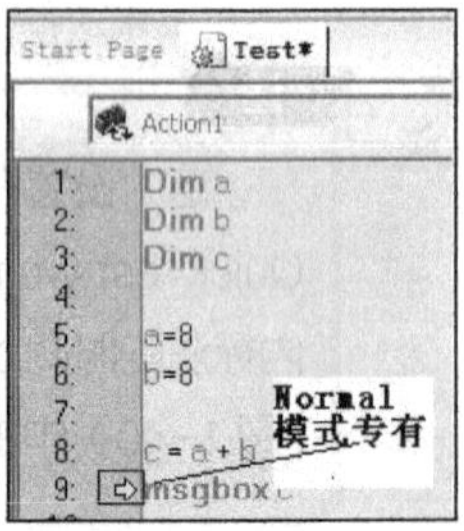

图 1-42

作者收到过很多测友提出的一个相同的问题，就是为什么在运行时没有黄色的箭头，是不是 QTP 有 Bug？时有时无的。其实，出现这个问题就是这个设置的问题，如果选择了 Fast，在运行的时候是不会出现黄色箭头的，切记！很多新人将运行模式设置成 Fast 了，见没了黄色箭头也不会想到是这个设置引起的，还以为是 QTP 的 Bug 呢。

（2）**Submit a defect to Quality Center for each failed step：** 任何一个步骤出错自动提交缺陷至 QC。前提条件：QTP 和 QC 连接成功，否则是灰色的。

（3）**View results when run session ends.** 默认勾选，当脚本运行结束后自动弹出 Report 报告。相反，把钩取消掉就不会弹出 Report 了。

（4）**Stop command shortcut key.** 停止运行的快捷键设置，默认是 Ctrl+Alt+F5 组合键，并可自行设置。别小看这个快捷键，如果在脚本运行的时候想使其停下来，一定要用快捷键，想靠点击图标是很有难度的，自己试试就知道了，特别是长脚本，这也算是个小经验吧。

4. QTP 的两种回放模式设置

当在回放 QTP 的时候，是否注意过 QTP 在回放的时候鼠标光标是没有运动的，有些读者肯定会问，既然经常要进行 Click 各种对象的操作，那为什么鼠标光标没有动，而 QTP 回放的时候却可以成功的点击页面上不同方位的对象按钮呢？其实 QTP 有两种回放模式：

- Event 模式事件跟踪；
- Mouse 模式鼠标跟踪。

Event 模式就是平时默认用的模式，也就是事件跟踪模式。实际上，QTP 的 Click 方法只是触发了对象的 Click 事件，而并未真正通过鼠标光标来进行点击按钮。我们使用的是 Mouse 模式的话，我们会看到回放的时候，鼠标光标是跟着对象走的，也就是鼠标光标跟踪模式。

下面来具体看一下是如何切换回放模式的，切换回放模式有两种方法。

（1）修改 QTP 的 Options 设置。

我们进入到 Tools→Options→Web→Advanced，然后列表拖到最下面可以找到 Run settings 下的 Replay type，如图 1-43 所示。

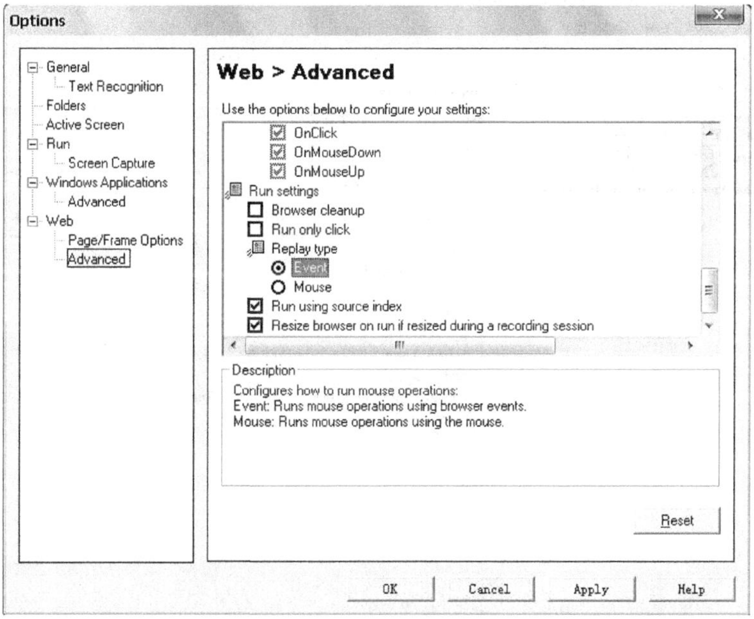

图 1-43

可以看到 QTP 默认的回放模式是 Event，也就是事件跟踪。如果现在切换到 Mouse，点击确认后，回放时鼠标光标就会进行跟踪，读者可以试一下。

（2）以代码控制（作者推荐该种方式）。

为什么推荐这种方式，因为这种方式可以在 QTP 运行时根据个性化需求来进行控制，随时可以进行开和关，使用第一种方式就不能够达到这种效果，代码如下：

```
Setting.WebPackage("ReplayType") = 2
```

这句程序的意思就是把回放模式设置为 2。1 代表事件跟踪模式，2 代表鼠标光标跟踪模式，现在应该很清楚了吧，这样就可以在 QTP 运行时个性化定制回放模式了。

那讲到这里，肯定会有读者问，那鼠标模式有什么用，我们平时默认的事件和跟踪模式不是都够用了吗？

接下来就说一下，为什么以及何时要使用鼠标跟踪模式。举些实例，如 QTP 运行时触发了 Click 事件后，应该弹出页面，却被 IE 给拦截了。而手工点击可以成功；还有当需要操作鼠标右键时等这些情况都可以临时把回放模式从事件跟踪模式切换成鼠标跟踪模式，让我们来看下操作鼠标右键的实例演示吧。

需求：实现右键点击 Baidu 主页中“关于百度”的链接

（1）首先，我们把这个链接对象添加到 QTP 对象库中，如图 1-44 所示（对象库相关内容在后续章节介绍，这里不多做阐述）。

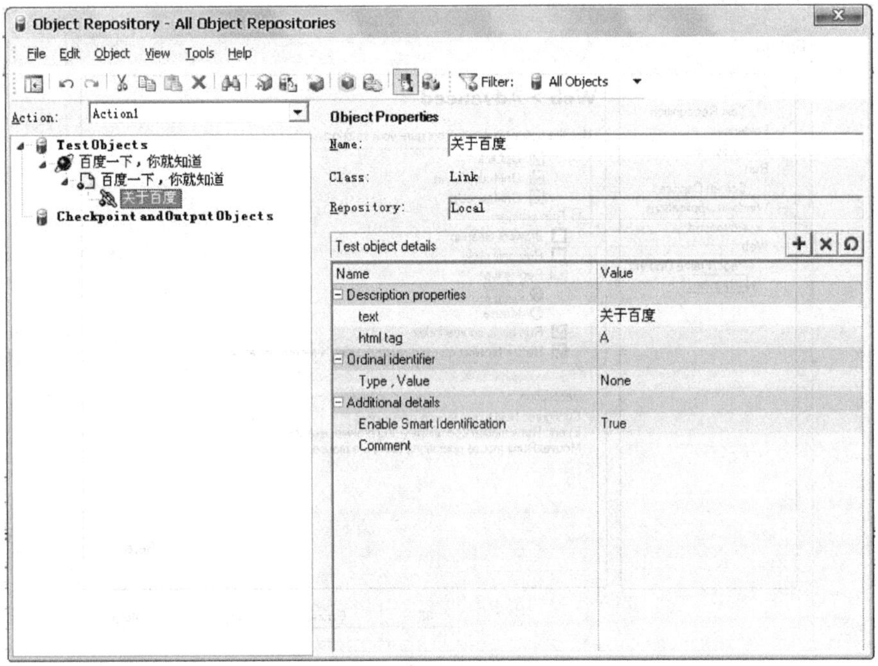

图 1-44

（2）添加完之后，输入脚本，代码如下所示：

```
Setting.WebPackage("ReplayType") = 2
Browser("百度一下，你就知道").Page("百度一下，你就知道").Link("关于百度")._
FireEvent "onclick",,,micRightBtn
```

（3）回放之后就可以看到已经成功点击了鼠标右键，如图 1-45 所示。

图 1-45

不知道还记不记得前面讲到要结合内容进行 FireEvent 这个方法的演示，在这个实例中，我们就用到了 FireEvent 这个方法，它是一个非常有用的方法，经常会在项目应用中使用到，在这里作者先附上一些关于这个方法的简单介绍，如图 1-46 所示。

Syntax

object.**FireEvent** *EventName*, [*x*], [*y*], [*BUTTON*]

Syntax Details

Argument	Description
object	A test object of type Link.
EventName	Required. A String value. The name of event to trigger. Available events: **onchange**, **onclick**, **ondblclick**, **onblur**, **onfocus**, **onmousedown**, **onmouseup**, **onmouseover**, **onmouseout**, **onsubmit**, **onreset**, **onpropertychange**.
x	Optional. A Long value. The x-coordinate, relative to the upper left corner of the object.
y	Optional. A Long value. The y-coordinate, relative to the upper left corner of the object.
BUTTON	Optional. A predefined constant or number. See the Constants table, below. The mouse button used to fire the object. Default = **micLeftBtn (0)**.

图 1-46

总结：本小节讲述了 QTP 的回放原理和项目应用中的相关设置，希望读者能够吃透这些知识点，并能在以后做项目测试时举一反三。

1.3.5 总结

本章节的内容主要讲的是 QTP 的录制与回放，市面上，任何一本书都会有这部分的内容。但是，作者对这部分内容进行了提炼，把其他书里的那些几乎等于 QTP 工具介绍的内容全部剔除，因为那些内容在实际的项目应用中几乎不会用到，保留了能切实在项目中用到的内容，通过自己的实战经验配合大量案例、实例（几乎每一个知识点都有例子）进行细致地讲解，希望读者在学习了本章后，能对 QTP 这个自动化测试工具的操作，以及如何把工具融合实际项目上有个整体的把握。虽然剔除了很多不需要的内容，但是，由于介绍的是 QTP 的源头（就好比本章节标题一样"QTP 的开关"）而且配合了大量的实例，图文并茂，所以在完成本章节的编写后才发现原来还是需要用到那么大的篇幅才能将重要的知识点讲清楚、讲透。

在设计练习题的方面，作者思虑许久，考虑到本章节内容的性质，决定在本章节的巩固练习题中不设置实际操作题，本章节的练习题如果要出成操作题，无非就是传统的"录制与回放"，这样就会不由自主地偏离作者的原有思想。所以，作者决定以选择题（单选和多选）、判断题、排列题等各类有趣的形式出一份类似 Exam 一样的概念理论题，这些所谓的理论题其实是对整个章节内容知识点的贯穿，希望能起到巩固与复习的作用。

知识点巩固和举一反三练习

一、知识加强巩固趣味题之过 5 关（注：选择题可能是单选也可能是多选）

1、<排列题> 请排列 QTP 业务操作及执行流程的顺序。　　（　　）

A、录制　　B、打开浏览器　　C、回放　　D、打开 QTP

2、<选择题> QTP 的两种脚本运行模式分别是 Normal 和 Fast，它们之间的区别是什么？请在下面 4 个选项中做出正确的选择。　　（　　）

A、以 QC 调用的方式执行脚本，运行模式是 Fast。

B、脚本运行时，如果左侧有黄色箭头，则代表这种运行模式是 Fast。

C、Normal 运行模式的执行速度最快。

D、可以在 Normal 运行模式中设置间隔时间，单位是毫秒。

3、<选择题>请在以下 4 个选项中选择正确的选项。　　（　　）

A、QTP 停止运行的快捷键是 Ctrl+Alt+F5，但不提供个性化设置。

B、QTP 具有 Event 和 Mouse 两种回放模式。

C、QTP 具有 Slow、Normal 和 Fast 3 种运行模式。

D、QTP 具有两种录制模式，它们是 Analog Recording 和 Low Level Recording。

4、<选择题> 请在以下 4 个选项中选择错误的选项。　　（　　）

A、假设在运行设置中选择 Run on all rows 选项，在 QTP 的 Data Table 中建立 4 行数据，其中第 2 行的值为空，则 QTP 在执行两次迭代后运行结束。

B、如果激活 Run one iteration only 选项，QTP 在运行时只运行 1 次

C、Browser navigation timeout：XX seconds 就是设置运行测试步骤之前，等待网页加载时间的最大值，超出了该值后脚本直接退出并报错。

D、QTP 的运行模式设置具体位置在：Tools→Options→Web→Advanced→Run settings 下的 Replay type。

5、<选择题> 正确开启模拟录制（Analog Recording）的方法是：　　（　　）

A、QTP 上方菜单栏→Automation→Analog recording。

B、直接使用快捷键“Shift+Alt+F3”。

C、在 QTP 界面上点击模拟录制的图标。

D、以上都是。

二、知识加强巩固趣味题之斩六将（读者有权审判它们的对错）

1、Setting.WebPackage("ReplayType") = 2，这段代码可以灵活控制 QTP 的回放模式，“2”代表 Event 跟踪模式，那么如果设置成“1”的话，QTP 就会切换到 Mouse 跟踪模式。（　　）

2、QTP 在录制过程中，遇到部分 Web 事件无法模拟操作，此时的解决方案就是进入 Web Event Recording Configuration 设置框并将 Event configuration level 提升至最高的 High 等级即可解决所有问题。（　　）

3、低级录制模式分两种：其中第一种是相对于指定窗口的录制，另一种是相对于屏幕的录制。（　　）

4、在开始录制之前，应关闭录制会话不需要的所有浏览器、网页或应用程序。（　　）

5、开启模拟录制模式前的必要条件是开启正常录制模式。（　　）

6、使用低级录制前无须开启正常录制模式，直接使用快捷键 Ctrl+Shift+F3 即可。（　　）

注

作者认为，必须连过 5 关连斩 6 将才算切实掌握了本章节的内容，QTP“录制与回放”的重点，有一点差错都算闯关失败！

1.4　认清并请远离 QTP 的脚本录制模式

阶段要点

- 了解 Keyword View 结构。
- 摆脱 Keyword View。
- 熟练掌握 Expert View 的代码结构。

1.4.1 QTP 的两种视图及思维转换

从本章节开始，读者将真正开始彻底摆脱脚本录制，正式走向脚本开发的台阶。在开始讲解 QTP 脚本开发之前，首先需要详加介绍 Expert View 这个视图，这个视图是 QTP 官方指定的脚本开发唯一认可的视图。那么，以何为出发点以及如何介绍 Expert View 这个视图呢？决定以抛砖引玉的方式，利用脚本录制视图 Keyword View 形象地引出脚本开发视图 Expert View。

相信只要稍许接触过 QTP 的读者就一定知道 QTP 提供两种视图，一种是 Keyword View（关键字视图），另一种是 Expert View（专家视图）。Mercury 公司开发两种视图的本意是想让不同类型的人使用不同类型的视图。接下来分别对这两个视图进行讲解，并开始抛砖，直到引出一块良田美玉。

1. Keyword View（关键字视图）

通过关键字视图（一种图形化的视图），QTP 提供了一种模块化的表格格式，创建和查看测试或组件的步骤。在录制脚本的过程中，用户在应用程序上执行的每个步骤，在关键字视图中记录为一行，这样用户就可以轻松地修改任何一部分业务步骤。在这里拿“百度”的首页举一个例子，业务操作分 3 个步骤：

- 点击“图片”链接；
- 在图片搜索栏中输入“凤姐”；
- 点击“百度一下”。

在完成了这 3 个步骤后，关键字视图将包含下列行，如图 1-47 所示。

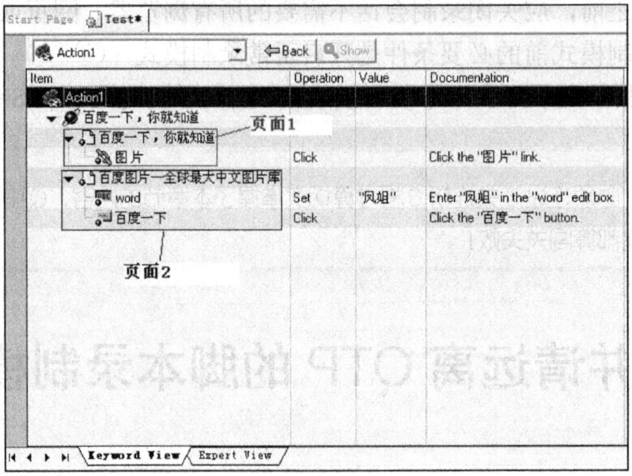

图 1-47

图 1-47 中可以看到关键字视图非常直观有效，使用的用户可以很清晰地看到被录制对象的录制层次及运行步骤。但是，如果想自动化完成一些复杂的业务操作，在这张视图里是绝

对不可能的，那就必须切换到专家视图里才行。专家视图等一切事宜就暂且搁置一下。先掌握关键字视图的界面、原理和工作机制。

在关键字视图中，一共分 4 列：Item、Operation、Value 和 Documentation。

Item：记录了所有对象。

Operation：该对象的操作。

Value：对象操作所用到的值。

Documentation：QTP 自动生成的描述语句，描述了是什么对象，做了什么，怎么做。

关键字视图的介绍马上就要结束了，最后作者分解这个视图（语句会很随意）后会直接进入专家试图的解说。前面说过"在录制脚本的过程中，用户在应用程序上执行的每个步骤在关键字视图中记录为一行"，在本例中一共记录到 6 个步骤，如下：

- 打开浏览器；
- 进入百度首页；
- 点击[图片]链接；
- 进入图片页面；
- 在[搜索框]输入"凤姐"；
- 点击[百度一下]。

2. Expert View（专家视图）

瞬移成功，首先肯定是要讲专家视图的工作原理，"QTP 在关键字视图中的每个节点在专家视图中对应一行脚本"。读者可能一下子不明白这句话，那先来看两段代码，第一段代码是将关键字视图的工作原理用在专家视图上的错误代码，转换后的脚本如下：

```
Browser("百度一下，你就知道")
'图 1-47 中页面 1 部分
Page("百度一下，你就知道")
Link("图 片").Click

'图 1-47 中页面 2 部分
Page("百度图片——全球最大中文图片库")
WebEdit("word").Set "凤姐"
WebButton("百度一下").Click
```

再看一下专家视图中正确的代码：

```
'图 1-47 中页面 1 部分
Browser("百度一下，你就知道").Page("百度一下，你就知道").Link("图 片").Click  '句 1

'图 1-47 中页面 2 部分
Browser("百度一下，你就知道")._
Page("百度图片——全球最大中文图片库").WebEdit("word").Set "凤姐"  '句 2

Browser("百度一下，你就知道")._
Page("百度图片——全球最大中文图片库").WebButton("百度一下").Click  '句 3
```

看完这两段代码以后，再回过头来理解专家视图的工作原理，专家视图和关键字视图是完全不同的，用通俗点的讲，专家视图并不像关键字视图那样，每个步骤都在视图中记录成一行，在专家视图中，必须定位到业务操作最终的对象，并且每一句的结束，以及最终的对象的业务行完毕为基准。在这里，最终的对象就是节点，专家视图中的一句代码是关键字视图中好多个步骤的结合。而那段作者自己伪造的代码就不是，每一句都不完整，要么有头没尾，要么无头有尾，这就是 Keyword View 和 Expert View 最根本的区别，下面，一句句看专家视图中的代码构成，先以“句 1”来说，“句 1”中集合了 3 个对象。

- **Browser**—该对象如果出现必定是第一层，可以把它想象成打开的一个指定浏览器，具体哪个浏览器那么就由后面括号里的参数决定，如：Browser(**"百度一下，你就知道"**)，这样 QTP 就能很准确地识别到底打开的是哪个浏览器了。
- **Page**—浏览器下肯定有各种各样的网页。那要定位这个对象也就很简单了，和上面一样，在后面的括号内加参数，如：Page(**"百度一下，你就知道"**)，这样 QTP 就知道了，原来是要定位一个叫“百度一下，你就知道”的网页，然后其他网页会一概不理！
- **Link**—在定位了前两个对象后，终于可以定位到要进行业务操作的对象了。可是，页面上如果有好多 Link 呢，怎么办？只能和之前一样，在后面的括号内写进参数，如 Link(**"图 片"**)，这样 QTP 就不会乱了！好了，在最终找对了要操作的对象后，就可以给出指令，命令它做事情了，如需要它进行点击操作，那就给 Link 对象来个 Click 方法，到此，整个语句就可以完毕了。

分析：“句 1”已经被拆解，作者在这里用最通俗的语言方式连贯地叙述一遍“句 1”，希望能让新人听明白。→在一个叫做“**百度一下，你就知道**”的浏览器下的一个名曰“**百度一下，你就知道**”的网页页面上找到一个叫“**图片**”的链接，找到后，点击它。

小提示

在上面的例子中，是以 Browser().Page().Link()的结构出现的，但实际上，在 Web 测试中并不只有这一种固定形式，除了 Browser 必定是在第一层以外，Page 以及 Link（或其他所有对象控件，如 WebEdit 等）都不是固定必须要接在前面那层的后面的，比如：

（2）Browser().Page().Frame().Link()：Link 对象跟在 Frame 对象后面而没有跟在 Page 后面。

（2）Browser().Dialog().Page().WebElement()：Page 对象跟在 Dialog 对象后面的一个例子。

接下来再看看“句 2”，这句代码中需要注意 Page 已经变化了，变成了 Page (**"百度图片——全球最大中文图片库"**)，然后在该页面中找到对象 WebEdit(**"word"**)，最后给这个对象一个 Set 的操作方法并在后面写入参数，使得 QTP 在该页面上找到关键字搜索框，输入“凤姐”。

最后的“句 3”唯一和前者的变化就是最终操作的对象不同了，Browser 不变，页面仍然是 Page(**"百度图片——全球最大中文图片库"**)，最后在前面输入好参数的前提下对 WebButton (**"百度一下"**)这个控件进行一个点击的操作，使得百度图片搜索引擎能够搜索到一些凤姐的照片。

***终极分析**

以上可以看到 Browser 对象一直使用的是同一个，随着 Page 对象的改变而分成了 2 个分支，在不同的分支上定位到不同的最终目标并赋予“动作”。所以，现在应该知道关键字视图中的代码结构了。就是通过这样的一层层定位，直到定位到最后的待操作对象，从而在 Expert View 下完美地组成一句脚本代码。

> **注**
>
> 需要引出下一层对象用“.”，直到定位到最后一个待操作对象，然后仍然用“.”赋予其动作（各种不同的方法）。

> **小提示**
>
> 在 QTP 中，要找到具体对象，如“图片”这个 Link，规则就是在对象大类（Link 类）后面以括号+引号的形式具体定位到那个 Link 控件，比如 Link("图片")。需要注意的是，输入括号和引号乃至其他任何符号都必须是在英文状态下。切记！很容易出现类似的问题，在中文状态的输入法下打引号，结果 QTP 报错，自己找了好长时间也找不出问题。

概括&小结：

对于 QTP 来说，绝大部分的复杂操作都无法在关键字视图中实现，例如，要处理动态对象、需要定制个性化测试结果、获取对象运行时的属性值（Run-time Value）等。

QTP 的核心编码语言是 Visual Basic Script，因此，如果读者熟悉 VBScript，就可以运用自如地通过编程方式在专家视图中设计复杂的测试脚本。同样，QTP 本身的对象库编程（Object Programming）和描述性编程（Descriptive Programming），这一切也都必须在专家视图中才能完成。

关于对象库编程、描述性编程、VBScript 编程、Run-time Value、处理动态对象等一系列知识都会在后面的章节中逐步向读者呈现。

1.4.2　总结

不知道有些读者会不会有这样的疑问，本书既然一向有“彻底抛弃脚本录制”的理念，那为什么还要写 Keyword View（关键字视图）的内容呢，就算要写只一句话带过不就得了！作者由衷地希望有这些疑问的读者越多越好，这说明广大读者就是冲着“抛弃录制”的思想购买这本书的。现在听作者解释一下吧。

作者这么做就是因为想抛出一块好砖引出更好的玉，在抛砖的时刻（笼统、重点配合一个实例介绍关键字视图）如果能做，越有声色，后面引出的玉一定就能更好（将关键字视图中的步骤“画面”，一条一条转进专家视图使其成为脚本代码的一个解读过程）。另外，请重新回顾下这个小章节标题的后半部分“思维转换”。作者觉得更应该引导读者转换的是思想、思维，绝对不该是两个视图间的转换那么简单与粗糙。读者要从思想上去认识 Expert View，如果光从操作上直接转向 Expert View（直接在关键字视图敲击代码），表面上看很简单很轻松，但其实忽略了对专家视图的认识，也忽略了对 QTP 两个视图原理以及之间关系和不同点上的认识，如果这样走下去，作者觉得在今后脚本开发的学习道路上挫折会越来越多，地基打好的关键性大家都很明白。相信，本书的这一个小章节内容虽少，但是对今后的帮助不一定少！

知识点巩固和举一反三练习

一、大家来找茬（结合图 1-48 找出代码片中的错误）

图 1-48

代码片如下：

```
Browser("百度一下，你就知道").Page("百度一下，你就知道").Link("知 道").Click

Browser("百度百科——全球最大中文百科全书")._
Page("百度百科——全球最大中文百科全书").WebEdit("word").Click

Browser(百度一下，你就知道)._
Page("百度百科——全球最大中文百科全书").WebButton("进入词条").Set "51testing"
```

二、请根据图 1-49 中关键字视图的结构与步骤转化成专家视图中的代码。

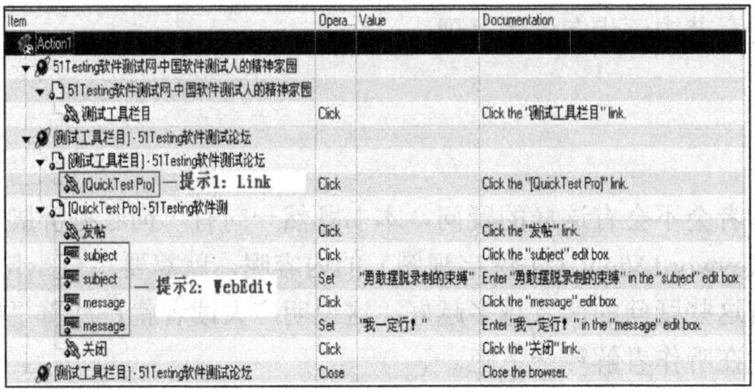

图 1-49

1.5 QTP 精华——对象库（上）之基础攻略篇

阶段要点

- 初步了解 QTP 中的测试对象模型。

- 明确 Object Identification 是管理对象模型的长官。
- 掌握智能识别原理、机制和各项设置。
- 对象库基本操作之添加、更新、对象闪烁、副对象库（Associate Repositorys）。
- 一个有趣的实验证明，做项目时手工添加对象的好处与效率。
- Export Local Objects 与 Export and Replace Local Objects。
- 掌握并熟练运用 Object Spy。
- 明确使用公共对象库的必要与优点。
- 熟练驾驭对象库指挥官 Object Repository Manager。
- Object Repository Manager 的两个王牌级辅助工具初体验。

1.5.1 引言

如果说，上一章节是彻底摆脱脚本录制的一个良好的开端，是带领读者逐步走向 QTP 自动化测试项目开发的台阶，那么从本章节开始，读者将跨出巨大的一步，真正开始走进 QTP 脚本开发的世界。

在 QTP 这个自动化测试工具中，存在着两种脚本开发模式，第一种开发模式就是从本章节开始要逐步具体、深入、详细讲解的“对象库编程”。当然，本书的一贯原则是“实用原则”，所以无论是在上篇（本章节）还是下篇（1.6 章节）都绝对不会详细地讲解在实际项目运用中用不到或很少会用到的知识点。想要精通对象库编程这个开发模式，并驾轻就熟地运用到自动化测试项目中，首当其冲就是要先“精通”QTP 的对象库，作者讲的对象库其实是一个总称和概括，从大的方面包含对象库本身的功能、对象库的机制与原理、对象库编程知识、如何在实际项目中运用对象库编程等。

在上面作者主要针对 QTP 对象库的机制与原理以及对象库本身的功能做深入讲解，而对象库编程的部分则会在下篇中精彩解读。虽然需要掌握那么多知识的确很烦，也需要一个过程，但是作者认为上篇和下篇中的所有内容已经是最精简的了，所以，请读者务必对这些知识点做到“精通”，它们都是经常在实际项目中使用的，可以说是 QTP 脚本开发的必备技能！如果不能精通 QTP 的对象库，那一定不会是一名合格的 QTP 自动化测试工程师！

1.5.2 对象库的出现改写了软件测试历史

QTP 的对象库是这个强大的自动化测试工具的核心，也是其精华所在！有了对象库这一整套功能、机制，QTP 才可以在那么多的自动化测试工具中脱颖而出！QTP 的整套对象库功能与对象识别机制给自动化测试人员带来了前所未有的体验，它的成熟、上手度、良好的使用感受都是市面上其他任何自动化测试工具无法给予的。对象库是 QTP 在实际项目应用中的枢纽，读者一旦精通了它，会感觉到在项目应用、QTP 各项功能中都会和对象库产生必要联系。本章节的内容会结合大量仿真项目的应用来引导读者逐步精通对象库，希望读者能够做到举一反三，细细去品味对象库带来的不同感受（针对之前使用过其他自动化测试工具的读者效果更佳）！

小小的总结一下，可以说 QTP 在实际项目中的应用开发（特别是自动化测试项目做成功的案例）绝大部分都基于对象库编程模式，所以，对象库的出现改写了自动化测试领域的历史，也推动了这个技术领域走向更高的台阶！另外，先预告下，本章节以及下一章节的篇幅会很大，因为这两个章节的内容是 QTP 最精华的部分，也是整个第一章的最重要的一块，务必耐心学习。

1.5.3 一个简单的实例介绍对象库原理、机制及操作流程

1.5.3.1 对象模型的老大 Object Identification 和对象库的暧昧关系

在介绍对象库的原理与机制之前，首先说一下 QTP 自动化测试的原理，分以下 3 个步骤。

（1）封装真实被测对象并转化为 QTP 对象到对象库。

（2）对比对象库里的对象鉴别属性和运行时的真实被测对象的鉴别属性。

（3）对比后如果一致，则说明对象成功匹配并可以继续对该真实被测对象进行后续操作，如果两者不一致则报错，提示为对象无法识别。

我们可以看到，QTP 自动化测试的原理其第一步就和对象库产生了联系，具体到底是如何联系起来的呢？其实很简单，在 QTP 里有测试对象模型这一个概念，它把各种对象都分门别类起来，建立出一个个对象模型，然后用这些对象模型来表示 Web 页面中的对象，比如 WebButton、WebList、WebElement 等各种各样的对象。每个对象模型都有一个可以唯一标识对象的关键属性列表，我们将前面这些连起来一块说，就是在添加对象至对象库后，QTP 自动建立被添加对象的对象模型，并给出一个默认识别标识。然后，每个对象模型都有一个可以唯一标识对象的属性列表，这个属性列表是可以设置的，它就是 Object Identification，先认识一下它，如图 1-50 所示。

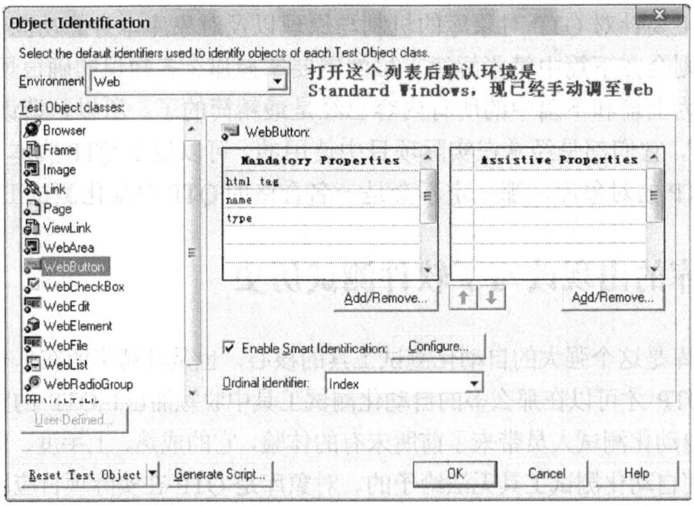

图 1-50

如图 1-50 所示，可以看到这就是 Object Identification 的界面，开启它的方法是：

QTP 上方菜单栏→Tools→Object Identification。

在 Object Identification 对话框中设置的属性在添加完对象后就可以在对象库中查看到。如果觉得这些默认显示的属性还不够或者有的默认的属性是多余的，可以进行手工设置，看一下实例，通过实例来看最终效果，需要再一次借用百度的搜索框，如图 1-51 所示。

图 1-51

这是一个 WebEdit 控件，也就是一个 WebEdit 对象模型，等会作者把这个对象添加到对象库中，添加两次，第一次不改 Object Identification 中 WebEdit 对象模型的默认属性，第二次剔除其中一个属性，然后一起看看它在对象库中的属性列表显示情况。先来看默认的情况，如图 1-52 所示。

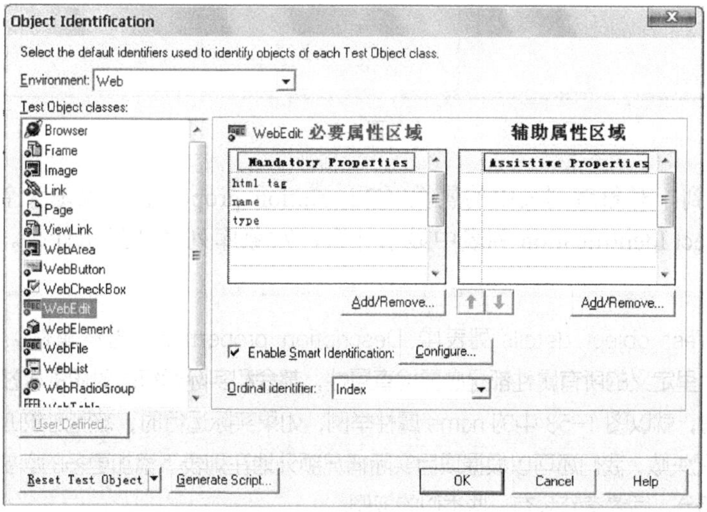

图 1-52

图 1-52 中，作者标识了两个不同的区域 Mandatory Properties 和 Assistive Properties。先知道它们的区别，Mandatory Properties 就是对象模型的必要属性，这个区域设置的属性在实

际被测对象与对象库匹配时，只要有一个属性不一致就报错。Assistive Properties 就没有这个规矩了，并且 QTP 默认所有的对象模型在这个区域中没有任何属性。

继续回到前面所讲，如图 1-52 中所示，可以看到 WebEdit 对象模型的默认必要属性有 3 个：html tag、name、type。接下来，开始添加百度搜索框这个 WebEdit 对象，并一起来看一下对象库中的属性列表情况，如图 1-53 所示。

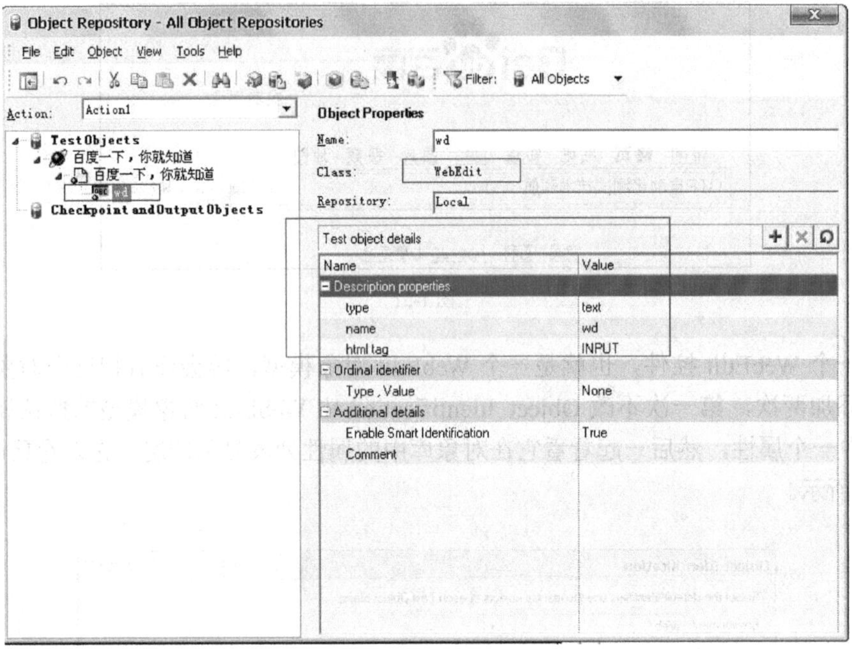

图 1-53

我们可以看到，对象库列表中的属性（Description properties）也是 3 个：type、name、html tag，在 Object Identification 列表中显示什么，对象库列表就显示什么。

小提示

关于 Test object details 列表中 Description properties（描述属性）：在 Description properties 里定义的所有属性都是必要检查属性，都会和实际运行时对象的属性校验，如果匹配不上则报错，就以图 1-53 中的 name 属性举例，如果实际运行时，被测对象的 name 属性不是 wd，则匹配失败，我们还可以根据项目实际情况额外地在列表下添加更多的必要检查属性，也可以筛检一部分，后续章节会有一些类似的实例。

那在 Object Identification 列表中删除一个属性，对象库列表中会有什么变化呢？会不会仍然一致呢？继续做实验，在 Object Identification 列表中删除 html tag 属性，如图 1-54 所示。

可以看到 html tag 属性已经从 Mandatory Properties 区域中消失了，关于如何让它消失或者复活，已经在图 1-54 中明示了。那么，再一次将百度搜索框添加到对象库中看效果，如图 1-55 所示。

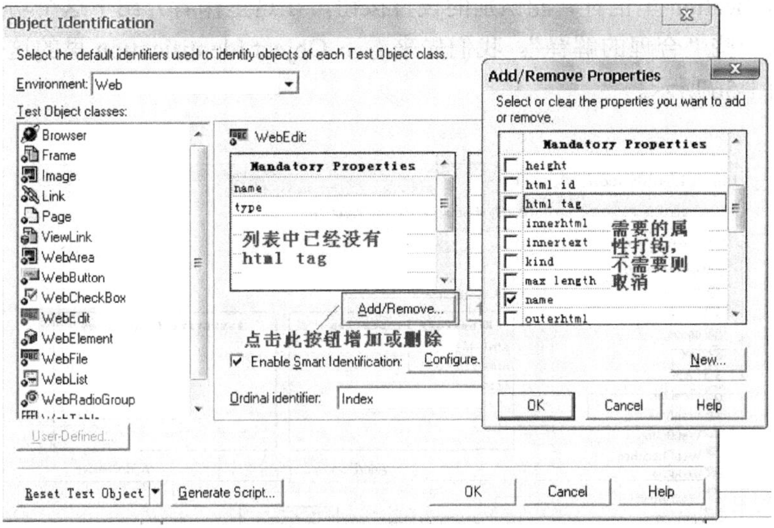

图 1-54

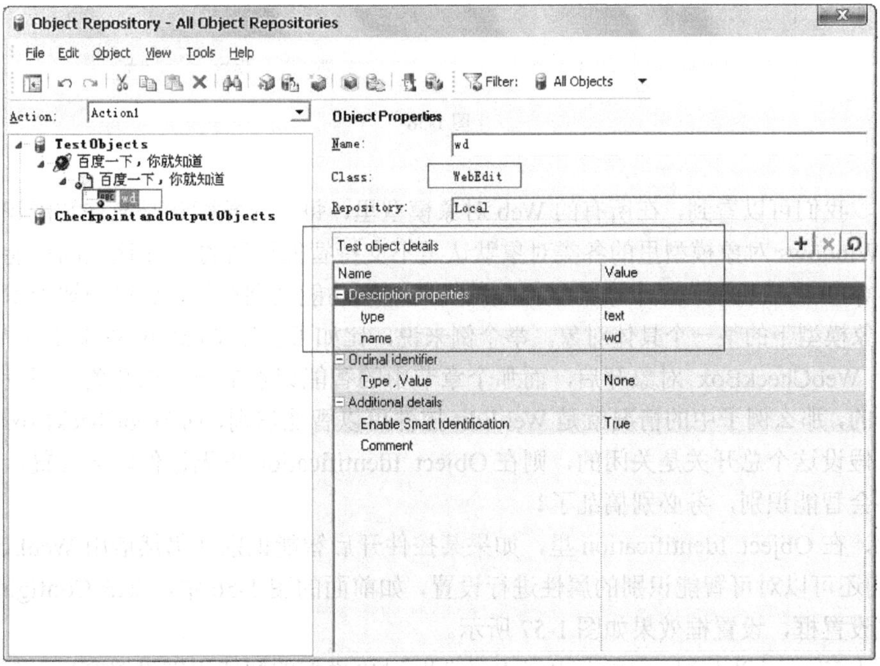

图 1-55

实验证明：Object Identification 列表中没有的对象库列表中也不会有，如果读者哪一天发现预期结果不正确的时候，请提交缺陷给 HP。

不知道读者是否还记得，在“1.3.4 QTP 回放机制”那个章节里提到过智能识别这个概念，在 Object Identification 里也有智能识别的设置按钮，在这里作者介绍下这个功能，并对 QTP 的智能识别做一些“合理的解释”。我们先来看下 Object Identification 里的这个智能识别设置功能，如图 1-56 所示。

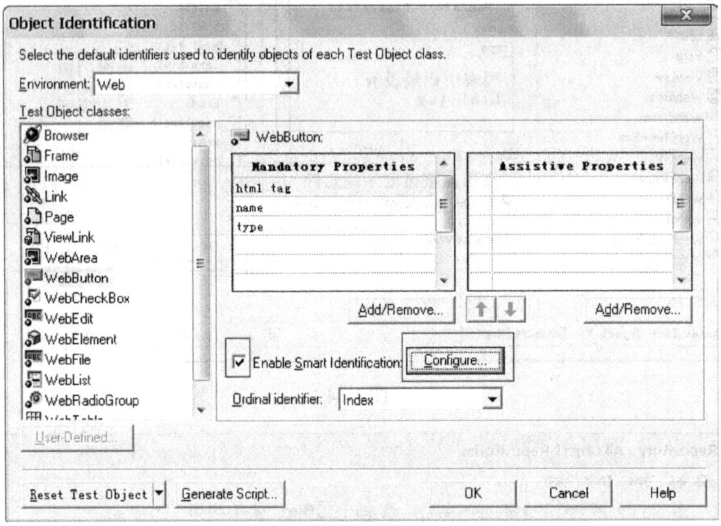

图 1-56

首先，我们可以看到，在所有的 Web 对象模型里，每个对象默认是允许智能识别的（而 Standard Windows 对象模型里的各类对象默认是不支持智能识别的），在这里的智能识别功能和“1.3.4 QTP 回放机制”那个章节里提到的智能识别功能区别在于，这里的智能识别功能针对的是对象模型下的某一个具体对象，举个例来说，比如可以让 WebEdit 对象开启智能识别，但是不让 WebCheckBox 对象开启，而那个章节中的智能识别是一个总开关，假设这个总开关是打开的，那么例子中的情况就是 WebEdit 控件可以智能识别，而 WebCheckBox 控件则不行，那么假设这个总开关是关闭的，则在 Object Identification 里无论你怎么设置，任何对象控件都不会智能识别，务必别搞乱了！

其次，在 Object Identification 里，如果某控件开启智能识别（仍然借用 WebEdit 对象为例），我们还可以对可智能识别的属性进行设置，如前面的图 1-56 中，点击 Configure 按钮就可以弹出设置框，设置框效果如图 1-57 所示。

从图 1-57 中可以看到，已经打开了 WebEdit 对象模型的智能识别设置窗口，左侧的列表中是这个对象默认的基本智能识别属性，这个列表中的一切属性是即刻生效的（即会首先智能识别这些基本属性），而右侧列表是备用属性，暂时是不会生效的，只有当左侧基本属性列表中的属性全部使用过后，仍然没有识别到的情况下才会生效，QTP 会根据备用属性列表中的属性按着设定好的属性顺序来一个个继续智能识别，直到匹配到为止，当然连所有备用属性都不能识别后 QTP 就会报错了。这里需要注意的是，每个对象模型的默认智能识别属性都是不同的。在做项目的时候，一般使用这些默认的设置即可以应付绝大多数情况，毕竟这些默认设置都是 Mercury 公司设计出来的，相信他们也是考虑再三的，肯定具备一定道理和权威性。

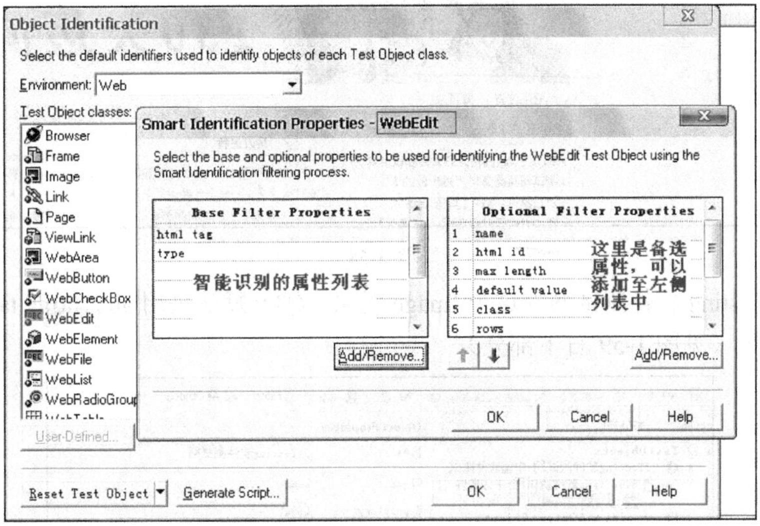

图 1-57

最后，在了解了 Object Identification 里的智能识别相关功能和回顾了之前的智能识别功能后，现举一个实例来让读者明白，智能识别这个功能究竟是什么？在项目应用中启用了智能识别后会发生什么？

实例：

先说个基本概念和原理，运用智能识别后，QTP 在遇到对象识别出问题的时候，会尝试应用智能识别（Smart Identification），如果智能识别能定位出对象则继续执行脚本，反之则报错并提示错误信息，下面看一下这个示例脚本：

```
Browser("51Testing 软件测试网-中国软件测试人的精神家园")._
Page("51Testing 软件测试网-中国软件测试人的精神家园")._
Image("51Testing 软件测试网").Click
```

注

以上脚本来源于 51Testing 软件测试网首页，如图 1-58 所示。

图 1-58

对于“51Testing 软件测试网”这个 Image 对象，QTP 默认采用 alt、html tag、image type 属性来识别对象（见图 1-59 右下部分）。

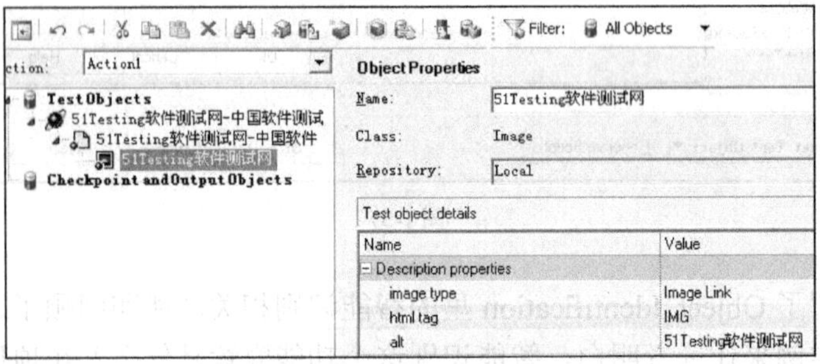

图 1-59

然而，当开发好上述脚本后，假设开发人员又在同一个页面添加了名叫“51Testing 软件测试网-老网站”的 Image 对象（现在用作登录老网站），同时修改了原来的“51Testing 软件测试网”对象的 alt 属性，改成了“51Testing 软件测试网-全新网站”。这样当针对这个新版本的页面重新回放上述脚本时，QTP 就不能基于 alt + html tag + image type 的属性组合来识别原先的“51Testing 软件测试网”（现在的“51Testing 软件测试网-全新网站”）这个 Image 对象了，因为 alt 属性已经改了。但是 QTP 仍然能够正确地识别出这个对象，为什么呢？就是因为这个时候它开启并使用了智能识别功能（Smart Identifation）。

下面的过程描述了 QTP 应用智能识别来确认原“51Testing 软件测试网”这个 Image 对象的步骤。

（1）根据 Image 对象默认设置的智能识别定义（默认智能识别属性是 html tag），QTP 首先从页面中找出所有 html tag 属性=IMG 的对象（图 1-55 中可以看到 html tag 的属性就是 IMG），前面也讲过了，在 Base Filter Properties 这个左侧区域中，定义的属性将进行第一轮筛选和过滤。

（2）如果第一轮匹配不到，那么就会在右侧的 Optioanl Filter Properties（备选属性区域）中根据定义的属性顺序地进行筛选和过滤，请看以下步骤。

① QTP 会首先检查对象智能识别备选属性的 alt 属性（默认在备选属性里 alt 在第一位，但是发现没有等于“51Testing 软件测试网”的，因为已经被开发人员改为“51Testing 软件测试网-全新网站”了。因此，QTP 会忽略这个属性，继续应用下一个备选属性。

② QTP 接着检查对象的 image type 属性（默认在备选属性里第二位），把 image type 属性不等于“Image Link”这个值的对象过滤出去（图 1-59 中可以看到 image type 的值）。

③ 然后 QTP 检查对象的 html id 属性（默认在备选属性里第三位），发现所有其他的对象的这个属性的值都是“logo”（见图 1-60 中对应位置）。

④ 紧接着 QTP 检查对象的 name 属性（默认在备选属性里第四位），发现有两个对象“51Testing 软件测试网-老网站”和“51Testing 软件测试网-全新网站”的 name 属性都等于“Image”（见图 1-60 中对应位置），因此 QTP 把其他的对象又一次过滤掉，只剩下这两个对象。

⑤ 于是 QTP 再检查剩下两个对象的 file name 属性，发现只有一个是等于“logo.gif”（见图 1-60 中对应位置），至此，QTP 结束智能识别过程，推断出这个对象是它要找的“51Testing 软件测试网”对象，并且点击它。

当然了，如果在上一步仍然不能定位到对象，则还会依此类推继续下去。

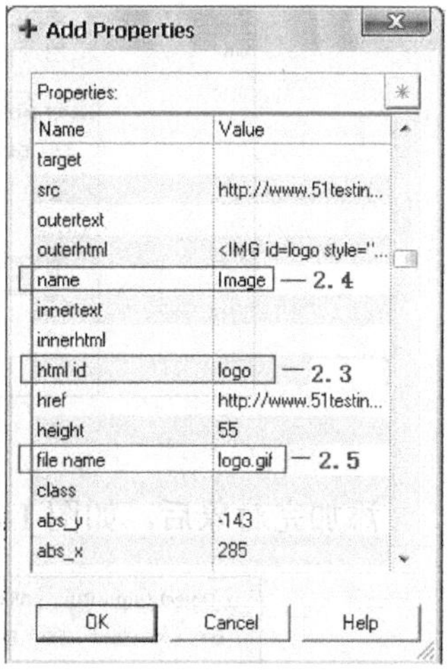

图 1-60

图 1-60 是一个为已经添加至对象库的对象添加必要的识别属性的窗口。需要注意的是，在这个窗口里属性的位置显示是没有次序可言的，或者和 Object Identification 里智能识别属性设置窗口中是不一一对应的，关于如何打开这个窗口和其他对象库功能的操作见下一个小章节。

1.5.3.2 以一个实例囊括对象库的原理机制与操作流程并揭开整个篇章

已经初步了解了测试对象模型、掌握了 Object Identification、QTP 智能识别技术，以及对象库的一些原理和机制，内容太多可能有的读者一下子难以消化，在这里再提示一下，演示一个简单的对象库编程的操作流程的实例来启发读者，也为以后更深入地学习打基础。请先看演示需求如表 1-3 所示。

表 1-3 演示需求表

步骤序列	业务操作描述	预 期 结 果	备 注
1	打开对象库	弹出对象库	对象库功能操作见 1.5.1.3 节
2	打开浏览器，跳转至百度	页面成功跳转百度	

续表

步骤序列	业务操作描述	预 期 结 果	备 注
3	A. 点击对象库中的 Add Obejcts to Local B. 选择首页上的百度搜索框对象	成功把搜索框对象添加至对象库	对象库功能操作见 1.5.1.3 节
4	在专家视图中编写代码，业务要求：在搜索框中输入“QTP 自动化测试技术领航”	编写完毕后专家视图显示脚本	对象库编程见 1.5.2 及后续相关章节
5	回放脚本	测试对象自动化输入“QTP 自动化测试技术领航”	

添加对象之前，如图 1-61 所示。

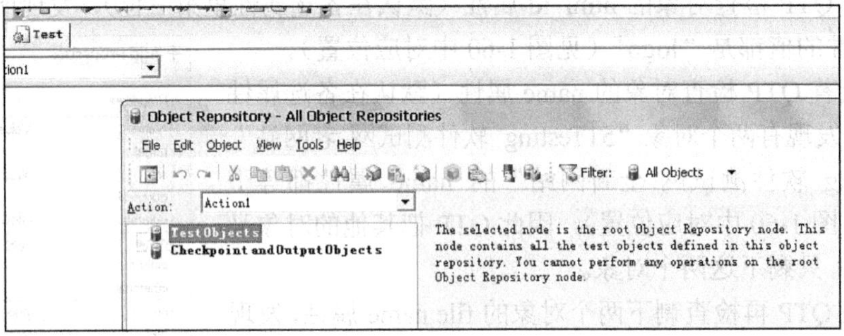

图 1-61

添加完对象后，如图 1-62 所示。

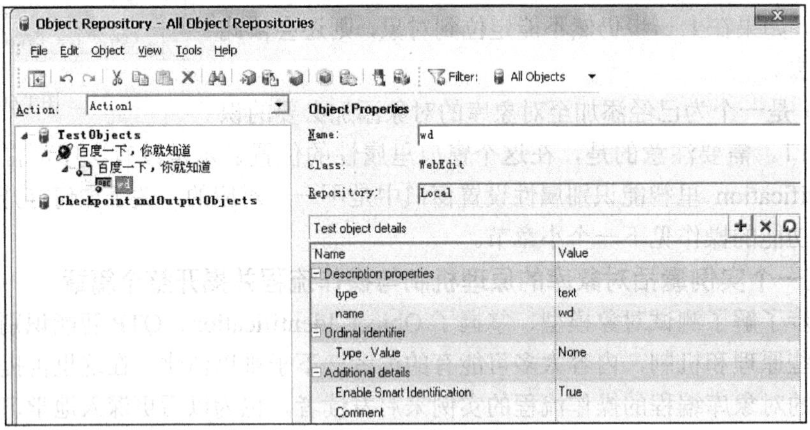

图 1-62

脚本显示代码如下：

```
Browser("百度一下，你就知道").Page("百度一下，你就知道")._
WebEdit("wd").Set "QTP 自动化测试技术领航"
```

结果：

脚本运行回放完毕后，百度搜索框自动输入了“QTP 自动化测试技术领航”，如图 1-63 所示。

图 1-63

这样一个非常简单的实例演示结束了，接着继续更深入地探索 QTP 的精华对象库以及对象库编程。

1.5.4　对象库基本操作

在上一节中，对对象和对象库有了整体的认知，包括对象库编程在 QTP 中的价值、对象模型的含义、对象库的一些作用等。在上一节中有很多关于对象库的图例，这些都是作者事先设计好的，但是有些新人读者并不知道这些图例的效果是怎么设计出来的，因为本书还没介绍过对象库功能的操作，那么在本小节中，开始讲一下对象库功能的基本应用与操作，特别要申明下，本小节介绍的对象库指的是 QTP 对象库的功能意义上的操作，只是一些很单纯的操作方面的东西，就像如何将对象添加到对象库等，而不再像上一节那样指的是“对象库整体”。

首先，我们得知道对象库如何打开，默认有两种方式。

- QTP 上方菜单栏→Resources→Object Repository。
- 快捷键 Ctrl+R（推荐）。

上述步骤操作后，打开的界面如图 1-64 所示。

作者已经在图 1-64 中以数字标识了对象库功能中必须要掌握的操作，接下来将根据数字的顺序逐个介绍这些知识点（部分知识点配合实例）。

1. Test Objects

我们先来了解对象存放的区域，从 QTP 10.0 版本开始，对象存放区域被分为两块，HP 的意图是将测试对象和检查点对象、输出对象区分开来。Test Objects 顾名思义是存放着测试对象（图例效果以及关于如何添加测试对象在第 6 点，这里暂且略过）。

2. Checkpoint and Output Objects

检查点对象以及输出对象。QTP 在 10.0 以前的版本是没有此区域的，但是感觉这块区域单独划分出来实用性不大，而且经过很多实践证明，Checkpoint and Output Objects 在做实际项目时很少会被用到，作者仍然罗列出来的目的是把一些“现状”告知读者，最终是否使用由读者决定。

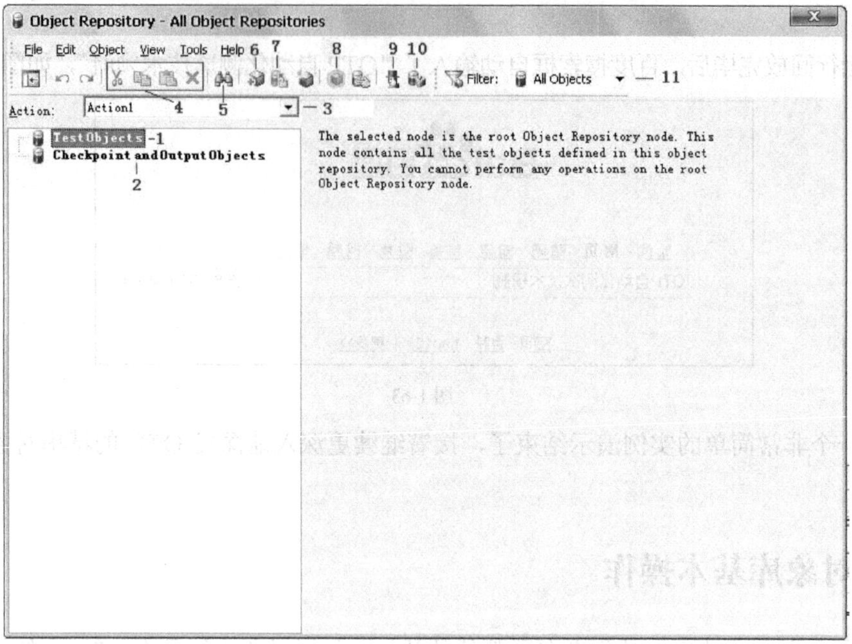

图 1-64

3. 对象库中的 Action 切换

首先要注意，这里的 Action 切换只是对象库中的切换，别和对象库外面的 Action 切换搞混了。在这里，可以通过它查看不同 Action 下的对象，很好的一个功能，可以非常直观地为对象归类，用户在使用时也可以快速查阅不同 Action 下所属的对象。同时，当需要添加对象时要注意切换到不同的 Action 再添加对象，比如当前脚本下有 Action1 和 Action2，如果我们需要在 Action2 中添加其专属的对象，那就需要把 Action 切换到 Action2 后才能添加对象，只有这样对象才会被添加到 Action2 中。如果仅仅只是建立了 Action2，但是添加对象的时候没有切换到 Action2（即仍然停留在 Action1），此时添加的对象自然是在为 Action1 添加，很容易忽略这个小细节，请务必注意。

此外还要注意一点，假设脚本调用了外部 Action，那么对象库中 Action 一样可以切换到那个外部的 Action，但是只有查看对象的权限，而没有添加、删除、更新、编辑、亮灯等权限（灰显），大家可以看一下效果如图 1-65 所示。

4. 对象的剪切、复制、粘贴与删除

这些功能是软件必备的功能。这里作者拿剪切和删除为例告知读者一些该注意的地方（剪切和复制大同小异，无须重复举例）。先看一下图 1-66 所示。

如图 1-66 所示，现在如果需要将 51Testing 的搜索框对象剪切到百度的 Page 页面下，非常简单，只需要点击对象，然后使用图标或者快捷键 Ctrl+X，再选中百度的 Page 进行粘贴即可（这个效果就不附带例图了，大家都能明白）。

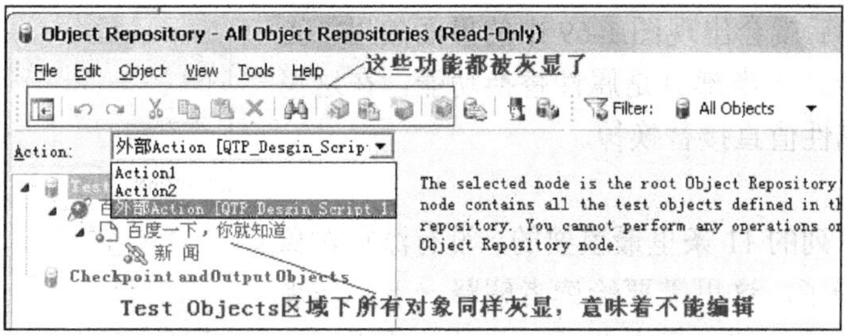

图 1-65

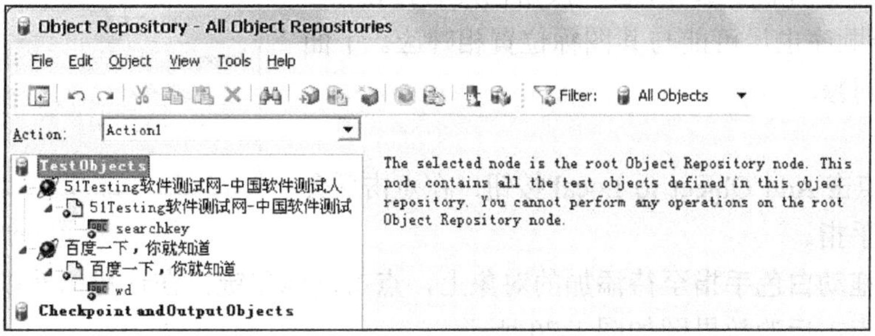

图 1-66

这里作者要提及的是如果剪切（或复制）的是父对象，那么粘贴后，其子对象会被一起剪切（或复制）过去，比如现在把百度的 Page 对象剪切到 51Testing 的 Browser 对象下，效果就会如图 1-67 所示一样，“百度一下，你就知道”这个 Page 对象以及其下的“wd”子对象被一起带到 51Testing 的 Browser 对象下，并且与 51Testing 下的 Page 对象平行。

删除操作也一样，如果删除父对象，则所有子对象一并被删除，现在删除 51Testing 的 Browser 对象试一试，删除后效果如图 1-68 所示。

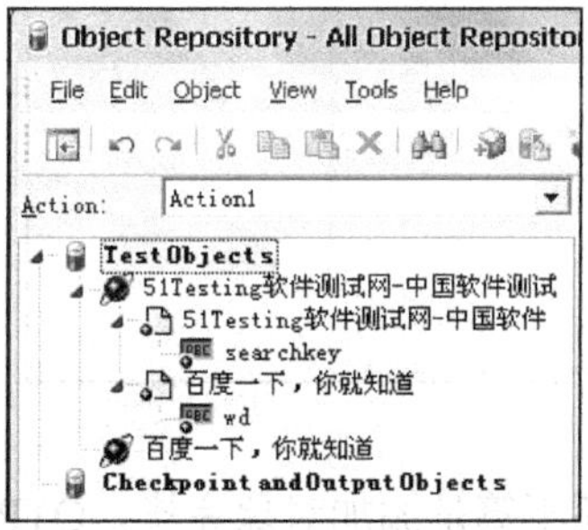

图 1-67

图 1-68

如图 1-68 所示，51Testing 的 Browser 对象一旦被删除，其所有内容一并被删除。

5. 对象库中对象的查找与替换

QTP 的对象库为用户提供了非常快速且方便的 GPRS 导航系统，它就是 Find & Replace 功能，快捷键 Crtl+F。认识一下这个功能的界面，如图 1-69 所示。

打开这个功能后就会出现图 1-69 中的界面效果，上半部分是查找功能，下半部分是属性替换功能，在这里就可以将对象的属性值直接替换掉。

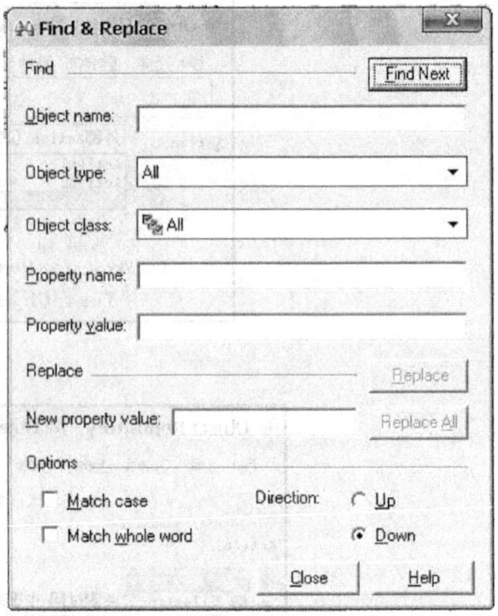

图 1-69

6. 添加对象

这个功能是罗列的 11 条里最重要的，没有添加对象也就没有后续功能了。这里需要给读者解释一下，作者本该把最重要的放第 1 条，但是为了文章的连贯性（如对象库中图标的排列顺序那样，这个按钮也没有排在第 1 个），所有内容顺序也尽可能与其图标位置相呼应。下面开始添加一个对象。

步骤如下。

第一步，点击 Add Object to Local 按钮，在点击后会出现一个白色手指。

第二步，拖动白色手指至待添加的对象上，点击鼠标左键。在这里仍然以百度搜索框为例，来看一下点击后的效果图如图 1-70 所示。

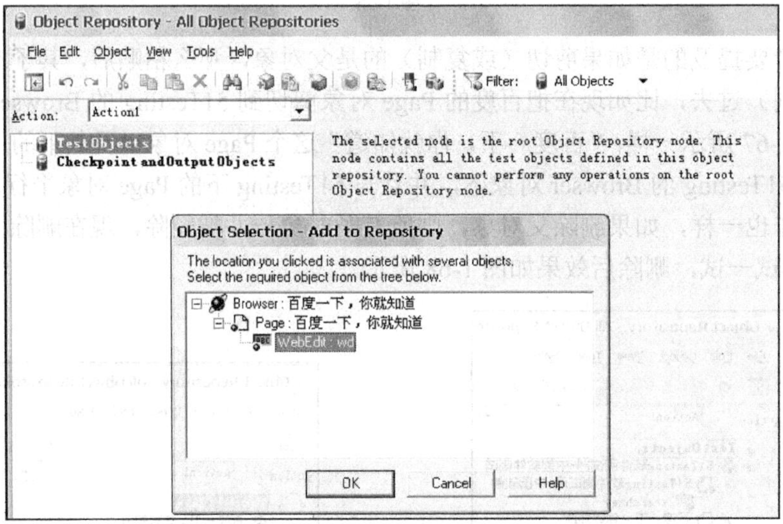

图 1-70

在图 1-70 中可以看到，在选中并点击对象后，还不算是添加对象完毕，QTP 此时还会弹出一个对象选择框，用来做最后的选择。即从图 1-70 中可以看到，虽然只选中了百度搜索框，但同时这个名为“wd”的百度搜索框的两个父对象也会一起显示，如果此时假设选中 Page 对象，则最后添加进去的对象是这个 Page，外加它的父对象 Browser。所以，到了这一步只能说快接近完成一个对象添加过程，但是没有真正的结束。最后补充一个概念：当子对象被添加时，其父对象会一起被添加至对象库，而当父对象被添加时，如还有祖父对象，则父对象连同祖父对象一起被添加至对象库，但其子对象不会被添加，新手务必牢记。

第三步，最终确认要添加的对象，确认无误后点击 OK 按钮。

总结：在完成了以上 3 个步骤后，对象就添加到对象库了。实际效果如图 1-71 所示。

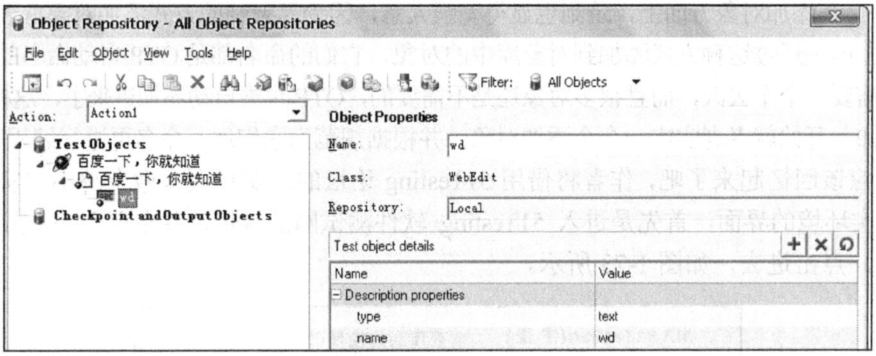

图 1-71

另外，打个比方，现在需要添加百度首页上的另一个 Link 对象“贴吧”，它们属于同一个页面的，在添加完后，这个对象就会直接隶属于它的父对象下，如图 1-72 所示。

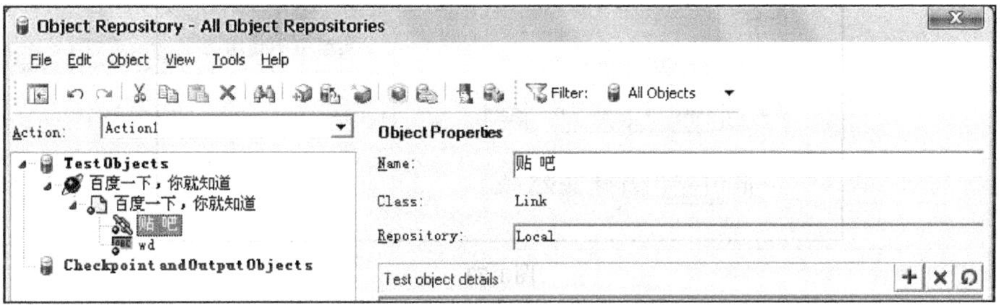

图 1-72

小提示

当添加对象时，一旦白色手指出现以后就无法再继续页面上的任何操作了，如点击、切换网页、拖动滚轴等，因为只要有任何“左击”的动作，它就会帮你添加对象。假设如果在一个页面上添加对象后，需要切换到另一个 Web 页面添加另一个对象怎么办？一般的办法就是添加好一个对象后，暂时先不激活白色手指，等网页切换了以后再回到 QTP 界面切换手指，但这样会繁琐。添加一个、两个对象还好，如果要添加很多对象呢？会一直在页面和 QTP 界面中来回切换。Mercury 公司当然预料到了这个情况，他们提供了一个捕捉模式切换功能。在这里作者先不讲这个功能，也只是做个预告。作者会在介绍到本章节的 Object Spy 这个重要的知识点时，分享这个实用又贴心的功能，添加对象和 Object Spy 是共享这一功能的，因为它们都需要捕捉，所以都具备捕捉模式。

这个功能点已经讲完了，但是读者还记得在 1.3.1 节中请拒绝“录制”，再开始你的实际项目之旅中的 1.3.1.2 节一些“理论性的社会实际问题”实例吗，作者在末尾段说过要做一个实验来证明以手工添加对象的方式效率远远胜于录制添加的方式。如果已经记不清了，请看下面这段加了引号的原文：

“另外，在添加对象方面上，录制也显得差强人意，因为靠录制的方式添加对象，表面上来看十分快速，但是通过这种方式添加到对象库中的对象，它们的命名都是 QTP 自动命名的，相当的乱，还是需要一个个去改，而且很多对象还是不需要的，QTP 也给自动添加进来了，这样弄下来，效率远不如一开始就老老实实一个个添加对象，并根据规范为它们逐一命名再进行编程呢。”

现在应该回忆起来了吧，作者将借用 51Testing 论坛的注册页面来做个小小的实验。先来看一下真实环境的界面，首先是进入 51Testing 软件测试网的首页，并在页面的上方找到“注册”按钮，点击进去，如图 1-73 所示。

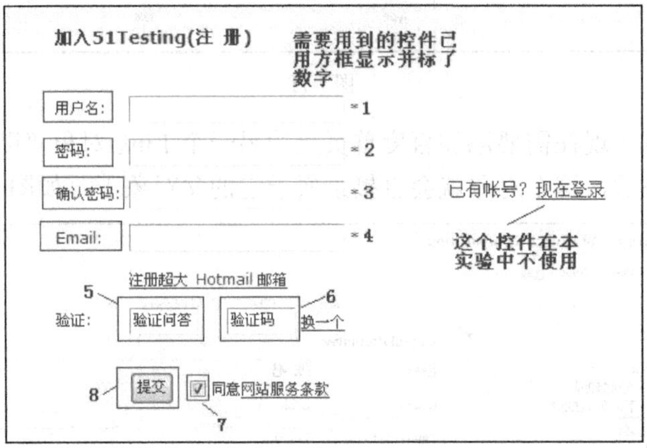

图 1-73

在进入了图 1-73 中的注册页面后，实验就要开始了，我们的业务流程是完成一次注册，所需要使用到的控件作者也已经排列出来了。对于添加对象的方法“是否效率”，暂且先不做对比。在此就先用录制的方式添加这些对象（所谓录制添加的方式就是指在录制这些业务操作的同时，对象会以 QTP 默认的设定自动添加到对象库），在完成了操作以后，看以下 3 张相当直观的例图，界面操作图（1-74）、脚本代码图（1-75）、对象库图（1-76）。

简单插一句：界面操作图没什么可说的，是作者刚才在做的事情。

作者有话说：脚本代码图 1 是录制完毕后，QTP 生成的脚本，读者看看这个脚本是否直观？是否简洁？是否优美？作者就此询问了两位 QTP 初学者，他俩都给出了自己的观点。

- 甲说：“QTP 写的脚本简直太完美了！”
- 乙说：“感觉不是很直观、精简，应该还可以优化许多！”

作者在这里只会支持“路乙”为什么？请大家看下脚本代码图 1（图 1-75）中第 13、14 行和第 16、17 行代码，这 4 行代码是对同一个对象控件的操作，读者无论之前是亲自同步操作的或者是看了作者的操作的，请大家讲一下，这个对象控件是刚才操作的哪个对象？相信大部分读者都不好理解。这是很正常的，看着脚本里的“WebEdit("secanswer")”，谁又会在过了 1 分钟、10 分钟、1 小时、1 天、10 天后重新查看脚本（维护脚本）时还牢牢的记住它是一个“验证回答的输入框”对象？当然，在这个超级简单的脚本中，大部分对象控件我们还是比较熟悉的（QTP 在录制时为其默认生成的对象名），比如第 2 行的“WebEdit("username")”一看便知是“用户名输入框”对象，或者会有读者反驳说，自己刚才能迅速反应出是什么对象！那请迅速地告诉自己第 20 行和第 23 行的“WebEdit("seccodeverify")”是什么对象？！

—界面操作图—

图 1-74

—脚本代码图 1—

```
Action1
1: Browser("51Testing软件测试论坛 软件测试 |").Page("51Testing软件测试论坛 软件测试 |")._
2: WebEdit("username").Set "一个给力的实验"
3:
4: Browser("51Testing软件测试论坛 软件测试 |").Page("51Testing软件测试论坛 软件测试 |")._
5: WebEdit("password").SetSecure "4cee064065fac360d0b060dda91d449448fabcb7"
6:
7: Browser("51Testing软件测试论坛 软件测试 |").Page("51Testing软件测试论坛 软件测试 |")._
8: WebEdit("password2").SetSecure "4cee0643fece69e95fc53bb981a397fd679665a2"
9:
10: Browser("51Testing软件测试论坛 软件测试 |").Page("51Testing软件测试论坛 软件测试 |")._
11: WebEdit("email").Set "niubility@gelivable.com"
12:
13: Browser("51Testing软件测试论坛 软件测试 |").Page("51Testing软件测试论坛 软件测试 |")._
14: WebEdit("secanswer").Click
15:
16: Browser("51Testing软件测试论坛 软件测试 |").Page("51Testing软件测试论坛 软件测试 |")._
17: WebEdit("secanswer").Set "duck"
18:
19: Browser("51Testing软件测试论坛 软件测试 |").Page("51Testing软件测试论坛 软件测试 |")._
20: WebEdit("seccodeverify").Click
21:
22: Browser("51Testing软件测试论坛 软件测试 |").Page("51Testing软件测试论坛 软件测试 |")._
23: WebEdit("seccodeverify").Set "ECKH"
24:
25: Browser("51Testing软件测试论坛 软件测试 |").Page("51Testing软件测试论坛 软件测试 |")._
26: WebCheckBox("agreebbrule").Set "OFF"
27:
28: Browser("51Testing软件测试论坛 软件测试 |").Page("51Testing软件测试论坛 软件测试 |")._
29: WebCheckBox("agreebbrule").Set "ON"
30:
31: Browser("51Testing软件测试论坛 软件测试 |").Page("51Testing软件测试论坛 软件测试 |")._
32: WebButton("提交").Click
```

图 1-75

在这么简单的一个脚本中就已经出现了 2 处几秒钟后就会令人“费解”的对象，那更别说十天半个月后的脚本维护工作了，估计那时候打开这个脚本看到这两个对象已经完全不记得它们是什么了！那如何才能有效地避免类似的事情发生呢？作者先不说，请读者继续往下看。

再继续找找这个录制出来的脚本的“茬”！大家有没有发现每行代码都特别的长？长到作者必须要通过换行才能把这张例图的内容完全截取下来，不然肯定有一部分代码无法显示了。截图也就不说啦，就说 QTP 界面，估计这么长的代码也是无法在界面中全部显示的吧？要通过滚动条才能看到末尾的代码。

现在可以开始解释了。QTP 录制出来的脚本真是不太直观！那如何应对？做到直观、简洁并使代码显得更加优美？那就是替录制生成的对象“整下容”，个性化定制自己觉得舒服的名字，比如在这里完全可以将“WebEdit("secanswer")”改成“WebEdit("验证回答")”，将“Browser("51Testing 软件测试论坛 软件测试 |")”简化成“Browser("51Testing 软件测试论坛")”，

将“Page("51Testing 软件测试论坛 软件测试 |")”简化成“Page("51Testing 软件测试论坛")”等。这样代码就直观、很精炼了。另外需要注意的是，对象类型如 WebEdit 是不可以更改的，只能修改其括号内的 Name。

—对象库图 1—

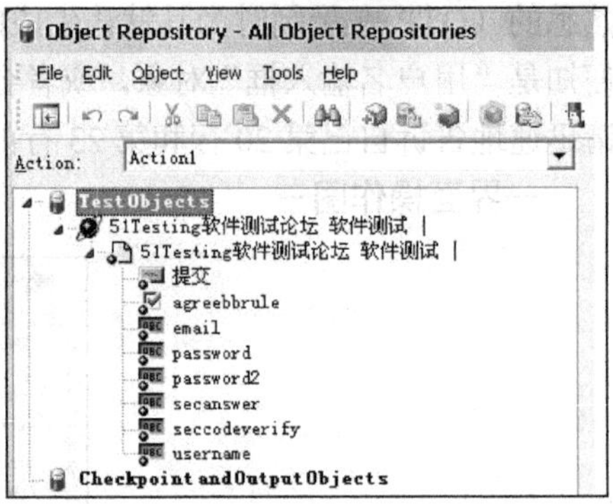

图 1-76

不过，不能在脚本里直接改，必须要在对象库里改，否则运行的时候对象库里的对象和脚本里所描述的对象就不匹配了，会导致报错！那就进入对象库，先看看“对象库图 1”图 1-76 所示。

先不说怎么为对象改名，当务之急是要继续找对象库的“茬”！图 1-76 中的这些对象就是在录制时同步添加进对象库的，是脚本里所有涉及的对象。我们可以看到，在这个对象库中呈现出，有的对象默认以中文命名、有的对象却又默认以英文命名，而有的对象的默认命名不够精简。其实这些“茬”刚才在“脚本代码图 1”中是同样存在的，只是作者有意将其留到这里。作者找出这个“茬”也不是没根据的，同样地请读者看这份对象库列表，你能迅速而准确地告诉自己每个对象符号代表着哪个对象吗？结论很明确，“茬”也找的差不多了，解决办法前面也讲过了，就是通过先进的科技手段为这些对象“整容”！怎么整？下面作者为读者做个示范，将图 1-76 中最下面那个 WebEdit 对象“username”弄成“用户名”。

步骤如下。

第一步，选中“username”这个对象后，将光标定位到右上角的“Name 编辑框”，输入“用户名”，如图 1-77 所示。

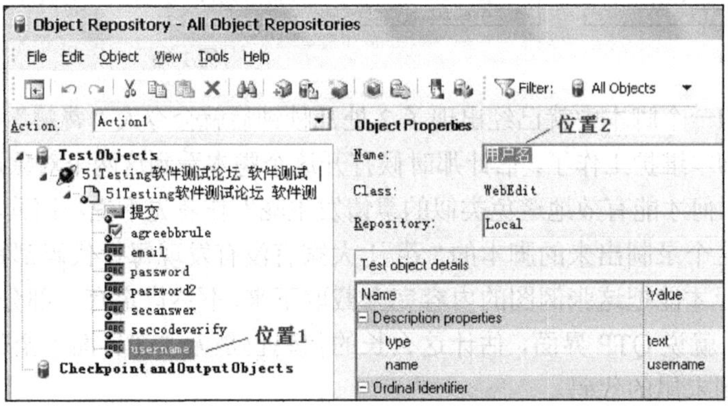

图 1-77

第二步，随意点击一下界面任何位置，目的是为了完成 Name 的变更，相当于点击“确定”的功效，“整容”后的效果如图 1-78 所示。

简单两步，“整容”完毕！可以很清楚地从图 1-78 中看到“username”，从此以后将以更易理解的“用户名”展现给大家。另外再来看看脚本中的第 2 行代码，发现对象在对象库中更改名称以后，在脚本中也会自动更新，可以看到在脚本中原先的“WebEdit("username")”同步更新成了“WebEdit("用户名")”。

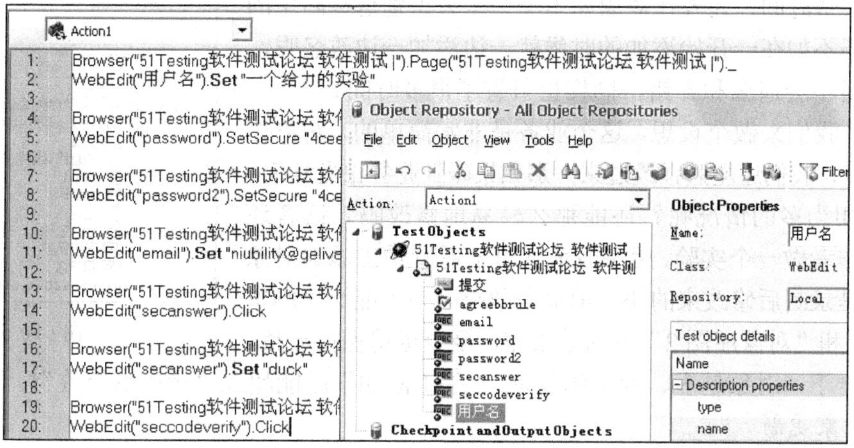

图 1-78

注　这个小功能还是比较常用的！

接下来展现一下作者已经全部修改好的对象库与脚本，见脚本代码图 2（图 1-79）、对象库图 2（图 1-80），看这样是不是优化多了！

—脚本代码图 2—

图 1-79

这样处理过的时间长了再回来看脚本和对象库也是一目了然的。但是，这些都是作者之后的补救工作，是后面才改的，这样也会存在不少风险，有时候稍不留神就会改错，要知道对象改错了是会影响脚本的。同样也相当浪费时间，还要在对象库中一个个去识别这些陌生的对象，那还不如在一开始添加的时候就一边添加一边改名呢，这样就绝对不会遗漏和弄错，同样也节省了很多时间！

—对象库图 2—

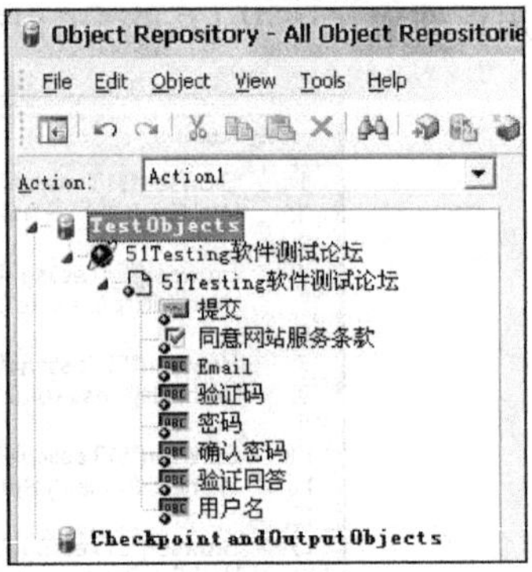

图 1-80

最后，我们来做个设想，这个业务是非常简单的，对象控件也比较少，我们还能勉强改过来，那如果碰到业务相当复杂、对象控件相当多的情况呢？还能那么轻易地修改吗？读者还可以跟着作者做一个实验，用手表或计时器看看手工添加对象速度快还是录制后修改来的快！前提是效果必须不能比“脚本代码图 2”和“对象库图 2”中的效果差，至少也得保持一致。顺便提醒一下：对象越多、业务越复杂，“手工添加”越能超过“录制后修改”！

7. 对象更新

当版本更新后，原先的脚本由于对象变化导致无法顺利运行，此时就可以使用这个功能进行更新，操作步骤和添加对象的 3 个步骤完全一样，只是按钮不同，这里不再重复。另外需要注意的是，假设在对象库中选中的是 WebEdit 控件，但是想更新成 Link 控件，则会报错，如图 1-81 所示。

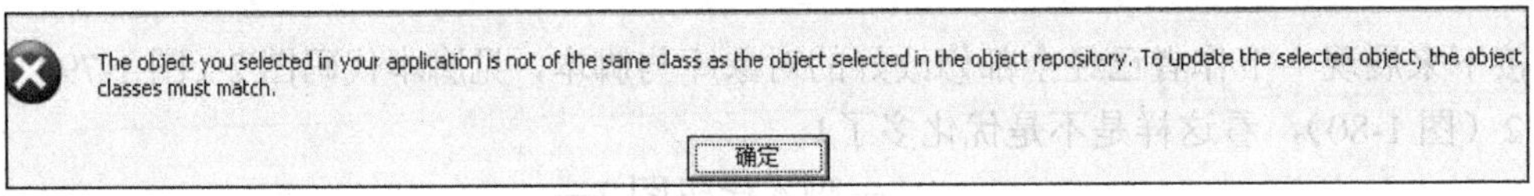

图 1-81

虽然无法更新不同种类的对象控件，但是同种类的控件可以随意更新，切记！另外，作者在做项目时，也碰到过一个现象，就是对象其实没有改变，但是仍然由于对象识别不了而脚本报错了，此时，也可以使用对象更新功能，更新一下就好了。一直不确定为什么会如此，但是的确很实用，也算是作者的一个经验分享吧。

8. 对象闪烁（亮灯）

Highlight in Application 功能可以使对象在程序或者 Web 网页上闪烁，非常的显眼、高调！在实际项目中，这个功能使用率很高，大多出现在调试脚本的时候。作者就经常在脚本出现错误时（由对象不能识别引发的错误），首先先“亮灯”，看看能否定位到对象，如果能“亮灯”就说明对象本身是能识别的，可能是因为其他原因综合导致对象假象性的无法识别，当然如果不“亮灯”，那就很明显是对象属性变更导致的识别不了对象。好好地利用“亮灯”技术可以给脚本调试带来很多便利。

脚本错误的原因可以说是千变万化，调试脚本、定位错误绝对是门技术活，在这里就可以靠“亮灯”来一步步定位，排除可能性。反正，只要能成功定位脚本错误的具体原因，无论是什么方法，都是好方法，在今后的内容中，作者也会尽量多列举些这方面的内容。

补充一个小知识点，这个“亮灯”功能有一个 Highlight 的隐藏方法，如果将代码写入脚本，那么当执行完这句代码以后，本句代码的对象在程序或 Web 页面上同样会进行闪烁，效果和点击图标是一样的，在某些特殊情况下脚本调试时会运用到。举个例子，下面这句代码就会使“wd”这个 WebEdit 对象闪烁：

```
Browser("百度一下，你就知道").Page("百度一下，你就知道").WebEdit("wd").Highlight
```

9. *初步认识下* Object Spy

在打开对象库以后，也有一个 Object Spy 功能，这个功能和另一个 QTP 内置 Object Spy 是一模一样的。Mercury 把这个功能也放进对象库应该是为了让用户使用更方便。在这里，读者暂时先知道对象库里也有一个就可以了，后面的小节中会重点讲解 Object Spy 相关知识。

10. Associate Repositories

这个功能的中文名叫副对象库，形象点可以把它看成一名开长途车的“副驾驶员”，当主驾驶累了副驾驶可以顶上继续长途跋涉。这个副对象库功能在实际项目应用中经常会被使用到，可以根据具体的业务情况事先封装好一些项目要用到的对象，并组合成一个对象库文件，在需要时就可以调用这些对象库文件到对象库中，成为一个副对象库。不过使用副对象库功能会有一个弊端，就是在加载后会产生很多 ObjectRepository.bdb 文件，读者需要了解一下。那么接下来，让我们先来看一下具体是如何调用的，图 1-82 就是打开副对象库后的窗口界面。

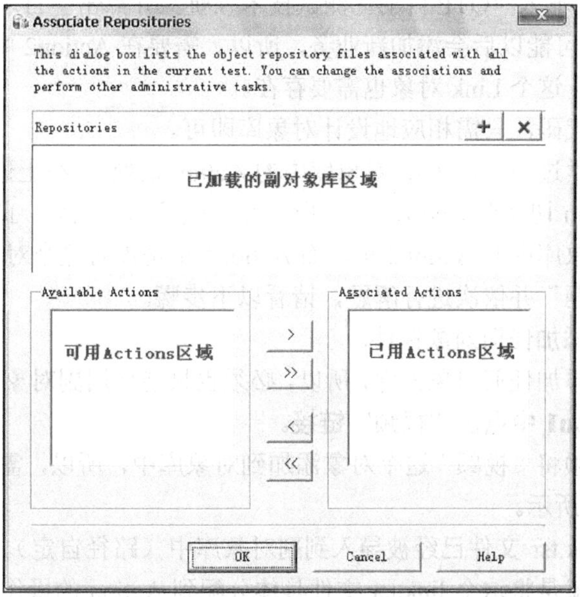

图 1-82

图 1-82 就是打开副对象库后的效果，界面非常直观，操作也相当方便，作者在这里就不对如何操作做过多的阐述了。界面中一共有 3 块区域，已经在图中标识了，接下来，让我们一起动手做一个完整的实例。

预备工作。

（1）事先准备两个对象库文件作为副对象库，分别命名为 link.tsr 以及 edit.tsr（其中 link.tsr 内置“百度”首页上的“视频”这个 Link 对象，而 edit.tsr 内置“百度搜索框”）。

（2）启动 QTP。

（3）准备两个 Action（除默认的 Action1 外再新增一个 Action2）。

（4）开启对象库并将库中的 Action 切换至 Action2。

（5）进入“百度”首页，将“百度一下”这个 WebButton 测试控件添加至对象库。

> **注**
>
> 暂时不用管.tsr 对象库文件是如何生成的，在本小节最后的补充知识点中，以及后续介绍 Object Repository Manager 那个小节中都会讲到。

要求&完成目标。

（1）不得再添加任何对象控件。

（2）使用已有资源并利用副对象库功能完成以下业务。

- 在 Action1 中点击“视频”链接。
- 在 Action2 中输入“QTP 自动化测试技术领航”并点击“百度一下”。

（3）Action2 很有可能以后会添加新业务，所以，需要在 Action2 中包含所有已知业务所需的对象，即“视频”这个 Link 对象也需要存在。

（4）无须写脚本代码，只需相应地设计对象库即可。

首先回顾一下刚学过的知识（3．对象库中的 Action 切换），在上述描写的预备工作中的第 4 点中我们将 Action 切换至 Action2 了，所以在完成了第 5 点后，此时“百度一下”这个测试控件被添加在对象库中的 Action2 里，而 Action1 里是没有这个对象的。

接下来开始“审题”并依次进行解题，请看以下步骤。

第一步，不得再添加任何对象控件。

本点要求不得再添加任何对象控件，所以，必须也只能使用副对象功能才可能完成任务。

第二步，在 Action1 中点击“视频”链接。

要完成此步则必须将“视频”这个对象添加到对象库中，所以，需要将 link.tsr 文件导入副对象库，如图 1-83 所示。

我们可以看到 link.tsr 文件已经被导入到副对象库中（路径自定）。但是，此时尚未完全成功，还需要一步，就是将这个 link.tsr 文件具体分配到 Action 的操作。在图 1-83 中可以看到，在可用 Action 区域中一共存在两个可用 Action，这两个 Action 就是在脚本中建立的，脚本 Test 中有多少个 Action，这个区域就有多少个 Action。

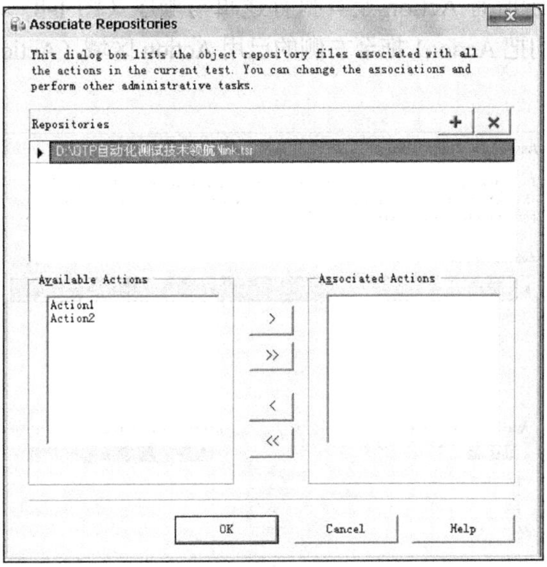

图 1-83

小提示

什么是脚本 Test？请先看图 1-84 和图 1-85 所示。

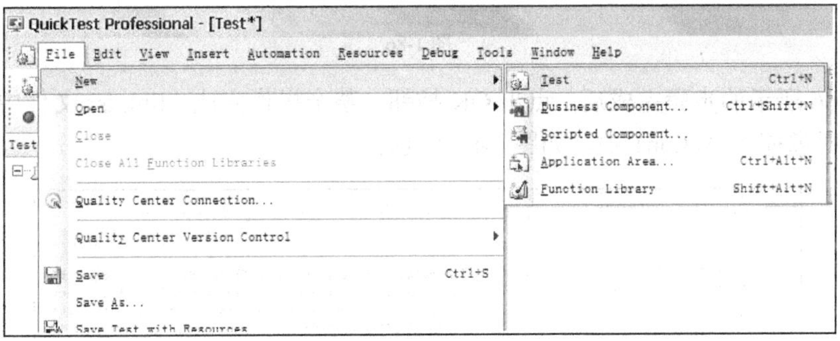

图 1-84

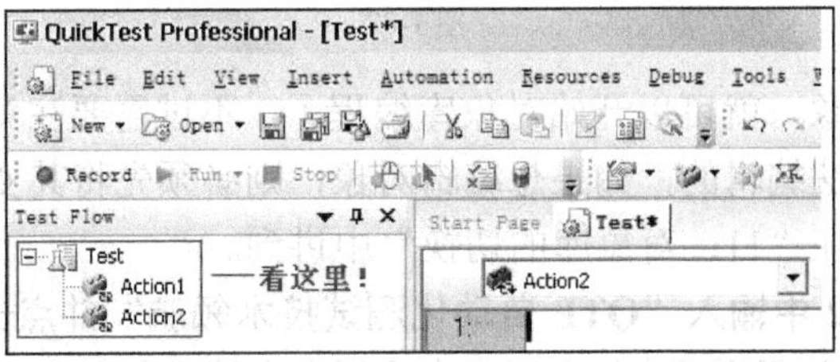

图 1-85

我们来看上面两张图，通常建立的最基础的脚本就是 Test（图 1-84），在 Test Flow 中，Test 下会以列表形式显示所有 Action 及其执行逻辑与顺序（图 1-85）。

根据业务要求，我们把 Action1 拖至右侧的已用 Action 区域（Action2 暂时还没用不动它），如图 1-86 所示。

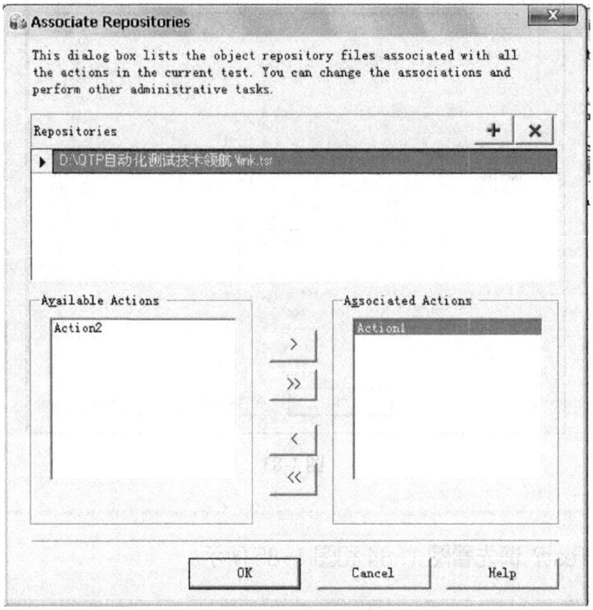

图 1-86

在图 1-86 所示的步骤完成后，点击 OK 按钮，整个操作完成，link.tsr 文件中的对象也将成功载入到对象库的 Action1 中，如图 1-87 所示。

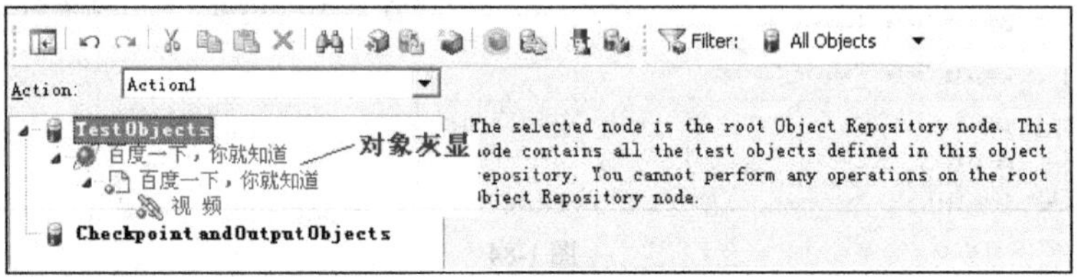

图 1-87

如图 1-87，有了对象，就可以开始对象库编程了，不过需要注意的是，从副对象库中引用的对象是灰色的，无法编辑的，如果想编辑对象，则必须先将其变成本地对象，这个在这里就不多讲了，后面会在“11．对象库的切换”中讲到。

第三步，在 Action2 中输入“QTP 自动化测试技术领航”并点击“百度一下”。

这个步骤很有意思，这里需要先输入再点击这两个步骤组合完成。我们在预备工作中已经为 Action2 添加了“点击”所需的对象了（图 1-88），现在就需要通过导入副对象库的方式组合进来。

我们把“输入”所需的对象给添加进来，步骤不再重复，直接忽视，最终效果如图 1-89 所示。

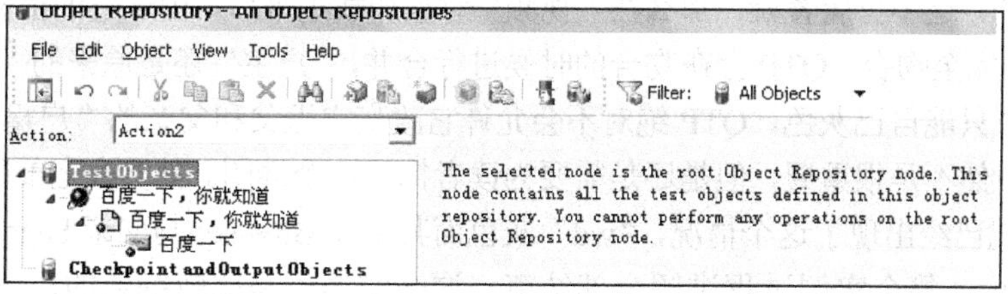

图 1-88

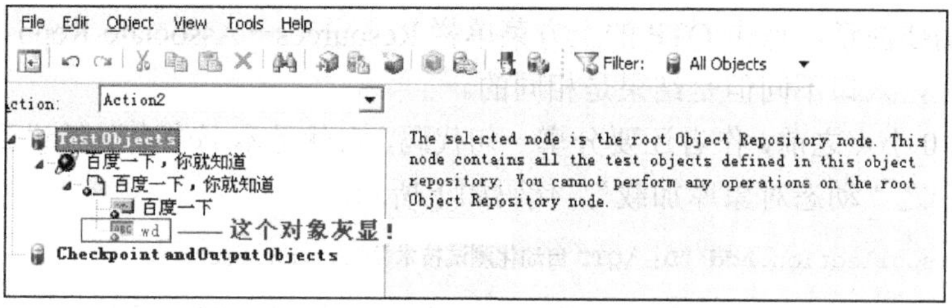

图 1-89

下面就可以根据业务要求正确地在脚本的 Action2 中进行对象库编程了。

第四步，Action2 很有可能以后会添加新业务，所以需要在 Action2 中包含所有已知业务所需的对象，即“视频”这个 Link 对象也需要存在。

这一步唯一要做的就是把“视频”对象同样添加到 Action2 中，以备不时需要。“视频”对象在 link.tsr 文件中，在添加前可以看到目前该文件中的对象没有出现在 Action2 中（图 1-89），就是因为在设置时没将 Action2 从可用设成已用（见图 1-26）。所以，只需要将 Action2“右移”就可以了，步骤直接忽略，最终效果如图 1-90 所示。

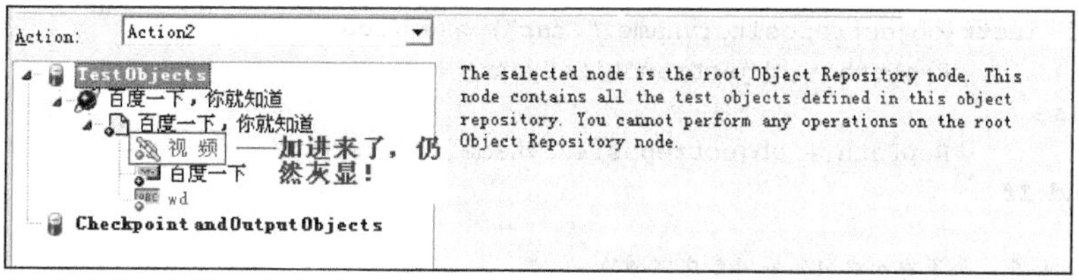

图 1-90

在“视频”对象被添加进 Action2 后，目标也就完成了。不过相信细心的读者会发现一个问题，大家先把书翻到前面看图 1-87，在 link.tsr 文件被加载后，Action1 中的所有对象都是灰色显示的，这代表这些对象是从副对象库中加载的，那为什么到了 Action2 中，只有“视频”这个子对象灰色而其父对象与祖父对象不灰色（请看 QTP 当前环境，也可看图 1-90）？其实道理很简单，“视频”、“百度一下”、“wd（搜索框）”都是子对象，它们的祖父对象 Browser 以及父对象 Page 是 3 兄弟共有的。之前已经完整操作过一遍了，添加“百度一下”是添加到本地对象库的，所以，其父对象 Page 以及祖父对象 Browser 也属于“本地对象”，“本地对象”是不会灰色且可编辑的，这个毋庸置疑。那么在“视频”对象加载进来后，由于它的祖父对象和父对象与 Action2 中的完全吻合，QTP 会在吻合的时候进行合并，“户主”还是原来的“本地对象”，所以“视频”对象只能自己灰色，QTP 绝对不会允许它改变它祖父和父亲的“户籍”，这就是 QTP 的一个规则，虽然不是很重要，但是还是需要为读者揭开这个谜团。其实在之前加载“百度搜索框”的步骤时就已经出现了这个情况，“wd”灰色而其祖父 Browser 与父亲 Page 不灰色。

到这里为止，整个实例过程讲解全部结束，这个实例还是比较细致的，在分步讲解过程中，也扩展穿插了一些小知识点，希望读者能够完全掌握“副对象库”的使用方法并做到融会贯通！另外需要注意，点击 QTP 的上方菜单栏 Resources→Associate Repositories，同样能够打开副对象库，入口不同但是结果是相同的。

在结束第 10 小点之前，作者还要分享一句代码，它就是本书中会陆续讲到的 3 大实时动态加载的第 1 个之“动态对象库加载”，代码如下所示：

```
RepositoriesCollection.Add "D: \QTP 自动化测试技术领航\link.tsr"
```

这句代码写在脚本中，一旦被执行到以后会触发加载对象库文件使其成为副对象库的事件，效果和手工添加副对象库完全一致，只是没有了选择 Action 并加载的步骤，因为没必要，把这句代码写在 Action1 中，则说明加载到 Action1 中；添加到 Action2 中，则代码加载到 Action2 中，依此类推。通常，把 3 大实时动态加载的代码写在脚本的最前面几行，另外需要注意的是，3 大实时动态加载的生命周期都很短，脚本执行结束它们也就结束。下面提供一个用 VBScript 后台语言动态调用副对象库的函数供读者参考：

```
Public Function AddObjectRepository(objectrepositoryname)

        Dim Pos
        '判断：如果已存在".tsr"后缀名则直接使用该文件路径，如果不存在则添加后缀名
        If instr(objectrepositoryname,".tsr") > 0 Then
                RepPath = objectrepositoryname
        else
                RepPath = objectrepositoryname & ".tsr"
        End If

        '初始化：如果存在残留的副对象库则删除
        RepositoriesCollection.RemoveAll()
        '添加副对象库
        RepositoriesCollection.Add(RepPath)

        '添加后的验证：查找副对象库并将值返回给变量，如果存在返回 1
        Pos = RepositoriesCollection.Find(RepPath)
        MsgBox Pos
        '返回的值如果不等于 1 代表不存在则报错
        If Pos <> 1 Then
                MsgBox "找不到副对象库！"
```

```
        End If

    End Function

    '调用该函数
    Call AddObjectRepository("D: \QTP 自动化测试技术领航\link.tsr")
```

11．对象库中对象类型的分类与切换

这个功能相对比较简单，其更大的意义在于方便用户操作，可使对象库的类型根据实际操作进行准确而快速地分类，它是以下拉框形式出现的，默认情况下只有 All Objects 和 Local Objects 两个类型，含义就如同其字面意思，不多做解释了。

接下来做一个实验，首先需要有低碳的理念，所以原材料仍然复用之前的 link.tsr 文件，在导入副对象库并应用到 Action 后，再添加一个“百度搜索框”（本地添加）。在这些准备工作全部完成以后，可以看到对象库中又多了一种对象类型 link.tsr，这个其实就是副对象（也可叫作辅助对象），以导入到副对象库的对象库文件名显示，可以有多个不同的副对象，它们的命名也各不相同，但是都属于同一个种类。分别来看一下各种对象类型的实际图例，如图 1-91、图 1-92、图 1-93 所示。

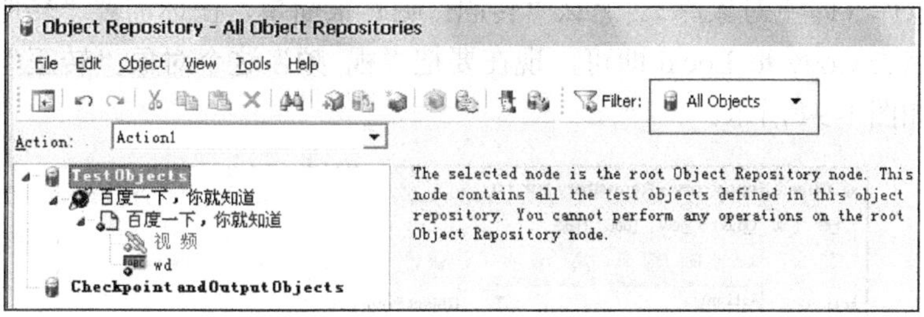

图 1-91

如图 1-91 所示。All Objects 下显示了所有的对象，其中副对象“视频”以灰色显示，但是其父对象 Page 和祖父对象 Browser 没有灰色，被转化成为本地对象，因为它们另外还有个身为本地对象的后裔“wd”，这个知识点在前面的内容中已经讲解过了，希望在这里能起到一个复习的作用。

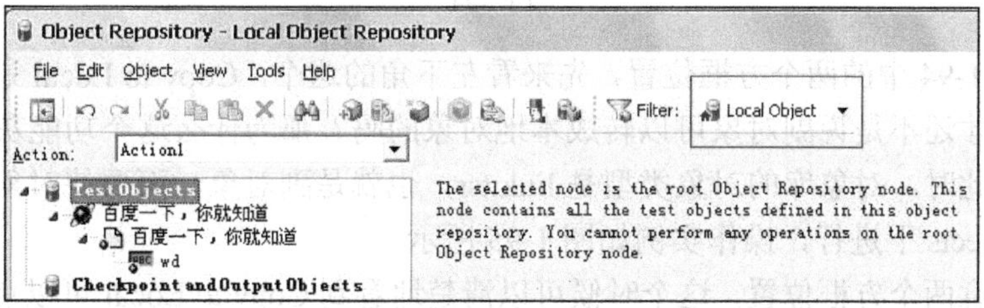

图 1-92

如图 1-92 所示，Local Objects 下正确显示了手工添加的本地对象，副对象是绝对不会在这里出现的，如果出现请将 Bug 提交给 HP 公司！

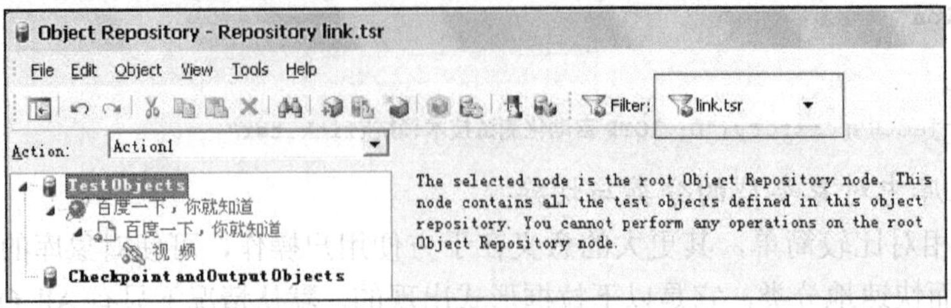

图 1-93

如图 1-93 所示，可以看到所有的对象都是灰色的，这就足以证明它们是通过特殊渠道进来的，这里会显示 link.tsr 文件下的所有对象。除此之外其他任何本地对象都被排除在外，如果有多个副对象被添加进对象库，它们也只会各司其职，绝对不会发生 link.tsr 中出现 edit.tsr 中的对象的错乱情况。

在这里还需要提到一个功能，可以看到，图 1-93 中的这些对象都是不能编辑的。在讲"副对象库"的时候就讲过，由副对象库导入的对象是无法编辑的，要编辑的话就必须使其先"转职"成本地对象库（即主对象库）。怎么"转职"呢？很简单，在你需要"转职"的对象上点击右键后，再点击 Copy to Local 即可，现在要把"视 频"这个对象"转正"了，来看下面的操作实例，如图 1-94 所示。

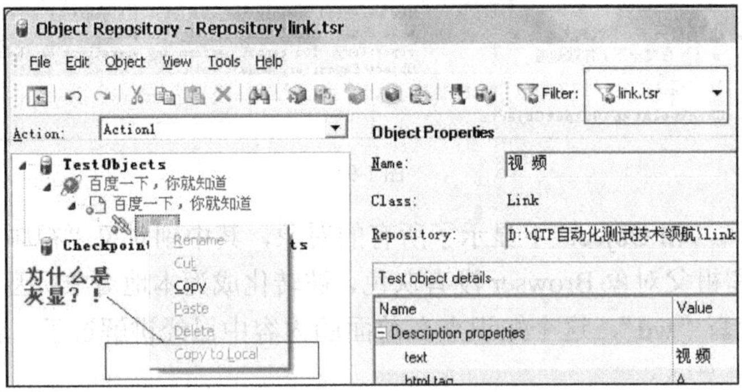

图 1-94

请注意图 1-94 中的两个方框位置，先来看左下角的这个，Copy to Local 是灰色的，这是怎么回事？刚才还不是说副对象可以转成本地对象的吗？那为什么这个功能灰色了？请看右上角的方框，此时，对象库的对象类型是 link.tsr，也就是副对象，而要使对象"转职"必须切换到 All Objects 下进行，操作实例如图 1-95 所示。

同样先注意两个方框位置，这个时候可以清楚地看到 Copy to Local 可以点击了。点击后即宣告"转职"成功，需要注意的是在"转职"后，原先的副对象库文件是绝对不会受到影响的，因为"转职"只起到了 Copy 作用，它并没有改变文件自身内容的本领。另外还需要注意一点，“转职”跟复制、剪切、删除对象是相反的，父对象一旦“转职”了，祖父对象也受影响跟着“转职”而不会制约子对象，复制、剪切、删除则是父对象制约子对象，而祖父对象不受任何制约，正好相反，读者可以多加尝试！

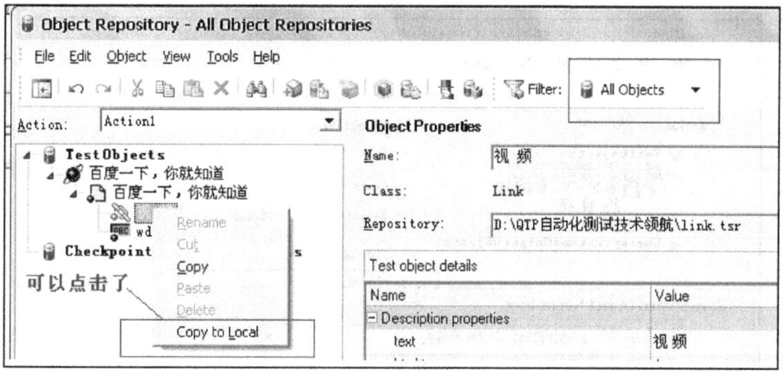

图 1-95

知识点补充。

以上的 11 点全部讲解完了，除此之外，作者再介绍一项图中没有用数字标识出来的对象库导出（替换）功能，在项目应用中也时常会使用到，先看这个功能出自于哪里，如图 1-96 所示。

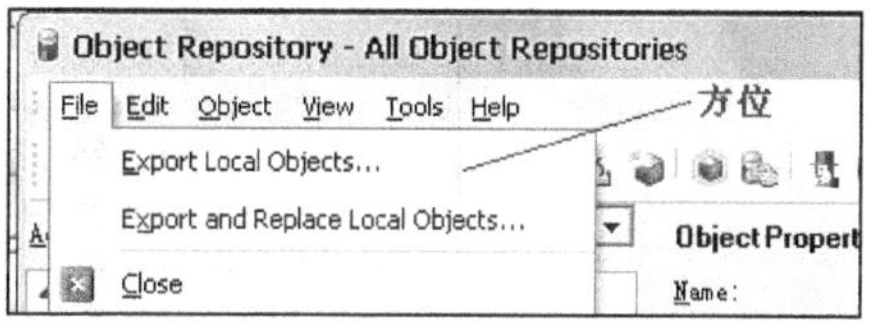

图 1-96

上图 1-96 所示就是这个功能的具体位置，File 菜单下有 3 个子菜单，其中 Close 就是关闭对象库，这个太简单了，主要说一下“Export Local Objects”和“Export and Replace Local Objects”，这两个功能的共同点是，它们都可以导出对象，前者就是最单纯的导出本地对象，而后者稍许复杂点，除了导出本地对象以外还有一个“代替”的附加功能，这个附加功能的实际效果是什么？让我们一起来看两个实例。第 1 个实例就是最简单的导出对象，操作实例图 1-97 所示。

通过图 1-97 中的操作，就可以保存一个对象库文件到指定文件夹中了，之前一直用的 link.tsr 就是这么来的，这个是最简单的，接下来主要讲讲后者，在讲之前先做一下准备工作。很简单，在新脚本里添加一个“百度一下”按钮就可以了。继续，后者其实就多了一个“替换”的附加功能，作者起先误以为是保存文件的时候，如果命名相同则会覆盖，保留下新的文件内容，但是仔细想想就觉得不对，这好像有点多此一举，因为 Mercury 并不需要单独开发这个功能，Windows 系统现成的就有这个功能了，那这里的替换到底是什么？作者其实也不大明白……那我们现在怎么办？还记得 1.2 中学到的知识吗？通过帮助文档“F1”找到想要的答案，在输入关键字“Export and Replace Local Objects”后，“F1”终于揭开了真相，如图 1-98 所示。

如图 1-98 所示，帮助文档已经写的非常清楚，原来选择 Export and Replace Local Objects 后，这些对象就会自动替换成副对象（也叫辅助对象），以副对象的身份出现，其本地对象的身份将被剥夺，原来这里的替换含义是将本地对象替换成副对象，实际效果就是导出这些对象并自动替换成副对象来使用，那么将其导出，就命名为“实例 2.tsr”，并且来验证一下到底正确不正确。需要验证两点：第一点，副对象是灰色的，那我们来看究竟有没有达到预期结果（读者也可以自己在本地环境上同步试验），如图 1-99 所示。

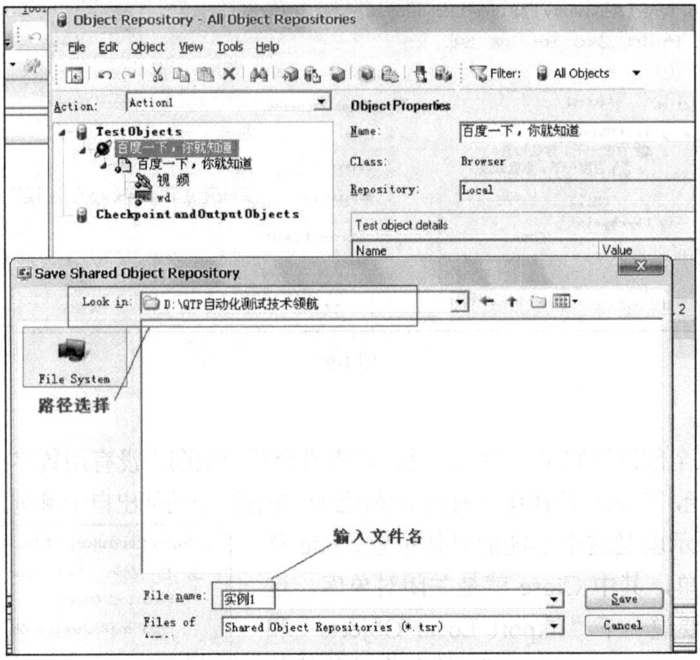

图 1-97

If you chose **Export Local Objects**, the local objects are exported to the specified shared object repository (a file with a **.tsr** extension). Your test continues to use the objects in the local object repository, and the new shared object repository is not associated with your test.

If you chose **Export and Replace Local Objects**, the new shared object repository (a file with a **.tsr** extension) is associated with your test, and the objects in the local object repository are deleted. The objects in the Object Repository window are read-only (gray), as they are now in a shared object repository. In the Object Properties section of the Object Repository window, the repository location indicates the path and filename of the new shared object repository instead of **Local**.

You can now use the new shared object repository like any other shared object repository.

图 1-98

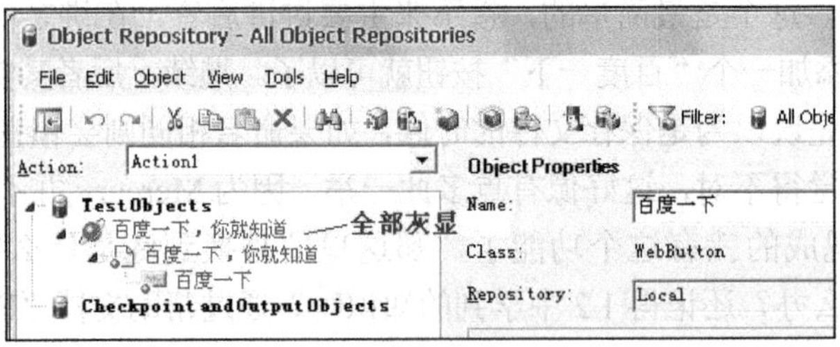

图 1-99

第一点通过了，那么接下来验证第二点，副对象库里是否存在刚才被导出的文件，打开副对象库，如图 1-100 所示。

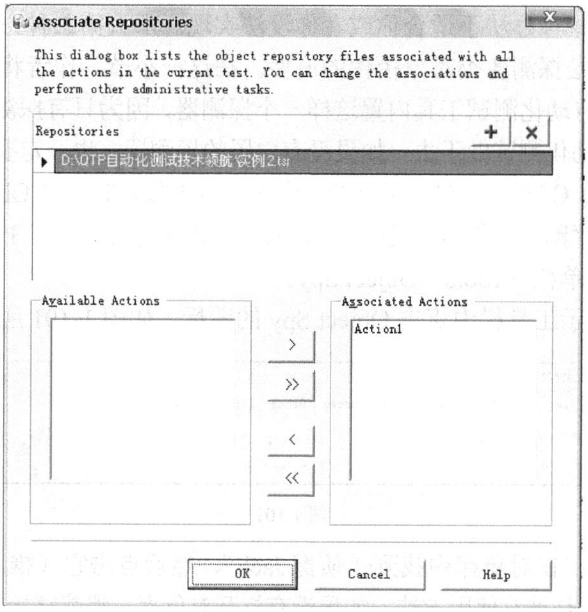

图 1-100

我们可以看到，在副对象库中的确存在“实例 2.tsr”这个文件，并且当前 Action 自动会从可用区域移至已用区域，这也就意味着该文件中的对象已经在履行副对象的使命了。至此，试验结束，验证通过，和“F1”里描述的毫无差错。通过这两个实例，相信读者应该可以理解导出对象的两个不同的概念及其运用了。特别是后者，如果能在实际项目中举一反三且灵活运用的话，一定可以化繁为简，并很大程度上提高对象维护的效率。

注

本小节的内容针对对象库功能的基本操作，但是都是非常具有实用的，扩展操作或高级操作如共享对象库、对象库合并等知识在后续小节中讲解。

1.5.5 Object Spy 让对象无处藏身

1.5.5.1 结交新朋友——侦探 Jack

做基于界面的功能自动化测试，其归根到底就是对界面上的对象控件做文章。想要掌控这些“五花八门”的对象控件，就一定要深入地去认识它们，只有掌握了它们的内部结构，自动化测试工程师才能把测试工作做起来。内部结构是什么？其实就是一个个（大批量）的对象属性，正是利用这些属性才能控制这些对象控件，以便使用它们做每一件事。不过，对象控件不是万能的，它们都有自己的业务范围，所以，它们只对范围内的有效！

那么，该如何去探知对象控件的内部结构呢？有两种办法：第一种，自己识别对象控件的内部结构！如果第一种办法不适合你或者你没法实现。那么第二种办法就是获得一种探测器工具，用它可以轻松探测各类对象控件的属性。在这一小节，作者将讲解第二种办法。

市面上，有很多自动化测试工具内置这样一个探测器，因为只有探测到了对象控件的内部属性，才能继续将自动化测试做下去。如果没有内置的探测器，也一定要去寻找一个独立的外部探测器来配合使用。QTP 直接提供了一个重量级的探测仪，它就是 Object Spy，它一定会是你自动化测试旅途的“贴身伴侣”，让我们来认识一下这位新朋友，有 3 种方式可以调用它。

（1）QTP 上方菜单栏→Tools→Object Spy。

（2）QTP 默认显示工具栏中点击 Object Spy 的图标，如图 1-101 所示（推荐）。

图 1-101

（3）打开对象库，在对象库中找到“侦探 Jack”，然后点击它（推荐）。

3 种方式中有两种是推荐使用方法。如果没有打开对象库，那就直接点击工具栏中的图标，如果对象库已被打开，那么就可以点击里面的图标（前面的内容中已提到过，点击对象库中的 Spy 图标一样能调用它），做到灵活应用！细心的读者会问，为什么不支持快捷键？这个问题请咨询 HP，至少目前暂时还没有快捷键。那么接下来，有请我们的“侦探 Jack”，如图 1-102 所示。

如图 1-102 所示，已经见到了“Jack 先生”的庐山真面目，那么接下来作者用它探测一个对象，然后对这个界面做一些说明（如何探测先不讲，后面就讲。另外，本说明只针对新人，已经会的朋友请体谅下作者要照顾到每一位读者，暂时跳过即可），被探测的对象是百度的搜索框。那么就让新人和作者一起来看界面说明图，如图 1-103 所示。

界面详细说明。

1. 探测手指

点击该手指后会出现一个白色的手指，就和添加对象一样，作用就是选择需要探测的对象，在下一个小节中，作者会扩充一个知识点“捕获对象时的模式切换”。

2. Keep Object Spy on top while spying

探测时保持探测器置顶，这个就看个人习惯了，默认是勾选上的，也就是总是保持置顶的，如果不习惯这种方式，取消勾选就可以了，在这里还是推荐大家采用默认的形式。

3. 显示对象的区域

在使用探测手指后，这块显示区域会显示 Object Spy 探测到的对象及其父对象、祖父对象。默认是停格在被探测的对象上，如果需要查看它的父对象或祖父对象，只需点击即可。在这里能看到“百度搜索框”被探测到了，它就是“WebEdit：wd”。

4. Native Properties 和 Identification Properties 的切换

这是一个重点，也是学习 Spy 探测器最难的地方！这里所牵涉的内容不只包括本小节，还包括本小节以外的另外几个小节。在这里先大致介绍一下，以后还会多次碰到。首先，作者在这里做一下翻译工作，Native Properties = 本地的属性，Identification Properties = 鉴别属性，这两个名词一定看不懂。让作者来替广大新人读者解惑，本地属性就把它看作一个对象控件的自身接口的属性，而鉴别属性它是 QTP 默认为该对象控件封装的属性。本地的属性相当多，是封装属性的数倍！下面图 1-104 所示是切换到封装属性的情况，显示的都是“百度搜索框”的封装属性：

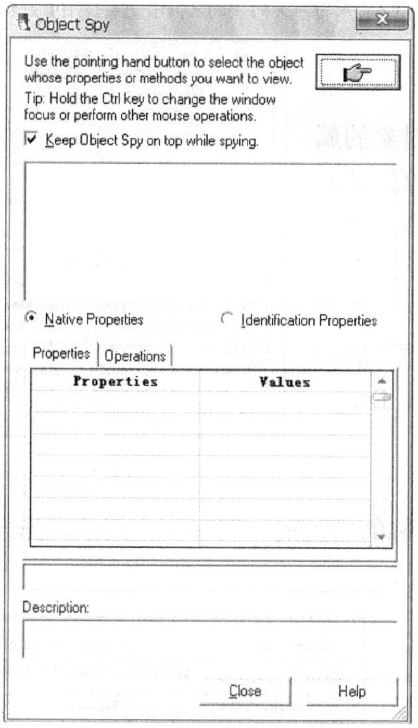

图 1-102

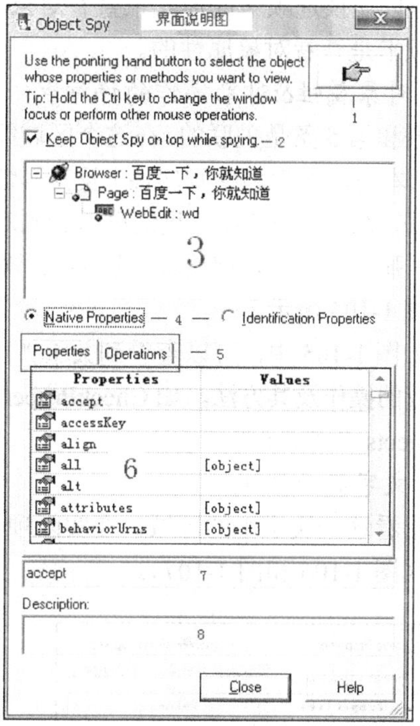

图 1-103

图 1-106 就是“百度搜索框”的一些封装的属性。什么叫封装？这个在这里就不多解释了，因为和本书无关，不过在这里可以告诉你，QTP，把“百度搜索框”封装成一个 WebEdit 控件，依据在哪？因为 Class Name = WebEdit（位置在图 1-104 中已标注）。Class Name 就是“百度搜索框”众多封装属性中的一个，读者可以重新选择到本地属性里去看看有没有 Class Name，答案是没有！至于这些封装属性是怎么来的呢？答案是 QTP 自己给封装好的。所以，关于这些封装属性的秘密，在下一章节中会讲到，敬请期待吧！

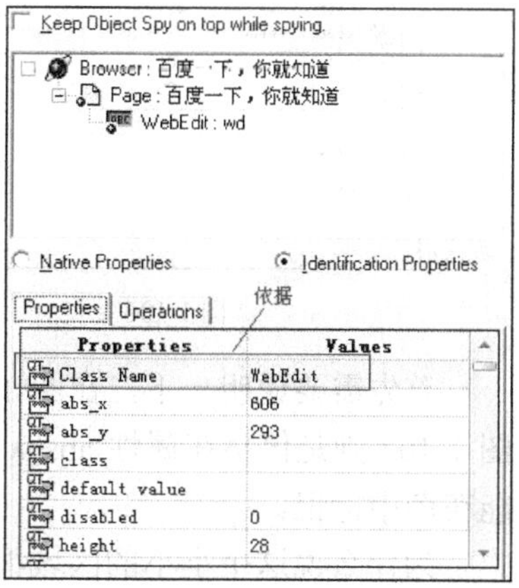

图 1-104

言归正传。两种属性都是在实际的运用中经常会被用到的，调用不同的属性方法的形式也是不同的，两个概念上的介绍基本就到这里了。

后者是 Identification Properties，以后会牵涉到对象库编程中的两个重大概念 Test Objects（测试对象，TO）和 Run-time Objects（运行时对象，RO），在为 TO 或 RO 进行编码的时候使用的就是 QTP 自己封装的这些对象属性。关于前者，也就是 Native Properties 有其独特的调用方法。

5. Properties 和 Operations 的切换

这里以切换选项卡的形式来查看对象的属性或查看关于该对象控件的操作的一些方法，默认选项卡是查看对象属性的。

6. 对象属性&对象操作的详细表

本条和第 5 条是关联的，在这个区域能查询到对象的属性（包括本地的属性和鉴别属性）及其属性值或对象控件的一些方法，在图 1-104 中，我们可以看到对象的具体属性显示效果，那么接下来，把选项卡切换到“对象操作”效率效果，如图 1-105 所示。

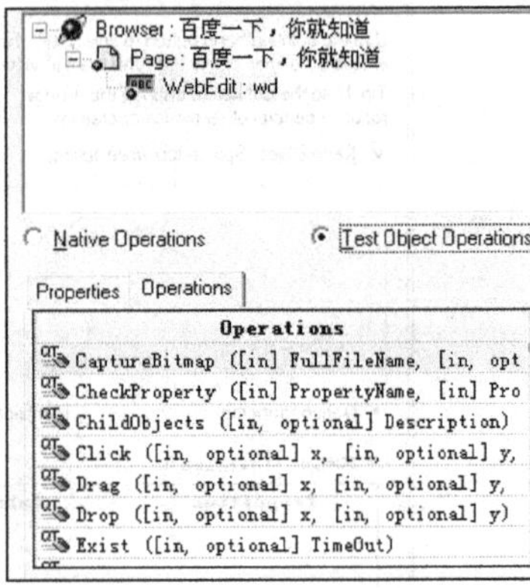

图 1-105

在如图 1-105 中，可以查看到关于“百度搜索框”的一些可执行的操作及其方法，如 CheckProperty、Click、Drop、ChildObjects 及 Exist 等。

7. 文字显示区域

别小看这一块小小的区域，在实际项目中有实际的用处的，现举两个例子，先来看一下两张图（图 1-106 和图 1-107）。

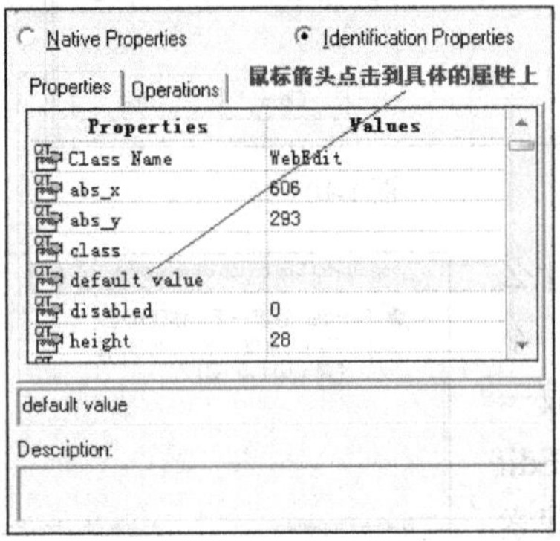

图 1-106

图 1-107

首先需要说明一下，在图 1-106 上鼠标箭头停格在 default value 这个属性上并点击，而图 1-107 则是停格在属性 abs_x 的值 606 上并点击，由于鼠标箭头无法被截在图中，所以只能在图中标记。

为什么说这个小小的区域很实用呢？第一个例子大家请看图 1-106，假设需要把 default value 这个属性写到脚本的某行中去。那么此时有两种办法，第一种就是手写，一个一个字母的拼写，显然这种方法效率比较低，而且容易拼写错。所以推荐第二种方法，就是去点击表中的 default value，点击后，在文字显示区域就会显示 default value 了，然后再复制、粘贴到脚本中，这样效率就大大提高而且绝对不会出错了。这个 default value 的例子还是比较经典的，请注意当中是有一个空格的，用这种的话就保证不会漏掉这个空格了。

然后看一下第二个例子，在这里不光可以点击“属性”，还可以点击“属性的值”，同样可以出现在文字显示区域中，比如图 1-107 中的 606。除此之外，Operations 选项卡下的内容同样能够点击、显示，只不过 Operations 选项卡下的内容只是看看就行了，是没有实际性用途的。

8. 具体描述区域

这个区域中会显示一些 QTP 自带的描述信息。细心的读者应该会发现，Properties 选项卡下这块区域是没有什么描述信息的，这说明 HP 公司并没有给各类属性添加描述。但是在切换到 Operations 选项卡后，可以发现 HP 公司给所有 QTP 自行封装的方法进行了描述，比如 Click 方法（图 1-108），而自身接口的一些操作方法都是没有描述的，同样如 Click 方法（图 1-109）。

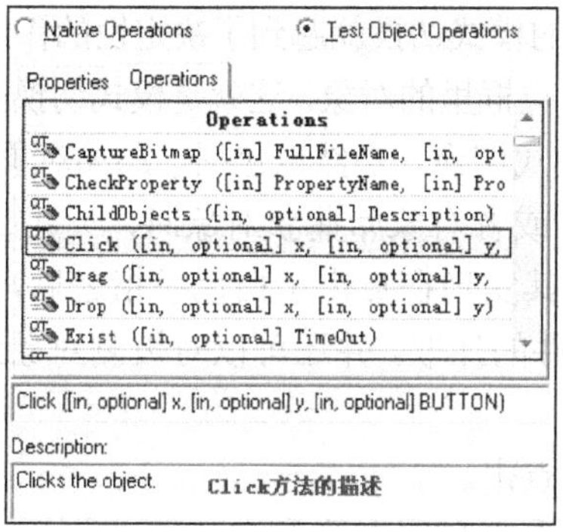

图 1-108

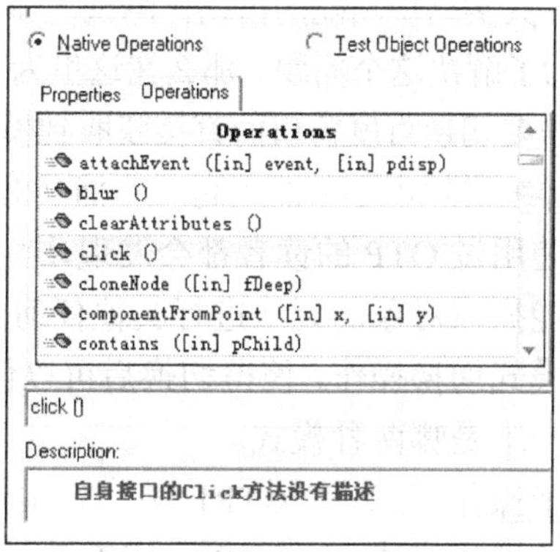

图 1-109

这个知识点大家只需要了解即可，即使 QTP 自带的封装方法有一些描述，也没有必要去看，因为我们有“F1”这个好老师。

1.5.5.2 捕获对象时的模式切换

在讲解对象库功能之一“6. 添加对象”的时候，作者分享了“小提示 9”，读者可以重新翻回到那部分内容。当时提出了一个问题“假设在一个页面上，添加对象后需要切换到另一个 Web 页面添加另一个对象怎么办？”，最后作者给出了最好的解决方案“在添加对象时，QTP 提供了捕捉模式切换功能”。但是作者并没有继续深入下去，因为添加对象时的模式切换是和本小节要讲到的 Object Spy 捕捉对象的模式切换是一致的，现在，可以好好学习一下这个技巧了，这个知识点在今后的实际项目运用中经常会被使用到。

作者先举一个简单的例子，还是借用“百度”为例，当我们打开百度进入到百度首页时，会发现有个搜索框，这个搜索框是有讲究的，它支持 AJAX 技术，直白点说也就是模糊匹配下拉框功能，那么在这里我们将通过这个功能来进入本小节的主题。

实验开始了，在搜索框中输入“QTP”，可以看到此搜索框下面会自动出现一些模糊匹配“QTP”的关键词，如图 1-110 所示。

图 1-110

假设需要在这功能上做自动化测试，首先需要抓取到这些对象（模糊匹配出来的关键词）。那让我们试着使用“侦探 Jack”去抓取它们！但是，我们会发现在抓取的时候事情出现了。你会发现“侦探 Jack”根本无法抓取到图中的这些模糊匹配出来的对象，当点击探测手指以后就相当于切换了窗口，再切回来的话模糊匹配下拉框就必定会消失，这样就导致根本无法正常捕捉到这些需要获取的对象……这块功能的自动化测试就无法进行下去吗？当然不是！其实这块功能的自动化测试是非常简单的，问题就出在无法捕获到这些模糊匹配的对象控件。为了解决这个问题。那么在这里为读者介绍的模式切换就起到了决定性的作用，我们完全可以不需要切换百度窗口而直接获取到模糊匹配下拉框里的对象，这就是模式切换的优势，接下来，会详细讲解本小节的主题——捕获对象时的模式切换（当然也包括了添加对象时）。

通常使用过 QTP 的读者都会发现，当使用 Spy 或者对象库捕获对象时，一旦点击白色手指后就只能抓取对象而无法进行其他任何操作。但其实当在点击了白色手指之后，仍然可以通过两种模式切换操作，使得切换后可以停止对控件的抓取，并还可以对被测对象进行操作。那么，看一下是哪两种模式。

- 半操作模式——CTRL 键　　　　支持点击。
- 全操作模式——CTRL+ALT 键　　支持点击和键盘输入。

1. 半操作模式详解

首先进入百度首页，当使用 Spy 并点击白色手指后，可以看到鼠标光标是手指的状态，此时也就是捕获对象的状态。在这个时候是不可以做任何操作的，只能抓取想要的对象，而当按住 CTRL 键并保持不放开，就可以做点击动作了，如同正常操作网页，也包括拉动滚动条等。与此同时，鼠标光标也会从“小手指”变回原来的鼠标箭头，当放开 CTRL 键时，可以看到鼠标光标又会从箭头恢复到“小手指”，也就等于恢复到抓取对象的模式。

2. 全操作模式详解

全操作模式就是支持任何操作，包括点击和键盘输入。当处在抓取对象模式的情况下按住 CTRL 键不放，然后再按下 ALT 键，紧接着先松开 CTRL 键再松开 ALT 键，这样就已经成功切换到全操作模式了。假设在此模式下在百度搜索框中进行输入操作，输入“quicktest”（图 1-111），在输入后百度搜索框会弹出模糊匹配下拉框，这个时候可以通过点击 CTRL 键，然后松开从而达到切换回抓取对象模式的目的，此时模糊匹配下拉框也就不会消失了，这样就能够对模糊匹配下拉框对象控件进行“抓取”，也就成功解决了之前无法抓取到该对象的难题（见图 1-112）。有了模式切换，就算再“狡猾”的对象控件也照样会被一网打尽。

图 1-111

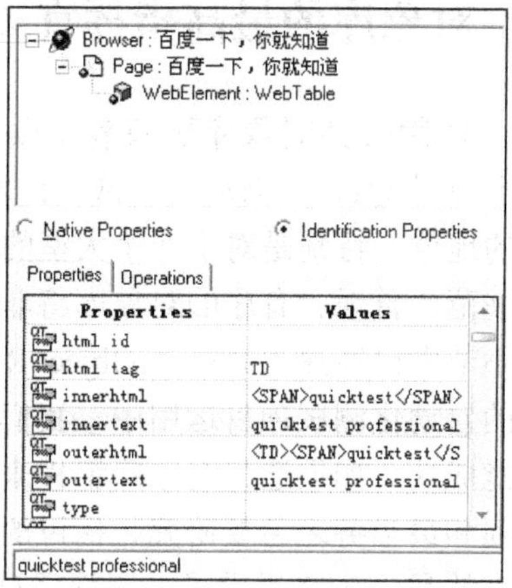

图 1-112

小技巧

当在使用 Spy 抓取对象时，如果遇到需要抓取的对象恰好被 Spy 窗口挡住的情况（图 1-113），可以拖动 Spy 使其不会将需要添加的对象挡住（图 1–114）。

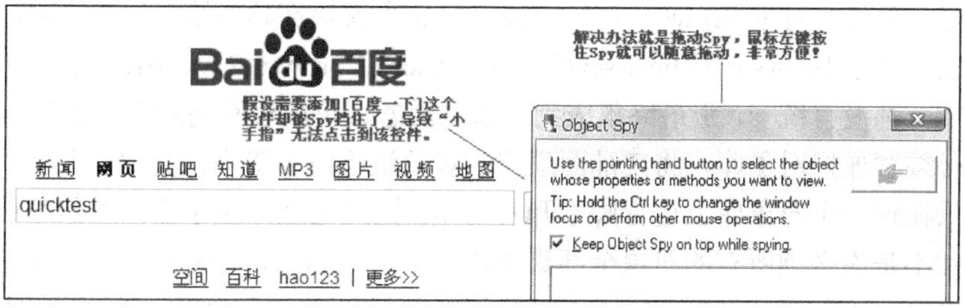

图 1-113

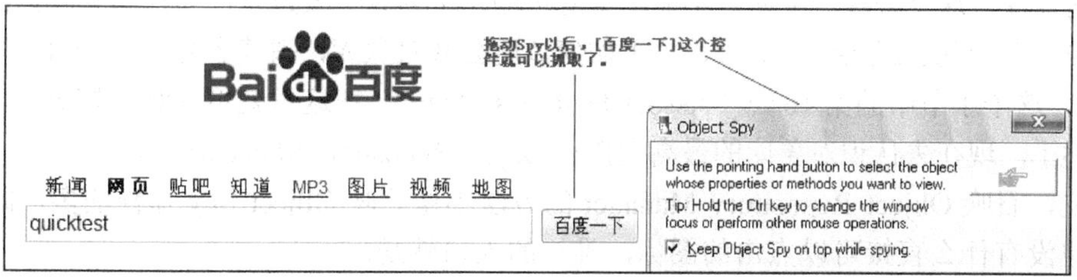

图 1-114

整个 Object Spy 操作运用就介绍到这里了，对于自动化测试工程师来说，“侦探 Jack”起着至关重要的作用，往往需要去探测一些对象控件的属性并利用它们，这就全要靠我们今天认识的这位“新朋友”了。特别是新人，他们往往对对象控件的“习性”不够熟悉，所以更加需要依赖于 Spy，直到对每个对象都非常熟悉以后，可以逐步摆脱 Spy 来节省时间。

1.5.6 对象库的最高指挥官（Object Repository Manager）

1.5.6.1 使用公共对象库更有利于项目管理

对于使用 QTP 的自动化测试项目来说，其对象库的管理在整个自动化测试过程中占有非常重要的地位。特别是对于一个大型的应用系统，往往界面上的对象多而杂，所以拥有一个统一、规范、直观、有序的对象库将非常有利于脚本的快速开发以及团队成员间的协作。在前面的小节中已经深入介绍了 Object Repository，不过这只能说已经掌握了单兵作战的技巧，在真实的自动化测试项目运用中，我们需要的是整个团队的协作，只有这样自动化测试项目最终才能成功。如果选择对象库编程来完成所在的项目，那么如何管理好对象库将是一门很大的学问和最当务之急要研究、探讨的事情。

有幸的是，QTP 提供了一套管理对象库的功能，由此也就产生了公共对象库的概念。那么，什么叫公共对象库呢？举个最简单的例子，假设系统中有 3 个模块，分别由 3 名自动化测试工程师负责，此 3 人在完成自己模块的脚本开发后，开始进行脚本联调，但是他们发现自己模块的脚本单独运行都非常完美而却在集成完毕以后发生了致命的错误，没有一个组合后的业务脚本能够顺利的通过。最后他们发现，导致如此的原因是因为，他们没有一个统一的对象库，比如有一个公共对象 Browser（“browser”），3 个模块都具备这么一个对象，但是 3 名工程师分别把它写成了 Browser（“browser1”）、Browser（“browser2”）、Browser（“browser3”），对象的命名规范都没有统一，那最终集成到一起以后怎么可能没有问题呢？要想防止类似的问题发生，就必须管理好对象库，将凌乱而琐碎的对象进行统一管理，并集成到一个对象库中，所有工程师只在这一个对象库上进行脚本开发工作，因此也就产生了公共对象库这个名词！当然，作者也并不是说必须所有的对象全部集合在一个对象库中，但是至少（再次强调“至少”这两个字）模块间共有的对象必须提炼出来并统一命名，然后封装成一个供所有团队成员共享的公共对象库。这个公共对象库是不能随意变更的，必须有专人进行严格控制及维护，这个在本书的第一章中就已经讲过。另外，关于如何调用公共对象库，请读者复习“1.5.4 对象库基本操作”，这个小节中的第 10 点“Associate Repositories”，在这里就不再对这些知识点做重复性的阐述了。现在去认识对象库的最高指挥官 Object Repository Manager 吧。

首先，召唤 Object Repository Manager 的方法不像召唤 Object Spy 那样的多，既没有快捷键，也没有什么直接可以点击的图标，唯一的入口就是。

- QTP 上方菜单栏→Resources→Object Repository Manager。

点击进入后，界面效果如图 1-115 所示。

从图 1-115 中可以看到 Object Repository Manager 中的很多可用功能和前面已经介绍过的 Object Repository 中的完全是同一个功能，在图 1-115 中，作者只是特别标注了个别几个。这些既然前面都已经介绍过，在这里就略过了。接下来，结合一个实例来介绍 Enable Editing 这个功能（图 1-115 中已标注位置）以及整个对象库管理的大致操作流程。

Object Repository Manager 的实例 1。

Step 1，依次选择 File→Open→link.tsr。

打开之前使用过的素材<一个对象库文件>，打开后的效果如图 1-116 所示。

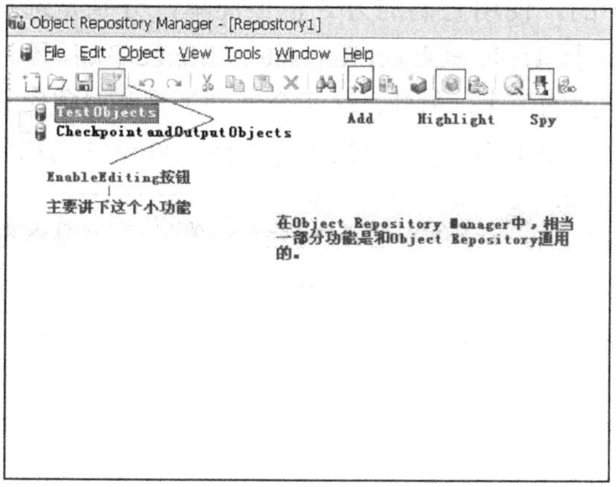

图 1-115

图 1-116

在 1-116 图中，读者需要注意到 3 处地方，Read only、Add 按钮灰色以及所有对象的灰色，由此可以得出结论：原来在 Object Repository Manager 中打开一个对象库文件后是不能进行编辑修改的，也不可以添加新的对象进来，只可以单纯地“看”！那这样的话，这个对象库管理机制还有什么实质意义呢？难道想要添加或者修改亦或者删除一些对象都不行吗？

当然不是！这只是默认的一个情况，在 Object Repository Manager 中提供了一个按钮，它就是 Enable Editing，点击它以后，就可以随心所欲地进行各种操作了。那我们来点击它并看一下点击后的效果，如图 1-117 所示。

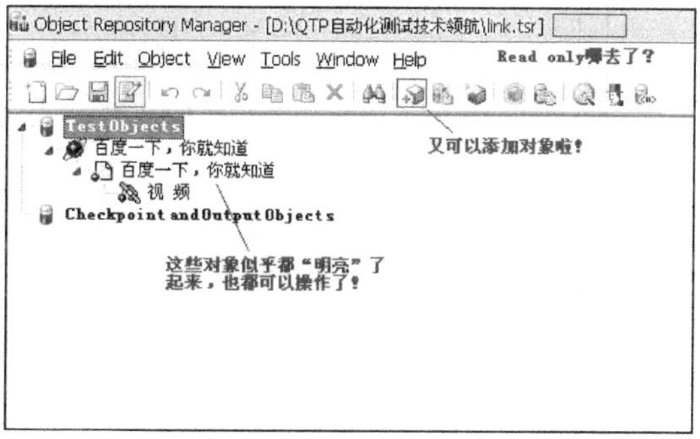

图 1-117

如图 1-117 所示，这个 Enable Editing 按钮功能重新给我们带来了“光明”！

当“管理”好对象以后，就可以将战果保存下来了，这个就简单了，在 File 菜单下 New、Open、Save、Save As 等一些功能。

Step 2，依次选择 File→Save（也可以使用快捷键 Ctrl+S）。

至此，对象库管理的一个大致流程就完成了，当下次再打开 link.tsr 文件后就会发现对象库中的对象已经被优化过了（新增、修改、删除、合并等）。当然，你不想去改变 link.tsr 文件的话，操作 Save As 保存就行了，将当前对象库以其他命名保存。所以，对象库文件除了可以在 Object Repository 中通过导出生成，在这里也同样可以生成，只是存在着一些区别，一个叫 Export、另一个叫 Save As，仅此而已。

1.5.6.2 对象库的对比与合并

既然是在介绍 Object Repository Manager，那就不得不提起它的两个“王牌级”的辅助工具：一个“Object Repository Comparison Tool”，另一个“Object Repository Merge Tool”。这两张王牌是内嵌在 Object Repository Manager 中的，使用它们的方式也很简单，分别是选择 Tools→Object Repository Comparison Tool，以及选择 Tools→Object Repository Merge Tool，不过千万要记住这里的“Tools”是对象库管理工具里面的那个。另外，这两个辅助工具和对象库管理工具一样，打开以后都是以独立的窗口显示的，和 QTP 程序窗口是分开的，好象它们都是一个个单独的小程序，让我们来看一下全部打开以后的效果，如图 1-118 所示。

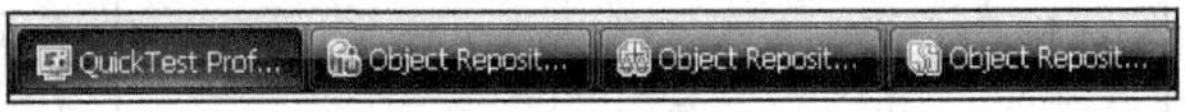

图 1-118

那么接下来，将使用两个实例来介绍这两个辅助工具的用法与作用，以及操作它们的一个大致流程。先来介绍 Object Repository Comparison Tool，一起来看下面这个实例。

Object Repository Manager 的实例 2。

Step 1，依次选择 Tools→Object Repository Comparison Tool。

打开对象库对比工具，进入后的界面如图 1-119 所示。

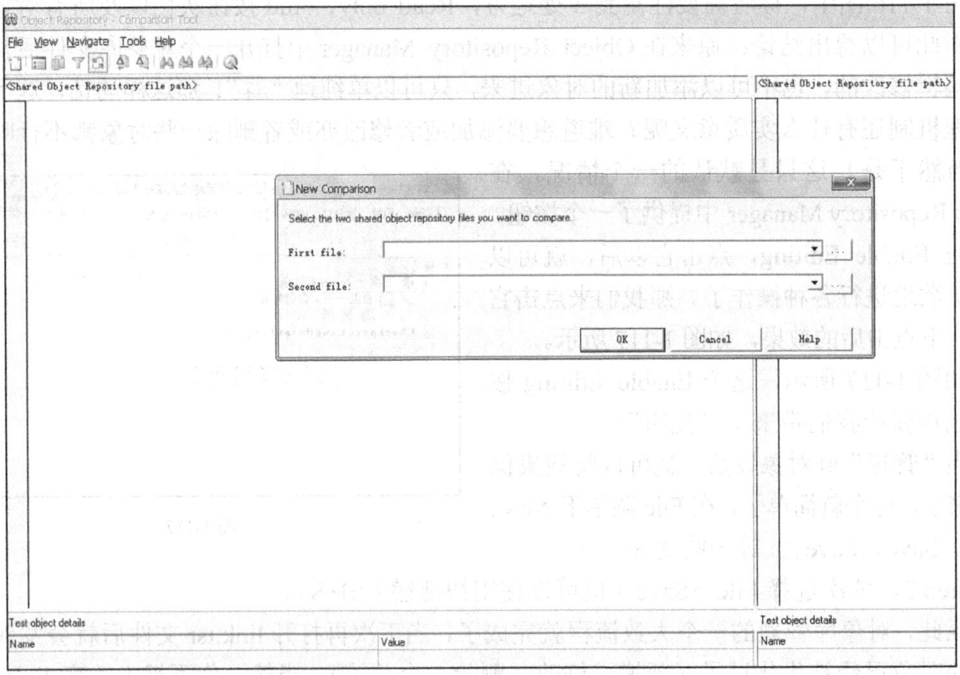

图 1-119

如图 1-119 所示，打开这个工具以后会自动弹出一个 New Comparison 对话框，然后继续进行下一步操作。

Step 2，选择 First file 和 Second file（所选文件如图 1-120 所示），然后点击 OK 按钮。

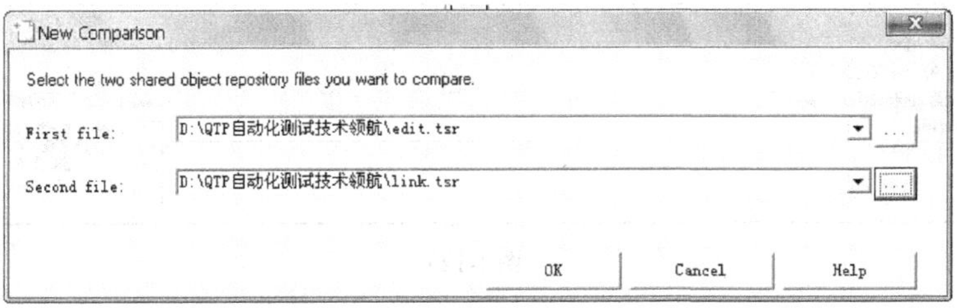

图 1-120

再将两个文件分别选择完毕并点击 OK 以后，会进入图 1-121 所示的界面。

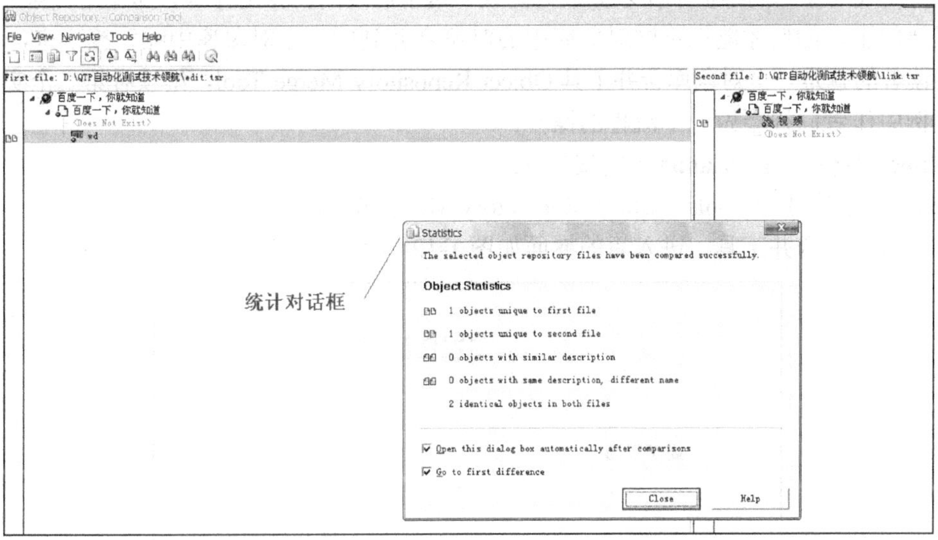

图 1-121

如图 1-121 中所示，点击 OK 按钮后立即弹出了一个 Statistics 对话框，接下来就要进入下一步了。

Step 3，分析统计数字以及查看两个被比较的对象库之间的差异。

首先，需要分析统计出来的数据，Statistics 对话框里所列的数据是相当直观的，如图 1-122 所示。

通过这些统计数据可以让我们能更快捷有效地查看对象库之间的差异，图 1-123 显示的就是本实例中出现的两个对象库文件之间的差异。

如图 1-123 所示，图形化的差异标识显得非常地清晰和直观，并且情况完全和统计对话框中

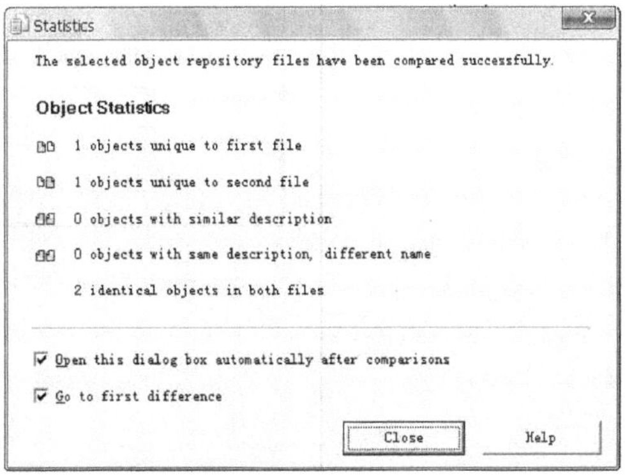

图 1-122

的数据吻合。由此可见，Object Repository Comparison Tool 的确是一个非常实用的辅助工具。

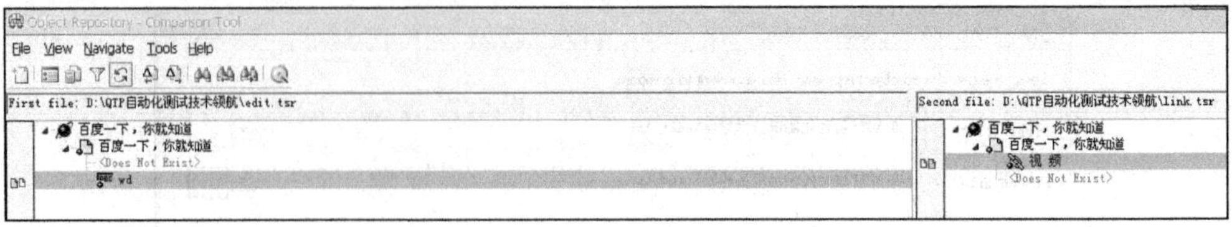

图 1-123

在自动化测试项目中，对象库管理人员在做对象库维护时，如果能善加利用这些小工具就一定能事半功倍，当然这只是第一步，目前只是停留在一个分析与确定的阶段，还需要一个步骤，完成对象库的维护工作才算最终完成。这个后续的步骤是什么？那就是对象库合并。读者又要问了，如何才能把不同对象库中的对象合并到同一个对象库中呢？接下来，作者要推介给读者的就是一个对象库合并工具 Object Repository Merge Tool，继续看第二个实例，在这个实例中作者同样会做一个流程的操作。

Object Repository Manager 的实例 3。

Step 1，依次选择 Tools→Object Repository Merge Tool。

打开对象库合并工具，进入后的界面如图 1-124 所示。

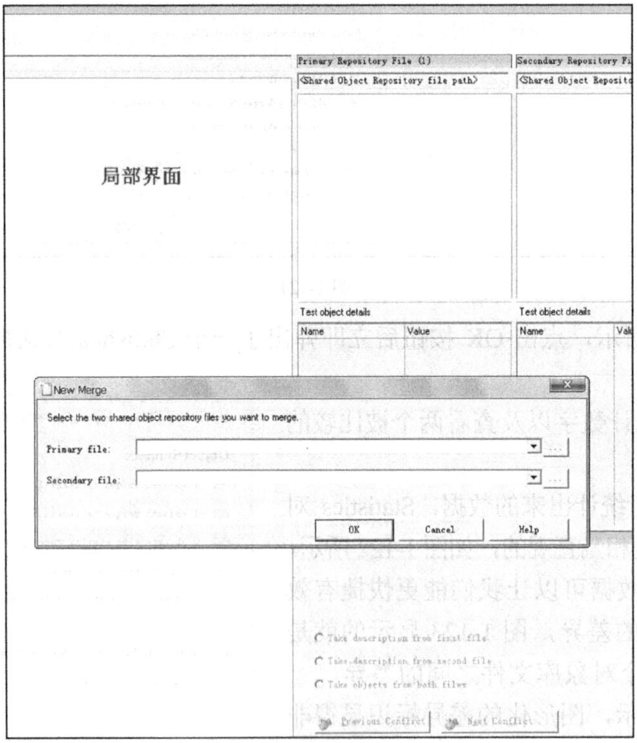

图 1-124

同样，打开这个合并工具后也会自动弹出一个对话框，只不过它换了个名字叫 New Merge 而已，然后继续进行下一步操作。

Step 2，选择 Primary file 和 Secondary File，然后点击 OK 按钮，如图 1-125 所示。

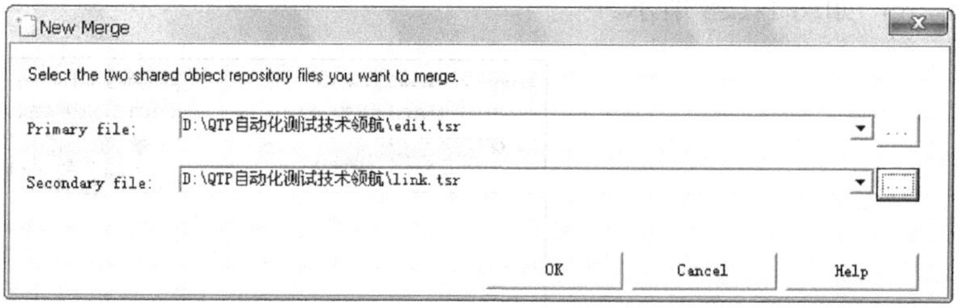

图 1-125

如图 1-125 所示，我们仍然使用之前的两个对象库文件来完成本次实例，再将两个文件分别选择完毕并点击 OK 以后会进入图 1-126 所示的界面。

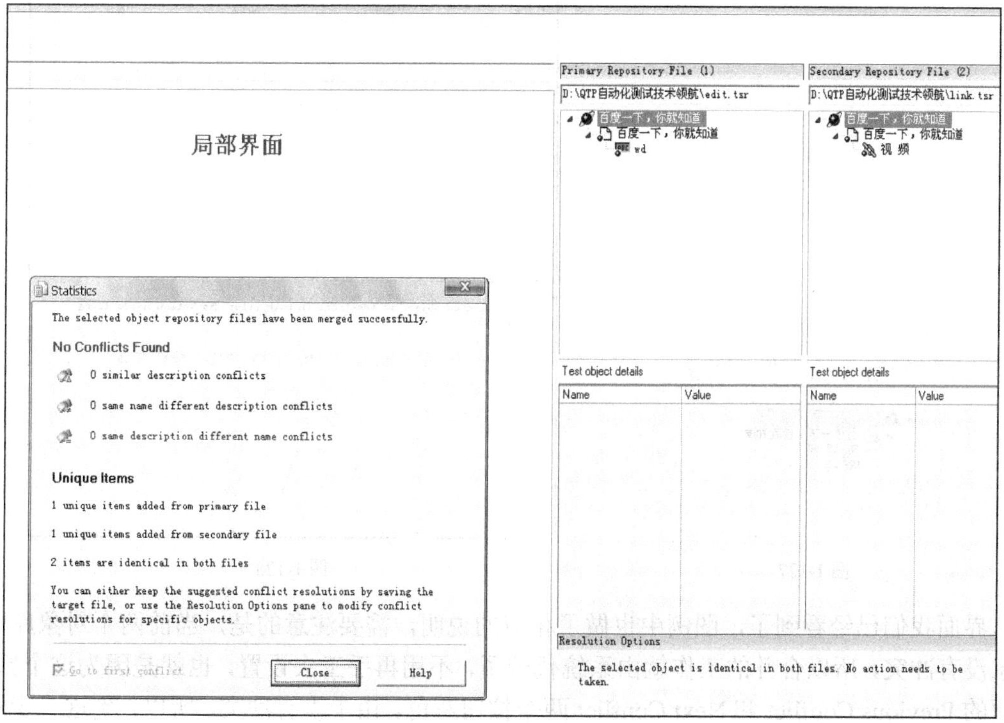

图 1-126

如图 1-126 所示，点击 OK 后同样也是弹出一个 Statistics 对话框，里面包含了关键数据让我们可以一目了然地去掌握一些信息，然后在整个界面的左侧会显示初步合并后的结果（初步合并是自动且默认的），让我们来看一下（如图 1-127 所示）。

如图 1-127 所示，在对象的左侧出现了一些数字而有的对象却没有，这里的“1”代表第一个对象库里的对象，而“2”则代表第二个对象库里的对象，那些没有数字的则说明它们是两个对象库共有的对象（共有的对象是要所有属性完全一致才算）。那么接下来再来看一下整个界面的右侧部分，如图 1-128 所示。

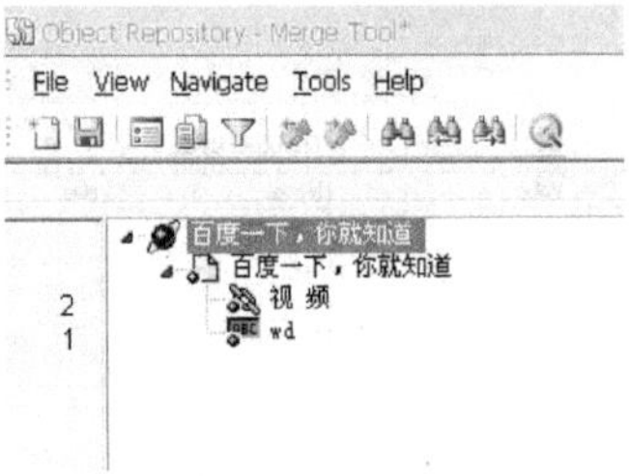

图 1-127

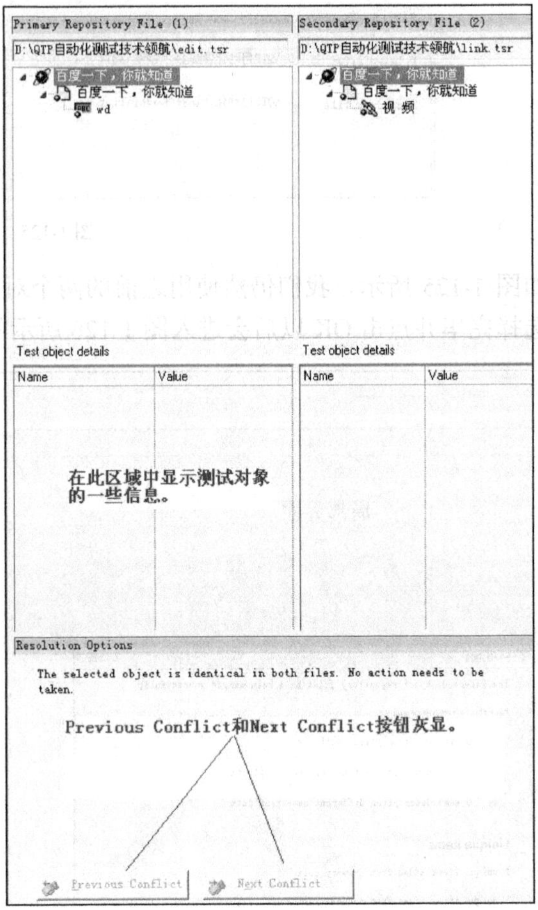

图 1-128

界面我们已经看到了，图例中也做了相应的说明，需要注意的是，当前两个对象库中的对象没有冲突，所以合并的工作就由系统代劳了，不用再手工去设置，也就是因为这个原因，下面的 Previous Conflict 和 Next Conflict 两个按钮灰色。由于没有冲突，所以，到这一步对象库合并工作就算结束了，左侧的初步显示的合并结果也将成为最后的结果，最后只需要记得将 Statistics 对话框关闭掉，并把“战果”保存下来即可。

以上是没有冲突的一个情况，接下来继续再看如果两个对象库之间存在冲突，我们的 Merge 工具如何来应对，重复的过程就跳过了，直接来看冲突结果，如图 1-129 所示。

从图 1-129 中可以看到，Merge Tool 会准确标记出那些需要合并但是又有冲突的对象的位置。那么此时此刻，需要继续做些什么呢？那就是给出一个解决方案，比如在两个冲突的对象间到底保留哪个对象等。先看一张图例，如图 1-130 所示。

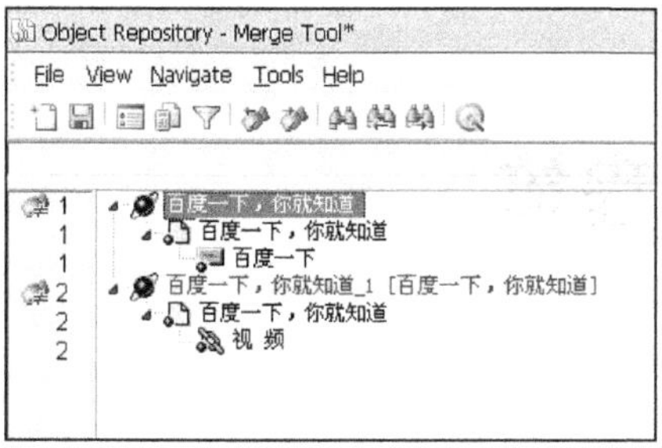

图 1-129

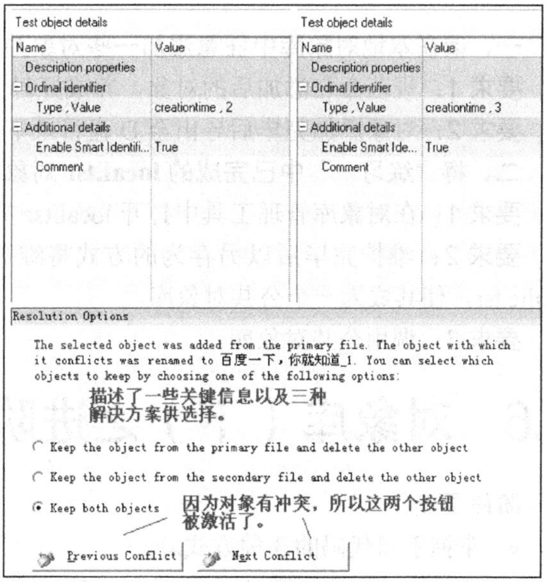

图 1-130

如图 1-130 所示，Resolution Options 区域就是 Merge Tool 的“杀手锏”，上半部分会告知用户一些所需的信息，而下半部分则提供了 3 种不同的解决方案（见图 1-130）。默认选择最下面的 Keep both objects，也就是因为这个选项才会有前面那一张初步合并的结果图，保留了第二个对象库中的“百度一下，你就知道”Browser 对象，但又为了使其不冲突，所以自动更名为“百度一下，你就知道_1”。至于其他两种方式就不多做介绍了，意思已经相当明确了，读者可以自行将各种解决方案都体验一把。最后，只需要和前面一样，将“战果”保存下来就行。

到此，整个 Object Repository Manager 小节就介绍完了，它当之无愧的是对象库的最高“指挥官”。同时，作者再次重申：管理对象库就好比管理你的程序，是一项重点工作，必须有统一的命名规则和标准等。在做项目时，如果能有一个优秀的公共对象库供自动化测试工程师调用，那么工作效率势必会翻倍！

1.5.7　总结

本章节基本上是围绕 QTP 工具本身的功能在做介绍，同时作者也分享了不少额外补充内容，比如说想要做好自动化测试项目，那么管理好对象库则是非常关键的一个环节等一些思想及实际经验。所以，读者不仅仅可以在本章节中学会如何去使用对象库相关的功能，更重要的是读者可以逐步学会，如何将一些好的思想经验和实际的功能操作去相结合。需要注意的是，本章节中介绍的功能都是对象库中最最重要的那些，所以读者务必要掌握操作技巧并能熟练运用。

知识点巩固和举一反三练习

一、请在本地对象库中任意添加一些对象并将该对象库导出。

要求 1：规范命名添加后的对象，养成好习惯。

要求 2：对象添加完毕后导出至 D 盘目录下并命名为 local.tsr。

二、将“练习一”中已完成的 local.tsr 对象库转变成可供多人调用的公共对象库。

要求 1：在对象库管理工具中打开 local.tsr 文件并任意新增一些对象（即维护对象库）。

要求 2：维护完毕后以另存为的方式将维护后的对象库保存至 D 盘目录下并命名为 public.tsr，使其成为一个公共对象库。

要求 3：调用公共对象库。

1.6 对象库（下）之进阶编程篇

阶段要点

- 掌握手写代码的 3 种方式。
- 明确测试对象（TO）与运行时对象（RO）的区别。
- 4 种操作对象封装属性的方法。
- 你也可以是一名魔术师、黑客。
- 几种常见的 QTP 无法识别或识别错误的原因。

1.6.1 引言

在对象库上篇这个章节中，相信读者已经对对象库的使用以及其他各个方面有了一个全面的了解。那么从现在开始，作者将引领读者开始基于对象库编程的学习，从而掌握对象库编程的知识与技巧。读者如果觉得在对象库上篇中还有不能够完全掌握的地方，建议重新学习直到完全掌握为止，因为只有打好了上篇所介绍的基础，才能学习好下篇的知识，真正做到融会贯通。

在前面的章节“1.4 认真并请远离 QTP 的脚本录制模式”中，作者也已经提到过在 QTP 自动化测试中绝对不只是单纯的录制与回放，因为只要稍微复杂点的业务，录制模式就不能满足我们的需求了。那么，要想完成自动化测试业务流，就必须依仗 QTP 的编程模式，举个例子，就比如多个脚本间的数据中转，如果没掌握 QTP 的编程知识，那一定就没有办法实现。在 1.4 章节中，作者已经展示过了 QTP 的代码片段，但并没有深入去介绍到底如何去手写代码，因为这些内容都是本章节的重点。接下来就要开始逐步地详细介绍 QTP 的第一种编程模式“对象库编程”了，这种编程模式同样也是作者最推崇的一种模式，因为它是 QTP 的一个特色和亮点。本章节也可以说是到目前为止最难学习的一个章节，包含的内容也很多，包括对象库的编程技巧、编程知识、编程原理等。不过，作者相信在学习完本章节以后，读者的 QTP 水平一定会有一个明显的飞跃。当然，条件是读者必须深入掌握本章节的所有内容，并能够举一反三。如果对象库编程没有学好，那将会成为读者今后应用 QTP 自动化测试技术的绊脚石。

1.6.2　基于 Expert View 的对象库编程必备知识

1.6.2.1　手写代码的 3 种方式

在 QTP 的对象库编程中，存在着 3 种编写代码的方式，依次分别是：步骤生成器、Complete Word、对象拖动生成。接下来，作者就依次介绍这些手工生成代码的方式。

第一种：步骤生成器方式。

先要介绍的是步骤生成器方式，这种方式可以说是 QTP 的一个"元老"，在 QTP 一出现就具备了。严格来说，它应该算是 QTP 的一种功能，接下来就让我们一起动手完成一系列的实例，从而掌握这种编程方式。

既然是一种功能，那么就首先来看一下它所处的地理位置，以及如何去访问到这个功能。

- 依次选择 QTP 上方菜单栏→Insert→Step Generator。
- 操作快捷键 F7。

现在随意使用一种手段去使用它，并来认识它，如图 1-131 所示。

图 1-131

如图 1-131 所示，可以看到这就是步骤生成器的一个界面。在 Category 中有 3 个下拉选项（在图中已经展示出来了），这 3 个选项就分别代表了步骤生成器可以生成的 3 种不同类别的代码。

> **小提示**
>
> 在 QTP 的 Expert View 编程中，一行代码就是一个步骤，所以，生成了一行代码也就等于生成了一个步骤。

接下来就逐一生成不同类别的步骤，QTP 的"F7"一共可以生成 3 个类别的代码，所以在这里就划分成 3 个实例进行操作演示并同步讲解。

实例 1：Test Objects。

预备工作：添加一些对象进对象库，事先已经添加好了，如图 1-132 所示。

如图 1-132 所示，我们看到对象库里存在一些对象了，那么，接下来需要完成这样一个任务，就是生成一句点击“百度一下”按钮的代码。

Step 1，选中 Test Objects 下拉选项，选择完毕后，如图 1-133 所示。

图 1-132

图 1-133

如图 1-133 所示，我们可以看到，在选中 Test Objects 这个分类以后，它下面的那个 Object 下拉框默认显示了一个对象，这个对象就是对象库中的那个父对象。然后再来看 Object 下拉框的下面，它是一个 Operation 下拉框，顾名思义就是，这个下拉框可以选择各种不同的操作，不过需要注意的是，Operation 下拉框中的可选操作都是基于当前所选择的对象，当前所选对象不支持的操作是选择不到的。我们可以看到，当前默认选择的是 Sync 操作，这个不用去管它，是系统默认的，不用去深究。接着在下面有一个 Arguments 的区域，在这里会显示所选操作的一些参数，当前在图 1-133 中这块区域没有任何东西，是因为 Sync 这个操作方法没有参数可设置。再接着下面是一个 Return value 的勾选框，如果当前的对象操作可以有返回值的话，就可以勾选了，并且还能在后面的文本框中输入返回值的名称。最下面就是一个步骤生成预览的区域，这个就不多解释了。如果生成一个步骤以后，还要继续生成其他后续步骤，则勾选上 Insert another step，这样在点击了 OK 按钮以后，“F7”窗口就不会关闭了，可以继续生成下一个步骤代码。好了，也借此机会把这个界面上的一些功能大致介绍了一下，让读者有个了解，在接下来的操作中就不再重复介绍了。

那么继续回到主题，显然现在默认所选的对象不是我们需要的，需要的是生成一句对“百度一下”进行操作的代码，那么此时该怎么办呢？让我们来看下一步。

Step 2，点击 Object 下拉框右边的“方块+箭头”按钮（在图 1-133 中），在点击以后会出现一个 Select Object for Step 的界面，如图 1-134 所示。

如图 1-134 所示，可以看到在 Select Object for Step 这个界面中可以进行对象的选择，除此以外，还包括了一些其他的功能，比如对象查找、从程序指定对象等，这些功能不是重点，就不多做介绍了。那么，我们就选择“百度一下”对象，然后点击 OK 按钮，点击后如图 1-135 所示。

图 1-134

图 1-135

如图 1-135 所示，现在可以看到 Object 下拉框中已经变成了“百度一下”这个 Button 对象，并且 Operation 下拉框也随之变成了 Button 对象下的一些操作方法，默认是 Click（恰好是需要的操作方法）。

Step 3，进行后续设置。这一步就很简单了，我们就拿“百度一下”这个 Button 控件为例，可以从图 1-135 中看到 Button 控件的 Click 方法有 3 个参数，其中参数 *x* 和参数 *y* 是可以设 个值的（如果需要的话），参数 BUTTON 由于不能设置具体的值，所以 QTP 显示了<No Value>。那么接下来就试着设置一下参数 *x* 和参数 *y* 吧，在设置之前大家请注意步骤生成预览区域的代码，目前是：“Browser("百度一下，你就知道").Page("百度一下，你就知道").WebButton("百度一下").Click”，等设置了参数以后再来看看步骤生成代码区域。

Step 4，设置 x = 97、y = 120。分别点击 *x* 与 *y* 的 Value 对应列，点击后的效果如图 1-136 所示。

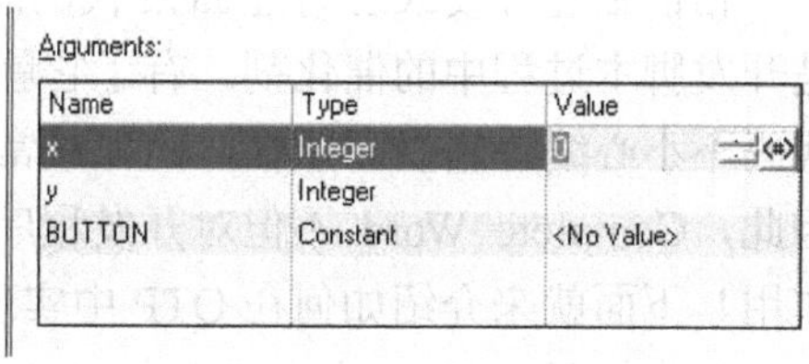

图 1-136

从图 1-136 中可以看到，*x* 的值已经可以设置了，不过要注意的是，准备输入的值需要与 Type 类型相关，Integer 类型的输入值当然不可以是字符串类型，反之亦然。在继续输入 Value 之前作者还要介绍一个小功能点，它就是<#>按钮（图 1-136 中 0 的右边），这个按钮的作用是参数化，可以在这里将 Value 参数化，然后在 QTP 的 Data Table 里设置各种需要的测试数据。来看一下它的界面，首先点击一下<#>按钮，点击后的效果如图 1-137 所示。

如图 1-137 所示，选择 Parameter 后就可以将参数进行参数化设置了，并且可以选择参数化数据的位置（Global sheet 或 Current action sheet）。另外，Parameter 这个下拉框的其他一些选项在这里就不多做介绍了。读者目前只需要知道步骤生成器里也可以将数据参数化即可，关于 QTP 的 Data Table 会在后面的一个章节独立介绍。

回到正题，待 *x* 和 *y* 都设置好以后，再来看一下步骤生成预览区域的代码，看看是否起了变化，如图 1-138 所示。

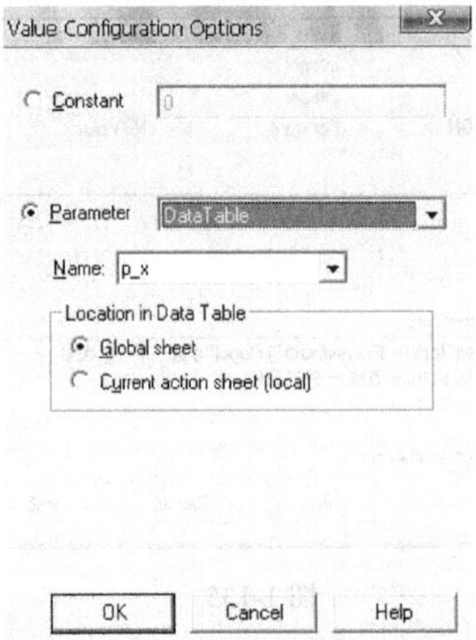

图 1-137

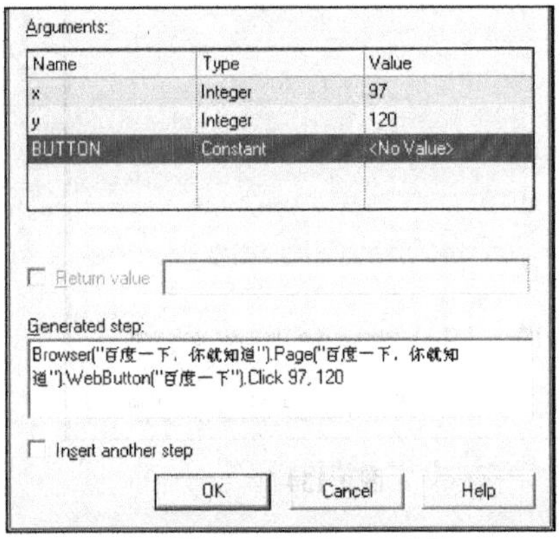

图 1-138

如图 1-138 所示，在 Click 方法后面多出了两个参数，就是我们设置的 *x* 和 *y*，当然，对于一个 Button 控件来说，这些参数其实可有可无，除非是一些很特殊的情况，一般情况下都是不用去设置的，作者在这里只是做个演示。

第一种手写代码的方式就写到这里，这个方式在 QTP 8.x 的时候还是经常被使用到的，接下来继续看一下其他代码生成方式。

第二种：Complete Word 方式。

相信做过开发或者写过 Java 代码的读者都应该对 Complete Word 这个名词不陌生？它就是开发脚本过程中的催化剂。有了它就可以不用去死记硬背一些代码；有了它就不会再因为代码不小心编译错误而烦恼，比如最常见的拼写错误；有了它我们的编程速度会明显提升。因此，Complete Word 不但对开发程序相当重要，对测试脚本的设计也同样起着至关紧要的作用！下面就来介绍如何在 QTP 中实现 Complete Word。

首先打开 QTP 并依次点击上方菜单栏下的 Edit→Advanced，在找到 Complete Word 后，读者会发现一个很尴尬的事情，就是 QTP 设定的 Complete Word 正是平常一直使用的切换中、英文的快捷键 Ctrl+Space，而由于快捷键 Ctrl+Space 被优先认定为中、英文切换组合键，所以会导致 QTP 的 Complete Word 无效。

解决步骤。

（1）右键单击语言栏，点击设置。

（2）点击键设置，选择输入法/非输入法切换。

（3）点击更改按键顺序。

（4）如图 1-139 所示的选择，然后点击确定。

解决这个问题是很简单的，只不过如果读者平时习惯使用 Ctrl+Space 来中、英文切换，那为了使用 QTP 只能不用 Ctrl+Space 切换中、英文了。

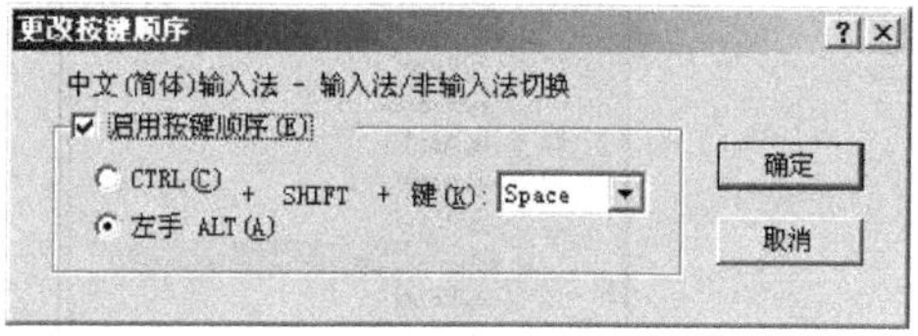

图 1-139

在完成了以上 4 个步骤之后，就可以在 Expert View 中使用快捷键 Ctrl+Space 来调出 Complete Word 了，如图 1-140 所示。

接下来，来做一个实例，假设当前的 Expert View 中有以下两个函数：

```
Function test_hello_world_one

 msgbox "test1"
End Function

Function test_hello_world_two
 msgbox "test2"
End Function
```

现在，需要调用这两个函数，那么就可以直接使用 Complete Word 来效率地完成了，如图 1-141 所示。

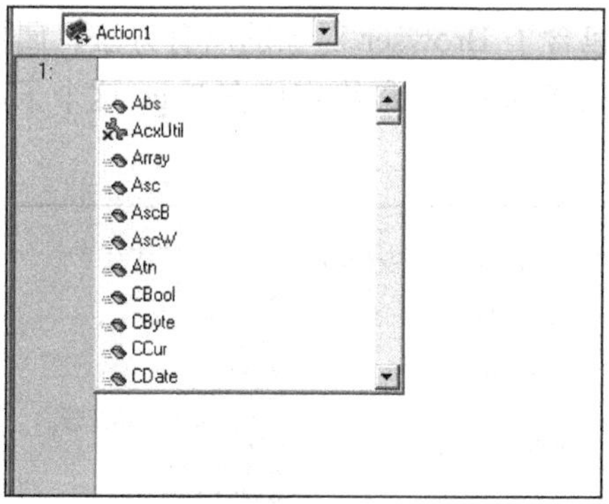

图 1-140

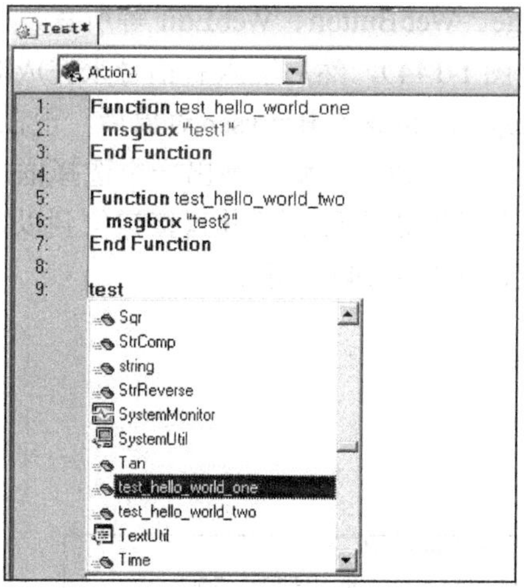

图 1-141

是不是非常方便呢？再举一个例子，假设现在要使用 Complete Word 生成下面这段代码：

```
Browser("百度一下，你就知道").Page("百度一下，你就知道").WebEdit("wd").Set "QTP 自动化测试技术领航"
```

在这里，作者形象地写出生成这句代码的整个过程，使得读者可以掌握快速写代码的技巧，其实非常简单，读者看了以后就能学会，过程如下所示。

Step 1，敲击键盘 Ctrl+Space，然后再敲击键盘上的字母 B，此时，QTP 会自动地找到以 B 开头的所有 Complete Word（见图 1-142），接着敲击回车，此时 Browser 这个 Word 就会输入到 Expert View 里，然后再敲击“左括号”，完成目前所有步骤后的效果见图 1-143 所示。

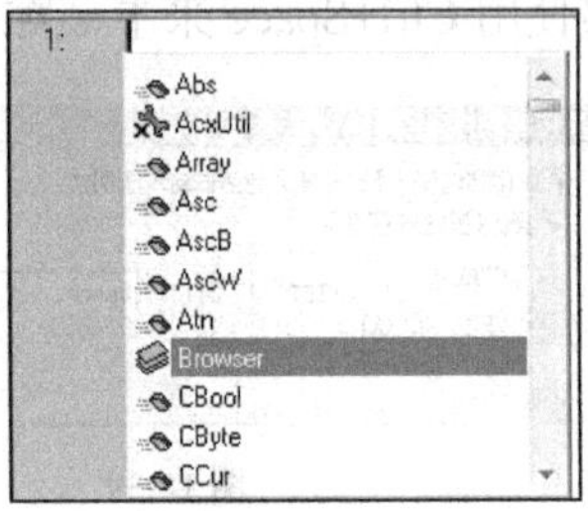

图 1-142

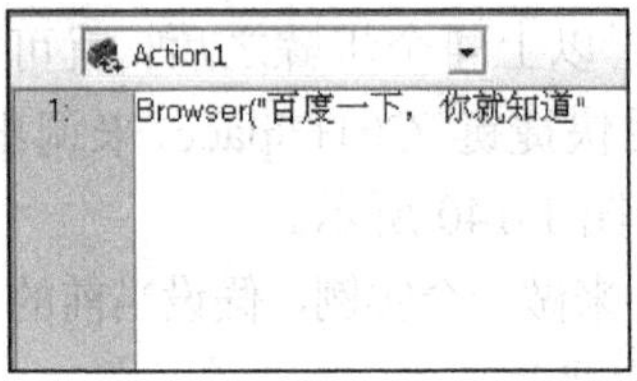

图 1-143

小提示

QTP 中所有的代码编译都是基于英文输入法的，如果是中文输入法，检查语法的时候会显示错误。如果 Step1 中输入的是中文输入法下的左括号，那 Browser 的具体对象是不会跳出来的。

Step 2，从图 1-143 中可以看到，在敲击了左括号以后，QTP 会自动将 Browser 控件的具体对象补全，（补充：这里 QTP 所补的具体对象一定要是对象库中存在的，换句话说，只有对象库编程才支持这种方法，另外，如果当前对象库中假设有两个 Browser 或其他任意对象（如 Page、WebButton、WebEdit 等所有），那么 QTP 会给出一个选择框来选择当前需要的对象，见图 1-144），然后输入右括号来完成对象的描述，在这里描述的是 Browser 对象。

Step 3，完成了 Browser 对象后，现在需要调用它的子对象 Page 对象，此时只要敲击键盘上的“点”以后，就会弹出一个选择框，里面包含了 Browser 对象的所有方法、属性和子对象，然后敲击字母 P 使其直接定位到以 P 开头的 Word，并最终定格在 Page 这个子对象的位置上，如图 1-145 所示。

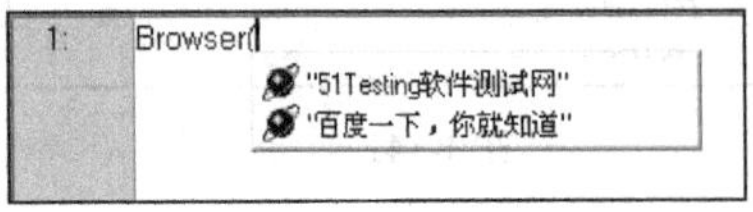

图 1-144

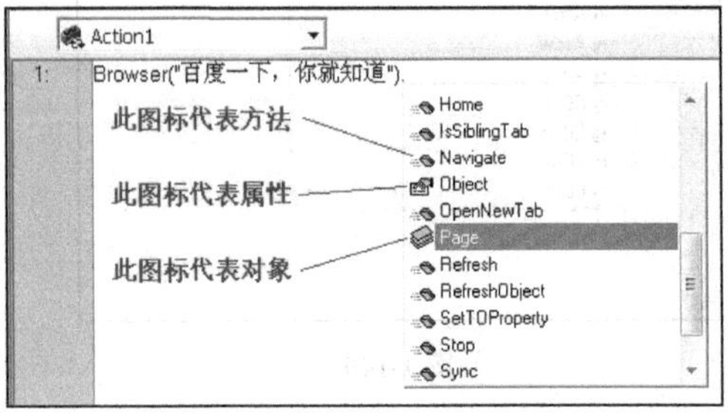

图 1-145

接着就和 Step2 中一样了，使用左右括号来完成 Page 对象的描述。再以同样的方法完成 WebEdit 对象的编译后，就彻底完成了对象定位，如图 1-146 所示。

图 1-146

Step 4，完成最终对象定位以后，还没有真正的结束，最后一步就是给予最终定位到的对象一个“操作动作”，也就是常说的方法。在此，仍然需要敲击“点”来调用 WebEdit 对象下的各种方法或属性，在这里，选择的是实例要求中的 Set 方法，待所需的方法选择完成，最后一步是设置这个方法的参数值，这样，整个流程就完成了，如图 1-147 所示。

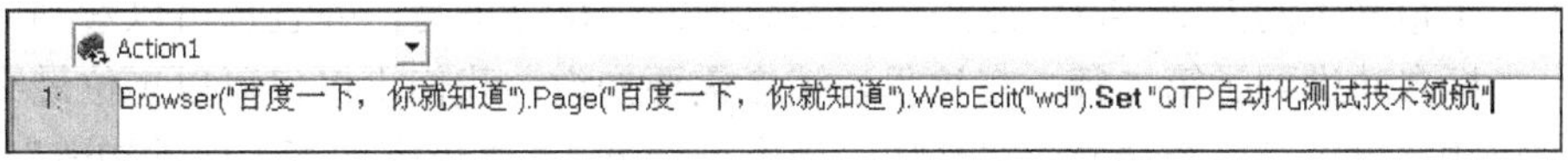

图 1-147

总结：Complete Word 是目前 QTP 编写代码过程中使用率最高的一种方式，一旦操作熟悉以后，可以大大提高 QTP 自动化测试的工作效率。

第三种：对象拖动生成方式。

最后，作者要介绍的一种方式是把对象拖动到 Expert View 里来快速生成代码，这种方式只支持 QTP10.0 以上的版本，在之前的早期版本中没有此项功能，这项功能的出现也抢占了一部分使用第二种方式的市场份额。先来看一下这个新功能所在的界面，如图 1-148 所示。

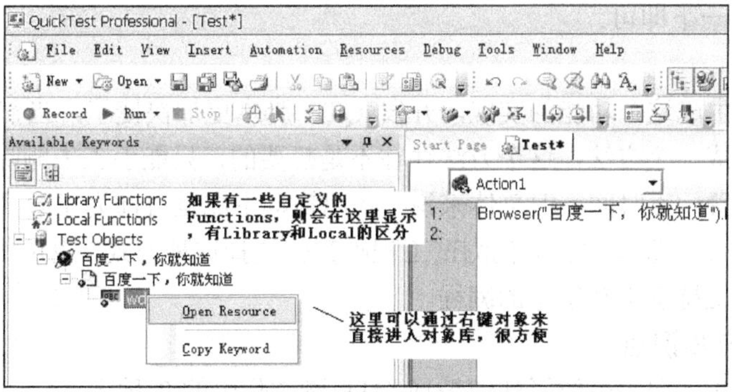

图 1-148

如图 1-148 所示，可以看到所有的测试对象都出现在一个叫 Available Keywords 的窗口中，拖动对象生成代码必须也只能在这个窗口进行，其他位置（比如对象库）里就不支持对象拖动。在这个窗口中不光显示所有的测试对象，还会显示所有的 Functions，包括外部调用的和脚本内部本身的 Function，同时也可以看到右键单击某个对象后可以点击 Open Resource，可以通过这样一种方式来进入对象库，并直接定位到所选的对象在对象库中的位置，可以说这个窗口是非常实用的一个功能。

那么接下来就介绍拖动生成代码的方法和一些必知的知识。拖动操作其实是非常方便的，只需要在窗口中定位到所需要的控件，然后 Drag&Drop 到 Expert View 中即可，如图 1-149 所示。

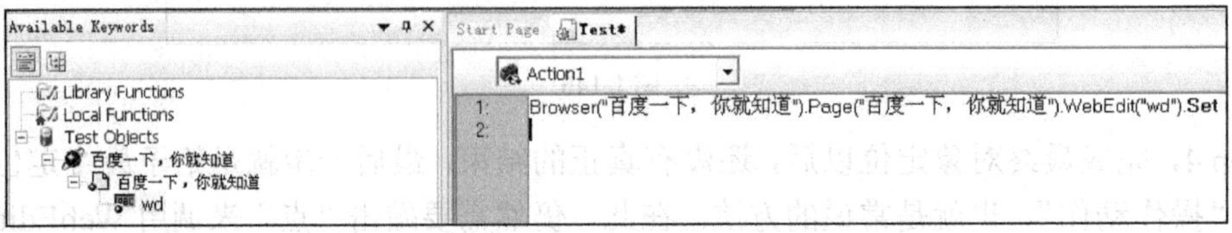

图 1-149

如图 1-149 所示，一句代码就自动生成了，生成最终对象 WebEdit（**"wd"**）的同时也默认给出了一个最基本的方法 Set，方法后的参数则需要自己填写，并且也可以看到，在生成完毕后，光标自动进到了第二行。在这里，读者需要知道，我们不仅仅可以定位最终对象，也可以对一些父对象进行拖动并生成代码，现在拖动 Page（**"百度一下，你就知道"**）这个对象来试试看，如图 1-150 所示。

图 1-150

如图 1-150 所示，只用一句代码就生成了，这次生成的是 Page 连同其父对象，并默认给出了一个 Sync 方法（不用关心为什么默认会生成这个方法），如果需要使用其他方法，把.Sync 删除，重新"点"一下即可。

总结：

随着代码拖动生成这个功能的实现，开发 QTP 脚本更加快捷了，当然这里有一个小小的不足就是会默认生成一个方法，这个方法往往不是想要的，只能手工去删除然后重新"点"出新方法，这样会浪费一点时间，但总体来说，代码拖动生成是目前为止最高效的一种方法，基本上使用 QTP10.0 以上版本的自动化测试工程师都会选择这种方式，也是作者强烈推荐的！当然，这个功能只能支持基于对象库的编程。

1.6.2.2 其他补充知识点

在上一个小节里，已经介绍了快速编译 QTP 脚本代码的 3 种方式，在本小节中，作者将补充一些 QTP 编码过程中的小技巧。

1. QTP IDE 中的垂直分割选取

相信读者应该都知道在大多数开发的 IDE 中都会有垂直分割选取，它可以在文本中选取一个特定的垂直柱，并可以进行多行同时输入代码，如图 1-151 所示。

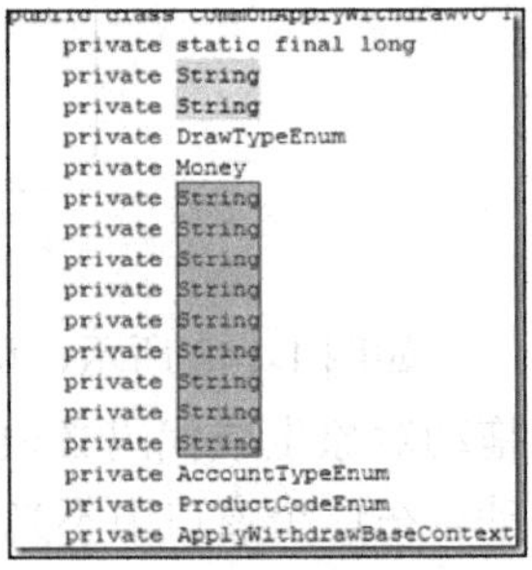

图 1-151

当然，QTP 的 IDE 也不例外，同样也可以使用此功能，可以省去很多不必要的操作，让我们来做一个实例。

Step 1，新建一个 Test，输入如图 1-152 所示的代码。

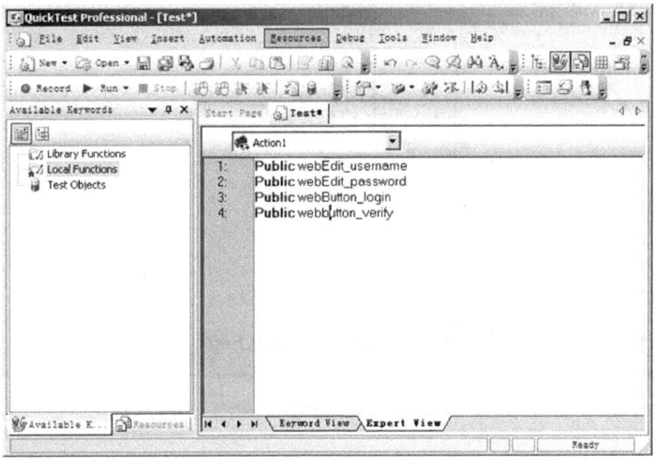

图 1-152

Step 2，现在可以使用垂直选取的方法轻松地对多行代码进行同时更改，首先，要选取到"垂直柱"。选取方法：在左上角点击鼠标左键往右拉一定距离不放手，与此同时，再点击一下鼠标右键，然后，就可以轻松地进行垂直段的选择了，如图 1-153 所示。

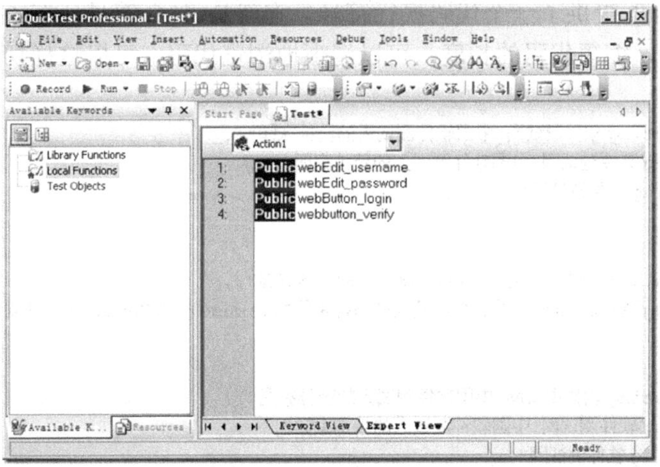

图 1-153

Step 3，选取垂直柱之后，可以输入想要更改的代码，比如这里输入"dim"，QTP 就会同时对多行进行输入并覆盖原先的 Public，如图 1-154 所示。

如图 1-154 所示，已经批量修改完毕了，同时这个小小的功能也就介绍完了，大家可别

小看它，有时候往往能够帮助我们节省很多时间，提升工作效率。

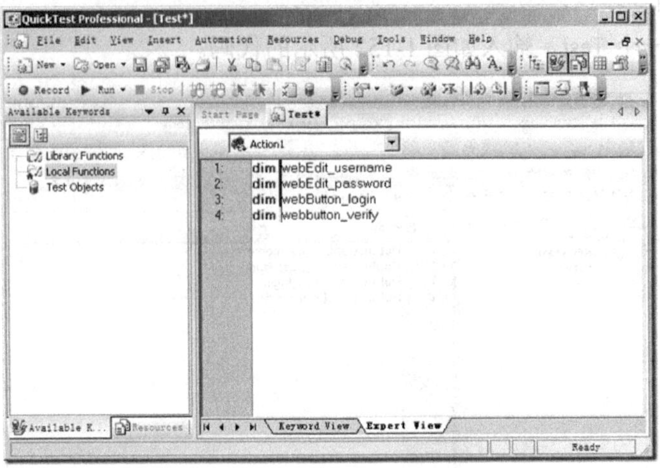

图 1-154

2. 代码换行符

假设现在有这样一句代码：Browser（**"51Testing 软件测试网-中国软件测试人的精神家园"**）.Page（**"51Testing 软件测试网-中国软件测试人的精神家园"**）.Image(**"51Testing 软件测试网"**).Click，这句代码非常长，当前的 Expert View 无法完全显示这行代码，只能看到一半，这样的话看代码就会显得相当不方便，需要拖动滚动轴才能看到后面的代码。

如何解决？QTP 提供了一个代码换行符号，它就是“_”符号。有了它，就可以将一句代码切分成好多行，缩短代码的长度，可以清晰地浏览代码，可以这样切分，比如：

```
'#1
Browser("51Testing 软件测试网-中国软件测试人的精神家园")._
Page("51Testing 软件测试网-中国软件测试人的精神家园")._
Image("51Testing 软件测试网").Click

'#2
Browser("51Testing 软件测试网-中国软件测试人的精神家园")._
Page("51Testing 软件测试网-中国软件测试人的精神家园").Image("51Testing 软件测试网").Click

'#3
Browser("51Testing 软件测试网-中国软件测试人的精神家园")._
Page("51Testing 软件测试网-中国软件测试人的精神家园")._
Image("51Testing 软件测试网")._
Click
```

但是，我们不能这样切分，比如：

```
'#1 - "点"放在换行符号后面
Browser("51Testing 软件测试网-中国软件测试人的精神家园")_.
Page("51Testing 软件测试网-中国软件测试人的精神家园")_.
```

```
Image("51Testing 软件测试网").Click

'#2 - 换行符号的插入导致描述一个对象（Image）的代码被分割成 2 段
Browser("51Testing 软件测试网-中国软件测试人的精神家园")._
Page("51Testing 软件测试网-中国软件测试人的精神家园").Image("51Testing _软件测试网").Click

'#3 - 在结束时不能使用换行符号
Browser("51Testing 软件测试网-中国软件测试人的精神家园")._
Page("51Testing 软件测试网-中国软件测试人的精神家园")._
Image("51Testing 软件测试网").Click_
```

换行符号对于代码的可读性等方面起着重要的作用。其实，细心的读者应该已经在前面的章节中看到过这个“_”符号了，它将会是今后经常用到的工具

3. Alt+G 快捷键

位置：依次选择 QTP 上方菜单栏→Edit→Advanced→Go to Function Definition。

这是一个比较有用的快捷键，假设目前的脚本有 1000 行代码，代码中有很多 Function，此时如果有了这个快捷键，就能够将光标定位到调用 Function 的这行代码，然后按下 Alt+G，快速跳转定位到该调用的 Function 在脚本中的位置，使得能够相当快速地查看到 Function 里的功能，演示如下：

```
'假设是第 20 行代码
Call func_test01  '调用 func_test01 函数 - 光标定格在本行，PRESS "Alt+G"
…
…
…

'假设这个函数从第 850 行开始
Function func_test01    'Alt+G 后，光标会直接停留在此行，瞬间从第 20 行跳到 850 行
 …
 …
 Msgbox "test01"
 …
 …
End Function
```

Alt+G 功能介绍完了，读者需注意的是，它并不适用于外部调用的 Function（函数）。

4. Ctrl+Shift+Space 快捷键

位置：依次选择 QTP 上方菜单栏→Edit→Advanced→Argument Info。

在方法后往往需要设置一些参数，但是那么多参数难道都去背下来吗？显然不用，QTP 会自动提示该方法的参数，如图 1-155 所示。

但是有时候会因为某些操作导致参数提示消失了，此时就可以使用 Ctrl+Shift+Space 快捷键来重新显示参数提示，这个小功能相当实用。

5. 基于类和函数的 Complete Word

在上一小节中，介绍了 QTP 可以使用 Ctrl + Space 快捷键来激活 Complete Word 的功能，增强

脚本的编写效率，此方法只能对于一些 vbs 函数进行智能提示，对于类是不支持的。那么在这里，作者介绍 QTP 的一个支持类的 Complete Word。方法很简单：Alt + .（Alt 键加“点”键的组合）。

首先，打开 QTP，输入以下代码：

```
Class libClass
  Function libFunction

     Msgbox "libfunction"

  End function
End Class
```

然后，使用 Alt+.快捷键进行激活，如图 1-156 所示。

图 1-155

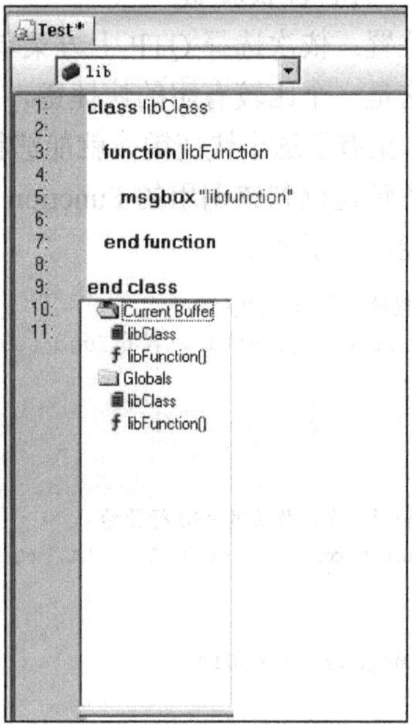

图 1-156

注

此方法只适用于 QTP 9.2 及其之前的版本。

6. 学会使用 With…End With

首先来一起看以下这段脚本：

```
'51Testing 首页
Browser("51Testing 软件测试网").Page("51Testing 软件测试网")._
WebButton("WebButton").Click
Browser("51Testing 软件测试网").Page("51Testing 软件测试网")._
WebEdit("password").Set "Yu Jie"
```

```
Browser("51Testing 软件测试网").Page("51Testing 软件测试网")._
WebEdit("username").Set "Jerome Yu"

'百度首页
Browser("百度一下，你就知道").Page("百度一下，你就知道")._
WebButton("百度一下").Click
Browser("百度一下，你就知道").Page("百度一下，你就知道")._
WebEdit("wd").Set "QTP 自动化测试技术领航"
```

在上面这段脚本中使用了很多代码换行符，这个在前面已经介绍过了。不知道读者看了上面这段脚本以后有没有发现一个问题，那就是每句代码中前面半段都是相同的，比如现在要操作 51Testing 首页中的一些对象，不难发现不同操作对象前的祖父对象和父对象都是一致的，遇到这种情况，就完全可以使用 With 来解决，见下面这个脚本：

```
'51Testing 首页
With Browser("51Testing 软件测试网").Page("51Testing 软件测试网") '注意后面没有点
    .WebButton("WebButton").Click  '请注意“点”的位置，句首需要有一个“点”
    .WebEdit("password").Set "Yu Jie"
    .WebEdit("username").Set "Jerome Yu"
End With
```

With 就是用来提炼公共部分的，现在再去看脚本，是否一下子感觉清晰、有序了很多？又比如同一个脚本中需要操作两个网站，此时用 With 效果也非常好，见下面这个脚本：

```
'51Testing 首页
With Browser("51Testing 软件测试网").Page("51Testing 软件测试网")
    .WebButton("WebButton").Click
    .WebEdit("password").Set "Yu Jie"
    .WebEdit("username").Set "Jerome Yu"
End With

'百度首页
With Browser("百度一下，你就知道").Page("百度一下，你就知道")
    .WebButton("百度一下").Click
    .WebEdit("wd").Set "QTP 自动化测试技术领航"
End With
```

如此一来，就可以很直观地读代码了，一目了然。With 可以大大提高代码可读性，这同时意味着方便了我们以后的维护工作。

另外，可以随意“With”公共部分，也可以嵌套 With，见如下脚本：

```
'百度首页嵌套在 51Testing 首页中
With Browser("51Testing 软件测试网").Page("51Testing 软件测试网")
    .WebButton("WebButton").Click
    .WebEdit("password").Set "Yu Jie"
    .WebEdit("username").Set "Jerome Yu"
   With Browser("百度一下，你就知道").Page("百度一下，你就知道")
       .WebButton("百度一下").Click
       .WebEdit("wd").Set "QTP 自动化测试技术领航"
```

```
        End With
    End With

    '百度首页 -- 提炼其他公共部分
    With Browser("百度一下，你就知道")
        .Page("百度一下，你就知道").WebButton("百度一下").Click
        .Page("百度一下，你就知道").WebEdit("wd").Set "QTP 自动化测试技术领航"
    End With
```

因为好用，所以 With...End With 是日常编程过程中经常使用的工具。

总结：

虽然本小节介绍的都是一些很小的应用技巧，但是往往能够给我们带来工作效率，QTP 中的技巧也远远不止这些，相信更多的实用性技巧在于读者平时的挖掘与积累，作者认为，适合自己的才是最好的！

1.6.3 封装对象模型——Test Objects VS Run-time Objects

1.6.3.1 解密测试对象与运行时对象

在 QTP 里的封装对象共分两个概念，一个是 Test Objects（俗称 TO）"测试对象"，另一个是 Runtime Objects（俗称 RO）"运行时对象"。可能大部分读者已经不记得了，在上篇介绍 Spy 的那个章节中，作者在末尾处已经初步提到过 TO 与 RO，我们来回忆一遍吧，以下是原文：**"最后作者要说下，也算是一个预告吧，后者也就是 Identification Properties 以后会牵涉到对象库编程中的两个重大概念 Test Objects（测试对象，俗称 TO）和 Run-time Objects（运行时对象，俗称 RO），在为 TO 或 RO 进行编程的时候使用的就是 QTP 自己封装的这些对象属性。关于前者 Native Properties 也有其独特的调用方法。"**

原文中提到了 Spy 中的 Native Properties 以及 Identification Properties，后者就是要在本小节重点讲的封装对象的属性，而前者会在后面介绍对象自身接口的属性时介绍。不过无论是哪一个，都和对象库编程有着紧密的联系，基于对象库的编程就是基于这些属性来完成的。

继续回到主题，TO 和 RO 这两个概念从字面上来看并不是很好理解，也容易混淆。作者现在就用最简单的描述来介绍测试对象（TO）与运行时对象（RO）的区别：TO 就是被添加到对象库中的对象，RO 其实就是被测试软件在运行时实际所运行的那个对象。但是，读者要记住，无论是 TO 还是 RO，它们都属于 QTP 封装的对象，共同使用 QTP 封装好的一些属性，RO 就有点特殊了，它也可以调用自身接口的属性，这个是在下个小节中要讲述的内容，读者在这里只要知道 RO 也调用 QTP 封装好的属性就可以了。

在上篇中已经讲解过 QTP 鉴别对象模型的机制 Object Identification，QTP 识别对象通常就是先在对象库里添加测试对象，这些对象全部都存有一些特征属性的值，然后在被测软件运行的时候，QTP 会根据脚本里的对象名字，在对象库里找到相对应的测试对象，并根据这些对象的特征属性描述，在被测试软件里搜索并找到相匹配的实际正在运行的对象，最后就可以对这些实际运行的测试对象进行操作了。如果在这个过程中没有找到任何相匹配的对象，那么 QTP 就会报个“找不到该对象”的错误。最后，作者用最简单的一句话总结一下测试对象（TO）与运行时对象（RO）两者之间的紧密关系：测试对象是为了识别运行时对象而存在的。

1.6.3.2　三兄弟 GETRO、GETTO、SETTO 各显神通

在理解了 Test Objects 与 Run-time Objects 以后，就要开始学习如何获取到对象的属性了，毕竟自动化测试分成两大块，第一个就是自动操控被测对象。第二个就是获取各种所需要的对象属性，获取属性的作用也可以分成两部分，一个最重要的作用也是最常用的就是验证，验证离不开这些属性，只有这些属性才能证明软件的操作是正确的还是错误的，另一个用途就是获取到一些有利用价值的属性来做后续的事情。还有一个分支，就是给对象库里的对象通过代码自动设置一些属性，以达到特殊的测试目的和要求。所以，在自动化测试过程中，对于“属性”的掌控是很重要的，接下来就详细介绍操控属性的各种方法，待掌握以后再举一些项目中基本的实际使用例子来帮助读者理解各种方法的作用，并证明其实属性的获取是自动化测试过程的桥梁。所以，这些对属性操作的方法绝对是重点中的重点内容。那么就让我们看看对象属性的处理方法有哪些，并逐一进行介绍。

素材：www.baidu.com 百度首页，所需添加对象如图 1-157 所示。

图 1-157

1. GetTOProperty()

- 基本含义：获取对象库中某个对象的某个属性的值。
- 公式：ReturnValue =对象.GetTOProperty(**"封装属性名"**)
- 基础示例：

```
ValueOfTo = Browser("百度一下, 你就知道").Page("百度一下, 你就知道").Link("新闻").GetTOProperty("text")
MsgBox ValueOfTo
```

- 运行结果与分析。

获得 Link 对象在对象库中记录的属性“text”的值，并返回给变量 ValueOfTo，最后以对话框形式显示这个值，显示后的结果如图 1-158 所示。

图 1-158

从图 1-158 中可以看到，已经成功获取到了该对象的“text”属性值并弹出对话框显示。在这里，读者需要注意，如果在实际运行的过程中，“text”属性已经发生了改变，假设变成了“贴吧”，在这里仍然是获取到“新闻”这个值，因为 GetToProperty 这个方法就是获取对象库中的对象的属性值。

- 企业项目案例臆测。

如果项目中碰到这样一个需求：界面上有一个 test1 的下拉框控件，每次在刷新页面后都会选中默认值 A，现在业务中需要选择其他值，我们需要用 QTP 做比较。像碰到这种案例时，就可以通过使用 GetToProperty 和 GetRoProperty（后面会讲到）这两个方法协助完成，只要在下拉框选中默认值的时候将其加入对象库，这样对象库中的记录值就永远会是这个默认值了，然后在实际运行时选取其他值，并获取此时这个对象的实际选取的值，最后对两个值做

一个比较，通过这个思路就能解决这个需求了。

2. GetTOProperties()

- 基本含义：获取对象库中某个对象的所有属性的值。
- 公式：ReturnValue =对象.GetTOProperties()。
- 基础示例：

```
Set TestObject = Browser("百度一下,你就知道").Page("百度一下,你就知道").Image("百度首页 logo")  '1
Set Properties = TestObject.GetTOProperties()  '2

PropertiesCount = Properties.Count  '3
Print "对象总计存在" & PropertiesCount & "个封装属性。"  '4
For i = 0 To PropertiesCount - 1  '5
  PropName = Properties(i).Name
  PropValue = Properties(i).Value
  Print  PropName & " = " & PropValue
Next

Set Properties = Nothing  '6
Set TestObject = Nothing  '7
```

- 运行结果与分析。

首先，GetTOProperties 这个方法获取的是一个数组，这个务必要清楚。因为是数组，所以想要一个个打印属性值的前提条件就是，先要得到对象的属性个数，然后再通过循环的方法把一个个属性和属性值打印出来。但是，GetTOProperties 并没有提供 Count 方法，所以，只能通过其他方式去获得对象属性的 Count（见代码片中的 1～3）。在获取到 Count 以后，就能够一个个将值读出来了（见 3～5），当然，最后也别忘了释放对象（见 6～7）。

为了更好地显示结果，所以才在这里使用了 Print 函数（QTP 自带的函数，调用后会将一些信息填写到 Print Log 窗口中），最后就让我们一起来看一下打印结果，如图 1-159 所示。

图 1-159

- 企业项目案例臆测。

一般情况下，在项目中很少会使用到 GetTOProperties 这个方法，因为通常不会碰到需要使用到这个方法的需求。所以，GetTOProperties 这个方法也是所有操作对象属性中最少使用的一个方法，也正是因为如此，作者才没将本小节的标题写成“四兄弟”。

3. SetTOProperty()

- 基本含义：设置对象库中某个对象的某个属性的值。
- 公式：对象.SetTOProperty “封装属性名”，“封装属性值”。
- 基础示例：

```
Browser("百度一下,你就知道").Page("百度一下,你就知道").WebButton("百度一下").SetTOProperty "name","
百度一百万下"
MsgBox "时间停止，大家一起欣赏此时对象库中 WebButton"百度一下"的 name 值！"
```

- 运行结果与分析。

SetTOProperty 方法的作用就是改变对象库中的值，当然，使用代码形式的修改对象属性属于临时性的，只在脚本运行时有效，一旦脚本运行结束，对象库里的属性值就会还原，它的生命周期是短的，不过已经足够我们做很多事了。

在本段代码片中，要修改的是 WebButton（“百度一下”）这个控件在对象库中的属性，为了证明修改最终是成功的，那么让我们一起先来看一下修改以前的 name 属性值，如图 1-160 所示。

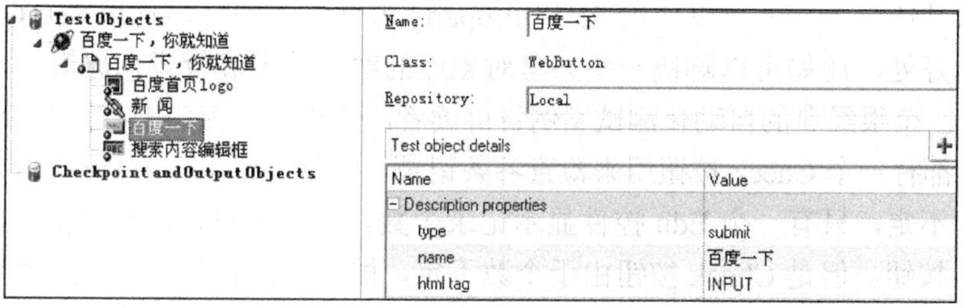

图 1-160

从图 1-160 中可以看到，name 的属性值是“百度一下”，然后作者把它改成了“百度一百万下”，我们前面讲过，由于 SetTOProperty 这个方法的生命周期很短，所以，如果要看到修改的效果，必须在脚本结束前，将脚本停住，所以，作者在脚本里加了一个 MsgBox 方法，并将本行设置断点，这样 QTP 就会停止下来，此时去刷新一下对象库就能看到百度一下这个按钮的 name 值已经改变了，如图 1-161 所示。

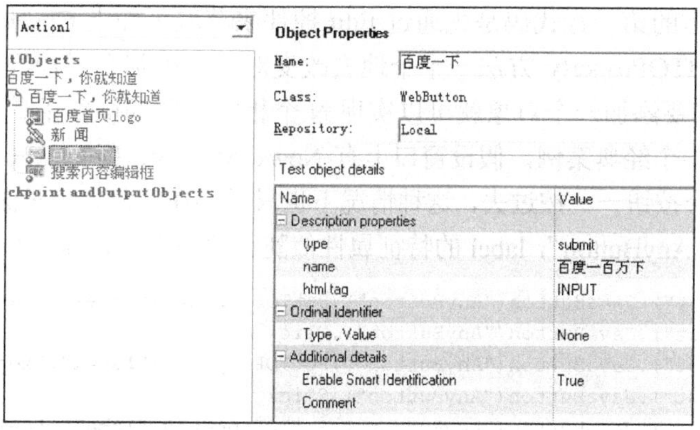

图 1-161

如图 1-161 所示，此时对象库中“百度一下”这个控件的 name 属性值已经变成了作者所设置的“百度一百万下”，到此也证明了实验已成功。需要注意的是，使用 SetTOProperty 方法，后面的参数是不需要加括号的，因为它没有返回值，当然这是 VB 中的知识点，在这里稍许提一下，如果在这种情况下加括号是一定会报错的，切记！

小提示

在 QTP 中，断点的快捷键是 F9，使当前断点不生效/生效的快捷键是 Ctrl+F9，取消所有断点的快捷键是 Ctrl+Shift+F9。

- 企业项目案例臆测。

可以和 GetToProperty 那个案例结合，假设现在需要将对象库中的对象属性值转变成其他指定的值，这种情况下，就可以使用 SetTOProperty 方法了。另外，使用 SetTOProperty 这个方法还有其他好处，比如可以解决一些共享对象库的对象修改和管理问题等。

这里还有一个很经典的自动化测试案例告诉读者，假设某个窗口上有很多待检查的记录，每条记录右边都有一个 Check 按钮用来检查各条记录。但是，记录个数是不定的，所以 Check 按钮个数也就不定，只有一个 Edit 控件显示记录个数。要对每条记录进行检查，也就是要点击每个 Check 按钮。但是 Check 按钮由于个数不定，根本没法将每个 Check 对象都添加到对象库中，因为个数可能太多了（上百个），如果硬要一个个添加到对象库中，是很烦的事。在这里告诉大家一个好办法，就添加一个 Check 按钮对象，它设有两个特征属性，分别是：label=OK、index=0，然后用下面的脚本就可以完成该自动化任务了：

```
buttonNum = CInt(JavaWindow("Test").JavaEdit("Record Num").GetROProperty("value"))
For buttonIndex = 0 to buttonNum -1
    JavaWindow("Text").JavaButton("Check").SetTOProperty("index",buttonIndex)
    JavaWindow("Text").JavaButton("Check").Click
Next
```

分析：这段脚本的第一行代码是先通过 Edit 控件来获取页面上 Check 按钮的个数，然后通过循环并利用 SetTOProperty 方法一个个地去改变对象库中那个添加好的 Check 按钮对象的 index，这样只需要添加一个对象就可以实现 N 个相同对象的操作了。

或者还有这样一个经典案例，假设窗口上有 New、Modify、Delete、Check 等好几个按钮对象，需要把这几个按钮一一按过去，这种情况下也只需要在对象库里只添加一个按钮对象就可以了，假设它叫“AnyButton”，label 的特征属性值随意填写即可，然后用下面的脚本来实现：

```
JavaWindow("Test").JavaButton("AnyButton").SetTOProperty("label","New")
JavaWindow("Test").JavaButton("AnyButton").Click
JavaWindow("Test").JavaButton("AnyButton").SetTOProperty("label","Modify")
JavaWindow("Test").JavaButton("AnyButton").Click
JavaWindow("Test").JavaButton("AnyButton").SetTOProperty("label","Delete")
JavaWindow("Test").JavaButton("AnyButton").Click
JavaWindow("Test").JavaButton("AnyButton").SetTOProperty("label","Check")
JavaWindow("Test").JavaButton("AnyButton").Click
```

4. GetROProperty()

- 基本含义：获取实际在运行时的某个对象的某个属性的值（不是从对象库里面获取）。
- 公式：ReturnValue =对象.GetROProperty("封装属性名")。

- 基础示例：

```
    ValueOfRo = Browser("百度一下，你就知道").Page("百度一下，你就知道").WebEdit("搜索内容编辑框").
GetROProperty("value")
    MsgBox ValueOfRo
```

- 运行结果与分析。

首先，GetROProperty 方法访问的是实际正在运行的对象的封装接口，在这里做一个实验来证明这个方法的效果。第一步就是添加 WebEdit 这个“搜索内容编辑框”控件到对象库中（注意，在还没有输入过任何字符的时候进行添加），添加完以后可以看到对象库中该对象的 value 属性的值是空的，如图 1-162 所示。

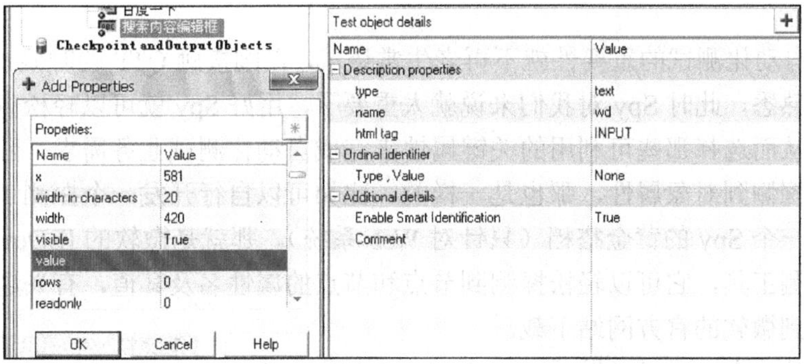

图 1-162

如图 1-162 所示，value 的值是空值，因为还没有在编辑框中输入任何值的时候添加的。接着做第二步，在编辑框中输入“QTP 自动化测试技术领航”，如图 1-163 所示。

在完成这些操作后，执行下代码片中所写的脚本，其结果显示如图 1-164 所示。

图 1-163

图 1-164

图 1-164 中显示的结果已经很明显了，证明了 GetROProperty 的方法是获取实际在运行时对象的属性值“QTP 自动化测试技术领航”，而不是该对象在对象库中的值“空值”。细心的读者一定会发现，刚才在查看对象库中 WebEdit 控件 value 值的时候，是通过点击 Add Properties 按钮，然后在弹出的界面中看到的，作者在这里只是看了一下这个属性的值，并没有将这个属性添加到 Description Properties 窗口中，知道为什么不能添加到该窗口吗？因为一旦添加进去，QTP 就会报错了。在之前的内容中讲过 QTP 识别对象的机制，就是通过

Description Properties 窗口去匹配的，如果把 value 属性加到这个窗口下，那么在输入"QTP 自动化测试技术领航"这些字符以后，实际运行时 QTP 就会因为识别不了对象而导致报错，因为 Description Properties 窗口下所有的属性都是必须要匹配到的识别属性。

- 企业项目案例臆测。

GetROProperty 方法在项目中使用率就太广泛了，几乎所有的验证点都需要使用这个方法。比如注册功能，在提交一些注册信息以后，一般都要到接下来的确认页面去验证一些信息，这些值都是动态的，在这里就能使用 GetROProperty 这个方法来动态获取实际运行时的一些确认信息，然后和所预期的测试数据做对比就可以了，这样就达到了自动化测试的目的。

总结：

属性对于自动化测试的重要性就不再老生常谈了，在刚接触 QTP 的时候，对于对象的封装属性都还不熟悉，此时 Spy 对我们来说就太重要了，用好 Spy 就可以轻松查到封装对象有哪些属性了，从而选择那些可利用的关键属性来完成自动化测试业务需求。除了 Spy，只要有其他工具能探测到对象属性，那也是一样的，比如可以自行开发一个探测工具。在这里，也推荐给读者一个 Spy 的黄金搭档（只针对 Web 系统），那就是微软的 IEDevToolBar，它同样也是一个探测工具，它可以轻松探测到节点和节点的属性名及其值，有兴趣的话可以网上搜索一下或者到微软的官方网站下载。

另外，相信读者应该已经发现，在 QTP 中使用封装方法对测试对象进行操作，只提供了 SetTOProperty 这一个方法来对属性进行设置和修改，其他的方法都是在做一些获取属性的操作。但是，SetTOProperty 这个方法只能修改对象库中对象的值，那有没有修改实际运行时对象的属性的办法呢？答案将会在后面揭晓……

1.6.3.3 对象封装属性的真正源头

在介绍 Spy 的那个章节中，我们就已经介绍过 Identification Properties 下会显示很多对象的封装属性，如图 1-165 所示。

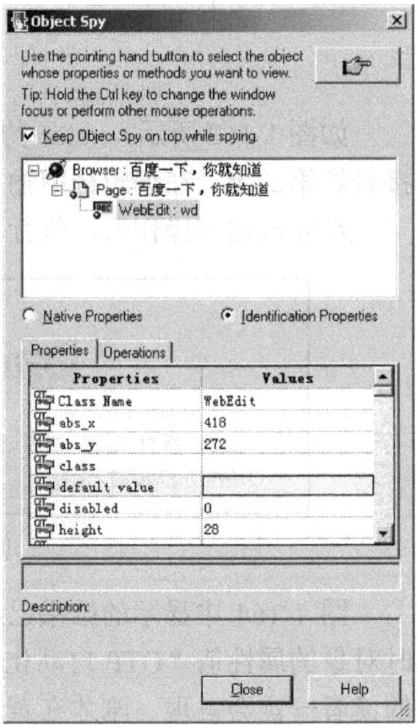

图 1-165

如图 1-165 所示，WebEdit 控件的封装属性数量还是相当可观的，不光图中显示的这些，还可以通过右侧拖动滚动条看到更多的属性。这些属性都是可以通过 GetROProperty 方法进行访问的，这个在上一节中刚讲过，这里就略过了。在这里主要是介绍一个特殊的属性，它就是 Class Name（见图 1-165 中第一个属性），这个属性在介绍 Spy 的那节中就已经介绍过。刚才说过了，凡是封装属性的值都可以通过 GetROProperty 方法去获得，那么，现在执行下面的这段代码，看看是否能够获得 Class Name 的值，预期结果应该是"WebEdit"（见图 1-165）：

```
msgbox Browser("百度一下，你就知道").Page("百度一下，你就知道").WebEdit("wd").GetROProperty("Class Name")
```

待 QTP 执行完这段代码以后，我们一起来看执行后的结果，如图 1-166 所示。

为什么获得的值是个空值？应该是“WebEdit”。图 1-165 中都是这么显示的。其实是因为 QTP 封装此属性的名称不是 Class Name，而是 micClass，不信？那我们执行下面这段代码再试试看，是不是会获取到“WebEdit”这个值：

```
msgbox Browser("百度一下，你就知道").Page("百度一下，你就知道").WebEdit("wd").GetROProperty("micClass")
```

QTP 开始执行，结果如图 1-167 所示。

图 1-166

图 1-167

如图 1-167 所示，结果已经看到了，就是想要的预期结果。此时，读者一定会问，为什么是 micClass，而不是 Class Name 呢？为什么作者就知道是 micClass 呢？连 Spy 里显示的都是 Class Name 啊！别急，答案很快就会揭晓！

首先，我们运行 regedit 来打开注册表，然后进入到以下位置：

```
HKEY_CURRENT_USER -> software -> Mercury Interactive -> QuickTest Professional -> MicTest -> Attributes
```

当展开 Attributes 这个目录时，会看到很多熟悉的属性。没错！这里就是 QTP 所有封装属性的集结地，如图 1-168 所示。

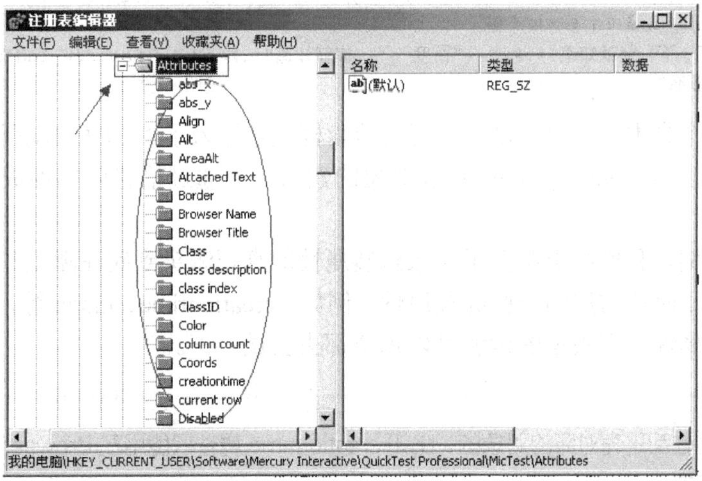

图 1-168

在这个目录下可以找到 micClass 属性（见图 1-169），而 Class Name 属性是没有的，所以刚才打印出来的值是一个空值就是这个原因。

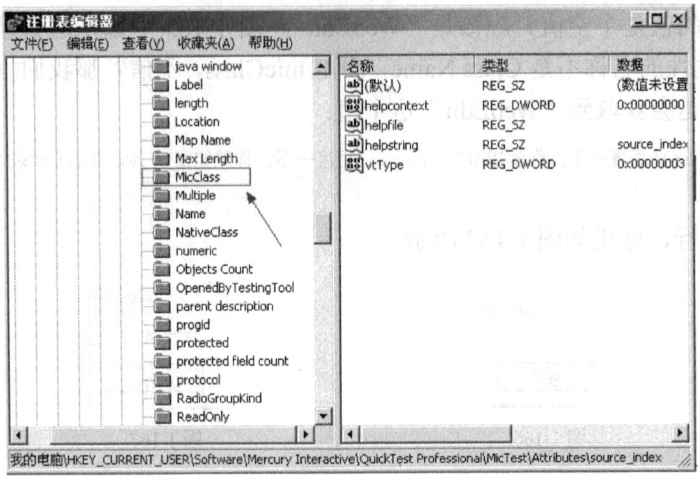

图 1-169

另外还有很多 QTP 隐藏的封装属性，并且这其中一部分属性在 QTP 的所有帮助文档中都没有提到过。在这里，作者就随便找一个 Spy 中没有的封装属性来试试，以 source_index 为例，来看下面这个脚本：

```
'获取封装属性 source_index 的属性值
index = Browser("百度一下，你就知道").Page("百度一下，你就知道").WebEdit("wd").GetROProperty("source_index")

'在这里对 WebEdit 控件使用了描述性编程就是为了证明 source_index 是个隐藏属性，Spy 中是没有的，关于描述性编程，读者先不用关心，后续章节中会详细介绍
Browser("百度一下，你就知道").Page("百度一下，你就知道").WebEdit("source_index:=" & index).Set "QTP 自动化测试技术领航"
```

执行上面这个脚本后，就可以看到百度搜索框成功输入了“QTP 自动化测试技术领航”。它的原理主要是通过 source_index 获取对象的索引，并通过描述此属性成功对此对象进行控制。

通过这个实例，我们终于明白了对象封装属性的真正源头到底在哪里！在这个目录下不光可以看到一些平时所常用的一些隐藏属性，例如，creationtime、index 等，还有很多从来没有看到过的隐藏属性，有兴趣的读者可以每个都去尝试一下。

注意

每个属性都是有对应的对象的，比如 creationtime 属性只能用在 Browser 对象上，这点需要读者认知的。

1.6.4　梳理运行时对象的封装与自身接口的属性区别

1.6.4.1　解读对象的自身接口

在上一节中，作者已经介绍过实际上运行时的对象是有两种接口的，第一个就是上一节中主要讲解的对象封装接口，另一个就是将在本小节中重点介绍的对象自身接口。首先让了解一下两种接口的区别。

- 封装接口是对象的不完全属性，有些对象的属性值是封装接口无法获取得到的。
- 运行时的对象（RO）可以看见自身接口的所有属性，而对象库中的测试对象（TO）只可以看见被封装的一些接口。
- 封装属性是不能修改实际运行时的对象的，只能获取属性的值，而调用自身接口就可以。

以上 3 条就是封装属性与自身接口属性两者间的区别，其实读者应该不难发现这两者之间有本质上的一个特性，那就是封装接口既支持（或者叫涵盖吧）对象库中的测试对象，同时也支持运行时的对象，而自身接口就只支持运行时的对象，这点千万要注意，也不要搞混了，对于初学者来说这是一个难点和容易混淆的地方。

1.6.4.2　教你如何成为一名黑客

虽然现在读者已经了解了对象分测试对象与运行时对象，运行时对象除了有封装接口之外还有一个自身接口，但是这些都是概念上的内容，相信读者还是不明白自身接口到底是什么。在这里作者卖个关子暂且不告诉大家，先来玩一个有趣的“魔术”，作者在这里扮演一个黑客的角色，将这本书的推广方“51Testing”给黑掉。在袭击 51Testing 官方论坛首页之前，还是先让广大读者再看一下，因为过一会它将会变得面目全非：

如图 1-170 所示，目前 51 Testing 的论坛还是原样，一会，作者将“51Testing”网站给黑掉，如图 1-171 所示。

图 1-170

图 1-171

如图 1-171 所示，51Testing 网站界面上的某些控件经过作者的“施法”已经被替换成了百度网站中的一些控件，一共发生了 4 处变化，已经在图 1-171 中标注，它们分别是。

（1）将 WebButton 控件“登录”改成“百度搜索”。

（2）将 Image 控件“51Testing 的 Logo”改成“百度的 Logo”。

（3）将 Link 控件“加入 51Testing（注册）”改成“加入百度（注册）”。

（4）将 Link 控件“登录”改成“baidu_login”。

读者现在一定是非常的兴奋（很正常，当初作者也是如此的兴奋），为什么作者的手段那么厉害，能如此轻易地攻击一个大型网站。首先，作者可以告诉广大新人，作者的“帮凶”不是别人，正是这个强大的自动化测试工具 QTP。所以，作为新人的你是不是一下子对 QTP 产生了浓厚的兴趣？的确是这样的，一旦学会了如何去当一名“黑客”，你一定会对 QTP 兴趣倍增，而且一旦学会了黑客之道，也同时证明了你的 QTP 水平已经上了一个台阶。

接下来作者将这个“魔术”表演分享并分解给读者，首先作者展示实现这个“魔术”表演的 QTP 脚本代码如下：

```
With Browser("51Testing 软件测试论坛").Page("51Testing 软件测试论坛")
    .WebButton("搜索").Object.value = "百度搜索"
    .Image("51Testing_Logo").Object.src = "http://www.baidu.com/img/baidu_sylogo1.gif"
    .Link("加入 51Testing(注册)").Object.innerText = "加入百度(注册)"
    .Link("登录").Object.innerText = "baidu_login"
End With
```

上面这个脚本就是完成这个“魔法”的“功臣”，现在就来揭晓为什么作者可以轻易地改变 51Testing 网站！其实，就是因为使用自身接口修改了正在运行时的对象，所以才出现了图 1-171 中的假象。在上一小节中作者就已经介绍过了封装对象接口和自身接口的区别，其最后一条说的就是“调用自身接口就可以修改实际运行时的对象的属性值”。不过，它的确是假象，只需要刷新网页，51Testing 网站就恢复原貌了。不过如果不刷新网页，那么这个“魔术”还是继续有效。比如作者假设把“注册”功能屏蔽掉，那的确是不可能点击到“注册”按钮的。这个实验作者也将留给读者去尝试，作为本章节的练习内容。

在了解这个魔术背后的秘密之后，一起来看一下调用自身接口的公式。

- 对象.object.自身属性，示例如下：

```
Browser("百度").Page("百度").WebButton("百度一下").Object.innerText = "百度一百万下"。
```

分析：以上代码是将 WebButton（"百度一下"）这个对象的自身接口属性 innerText 设置成其他属性值“百度一百万下”。

- 对象.object.自身方法，示例如下：

```
Browser("百度").Page("百度").WebButton("百度一下").Object.click。
```

分析：以上代码调用 WebButton（"百度一下"）这个对象的自身接口的方法 click，以自身接口的方式完成点击操作。

另外，自身接口不但可以设置运行时属性的值，同样也可以获取运行时属性的自身接口的属性值，先来看图 1-172 所示。

现在，要通过调用自身接口的方式来获取动态运行时的“百度搜索框”的内容，示例代码如下：

```
getContent = Browser("百度一下，你就知道").Page("百度一下，你就知道")._
WebEdit("wd").Object.value : MsgBox getContent
```

分析：以上代码是获取 WebEdit("wd")这个对象的自身接口的属性“value”的属性值，然后弹出对话框显示出这个属性值，如图 1-173 所示。

图 1-172

图 1-173

小提示

注意到上段代码中 MsgBox…和 getContent…处于同一行代码了吗？难道没有疑问吗？这样 QTP 为什么没有报错？其实答案就在于在代码中加了“:”冒号。冒号在这里的作用就是连接本不相干的两句或 N 句代码使其合成一句。如果不加冒号，那 QTP 一定会报错。

到此，相信读者一定会产生这样一个疑问，那就是如何知道获取 content 就是用 value 这个自身接口属性？其实这个完全是凭经验的，作者一开始也不知道，做过了就明白了。新人在平时可以多用 Spy 去了解对象的属性（自身接口的、封装的一个都不能落下）并逐一尝试，过不了多久就可以熟悉了。

既然获取的时候用 value 这个属性值，那么，如果要对搜索编辑框输入一个值该怎么操作呢？同样也是要用到 value 这个自身接口属性值。先让我们来回顾一下如何用封装接口进行赋值操作，代码如下所示：

```
Browser("百度一下，你就知道").Page("百度一下，你就知道").WebEdit("wd").Set "Yu Jie"
```

紧接着，用自身接口的方式，代码如下所示：

```
Browser("百度一下，你就知道").Page("百度一下，你就知道")._
WebEdit("wd").Object.value = "Jerome Yu"
```

最后，一起来见证是否调用自身接口也能为百度搜索框赋值，如图 1-174 所示。

图 1-174

在结束这个知识点的介绍前，作者再次强调自身接口是无法调用对象库中的对象属性值的，读者务必记住！此外，作者还要分享给读者一些需要注意的地方，相同的属性名在自身接口和封装接口中的显示有所不同，以最常见的 INNERTEXT 来举例，如图 1-175 和图 1-176 所示。

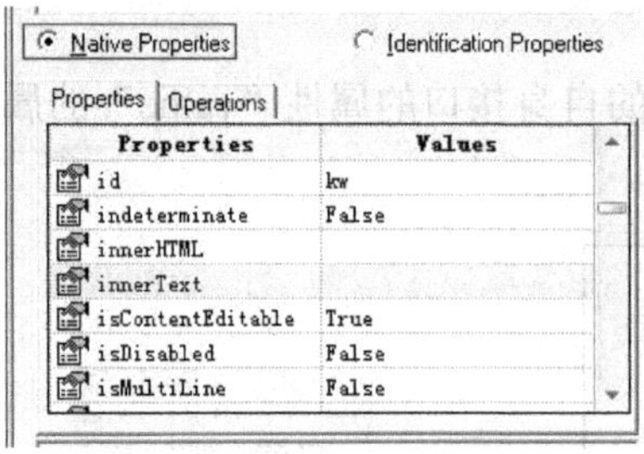

图 1-175

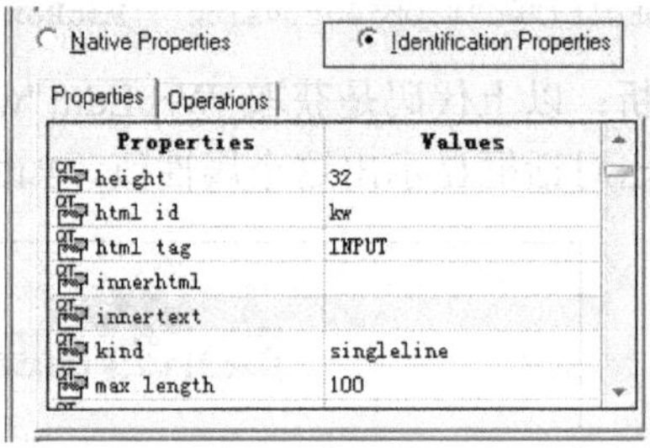

图 1-176

如图 1-175 和图 1-176 所示，我们可以看到，在自身接口中显示的是“innerText”，T 是大写的，在封装接口中则显示的是“innertext”，全是小写。举个例子，假设前者 innerText 的值等于 A，现在需要获取这个值，如果此时误写成 innertext 的话，获取的值将是一个空值，就完全与预期不一样了，所以，读者务必要注意到这点，一开始会很容易犯错，而这些小错误对于没经验的新人来说很难察觉到，因为代码并没有错，所以 QTP 也不会报错。

1.6.5 几种常见对象无法识别或识别错误的原因

对象库的整个学习过程即将结束了，无论是调用封装接口还是调用自身接口，它们都要有一个大前提，那就是对象能够被 QTP 识别。但是往往在自动化测试过程中，会碰到很多对象无法正确识别或识别错误的情况，作者进行了一下总结，以下几种原因是最常见的。

1. 软件程序的对象控件无法被 QTP 识别

QTP 毕竟不是万能的，很多软件的对象控件都无法识别到，尤其是 C/S 架构的软件程序，大多数控件都是 WinObject。碰到这种情况，在第一章节中就说过了，此类项目是不适合用 QTP 做自动化测试的，当然如果必须要做自动化测试，通常有以下几种解决方案。

（1）设置虚拟对象。

先来知悉虚拟对象的方位，如图 1-177 所示。

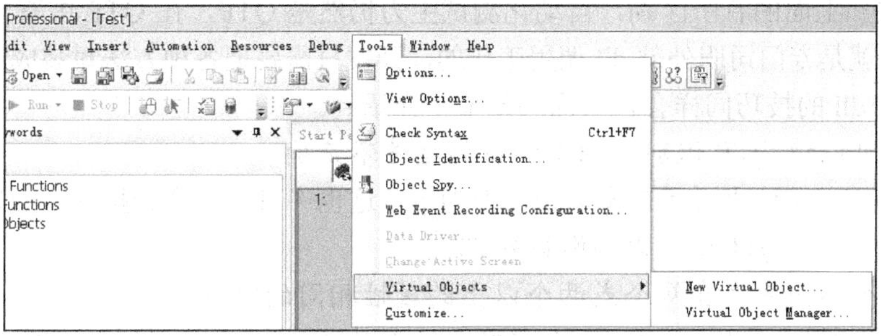

图 1-177

如图 1-177 所示，该位置就是虚拟对象，存在两个功能，新增虚拟对象和管理虚拟对象。作者在这里不对此功能多做介绍，因为并不推荐这个方法，即使依赖虚拟对象解决了所有不能识别的对象，但以后的对象维护工作是根本没法继续下去的，而且虚拟对象本身就非常脆弱，即使对象没有发生变化，但是，只要对象在界面上的方位发生变化，虚拟对象就会识别失败。所以，读者只需要了解一下这个功能就可以了，感兴趣的读者不妨尝试着亲自设置一些虚拟对象。

（2）使用相对坐标然后配合 WSH 去定位对象。

当碰到对象无法识别的时候，还可以通过这种办法尝试解决。因为即使是一个 WinObject 对象，它仍然有坐标，所以，使用相对坐标则可以帮助动态定位对象的位置，然后再使用 WSH 去对这个 WinObject 做一些操作（当然，这些操作不可能非常全面）。还比如，虽然对象无法识别，但是它支持快捷键操作，比如使用“Ctrl+O”的快捷键组合可以打开某个东西，遇到此类情况，也可以使用 WSH 来巧妙地完成想要完成的业务（虽然对象仍然是不能识别的，但是只要能达到预期目标，任何方法都是好方法）。关于 WSH 的知识点会在后续的章节中详细介绍。在本小节中，读者只需要知道常见的对象无法识别案例和相应的解决方案即可。

（3）使用 DOM 组件接口应用技术。

DOM 的全称是 Document Object Model。这种办法只可用于 Web 项目。举个例子，淘宝网的密码输入框用正常的 Set 方法是无法操作的，此时就可以调用 DOM 的 GetElementById 方法，然后进行密码输入的操作。DOM 也会在后面的章节中详细介绍，这里不多做阐述。

（4）使用 QTP 自定义扩展 SDK Customer 来进行二次开发使 QTP 能够识别对象。

这个属于 QTP 中最高深的技术。目前关于此方面的技术文章在 QTP 学习网站中都是非常少的。本书的作者曾录制过两个教学视频介绍此方面内容，如果读者有兴趣可以联系本书的两位作者，在本书的末尾有作者的联系方式。

（5）开发提供专属插件。

作者曾经有过类似的自动化测试项目经历，对象基本都无法识别，但是自动化测试需要做下去。于是开发了专职对象识别脚本，然后利用 QTP 这个平台去执行自动化测试。像这种情况，其实自动化测试的主力就已经不再是 QTP 了。

（6）把无法识别的对象的一些方法封装到一个 dll 中并使用 QTP 调用。

这个方法和上面的有所区别，自动化测试主力仍然是 QTP，在 QTP 中有一个 Extern 对象，这个对象就是专门司职外部 dll 调用工作的，开发只需要把各种方法封装成一个 dll 即可，关于调用外部 dll 的技巧同样会在后面的章节中介绍到。

2. 对象可以被 QTP 识别，但是加载的插件不正确

发生这种情况总体来说还是幸运的，因为毕竟这也许只是一个误操作，只需要重新加载相对应的正确插件，QTP 就可以为你服务了。

3. 同一个界面中存在两个或两个以上的属性相同的对象

有这么一种情况，同一个页面中存在多个属性相同的对象，这种时候 QTP 会报错并在报错信息中提示我们。像遇到这种问题时，最直接的解决办法就是为每一个对象做一个唯一标识符，最常见的就是设置 Index。

4. 实际运行时的对象发生了改变导致与对象库不匹配

在自动化测试过程中，很多对象都是动态的，在运行时，属性是一直在发生变化的，比如句柄。碰到类似的问题，解决思路就是先动态获取运行时的值，然后将这个值动态添加到对象库对象中，这样就可以轻松解决该问题了。如何动态获取运行时的值，如何将值动态添加到对象库对象中，这些都是前面的重点内容，读者如果有所遗忘，请重新回顾！

1.6.6 总结

本章节和上一个章节不同，主要是围绕如何去实现脚本。这两个章节合起来几乎涵盖了对象库编程所有的精华部分，读者务必要学精、学透。作者已经给了方法，接下来就是要通过大量的实践和反复的练习真正地驾驭好它。

对象库编程的确是相当好用的，QTP 高效编程的 3 种方式也都是基于对象库的，这些高效的方法是不基于在下面的章节会介绍的描述性编程的。所以，一般情况下，作者建议使用对象库编程。

知识点巩固和举一反三练习

一、过把“魔术师”或黑客的瘾！

要求 1：根据图 1-178 和图 1-179 中的数字标识依次按要求慢慢“吞噬”百度首页。

图 1-178

图 1-179

（1）将 Title 和 Tab 变成“QTP 自动化测试技术领航”。

（2）将 Logo 变成 51Testing 首页的 Logo，URL 为 www.51testing.com。

Logo 图片来源：进入 51Testing 首页后，右键单击网站 Logo 后，在弹出的菜单中点击属性，复制 URL，如图 1-180 所示。

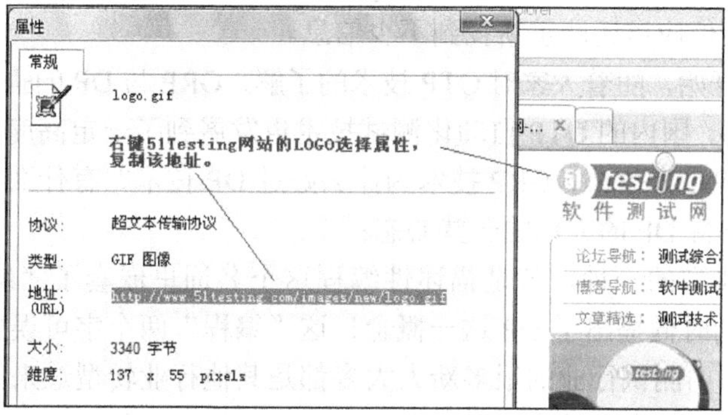

图 1-180

（3）将贴吧变成“51Testing 专家博客”。

（4）将搜索框禁用（无法输入任何文字）。

（5）将[百度一下]按钮变成“51 搜索”。

（6）将“把百度设为主页”变成“把 51Testing 设为主页”。

（7）将“加入百度推广”变成“加入 51Testing 推广”。

（8）将“关于百度”变成“关于 51Testing”。

（9）将“About Baidu”变成“About 51Tesing”。

（10）将该处文字替换成“©2011 51Testing 测试自动化系列丛书-QTP 自动化测试技术领航”。

要求 2：提取公共部分代码，提高代码维护性、直观性。

二、分别使用已学过的 QTP 编程的 3 种方式来完成第一题。

要求 1：熟练运用并掌握，然后评价出你觉得最适合你的一种方式。

1.7 描述性编程（Descriptive Programming）

阶段要点

- 描述性编程不高深。
- 描述性编程的两种写法。
- 描述性编程实例介绍。

1.7.1 一点都不高深的描述性编程技术

QTP 刚进入国内不久时，各大测试论坛曾经有过一场持续了多年的争论，引起这场争论的导火线就是对象库编程（以下简称 ORP）和描述性编程（DP）。这场争论持续了至少 3 年以上。争论的话题都是使用 QTP 进行自动化测试，其测试脚本是使用对象库编程好还是描述性编程好，有兴趣的读者完全可以在 51Testing 论坛中输入一些关键字进行搜索，如“对象库描述性编程”等，相信应该还能重新找到不少信息。

大约从 2009 年开始，随着大家对 QTP 技术的了解，ORP 与 DP 的争论已经越来越少了，因为随着时间的推移，国内的 QTP 自动化测试技术也发展到了一定高度，使得越来越多的测试人员更倾向于 ORP！为什么？ORP 技术为什么好过 DP 技术？有什么依据？暂时先不说，先说说大多数当初支持 DP 的人们的一些心态：

第一种也是最典型的一种，就是描述性编程这个名词里嵌套了“编程”两字，这得怪 Mercury 开发 QTP 的时候提出了 DP 这一概念！这“编程”两个字可误导了不少测试新人。相信大家都知道，国内测试行业的很多新人大多都是其他行业转型过来的，相对做测试的门槛没有做开发那么高，很多也没有经受过系统的计算机软件方面的学习，所以对“编程”一直很向往，觉得编程很难，所以一听到 QTP 的描述性编程这个概念，就觉得是个很高深的技术。在早期，就是因为这种心态使得一大批测试新人在慢慢熟悉并会使用 QTP 以后，明明可以不去使用 DP 也硬要去使用，以显示自己是技术牛人，其实这种举动是化简为繁并脱离了自动化测试的本意。当然，很多支持 DP 的人不是属于炫耀范畴的，是属于被“编程”两字忽悠了的范畴的。

第二种也是比较典型的，因为以前大家都认为 DP 很高深，觉得 DP 是 QTP 中的精髓。所以，如果使用 DP 写脚本并提交给测试经理看，那领导一定会认为你很牛。很明显，以上两种都是稍许带有贬义的。

第三种争论的焦点是自动化测试框架，配合自动化测试框架，在进行 QTP 编程的时候到底用 ORP 好还是 DP 好？这个也可以说是 3 个中唯一一个真正对国内自动化测试领域的提高有价值的争论，因为的确是各有好处的！关键不是使用哪种 QTP 编程技术，更多的焦点是框架设计的怎么样。

所以，排除第三种自动化测试框架的特殊情况，选择 ORP 技术的人们是理智的人群，咱也不能说选择 DP 的人们就是不理智的，但是可以肯定，如果明明可以使用 ORP 技术却还硬要使用 DP 技术的人们是肯定不理智的。

很自然的，对象库编程就是我们上一章节刚刚重点介绍过的非常强大的一个功能，而描述性编程就是本章节要介绍给各位新人读者的一项编程技术。其实呢，本人一开始听到 QTP 的描述性编程技术的时候也一直以为是一门很高深的技术。事实上……下面就会用实例证明给大家看，其实 DP 就是这么简单的一回事！现在基本上大家都认可了 ORP 是 QTP 自动化测试的首选，为什么？因为 ORP 的确经得住考验，而且在下面的“终极对决”的小节里，还会让 ORP 和 DP 来一次大“PK”来证明，为什么选择 ORP 是理智的，为什么大家最终还是倾向于 ORP，并且还会介绍一下 ORP 相比 DP 的一些优越性。

1.7.2　掌握描述性编程的两种写法

首先，需要用最简单和生动的例子来介绍描述性编程的概念，或者说它到底具体是什么，我们仍然用百度页面，请先看下面图 1-181 以及代码段。

相信读者应该都已经很熟悉图 1-181 了，它是一个对象库，里面添加了一些需要操作的百度网站的对象。接下来我们来看代码的实现：

```
Browser("百度一下，你就知道").Page("百度一下，你就知道")._
WebEdit("wd").Set "QTP 自动化测试技术领航"

Browser("百度一下，你就知道").Page("百度一下，你就知道")._
WebButton("百度一下").Click
```

以上这段代码读者应该也已经很熟悉了。它就是用对象库编程产生的代码。但是，读者有没有思考过一个问题，假设这些对象没有添加到对象库里怎么办？QTP 还能工作吗？完全可以！QTP 提供了描述性编程（Descriptive Programming）这个解决方案。事实上，在很多情况下，对象都不会顺我们的意思，经常会面临“不是我们想不想把对象添加到对象库，而是根本没法添加”这种尴尬局面。所以，此时“DP”可以担起重任了，替“ORP”完成它无法完成的事！这里暂时先不介绍无法添加对象的案例，我们先存心使对象无法生存于对象库中。把之前添加好的百度的对象全部删除，如图 1-182 所示。

就像我们现在看到的一样，已经没有对象供我们使用了，怎么办？当前需要做的唯一的一件事是“照搬”！搬什么？虽然对象库里的对象没了，但是我们完全可以将对象库中的内容直接搬迁到脚本中去。又是什么内容是需要搬迁到 Expert View 中去的呢？——就是我们所要用的对象的一个个属性及其属性值，一起来看下是怎么搬迁的，推序如下所示：

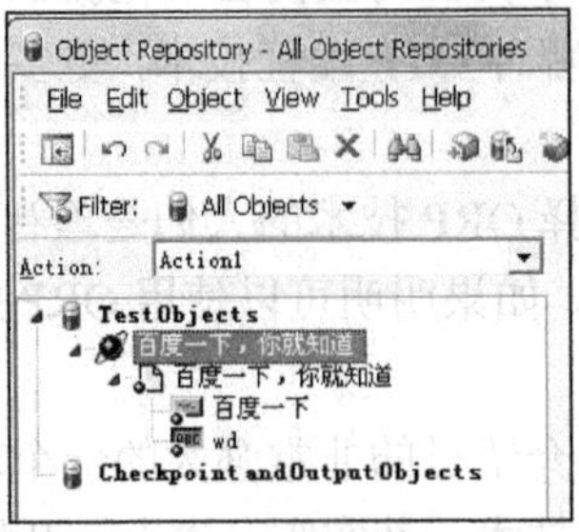

图 1-181

图 1-182

```
'代码 1
Browser("micClass:=Browser").Page("micClass:=Page")._
WebEdit("name:=wd").Set "QTP 自动化测试技术领航"
'代码 2
Browser("micClass:=Browser").Page("micClass:=Page")._
WebButton("name:=百度一下").Click
```

描述性编程大解析（第一种）。

整个搬迁过程完成了，这就是描述性编程，最简单地说，DP 无非就是在描述每个对象的属性和属性值，通过这个原理来虚拟成对象库中的对象，只是对象库是隐形的。

那先来看看第一句代码（代码 1）：描述性编程的运作原理完全是和对象库编程一致的，所以在这里先去描述一个最“上层”的对象“Browser”，对象名称写好以后用上一对括号，然后在括号里依次从左到右填入引号、一个属性名称、一个冒号、一个等号、一个属性值、引号。这个就是第一个形式，即：对象名（"属性名:= 属性值"）。读者必须要记住这个形式（描述性编程的形式一共有两种，在后文中会继续介绍第二种），有了前面的描述模板，接下来就完全可以依葫芦画瓢了。按照对象的结构顺序一层一层地往下描述，直到定位到最终想要操作的对象，最后给它一个方法，整个过程就结束了。看脚本中的代码 1 就是这样的。所以，同样的道理在代码 2 中就不讲了。

再总结一下，其实描述性编程就是将原对象库编程中括号内的“对象名”（见图 1-183）换成一种描述语言，它描述的仍然是这个对象，只不过不再是封装好的现成的对象，而是需要现场描述（封装）。

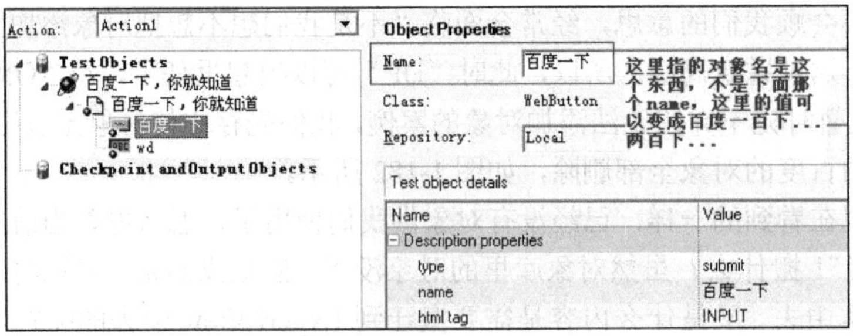

图 1-183

第一种描述形式已经介绍完了，但是关于第一种描述性编程方式的内容还没有讲完，在前面那段代码中，都是以单属性及其属性值来描述一个对象。其实在 QTP 中，还可以同时描述多个对象，但是数量还是会有一个极限的，可以描述的属性必须是 QTP 内置的（怎么才能知道哪些属性是 QTP 内置的，可供我们描述的，以及一些属性值的设置等，都会在下一小节的内容中介绍到），先让我们一起来看下面这段脚本：

```
'代码 1
Browser("micClass:=Browser").Page("micClass:=Page")._
WebEdit("html tag:= INPUT","name:=wd").Set "QTP 自动化测试技术领航"
'代码 2
Browser("micClass:=Browser").Page("micClass:=Page")._
WebButton("html tag:= INPUT","name:=百度一下","type:= submit").Click
```

上面这段代码中，同样也是两句代码，第一句的最终定位对象用了两个属性去描述，第二句的最终定位对象则用了 3 个属性去描述。在这里同样要告诉读者们必须记下来的一个规则，那就是描述多个属性时，属性间用逗号隔开，这个逗号必须是英文状态下的。另外，描述性编程的语法是对了，但是如果描述的属性值没有设置对，那 QTP 是不会执行的，例如，假设将上面这段代码中的第二句代码中的最终对象“WebButton”所描述的属性 type 改成“error”这个值，其结果读者可以自行去尝试下，看看 QTP 会不会执行。

还要让读者记住第二条规则，那就是如果父对象描述了，子对象则一定要描述，不然 QTP 会报错，来看下面这个示例脚本：

```
'正确 - 父对象如果描述了，子对象必须描述
Browser("micClass:=Browser").Page("micClass:=Page")._
WebEdit("name:=wd").Set "QTP 自动化测试技术领航"

'错误 - 父对象描述了，子对象没有描述
Browser("micClass:=Browser").Page("百度一下，你就知道")._
WebButton("百度一下").Click
```

图 1-184 是父对象描述后子对象没有描述导致 QTP 报错的截图。

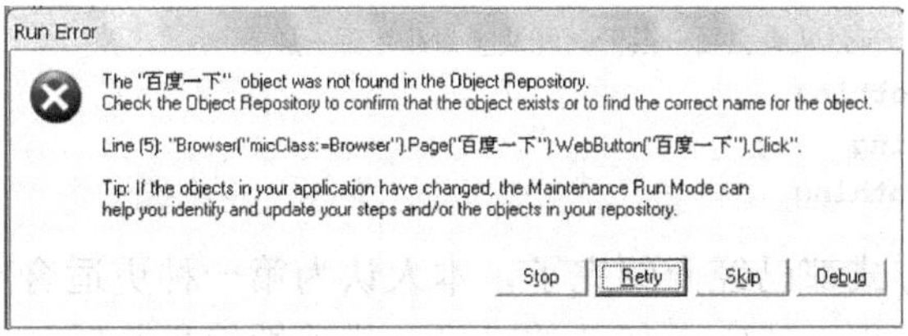

图 1-184

但是子对象如果描述了，父对象可以不描述，当然，父对象不描述又不报错的前提是要被添加到对象库中，一起来看下面这个示例脚本：

```
Browser("百度一下，你就知道").Page("百度一下，你就知道").WebEdit("name:=wd").Set "QTP 自动化测试技术领航"
```

至此，第一种描述性编程方式的基本内容全部介绍完毕。

描述性编程大解析（第二种）。

现在要介绍第二种描述性编程方式，那就是使用 Description 对象。使用该对象可以返回包含一组 Property 对象的 Properties 集合对象。Property 对象由属性名和值组成。然后，可以在语句中指定用返回的 Properties 集合代替对象名（每个 Property 对象都包含一个属性名和值）。

要创建 Properties 集合，需要先创建 Properties 对象，使用以下语法进行：

```
Set ObjDescription = Description.Create()。
```

创建完毕后，就可以在运行会话期间在 Properties 对象中添加、编辑、删除或检索属性和属性值了。也可以这么理解，就是将对象的属性及其属性值的描述封装在一个特殊的 Description 对象中。例如，假设现在需要完成以下这个操作，见下面这个脚本：

```
Browser("micClass:=Browser").Page("micClass:=Page")._
WebEdit("html tag:= INPUT","name:=wd").Set "QTP 自动化测试技术领航"
```

完全可以通过 Description 对象来实现同样的功能，参见下面这段代码：

```
Set ObjBrowser = Description.Create()
ObjBrowser("micClass").Value = "Browser"

Set ObjPage = Description.Create()
ObjPage("micClass").Value = "Page"

Set ObjWebEdit = Description.Create()
ObjWebEdit("html tag").Value = "INPUT"
ObjWebEdit("name").Value = "wd"


Browser( ObjBrowser ).Page( ObjPage ).WebEdit( ObjWebEdit )._
Set "注意此时描述对象的括号内是不需要加引号的，加了引号反而就错了！"

'最后需要记住释放对象，可以从最里面一层开始释放直到最外面一层
Set ObjWebEdit = Nothing
Set ObjPage = Nothing
Set ObjBrowser = Nothing
```

两种描述性编程方式都已经介绍完了，本人认为第一种更适合应用于普通脚本中，或者这么说，在对象库编程无法完全任务的时候，描述性编程临时加上一句，这样做显得更加直观，代码数量也更加少。但是很明显的缺陷就是无法做到复用。第二种描述性编程的方式，个人认为更适合应用于基于框架的脚本中，从表象上看虽然比前者会多写几句代码，但是这种方式的复用性远远优于前者，所以，具体选取哪一种方式都应按项目的实际情况界定。

1.7.3 Object Identification 与 Spy 结合 DP 的妙用

在前面的章节中，已经认识了 Object Identification 和 Spy，在本小节中，这两位老朋友又要粉墨登场了。它们不止可以与对象库编程结合，同样可以和描述性编程结合。接下来，就分别聊聊它们与描述性编程的默契搭配。

在前面的小节中已经将描述性编程的语法教给大家了，语法是固定的就两种，但是描述的属性就非常多了，相信很多读者都已经开始疑问或者迷茫了，怎么知道哪些属性可以描述，全背出来了？其实不可能啦！本书在一开始的章节中就提到学习 QTP 是任何知识点都不用背的。所以，在这里本人公布：首先介绍的是 Object Identification。通过 O\I 就可以知悉一切对象可描述属性，如图 1-185 所示。

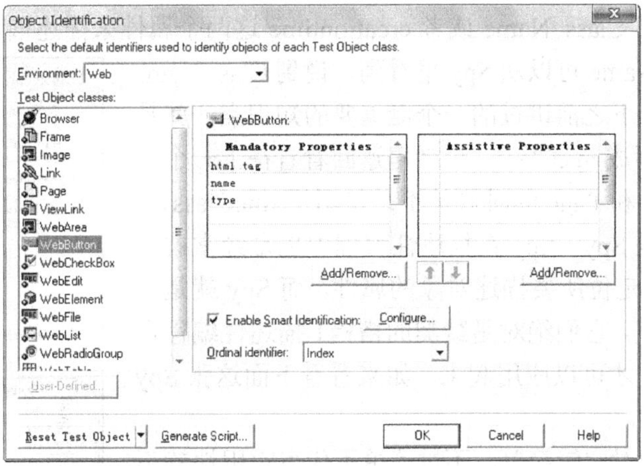

图 1-185

如图 1-185 所示，这就是 O\I 的界面，应该很熟悉了吧，之前都已经认识了，所以在这里一些基本介绍就不重复了。现在选中的就是刚才描述过的一个控件“WebButton”，默认出现在 Mandatory Properties 窗口里的就是系统默认的一些该控件的重要属性，如果要描述一个控件，首先先描述这些最重要的属性（也许这种说法不科学，但是本人觉得这说法很实际和现实）。如果默认的属性满足不了你的需要，那你只需点击 Add/Remove 就可以了，里面可以让你新增或删除一些其他的属性，如图 1-186 所示。

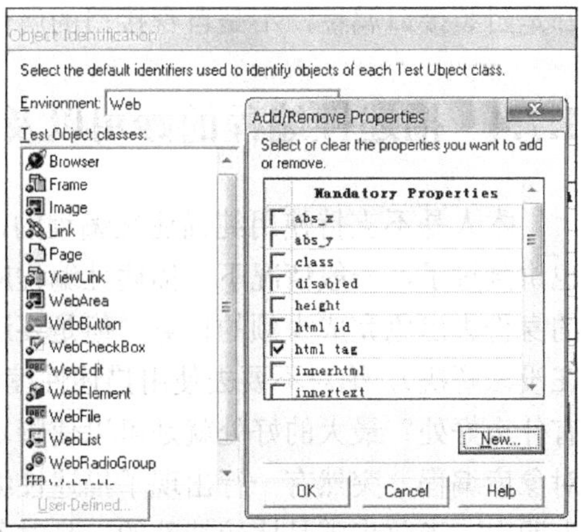

图 1-186

当然，不但可以删除一些备选的属性，也可删除系统默认属性。另外，在此主要要讲一下 Browser 和 Page 对象的描述，先来看看 O\I 吧，如图 1-187 和图 1-188 所示。

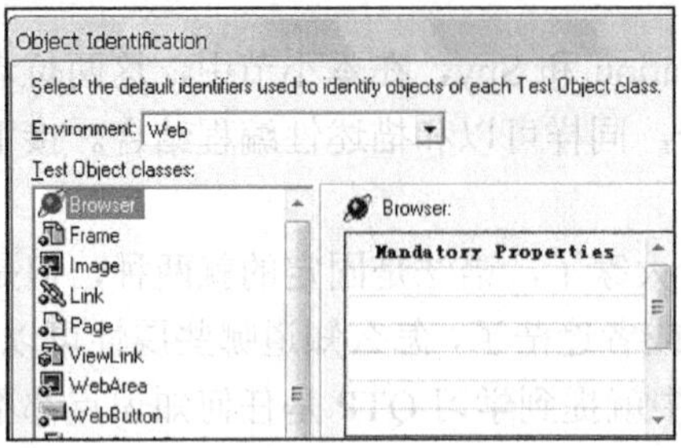

图 1-187

图 1-188

我们可以看到，Browser 和 Page 是没有系统默认属性的。因为这两个控件比较特殊，一般情况下，都会使用 Class Name 或者 creationtime 这两个属性来描述该对象，它们在 O\I 里可是没有的。Class Name 可以从 Spy 里看到，说到 Class Name 我们也不得不回顾一下之前讲过的一个挺重要的知识点，就是 Class Name 必须要写成 micClass。读者再返回看看在上一个小节中，描述 Browser 和 Page 的时候是不是使用了 micClass？

接下来讲解的是 Spy，Spy 在描述性编程中也是经常被调用的，因为 O\I 用于定位所要描述对象的属性，而 Spy 就是定位描述属性的属性值，它们绝对是默契的搭档！描述性编程也就是因为有了它们，才可以应用起来，如来看看下面这张 Spy 图，如图 1-189 所示。

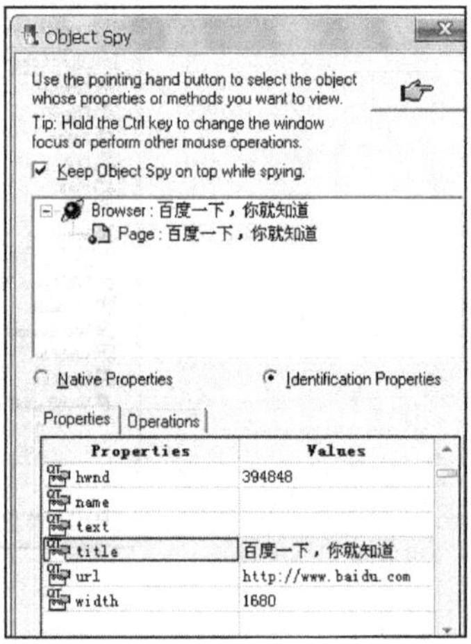

图 1-189

本小节的内容相对比较简单，不过简单不代表实用性就不高，恰好是相反的！最后，告诉读者描述性编程可描述的属性都是封装接口属性，不是自身接口的属性，务必切记！

1.7.4 描述性编程的妙用以及与对象库编程的混搭

本人是不支持使用纯描述性编程的，DP 的使用应审时度势且以实用的角度出发。前面也讲到过了，一般情况下，描述性编程应用在对象库编程无法完全满足需求的时候，以替补的身份去出色完成少额的任务。但是要遵循一个原则，那就是不到必不得已（对象库编程实在没法解决），绝对不要去使用描述性编程，千万要杜绝想使用了就随意使用的情况。这样做有什么好处？最大的好处就是可以使脚本一目了然从而增加了可维护性！当一段脚本中都是对象库编程，突然有一行出现了描述性编程，那即使过了几个月后再看脚本，我们也可以马上明白，当前步骤是比较特殊的，是对象库编程完成不了的。反之，如果不养成这个好习惯的话，那整个脚本的层次就会显得非常乱，时间久了一定分不清哪些使用描述性编程的语句属于没必要范畴，而哪些属于必要范畴。

接下来，就举一些项目中需要使用到描述性编程的案例。

（1）百度首页有很多相同的 Link 控件，如"新闻"、"网页"、"图片"等，全部添加到对象库很麻烦，那么该如何使用描述性编程完成？

首先，先来看下场景图，如图 1-190 所示。

图 1-190

一个首页就有接近 20 个相同类别的控件（Link），虽然不多，但是一个个添加也够烦锁的，既然它们是完全相同类型的控件，那么使用描述性编程是一个上佳之选，下面来看这段脚本，看看是如何实现的：

```
Set baidu = Browser("micClass:=Browser").Page("micClass:=Page")
Print Baidu.Link("name:=新闻").Exist
With baidu
    Print .Link("name:=贴吧").Exist
    Print .Link("name:=知道").Exist
    Print .Link("name:=MP3").Exist
    Print .Link("name:=图片").Exist
    Print .Link("name:=把百度设为主页").Exist
    Print .Link("name:=搜索风云榜").Exist
    Print .Link("name:=About Baidu").Exist
End With
Set baidu = Nothing
```

执行脚本以后的结果就是在 Log 窗口内写 8 行 True，返回 True 就说明描述的对象存在了，也就说明描述性编程成功了，如图 1-191 所示。

图 1-191

分析。

这段脚本首先用 Set 将公共部分进行了提炼，这样可以使重复的部分合为一个整体。然后完全还可以进行优化，所以，选择使用 With 将所有会被复用的代码提炼出来（这里指 Baidu），这样整个脚本就显得非常清晰了。

这也是描述性编程常用情况之一的最基本的一个情况：同一个界面中出现很多个相同类别的控件元素。

（2）如果要同时操作浏览器的多个窗口时，怎么做？你想过吗？

通常情况下，都只需要在一个窗口中完成任务。如果同时出现两个窗口的话，QTP 就会出错，因为 QTP 匹配到了大于 1 个的窗口对象，所以它不知道究竟该对哪个具体对象进行操作了。所以，此时就要用以下这个方法，脚本如下所示：

```
SystemUtil.Run "C:\Program Files\Internet Explorer\IEXPLORE.EXE"
SystemUtil.Run "C:\Program Files\Internet Explorer\IEXPLORE.EXE"
```

```
Browser("CreationTime:=0").Navigate "http://www.51testing.com"
Browser("CreationTime:=1").Navigate "http://www.baidu.com"
```

使用以上代码，QTP 就能够分辨出多个浏览器窗口了，当然，也可以使用 Index 或 Location 属性，大家可以尝试一下。同时，也可以尝试一下如何将指定的窗口关闭。

另外，当使用 Browser ("CreationTime:=-1")的时候，表明当前有且仅有一个浏览器窗口，当只需要一个浏览器的时候，可以使用这个方法来作为判断依据，脚本如下所示：

```
objBrowser = Browser ("CreationTime:=-1").Exist (0)

If objBrowser Then
   Msgbox "只存在一个浏览器窗口"
else
   Msgbox "存在 0 个或多个浏览器窗口"
End If
```

（3）使用描述性编程通过遍历对象完成 N 个同类控件的操作。

假设有这么一个场景，页面中有几百个输入框，此时如果逐一将这几百个对象添加到对象库是不科学的，使用描述性编程则是一个明智选择。但是，也不能逐一描述，因为效率同样的低。在这种情况下，就可以用描述性编程来遍历页面中的对象，从而最终完成艰巨的任务。百度的高级搜索页面就是一个比较典型的例子，页面中有很多输入框，如图 1-192 所示。

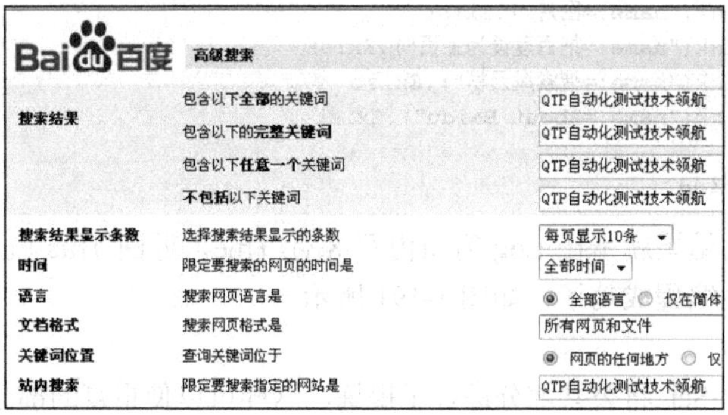

图 1-192

现在要对这些输入框做文章，在每个 WebEdit 中输入“QTP 自动化测试技术领航”这段字符串，实现脚本如下：

```
'打开网站页面
SystemUtil.Run "C:\Program Files\Internet Explorer\IEXPLORE.EXE",_
"http://www.baidu.com/gaoji/advanced.html"

'描述对象 -- WebEdit
Set all_oEdit = Description.Create
all_oEdit("micClass").value = "WebEdit"

'为 WebEdit 找父对象和祖父对象，并将所有对象“包装”在一起
```

```
Set all_oEdits = Browser("micClass:=Browser").Page("micClass:=Page")._
ChildObjects(all_oEdit)

'遍历页面中的 WebEdit 对象，找到一个就输入一串指定的字符串
For i = 0 to all_oEdits.count - 1
    Set oEdit = all_oEdits.item(i)
    oEdit.Set "QTP 自动化测试技术领航"
Next

'最后记得释放所有设置的对象
Set oEdit = Nothing
Set all_oEdits = Nothing
Set all_oEdit = Nothing
```

（4）QTP 自带的网上订票系统是一个非常经典的描述性编程例子

众所周知，在 QTP 里自带着一个网上订机票的网站，也就是 Mercury Tour。现在一起来看一下在订票过程中何时需要使用描述性编程。

首先登录系统后，如果需要订票的话，就要先搜索航班，此时系统要求输入订票乘客的数量，假设在第一次写脚本的时候将 Passengers 设置成了 1，然后成功地完成了订票。然后，需要参数化乘客数量来测试订票系统，我们会发现 QTP 回放失败了。其根本原因在于，乘客的数量已经变化了，导致在订票时需要输入每个乘客的姓名，而在写第一个脚本的时候，只设定了一个乘客的姓名。乘客姓名的输入框是随着乘客数量的变化而动态生成的，我们不可能从对象库里得到没有添加过的对象（如果是 100 个乘客，那需要事先将 100 个乘客对应的姓名输入框添加到对象库里，显然这是不可取的）。因此，必须使用描述性编程来完成这个业务。现在，我们假设将乘客数量设定为 2，如图 1-193 所示。

然后来看一下设定单个乘客时的脚本如下所示：

```
Browser("Welcome: Mercury Tours")._
Page("Book a Flight: Mercury").WebEdit("passFirst0").Set "FirstName"

Browser("Welcome: Mercury Tours")._
Page("Book a Flight: Mercury").WebEdit("passLast0").Set "LastName"
```

然后到对象库里看看 WebEdit 控件，可以看到对象的属性如图 1-194 所示。

图 1-193

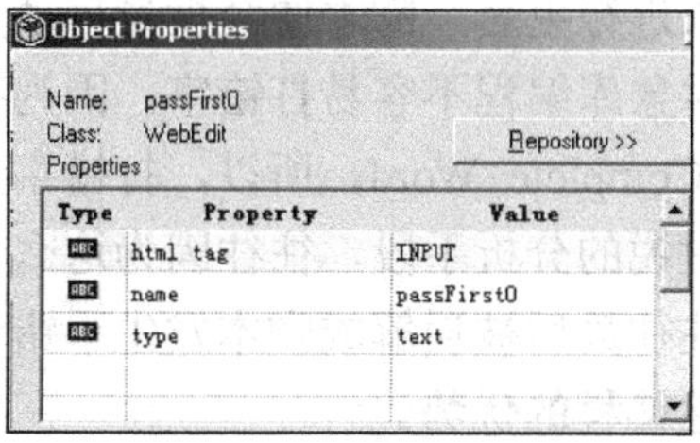

图 1-194

当系统对于发生多个 FirstName 时，命名规则是 passFirst0，passFirst1…依次类推。因此，我们现在只要通过描述性编程就可以完成动态 FirstName 与 LastName 的识别工作了。假设参数化的乘客数已经赋值给 intPassNum = 3，那么在此，描述性编程脚本就该这样写：

```
For i = 0 to 3

  Browser("Find a Flight:")._
  Page("Book a Flight:").WebEdit("name:=passFirst"& i).Set "FirstName"

  Browser("Find a Flight:")._
  Page("Book a Flight:").WebEdit("name:=passLast"& i).Set "LastName"

Next
```

再举一个和这个经典例子差不多的案例，比如现在有一个订书的网站，有一个输入框可以输入想要订购的数量，输入 1 就会出现 1 个输入书名的文本框，代码是：WebEdit("name:=book1")；输入 2 就会出现 2 个输入书名的文本框，代码是 WebEdit("name:=book2")…同样也是依此类推。像碰到这类情况，最好的解决方案就是描述性编程，代码可以是：WebEdit("name:=book"& i)。

小结：以上这些都是对象库编程搞不定或者不适宜搞定的案例。在真实的项目中一定还会有形形色色的案例，在此无法全部列举。但是完全可以举一反三，善加利用描述性编程，从而可以出色地辅助我们完成各种自动化测试需求。

1.7.5 终极对决——对象库编程（OP）VS 描述性编程（DP）

关于对象库编程和描述性编程的学习就要接近尾声了。临近结束之时，再一起来分析一下对象库编程和描述性编程各自的优势，也即知己知彼百战百胜。

对象库的优势。

（1）可以通过 Complete Word、“F7”等多个方式进行高效编程。这个特性描述性编程没有。

（2）对象库编程有一个比较好的特性，假设脚本中引用了同一个对象 10 多次，这个对象的名字之前取得不是太出色，项目经理要求改名。此时不需要改 10 多次，只需要进入对象库，对这个对象进行更名，脚本便会批量自动更新，很高效！这个特性描述性编程也没有。

（3）对象库编程不容易打错字，因为有 Complete Word，想打错字都难。但是，描述性编程没有 Complete Word，所以，打错字是家常便饭。关键是，对于一个新测试员来说，他不可能有敏锐的分析手段，往往因为这么一个小错别字会浪费很多时间。其实只是一个错别字而已，往往最后被误解成脚本发生了错误，无论怎么调试都看不出来。

描述性编程的优势。

（1）不用维护庞大的对象库，不过需要维护庞大的代码。所以这算是优势还是劣势？请读者感悟。作者在此提一句，其实在对象库功能做得如此智能的情况下，维护好对象库不难，只要根据在“对象库”那个章节中介绍的一些法则，如命名规范等就可以管理好对象库。

（2）描述性编程可以完成一些特殊的需求（上一个小节的主讲内容）。

最后的 PK 结果：对象库编程获胜！

1.7.6 总结

描述性编程的学习全部结束了，它是一个很好、很优秀的功能，但同时也是一把双刃剑。最大的问题就是由于脚本无法维护导致自动化测试项目的失败。

通过本章的学习，希望读者不光可以掌握描述性编程的技能，更应该了解它的缺陷，不要盲目崇拜“编程”这两个字，开个玩笑的说：“描述性编程，不好惹！”

自动化测试的目的是使测试自动化起来，不是一种炫耀，本人也一再强调过：能做好自动化测试项目的自动化测试才是好的、成功的。所以，不到必不得已，请远离“描述性编程”！

在对象库编程和描述性编程的学习结束之际，也就意味着广大新人读者已经完全可以独立去写一些自动化测试脚本了，已经逐步开始有能力成为一名“QTP 自动化测试工程师”，已经彻底摆脱了录制化的 QTP，这是一个里程碑！

知识点巩固和举一反三练习

素材：

```
title = Browser("百度一下，你就知道").Page("百度一下，你就知道").Object.title

Msgbox Browser("百度一下，你就知道").Page("百度一下，你就知道")._
WebButton("百度一下").GetROProperty("value")

Browser("百度一下，你就知道").Page("百度一下，你就知道").Link("关于百度").Click
```

一、使用基础方法描述素材中的代码。

二、使用 Description.Create 方法描述素材中的代码。

1.8 数据池（Data Table）的应用

阶段要点

- 熟悉测试数据和脚本业务分离的好处和优势。
- 学会利用 Data Table 将测试数据与业务分离。
- Global Sheet 与 Local Sheet 的区别。
- Test DataTable　VS　Run-time DataTable。
- DataTable 常用方法指引。

1.8.1 引言

作为一个 QTP 自动化测试工程师，学会使用 Data Table 是必不可少的。Data Table 其实和 Excel 非常相似，几乎可以说是“克隆”出来的。所以，读者会上手的很快。

虽然上手会比较快，但是也别小看了它，因为在自动化测试过程中，数据之间的传递是非常重要和常用的，小小的一个 Data Table 可绝对是自动化测试的主力和核心组件。在前面已经学会了整个对象库的使用。那么在本章节就让我们来一起领略 Data Table 是如何管理好庞大而且繁琐的测试数据的、是如何进行不同测试数据的传递的……

1.8.2 学会使用 DataTable 进行参数化

1.8.2.1 为什么要进行参数化

首先，从最简单和常见的说起，相信大家对参数化这个词非常熟悉，在本书的前面也提到过，不过并没有细致地讲解如何参数化。因为，QTP 内置的参数化功能其实在真实项目中是不会去使用的。那如何去参数化测试数据呢？答案就是利用这个 Data Table，使用它配合代码来管理好繁杂的测试数据才是自动化测试的正道。接下来，让我们进入第一个实例，先来看下面这段代码：

```
SystemUtil.Run "www.baidu.com"

For i = 0 to 9

   Browser("百度一下，你就知道").Page("百度一下，你就知道")._
   WebEdit("关键字输入框").Set "QTP 自动化测试技术领航"

   Browser("百度一下，你就知道").Page("百度一下，你就知道")._
   WebButton("百度一下").Click

   Browser("百度一下，你就知道").Page("百度搜索_搜索结果页面")._
   Image("到百度首页").Click

Next
```

然后，图 1-195 是脚本对应的对象库，读者可以看一下。

图 1-195

最后，我们解读一下脚本：这段脚本其实还是比较简单的。先打开一个浏览器，然后进入百度的首页，接着输入关键字“QTP 自动化测试技术领航”，最后点击“百度一下”按钮。这样，百度会进入搜索匹配页面，此时便可以开始做很多测试验证。当然，这里验证省略掉了，因为这是后面章节的内容。那我们假设验证是通过的，成功匹配到了“QTP 自动化测试技术领航”的一些相关信息，那么通过点击“到百度首页”这个 Image 对象回到首页，因为需要再一次输入测试数据，再进行 N 次测试，测试什么？就是测试关键字输入后点击搜索能否正确搜索到相关的信息。所以，在这里写了一个循环。这样，QTP 就能测试 10 次了，这个结果应该很可靠了吧？如果 10 次都通过了，那这个功能就应该没问题了。

单从表面上看，的确是！但是，同样面临一个问题，那就是在用同一个测试数据“QTP 自动化测试技术领航”在做测试。所以，执行 1 次和执行上百次是没有什么实质性的区别的，特别像这种搜索框之类的功能点，这样的自动化测试也算是一种浪费时间的无效测试（特殊情况除外，如可靠性测试）。怎么才算有效？从手工测试的角度上来说，就是输入完全不同的测试数据，然后查看测试结果。那 QTP 该怎么做呢？很简单，只要把关键字输入框中 Set 的数据改掉就可以了，如下面这个脚本：

```
'启动浏览器并进入百度首页
SystemUtil.Run "www.baidu.com"

'第一次
Browser("百度一下，你就知道").Page("百度一下，你就知道")._
WebEdit("关键字输入框").Set "QTP 自动化测试技术领航"

Browser("百度一下，你就知道").Page("百度一下，你就知道")._
WebButton("百度一下").Click

Browser("百度一下，你就知道").Page("百度搜索_搜索结果页面")._
Image("到百度首页").Click

'第 N 次
Browser("百度一下，你就知道").Page("百度一下，你就知道")._
WebEdit("关键字输入框").Set "谷歌"

Browser("百度一下，你就知道").Page("百度一下，你就知道")._
WebButton("百度一下").Click

Browser("百度一下，你就知道").Page("百度搜索_搜索结果页面")._
Image("到百度首页").Click

'第十次
Browser("百度一下，你就知道").Page("百度一下，你就知道")._
WebEdit("关键字输入框").Set "最后一次了，相同的代码一共使用了 10 遍"

Browser("百度一下，你就知道").Page("百度一下，你就知道")._
WebButton("百度一下").Click

Browser("百度一下，你就知道").Page("百度搜索_搜索结果页面")._
Image("到百度首页").Click
```

上面这段代码最后完全实现了想要的效果，但是，缺点大家都已经看到了，有太多的重复内容，假设是要输入 100 个测试数据呢？复制、粘贴 100 次吗？显然不需这样，完全可以将 Set 的值进行参数化。先给出第一个解决方案，使用前面第一段代码相同的循环，但又每次输入不同的关键字，代码如下所示：

```
SystemUtil.Run "www.baidu.com"

For i = 0 to 9
  '句 1：代码唯一有改变的一句
   Browser("百度一下，你就知道").Page("百度一下，你就知道")._
   WebEdit("关键字输入框").Set DataTable.Value("关键字输入","Action1")&i

   Browser("百度一下，你就知道").Page("百度一下，你就知道")._
   WebButton("百度一下").Click

   Browser("百度一下，你就知道").Page("百度搜索_搜索结果页面")._
   Image("到百度首页").Click

Next
```

我们来分析一下这个脚本，其实这段代码几乎和先前的那段代码没有两样，作者只改动了一句而已（代码里用注释标注的句 1）。解决方案其实也不难，就是把每次循环的计数和测试输入组合，这样每个测试数据就都不一样了。不过，读者应该发现了吧，在这里并没有直接将测试数据明确写出来，取而代之的是 DataTable.Value("关键字输入","Action1")这句话。这个就是本章节介绍的参数化，通过 DataTable 参数化。

作者把测试数据封装到了 DataTable.Value("关键字输入","Action1")里，如图 1-196 所示。

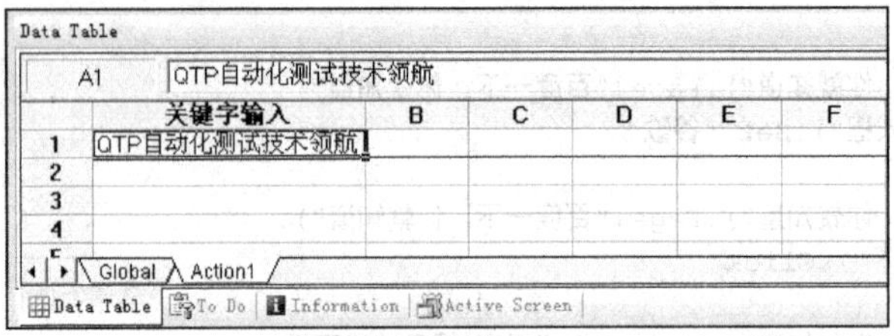

图 1-196

如图 1-196 所示，这个就是 QTP 内置的 Data Talbe 界面，可以在这里输入一些数据。把测试数据“QTP 自动化测试技术领航”输入到了 A1 这个单元格里。这样做有什么好处？首先，一定知道现在所做的事情的意义和意图。其实从某种角度上讲，虽然操作很简便，但是，我们是在做封装的动作，将测试数据独立出来，并封装到一个容器里，以后可以供脚本调用。为什么要封装并且要把测试数据独立出来存放到一个储存的地方？试想一下，如果不进行测试数据封装会有什么后果。比如脚本里有 100 处地方需要输入这个测试数据，如果突然有一天测试需求变化了，不再需要输入这个关键字，需要换另一种测试数据进行输入，因为需要修改 100 处地方！如果此时测试数据和脚本是分离的，那我们只需要在 A1 这个单元格修改 1 次就可以了！1：100 哪个划算，相信读者和本人一样清楚！到此，也引出了自动化测试的一个重要理念：测试数据和脚本业务的抽离。当然，将测试数据剥离出脚本的方法有很多种，在这里只介绍如何利用 QTP 的 Data Table 进行测试数据分离。

1.8.2.2　如何具体操作

在上个小节中，已经介绍了将测试数据与脚本业务分离的知识，并且读者也看到了数据分离后的情况。那么接下来，一步步地介绍具体该如何去完成数据与业务相分离的操作。在开始前，首先一起来看一下 Data Table 的原始情况，如图 1-197 所示。

如图 1-197 所示，可以看到当前一共有两个 Sheet，它们分别是 Global 和 Action1。接下来，暂且不对 Global“做文章”，只对 Action1 做文章。那么，操作步骤正式开始。

Step 1，选中“Action1”这个 Sheet，将鼠标光标移动至 Column“A”，然后双击，如图 1-198 所示。

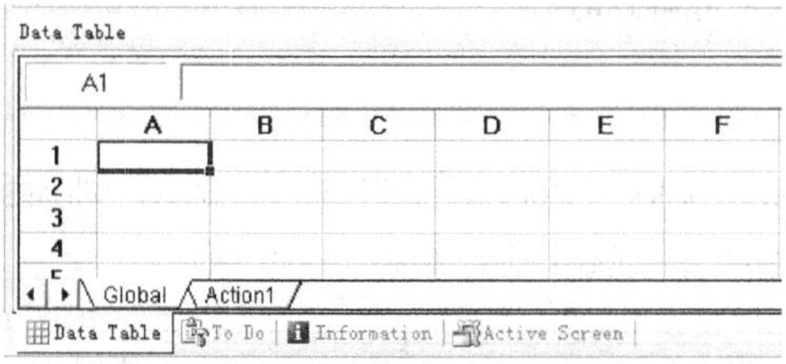

图 1-197

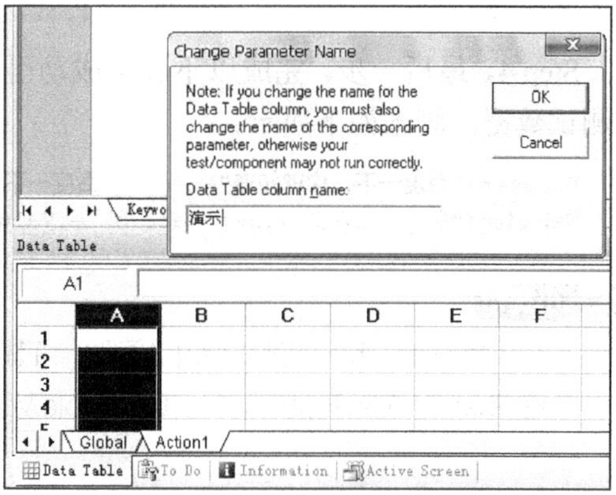

图 1-198

Step 2，待弹出 Change Parameter Name 窗口后，任意输入一个 name 值，这个值将会变成 A 列的列名。在这里，作者输入了“演示”这两个字，最后点击 OK，如图 1-199（注：本步骤可以省略，这样的话，列名等于 A）。

Step 3，到此为止，已经完成了一大半的操作，已经为测试数据建好了一个“家”，以后它们完全可以搬到这个位置“居住”。接下来，在对应“演示”这列的第一行交叉处写入一个值，这个值就是测试数据，如图 1-200 所示。

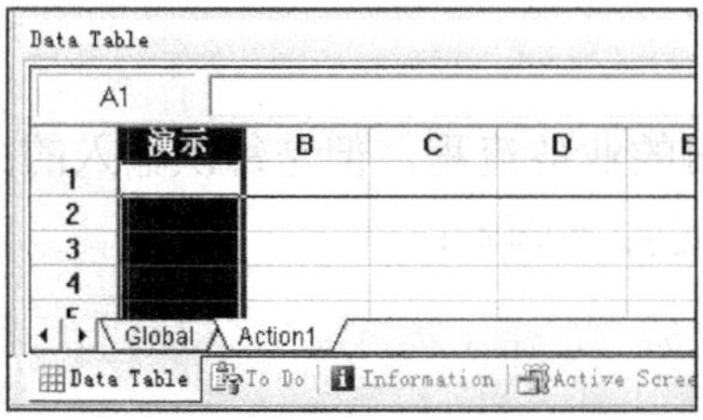

图 1-199

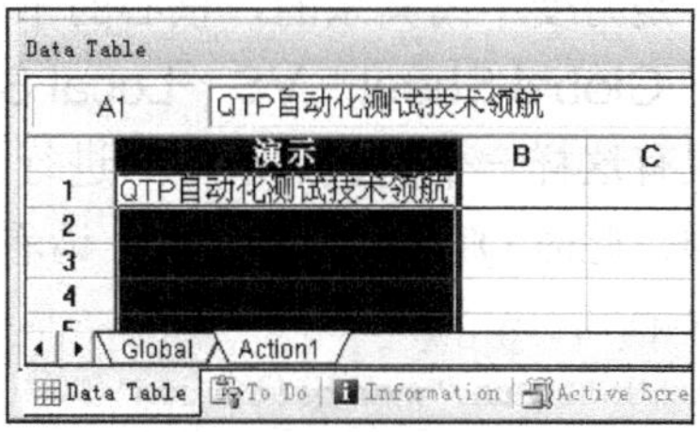

图 1-200

如图 1-200 所示，测试数据部分的工作已经完成了，最后一步就是如何在脚本中引用了。

在此，介绍第一个 Data Table 语法——“引用单元格”，如下：

```
DataTable.Value (ParameterID , SheetID)
DataTable (ParameterID , SheetID)
```

语法分析。

Data Table 本身就是一个 Object，它可以点出一个 Value 方法，然后就可以通过在后面括号中设置参数来定位到单元格的值了。参数一共有两个，第一个参数“ParameterID”指代列名（在这个实例中列名是“演示”），第二个参数“SheetID”则指代 Sheet 的名字。

注

在这里，Value 方法可以省略，效果也是一样的。

Step 4，最后一步，完成以下脚本成功引用到单元格，使得百度搜索框可以输入单元格中的测试数据，脚本如下所示：

```
Browser("百度一下，你就知道").Page("百度一下，你就知道")._
WebEdit("关键字输入框").Set DataTable.Value("演示","Action1")
```

小提示

当 DataTable 的列数超过 2 列时，在输入“DataTable”(以后会自动出现代码提示，列出当前 Sheet 下的所有列的列名。DataTable.Value 不适用)，如图 1-201 和图 1-202 所示。

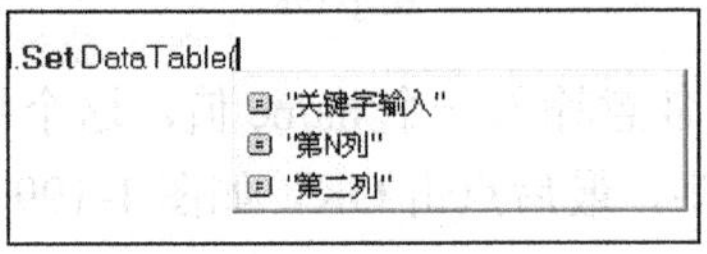

图 1-201

图 1-202

小结：

这是一个最基本的例子，只有学会了这个基本实例，读者才能继续后面的学习，后面的一些内容是万变不离其宗的，核心的东西是一致的。

1.8.2.3 Global Sheet VS Local Sheet

如果有这样一个测试需求——进行 3 次百度搜索的业务流程，但是每次输入的关键字必须不一样，此时 QTP 该怎么完成？请看参考答案，见如下脚本：

```
'打开网页 -- 第 1 次
SystemUtil.Run "www.baidu.com"

'输入关键字“test1”并点击搜索
Browser("百度一下，你就知道").Page("百度一下，你就知道")._
WebEdit("关键字输入框").Set "test1"
```

```
Browser("百度一下，你就知道").Page("百度一下，你就知道")._
WebButton("百度一下").Click

'关闭网页
Browser("百度一下，你就知道").Close


'相同代码 -- 第 2 次
SystemUtil.Run "www.baidu.com"
'只变更测试数据
Browser("百度一下，你就知道").Page("百度一下，你就知道")._
WebEdit("关键字输入框").Set "test2"
Browser("百度一下，你就知道").Page("百度一下，你就知道")._
WebButton("百度一下").Click

Browser("百度一下，你就知道").Close


'相同代码 --第 3 次
SystemUtil.Run "www.baidu.com"
'只变更测试数据
Browser("百度一下，你就知道").Page("百度一下，你就知道")._
WebEdit("关键字输入框").Set "test3"
Browser("百度一下，你就知道").Page("百度一下，你就知道")._
WebButton("百度一下").Click

Browser("百度一下，你就知道").Close
```

正确答案已经公布了，运行成功，自动化测试脚本成功实现！但是，这就是我们想要的吗？但是如果要输入 10 次不同的测试数据呢？甚至于上百次呢？难道也要跟着复制→粘贴 100 次吗？那这脚本该有多庞大啊！

有什么更好的解决方法吗？答案是肯定的，那就是接下来要介绍的 Global Sheet。在上一个小节中，所讲的实例是用 Local Sheet（Action1）来完成的，那么接下来就来看下面这段代码，看看用 Global Sheet 是否能够圆满完成任务，脚本如下所示：

```
'打开百度首页
SystemUtil.Run "www.baidu.com"
'将 DataTable 里的值传递给一个变量
testData = DataTable.Value("关键字输入","Global")
'使用该变量，并将其填入关键字输入框
Browser("百度一下，你就知道").Page("百度一下，你就知道")._
WebEdit("关键字输入框").Set testData
Browser("百度一下，你就知道").Page("百度一下，你就知道")._
WebButton("百度一下").Click
'关闭网页
Browser("百度一下，你就知道").Close
```

该脚本仅用了几行代码就能完成 3 次业务循环吗？而且还要用不同的数据？别着急，我们来运行一下该脚本，看一下运行结果，是否自动化测试圆满完成了，如图 1-203 所示。

图 1-203 是 QTP 的另一个重要模块“测试报告（Test Results)”，这个在后面的章节会详细介绍，这里读者只需要看运行结果就行了。我们可以看到，QTP 运行了 3 次迭代，这就证明了 QTP 的确进行了 3 次业务循环。那接下来，再来证明这 3 次业务循环所用的测试数据都是完全不同的，如图 1-204 所示。

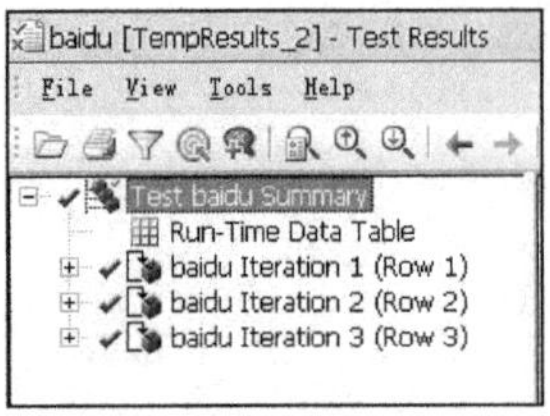

图 1-203

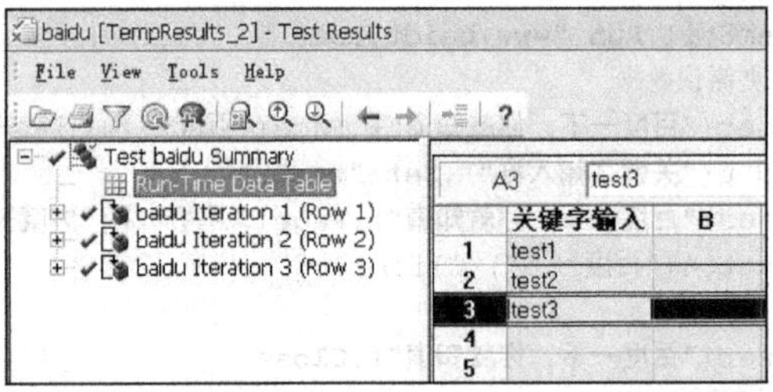

图 1-204

如图 1-204 所示，点击 Run-Time Data Table 以后，可以看到脚本在运行过程中所使用的所有数据记录，分别是 test1、test2、test3。到此，大家应该没有任何疑问了吧？的确是运行了 3 次业务，切实地输入了各不相同的测试数据。想知道这些测试数据哪里来的吗？答案现在正式揭晓，如图 1-205 所示。

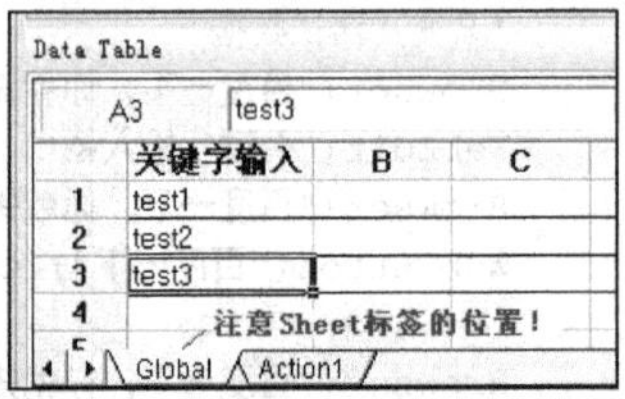

图 1-205

有没有似曾相识的感觉？在上一个小节中的实例就已经和它打过交道了，它就是 QTP 的 Data Table。请大家注意当前脚本使用的是 Global Sheet 而不是 Local Sheet！在“关键字输入”这一列中输入了 3 行测试数据，这就是实际运行时输入的数据。

测试数据是怎么来的，我们已经搞清楚了。但是相信读者现在一定还有另外一个疑问，那就是 QTP 为什么会执行 3 次，脚本中并没有做任何循环！这就要引出本小节内容的第一个知识点了。

1. *Global Sheet 是一个全局变量！有几行数据，程序就要回放几次*

所以，这也就很清楚地解释了为什么 QTP 运行了 3 次，就是因为当前的 Global Sheet 中有 3 行测试数据。第 1 次执行使用第一行数据 test1，第二次执行使用第二行数据 test2，第三次执行使用第三行数据 test3，依此可以一直类推下去。

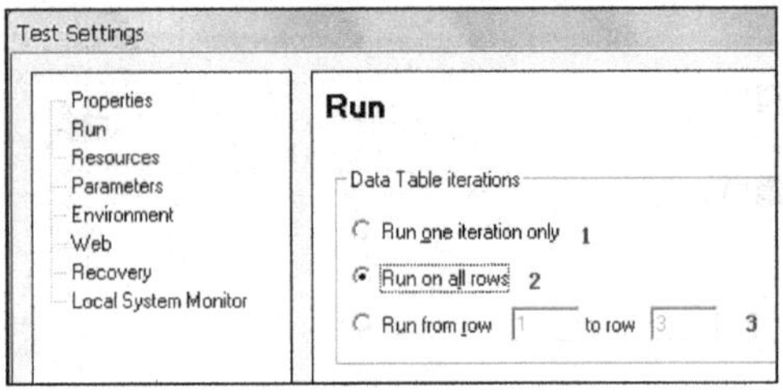

图 1-206

现在设置了 3 行测试数据，这些数据不一定是我们每次都需要的，那该怎么办？删除它们？等需要了再添加？那多麻烦。QTP 提供了一个很有用的功能，那就是 Data Table iterations 设置，先来认识一下它，调用它的方法如下。

QTP 上方菜单栏→File→Settings→Run 打开后的结果如图 1-206 所示。

如图 1-206 所示，这就是 Data Table iterations 设置界面，默认选中的是 Run on all rows（图中标记 2），即 DataTable 中有几行数据就运行几次，刚才的实例根据业务要求设置了 3 行数据，所以它会去运行 3 次。在很多情况下，自动化测试数据只需要 1 个，那么此时就可以选中 Run one iteration only 这个选项（图中标记 1），这样就完全可以不必去删除本次不会用到的业务数据了。最后一个选项（图中标记 3）叫 Run from row X to row Y，这个也非常好理解，就是设置一个范围，QTP 就会根据设定的范围进行迭代运行，当然，千万不要将范围超出最大的范围（在本实例中最大范围是 3）。到此，就要引出另一个知识点了。

2. Global Sheet 这个全局变量是受 Data Table iterations 控制的

那么，读者要问了："现在 Global Sheet 和 Local Sheet 都通过实例讲解过了，那它们之间有什么区别呢？"让我们再次引出另一个知识点。

3. Local Sheet 是个局部变量，它并不受 Data Table iterations 控制，无论有多少行数据，它只运行一次（前提是 Global Sheet 没有数据，或只有一行数据，或设置为只运行一次）

让我们来看一个实例，把 Global Sheet 的数据都清空，然后在 Local Sheet 中建立 3 行测试数据，如图 1-207 和图 1-208 所示。

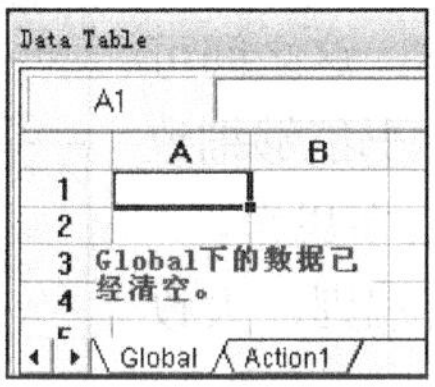

图 1-207

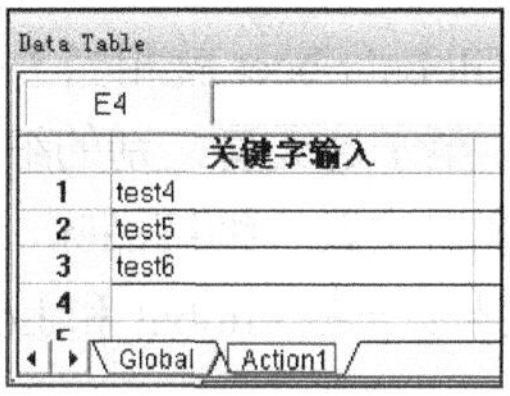

图 1-208

然后，仍然复用之前的脚本，唯一更改的一处就是把引用 Globl Sheet 改成引用 Local Sheet，代码如下所示：

```
SystemUtil.Run "www.baidu.com"
'唯一的区别就是把 Global 改成了 Action1
testData = DataTable.Value("关键字输入","Action1")

Browser("百度一下，你就知道").Page("百度一下，你就知道").WebEdit("关键字输入框").Set testData
Browser("百度一下，你就知道").Page("百度一下，你就知道").WebButton("百度一下").Click

Browser("百度一下，你就知道").Close
```

然后，运行脚本，来看一下尽管 Local Sheet 中有 3 行测试数据，但是是否只运行了一次，如图 1-209 所示。

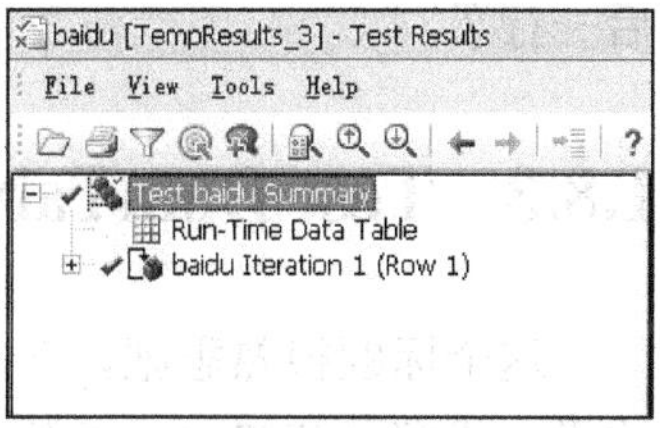

图 1-209

很明显，图 1-209 已经给出了结果！通过这两个实例，已经明确了它们之间各自的用处。但是呢，Data Table 的确是 QTP 的一个难点，即使 Global Sheet 没有数据，仍然可以通过别的方式（代码控制的方式排除在外）去执行 Local Sheet 下的所有行。在 Test Flow（后续章节会介绍）里反击 Action 后可以进入 Action 的一些相关设置，如图 1-210 和图 1-211 所示。

如图 1-211，界面很熟悉吧？它和 Global 的 Data Table iterations 设置界面相似，在这里选中 Run on all rows 就可以执行 Local Sheet 下的所有测试数据了。虽然都是执行所有行数据，不过它们的区别还是很大的，先看一下执行结果，如图 1-212（脚本略）。

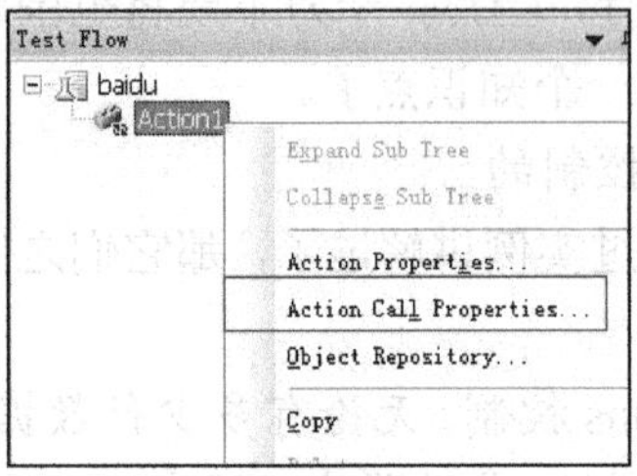

图 1-209

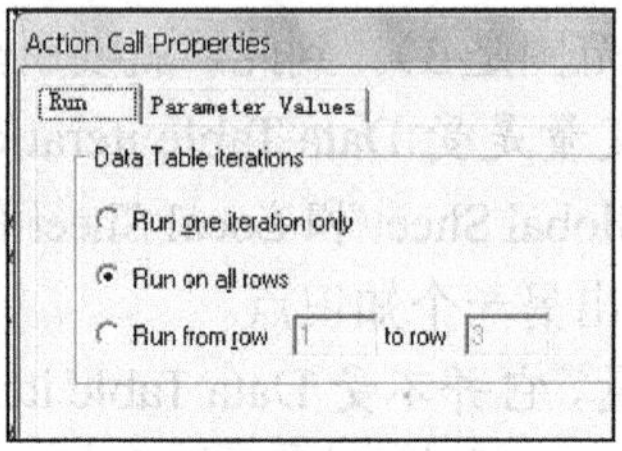

图 1-211

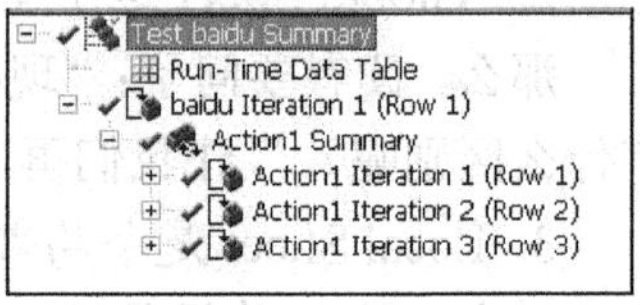

图 1-212

光看一张图可不行，绝对不够直观，再回过头看之前 Global 的那张图，如图 1-213 所示。

这样很直观了吧？区别相当明显，Local Sheet 执行了 3 次自身 Action 的迭代，而 Global Sheet 就相当于执行了 3 次脚本，这之间可是有着天壤之别的！至于这天囊之别的细节之处不是一本书能够细致介绍的，需要读者亲自实践、细细品味，结合自己的项目多思考。

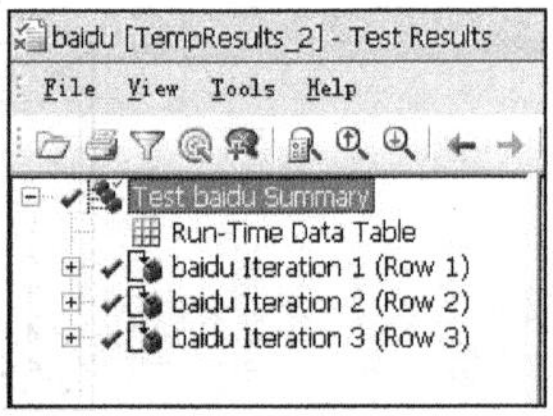

图 1-213

在最后，还总结了一些 Global 和 Local 之间的逻辑规则，大致为以下几点。

- Global 不止一行数据（设置为 Run on all rows，以下都是……），Action 也设置为 Run on all rows（以下都是……）且假设双方都具有 3 行测试数据，此时 Global 和 Action 的每行都要运行且同步运行（即 Global 在取第 2 行数据时，Action 也对应地取它的第二行数据）。
- 当 Global 不止一行数据且 Global 的行数大于 Action 的行数，那么当 Action 执行到最后一行后，Global 以后所执行的行数，Action 都用它的最后一行数据去补，比如 Action 的最后一行测试数据是 test3，那么即使 Global 执行到了 100 行，也一直对应的是 Action 中 test3 的这一行数据。
- 引用上面的条件，如果 Global 的行数小于 Action 的行数的话，Action 就执行不到最后一行了。

1.8.3 Test DataTable VS Run-time DataTable

这个标题很熟悉吧，在本书的前面几个章节，介绍过 Test Object 和 Run-time Object。在这里，我们又和 Test...以及 Run-time...见面了。回顾一下，Test Object 是什么意思？就是固定在测试对象库里的测试对象。那么 Run-time Object 呢？就是程序运行时实际的测试对象。那么在这里 Test DataTable 和 Run-time DataTable 的理念完全是借鉴它们的。先来看一下 Test DataTable 和 Run-time DataTable 之间的区别和含义。

- **Test DataTable**——在 Data table 里事先准备好的、固定的测试数据，它是一组静态数据，是由自动化测试工程师人为事先填写进去的。
- **Run-time DataTable**——在 QTP 执行过程中，将测试数据填写到 Data table 里，QTP 运行结束，测试数据就消失（不会保存在 Data table 里），但是可以在测试报告中看到它。

先来看一下 Test DataTable，这个就相当简单了，并且之前就已经全面地做过实例（Global Sheet 和 Local Sheet），可以手工在 Data table 中设置一些测试数据。主要来看看 Run-time DataTable 究竟是怎么回事。

我们试想一下，现在有一个注册的业务需要进行自动化测试。因为自动化测试有模块化和细分化的原则，所以，需要把这个业务拆成两个脚本，第一个脚本主要做注册的操作。而大家都知道通常现在的任何网站都会在注册后进入另一个验证界面，往往要验证一些基本信息，比如，确认你填写的用户名、生日、住址等是否正确。所以，把这个验证的业务过程封装到第二个脚本中去。那么问题就来了，如果一个测试业务由两个脚本组成，那么它们之间的数据中转该如何进行？即将第一个脚本中填写的注册信息放到第二个脚本中去验证。此时，通常情况下有两个比较好的方法，第一个就是通过 EOM 转出数据，这个是后续章节的内容，这里不多做阐述。而另一个好方法就是利用 QTP 自带的 Data table，方法与实现步骤如下（假设以注册举例，只在注册后的验证界面中校验用户名这个数据）。

（1）填写完所有必填项，并使用 GetRoProperty 来获取已填写的用户名。

（2）将这个动态的获取到的值动态地传入 Global Sheet 的某个指定列中。

（3）在第二个脚本（校验注册信息的这个页面）中动态读取这个值并做判断校验。

（4）脚本运行完毕，Run-time 数据消失，不过可以通过 Test Report 来查看脚本在运行时使用过的所有测试数据。

那么接下来就来做一个实例，需完成如下业务。

（1）进入百度首页。

（2）在搜索框中输入“QTP 自动化测试技术领航”字样。

（3）点击“百度一下”按钮。

（4）校验在搜索结果页面中的搜索框中是否保留了刚才输入的字样。

在看到这个业务后，先进行业务分析，并大致给出一个实现思路，步骤如下所示。

脚本 1。

（1）进入百度首页。

（2）在搜索框中输入“QTP 自动化测试技术领航”字样。

（3）使用 GetRoProperty 去获取搜索框中刚才输入的字样，并传入 Global Sheet 的指定列中。

> **注意**
>
> 在这里读者肯定要问，为什么不直接把“QTP 自动化测试技术领航”字样传入 Global Sheet，而要多一个步骤通过 GetRoProperty 去获取？因为，如果你直接传入数据，就少了一个验证是否成功输入到搜索框中的过程了，这样的自动化测试是不可靠的。

脚本 2。

（4）读取 Global Sheet 中的 Run-time Data。

（5）获取搜索结果页面中的搜索框的值，假设为 CheckValue。

（6）将 Run-time Data 与 CheckValue 做比较。

最后，通过上述分解步骤完成脚本如下：

脚本 1：

```
SystemUtil.Run "www.baidu.com"

Browser("百度一下，你就知道").Page("百度一下，你就知道")._
WebEdit("关键字输入框").Set "QTP 自动化测试技术领航"

Run_Time = Browser("百度一下，你就知道").Page("百度一下，你就知道")._
WebEdit("关键字输入框").GetROProperty("value")
'将 Run_Time 传入 Global Sheet 指定列
DataTable.Value("Runtime_Data","Global") = Run_Time

Browser("百度一下，你就知道").Page("百度一下，你就知道")._
WebButton("百度一下").Click
```

图 1-214 就是设置 Global Sheet 中的列。

由图 1-214 可以看到，这个单元格里是没有数据的。接下来继续看看脚本 2。

脚本 2：

```
Run_Time = DataTable.Value("Runtime_Data","Global")

CheckValue = Browser("百度一下，你就知道").Page("百度搜索结果页面")._
WebEdit("结果页面_关键字输入框").GetROProperty("value")

If CheckValue = Run_Time Then
    msgbox "Passed"
else
    msgbox "Failed"
End If
```

最后就是将脚本 1 和 2 组合在一起的脚本 X 了，这里不贴出这部分脚本，因为这将是下一个章节的学习内容。

从脚本 2 中可以看到，如果最终验证通过了，会弹出对话框，显示“Passed”。那么，来看一下运行结果到底是什么呢？最终是否验证成功呢？如图 1-215 所示。

我们可以看到，自动化测试圆满成功！接下来，让我们见证是否 Run-time Data 的生命周期相当的短，QTP 运行完毕就会消失，如图 1-216 所示。

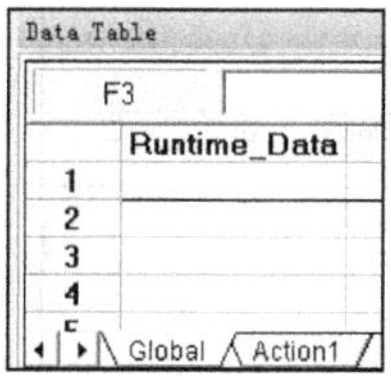

图 1-214

图 1-215

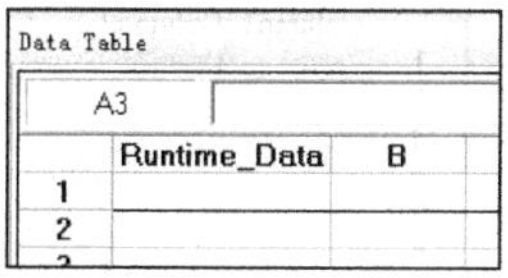

图 1-216

再让我们看看，QTP 运行期间是否有数据被填写到 Runtime_Data 这个列中，如图 1-217 所示。

最后，让我们验证是否可以在 QTP 的 Test Report 中看到运行时所用到的数据，如图 1-218 所示。

图 1-217

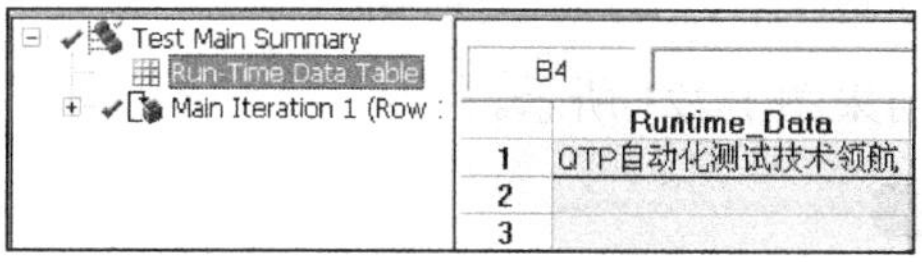

图 1-218

验证全部结束，一切都和叙述得完全一致！到此，相信读者都已经对 QTP 的 Datatable 有了更深刻的认知。

细心的读者一定注意到了，好像这个小节中都在使用 Global Sheet。所以，相信读者一定会有疑问“为什么不能用 LocalSheet？”因为针对将不同脚本组合成一个业务脚本的这种形式，用 Local Sheet 是不能将值传递给另一个脚本的，只有 Global Sheet 才是被共享的！就算不是用组合脚本这种形式，把所有的业务写在一个脚本中，用 Action 划分，那为了共享不同 Action 间的数据，仍然要使用 Global Sheet。

至于如何把两个脚本嵌入到一个脚本中，这是后续章节的内容。

1.8.4　用好 DataTable 对象使脚本更加灵活

因为 QTP 的 DataTable 是一个保留对象，所以，Mercury 在实现此功能的时候为它写了很多的实用方法。使用好这些实用的方法，可以让我们的脚本更加灵活、多变。作者接下来列举一些常用的方法供读者参考：

1. 动态地在 DataTable 中添加新列并赋值

```
DataTable.GlobalSheet.AddParameter "Column1","Value1"
DataTable.GlobalSheet.AddParameter "Column2","Value2"
DataTable.LocalSheet.AddParameter "Column3","Value3"
```

运行结果图 1-219 和图 1-220 所示。

Global Sheet

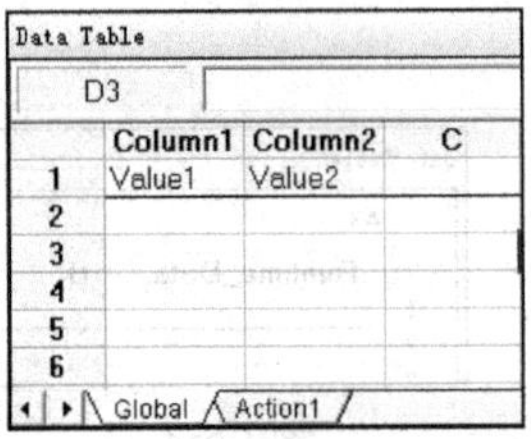

图 1-219

Local Sheet

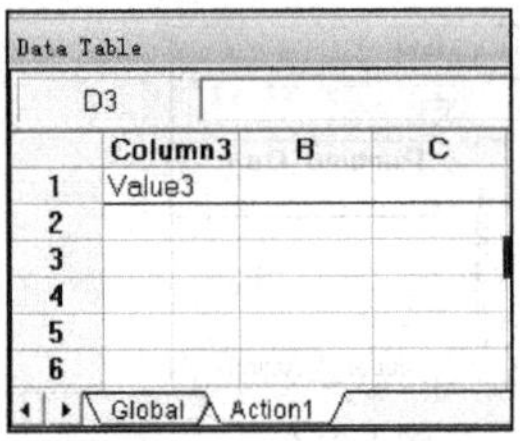

图 1-220

2. 动态地在 DataTable 里增加新行并赋值

```
DataTable.GetSheet("Action1").SetCurrentRow ( 2 )  '句 1
DataTable.Value("Column4","Action1") = "Row2"
'或者也可以是:
DataTable.Value(1,2) =  "Row2"
```

运行结果图 1-221 所示。

> **注**
>
> 必须使用“句 1”才能新增行，不然会被原值替代。因为 QTP 在 GetCurrentRow 这个过程结束后仍然处于第 1 行。

运行结果如图 1-222 所示。

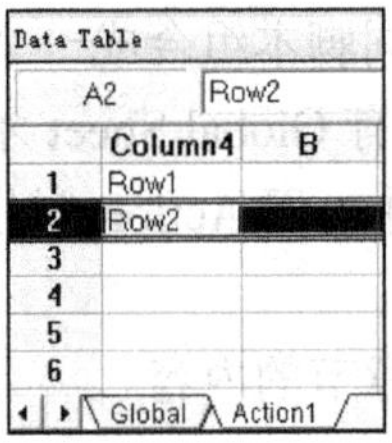

图 1-221

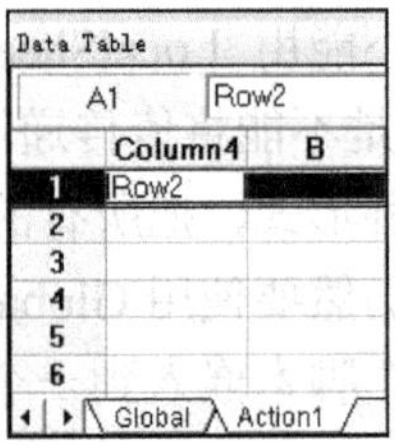

图 1-222

如图 1-222 所示，我们可以看到，“Row2”这个值被赋到了第一行中。

3. 动态获取 DataTable 中指定列的值

```
GetValue1 = DataTable("Column5","Global")
msgbox GetValue1
GetValue2 = DataTable("Column6","Action1")
msgbox GetValue2
```

以上两种其实我们已经在之前的实例中都用过了，还有一种更加简单的写法，在上面也已经用过，就是直接输入列的序号，比如引用第一列就直接输入 1，依此类推，完全不用去关心“列”具体叫什么名字，代码如下所示：

```
GetValue3 = DataTable(1, "Action1")
msgbox GetValue3
```

也正是因为这样，完全可以引申出另一个应用：循环读取 Action1 的 N 列，代码如下所示：

```
For i = 1 To N
  msgbox DataTable(i, "Action1")
Next
```

如果有两个 Action，分别是 Action1 和 Action2，要想使它们在获取的时候保持读取的行数一致，可以使用下面两种方法：

```
'方法 1：直接定位 Action2 的行。
DataTable.GetSheet("Action2").SetCurrentRow(2)

'方法 2：使用变量传递保持行数一致
CurrentRow = DataTable.GetSheet("Action1").GetCurrentRow
DataTable.GetSheet("Action2").SetCurrentRow(CurrentRow)
```

4. 动态获取 DataTable 中指定行的值

```
getValueByRow = DataTable.GetSheet("Action1").GetParameter("Column7").ValueByRow(2)
msgbox getValueByRow
```

5. 动态获取 DataTable 中当前行和设置当前行

```
'1、获取当前行
CurrentRow = DataTable.GetSheet("Action1").GetCurrentRow
'msgbox CurrentRow

'2、设置当前行
DataTable.GetSheet("Action2").SetCurrentRow(5)

'注意：增加 Action2 的列数跟行数的计算没有任何关系
DataTable.GetSheet("Action2").AddParameter "Column8","Value4"

CurrentRow2 = DataTable.GetSheet("Action2").GetCurrentRow
'msgbox CurrentRow2
```

6. 获取得到 DataTable 总行数的命令

```
AllRowCount = DataTable.GetSheet("Action1").GetRowCount
msgbox AllRowCount
```

1.8.5 总结

DataTable 是 QTP 的一个亮点环节，但是也是 QTP 的一个难点。比如 Global Sheet 和 Local Sheet 的区别以及它们的逻辑应用。还比如在 1.8.4 小节中介绍的一些关于 DataTable 的应用，只是列举了一些个人认为比较常用的，其实还有很多方法经常会被使用到。不过读者完全不必担心，很多东西在 QTP 强大的“F1”里都有参考资料和示例，包括举例的那些方法在 F1 里一个都没有漏掉！不光要用好帮助文档，最终读者要做到的是，能够看着示例举一反三，随意地应用到项目中去。下面就是关于 DataTable 的示例截图，如图 1-223 所示。

比如点击图 1-223 中的 GetCurrentRow Method 链接就能够进入到该方法的具体示例，如图 1-224 所示。

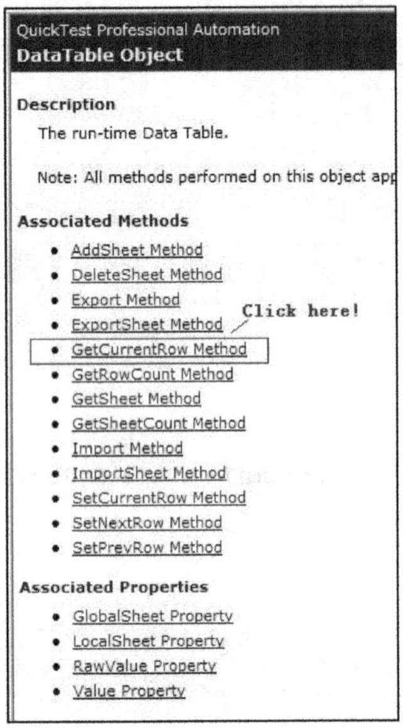

图 1-223

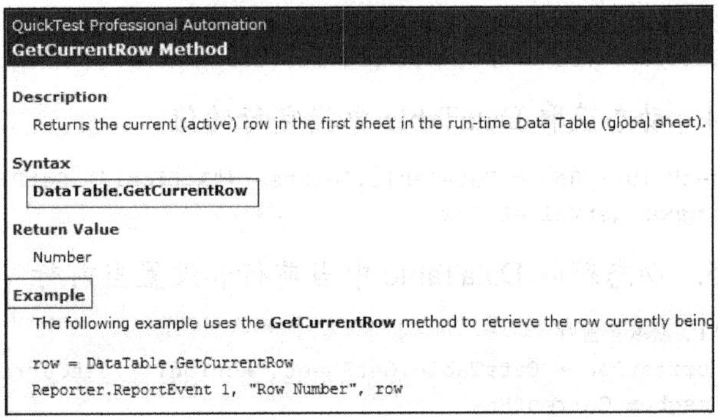

图 1-224

知识点巩固和举一反三练习

一、查阅“兵书”，根据下述要求写出相应的代码。

（1）删除 QTP 的 Action1 这个 Sheet。

（2）将某个 Excel 表格全部导入 QTP 的 Datatable 中。

二、统计 QTP 当前 Datatable 的 Sheet 总数，并将该数据填入 Global Sheet 的“1 行 1 列”。

1.9 操作模块（Actions）

阶段要点

- Action 的 3 种类型。
- 关于 Action 操作的一些小技巧。
- Call Action 的 3 种方式和 Split Action。

1.9.1　使用 Actions 来控制好业务流

已经学习到“操作模块-Actions”章节了，从本书的第一章开始到现在，本人多次强调了自动化测试的成功之道很大一部分取决于如何维护，要在还没有正式测试立项之前就考虑到维护的问题。当然，为了更好地做好维护脚本的工作，我们是有比较好的经验可学习的，就比如之前反复强调的“脚本模块化、细分化”，这些自动化测试规则并不是本人的原创，它们都是测试前辈们总结出的经验，所以非常值得我们借鉴，而且这些优秀的思想绝对不只是 QTP 一个自动化测试工具能享有它，它面向的是自动化测试，而不是工具！

在之前的章节中虽然多次提到了“脚本模块化和细分化”，但是究竟如何去做呢？我们并不知道！因此，在本章节就和读者开始基于“脚本模块化和细分化”进行探讨。因为本书是一本 QTP 方面的技术书籍，因此，始终围绕 QTP 这个自动化测试工具。所以，本章节的内容就是论述关于 QTP 的“脚本模块化和细分化”。怎么做？如何做？

从 QTP 10.0 开始，有一个功能可以方便地管理和驱动所开发的测试脚本，这个功能完全就是针对“脚本模块化和细分化”这个伟大的思想而开发的，先来认识下这位朋友，如图 1-225 所示。

读者在看了这个小窗口后是不是有种似曾相识的感觉呢？在上一个章节“Datatable”中其实已经见到过它了，QTP 10.0 默认情况是显示这个小窗口的，如果不小心关掉了，只要依次点击 QTP 上方菜单栏→View→Test Flow，就可以重新显示了，这个小窗口还可以被拖动成一个浮动窗口任意摆放位置，也可以进行自动隐藏（点击右上角 x 键左边的按钮），在这里就不多作介绍了。你们还记得下面这张图吗？如图 1-226 所示。

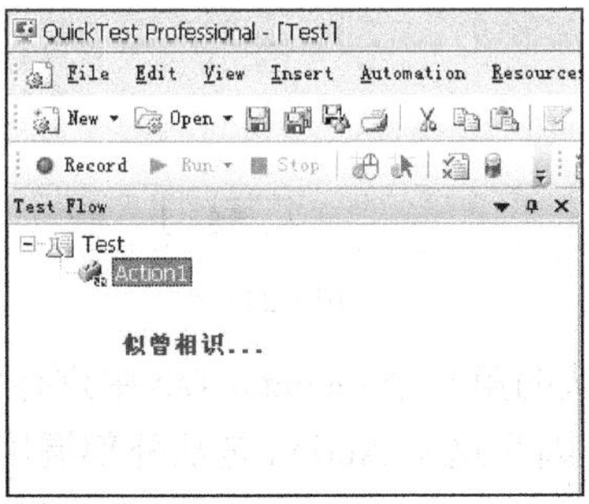

图 1-225

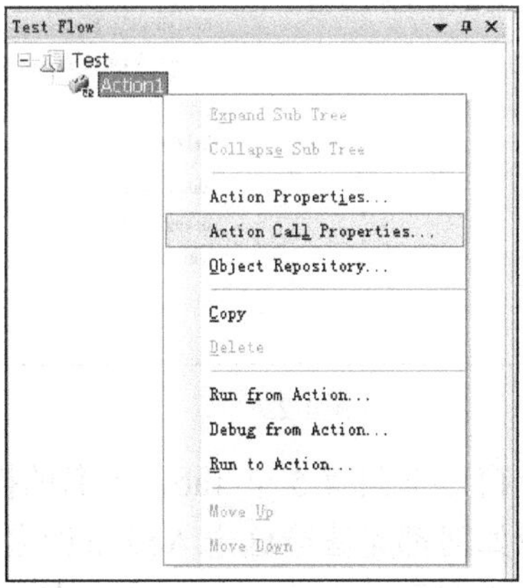

图 1-226

当时在介绍控制 Action 的 Datatable 迭代次数时，就是在此处设置的。这里还有很多比较实用的功能会介绍到。接下来，先布置好一个自动化测试业务流，如图 1-227 所示。

如图 1-227 所示，这就是一个业务的 Test Flow（测试流程），我们可以看到它是非常有序的。让我们来介绍一下这个测试流：作者的设计思想是将所有功能模块化，即产出一个个独立的功能子脚本。然后组合成一个个不同的业务脚本，在图 1-227 中可以看到，QTP_TestFlow 是当前脚本的名称，MainAction 是这个脚本的一个 Action（如果有多个 Action，与这个 Action 在同一个树形结构下），在这里只需要有一个 Action 即可。它是一个主控 Action，用来收纳所有业务所需要的子脚本，这些业务子脚本就存在于图中 MainAction 的结构树下，它们属于 MainAction 的子结构，这个非常好理解。MainAction 在运行时会依次根据当前排列的顺序执行它们，至于这个顺序是怎么来的？是在主控脚本中设置或直接写代码引用的，这个在后面的小节中会讲到，这里暂时略过。然后我们可以看到，子脚本的名字也是比较有特色的，从名字上就能很直观地反映该脚本大致是干什么的。这个当然不可能是 QTP 自动生成的，很明显是本人有意更名的。接下来看看到底是如何改名的。只需要将鼠标光标移动到某个 Action 上，点击右键，然后在弹出的菜单中选择 Action Properties 就可以了，如图 1-228 所示。

图 1-227

点击以后，可以进入图 1-229 所示的界面。

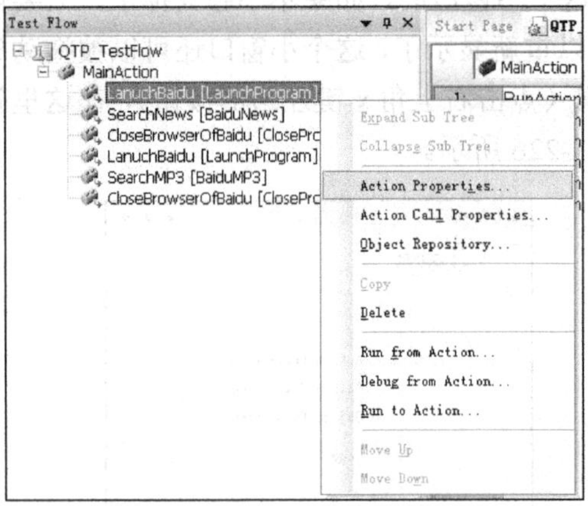

图 1-228

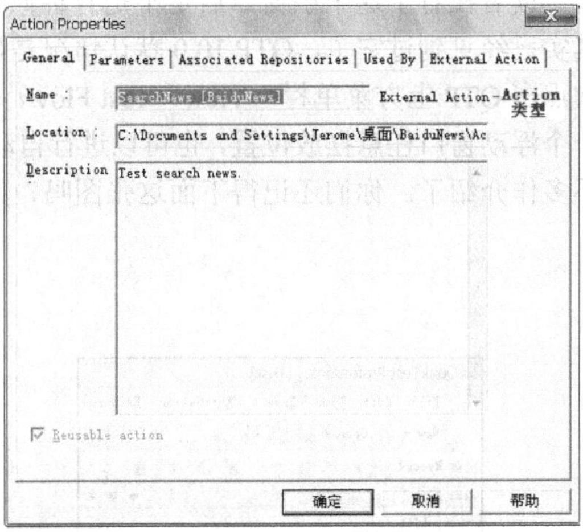

图 1-229

这个窗口下共有 5 个 Tab，更名的操作就是在默认的第一个 General Tab 中进行的。不过本人无论如何都无法给这个 Action 改名的，为什么？因为这个 Action 是从外部调用过来的，也只有外部调用过来的 Action 才会有 5 个 Tab，多出了一个 External Action。在这里就不对这些 Tab 里的功能多做介绍了，读者如有兴趣可以自行研究。那么，我们来改一个非外部的 Action Name 试试，同样是右键单击 MainAction，然后在弹出的菜单中选择 Action Properties，进入 Action Properties 设置窗口，如图 1-230 所示。

将 Name 改成 Main（图略），最后点击确定，Test Flow 就会随之变化了，如图 1-231 所示。

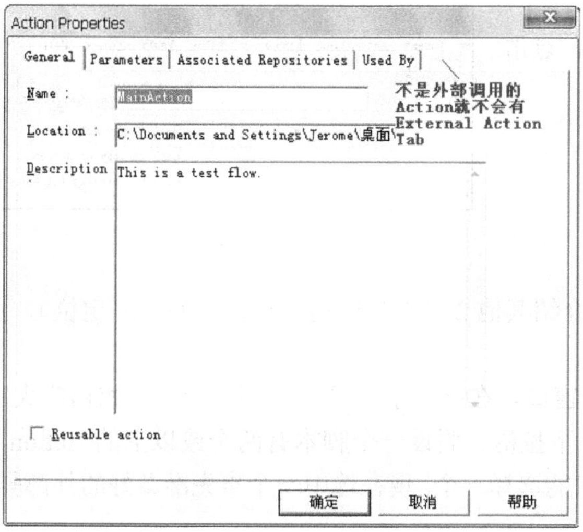

图 1-230

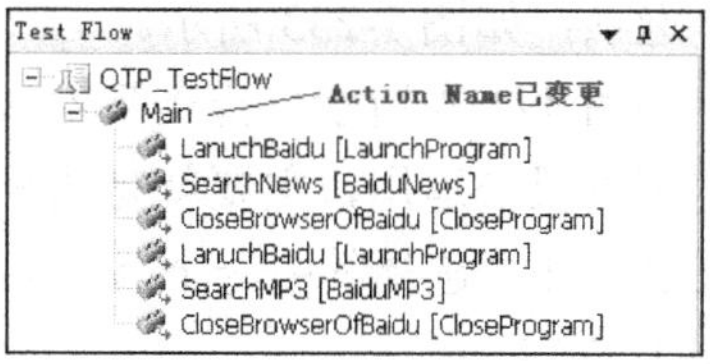

图 1-231

在这里除了更改 Action Name 之外，还有一个小知识点也比较重要，重新看下图 1-230，在 Action Properties 的左下方有一个 Reusable action 控件，只有勾选上以后，脚本才能被共享和调用，所以准备成为“被调用的外部脚本”的子脚本务必勾选上。其实就是在这个窗口设置的，往往读者都不知道外部脚本调用失败就是因为这个小控件引起的。就是外部子脚本被调用以后显示的名字比较奇怪，似乎不只是 ActionName。的确是这样的，在被调用后，子脚本会自动显示为 Action Name [Test Name]，因为这样会显得非常的直观！

右键单击 Action 的 Name，除了更改名称之外，其他的一些操作也比较实用，如 Object Repository-通过 Action 打开相对应的对象库，Run from Action-只运行指定 Action，Run to Action-从第一个 Action 运行到指定 Action 等。

最后，列举并总结了关于 Action 的一些概念，这些知识有助于开展后面小节的学习，Action 共分 3 种类型。

- **非重用型**：只能被存储它的 Test 调用，且只能被调用一次。
- **重用型**：可以多次被存储它的 Test 或别的 Test 调用。
- **外部型**：一个存储在别的 Test 中的可重用型 Action，只能在调用它的 Test 中“只读”。

1.9.2　Call Action 的 3 种方式

在前面所讲的内容中，已经看到了一个现象，那就是一个主脚本同时调用多个子脚本。从这小节开始，就让我们一起动手做一做。在 QTP 中，对于 Action 的操作一共分 4 种，其中 3 种是一个 Call 的行为，还有一种是切分。在这里，先来介绍所有 Call 的行为。先介绍第一个“Call to Existing Action”，在上一个小节里做的实验也是基于这个 Call 完成的。先来看一下它的位置，如图 1-232 所示。

如图 1-232 所示，在 QTP 的快捷栏中，点击“小三角”就能看到个选项，它们分别是。

- Call to New Action。
- Call to Copy of Action。
- Call to Existing Action。

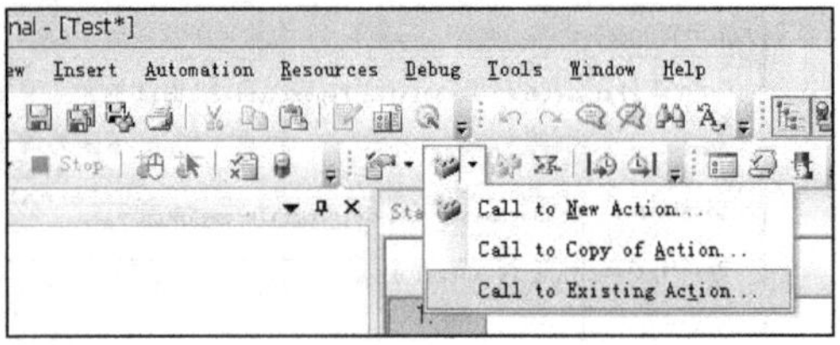

图 1-232

1. Call to Existing Action

当前运用到的是第 3 个选项（在后面介绍其他 2 个选项时将不再重复 GPRS 定位），点击这个选项，如图 1-233 所示。

如图 1-233 所示，点击后会弹出这个窗口。在此，基本操作就不介绍了，相信广大读者一定可以很快运用，主要就是讲解 Action 下拉框，假设一个脚本有两个或以上的 Action，可以在这里任意选择其中一个 Action，每次只能选择一个。现在选中一个事先准备好的外部脚本，如图 1-234 所示。

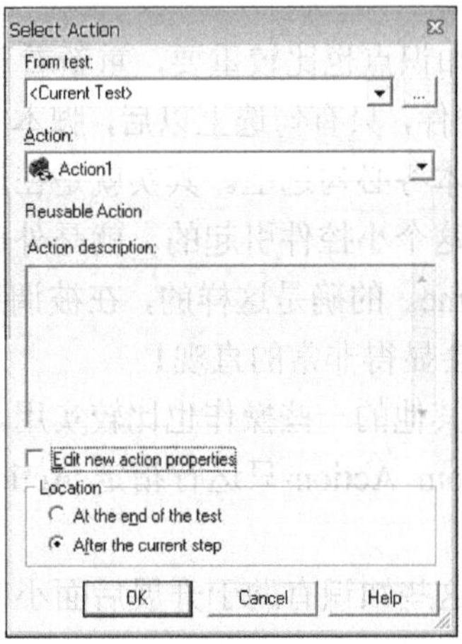

图 1-233

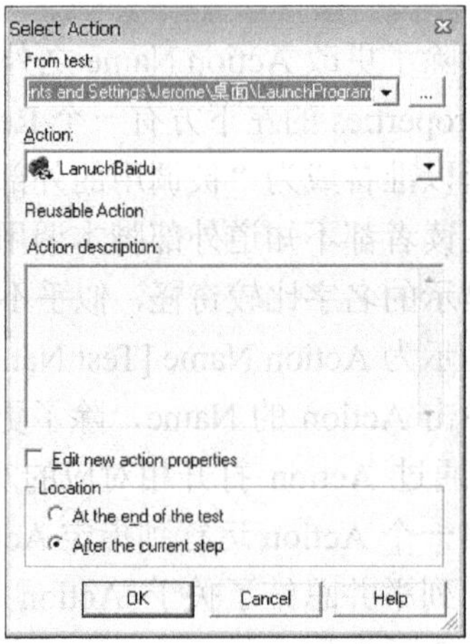

图 1-234

如图 1-234 所示，已经选中了脚本，并且选择了 Action<LaunchProgram>（其实是别无选择，只有这么一个 Action），这里又要注意一个地方，那就是最下方的两个选项。

- At the end of the test。
- After the current step。

如果选择了前者，在点击了 OK 以后，被调用的脚本 Action 是当前 Test 的一个 Action；若选择后者，被调用的 Action 则属于当前 Action 的一个步骤，即成为了当前 Action 的一个子 Action。所以，在这里需要选择的是后者，最后点击 OK，看看接下来会发生什么样的状况，如图 1-235 所示。

如图 1-235 所示，当点击 OK 以后，QTP 会弹出一个窗口，这窗口干什么用的？说简单点就是点击 Yes 设置成相对路径，点击 No 设置成绝对路径。尝试着点击 Yes，如图 1-236 所示。

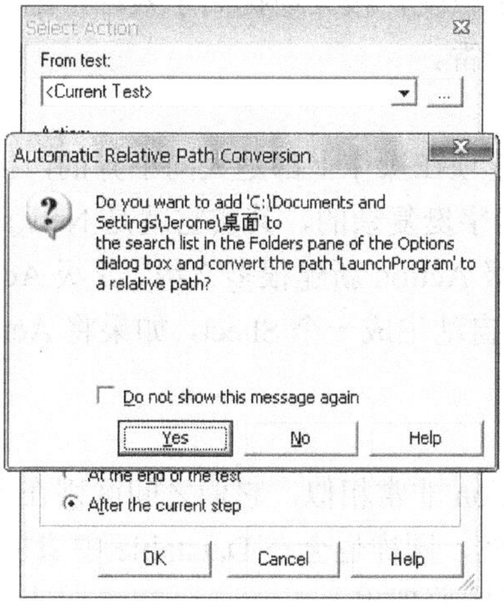

图 1-235

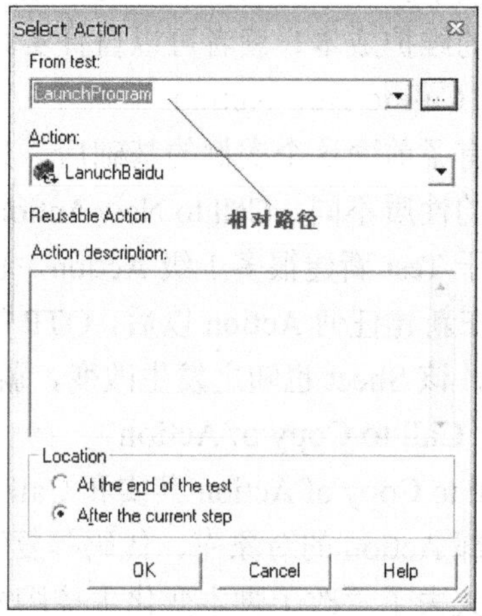

图 1-236

我们可以看到，在点击 Yes 以后，这个被调用的外部脚本<LaunchProgram>被设置了相对路径，在文本框里只显示脚本名称，不显示具体路径，最后再次点击 OK，如图 1-237 所示。

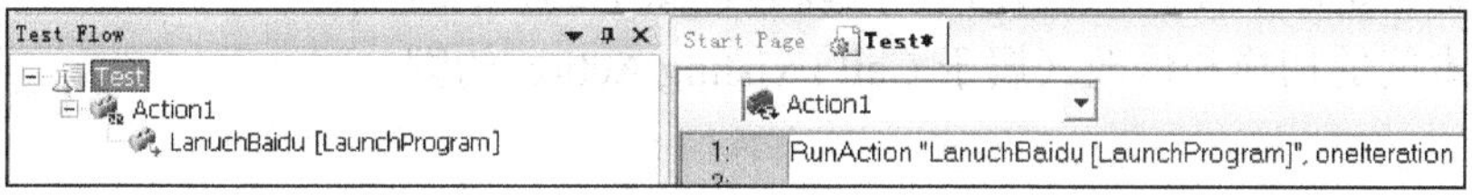

图 1-237

如图 1-237 所示，整个过程完毕，在代码区域自动生成了一行代码：

```
RunAction "LanuchBaidu [LaunchProgram]", oneIteration
```

这句代码代表的就是我们的操作，其实等读者以后熟悉以后，直接写代码就可以了。最后跟了一个参数“oneIteration”，意味进行一次迭代，这是默认的，一般情况下，没必要去改它，除非有一些特殊需求，在这里就不多作阐述了。与此同时，也可以看到左侧的 Test Flow 窗口中也有变化，在 Action1 下面已经嵌入了调用的 Action。最后，Call Action 的操作还会带来一个关键的变化，如图 1-238 所示。

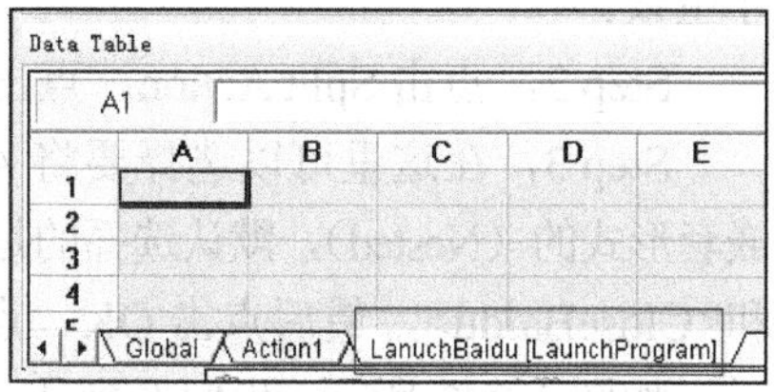

图 1-238

通过图 1-238 可以看到，QTP 的 Datatable 中多了一个 Sheet。没错，在调用了 Action 以后，QTP 会自动添加该 Action 的 Sheet。

第一个 Action 搞定了，接下来你完全可以搞定 N 个 Action。在这里还要分享一个小经验，为什么推崇由主控脚本控制不同 Action？还有一个最根本的原因就是，比如子脚本 A 发生了变化，它又被 100 个脚本调用过，如果不是使用 Call 外部 Action 的方式，那么就要修改 100 个脚本，但是现在已经完全解决了这个问题，只需要修改子脚本 A，所有调用它的主控脚本都会随之改变，极大地提高了效率，缩小了自动化测试的维护成本！读者可以自行实验，亲身感受一番。

2. Call to New Action

在有了前面这个实例的基础后，其实其他两个选项在操作上都是大同小异的，区别就在于它们的性质不同。Call to New Action，别看这个名字挺复杂的，其实它就是 New a Action，可以基于 Test 新建很多 1 级 Action，也可以基于 1 级 Action 新建很多 2 级、3 级 Action，同样的，在新建任何 Action 以后，QTP 的 Datatable 会自动生成一个 Sheet，如果将 Action 的名称改掉，该 Sheet 也随之发生改变，就是这么简单！

3. Call to Copy of Action

Call to Copy of Action 其实和 Call to Existing Action 非常相似，它们之间区别在于，它只是把外部 Action 的对象库、代码等复制了过来（当然，同样也会在 Datatable 中增加 Sheet），但是它失去了“改子脚本变化主控脚本的功能”，其实原理也很简单，读者一试便知，在 Call to Copy of Action 的时候，QTP 是不会提示是否设置相对路径的。另外，Copy 过来的 Action 可以编辑，而 Call Existing Action 过来的脚本是只读状态。

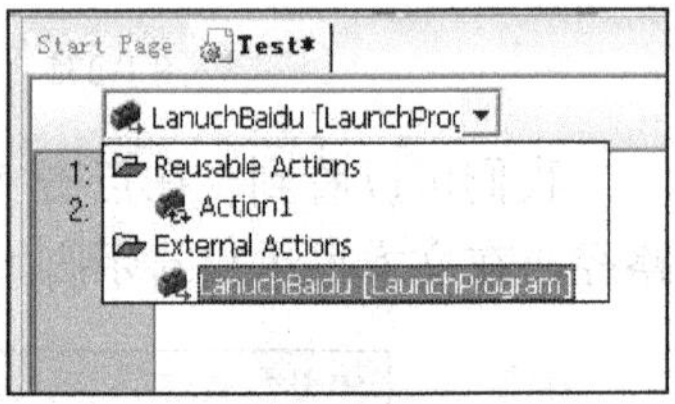

图 1-239

最后，无论是以上任意一种方式，可以通过图 1-239 中的位置进行脚本间的切换和修改（属于 Call Existing Action 的脚本除外）。

1.9.3 Action 的切分

QTP 提供了 Split Action 这个功能，它是挺实用的，可以提高工作效率。下面了解这个功能，一起来切分图 1-240 中的脚本实例。

Purpose（目的）：将当前脚本切分为两个脚本：<LaunchBaidu>和<CloseBaidu>。

Step 1，选择要开始切分的位置，在此点击第 2 行代码句首，只有这样 Split Action 按钮才生效。

Step 2，点击 Split Action，点击后的效果如图 1-241 所示。

Step 3，在这里可以选择要将 Action 切分成互相独立的（Independent of each other）还是嵌套形式的（Nested），默认选择的是前者，然后分别给两个 Action 命名，分别是<LaunchBaidu>和<CloseBaidu>，最后点击 OK，点击后的效果如图 1-242 所示。

如图 1-242 所示，我们看到 Action 已经被切分成两半了，左侧的 Test Flow 窗口里分别显示了切分后的 Action，而<LaunchBaidu>这个 Action 里也绝对不会有<CloseBaidu>的代码，再看看 Datatable 的情况，如图 1-243 所示。

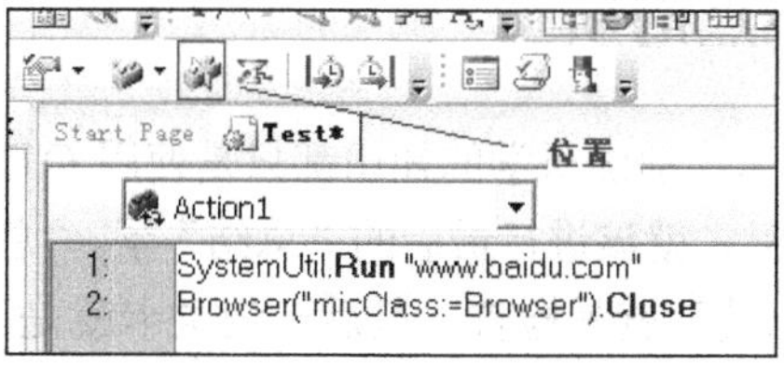

图 1-240

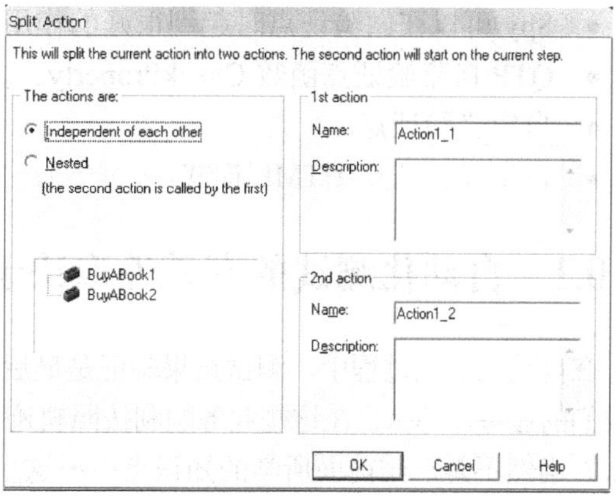

图 1-241

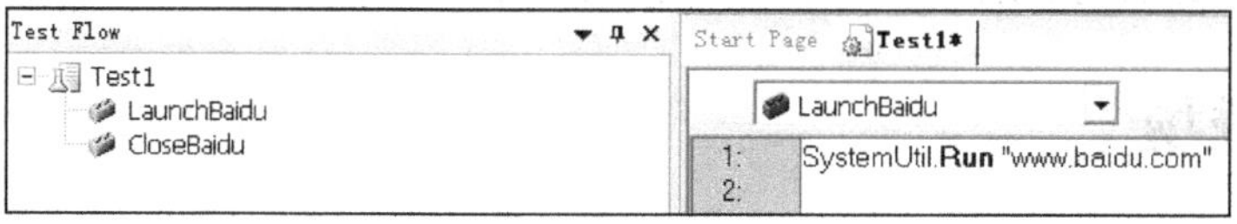

图 1-242

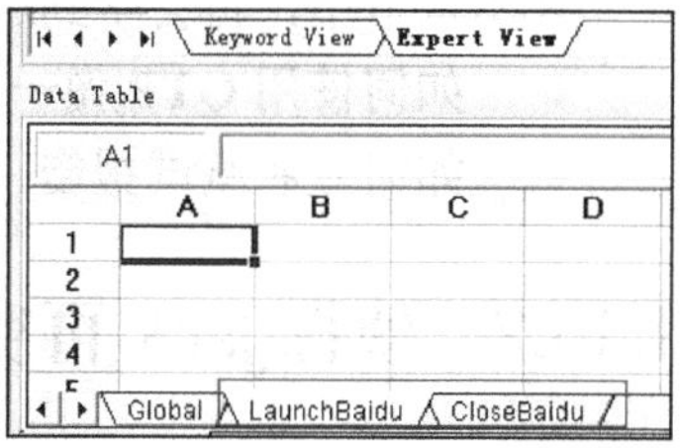

图 1-243

结果很明显，Datatable 的 Sheet 也被成功切分为了两半！实验宣告成功！这里需要注意，每次做切分操作只能切分成 2 份，无法再切分得更多了，如果有需求的话只能多做几次 Split Action 操作。

1.9.4　总结

总体来说，QTP Action 的知识点并不算是特别多，但是 Action 是一直要用的一个功能。另外，作者个人觉得，Action 的难点在于 Test Flow 的组织和排列，这其中牵扯很多实际项目中的测试逻辑。关于这方面的经验，只能通过不断的历练去积累，不是一本书能够概括的。

知识点巩固和举一反三练习

一、尝试脚本 A 中调用不可重用的脚本 B。看看结果会如何！

1.10　QTP 的验证点与测试报告

阶段要点

- 了解验证点在自动化测试中的重要性。

- Spy 可以在做验证点时起到很好的作用。
- QTP 自带验证点函数 CheckProperty。
- 自定义验证点。
- 自定义验证点-HTML 模式。

1.10.1 自动化测试的有效性取决于验证点的质量

在自动化测试过程中，测试结果验证是最后一道关卡。前面所学的知识都只是使用 QTP 操控我们的业务。那么，在这些业务顺利按照轨迹行动以后，就该进行最后的“总结”了。“总结”什么？当然不是总结前面所学的知识点……这里的“总结”就是检查，最后一道关卡就是利用 QTP 去检查、去验证之前所做的操作的正确性和预期性（即自动化测试用例的预期结果部分）。

在本章节中，将会学到这最后一道关卡的技能，它分为和包括两项。

- **如何使用 QTP 做一系列的验证。**
- **如何查看测试报告，从而判断自动化测试用例的预期结果正确与否。**

1.10.2 侦探 Jack 再度登场

如图 1-244 所示。

问：“在做手工功能测试时是如何验证【百度搜索框】这个功能是否好用的？是否可以正确地输入各类测试数据（字符串）的？”

答：“在【百度搜索框】中输入测试数据【QTP 自动化测试技术领航】，然后看其是否可以正常输入！”

图 1-244

没错，在手工测试中，所做的验证功能通常以观察去判别。那么，当我们无人值守自动化测试时，如何才能使计算机代替观察呢？如何相信 QTP 自动执行的结果是可靠的呢？在没有开始学习本章节之前，我们根本不敢说自动化测试是可靠的，即使在这个文本框中输入了字符串，又如何敢肯定地说：“所输入的测试数据一定成功键入了！”

该怎么办？如何让 QTP 代表我们的观察？谜底是——透彻地利用 UI 对象的属性值，一旦获得有效且具有威慑力的属性值，就完全有理由敢肯定自动化测试是可靠的测试。

> **注**
> 验证点有很多，本章节以最大众的 UI 对象为例，其他诸如数据库验证等不会再此涉及！

“属性”，好熟悉的两个字！没错，在前面的章节学习中就早已把这两个字与 QTP 和自动化测试关联起来了。

怎么获得属性？万变不离其宗，我们要再度请出 QTP 风云榜冠军得主——Mr. Spy 了（绰号：侦探 Jack）！

相信学到这章节，大家早已经熟悉它了。那么，操作步骤就省略了，本人引导性地为读者抓取第一个关键属性，目的是为了让上面这个实例中的自动化测试成为一个可靠的行为，如图 1-245 所示。

如图 1-245 所示，在茫茫“属性”海中，通过不懈努力终于找到了一个关键属性 **‘value’**。这个属性足以代替我们的观察来证明测试数据被成功输入到文本框了。为什么？在下一个小节介绍。

最后，在本小节末，建议读者还是好好研究一下图 1-245，可以看到当前窗口是封装属性窗口。本人从来就没有说过，旁边的自身接口属性窗口中的属性没有可利用的关键属性，也从没说过除了 **‘value’** 就一定没有其他可利用的属性了。请读者集思广益，去尝试找到更多的属性，利用它们完成实例。任何属性都可能成为“关键先生”，Impossible is nothing！

图 1-245

1.10.3　抛弃工具的使用，请使用 QTP 验证点函数

1.10.3.1　请抛弃 QTP 自带的验证点功能

图 1-246 是 QTP 自带的检查点“功能”。它只是一项功能，尝试着随意打开一个功能点（Standard Checkpoint）看看，如图 1-247 所示。

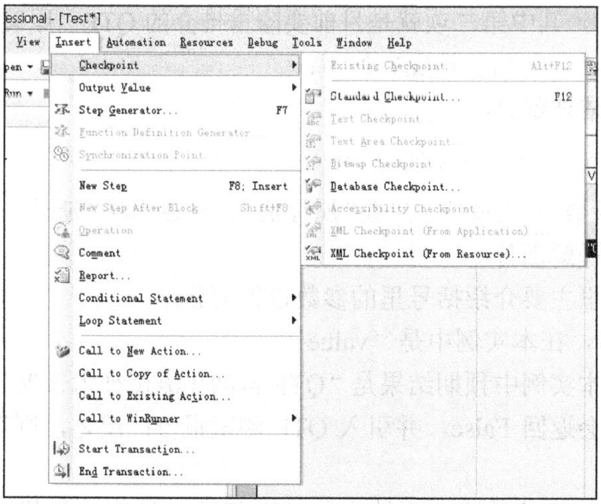

图 1-246

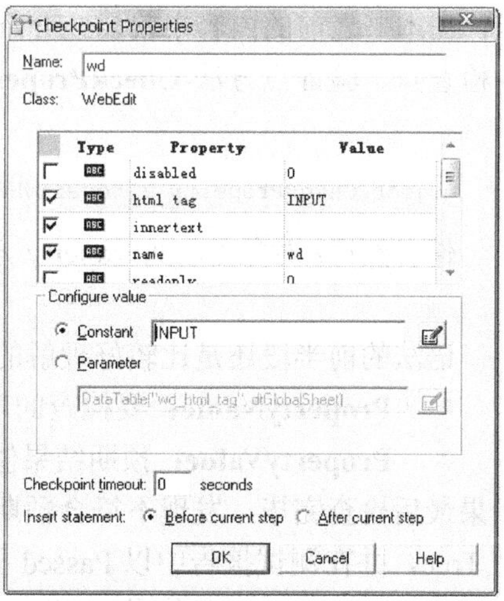

图 1-247

如图 1-247 所示，好复杂的功能，包括图 1-246 中，为什么有的功能是可以选择的，而有的功能却是灰色的，不能点击的呢？什么原理？实在不想去研究这些，因为再研究下去，我们将永远摆脱不了 QTP 录制模式！当你翻开这本书的第一页起，我们就有一个共同的目标“编写 QTP 自动化测试脚本”！下面，一起开始编写第一个检查点、验证点代码！这才是我们要做的！

1.10.3.2 使用 QTP“原装”验证点函数进行一切检查工作

首先，揭开之前未解的一个小谜底。为什么获得 **‘value’** 这个属性值可以帮助我们实现 QTP 代替观察。原理其实挺简单，并且也很好理解，说的通俗点，从观察的角度上讲，只要我们看到测试数据嵌入在文本框里那就说明输入成功了。那么从观察（QTP 代码）的角度上来讲，虽然我们看不到，但可以通过获得文本框的 value 值来判断测试数据是否成功输入，如果获取到的这个 value 值等于“QTP 自动化测试技术领航”，那就证明了测试数据输入成功了。那么知道了大致的原理后，我们就来看一下具体如何实现吧，如图 1-248 所示。

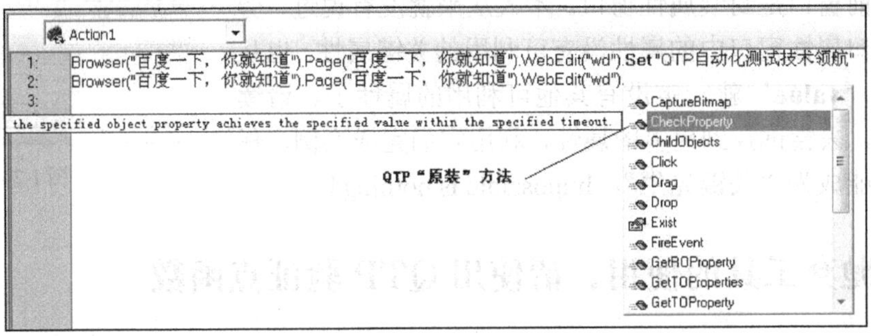

图 1-248

如图 1-248 所示，在第 2 行代码中，在最后一个子对象（也就是要验证的文本框对象）后面敲击“点”键，QTP 会进行代码提示，会显示出很多 QTP 已经封装好的方法（关于这点，在本书之前的内容中就已经介绍过了），其中第二项就是目前要隆重推介的 QTP“原装”的检查点、验证点方法-**CheckProperty** 方法。如何使用呢？如下：

---语法部分---

```
object.CheckProperty (PropertyName, PropertyValue, [TimeOut])
```

作者翻译：对象.CheckProperty 方法(参数“属性名”，参数“属性值”，非必填项“延时”)。

---详解部分---

语法的前半段还是比较好理解的，这里主要介绍括号里的参数设置部分。

- **PropertyName：** 要检查的属性名，在本实例中是‘value’。
- **PropertyValue：** 预期结果值，在本实例中预期结果是“QTP 自动化测试技术领航”，如果最后检查完毕，发现不符合预期，则会返回 False，并引入 QTP 测试报告；反之，则返回 True，并在测试报告中以 Passed 显示。
- **TimeOut：** 单位是 milliseconds，可以不填，不填则代码瞬间验证结束，如果设置成 5000 的话，则会等待 5 秒钟。第 1 秒如果没验证对没关系，只要在 5 秒内验证对就算对。

---代码部分---

```
Browser("百度一下，你就知道").Page("百度一下，你就知道")._
WebEdit("wd").Set "QTP 自动化测试技术领航"
Browser("百度一下，你就知道").Page("百度一下，你就知道")._
WebEdit("wd").CheckProperty "value","QTP 自动化测试技术领航"
```

上面这段代码的预期结果是“QTP 自动化测试技术领航”，即正常的预期结果，输入了什么就显示什么。看一下运行后的测试报告，如图 1-249 所示。

如图 1-249 所示，我们可以看到，自动化测试检查已经通过，那么假设现在预期结果不写成“QTP 自动化测试技术领航”，看看 QTP 在自动化测试之后会不会检查出来，代码如下所示：

```
Browser("百度一下，你就知道").Page("百度一下，你就知道")._
WebEdit("wd").CheckProperty "value","QTP"
```

运行后的测试结果如图 1-250 所示。

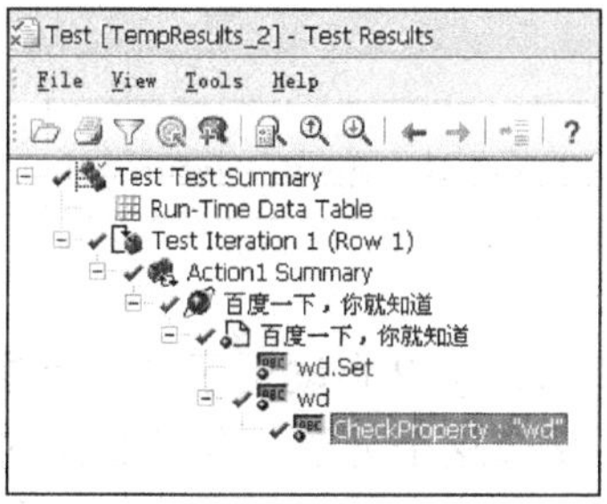

图 1-249

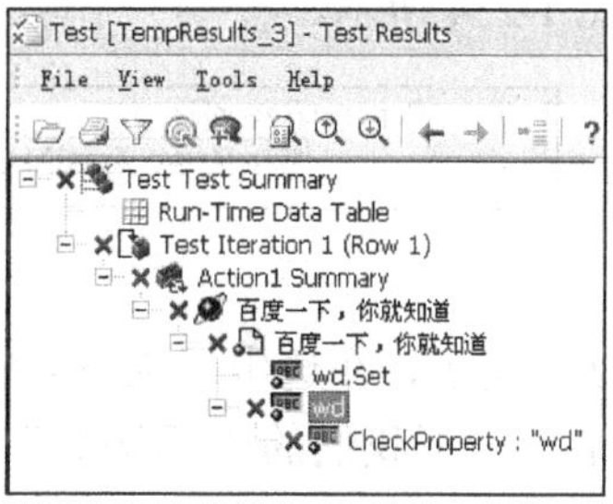

图 1-250

这次可以看到 QTP 的测试报告 Failed 掉了，虽然是报错了，但是这也证明了自动化测试的成功，最后再让我们来看看报错的详细情况，如图 1-251 所示。

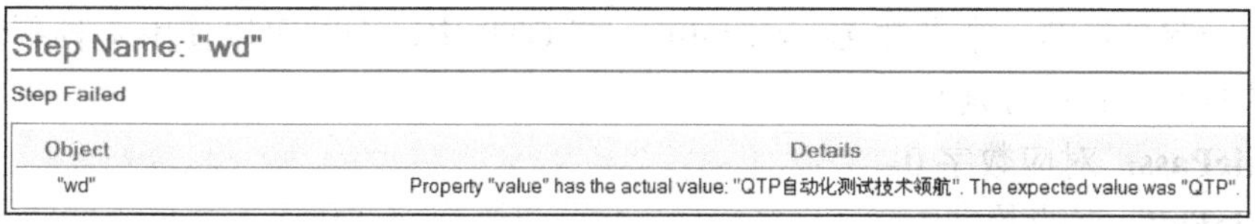

图 1-251

1.10.4　灵活地自定义验证点

上一节是伴随着一张截图结束的，似乎有一些草率。其实，这是有意这样写的，目的是为了引出本小节的内容。在上一节最后的图 1-251 中可以看到，这些详细介绍情况都是 QTP

自己生成的，它有自己的一套规则。那么，难道就一直要循规蹈矩地去使用这份默认的报告格式吗？显然不是！QTP 提供了一个非常好的测试报告机制，这个机制将是今后最常使用的一个功能，这就是 Reporter 函数！

首先，Reporter 函数是一个 Completed Word，可以快速定位它，如图 1-252 所示。

在选中函数以后，单击一下“点”，就会出现 3 个属性和一个方法，如图 1-253 所示。

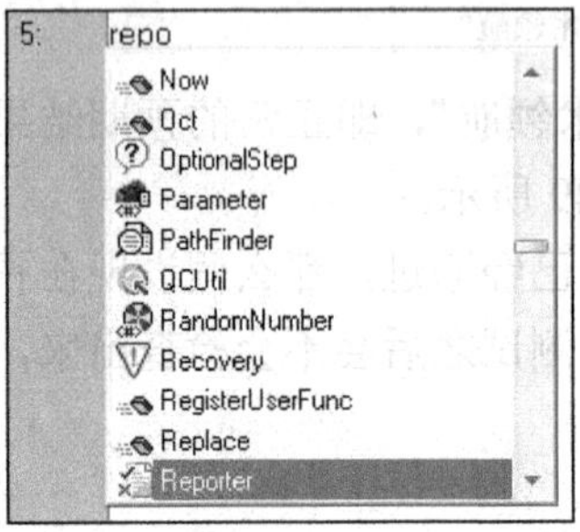

图 1-252

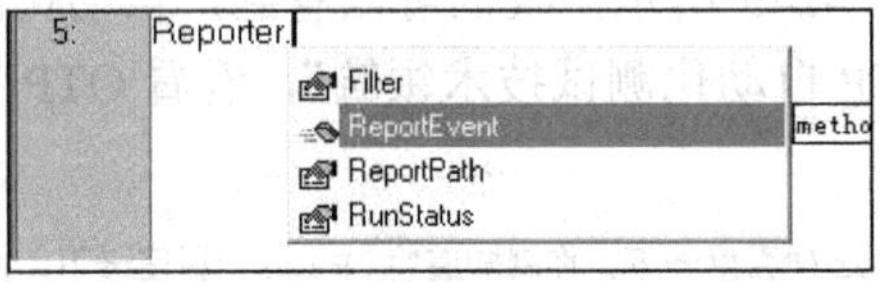

图 1-253

下面主要介绍的是 ReportEvent 方法，本小节的主题也是围绕这个方法展开的。选中这个方法，如图 1-254 所示。

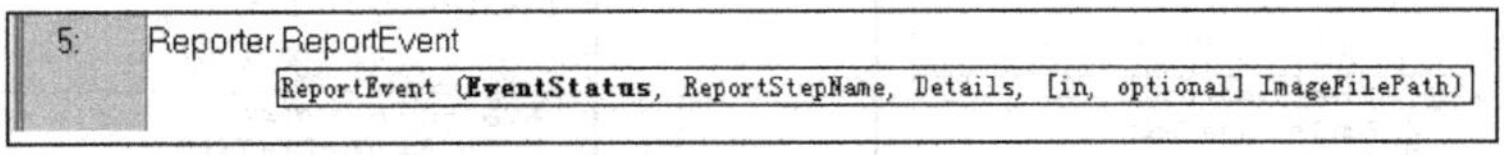

图 1-254

如图 1-254 所示，在选中了 ReportEvent 方法以后，QTP 自动提示了 4 个参数，具体怎么用？还是请教一下我们的“兵法书”吧（一定要学会这个方法，作者也绝对不会将兵法书里的内容说成是作者自己原创，它是现成的），双击选中 ReportEvent，然后点击 F1 键，如图 1-255 所示。

“兵法书”（QTP 帮助文档）真的很给力！上半部分是语法介绍，下半部分是示例，已经很简明了。在这里的作用只是通过这个大致框架给广大读者做细分介绍。

首先，一起来看第一个参数 **EventStatus**，在 QTP 中，一共可以使用 4 种不同的状态来标识报告的状态，它们分别是。

- **micPass**：对应数字 0。
- **micFail**：对应数字 1。
- **micDone**：对应数字 2。
- **micWarning**：对应数字 3。

对应数字的作用就是，既可以直接键入字符，也可以输入字符对应的数字。其实输入字符也很快捷，不用一个一个字母输入，只需很简单地在 ReportEvent 后输入一个空格，QTP 就会自动给出这 4 个事件状态选项，如图 1-256 所示。

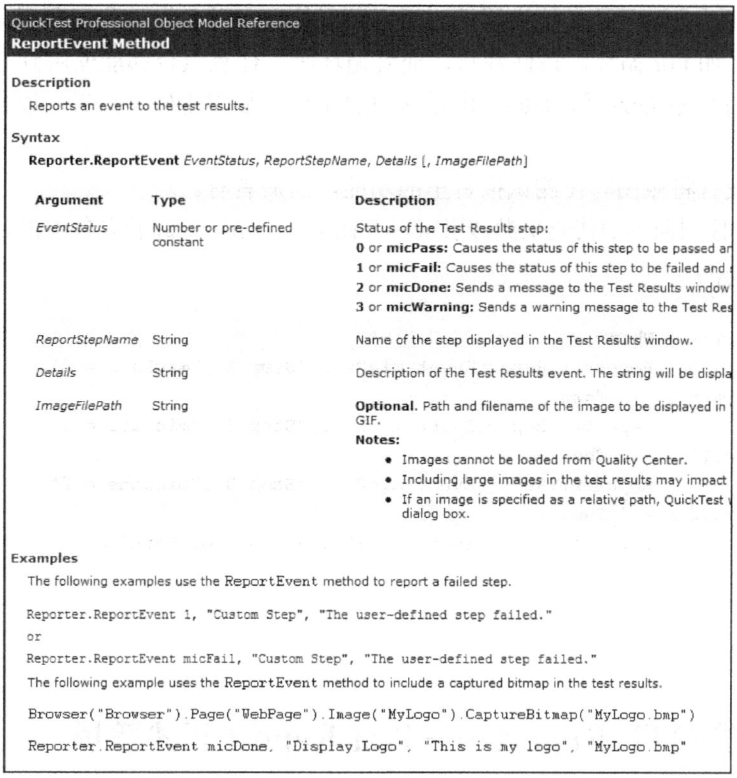

QuickTest Professional Object Model Reference
ReportEvent Method

Description
Reports an event to the test results.

Syntax
Reporter.ReportEvent *EventStatus, ReportStepName, Details [, ImageFilePath]*

Argument	Type	Description
EventStatus	Number or pre-defined constant	Status of the Test Results step: **0** or **micPass:** Causes the status of this step to be passed ar **1** or **micFail:** Causes the status of this step to be failed and **2** or **micDone:** Sends a message to the Test Results window **3** or **micWarning:** Sends a warning message to the Test Res
ReportStepName	String	Name of the step displayed in the Test Results window.
Details	String	Description of the Test Results event. The string will be displa
ImageFilePath	String	**Optional.** Path and filename of the image to be displayed in GIF. **Notes:** • Images cannot be loaded from Quality Center. • Including large images in the test results may impact • If an image is specified as a relative path, QuickTest dialog box.

Examples
The following examples use the ReportEvent method to report a failed step.

```
Reporter.ReportEvent 1, "Custom Step", "The user-defined step failed."
or
Reporter.ReportEvent micFail, "Custom Step", "The user-defined step failed."
```

The following example uses the ReportEvent method to include a captured bitmap in the test results.

```
Browser("Browser").Page("WebPage").Image("MyLogo").CaptureBitmap("MyLogo.bmp")
Reporter.ReportEvent micDone, "Display Logo", "This is my logo", "MyLogo.bmp"
```

图 1-255

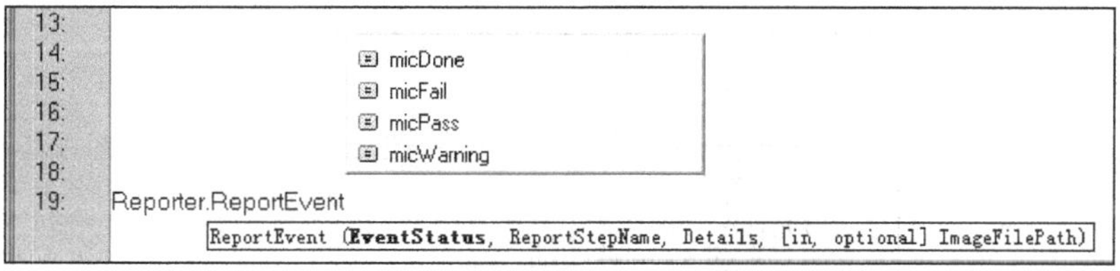

图 1-256

这里需要注意的地方是，ReportEvent 后面必须跟一个“空格”，不能是其他任何字符或按键，不然会产生语法错误，这也是新手很容易犯的一个错误，而且不容易输入察觉。在选中一个事件状态以后（假设这里选中 micDone），输入一个“逗号”，就可以开始设置 ReportStepName 了，可以根据需要输入任何字符，然后仍然是输入一个“逗号”，开始设置 Details，具体内容都由自己决定。最后一个参数是 ImageFilePath，这个参数不是必填项，作用是将截图填入到报告中，当然得把图片相应的路径填对。

这个函数意义大致讲解了一遍，接下来开始进入主题，为什么自定义验证点就比自带的 CheckProperty 灵活，作者大致总结了一下几点。

（1）CheckProperty 使用到的 ReportEvent 只有两种，Pass 和 Fail，而后者可以使用 4 种。

（2）前者似乎永远只是在检查属性，后者可以检查各种各样的代码逻辑，从多角度去验证自动化测试，如 For 循环，条件判断，嵌套循环等，任意组合都能使用到 Reporter 函数。

（3）前者的 StepName 和 Details 由系统自己生成，显得生硬，后者可以自由键入自己想要的东西。

（4）前者没有将截图写在测试报告里的功能，而后者有。

下面写了一段很简单的代码来抛砖引玉，并在下一小节中一起看看各种报告事件的结果：

```
For i = 1 to 4

        If i = 1 Then
                Reporter.ReportEvent micPass,"Step 1","micPass = 0"
        ElseIf i = 2 Then
                Reporter.ReportEvent micFail,"Step 2","micFail = 1"
        ElseIf i = 3 Then
                Reporter.ReportEvent micDone,"Step 3","micDone = 2"
        ElseIf i = 4 Then
                Reporter.ReportEvent 3,"Step 4","3 = micWarning"
        Else
        End If

Next
```

1.10.5 走进 QTP Report——Test Report 正式登场

请结合上一小节末尾的代码理解图 1-257 和图 1-258 所示。

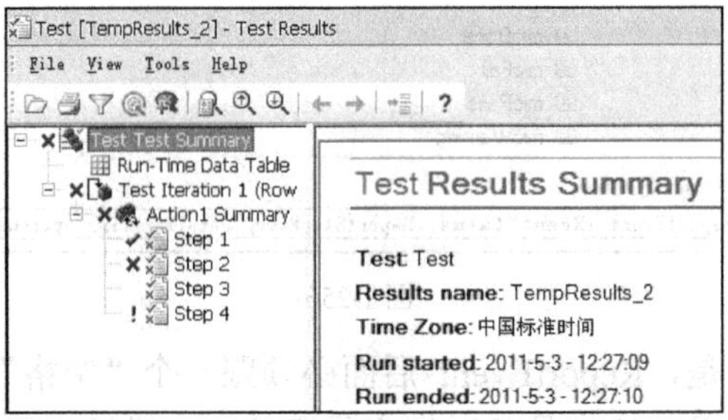

图 1-257

Iteration #	Results
1	Failed

Status	Times
Passed	1
Failed	1
Warnings	1

图 1-258

先来看第一张图 1-257，我们可以看到，根据代码中的循环顺序，测试报告的状态依次分别是 Passed、Failed、Done 和 Warning，并且请读者记住它们左侧对应的图标，这是有关 Reporter 函数和测试报告的第一个知识点。

然后再看看，当前的 Test 最终属于 Failed 状态，为什么？尽管在 4 个检查点中，有过 Passed（通过）的测试点，但是在 QTP 中，只要整个测试过程中出现了一个测试点 Failed（失败）了，那么它的本次 Test 迭代就算 Failed，哪怕你 Passed 了 99 个，但是 Failed 了一个都不行，这是它们之间的第二个知识点。

再来看看第二张图 1-258，可以看到当前有且只有一次迭代，最终结果 Failed 了。在下方部分则详细地分别显示了 Passed、Failed、Warning 的测试点次数，但是 Done 状态的不计算在内，这是第三个相关知识点。

同理，如果两个测试点中有一个 Passed，而另一个 Warning（警告），Test 的最终报告会以 Warning 显示，先来看下面这个示例脚本：

```
For i = 1 to 2

        If i = 1 Then
                Reporter.ReportEvent micPass,"Step 1","micPass = 0"
        ElseIf i = 2 Then
                Reporter.ReportEvent micWarning,"Step 2","micWarning = 3"
        Else
        End If

Next
```

运行一下 QTP，结果如图 1-259 中的 Test Result。

在最后，再来看看如果两个测试点中有一个 Passed，另一个 Done 的话，Test 的最终报告会以 Done 显示吗？来看下面这段脚本：

```
For i = 1 to 2

        If i = 1 Then
                Reporter.ReportEvent micPass,"Step 1","micPass = 0"
        ElseIf i = 2 Then
                Reporter.ReportEvent micDone,"Step 2","micDone = 2"
        Else
        End If

Next
```

运行一下 QTP，结果如图 1-260 中的 TestResult。

如图 1-260 所示，可以清楚地看到 micDone 不会影响 micPass。最后，对它们之间的优先级做总结，从优先级高到低排列：

```
micFail > micWarning > micPass > micDone
```

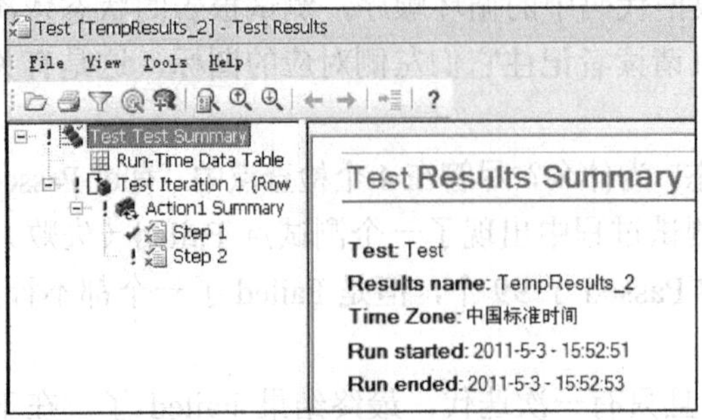

图 1-259

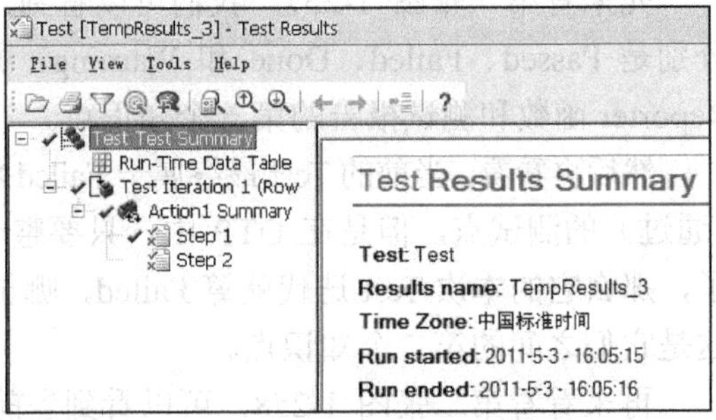

图 1-260

注

关于 QTP Report 的一些功能点，读者可以亲自使用一番，有的功能点还是比较实用的，比如右键单击一些步骤，可以直接跳转到 QTP 的脚本中、和 QC 的交互操作等……更多亮点期待读者去挖掘、尝试、探索！

1.10.6 自定义验证点——HTML 模式

这一小节是扩展知识，讲的是自定义过程校验，内容比较特别，正常情况通过前面小节的学习都已经知道了：自定义报告可以直接使用 Report 对象，或者直接使用验证点函数 CheckProperty，然后让 QTP 去自动在 Report 里生成一条验证结果。以上的就不多说了，相信读者已经掌握。这里主要是讲一下怎么结合验证点在 QTP Report 中输出 HTML 格式的结果，看下面这个例子，如图 1-261 所示。

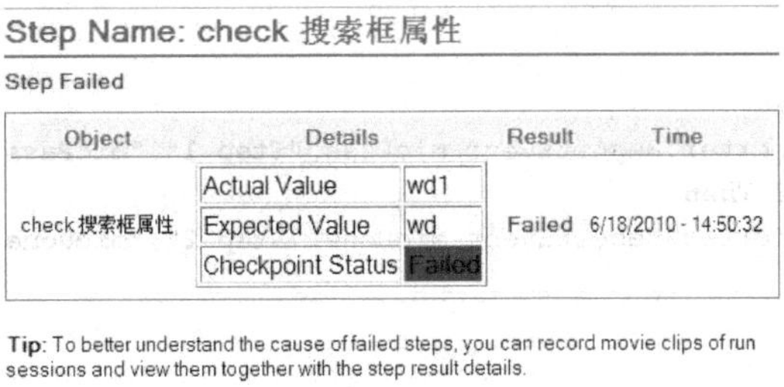

图 1-261

图 1-261 就是我们需要实现的最终结果，来看一下脚本的实现。

1. 报告生成函数（过度函数）

注意：这里的 GetTOProperty ("testObjName")是一个隐藏属性，可以获取 QTP 对象库里的对象的 LogicName：

```
'########################## 报告生成 ############################
private Function HReport(ExpectedValue,ActualValue,testStatus,nodename)
   Set oEventDesc = CreateObject("Scripting.Dictionary")
   '添加状态
   oEventDesc("Status") = micFail
   '添加是否过滤
   oEventDesc("EnableFilter") = False
   '添加节点名称
   oEventDesc("NodeName") = nodename
   '添加 HTML 结果
   oEventDesc("StepHtmlInfo") = "<TABLE border='1'>" & _
          "<TR><TD>Actual Value</TD><TD>"+ExpectedValue+"</TD></TR>" & _
          "<TR><TD>Expected Value</TD><TD>"+ActualValue+"</TD></TR>" & _
          "<TR><TD>Checkpoint Status</TD><TD style='background-color:red'><b>Failed</b>
</TD></TR>" & _
          "</TABLE>"
   '判断状态
    If testStatus Then
       oEventDesc("Status") = micPass
       oEventDesc("StepHtmlInfo") = Replace(oEventDesc("StepHtmlInfo"),_
       "<TD style='background-color:red'><b>Failed</b></TD>","<TD style='background-color:
green'><b>Passed</b></TD>")
    End If
    '生成报告
    newEventContext = Reporter.LogEvent ("Replay",oEventDesc,Reporter.GetContext)
    '释放资源
    Set oEventDesc = nothing
End Function
```

2. 验证函数-调用第一个报告生成函数自动判断成功与失败:

```
'############################ 自定义过程校验 ##########################
Function ValidateProperty (Object, PropertyName, ExpectedValue)
  '判断预期是否与实际值相等
   If Object.GetROProperty (PropertyName) = ExpectedValue Then
      '成功
      HReport ExpectedValue,Object.GetROProperty(PropertyName),true,_
      "check "+Object.GetTOProperty("testObjName")+"<"+PropertyName+">属性"
      ValidateProperty = True
     Exit Function
   Else
    ' 失败
     HReport ExpectedValue,Object.GetROProperty(PropertyName),false,_
     "check "+Object.GetTOProperty("testObjName")+"<"+PropertyName+">属性"
     ValidateProperty = False
     Exit Function
   End If
End Function
```

这里的验证函数使用了测试对象的抽离技术。调用时可以直接把对象传入。把以上两个函数都存放在函数库中，然后直接调用验证函数（ValidateProperty）即可：

```
Set oWebEdit = Browser("百度一下，你就知道").Page("百度一下，你就知道")._
WebEdit("搜索框")

VaildateProperty oWebEdit,"name","wd"
ValidateProperty oWebEdit,"name","wd1"
```

结果 1：wd 验证成功，如图 1-262 所示。

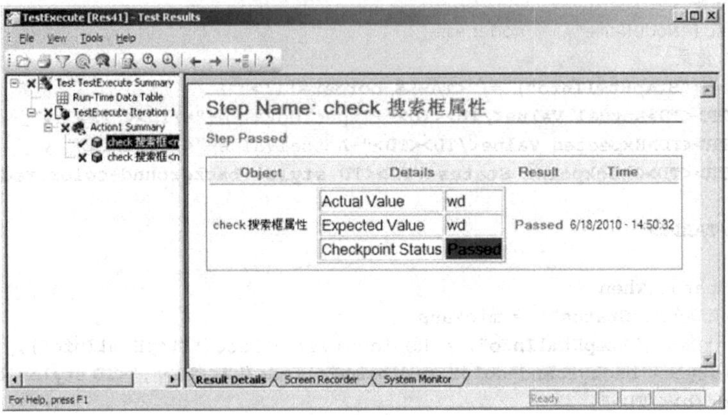

图 1-262

结果 2：wd1 验证失败，如图 1-263 所示。

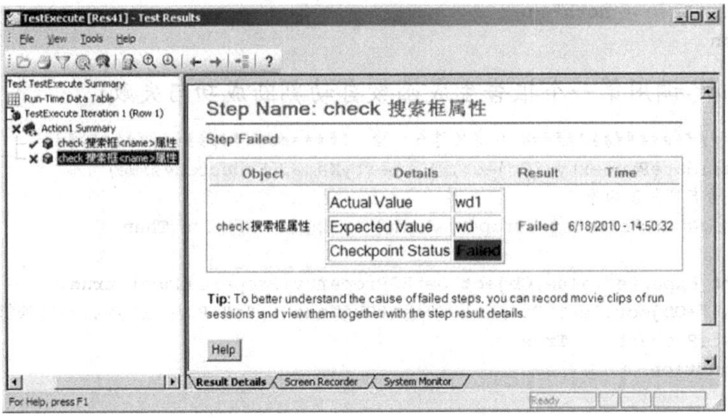

图 1-263

1.10.7 总结

验证点和测试报告作为自动化测试脚本的最后一关是非常关键的。验证点随着业务逻辑的复杂度而千变万化。验证点的质量直接反应自动化测试的可靠性；测试报告是一门技术活，测试报告写的好，能一目了然地反应程序或者代码本身的问题。在本章中，凡是关于这类的

内容上，不过这些都将在第二大章中逐步展现。

同时，随着验证点和测试报告的学习完毕，也就意味着读者已经掌握了所有基本理论操作知识和实战技巧，接下来的积累已经不再是“学习”这个层面上了，应该是积累和扩展！

知识点巩固和举一反三练习

一、使用自身接口的方式验证“百度一下”这个按钮的界面是否符合需求。

二、学会将关键信息输入至 Test Result 中。

Chapter 2

第2章

轻松驾驭实际项目

2.1 VBScript 在项目中的应用

阶段要点

- Option Explicit 的使用。
- VBScript 基础知识解析。
- 10 个在实际项目中常用的 VBS 函数。
- 类在 VBS 中的应用。
- 扩展内容：VBS 的 SendKeys 方法。

2.1.1 请培养代码规范的好习惯

从第 2 章开始，读者要学习或者说积累的是更多实际项目中的经验和遇到各种项目时的不同的解决思路。由于 QTP 的脚本语言是基于 VBS 的，因此 VBS 对于学习自动化测试还是起到了相当大的作用，VBS 作为 QTP 的官方脚本语言，则是我们在做项目时必不可免的要经常使用的。所以，作者将 VBS 的学习放在第 2 章的第 1 章节，旨在打开从 QTP 使用到利用 QTP 做实际项目的这扇大门。

首先，认识一下 VBS，它又称 VBScript，是 Visual Basic Script 的简称，即 Visual Basic 脚本语言。VBScript 可以通过 Windows 脚本宿主调用 COM，因而可以使用 Windows 操作系统中可以被使用的程序库，如可以使用 Microsoft Office 的库、WSH、AOM 等。当然它也可以使用其他程序和操作系统本身的库。因此，学习 VBScript 对于测试人员来说非常重要。通常当学习一门编程语言时，第一句代码往往是变量申明，VBScript 也是一样，一起来看一个最简单的实例。

1. 定义变量——Dim

例如：

```
Dim helloworld  '定义变量
helloworld = "QTP 自动化测试技术领航"  '给变量进行赋值
msgbox helloworld '弹出消息框显示变量
```

复制以上代码，在 QTP 中或另外保存为 helloworld.vbs 后直接运行，运行结果如图 2-1 所示。

图 2-1

由于 VBScript 语法不是很严谨，因此，可以不用申明变量就可以直接使用，例如：

```
helloworld = "QTP 自动化测试技术领航"  '给变量进行赋值
msgbox helloworld '弹出消息框显示变量
```

这样就可以省去很多申明变量的时间，增加代码开发的速度，但是这样会有一个问题，来看以下这个脚本：

```
helloworld = "QTP 自动化测试技术领航"  '给变量进行赋值
msgbox helloword '弹出消息框显示变量
```

保存以上脚本后运行，会发现弹出框并没有任何数据，而是一个空值，如图 2-2 所示。

图 2-2

为什么会这样？因为在这里输入的 helloworld 被拼写成了 helloword，少了一个小写"L"，因此才导致打印出来一个空值。当我们在申明很多变量的时候很容易发生类似这种错误，因此，这里就要给代码中加上显示申明，这样才不会出现上述的这种情况，下面就来看一下具体怎么使用。

2. 显示申明——Option Explicit　强制所有变量必须先申明才能使用

例如：

```
Option Explicit '显示申明变量

Dim helloworld '定义变量
helloworld = "QTP 自动化测试技术领航"  '给变量进行赋值

msgbox helloword  '弹出消息框显示变量
```

图 2-3

运行以上代码就可以直接定位问题，出现错误提示"变量未定义"，如图 2-3 所示。

很多读者在写 VBScript 时，不喜欢使用显示申明。其实显示申明能够检查你的程序，建议大家能够养成这个好习惯。否则在大量的变量面前一定会束手无策，简单总结一下它的几个优点。

- 显示申明是脚本编写人员的一种好习惯。
- 可以防止很多不必要的错误发生，大型项目更加明显。
- 减少资源占用。
- 代码提示的优势 ，如图 2-4 所示。

图 2-4

总结：作者在此只是举了一个 Option Explicit 的例子，其实在编写代码的时候，处处都应该注意代码规范和树立良好的习惯，比如多做一些注释等，这样对以后的脚本维护是有很大的好处的。

2.1.2　VBS 基础知识提炼

2.1.2.1　VBS 的基本语法

1. 变量

（1）所有单引号后面的内容都被解释为注释。

（2）在 VBScript 中，变量的命名规则遵循标准的命名规则，需要注意的是：在 VBScript 中对变量、方法、函数和对象的引用是不区分大小写的。在申明变量时，要显式地申明一个变量，需要使用关键字 Dim 来告诉 VBScript 创建一个变量，并将变量名称跟在其后。申明多个同类型变量，可以用逗号分隔。

注意

VBScript 中不允许在申明变量的时候同时给变量赋值。但是允许在一行代码内同时对两个变量进行赋值，中间用冒号分隔。

（3）VBScript 在定义时只有一种变量类型，在实际使用中需要使用类型转换函数来将变量转换成相应的变量类型。

Cbool 函数将变量转换成布尔值。

Cbyte 函数将变量转换为 0～255 的整数。

Ccur 函数、Cdbl 函数和 Csng 函数将变量转换为浮点数值，前者只精确到小数点后 4 位，后两者要更加精确，数值的范围也要大的多。

Cdate 函数将变量转换为日期值。

Cint 函数和 Clng 函数将变量转换为整数，后者的范围比前者要大的多。

Cstr 函数将变量转换为字符串。

2. 数组

数组的定义与变量非常类似，只需要在变量后描述这个数组的个数和维数。需要注意的是：数组在“定义”时下标是从 1 开始的，而在“访问”时下标总是从 0 开始，以数组定义中数值减一结束。也就是说如果要定义一个有十个数据的数组，将这样书写代码：Dim array（10），同样，当你要访问第五个元素时，实际的代码是 array（4）。

当然，可以通过不指定数组的个数和维数来申明动态数组。等到数组的个数和维数固定后，使用关键字 ReDim 来改变数组。

注意，在改变数组的大小时，数组的数据会被破坏，使用关键字 preserve 来保护数据。例如：

ReDim“空格”preserve“空格”array“括号”个数“逗号”维数“括号”：

```
ReDim preserve array (x , y )
```

3. 操作符

在 VBScript 运算符中，加减乘除都是常用的符号，乘方使用的是^，取模使用的是 Mod。

在比较操作符中，等于、小于、大于、小于等于（<=）、大于等于（>=）都与常用的符号是一致的，而不等于是小于和大于连用（<>）。

逻辑运算符为："和"操作→AND，"非"操作→NOT，"或"操作→OR。

也可以使用操作符 + 和操作符&来连接字符串，一般使用&操作符；另外还有一个比较特殊的操作符 Is 用来比较对象，例如。按钮对象，如果对象是同一类型，结果就是真，如果对象不是同一类型，结果就是假。

4. 条件语句主要有 If……Then 语句和 Select Case 语句两种形式

在 If……Then 语句中，其基本形式为：

```
If  条件 Then
    处理条件的语句
End If
```

基本形式只能对单个条件进行验证，如果有两个条件，则需要在基本形式中添加单行语句 Else，如果还有更多的条件需要验证，则需要添加语句：ElseIf 条件 Then 以及 Else，如下：

```
If  条件 Then
    处理条件的语句
ElseIf 条件 Then
    处理条件的语句
Else
    处理条件的语句
End If
```

在 Select Case 语句中，其基本形式为：

```
Select  Case  变量
  Case  条件值
    处理条件语句
  Case  条件值
    处理条件语句
  Case  Else
    处理条件语句
End  Select
```

注意

在执行字符串比较时，需要特别注意大小写，一般情况下，在比较前，使用 lCase 函数将字符串转换成小写，使用 uCase 函数将字符串转换成大写。

5. 循环控制语句

循环控制语句共分 For……Next 循环、For……Each 循环、Do……While 循环、Do……Until 循环、While 循环 5 种形式。

在使用循环控制语句前，首先要对循环条件进行判断，如果循环次数是有固定次数的，那么使用 For……Next 循环，其结构为：

```
For 计数器变量 = 开始计数值 To 最后计数值
  执行循环体
Next
```

如果是需要对数组或对象集合中的每一个元素进行判断，则需要使用 For……Each 循环，其结构为：

```
For Each 循环计数变量 In 要查看的对象或数组
  执行处理语句
Next
```

注

在上述两种循环中随时可以使用 Exit For 来退出循环。

如果希望在条件满足时执行一段代码则使用 Do……While 语句，结构为：

```
Do While 条件
  执行循环体
Loop
```

如果希望在条件不满足时执行代码，则使用 Do……Until 语句，结构为：

```
Do Until 条件
  执行循环体
Loop
```

注

在这两种循环语句中，是使用 Exit Do 来退出循环的。

最后一种循环语句是条件满足时一直执行循环，如下：

```
While 条件
  执行循环体
Wend
```

2.1.2.2　错误处理

引发错误的原因有很多，例如，用户输入了错误类型的值，或者脚本找不到必需的文件或者目录等，可以使用循环技术来处理错误，但是 VBS 本身也提供了一些基本技术来进行错误的检测和处理。

（1）最常见的错误是运行时错误，也就是说错误在脚本正在运行的时候发生，是脚本试图进行非法操作的结果，例如，0 被当作为除数。在 VBS 中，任何运行时错误都是严重的，此时，脚本将停止运行，并在屏幕上显示一个错误消息。可以在脚本的开头添加 On Error Resume Next

这行语句，它可以告诉 VBS 在运行时跳过发生错误的语句，紧接着执行跟在它后面的语句。这样，一旦发生错误时，该语句将会把相关的错误号、错误描述和相关源代码压入错误堆栈。

（2）虽然 On Error Resume Next 语句可以防止 VBS 脚本在发生错误时停止运行，但是它并不能真正处理错误，要处理错误，需要在脚本中增加一些语句，用来检查错误条件，并在错误发生时处理它。

VBScript 恰好提供了一个对象“err 对象”，它有两个方法 Clear、Raise，5 个属性：description、helpcontext、helpfile、number、source、err 对象不用引用实例，可以直接使用，例如：

```
On Error Resume Next
a = 5
b = 0
c = a / b

If err.number <> 0 Then
WScript.echo  err.number &"/"& err.description &"/"& err.source
End If
```

执行一下该脚本，VBS 会详细地报出错误信息，如图 2-5 所示。

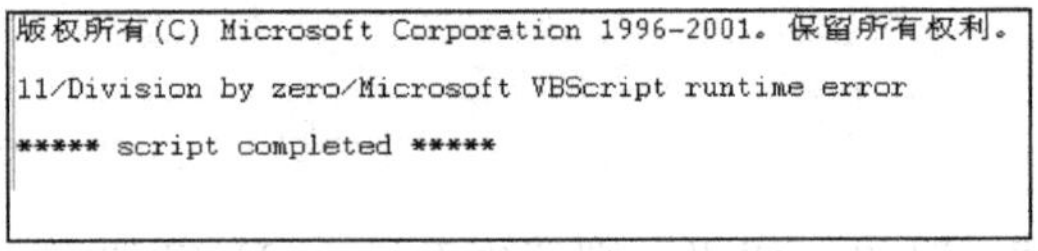

图 2-5

2.1.3 常用函数解析

Date 函数

作用：返回当前系统日期。

语法：Data。

参数：无。

示例：

```
Dim MyDate
MyDate = Date
Msgbox MyDate
```

使用 QTP 执行以后的结果如图 2-6 所示。

图 2-6

-函数实际项目臆测&点评-

经常需要在自动化测试过程中写一些的测试执行 Log，那么抓取时间的函数就相当有必要了，也可以用于错误截图时的后缀名。

Now　函数

作用：返回当前系统时间。

语法：Now。

参数：无。

示例：

```
Dim MyNow
MyNow = Now
Msgbox MyNow
```

使用 QTP 执行以后的结果如图 2-7 所示。

图 2-7

-函数实际项目臆测&点评-

如果说写 Log 文件，更加推荐本函数，因为有具体的时间而不仅仅只有日期。如果作为错误截图，个人认为本函数相对就比较不合适一些！毕竟我们都知道图片的文件名是不能有“:”这种字符的，即使最终去除了这些特殊字符，但是整体的表现力远不如前者，同时也会显得很繁琐！

DateDiff　函数

作用：返回两个日期之间的间隔。

语法：DateDiff (interval, date1, date2)。

参数。interval：通俗地讲它就是事先设一个时间比较单位，这个单位可以且只可以是表 2-1 中的单位。

表 2-1　　时间比较单位

Setting	Description
yyyy	Year
q	Quarter
m	Month
y	Day of year
d	Day
w	Weekday
ww	Week of year

续表

Setting	Description
h	Hour
n	Minute
s	Second

注：参数只能设置成上表中左边这一栏的数据。

date1：比较数据 1。

date2：比较数据 2。

示例：

```
Dim tDateDiff,date1,date2
date1 = Now
date2 = Date

tDateDiff = DateDiff("d",date1,date2)
Msgbox tDateDiff
```

使用 QTP 执行以后的结果如图 2-8 所示。

图 2-8

注

返回 0 是正确的，因为两个 Date 之间的天数差异是 0 天，读者可以自行尝试其他参数。

-函数实际项目臆测&点评-

作者很兴奋地告诉读者，使用好这个函数，QTP 一样能做一些简单的性能测试工作！毕竟，这个函数可以对比两个事务间的时间间距，而且可以精确到以秒为单位！

Left　函数

作用：返回字符串最左边的指定数量的字符。

语法：Left (string, length)。

参数。

string：字符串表达式，其最左边的字符被返回。如果 string 参数中包含 Null，则返回 Null。

length：数值表达式，指明要返回的字符数目。如果是 0，返回零长度字符串（""）；如果大于或等于 string 参数中的字符总数，则返回整个字符串。

示例：

```
Dim MyString, LeftString
MyString = "VBScript"
LeftString = Left (MyString, 3)

'结果：最终应返回 VBS
```

-函数实际项目臆测&点评-

如果读者需要某个字符串的指定几个字符时，就是使用该函数的时机！

Right　函数

作用：返回字符串最右边的指定数量的字符。

语法：Right（string, length）。

参数。

string：字符串表达式，其最右边的字符被返回。如果 string 参数中包含 Null，则返回 Null。

length：数值表达式，指明要返回的字符数目。如果是 0，返回零长度字符串（""）；如果大于或等于 string 参数中的字符总数，则返回整个字符串。

示例：

```
Dim MyString, RightString
MyString = "VBSCript"
RightString = Right (MyString, 6)

'结果：最终应返回 SCript
```

-函数实际项目臆测&点评-

区别在于一个从左到右，一个从右到左！

Len　函数

作用：返回字符串内字符的数目。

语法：Len（string）。

参数。

string：任意有效的字符串表达式。如果 string 参数包含 Null，则返回 Null。

示例：

```
Dim MyString
MyString = Len ("VBScript")

'最终应返回 8
```

-函数实际项目臆测&点评-

往往用于对比两个字符串时的一些特殊业务需求，有时也可以用于代码调试。

Mid　函数

作用：从字符串中返回指定数目的字符。

语法：Mid（string, start[, length]）。

参数。

string：字符串表达式，从中返回字符。如果 string 包含 Null，则返回 Null。

start：string 中被提取的字符部分的开始位置。如果 start 超过了 string 中字符的数目，Mid 将返回零长度字符串（""）。

length：要返回的字符数。如果省略或 length 超过文本的字符数（包括 start 处的字符），将返回字符串中从 start 到字符串结束的所有字符。

示例：

```
Dim MyVar
MyVar = Mid ("VB script is fun!", 4, 6)
'结果：最终应返回 script
```

-函数实际项目臆测&点评-

比 Left 和 Right 智能，它可以在任意位置获取，但是函数本身比较繁琐，建议只在 Left 和 Right 函数不能胜任时使用。

Split 函数

作用。

在指定的分隔符参数出现的所有位置断开 string 对象，将其拆分为子字符串，然后以数组形式返回子字符串。

语法：Split (expression[, delimiter[, count[, compare]]])。

参数。

expression：主体字符串，也就是要被拆分处的字符或字符串。

delimiter：拆分元素，默认是（" "）。

count：Number 要放入数组中的项目数（可选）。

compare：0 是二进制比较，1 是文本比较。0 为缺省值。

示例：

```
Dim MyString, MyArray, Msg
MyString = "VBscriptXisXfun!"
MyArray = Split (MyString, "x", -1, 1)

'返回结果：
' MyArray(0) = "VBscript".
' MyArray(1) = "is".
' MyArray(2) = "fun!".

Msg = MyArray(0) & " " & MyArray(1)
Msg = Msg   & " " & MyArray(2)
MsgBox Msg
```

使用 QTP 执行以后的结果如图 2-9 所示。

图 2-9

-函数实际项目臆测&点评-

在测试中经常获取到一个关键字符串后想去使用它，比如将获取到的一个关键信息写入日志，但如果该信息过于冗长或者有些字符串并不想使用它，完全可以使用 Split 函数来解决这类问题。

LTrim、RTrim 与 Trim　函数

作用：返回不带前导空格（LTrim）、后续空格（RTrim）或所有空格（Trim）的字符串副本。

语法：

LTrim（string）。

RTrim（string）。

Trim（string）。

参数。

string：任意有效的字符串表达式。如果 string 参数中包含 Null，则返回 Null。

示例。

```
Dim MyVar
MyVar = LTrim ("   vbscript  ")    'MyVar 包含 "vbscript  "
MyVar = RTrim ("   vbscript  ")    'MyVar 包含 "   vbscript"
MyVar = Trim ("   vbscript  ")    'MyVar 包含 "vbscript"
```

-函数实际项目臆测&点评-

假设我们要获取一个元素在页面上的值，然后使用这个值做一些检查和验证的判断。但是经常会遇到这样一个困扰，打个比方，我们从观察的角度上看（通过 Msgbox 的方法等），取到的值的确是“qtp”，然后写如下这段很简单的判断代码：

```
If a = "qtp" Then
        Reporter.ReportEvent micPass,"检查变量 a 的值","等于 qtp"
Else
        Reporter.ReportEvent micFail,"检查变量 a 的值","等于 qtp"
End If
```

但是最终验证失败了，为什么？相信软件测试中遇到过很多次类似的问题，其实 QTP 取下来的值多了一个空格，所以导致最后判断失败。遇到类似的情况，就完全可以用 Trim 来解决问题。

Replace　函数

作用：返回字符串，其中指定数目的某子字符串被替换为另一个子字符串。

语法：

```
Replace (expression, find, replacewith[, compare[, count[, start]]])。
```

参数。

expression：[必选项]字符串表达式包含要替代的子字符串。

find：[必选项]被搜索的子字符串。

replacewith：[必选项]用于替换的子字符串。

start：[可选项]expression 中开始搜索子字符串的位置。如果省略，默认值为 1。在和 count 关联时必须用。

count：[可选项]执行子字符串替换的数目。如果省略，默认值为-1，表示进行所有可能的替换。在和 start 关联时必须用。

compare：[可选项]在计算子字符串时使用的比较类型的数值。有关数值如表 2-2 所示。如果省略,缺省值为 0，这意味着必须进行二进制比较。

表 2-2 有关数值

常　数	值	描　述
vbBinaryCompare	0	执行二进制比较
vbTextCompare	1	执行文本比较

Replace 返回值如表 2-3 所示

表 2-3 Replace 返回以下值

If	Replace 返回
expression 为零长度	零长度字符串("")
expression 为 Null	错误
find 为零长度	expression 的副本
replacewith 为零长度	expression 的副本，其中删除了所有由 find 参数指定的内容
start > Len(expression)	零长度字符串
count 为 0	expression 的副本

注

Replace 函数的返回值是经过替换（从由 start 指定的位置开始到 expression 字符串的结尾）后的字符串，而不是原始字符串从开始至结尾的副本。

示例：

```
Dim MyString
MyString = Replace ("XXpXXPXXp", "p", "Y")
'二进制比较从字符串左端开始。返回 "XXYXXPXXY"。
```

-函数实际项目臆测&点评-

部分特殊需求时使用。

2.1.4　Function VS Sub 终极角逐

本小节就来介绍下 VBS 中函数的应用，并且此应用在平时编写公共函数库时经常会被使用到。下面介绍一下 VBS 中的两个函数。

（1）Sub 过程：Sub 其实就是一个过程复用，没有返回值。

详解：Sub 过程是包含在 Sub 和 End Sub 语句之间的一组 VBScript 语句，执行操作但不返回值。Sub 过程可以使用参数（由调用过程传递的常数、变量或表达式）。如果 Sub 过程无任何参数，则 Sub 语句必须包含空括号()。

实例：

```
Call QtpSub    '调用 Sub

Sub QtpSub

  Msgbox "我是 Sub"

End Sub
```

（2）Function　函数：Function 是一个经常会用到的函数，可以有返回值，也有参数。

详解：Function 过程是包含在 Function 和 End Function 语句之间的一组 VBScript 语句。Function 过程与 Sub 过程类似，但是 Function 过程可以返回值。Function 过程可以使用参数（由调用过程传递的常数、变量或表达式）。如果 Function 过程无任何参数，则 Function 语句必须包含空括号()。Function 过程通过函数名返回一个值，这个值是在过程的语句中赋给函数名的。Function 返回值的数据类型总是 Variant。

实例：

```
Dim myName

myName = QtpFunction("QTP 自动化测试技术领航")    '调用返回函数给变量
Msgbox myName

Function QtpFunction (tName)

  QtpFunction = tName  '返回函数

End Function
```

运行结果如图 2-10 所示。

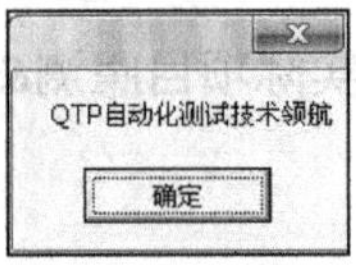

图 2-10

注意

在 QTP 中调用函数可以使用 Call 也可以不使用 Call，但是一旦使用 Call 就需要有返回值，即需要给参数的外面增加一对括号。

2.1.5 获取对象引用 GetRef 方法

在本小节中，为读者简单介绍一下 VBS 中的函数指针，我们都知道函数指针是程序算法的一部分，它和数组一样也需要占用一部分的存储空间，也都有相应的地址。不但可以使用指针变量指向数组的首地址，同样也可以使用指针指向函数代码的首地址，我们把指向函数代码首地址的指针变量称为函数指针。

GetRef：它所提供的功能被称为函数指针，即它指向了在指定事件发生时要执行的过程的地址。

实例：

```
'变量强制申明
Option Explicit

'定义变量
Dim new_helloworld

'定义 helloworld 函数
Function helloworld (content)
  MsgBox content
End Function

'使变量 new_helloworld 指向 helloworld 函数
Set new_helloworld = GetRef("helloworld")

'调用 new_helloworld
Call new_helloworld ("QTP 自动化测试技术领航")
```

上面这段代码是把变量 new_helloworld 的指针指向 helloworld 函数，这样 new_helloworld 就具有了 helloworld 函数的功能，放到 QTP 中执行以后的结果如图 2-11 所示。

图 2-11

如图 2-11 所示，指针成功指向了 helloworld 函数，并最终成功调用了 MsgBox 方法。

2.1.6　类的简单应用

"类"这个名词应该是不陌生的，但是很多自动化测试新人往往不知道，其实在 VBScript 中一样可以使用 Class "类"！而且 Class "类"在自动化测试中相当常用，对于代码量增大时，类的结构化就充分体现出了它强大的优势，下面就来看一下类的组成部分以及它们的一些用法。

1. 初始化与终结化的应用

```
Class User

   Private Sub Class_Initialize
     '当这个类被创建时执行
   End Sub

   Private Sub Class_Terminate
     '当类被销毁时执行
   End Sub

End Class
```

2. Get 与 Set 的应用

```
Class User

  '************定义变量名*************
  Private s_name
  Private s_age

  '************定义 Get 方法************
  Public Property Get name
    name = s_name
  End Property

  Public Property Get age
    age = s_age
  End Property

  '************定义 Set 方法************
  Public Property Let name (new_name)
   s_name = new_name
  End Property

  Public Property Let age (new_age)
    s_age = new_age
  End Property

End Class
```

```
Set user1 = New user
user1.age = "100"
user1.name = "拉生"
MsgBox "姓名: " +user1.name+ " 年龄: " +user1.age
```

把以上这段代码放入 QTP 执行，结果如图 2-12 所示。

图 2-12

3. 函数的应用

```
Class User

  Sub msgNow
    MsgBox now
  End Sub

  Function msgContent(content)
    MsgBox content
  End Function

End Class

Set user1 = New user
user1.msgContent "当前何时? "
user1.msgNow
```

把以上这段代码放入 QTP 中执行，结果如图 2-14 和图 2-13 所示。

图 2-13

图 2-14

总结：

虽然 Class 很实用，但可惜的是在 QTP 中，目前还不支持 Class 的编辑，即无法“点”出 Class。因此不得不通过其他工具编辑完毕以后再放入 QTP 中。

2.1.7 VBS 中 SendKeys 与项目结合的妙用

这个小节主要是介绍一下如何使用 VBS 中的 SendKeys 命令（这个命令的作用就是模拟键盘操作，将一个或多个按键指令发送到指定 Windows 窗口来控制应用程序运行），巧妙地使用它可以极大地方便我们的常用操作，其使用格式为。

```
object.SendKeys  string
```

其中，“object”表示 WshShell 对象；“string”表示要发送的按键指令字符串，需要放在英文双引号中，而在按键指令字符串中通常又把它分为两类。

1. 基本键。

一般来说，要发送的按键指令都可以直接用该按键字符本身来表示，例如，要发送字母“q”，使用“WshShell.SendKeys "q"”即可。当然，也可直接发送多个按键指令，只需要将按键字符按顺序排列在一起即可，例如，要发送按键“qtp”，则可以使用“WshShell.SendKeys "qtp"”来表示。

2. 特殊功能键。

对于需要与 Shift、Ctrl、Alt 3 个控制键组合的按键，SendKeys 使用特殊字符来表示。

- Shift：WshShell.SendKeys "+"。
- Ctrl：WshShell.SendKeys "^"。
- Alt：WshShell.SendKeys "%"。

由于“+”、“^”这些字符用来表示特殊的控制按键了，那又如何表示这些按键呢？ 很简单，只要用大括号括住这些字符即可，例如。

要发送加号“+”，可使用“WshShell.SendKeys "{+}"”

另外，对于一些不会生成字符的控制功能按键，也同样需要使用大括号，把按键的名称“括起来”，例如，要发送回车键，需要用“WshShell.SendKeys "{ENTER}"”表示，发送向下的方向键用“WshShell.SendKeys "{DOWN}"”表示，其他的比如。

- Space：WshShell.SendKeys " "。
- ←：WshShell.SendKeys "{RIGHT}"。
- ↑：WshShell.SendKeys "{UP}"。
- F1：WshShell.SendKeys "{F1}"。

注意

如果需要发送多个重复的单字母按键，不必重复输入该字母，SendKeys 允许使用简化格式进行描述，使用格式为“{按键　数字}”。例如，要发送 10 个字母“q”，则输入“WshShell.SendKeys "{q 10}"”即可。

大致的语法都已经了解了，其实其他的按键都是遵循这些法则的，接下来让我们来看看一些使用 Sendkeys 的实例。

实例一：按 F5 键刷新桌面：

```
Dim WshShell , Path , i
Set WshShell = WScript.CreateObject("WScript.Shell")
WshShell.SendKeys "{F5}"
```

实例二：自动重启电脑：

```
Set WshShell = CreateObject("WScript.Shell")
WshShell.SendKeys "^{ESC}u"
WshShell.SendKeys "R"
```

实例三：启动任务管理器：

```
Set WshShell = CreateObject("WScript.Shell")
WshShell.SendKeys "^+{ESC}"
```

实例四：在记事本中输入"Happy Birthday!"字样并保存为 birth.txt：

```
Dim WshShell
Set WshShell = WScript.CreateObject("WScript.Shell")
WshShell.Run "notepad"
WScript.Sleep 1500    'wait 1.5 second
WshShell.AppActivate "无标题 - 记事本"
WshShell.SendKeys "H"
WScript.Sleep 500
WshShell.SendKeys "a"
WScript.Sleep 500
WshShell.SendKeys "p"
WScript.Sleep 500
WshShell.SendKeys "p"
WScript.Sleep 500
WshShell.SendKeys "y"
WScript.Sleep 500
WshShell.SendKeys " "
WScript.Sleep 500
WshShell.SendKeys "B"
WScript.Sleep 500
WshShell.SendKeys "i"
WScript.Sleep 500
WshShell.SendKeys "r"
WScript.Sleep 500
WshShell.SendKeys "t"
WScript.Sleep 500
WshShell.SendKeys "h"
WScript.Sleep 500
WshShell.SendKeys "d"
WScript.Sleep 500
WshShell.SendKeys "a"
WScript.Sleep 500
WshShell.SendKeys "y"
WScript.Sleep 500
WshShell.SendKeys "!"
WScript.Sleep 500
WshShell.SendKeys "%FS"
WScript.Sleep 500
WshShell.SendKeys "b"
WScript.Sleep 500
```

```
WshShell.SendKeys "i"
WScript.Sleep 500
WshShell.SendKeys "r"
WScript.Sleep 500
WshShell.SendKeys "t"
WScript.Sleep 500
WshShell.SendKeys "h"
WScript.Sleep 500
WshShell.SendKeys "%S"
WScript.Sleep 500
WshShell.SendKeys "%FX"
```

实例五：使计算机死机（请勿随意尝试!）。

```
Dim WSHSHELL
Set WSHSHELL = WScript.CreateObject("WScript.Shell")
WSHSHELL.Run " "
Wait 1
WSHSHELL.SendKeys "{ENTER}"
Wait 1
WSHSHELL.SendKeys "{ENTER}"
Wait 1
WSHSHELL.SendKeys "{ENTER}"
Wait 1
WSHSHELL.SendKeys "{ENTER}"
Wait 1
WSHSHELL.SendKeys "{ENTER}"
```

实例六：定时关机。

```
Dim WshShell
Set WshShell = WScript.CreateObject("WScript.Shell")
WScript.Sleep 2000
WshShell.Run "shutdown -r -t 120"
wscript.sleep 6000
WshShell.Run "shutdown -a
```

注意

在“实例四”中的“wscript.sleep 500”意味着等待 0.5 秒（1000 = 1 秒），而在“实例五”中的“Wait 1”直接意味着等待 1 秒。另外 QTP 并不支持前者，所以，使用 QTP 执行的话只能使用 Wait 函数，否则会报错。

2.1.8　总结

VBScript 的知识点很多，在本书中只是总结一些和 QTP 息息相关的知识点，以及一些在项目中会使用到的小技巧（比如 SendKeys），本章节的内容并不是全面的 VBS 教学，内容并不是特别系统，但是作者已经讲了 VBScript 脚本语言和 QTP 交互的重点部分。

完全可以通过很多网络资源学习 VBScript，在本书的后续章节（比如介绍 EOM 的那一章）也会使用到不少 VBScript 的知识。最后再通过不断地实践，相信过不了多久就可以随心所欲地应付 VBS 了，个人认为"VBScript 脚本语言"没有必要特意去"学习"！

知识点巩固和举一反三练习

一、利用 VBScript 中的 SendKeys 方法写一段代码，使记事本能自动定时保存。

二、编写一个 Function、一个 Sub 并调用它们。

要求：注意代码规范！

2.2 精通项目中 10 类常用 Web 控件

阶段要点

- 10 类常用 Web 控件。
- 难点：WebTable 对象控件。
- 综合实例练习题。

2.2.1 读前布告（引言）

如图 2-15 所示，加载 Web 插件以后，就可以使用到列表中的这些插件。在本章节中列出了常用的控件，针对这些控件逐一进行介绍，会提到的内容当然是平时在做实际项目时比较常用的，有控件的方法介绍、属性介绍、虚拟项目实例演示等。本节的目的旨在尽可能地列举出、覆盖到今后读者会在项目中使用到的内容，从而打下一定的基础。

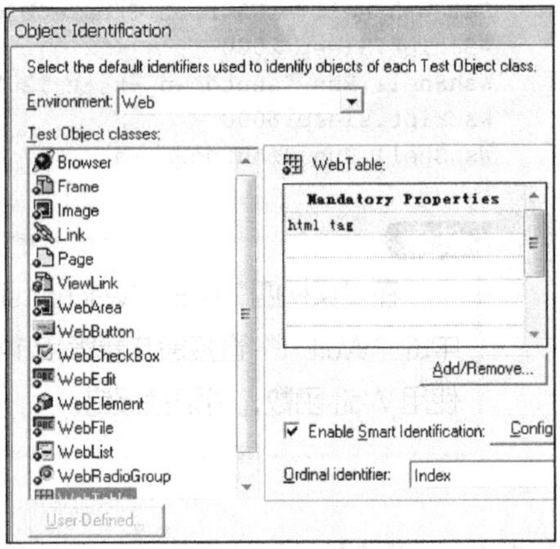

图 2-15

当然，为什么只能说尽可能，因为项目千千万万，而且一本书也不可能做到形形色色的事物都可以包容。但是本章节的内容会帮助广大读者，特别是刚 QTP 入门的读者，帮助你们今后可以举一反三！

那么本章节具体用什么方式介绍呢？决定以 51Testing 网站为背景，虚拟构思了一个假设性的测试需求，然后设计成了自动化测试用例，最终实现成自动化测试脚本，脚本里会有很多注解，在最后会对这些注释点进行分析、讲解，如为什么要这样写？思路是什么等。

可以看到，本章节的架构是对控件分别介绍的，所以设计出来的测试需求是针对当前小节所介绍的控件设计的，我们以 2.2.2 Browser&Page 举例，即测试点以及注解多以围绕这两个控件为主。

2.2.2　Browser&Page

1. 测试需求

前置条件：用户没有登录 51Testing 网站。

（1）进入 51Testing 首页后，在 URL 地址栏直接输入 51Testing 论坛地址，测试它可以成功进入到论坛，如图 2-16 所示。

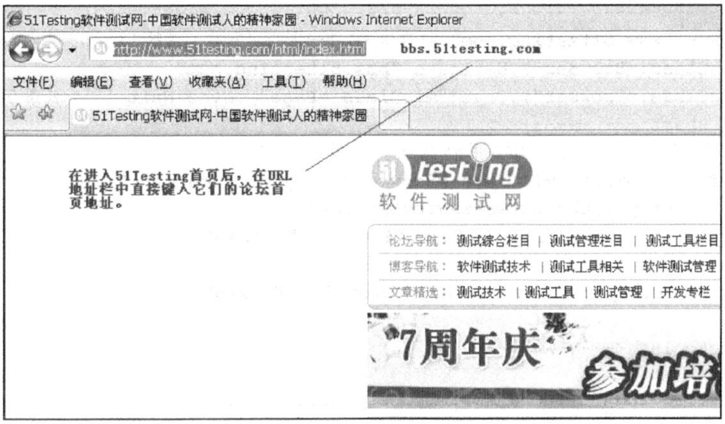

图 2-16

（2）新建一个选项卡，同样在 URL 地址栏输入 51Testing 论坛的地址，该步骤不检查。

（3）由于用户还没有登录，故在新的选项卡中进行论坛登录的操作，验证其登录是成功的，如图 2-17 所示。

（4）终极验证：在新选项卡中用户已登录成功后返回到"第一个选项卡"，最后刷新页面，检查是否用户已登录的状态能在这张选项卡中同步，如图 2-18 所示。

图 2-17

图 2-18

2. 自动化测试用例。

Step	Description	Expected Result
1	a．启动 IE 并进入 51Testing 首页<www.51testing.com> b．在 URL 地址栏输入 51Testing 论坛地址 <bbs.51testing.com>	b．成功跳转到 51Testing 论坛
2	新建一张选项卡，并在 URL 中同样键入“论坛地址”	
3	用户登录	成功登录 51Testing 论坛
4	返回到第一个选项卡（旧选项卡）后刷新网页	用户已登录的状态可以同步传输

3. QTP 脚本。

```
'Step 1 ------------------------------------------------------>
SystemUtil.Run "www.51testing.com"  '启动 IE 并进入指定网站 <注解 1>
Browser("micClass:=Browser").Navigate "bbs.51testing.com"  '<注解 2>
Browser("micClass:=Browser").Page("micClass:=Page").Sync:Wait 1  '<注解 3>
'Checkpoint start ------------>
'通过自身属性接口获取 Browser 的 URL 用于 Step 1 的验证
checkURL = Trim(Browser("micClass:=Browser").Object.LocationURL)
If checkURL = "http://bbs.51testing.com/" Then
        Reporter.ReportEvent micPass,"Step 1","Passed"
Else
        Reporter.ReportEvent micFail,"Step 1","Failed"
End If
'End of checkpoint <------------

'Step 2 ------------------------------------------------------>
'通过<OpenNewTab 方法>打开一个新选项卡
Browser("micClass:=Browser").OpenNewTab:Wait 1
'通过<GetROProperty 方法>动态获取当前浏览器对象的封装属性“hwnd”，最'终用于 Step 4 <标记 1>
testHWND = Browser("name:=欢迎使用选项卡浏览").GetROProperty("hwnd")
Browser("name:=欢迎使用选项卡浏览").Navigate "bbs.51testing.com"

'Step 3 ------------------------------------------------------>
Browser("51Testing 软件测试论坛-首页").Page("51Testing 软件测试论坛-首页")._
Link("登录").Click
'使用<With>更有利于代码的可读性
With Browser("51Testing 软件测试论坛-首页").Page("51Testing 软件测试论坛-用户登录")
       .WebEdit("用户名").Set "yujie6832"
       .WebEdit("密码").Set "xxxxxx"
       .WebButton("登录").Click:Wait 3
End With
'Checkpoint start ------------>
'一旦用户登录成功，则“退出”这个 Link 会存在于页面中，故以此
'控件作为验证点
oExist = Browser("51Testing 软件测试论坛-首页")._
Page("51Testing 软件测试论坛-首页").Link("退出").Exist (3)
If oExist Then
        Reporter.ReportEvent micPass,"Step 3","Passed"
Else
        Reporter.ReportEvent micFail,"Step 3","Failed"
```

```
End If
'End of checkpoint <------------

'Step 4 ---------------------------------------------------------->
'根据之前动态获取到的句柄，可以准确定位到具体的 Browser，然后将其'关闭
Browser("hwnd:="&testHWND).Close  '<标记 1>
Browser("micClass:=Browser").Refresh:Wait 1  '使用<Refresh 方法>刷新当前页面
'Checkpoint start ------------>
'同样，刷新页面后，如果“退出”这个 Link 对象存在，则说明状态已经
'“传输”到本页面上了，同时也宣告本案例的自动化测试成功!
oExist = Browser("51Testing 软件测试论坛-首页")._
Page("51Testing 软件测试论坛-首页").Link("退出").Exist (3)
If oExist Then
        Reporter.ReportEvent micPass,"Step 4","Passed"
Else
        Reporter.ReportEvent micFail,"Step 4","Failed"
End If
'End of checkpoint <------------
```

4. 对象库图（见图 2-19）

5. Test Report 图（见图 2-20）

图 2-19

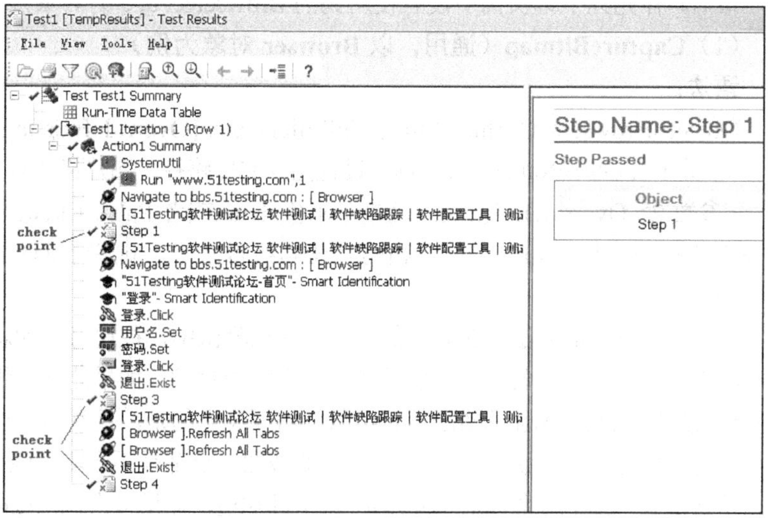

图 2-20

6. 注解部分

<注解 1>：SystemUtil 是一个非常有用的保留对象，它下面带了很多方法，如图 2-21 所示。

具体方法的用法，只需查看“兵法书”就行，里面都有很详细的示例，在这里不会多做阐述。在脚本中，使用的是这个对象的 Run 方法，这个方法是读者以后经常会用到的，它不仅可以打开网页，还可以打开客户端程序。如果是打开网页，这个方法的作用是新建一个浏览器 Tab，而不是跳转网页，这点要注意！

<注解 2>：Navigate 的用法则是在当前窗口中直接跳转到其他网页，和 SystemUtil.Run 有区别，需注意！另外，在这里由于考虑到当前步骤的业务只是打开一个网页，没有后续页面和该步骤关联，所以并没有将 Browser 和 Page 对象加入到对象库中，此时使用描述性编程实质上比使用对象库编程更好维护，因为使用了描述性编程，无论 Browser 和 Page 对象如何改变，它永远都可以被执行，而对象库编程则还需要维护对象。

<注解 3>：sync 这个方法经常会看到，在脚本快结束时、关闭浏览器前，通常会有这么一个方法，这个方法能够保证当前页面的工作完全结束，然后再去做后续的事情。当然，放在每个启动网页的操作后也是非常适宜的，性质和前面所讲述的一样。

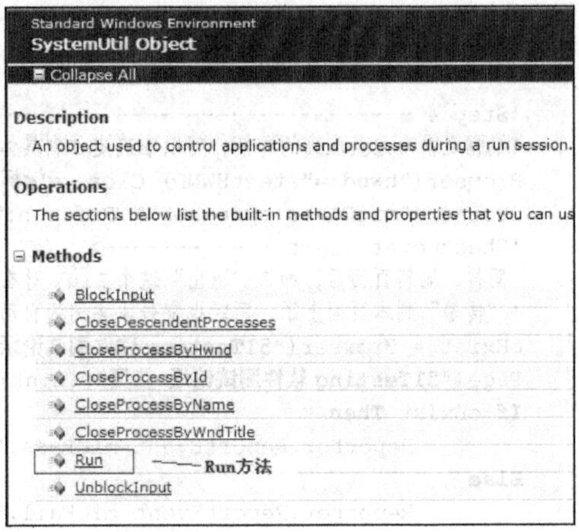

图 2-21

7. 知识补充

最后，补充几个本实例中没有使用到的 Browser&Page 的对象方法，它们也是比较常用的。

（1）**CaptureBitmap（通用，以 Browser 对象为例）**

语法：

Object<Browser>.CaptureBitmap FullFileName, [OverrideExisting]。

<参数 1> FullFileName：必填项，设置图片文件路径，图片格式只可以是.png 或.bmp 格式。

<参数 2> OverrideExisting：设置布尔值 True 或者 False（默认），如设置为 True，覆盖文件夹下的相同文件，如果文件名相同且在同级目录下，选择 False 的话 QTP 执行会报错。

点评：

这是一个截图的方法，在无人值守的自动化测试中，往往可以动态地去截取一些当前软件的运行状态，然后放入报告中。特别是在验证失败的时候，如果能截一张图到报告中再配合验证时本身就使用的属性，绝佳的搭配组合。另外需要注意的是，几乎每一个控件都有这个方法（后续的控件将不再重复介绍该方法），但是它们的截图焦点都是不同的，现在我们应用的是 Browser 对象，那它截取的就是这个对象，Browser 大家都知道，如果最大化，截取下来的图则可以反映出当前屏幕中的所有事物。如果是 WebButton、Link 这种对象，那么它截取的焦点则是该对象本身，只是把一个“按钮”、一个“链接”截取下来而已，我们可以看一下选看两张图 2-22 和图 2-23。

图 2-22

图 2-23

因此，我们也可以认为，同样是 CaptureBitmap 方法，在 Browser 和 Page 下使用就比在 WebButton、Link 这种控件下使用时实用的多！一般情况下，“小控件”如果没有特殊需求不太会去使用这个方法。

案例：

前面已经说过了，我们是可以把截图放入 Report 的，那我们就要看代码应该怎么去写：

```
FullFileName = "D:\test.png"
Browser("百度一下，你就知道").CaptureBitmap FullFileName,True
Reporter.ReportEvent micFail,"错误截图写入 Report",_
"这是一个很给力的功能", FullFileName
```

执行以后，我们可以发现错误截图已经加在我们的 Test Report 里了，见下图：

图 2-24

（2）**FullScreen（Browser）。**

语法：Object<Browser>.FullScreen。

点评：

通常，在执行业务脚本之前，可以在开头处添加这样一个方法，这样就可以保证是在最大化的情况下完成业务，同时它也是 CaptureBitmap 方法的绝配。

（3）**ChildObjects（Page）。**

语法：

Object<Page>.ChildObjects ([Description])

点评：

对于 Page 对象来说，这个方法很实用。假设一个 Web 页面上有上百个 Button 按钮需要一个个去点击。首先，我们如果一个个数，那这显然不是什么好方法。其次，即使数下来了，假设是 101 个，那还要写循环并把 101 设置为循环数，然后再循环体里写一段点击 Button 的代码。如果是这样的话，暂时算是解决了，但是如果下一次当 Button 按钮就只有 90 个或 120 个的时候，写的代码就又要手动去改了，还得一个个数才行。有了 ChildObjects 方法以后，可以配合描述性编程，轻松且动态地去完成这个业务，让我们来看一下示例代码：

```
Set oDesc = Description.Create()
  oDesc("micclass").Value = "WebButton"
Set Buttons = Browser("micClass:=Browser").Page("micClass:=Page").ChildObjects(oDesc)
  NumberOfButtons = Buttons.Count
For i = 0 To NumberOfButtons - 1
  Buttons(i).Click
Next
```

8. 作者点评

Browser 和 Page 对象，其实对它们的操控并不是很多，多数只是做一些关闭浏览器、获得句柄做后续操作、获得 Title 用于验证的一些操作，但是它们却是所有 Web 控件的父对象。而且，它们这两个对象在默认情况下 QTP 不会限制它们太多，即在 Test object details 窗口下的 Description properties 的个数为 0。应该都已经知道了，Description properties 是用于描述对象特征的，QTP 在运行时会与这些特征做一一匹配。

2.2.3 Link

1. 测试需求：

前置条件：用户登录 51Testing 网站。

（1）进入 51Testing 首页，然后点击右上角的[软件测试论坛]链接，如图 2-25 所示。

图 2-25

（2）进入论坛页面后便可把网站页面关掉了，因为已经不再需要。然后测试是否可以正常进入[QuickTest Pro]版块，如图 2-26 所示。

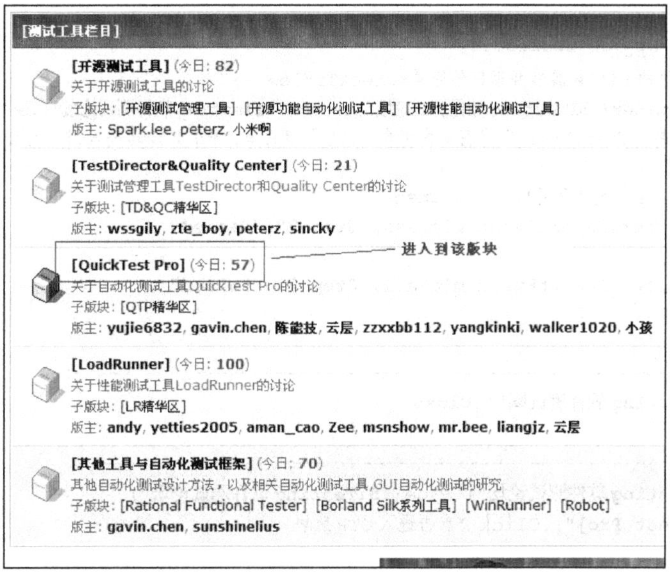

图 2-26

（3）进入 QTP 版块以后，应可以通过 51 的快捷版块链接栏直接快速跳转到其他版块。

（4）可以正确进入版块下的子链接。

2. 自动化测试用例

Step	Description	Expected Result
1	启动 IE 并进入 51Testing 首页	
2	点击<软件测试论坛>链接	成功进入论坛
3	关闭 51 首页	
4	论坛内点击<QuickTest Pro>版块链接	成功进入 QTP 版块
5	通过导航链接快速进入其他版块浏览	成功进入<我要做专家>版块
6	搜索在该页面中是否存在 2 个指定的链接。 “[你问我来答第 3 期]：共同探讨 QuickTest Pro（已结束）”；“[你问我来答第 9 期]：一起揭开 QTP 背后的真相（已结束）”	搜索成功，存在这两个链接

3. QTP 脚本

```
'Step 1 ------------------------------------------------------->
SystemUtil.Run "www.51testing.com"  '启动 IE 并进入 51testing 官方首页

'Step 2 ------------------------------------------------------->
Browser("51Testing 软件测试网").Page("51Testing 软件测试网 - 首页")._
Link("软件测试论坛").Click
```

```
Wait 2  '<注解 1>
'Checkpoint start ------------>
'动态获取当前网页的title属性并返回给变量<checkTitle>
checkTitle = Browser("51Testing软件测试论坛").Page("51Testing软件测试论坛").GetROProperty("title")
'验证title，如果"checkTitle"字符串内包含"论坛"字符串，则表示成功进入到了论坛页面，Instr函数使用请参考"F1"
If Instr(checkTitle,"论坛") <> 0 Then
        Reporter.ReportEvent micPass,"Step 2","Passed"
Else
        Reporter.ReportEvent micFail,"Step 2","Failed"
End If

'Step 3 ------------------------------------------------------------>
Browser("51Testing软件测试网").Close

'Step 4 ------------------------------------------------------------>
Browser("51Testing软件测试论坛").Page("51Testing软件测试论坛")._
Link("[QuickTest Pro]").Click '点击进入QTP版块
Wait 2
'Checkpoint start ------------>
'动态获取当前网页的title属性并返回给变量<checkTitle>
checkTitle = Browser("51Testing软件测试论坛").Page("51Testing软件测试论坛").GetROProperty("title")
'验证title，如果"checkTitle"字符串内包含"QuickTest Pro"字符串，则表示成功进入到了论坛页面
If Instr(checkTitle,"QuickTest Pro") <> 0 Then
        Reporter.ReportEvent micPass,"Step 4","Passed"
Else
        Reporter.ReportEvent micFail,"Step 4","Failed"
End If

'Step 5 ------------------------------------------------------------>
With Browser("51Testing软件测试论坛").Page("51Testing软件测试论坛")
'       FireEvent其实就是鼠标的操控事件，请按"F1"，那里很详细！
      .Link("51Testing软件测试论坛").FireEvent "onmouseover":Wait 2
      .Link("我要做专家").Click
End With
'Checkpoint start ------------>
'动态获取当前网页的title属性并返回给变量<checkTitle>
checkTitle = Browser("51Testing软件测试论坛").Page("51Testing软件测试论坛")._
GetROProperty("title")
'验证title，如果"checkTitle"字符串内包含"专家"字符串，则表示成功进入到了论坛页面
If Instr(checkTitle,"专家") <> 0 Then
        Reporter.ReportEvent micPass,"Step 5","Passed"
Else
        Reporter.ReportEvent micFail,"Step 5","Failed"
End If

'Step 6 ------------------------------------------------------------>
Set oDesc = Description.Create()  '创建描述性编程对象
```

```
    oDesc("micClass").Value = "Link"  '描述一个 Link 对象
    '设置 Link 对象
    Set Lists = Browser("51Testing 软件测试论坛").Page("51Testing 软件测试论坛").ChildObjects(oDesc)  '<
注解 2>
    NumberOfLists = Lists.Count()  '获取当前页面中 Link 的总数
    mark = 0  '标志位
    theThird = "[你问我来答第 3 期]：共同探讨 QuickTest Pro（已结束）"  '预期结果数据
    theNinth = "[你问我来答第 9 期]：一起揭开 QTP 背后的真相（已结束）"  '预期结果数据
    '遍历当前页面中所有的 Link
    For i = 0 To NumberOfLists - 1
    '  在遍历过程中通过调用封装接口属性获取每个 Link 的"innertext"属性
       linkName = Trim(Browser("51Testing 软件测试论坛").Page("51Testing 软件测试论坛").Link("micClass:=
Link","index:="&i).GetRoProperty("innertext"))  '<注解 3>
    '  判断如果搜索到其中任意一个，标志位+1，然后继续搜索
       If linkName = theThird Or linkName = theNinth Then
       mark = mark + 1
       End If
    '  如果标志位 = 2，则说明预期的 2 个 Link 链接都已经被搜索到，此时退出循环并提交正确的测试报告
       If mark = 2 Then
              Reporter.ReportEvent micPass,"Step 6","Passed"
              Exit For
       End If
    '  如果 i 已经等于最大值，代表没有找到或没有完全找到想要的两个预期结果值，此时提交错误的测试报告
       If i = NumberOfLists - 1 Then
              Reporter.ReportEvent micFail,"Step 6","Failed"
       End If
    Next
```

4. 对象库图（见图 2-27）

5. Test Report 图（见图 2-28）

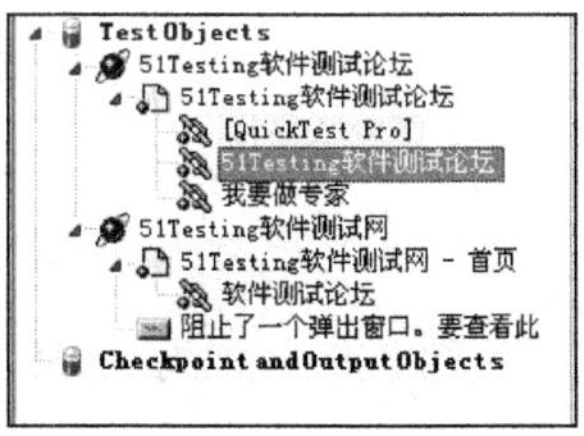

图 2-27

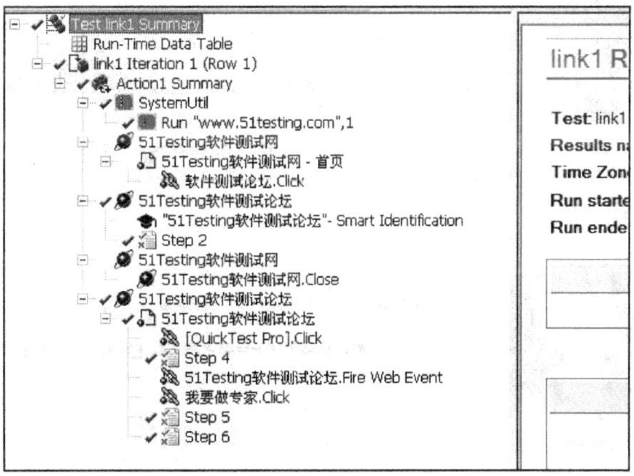

图 2-28

6. 注解部分

<注解 1>：此处的 Wait 函数是必须要加的，否则 QTP 会迅速地执行下一个步骤“获取

下一个页面的 Title”，其实页面还没来得及完全打开，所以，QTP 的“快速”在这里反而帮了倒忙，要认识到这个问题并解决它。

<注解 2>：为什么要把 Links 设为对象？其实很简单，就是为了获得一个 Count 方法，因为直接在 ChildObjects（Links）后可是没有办法点出 Count 方法的。

<注解 3>：在本句代码中，使用了描述性编程、对象库编程、获取封装接口属性等技术。在前面学习描述性编程时，也已经认识到了，一个页面上如果有很多相同对象，那么一个个加到对象库是不合适的，最好的解决办法就是使用描述性编程，在这里不正是又印证和复习了一次这个知识点吗？相信以后读者还会碰到更多这样的实例。

7. 作者点评

Link 对象很简单，大多数情况下只是做一些简单的点击，但是点击 Link 后要知道验证一般不是对 Link 对象本身做验证，而往往是验证 Browser 对象或者 Page 对象。另外，如果 Link 数量很多，完全没必要一一加入对象库，使用描述性编程是最佳的选择！

2.2.4 WebEdit&WebButton

1. 测试需求

前置条件：用户已登录 51Testing 网站并进入“我的个人空间”，然后点击“日志”链接进入“日志”页面，如图 2-29 所示。

图 2-29

（1）点击[发布新日志]，测试可以成功进入日志发布页面。

（2）成功发布一篇新日志，需测试：

① 测试标题自动生成功能，如图 2-30 所示；

② 测试访问密码功能，如图 2-31 所示；

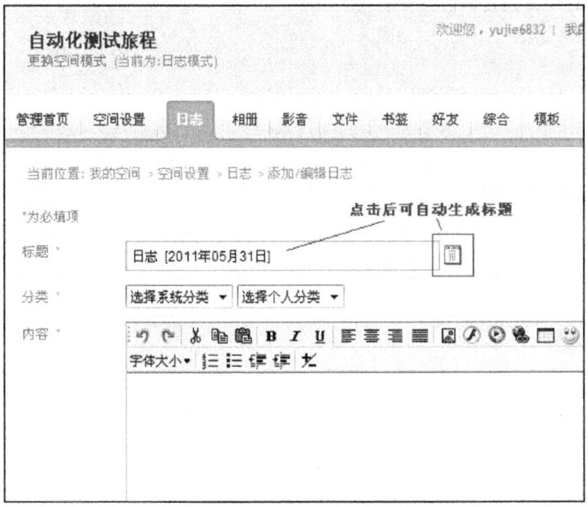

图 2-30

图 2-31

（3）需“保存到私人箱”，如图 2-31 所示。

2. 自动化测试用例

Step	Description	Expected Result
1	点击[发布新日志]链接	成功进入日志发布页面
2	完成“写一篇日志”的动作： ① 日志标题根据使用日期控件自动生成 ② 访问密码设置为 123123	① 标题自动根据当天日期生成，格式如下： 日志[yyyy 年 mm 月 dd 日] ② 访问密码输入成功 ③ 其他必填项输入完毕
3	点击“保存到私人箱”	

3. QTP 脚本

```
'Step 1 ------------------------------------------------------------>
'这句代码还用解释吗？？？
Browser("51Testing 个人空间").Page("自动化测试旅程").Link("发布新日志").Click

'Step 2 ------------------------------------------------------------>
'$$$前置工作+数据准备$$$
'使用 QTP 的保留函数获得当前日期，eg. 2011-05-31
dateArray = Date
'Split 函数：切除所有“-”字符，切分后以数组形式返回给变量 dateArray
dateArray = Split(dateArray,"-")
'将数组中的数据分别配给 3 个临时变量：年、月、日
```

```
tYear = dateArray(0) : tMonth = dateArray(1) : tDay = dateArray(2)
'年份无需优化，直接返回给变量 curYear
curYear = tYear
'根据当前系统需求，在小于 10 的月份前补一个 0（Date 函数返回的月份、
'天数如果小于 10，只显示个位数）
If tMonth < 10 Then
'     补 0 后返回给变量 curMonth
      curMonth = "0"& tMonth
Else
'     如果大于等于 10 则无需优化，直接返回给变量 curMonth
      curMonth = tMouth
End If
If tDay < 10 Then
'     补 0 后返回给变量 curDay
      curDay = "0"& tDay
Else
'     如果大于等于 10 则无需优化，直接返回给变量 curDay
      curDay = tDay
End If
'Print 函数可以帮助调试代码，也方便跟踪数据
Print curYear
Print curMonth
Print curDay
'Example:日志 [2011 年 05 月 31 日]
'因为需求是固定的，所以根据需求组合了一个预期主题
expSubject = "日志 ["& curYear &"年"& curMonth &"月"& curDay &"日]"
Print expSubject
'前置工作+数据准备 End

'使用 With 提炼出公共的父对象使脚本显得更加简洁、直观
With Browser("51Testing 个人空间").Page("个人空间管理")
     .Image("calendar").Click  '点击日期控件自动生成标题
'    选择到一个选项（注：WebList 在此处不介绍）
     .WebList("选择系统分类").Select "软件测试技术"
     .WebList("选择个人分类").Select "原创"
'    输入日志内容
     .Frame("Frame").WebElement("内容")._
      Object.innerText = "QTP 自动化测试技术领航"  '<注解 1>
'    根据测试用例输入指定数据
     .WebEdit("访问密码").Set "123123"
'Checkpoint start ------------>
     actSubject = .WebEdit("标题").GetROProperty("value")
'    获取密码用于验证是否根据测试用例的指定数据输入成功
      actPwd = .WebEdit("访问密码").GetROProperty("value")
      If actSubject = expSubject And actPwd = "123123" Then
         Reporter.ReportEvent micPass,"Step 2","Passed"
      Else
        Reporter.ReportEvent micPass,"Step 2","Failed"
        ExitTest  '如果此关键步骤失败，则退出脚本，因为没必要再进行下去
      End If
```

```
    '注：请看测试用例，该步骤的预期结果中的第3点“其他必填项输入完毕”，'在此不做验证,但是真实项目中务必验证,因为要守原则“预期结果中写
    '到的我们就要做到”
    '怎么验证？——可以是获取到对象的值判断是否为空，不为空则代表已填
    '值，当然要再具体一点，检查值是否符合预期也是可以的，可以根据实际情况'而定
    'End of checkpoint <------------

    'Step 3 ----------------------------------------------------------->
        .WebButton("保存到私人箱").Click  '点击“保存到私人箱”
End With
```

4. 对象库图（见图2-32）

5. Test Report 图（见图2-33）

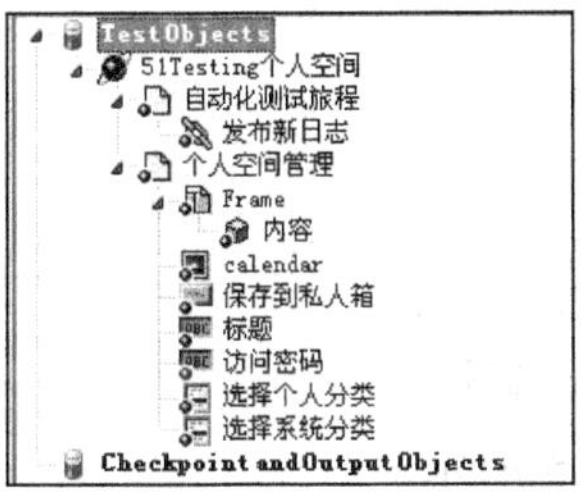

图2-32

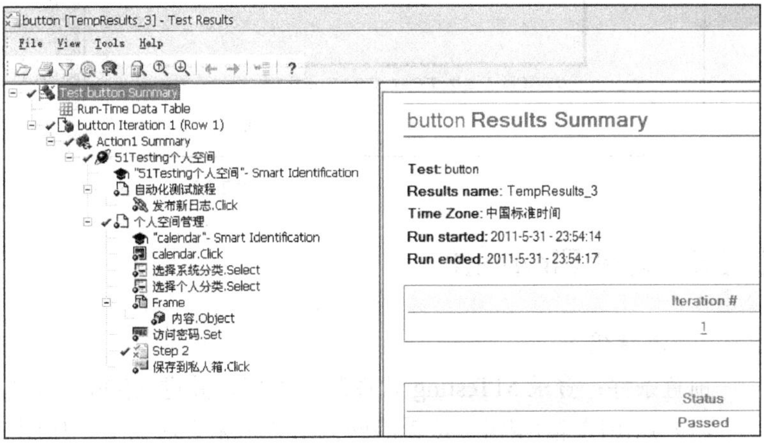

图2-33

6. 注解部分

<注解1>：如图2-34所示，这个界面大家应该比较熟悉了。很多论坛都使用这么一个嵌入式的控件，它的作用无非就是编辑要写的内容。它看上去非常像WebEdit控件，但其实它不是，它是一个WebElement控件（该控件在后面的小节还会实例介绍）。对于WebEdit控件，都知道输入字符串用的是封装好的Set方法或者调用自身接口使用object.value方法，而这个控件就没法使用封装方法了，只能使用自身接口方法。

注意

对于这个控件，并不是使用object.value方法，而是Object.innerText，并且需注意大小写。

7. 作者点评

先讲WebButton控件，这个控件除了用于做“点击”操作，其他还真没有用处也不需要自我验证。但是WebEdit控件就不一样了，它往往需要自我验证。

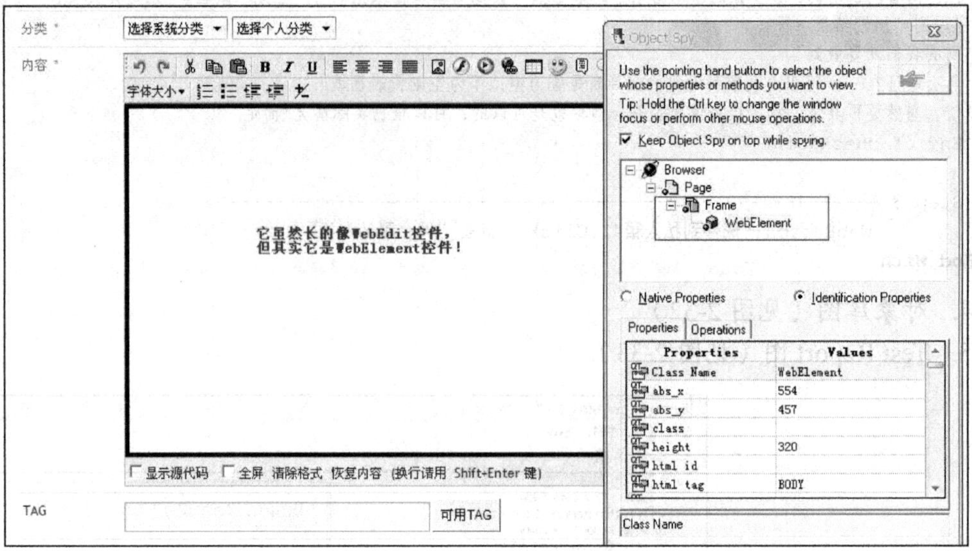

图 2-34

2.2.5 WebElement

1. 测试需求

前置条件：登录 51Testing 软件测试论坛，并进入[QuickTest Pro]版块。

（1）点击[发帖]按钮后是否能够弹出“发帖”对话框，如图 2-35 所示。

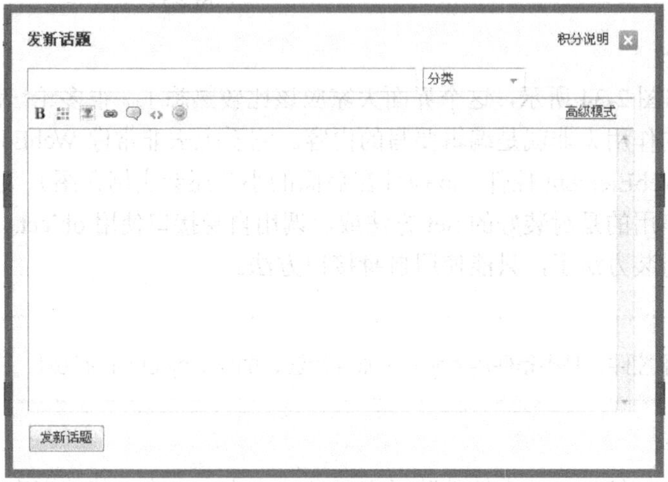

图 2-35

（2）验证不输入标题，系统是否会给出相应提示，如图 2-16 所示。

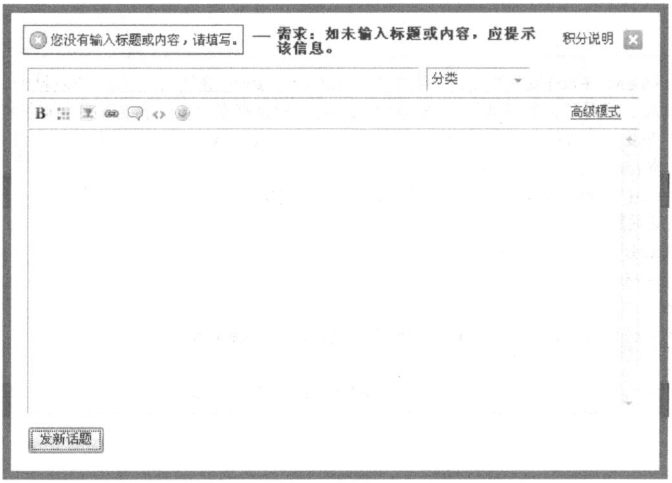

图 2-36

（3）验证不输入内容，系统是否会给出相应提示，如图 2-37 所示。

（4）验证不选择分类系统的反应情况，系统是否会给出相应提示，如图 2-38 所示。

图 2-37

2. 自动化测试用例

Step	Description	Expected Result
1	点击[发帖]	弹出“发新话题”对话框
2	只输入标题，点击[发新话题]按钮	系统进行错误提示“您没有输入标题或内容，请填写。”
3	输入内容，不选择分类，点击[发新话题]按钮	系统进行错误提示“您没有选择主题的类别，请修改。”
4	清除标题，点击[发新话题]按钮	系统再次错误提示“您没有输入标题或内容，请填写。”

3. QTP 脚本

```
'Step 1 ------------------------------------------------------------>
Browser("[QuickTest Pro]版块").Page("[QuickTest Pro]版块").Link("发帖").Click
'我们事先就可以知道，只要“发新话题”这个 WebElement 对象存在就能代表发帖对象框被打开了，所以在这里使用 Exist 方法是最合适的，并且括号内的参数设置为 2，代表如果 2 秒内无法检查到对象，则返回 False，点击“发帖”以后如果 2 秒钟还不能弹出对话框，那未免性能也太差了点吧
oExist = Browser("[QuickTest Pro]版块").Page("[QuickTest Pro]版块")._
WebElement("发新话题").Exist(2)
'Checkpoint start ------------>
'这种写法等同于 oExist = "True"
If oExist Then
        Reporter.ReportEvent micPass,"Step 1","Passed"
Else
        Reporter.ReportEvent micFail,"Step 1","Failed"
End If

'Step 2 ------------------------------------------------------------>
Browser("[QuickTest Pro]版块").Page("[QuickTest Pro]版块")._
WebEdit("标题").Set "Subject"
Browser("[QuickTest Pro]版块").Page("[QuickTest Pro]版块")._
WebButton("发新话题").Click
'同 Step 1 中的说明一样，其实这些都是事先有所准备的，包括将这个'WebElement 加入到对象库也是在我们的计划中的
oExist = Browser("[QuickTest Pro]版块").Page("[QuickTest Pro]版块")._
WebElement("您没有输入标题或内容，请填写。").Exist(1)
'Checkpoint start ------------>
'这种写法等同于 oExist = "False"
If Not oExist Then
        Reporter.ReportEvent micFail,"Step 2","Failed"
Else
        Reporter.ReportEvent micPass,"Step 2","Passed"
End If

'Step 3------------------------------------------------------------>
Browser("[QuickTest Pro]版块").Page("[QuickTest Pro]版块")._
WebEdit("内容").Set "Context"
Browser("[QuickTest Pro]版块").Page("[QuickTest Pro]版块")._
WebButton("发新话题").Click
oExist = Browser("[QuickTest Pro]版块")._
Page("[QuickTest Pro]版块").WebElement("您没有选择主题的类别，请修改。").Exist(1)
'Checkpoint start ------------>
If oExist = "True" Then
        Reporter.ReportEvent micPass,"Step 3","Passed"
Else
        Reporter.ReportEvent micFail,"Step 3","Failed"
End If

'Step 4------------------------------------------------------------>
'清除文本框无非就是再给文本框赋一次值，不过这次应该是“空值”
Browser("[QuickTest Pro]版块").Page("[QuickTest Pro]版块").WebEdit("标题").Set ""
Browser("[QuickTest Pro]版块").Page("[QuickTest Pro]版块")._
```

```
WebButton("发新话题").Click
oExist = Browser("[QuickTest Pro]版块")._
Page("[QuickTest Pro]版块").WebElement("您没有输入标题或内容，请填写。").Exist(1)
'Checkpoint start ------------>
'请注意逻辑
If oExist = "False" Then
        Reporter.ReportEvent micFail,"Step 4","Failed"
Else
        Reporter.ReportEvent micPass,"Step 4","Passed"
End If
```

4. 对象库图（见图 2-38）。
5. Test Report 图（见图 2-39）。

图 2-38

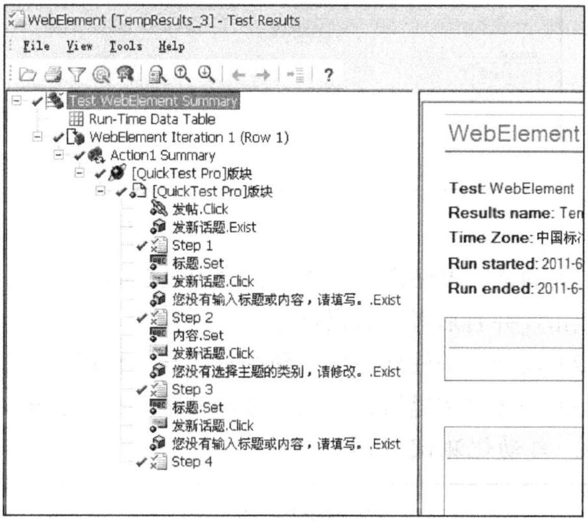

图 2-39

6. 作者点评

WebElement 控件除了在 2.2.4 节中所提到的个例（是个内容输入框）外，绝大多数情况都用于验证某个特征是否成立。这个控件是整个自动化测试过程中使用频率较高的一个控件，特别是在编写检查点代码的时候更离不开它！

而且，通过这个脚本的案例介绍，相信读者应该也发现了，这些控件都是事先就在我们预期之中的，其实自动化测试就是这样，做一些预先设置好的事情。

2.2.6 WebCheckBox

1. 测试需求

前置条件：登录 51Testing 软件测试论坛并进入[QuickTest Pro]版块，点击[发帖]按钮。最后在进入[发新话题]对话框后点击[高级模式]链接，从而进入图 2-40 所示的界面。

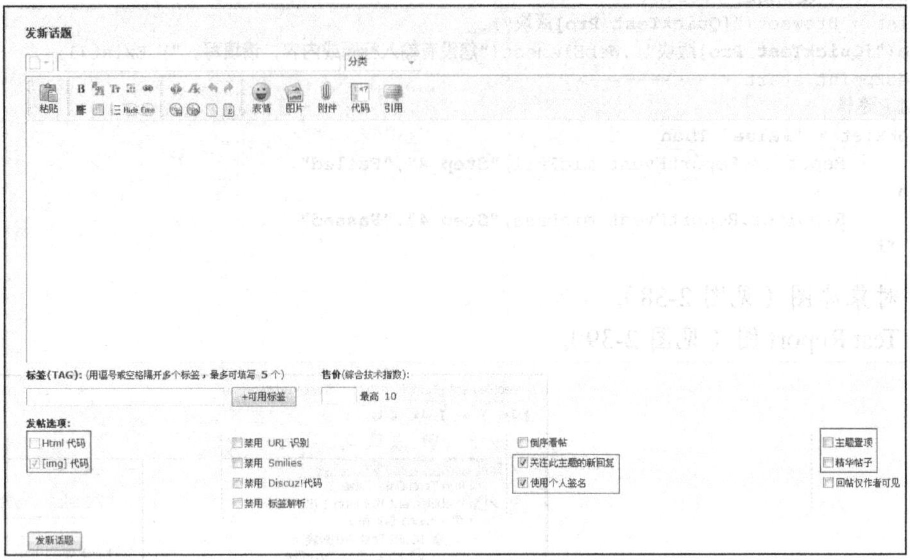

图 2-40

（1）验证“发帖选项”下的两个 WebCheckBox 对象“Html 代码”和“[img]代码”是否不可点击，并且后者默认已选上。

（2）反选“关注此主题的新回复”与“使用个人签名”并做验证。

（3）勾选“主题置顶”与“精华帖子”并做验证。

2. 自动化测试用例

Step	Description	Expected Result
1	获取 WebCheckBox 对象“Html 代码”和“[img] 代码”的属性“disabled”、“checked”	Html 代码 -disabled = “True” or “1” -checked = “False” or “0” [img] 代码 -disabled = “True” or “1” -checked = “True” or “1”
2	反选 WebCheckBox 对象“关注此主题的新回复”与“使用个人签名”	关注此主题的新回复 -checked = “False” or “0” 使用个人签名 -checked = “False” or “0”
3	勾选 WebCheckBox 对象“主题置顶”与“精华帖子”	主题置顶 -checked = “True” or “1” 精华帖子 -checked = “True” or “1”

3. QTP脚本

```
'使用With...End提炼公共父对象
With Browser("[QuickTest Pro]版块").Page("[QuickTest Pro]版块")
'Step 1------------------------------------------------------------>
'    获取自身接口属性disabled，返回True或者False
'    在获取一些属性的时候往往会多返回一个空格字符串，所以，
'    在此建议读者有这样的意识或保持这种习惯，多加Trim，它
'    的作用就是去除空格。如果不这么做会影响测试结果
     disabled1 = Trim(.WebCheckBox("Html 代码").Object.disabled)
'    获取自身接口属性checked，返回True或者False
     checked1 = Trim(.WebCheckBox("Html 代码").Object.checked)
'    获取封装接口属性disabled，返回1或者0，在VBS中，1代表True、
'    0代表False
     disabled2 = Trim(.WebCheckBox("[img] 代码")._
     GetROProperty("disabled"))    '<注解 1>
'    获取封装接口属性checked，返回1或者0
     checked2 = Trim(.WebCheckBox("[img] 代码").GetROProperty("checked"))
'Checkpoint start ------------>
'    请注意业务逻辑
  If disabled1="True" And disabled2="1" And checked1="False" And checked2="1" Then
              Reporter.ReportEvent micPass,"Step 1","Passed"
      Else
              Reporter.ReportEvent micFail,"Step 1","Failed"
      End If

'Step 2------------------------------------------------------------>
'    预先设置一个值以作后用
     Dim vTrue : vTrue = "True"
     Dim vFalse : vFalse = "False"
'    使用自身接口去修改值，即修改WebCheckBox的属性
'    在这里只要基于checked这个属性做文章就能做到选择或者不选择
'    该对象了
'    设置为False代表不选择WebCheckBox，即使已选择也会被反选
     .WebCheckBox("关注此主题的新回复").Object.checked = vFalse
'    获取自身接口属性checked用于验证，不再重复阐述
     checkVal1 = Trim(.WebCheckBox("关注此主题的新回复").Object.checked)
'    更简便的方法就是直接使用封装好的Set方法，OFF代表取消勾选
     .WebCheckBox("使用个人签名").Set "OFF"
'    获取自身接口属性checked用于验证，不再重复阐述
     checkVal2 = Trim(.WebCheckBox("使用个人签名").Object.checked)
'Checkpoint start ------------>
     If checkVal1= vFalse And checkVal2 = vFalse Then
            Reporter.ReportEvent micPass,"Step 2","Passed"
     Else
            Reporter.ReportEvent micFail,"Step 2","Failed"
     End If

'Step 3------------------------------------------------------------>
'    属性设置为True，代表选择WebCheckBox
```

```
    .WebCheckBox("主题置顶").Object.checked = vTrue
    checkVal3 = Trim(.WebCheckBox("主题置顶").Object.checked)
'   在前面使用的参数是 OFF 代表反选，那么 on 自然就代表勾选，
'   另外这里的参数是不区分大小写的
    .WebCheckBox("精华帖子").Set "on"
    checkVal4 = Trim(.WebCheckBox("精华帖子").Object.checked)
'Checkpoint start ------------>
    If checkVal3= vTrue And checkVal4 = vTrue Then
            Reporter.ReportEvent micPass,"Step 3","Passed"
    Else
            Reporter.ReportEvent micFail,"Step 3","Failed"
    End If
End With
```

运行脚本后一起来看界面上的变化情况，如图 2-41 所示。

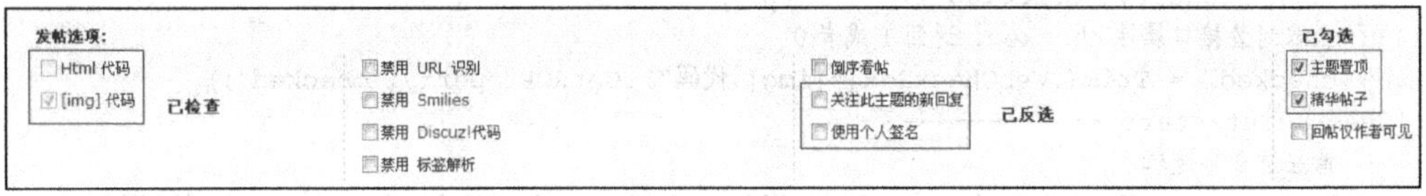

图 2-41

4. 对象库图（见图 2-42）
5. Test Report 图（见图 2-43）

图 2-42

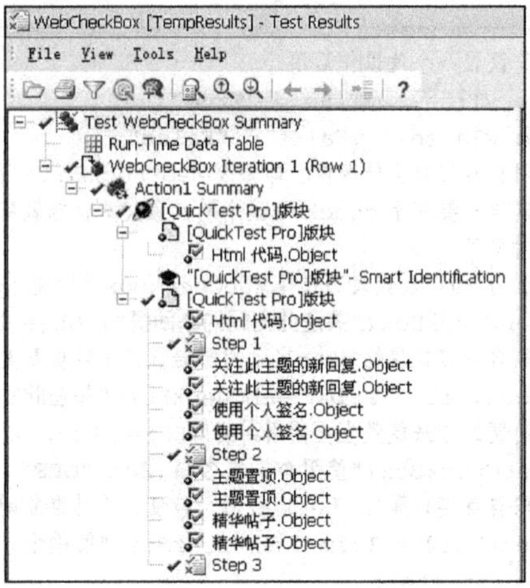

图 2-43

6. 注解部分

<注解 1>：在调用自身接口属性和封装接口的属性时，虽然属性的性质相同，但是它们获取到的值是大不相同的，这点读者需要注意，其实很简单，在我们不了解属性的时候，多用 Spy 就可以很好地解决问题了。

7. 作者点评

这个控件是一个比较麻烦的控件，因为，往往都不能只单纯地操作它，代码表面上操作它并不代表它实际就一定被操作了，所以，往往操作它以后，要去检查一把，即使测试用例中不要求去检查！

2.2.7 WebList&WebRadioGroup

1. 测试需求

前置条件。

（1）登录 51Testing 论坛，然后点击[个人中心]，如图 2-44 所示。

（2）点击右侧的[论坛个性化设定]链接，如图 2-45 所示。

图 2-44

图 2-45

进入界面后根据图 2-46 中所框住的对象控件完成一系列操作（见自动化测试用例）：

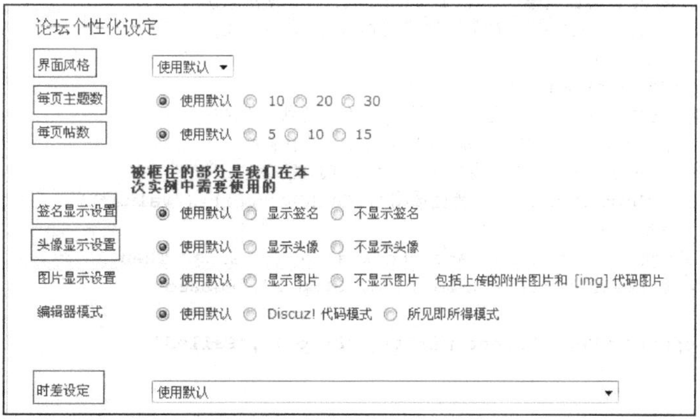

图 2-46

2. 自动化测试用例

Step	Description	Expected Result
1	[界面风格] a．选择<discuz6> b．重新选回<使用默认>	a．选择成功 b．选择成功
2	[每页主题数]：选择“每页 30 个主题” [每页贴数]：选择“每页 15 贴” [签名显示设置]：选择“显示签名” [头像显示设置]：选择“不显示头像”	
3	[时差设定] a．选择<(GMT +08:00) Beijing, Hong Kong, Perth, Singapore, Taipei> b．随机选择	a．选择成功 b．将随机选择到的结果写入测试报告

3. QTP 脚本:

```
With Browser("论坛个性化设定").Page("论坛个性化设定")
'Step 1-------------------------------------------------------->
'   在做实际项目的时候，我们完全可以把测试数据抽离出来，
'   把想要输入的数据存入 QTP 的 Data Table 不失为一个明智的选择，
'   在这里由于无法模拟人为去更换测试数据，所以才用代码的形式去
'   表示
    DataTable.Value("界面风格",DtGolbalSheet) = "discuz6"    '<标记 1>
    tValue1 = DataTable.Value("界面风格",DtGolbalSheet)
'   我们可以很方便地操控 WebList 对象，因为 QTP 封装了方法
'   参数则需填写实际的 Item
    .WebList("界面风格").Select tValue1
'   获取封装接口的 selection 属性，验证是否已经选择预期输入项
    checkSelection = Trim(.WebList("界面风格").GetROProperty("selection"))
'   同<标记 1>
    DataTable.Value("界面风格",DtGolbalSheet) = "使用默认"
    tValue2 = DataTable.Value("界面风格",DtGolbalSheet)
'   MsgBox tValue2  'Debug
    .WebList("界面风格").Select tValue2
'   自动化测试就是这样，要能够举一反三，通过 Spy 作者发现，不仅仅只有
'   selection 属性能满足验证动作，获取 value 属性一样能满足。
'   那么，在自身接口中会有满足需求的属性吗？答案由你揭晓
    checkValue = Trim(.WebList("界面风格").GetROProperty("value"))
'Checkpoint start ------------>
    If checkSelection = tValue1 And checkValue = tValue2 Then
            Reporter.ReportEvent micPass,"Step 1","Passed"
    Else
            Reporter.ReportEvent micFail,"Step 1","Failed"
    End If

'Step 2-------------------------------------------------------->
```

```
    '   很好，QTP 同样为 WebRadioGroup 对象封装好了一个方法，
    '   参数仍然是填写某个 Item，但是这里有需要注意的地方，详见<注解 1>
        .WebRadioGroup("每页主题数").Select "30"
    '   思路需要开阔，利用自身接口属性一样能完成自动化测试任务
        .WebRadioGroup("每页贴数").Object.value = "15"
    '   同上
        .WebRadioGroup("签名显示设置").Select "1"  '<注解 1>
        .WebRadioGroup("头像显示设置").Object.value = "0"
        Reporter.ReportEvent micDone,"Step 2 doesn't check!!!",""

    'Step 3------------------------------------------------------------->
    '   作者发现，原来利用自身接口+Index 的组合一样可以对 WebList 对象操作，而且还有个好处：不必再把 Item 的值写死，维护那些数据可是很繁琐的，现在完全可以利用 Index 来选择 List 下的各个 Option
        Dim expectRes
    '   事先已知的一个值：Index = 27
        expectRes = "(GMT +08:00) Beijing, Hong Kong, Perth, Singapore, Taipei"
        .WebList("时差设定").Object.selectedIndex = "27"
        actualRes = Trim(.WebList("时差设定").GetROProperty("selection"))
    'Checkpoint start ------------>
        If actualRes = expectRes Then
                Reporter.ReportEvent micPass,"Step 3","Passed"
        Else
                Reporter.ReportEvent micFail,"Step 3","Failed"
        End If
    '   输入 Index 来选择 Option 虽然是简单了，但是把 Index 写死也不好玩，
    '   那怎么搞？作者尝试通过调用封装接口的属性"items count"的属性值
    '   从而获取到了 List 下具体有几个选项
        itemsCount = .WebList("时差设定").GetROProperty("items count")
    '   然后，直接使用了 QTP 保留方法"RandomNumber"，随机地选取范围内的 Index
    '   怎么样？脚本写的很灵活吧？当然，最终还得根据你项目的真实情况来定
    '   至于 RandomNumber 这个方法怎么用？赶紧查我们的兵法书啊...
        tValue3 = RandomNumber(0, itemsCount - 1)  'Index 从 0 开始，所以减 1
        .WebList("时差设定").Object.selectedIndex = tValue3
        Reporter.ReportEvent micDone,"本次运行随机选择了 Index：<"&tValue3&">",""
    End With
```

运行脚本后界面上的变化情况，如图 2-47 所示。

4. 对象库图（见图 2-48）

5. Test Report 图（见图 2-49）

6. 注解部分

<注解 1>：在 QTP 中一般情况下 WebList 对象的选项是所见即所得的，什么意思呢？也就是说下拉框下假设有“使用默认”这个选项，那么在写脚本的时候，参数直接填“使用默认”就行了，很简单。但是 WebRadioGroup 就比较繁琐了，它往往并不是所见即所得，就像实例中的那样，想选择[签名显示设置]的“显示签名”，那就不能干脆用一句代码 object.Select **“显示签名”**了，它是无效的操作，QTP 最终会报错的！那我们该填什么值呢？这时候也只能依赖于 Spy 了，看下面图 2-50 所示。

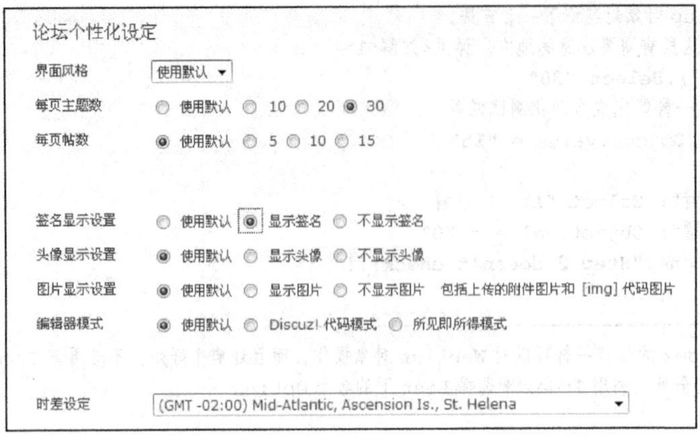

图 2-47

图 2-48

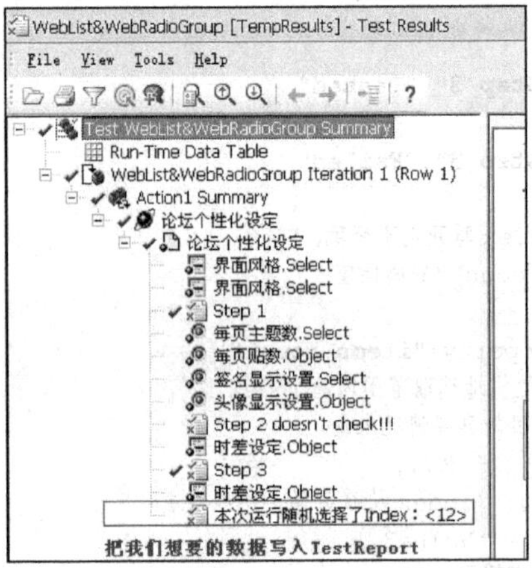

图 2-49

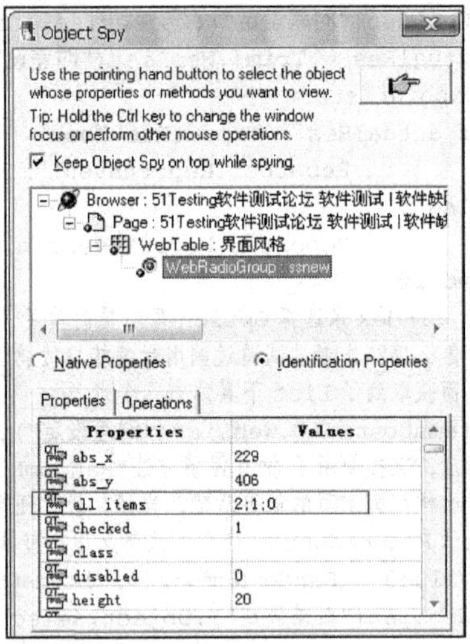

图 2-50

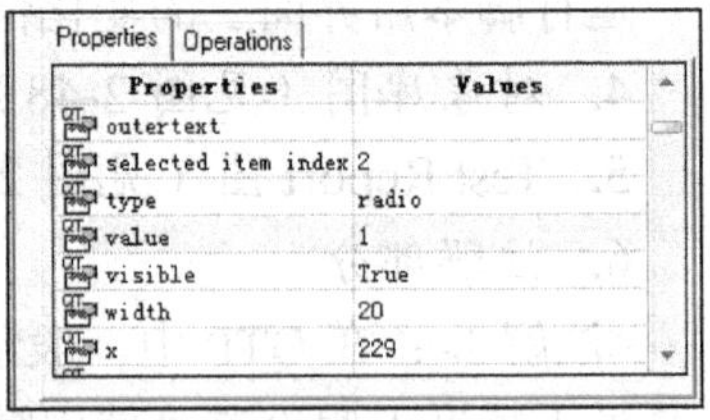

图 2-51

如图 2-50 所示，通过 Spy 可以看到 WebRadioGroup 对象有这样一个属性叫 all items，其实字面意思就很明显了，即使你是第一次接触这个控件，也照样可以轻松地推断出它可能就是代表本对象下的所有选项的一个相对应的代码，如在这里就是“2; 1; 0”。

但是，通过这个还是不能确定这些代码具体是对应哪个选项的，这种情况下，作者给读者分享一个好方法，先在界面中实质性地选中一个选项，比如现在选中“显示签名”，然后再拿 Spy 去探测一下（我们知道 Spy 探测到的结果都是实际动态的），最后结果如图 2-51 所示。

如图 2-51 所示，这里发现了一个关键的突破口，value 属性的值是 1。与此同时，明白了原来 1 就是"显示签名"相对应的代码，知道了这个细节后，接下来相信大家应该都知道怎么继续操作了。

7. 作者点评

见测试用例部分，虽然在 Step 2 中没有写预期结果，并且在脚本的对应处也没有写任何检查点，但是读者以后在实际项目中，最好还是做一下检查，因为 WebLink、WebRadioGroup 和 WebCheckBox 一样，都属于不检查一下"是否选中"不能完全放心的那种对象控件。

2.2.8 WebTable

1. 测试需求

前置条件。

（1）登录 51Testing 网站，点击"我的个人空间"链接。

（2）进入"我的个人空间"后，点击"空间管理"。

（3）进入"个人空间管理"后，点击"日志"Tab 进入图 2-52 中的界面。

图 2-52

2. 自动化测试用例

Step	Description	Expected Result
1	计算当前实例中 WebTable 对象的行与列	
2	搜索以下 3 篇文章。 （1）[转载] 软件测试自动化的现状分析和自动化引入条件 （2）【QTP 系列讲座 4】== 资源池 == （3）【QTP 系列讲座 3】== 手工参数化 == Action1：找到文章后勾选表内相对应的左侧的勾选框 Action2：同时将文章 3 的发表时间写入测试报告	

3. QTP 脚本

```
With Browser("个人空间管理").Page("个人空间管理")]
'Step 1-------------------------------------------------------->
   '获取当前表格的行数，用来干什么？自然是为了循环做准备
    tRow = .WebTable("发布箱列表").RowCount
   '获取列数，和获取行数的区别是后面需要填写一个参数“行号”
   '在实例中每行的列数都是一致的，所以，这里可以任意给出一个
   '“行号”
    tColumn = .WebTable("发布箱列表").ColumnCount (1)

'Step 2-------------------------------------------------------->
   '开始循环……
   For cRow = 0 To tRow -1
    'QTP 为封装好的方法 cellData，作用是获取表格中指定单元格
    '详见<注解 1>
    '本句代码的意思是：获取第 cRow+1 行、第 2 列的单元格的值
    cellData = .WebTable("发布箱列表").GetCellData (cRow +1, 2)    '<注解 1>
    '这里的小循环的目的是，在获取每个单元格的时候都去匹配需求中的 3 个字符'串，如果匹配则根据需求做出相应
    的动作
   For i = 1 To 3
    '这里的 Select Case 的作用是：当 i=1 时做“1”该做的事，依此类推，
    '通过循环，所以，每次都能做我们事先设定好的事情，并且每次都是
    '1 到 3 都做一遍
Select Case i
 Case 1
   '待匹配项 1
   search1 = "软件测试自动化的现状分析和自动化引入条件"
   'Instr 作用：将 search1 字符串与动态获取的 cellData 中的第一个
   '下标位置开始一一匹配，
   '返回：如果匹配到 1 个字符串则返回 1、匹配到 2 个则返回 2，依此类
   '推，详情见“兵书”
   return = Instr(1,cellData,search1)
   '反正只要不等于 0 那就说明匹配到了
```

```
    If return <> 0 Then
     'WebTable 对象的又一个需掌握的重点方法 ChildItem，详见<注解 2>
     Set oWebCheckBox = .WebTable("发布箱列表")._
     ChildItem(cRow+1, 1, "WebCheckBox", 0 )  '<注解 2>
     '勾选 WebCheckBox 控件
     oWebCheckBox.Set "on"
    '释放对象，这是个好习惯
    Set oWebCheckBox = Nothing
    '既然已经匹配到了，就没必要继续执行后面的条件了，退出循环
    Exit For
     End If
    'Case2 和 Case1 大同小异，不多作阐述
    Case 2
    search2 = "资源池"
    return = Instr(1,cellData,search2)
    If return <> 0 Then
        Set oWebCheckBox = .WebTable("发布箱列表")._
        ChildItem(cRow+1, 1, "WebCheckBox", 0 )
           oWebCheckBox.Set "on"
        Set oWebCheckBox = Nothing
        Exit For
      End If
'Case3 和前面 2 个 Case 基本也一致，除了下面见<标记 1>的地方
Case 3
search3 = "手工参数化"
return = Instr(1,cellData,search3)
    If return <> 0 Then
        Set oWebCheckBox = .WebTable("发布箱列表")._
        ChildItem(cRow+1, 1, "WebCheckBox", 0 )
        oWebCheckBox.Set "on"
        Set oWebCheckBox = Nothing
        '这里多了一个需求，匹配到以后要获得它的发布时间，然后写入测试报
        '告中，这里获得时间不难，无非是把参数“列”设置到第 3 列，然后将
        '指定单元格的值返回给参数 tDate
        '为什么是第 3 列？因为在实例中“时间”这一列就是在第 3 列，一看
        '实例图便知
        tDate = .WebTable("发布箱列表").GetCellData(cRow +1, 3)    '<标记 1>
        '将 tDate 写入测试报告。另外，在一对引号中如果要再用引号，需要输入
        '2 个引号，即一对引号代表一个引号，
        'eg. " "(在“引号”中只能算一个引号)
        Reporter.ReportEvent micPass,_
        """【QTP 系列讲座 3】 == 手工参数化 ==""这篇文章发表于: <"&tDate&">",""
     End If
    End Select
   Next
 Next
End With
```

运行脚本看一下界面上的变化情况，是否勾上了该勾的项，没勾上不该勾的项，如图 2-53 所示。

4. 对象库图（见图 2-54）

图 2-53

图 2-54

5. Test Report 图（见图 2-55）

6. 注解部分

<注解 1>：GetCellData 方法是 WebTable 对象的第一个重点方法，它的作用是获取指定单元格（指定行、指定列）的值，是 QTP 提供的一个 Get 信息的方法，以下是它的用法。

语法：Object<WebTable>.GetCellData (Row, Column)。

<参数 1> Row：必填项，表格的行号。

<参数 2> Column：必填项，表格的列号。

<注解 2>：ChildItem 方法是 WebTable 对象的另一个重点和难点方法，现在来看一下本实例中最难的技术点是什么，如图 2-56 所示。

如图 2-56 所示，本实例最难的技术点不是在于如何获取单元格的值，而是如何选取这些 WebCheckBox 对象。读者也许会问，这些不就是一个个 WebCheckBox 对象嘛，添加进对象库就行了！“那你还得考虑它们的 Index 啊，因为它们‘长’的完全一样。”作者说。“那就用描述性编程呗，为每一个 WebCheckBox 设置 Index”某些读者又说。

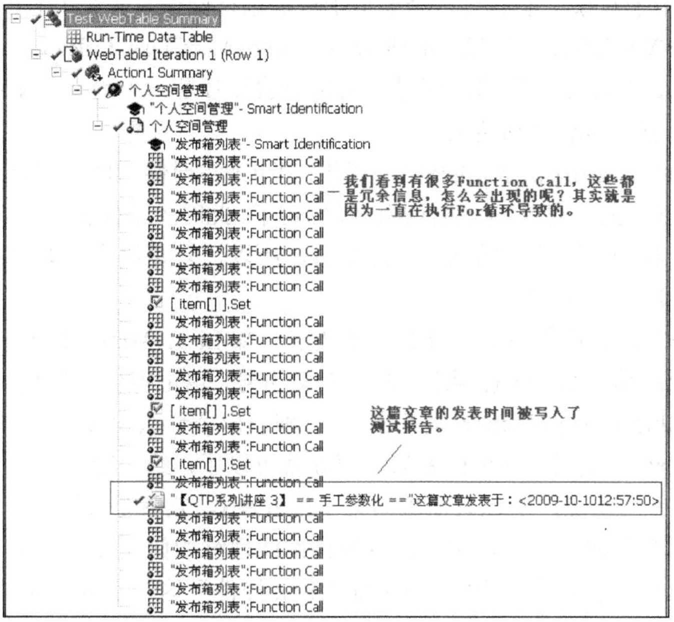

图 2-55

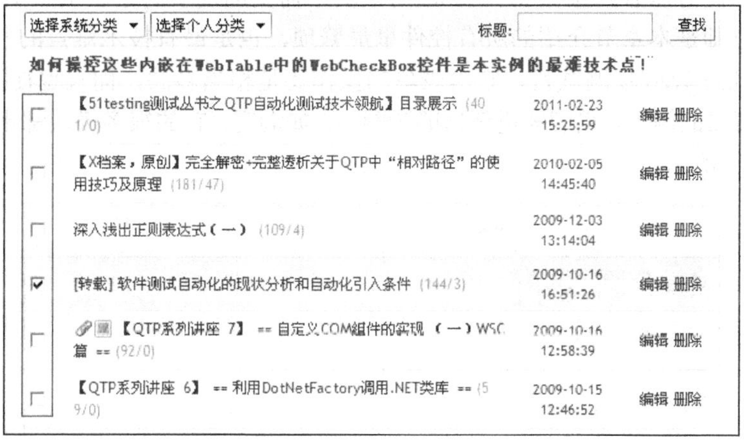

图 2-56

用 Index 的确是一种解决相同控件的方法，但是它却不适合此处。为什么？因为现在需要做的是这样一系列动作：根据预期搜索到我们所要的文章，然后勾选这篇文章旁边的 WebCheckBox 对象。这个恐怕用 Index 不行，因为不可能知道所要的文章的 Index，即使通过数数的方式定位到了 Index，那下次有新的记录插入表格呢？每次执行脚本前都去数一下、改一下？显然这不可以！这种情况下，最好的方法就是 WebTable 的 ChildItem（子对象）方法了，它的作用就是可以虚拟一个对象（其实不光是可以虚拟 WebCheckBox 对象），使它成为 WebTable 的一个子对象，最后对这个虚拟子对象进行操作。先来看它的用法。

语法：Object<WebTable>.ChildItem (Row, Column, MicClass, Index)。

<参数 1> Row：必填项，表格的行号。实例中的行号是一个动态且循环的，每次循环都是对每行的第 2 列值做匹配直到结束。

<参数 2> Column：必填项，表格的列号。当找到指定行的时候，就需要将左侧的 WebCheckBox 设置成一个 WebTable 的子对象。既然行都已经确定了，此时就非常简单了，确定一个列就行，列又不是动态的，我们知道想要的列号一定是 1，所以，只要填进去即可。此时千万别说还不知道为什么列号应该是 1 啊！

<参数 3> MicClass：必填项，对象控件的类名，如 List、WebButton、WebEdit 等。要虚拟成什么样的对象就填什么。注意别忘了加一对双引号，也记得这个参数只能填写 QTP 认识的控件类别（即 Object Identification 里存在的），别填出个什么“Web 自定义”之类的！

<参数 4> Index: 必填项，这个读者只要填 0 就可以了，绝大部分情况下包括本实例都不大会出现多个 Index 的情况，所以只需填写第 1 个 Index，它就是 0！

经过上面的解析并通过程序，相信读者应该都能理解如何完成“对每一行做标题搜索与检验，发现搜索到以后去勾选本行的 WebCheckBox 控件”这一系列操作了。

7. 作者点评

通过对象库图可以看到操作 WebTable 对象真不需要加很多对象。虽然 WebTable 看上去简单，实质上它却是本章节介绍的所有控件里最繁琐，也是最有技术难点的一个！而且在实际的项目中，凡是 Web 项测试目，它对表单的操作还是相当多的，而且也往往是最麻烦的。再举一个比较直白的例子，我们知道任何购物网站，如淘宝，它的很多模块都直接以 WebTable 展现，如图 2-57 所示。

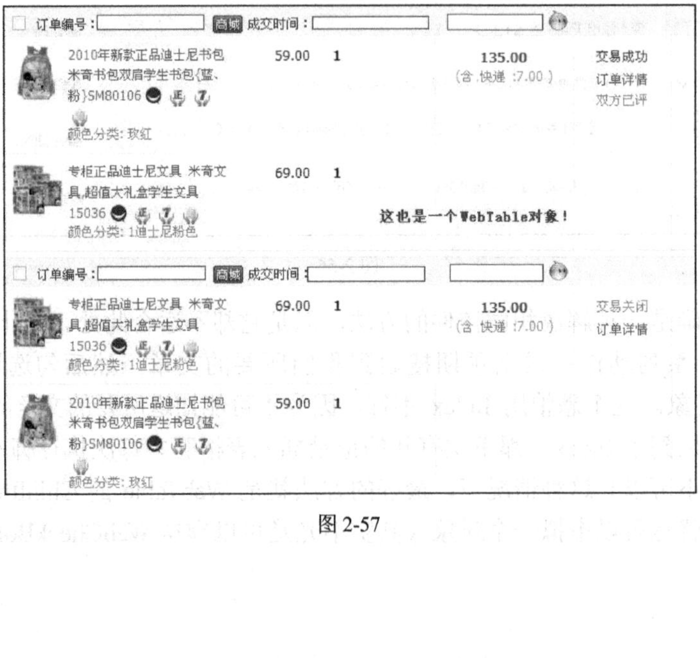

图 2-57

从图 2-57 中可以看到，淘宝的“已买到的宝贝”模块就完全是一张 WebTable（表格），当然这只是随意举了一个例子。因此，我们应该认识到，如果不精通 WebTable 对象的操作，那么，Web 项目的自动化测试就不可能继续下去！

2.2.9 总结

不知道在读完本章节以后，读者是否体会到了作者在写本章节时的思路：通过一个个不同的实例去侧重于某一个控件对象，将它在实际项目中所要做的重点工作（操控、验证）借助虚拟项目一一展现出来，并且在不同的实例中作者也尽量将同一种操作写成了各种不同的写法，目的就是帮助读者开阔思路，最终学会举一反三。

不仅如此，作者还在本章节中列举了一些在做实际项目中非常实用的技巧，如在 WebList&WebRadioGroup 那个小节的代码（末尾处）中，又分享了一个经常要使用到的技巧“将数据塞入测试报告”以帮助定位某些有意义的东西！

诸如此类的努力，作者的意愿是，希望能够真正让读者灵活地学会使用 QTP，并真正地运用它。

只有真正掌握了才能举一反三，才算真正学会！因为一本书里的实例不可能涵盖任何项目（世界上没有任何一本书可以做到这点，即使再过一万年）。

最后，作者想告诉每位新人朋友“为什么只介绍 Web 项目，而没有其他一些插件（如.Net、标准控件等）的实例讲解。”因为，Web 项目是最为繁琐的，把最为繁琐的东西学会了，难道还搞不定其他的？万变不离其宗，它们之间都是通的！

知识点巩固和举一反三练习

根据下表中已经设计好的自动化测试用例，完成一个综合实例的自动化脚本。

Step	Description	Expected Result
前置条件	a．保留 51Testing 网站浏览痕迹 b．在 D 盘目录下新建一个 test.txt 文件	
1	进入 51Testing 门户网站首页 <www.51testing.com>	
2	a．点击[我的个人空间]链接，见图 2-58 所示 b．在打开新标签以后关闭旧标签	
3	a．点击[空间管理]，如图 2-59 所示 b．在打开新标签以后关闭旧标签	
4	a．进入“个人空间管理”页面后点击[日志]Tab b．然后点击[发布日志]链接，如图 2-60 所示	

续表

Step	Description	Expected Result
5	-填写日志内容-　　　　读者可以随意！ a．标题：<QTP 自动化测试技术领航> b．系统分类：<娱乐休闲生活> c．个人分类：<原创> d．日志内容：<这是一个综合实例！> e．加入事件：<否> f．选择文件：<D:\test.txt> g．上传说明：<随便放一个文本文件> h．点击[上传] i．点击[删除]，删除上传文件 j．点击[保存到私人箱]	b．系统分类选择成功 c．个人分类选择成功 h．上传成功 i．上传文件删除成功
6	a．验证在“私人箱”中存在刚才发布的内容记录 b．选中该记录并点击[立即发布]	a．验证成功
7	验证在“发布箱”中正确存在刚才发布的内容	验证成功

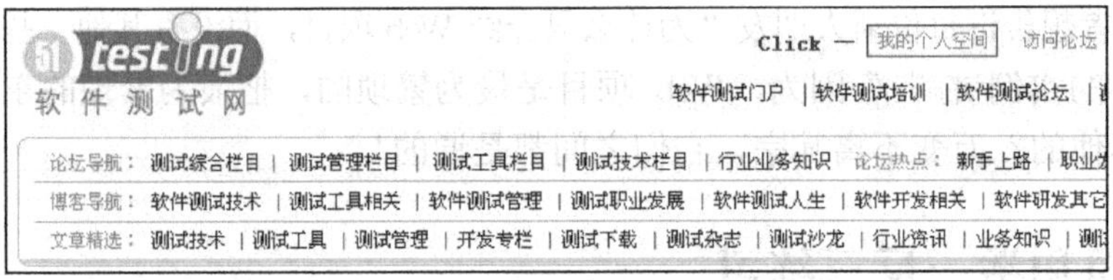

图 2-58

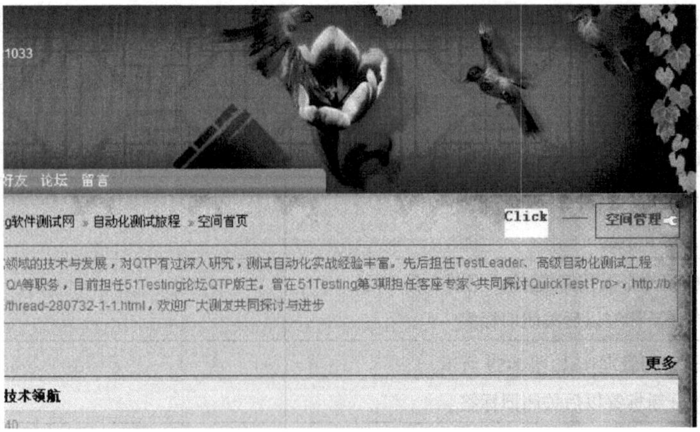

图 2-59

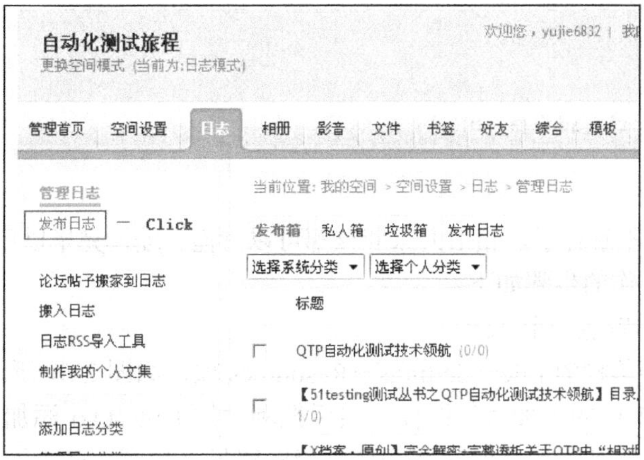

图 2-60

2.3　函数资源库（Library Files）

阶段要点

- 资源池静态调用。
- 资源池动态调用。
- QTP 10.0（或以上）版本中使用函数库的一些细节介绍。

2.3.1　引言

相信读者应该都知道，在自动化测试项目过程中，往往会有一个共用的函数库，也应该说每一个项目至少得有一个共用的 Lib 库。这个 Lib 库里将会存放着很多实用性的函数。那么在本章节，就开始介绍如何使用函数资源库（不是如何写函数）。另外，因为本书是基于 QTP 10.0 版本的，所以，低于这个版本的读者可能会发现本章节所介绍的一些功能你是无法同步的（版本升级即可）。

2.3.2　资源池静态调用方式

QTP 的资源池具有读取外部文件的功能，这样就不会局限于 Local Function 了，我们的 Function 就可以做到“开源”了！当写完公共函数库后，就可以通过资源池来灵活地调用它们，下面看一个实例。

首先新建一个名为“text.txt”的文件，内容也很简单：

```
Function hello_world_msg (tt)
Msgbox tt
End Function

Function hello_world_add (a, b)
Msgbox a + b
End Function
```

这个函数内容就不解释了，相信大家应该都可以看懂。编译完毕以后保存在“D:\text.txt”这个位置下，然后操作的步骤如下。

（1）打开 QTP，新建一个 Test

（2）依次选择菜单栏的 File→Settings→Resources 项，如图 2-61 所示。

（3）点击图 2-61 中的“加号”图标，然后把刚才的 D:\test.txt 添加进资源池，此时会弹出一个对话框，提示需要设置为绝对路径还是相对路径，如图 2-62 所示。

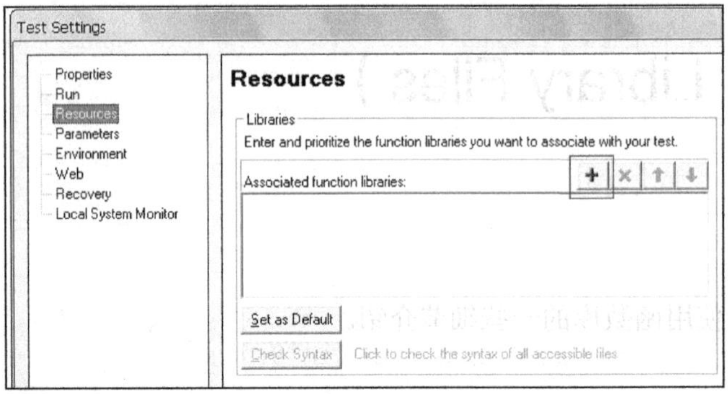

图 2-61

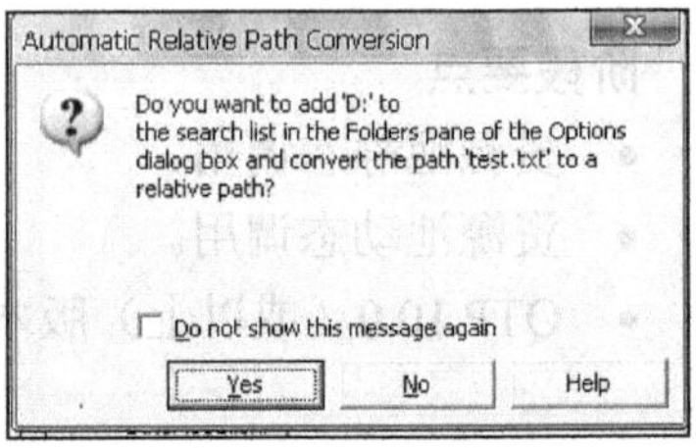

图 2-62

（4）在这里点击 No 按钮，代表设置为绝对路径，如图 2-63 所示。

（5）最后，点击 OK 按钮完成整套操作。

到此为止，已经完成了将函数库添加到资源池的过程，接下来看看如何使用它们，分下面几个步骤介绍。

（1）点击 F7 键（步骤生成器），弹出 Step Generator 窗口

（2）Category：选择 Functions。

（3）Library：选择 Library functions。

（4）选择刚才写的那个函数并输入参数，最后点击确定，如图 2-64 所示。

此时，在 QTP 中就会自动生成一段代码，如图 2-65 所示。

执行一下 QTP，看执行后的结果是不是弹出一个对话框，里面显示两数相加的结果，如图 2-66 所示。

结果应该是毋庸置疑的，其实使用 F7 键运行有点繁琐，还可以更加快捷一点地调用并使用 Lib 函数，那就是使用我们在前一章中介绍过的 Complete Word 来快速调用函数。

（1）敲击“Ctrl + 空格”，如图 2-67 所示。

（2）敲击“hello”并定位到想要调用的函数，如图 2-68。

（3）在敲击回车键以后，会直接将函数写入 QTP，并直接显示参数名，如图 2-69 所示。

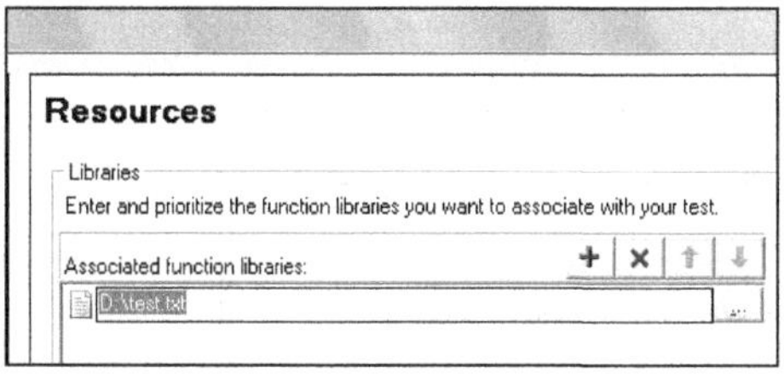

图 2-63

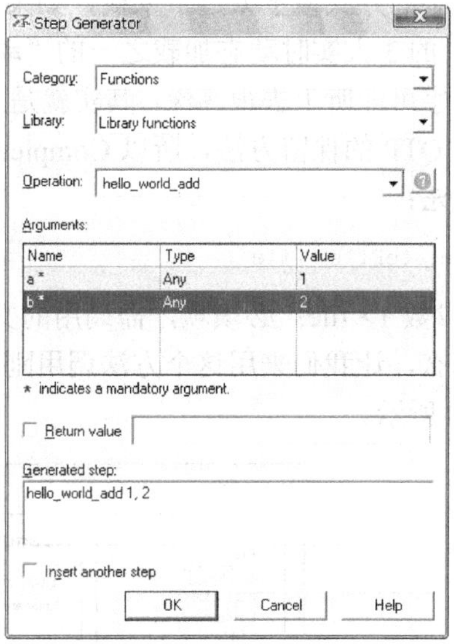

图 2-64

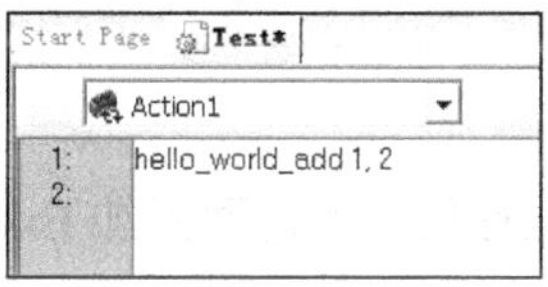

图 2-65

图 2-66

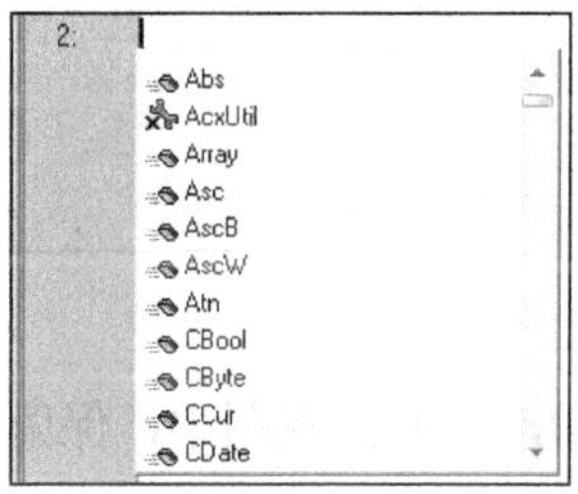

图 2-67

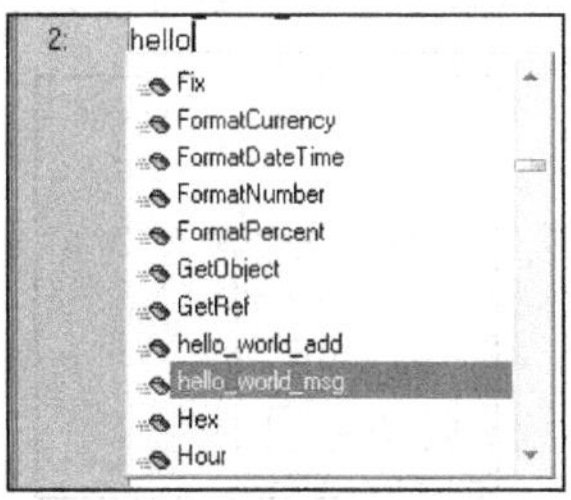

图 2-68

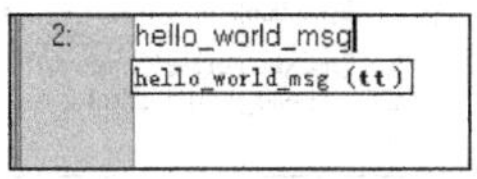

图 2-69

最后，只要输入参数（想要打印出来的内容）就可以了。以上这些全部都属于静态调用方式，相信读者已经掌握了吧。

2.3.3 强大的动态调用方式

静态的方式似乎太过于呆板，如果想要灵活且动态地调用函数该怎么做呢？在这里，介绍 QTP 的 3 大实时动态加载之一的“动态函数库加载”！

名字可能听上去很高深，其实就是调用一个方法而已，它就是 **ExecuteFile** 方法，这个方法不是 QTP 的保留方法，所以 Complete Word 是点不出来的，让我们看看它具体怎么用：

语法：

```
ExecuteFile file
```

<参数 1> file：必填项，需调用的文件的全路径，支持相对路径方式。

那么，让我们来用这个方法调用刚才的函数。首先，先删除资源池里已加载的文件，如图 2-70 所示。

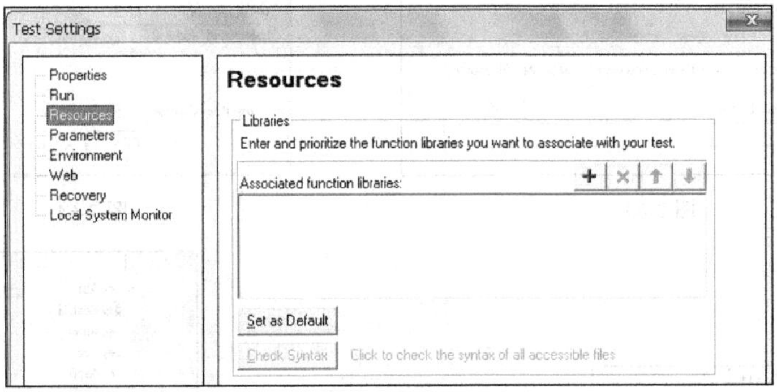

图 2-70

然后，在专家视图中，保留那句调用函数的代码，并在这行代码的前面添加 ExecuteFile 的代码，如图 2-71 所示。

执行一下脚本，看看结果是不是和前面那次调用结果一样，运行结果如图 2-72 所示。

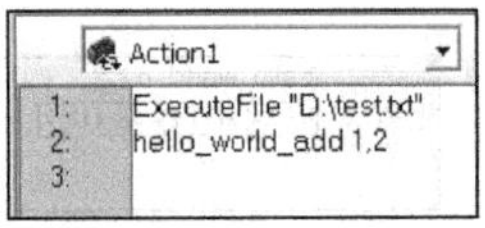

图 2-71

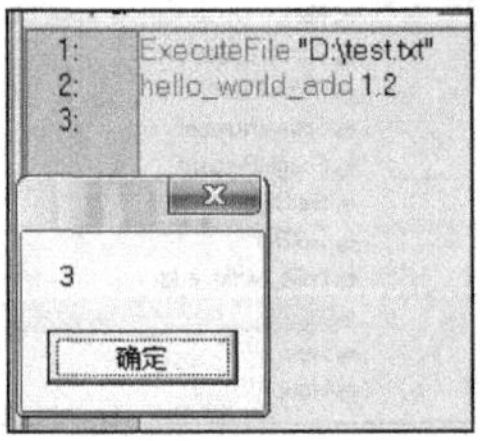

图 2-72

可以看到 ExecuteFile 这个方法已经发挥了其巨大的威力。它是一个动态的过程，所以很灵活，读者以后在自己的项目中会有机会使用到这一个动态加载方法。

其实，它还可以有一个妙用。不仅可以在 Action 里通过加 ExecuteFile 语句来动态加载库文件，如下：

ExecuteFile **"D:\test1.txt"**

ExecuteFile **"D:\test2.txt "**

ExecuteFile **"D:\test3.txt "**

也可以将上述 ExecuteFile 语句放在一个假设名为 LoadLib.vbs 的文件里，然后在 Resource 设置里手动加载这个 LoadLib.vbs 文件，这样就可以达到加载多个库文件的作用了。

2.3.4　函数库功能在 QTP 10.0 中的增强

在本小节开始前顺便介绍一下，刚才是把函数写在 txt 文件中，其实也无需那么麻烦，在 QTP 中就直接可以完成：依次点击 File→New→Function Library 项后，QTP 会新建一个 Library 窗口，在里面编译我们的函数可比直接写在文本文件里方便多了，如图 2-73 所示。

如图 2-73 所示，在这个窗口下“工作”可真比直接在文本文件里写舒服多了，有不同的字体颜色、有 Complete Word 等，当完成编译以后，只需保存即可，它会以“**qfl**”格式保存，除此之外还可以保存为‘**txt**’格式以及‘**vbs**’文件格式。

本小节的主题主要是介绍一些 QTP 10.0 版本才开始有的一些比较实用的功能，它就是 Available Keywords View 和 Resource View，让我们先来认识 Available Keywords，如图 2-74 所示。

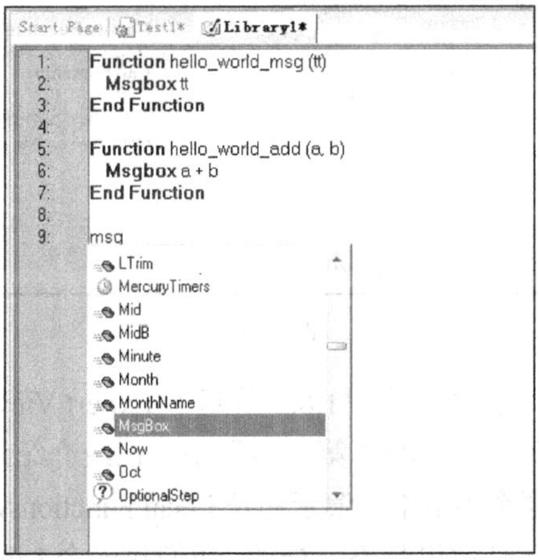

图 2-73

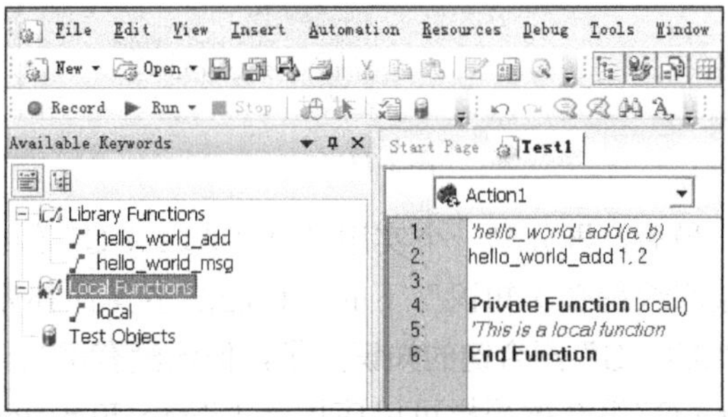

图 2-74

这个窗口将 Library Functions 和 Local Functions 进行了清楚地划分（当然，下面还有 Test Objects 相关功能这里就不介绍了）。不仅如此，Functions 也和对象一样可以随意，并快捷地从这个窗口中拖动到代码视图中，如图 2-75 所示。

接着，认识一下 Resource，只需要在图 2-76 中的位置切换就可以进到 Resource View 界面了。

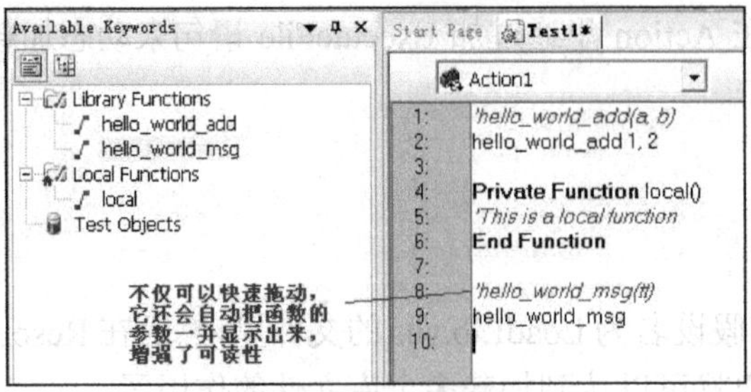

图 2-75

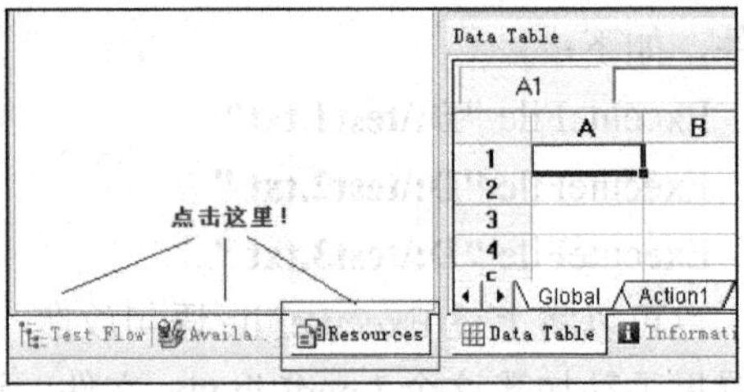

图 2-76

进入 Resource View 界面后，可以看到它的功能也是非常给力的，如图 2-77 所示。

如图 2-77 所示，Resource View 里不仅陈列了我们加载到资源池的 Lib 库，通过点击右键，还有一些额外的功能，如点击 Open Function Library，就可以打开函数文件并对其进行编辑。

所有的 Tab，无论是 Resource 也好、Available Keywords 也好还是 Test Flow，都是通过 QTP 的上方菜单栏→View 来激活的，只需选中它们既可，如图 2-78 所示。

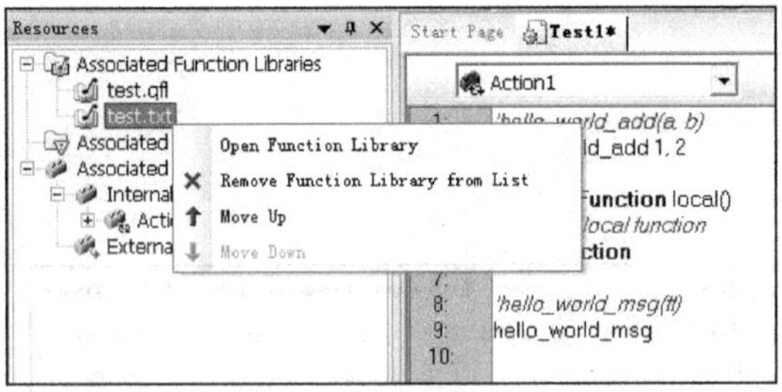

图 2-77

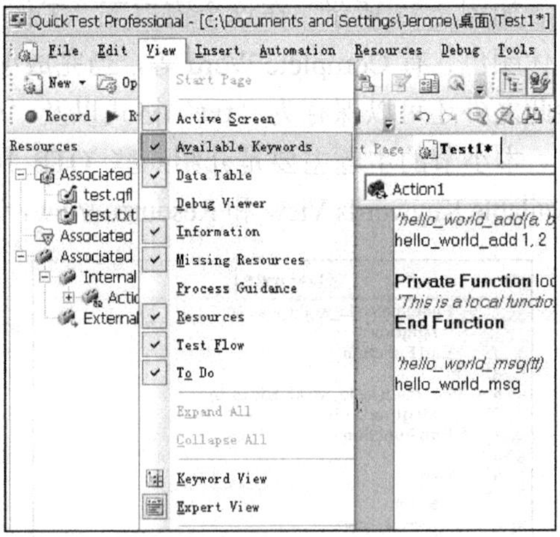

图 2-78

最后，再分享一个实用功能“ALT + G”组合键。其实，在“1.6.2 节基于 Expert View 的对象库编程必备知识”下的“1.6.2.2 节其他补充知识点”下的“第三点”中，已经介绍过有关“Alt + G”组合键的知识点了，但还没有讲全。在那个小节中，演示的是 Local Functions，而“Alt + G”组合键同样可以应用于 Library Functions，而且效果是不一样的，我们找一个 Library 的 Function，如图 2-79 所示。

然后，我们按“Alt + G”组合键，将会直接进入到这个函数所在的函数文件中（QTP 以新窗口打开，当然这个窗口是 Library 窗口，不是 Test 窗口，Test 窗口永远只可能存在一个），如图 2-80 所示。

如图 2-80 所示，可以看到现在已经自动定位到 hello_world_msg 函数了，并且可以对

test.qfl 这个 Lib 文件随意修改。因此，这将是一个以后经常使用的实用功能。

图 2-79

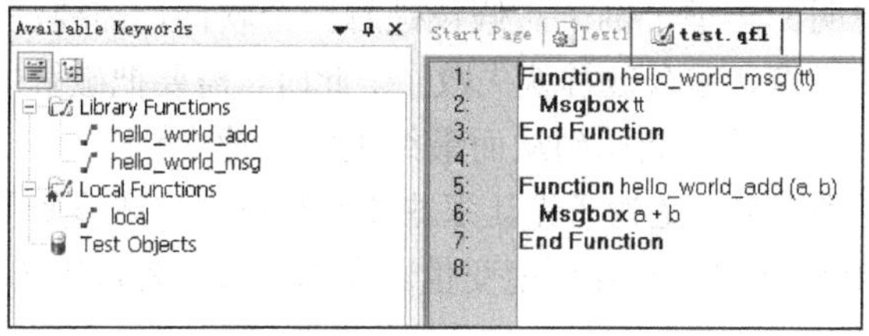

图 2-80

2.3.5　总结

本章节所演示的都是基于本地化的函数库调用（注：这里的本地化不是指 Local Functions），我们知道函数库还经常会被放到 QC 的一个特定文件夹下供自动化测试工程师们调用，在这里就不再演示了，因为使用、调用的方式是完全一样的，只是路径不同。唯一的区别就是，如果有两人或两人以上同时打开这份函数资源文件，只有先打开的那位才有资格修改，其他所有人都是只读状态。另外，还有一个缺陷，就是即使第一名工程师退出编辑这份文件以后，第二名工程师也不是马上就能够去编辑的，貌似是有一个缓存时间，这个也就只有耐心等待一会了！

本章节的内容几乎覆盖了 QTP 函数库的所有实用性功能，望读者能够从中受益。

知识点巩固和举一反三练习

一、请依次感受函数库的“静态调用”与“动态调用”。

二、请连接 QC，并从 QC 中尝试调用函数库（方法与本地化调用几乎一致）。

2.4　环境变量（Environment Variables）

阶段要点

- QTP 默认的环境变量 Built-in。
- QTP 自定义环境变量 User-defined。
- 动态配置环境变量。

2.4.1　引言

环境变量是一个具有特定名字的对象，它包含了一个或者多个应用程序所将使用到的信息。通俗讲，我们就用操作系统作示例讲，环境变量就是支持系统运行各个程序时寻找路径用的，此外还有一些运行参数，如想运行一个程序，那么系统怎么知道这个程序怎么执行？用什么方式执行？支持哪些东西？此时一般都是通过环境变量指向一个地方的，“那里”会有详细的说明。再举个例子，假设破解一个软件，需要注册号，系统会到环境变量里面调用，如果发现没有，那么破解就失败了。此时，需要把破解的文件放到环境变量里 给系统指定好一个路径，系统才能找到从而最终破解成功。

说了那么多，是为了先让那些还不是很理解环境变量的读者有个大致的概念。自动化测试工具 QTP 同样也离不开环境变量。在本章节，就带领读者一起领略 QTP 的环境变量的作用。

2.4.2 实用的 QTP 内置环境变量

QTP 的环境变量可分为两种，在本小节中介绍的是第一种：QTP 的默认环境变量。读者进入 QTP 后，依次点击上方菜单栏→File→Settings→Environment 项就能看到 QTP 环境变量的“聚集地”了，如图 2-81 所示。

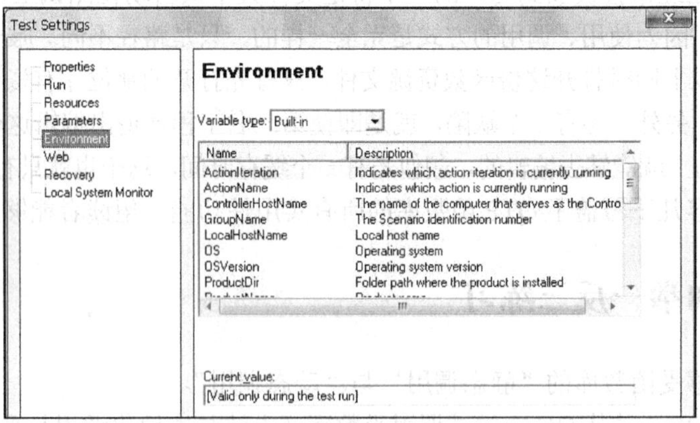

图 2-81

图 2-81 中默认显示的变量类型是 Built-in，也就是俗称的内置变量。这个窗口中罗列了所有 QTP 的内置环境变量。随意地选中一行，它都会在下面的 Current value 窗口里显示出具体的变量值。我们可以看到，现在我们所选的变量的值是“Valid only during the test run”，这个是什么意思呢？就是说，只有在脚本运行的时候 QTP 才会知道那些动态变量。图 2-82 中的变量值就不用等到 QTP 脚本运行启动了，QTP 直接取到环境变量值了，如图 2-82 所示。

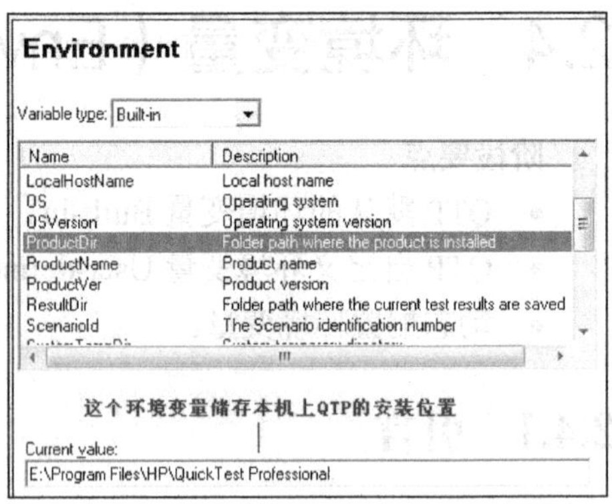

图 2-82

接下来，遍历一遍所有 QTP 的内置环境变量，读者也可以同时开始思考了，哪些环境变量会对我们今后的脚本编写有帮助或者说用途大。

默认环境变量列表。

1. ActionIteration

返回当前运行的 Action 迭代的数据行号（指 Datatable 中当前 Action 的数据表），如正在运行 Action 中的第三行数据，则返回“3”。

2. ActionName

返回当前运行的是哪一个 Action，它的名称。

3. ControllerHostName

Controller 计算机的名称。只有在 LoadRunner Controller 中作为 GUI、Vuser 运行时该变量才相关，读者不必深究。

4. GroupName

运行场景中组的名称。只有在 LoadRunner Controller 中作为 GUI、Vuser 运行时该变量才相关，读者不必深究。

5. LocalHostName

返回当前运行 QTP 的计算机名称。

6. OS

返回当前运行 QTP 的操作系统名称。

7. OSVersion

返回当前运行 QTP 的操作系统的版本号。

8. ProductDir

返回 QTP 在当前计算机的安装路径，不包括最后的“\”。

9. ProductName

返回产品名称，即 QTP 的全名。

10. ProductVer

返回 QTP 的版本号。

11. ResultDir

返回当前 Test 的测试报告的保存地址，不包括最后的“\”。

12. ScenarioId

场景的标识编号。只有在从 LoadRunner Controller 中作为 GUI、Vuser 运行时该变量才相关，读者不必深究。

13. SystemTempDir

返回系统的临时目录的路径，不包括最后的“\”。

14. TestDir

返回当前测试的绝对路径，不包括最后的“\”。

15. TestIteration

返回当前运行的测试迭代的数据行号（指 Datatable 表中的 Global 表）。

16. TestName

返回当前运行的 Test 的名称。

17. UpdatingActiveScreen

指明在更新运行过程中是否更新 Active Screen 中的图像和值，“是”，返回 True；“否”，则返回 False。

18. UpdatingCheckpoints

指明在更新运行过程中是否更新检查点，“是”，返回 True；“否”，则返回 False。

19. UpdatingTODescriptions

指明在更新运行过程中是否更新用于标识对象的属性集，“是”，返回 True；“否”，则返回 False。

20. UserName

返回登录当前操作系统的用户名。

21. VuserId

负载下的 Vuser 标识。只有在从 LoadRunner Controller 中作为 GUI、Vuser 运行时该变量才相关，读者不必深究。

那么所有的内置环境变量都已经浏览一遍了，接下来讲以后对我们 QTP 自动化测试最有帮助的几个环境变量，列表如下：

- **2．ActionName；**
- **5．LocalHostName；**
- **11．ResultDir；**
- **13．SystemTempDir；**
- **14．TestDir；**
- **16．TestName。**

然后，举 3 个例子，这些例子都会使用到上面的这些环境变量。

例一：

之前讲到过错误截图的概念，当发生错误时可以把当前屏幕截图下来当证据，那么截图的命名怎么命名比较好呢？用 **TestName + ActionName + Time + 一个自定义 ID**。

怎么样？这个命名方式还行吧？那么截图好了，该放哪里呢？看例二。

例二：

大家可以重新阅读一下前面的内容，看看 TestDir 这个环境变量有什么用？

答案：返回当前测试的绝对路径，不包括最后的“\”。

既然可以动态取到当前 Test 的值（环境变量值），那把“当前”的截图放在当前的 Test 里应该适宜吧？最后，照样可以动态地将截图嵌入自动化测试报告。

例三：

目前为止还没讲到 **LocalHostName、ResultDir、SystemTempDir** 这 3 个环境变量，那就

让它们用在本例中吧。这 3 个环境变量通常是配合自动化测试框架使用的，分布式运行时总得记录执行脚本的 LocalHostName，测试结果总得有地方取出，然后再归纳出一份给力的测试结果反馈，测试结果从哪里取？自然就是从 ResultDir。至于 SystemTempDir 的应用，相信自动化测试框架总有些东西要用到系统临时目录。

实例也举过了，理解了环境变量对我们的帮助是巨大的。但是，该怎么去动态获取这些环境变量的值呢？答案就是用 Environment 对象。

Environment 是 QTP 的一个保留对象，可以通过 Complete Word 直接找到的，然后单击“点”键，下面一共有 3 个方法供我们使用，如图 2-83 所示。

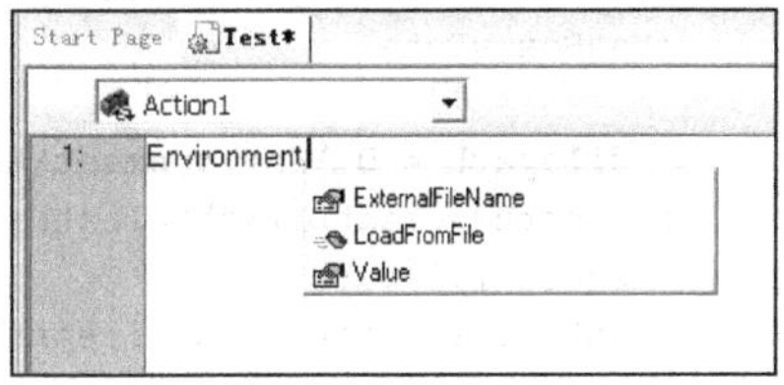

图 2-83

如图 2-83 所示，其中 ExternalFileName 方法不介绍，留为本章节的作业，读者自行用 F1 键查阅并去运用。LoadFromFile 方法会在下个小节中讲到，这里介绍 Value 方法。

Environment.Value 的使用不难，总共就分两种情况，一种是为环境变量赋新值，这个和本小节无关，所以放在下一小节中介绍；另一种就是获取环境变量的值了，我们来具体看一下它的用法，如下：

```
CurrValue = Environment.Value (VariableName)
```

那么，我们直接用实例说明：

```
ActionName = Environment.Value("ActionName")
LocalHostName = Environment.Value("LocalHostName")
ResultDir = Environment.Value("ResultDir")
SystemTempDir = Environment.Value("SystemTempDir")
TestDir = Environment.Value("TestDir")
TestName = Environment.Value("TestName")

Print "ActionName:  < "&ActionName&" >"
Print "LocalHostName:  < "&LocalHostName&" >"
Print "ResultDir:  < "&ResultDir&" >"
Print "SystemTempDir:  < "&SystemTempDir&" >"
Print "TestDir:  < "&TestDir&" >"
Print "TestName:  < "&TestName&" >"
```

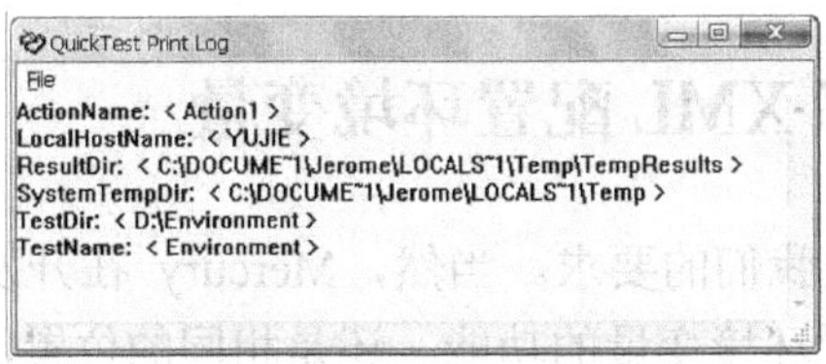

图 2-84

先把刚才那些环境变量通过 Print 函数打印出来看一下，如图 2-84 所示。

然后，利用这些环境变量截一张图保存到当前脚本所在的位置，并将这张图嵌入测试报告，代码实现如下：

```
'获取所需的环境变量的值
TestDir = Environment.Value("TestDir")
TestName = Environment.Value("TestName")
```

```
ActionName = Environment.Value("ActionName")

'Print "TestDir: < "&TestDir&" >"
'Print "TestName: < "&TestName&" >"
'Print "ActionName: < "&ActionName&" >"

'切分日期，把"-"去除，已经使用过好多次了，不多做阐述
dateArray = Split(Date,"-",-1,1)
vDate = dateArray(0)&dateArray(1)&dateArray(2)
'MsgBox vDate

' filepath = D:\Environment\Environment_Action1_YYYYMMDD.png
filepath = TestDir&"\"&TestName&"_"&ActionName&"_"&vDate&".png"
'MsgBox filepath
Desktop.CaptureBitmap filepath, True

'将截图嵌入 Test Report
Reporter.ReportEvent micPass, "Environment 实例", "截图演示", filepath
```

一起来验证一下，执行了"Desktop. CaptureBitmap filepath，True"语句后，通过动态获取环境变量的值，看是否将图片动态存入了想要存放的路径中，如图 2-85 所示。

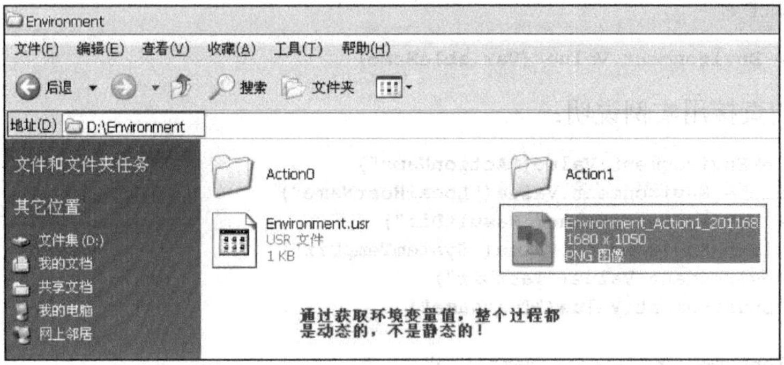

图 2-85

那么，最后的截图写入报告，在之前的章节已经有过演示了，这里就不再截图了。以上内容便是使用 QTP 内置变量的精髓！

2.4.3 灵活地自定义环境变量及利用外部 XML 配置环境变量

很多情况下，默认的一些环境变量并不能完全满足我们的要求。当然，Mercury 在开发 QTP 的时候也考虑到了这一点，所以提供了自定义设置环境变量的功能。还是相同的位置，只需要在 Variable type 下拉列表中选择 User-defined 就可以了，如图 2-86 所示。

从图 2-86 中可以看到，不仅可以自己手工添加一些自定义变量（并且添加完后可以将它们导出），也可以从外部文件中导入外部环境变量。当然，这些以静态方式操作自定义变量的

功能性的东西读者只需了解即可，不是要学习的内容。要学习的当然是动态操控自定义变量，来看下面这段代码，看看如何动态地自定义环境变量。

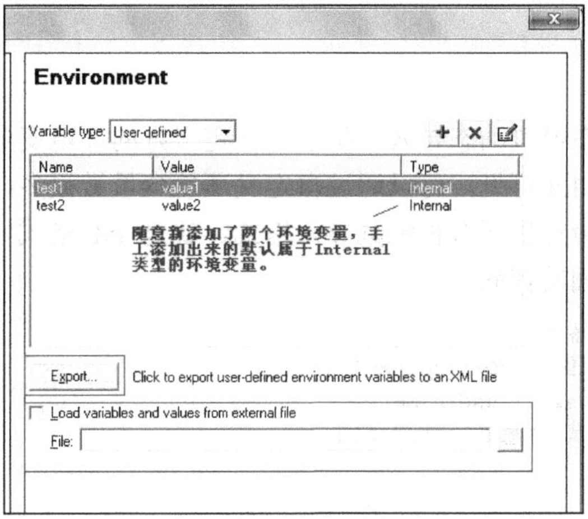

图 2-86

```
Dim EnvironmentPath
'需要存放的 xml 文件路径
EnvironmentPath = "D:\EnvLib.xml"
'调用创建环境变量函数
Call createEnviormentXML(EnvironmentPath)
'动态加载环境变量
'可以看到这里使用了上一个小节中没有介绍的 LoadFromFile 方法
'这个方法看字面意思就能够明白了，作者不多加详述
Environment.LoadFromFile EnvironmentPath
'将环境变量中的 netUrl 的值赋给 URL
URL = Environment.Value("netUrl")
'使用 URL
SystemUtil.Run URL

'创建环境变量的 XML 文件
'使用 FSO 把需要的变量动态地写入一个 XML 文件
Function createEnviormentXML(xmlPath)
        Set fso = CreateObject("Scripting.FileSystemObject")
        Set oXml = fso.CreateTextFile(xmlPath)
        oXml.Write _
        "<Environment>"+vbCrLf+_
        "<Variable>"+vbCrLf+_
            "<Name>netName</Name>"+vbCrLf+_
            "<Value>baidu</Value>"+ vbCrLf +_
        "</Variable>"+ vbCrLf +_
        "<Variable>"+ vbCrLf +_
            "<Name>netUrl</Name>"+ vbCrLf +_
            "<Value>http://www.baidu.com</Value>"+ vbCrLf +_
```

```
        "</Variable>"+ vbCrLf +_
        "</Environment>"
        Set oXml = Nothing
        Set fso = Nothing
End Function
```

分析：

这个实例其实就是在模拟动态导入一份事先自定义好的环境变量，然后调用 XML 文件里的变量为我们所用。由此可见，可以通过自定义环境变量做很多“未知”的事，它简直就有无限可能！此外，环境变量还有种隐藏导入格式，就是 txt 格式，这种隐藏格式的使用方法和 xml 不同，来看下面的代码：

```
'环境变量隐藏导入文件的格式
Environment.LoadFromFile "D:\qtp.txt"
Msgbox Environment.Value("username")
'打印结果：QTP 自动化测试技术领航，你值得拥有！

' txt 文件格式为：
-------------------------------------
[Environment]
url = www.baidu.com
username = QTP 自动化测试技术领航，你值得拥有！
password = 123456
-------------------------------------
```

2.4.4 综合实例——环境变量的动态生成与秘密加载

相信看了上个小节的一小段简短的代码后读者一定觉得不过瘾，那么在本小节中，使用另一个实例再循环巩固一次上一节的知识点，并分享给读者另一种秘密文件类型。

- **动态生成——使用 FSO 把需要的变量动态地写入一个 XML 文件**

> **注意**
>
> 关于 FSO，在上一个小节的代码中已经使用过了，关于 FSO 的知识点读者也可以直接翻到本书的“3.6 FSO 对象模型”这个章节先看起，这个知识点是比较独立的，不存在看不懂的可能。

现在要做的就是动态地去生成环境变量，主要是通过两个函数。

- 第一个函数：getVariable　可以让我们添加环境变量并通过指针变量进行迭代增加。
- 第二个函数：generateEnvFile　根据指针变量生成环境变量 XML 文件。

那么，请欣赏实例代码（注：该实例也是本章节作业中将使用到的实例）：

```
'**************************** 初始化环境变量 ******************************

getVariable allEnvVar,"url", "http://www.baidu.com"
```

```
getVariable allEnvVar,"username", "yujie"
getVariable allEnvVar,"password", "zhaoxubin"

'******************** 生成外部环境变量 XML 文件 ****************************

generateEnvFile "D:\test.xml", allEnvVar

'*********************************************************************
'Description:获取所有环境变量字符串
'Parameters: XmlVar(指针变量,环境变量字符)  varName(环境变量名)  varValue(环境变量值)
'Return Value: 无
'*********************************************************************
Function getVariable(byRef xmlVar,byVal varName,byVal varValue)
   xmlVar = xmlVar + _
   "<Variable>" + vbCrLf + _
     "<Name>" + varName + "</Name>" + vbCrLf + _
     "<Value>" + varValue + "</Value>" + vbCrLf + _
   "</Variable>" + vbCrLf
End Function

'*********************************************************************
'Description: 生成环境变量 XML 文件
'Parameters: envPathName(路径名)  getVar(获取的环境变量字符)
'Return Value: 无
'*********************************************************************
Function generateEnvFile(envPathName,getVar)
   envStream = _
   "<Environment>" + vbCrLf + _
    getVar + _
   "</Environment>"
   Set fso = CreateObject("Scripting.FileSystemObject")
   Set envStreamFile = fso.CreateTextFile(envPathName)
   envStreamFile.Write envStream
   Set envStreamFile = Nothing
   Set fso = Nothing
End Function
```

执行完以上脚本后可以看到，在 D 盘里自动生成了一个 XML 文件，接着就可以使用动态加载把环境变量加载到 QTP 中。

- 动态加载：使用 Environment.LoadFromFile 方法把环境变量文件动态加载到 QTP 中：

```
'*********动态加载环境变量*************
Environment.LoadFromFile "D:\test.xml"
```

注意

在这里还可以有一种秘密的文件格式加载类型，就是 ini 格式。但如果是静态加载则不支持该格式。

解密：最早在 QTP 5.x 和 6.x 版本的时候，它是使用 ini 文件作为外部环境变量来使用的，到了 QTP8.0 版本以后就开始使用 xml 的形式来储存了。因此，静态的加载方式已经被屏蔽，但是动态加载还是可以使用 ini 文件格式的，不过文件必须遵循一定的格式，如下：

```
[Environment]

username = Jie Yu
passwd = Xubin Zhao
```

图 2-87 就是动态加载 ini 文件，QTP 运行时的结果图（运行完毕就看不到了）。

如果使用静态的方式人为地去加载，则会报错，如图 2-88 所示。

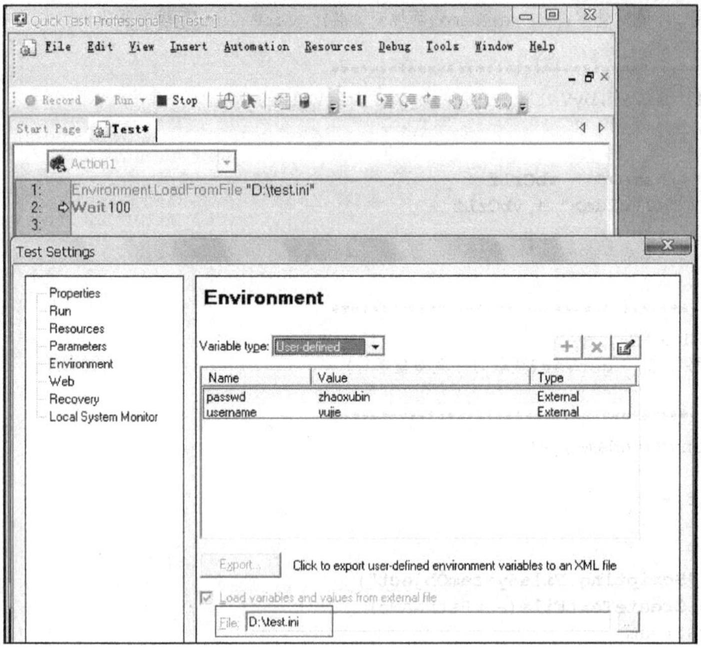

图 2-87

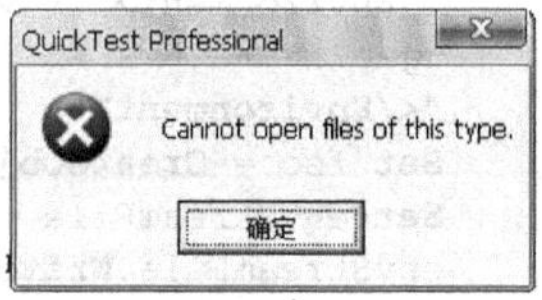

图 2-88

2.4.5 总结

怎么环境变量也动态了？其实，读者看到这里的时候有没有发现一个共同点：QTP 或者说自动化测试中，任何事件其实都离不开“动态”这两个字。但是，动态的过程都是人去赋予的，这说明想要把自动化测试做好，我们的思想远胜于自动化测试工具。

那么，有没有感受到环境变量的无限扩展性呢？或者说是否已经有自己的一套思路和想法用于自己的项目中了呢？去实践吧！运用本章节所学到的知识！

知识点巩固和举一反三练习

一、请自学 ExternalFileName 方法。

二、请根据 2.4.4 小节中的作业实例完成以下需求。

要求 1：动态加载外部环境变量文件后读取所有变量。

要求 2：思考如何利用变量自动打开百度首页。

2.5　常用保留对象（Utility Objects）

阶段要点

- 简单介绍常用保留对象。
- 隐藏保留对象的探索。
- 掌握自定义保留对象的编写方式。

2.5.1　常用保留对象介绍

在之前的章节中，曾经介绍过利用 DataTable 做数据处理，Environment 环境变量以及利用 Reporter 编写自定义报告等，这些对象都是一些 QTP 自身提供的非常基础的对象，它们都有一个共同的名字，就是保留对象。

- **保留对象：**所谓 QTP 保留对象就是 QTP 本身预留的一些可用对象。

通俗些讲就是，当打开 QTP 时它就已经把这些对象给实例化了，直到关闭 QTP 后，这些保留对象的实例才会终止。这些保留对象都是 QTP 事先封装好的常用操作对象，无需像开源软件那样都需要自己来搭建这些对象和类库，一切都是现成的！在保留对象中有些是可见的，有些是隐藏的（需要人工开启），具体如何查看隐藏保留对象会在下一个小节中详细进行讲解。

那么保留对象具体在QTP中如何呈现呢？当打开QTP后，按 F7 键，弹出了步骤生成器窗口，如图 2-89 所示。

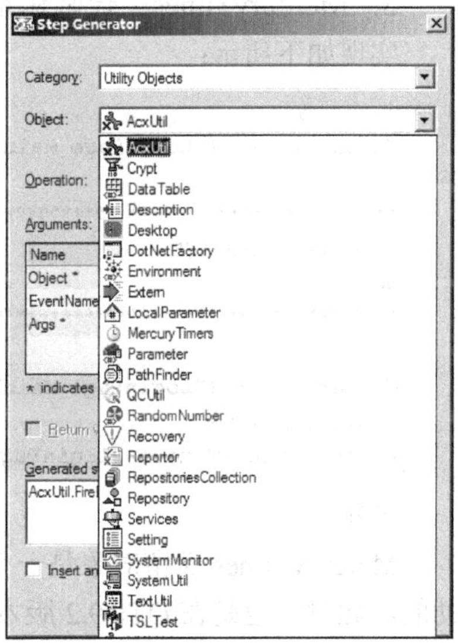

图 2-89

在分类中可以选择保留对象类型，之后就可以看到所有可见的保留对象。每个保留对象都是一个 COM 组件，都可自行创建，其中很多的保留对象在做实例项目测试的时候都是非常实用的，接下来就为大家介绍几个常用的保留对象。

1. Crypt：加密模块保留对象

实现如下所示：

```
PwStr = Crypt.Encrypt("mercury")
```

```
Dialog("Login").WinEdit("Agent Name:").Set "mercury"
Dialog("Login").WinEdit("Password:").SetSecure PwStr
Dialog("Login").WinButton("OK").Click
```

分析：

利用 Crypt 保留对象可以把字符串自动转化为加密形式的字样，并且每次动态生成的加密密码都是不一样的，其实，此功能就是 Password Encoder，如图 2-90 所示。

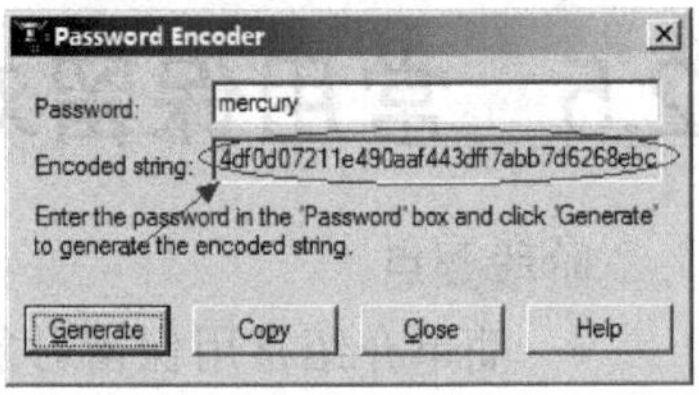

图 2-90

如图 2-90，圈处即为加密后的动态密码，每次生成结果都是不一样的。Crypt 方式其实就是此工具的脚本生成形式。

2. Desktop：桌面保留对象

实现如下所示：

```
Desktop.CaptureBitmap "D:\1.bmp"
```

分析：

通常此对象用于出错时的截图，使用此对象来截图非常方便，只需给定生成截图的路径即可，这个在前面的章节也用过。

3. MercuryTimes：计时保留对象

实现如下所示：

```
'计时开始
MercuryTimers("LoginPage_MainPage").Start

'*******************************************
' LOGIN  MAINPAGE
Wait 2
'*******************************************
 '计时结束
MercuryTimers("LoginPage_MainPage").Stop
'获取总共耗时时间
Print MercuryTimers("LoginPage_MainPage").ElapsedTime
```

分析：

MercuryTimes 保留对象是一个非常实用的对象，它对于测试应用程序的性能是非常有帮助的，此对象也是在 QTP 9.2 版本才开始加入的。

4. PathFinder：路径保留对象

实现如下所示：

```
Msgbox PathFinder.Locate("Default.xls")
```

分析：

PathFinder 在 QTP 中的可见方法只有 Locate，其参数为文件名称，其作用主要是获取到参数中的文件的完整绝对路径。

5. RandomNumber：随机数保留对象

实现如下所示：

```
Print RandomNumber.Value (0, 100)
```

分析：

执行以上脚本会得到一个 0～100 的随机数。注意，此处包含 0 和 100。由于此处 Value 是默认属性，因此可以省略。

2.5.2　隐藏保留对象介绍

上一小节已经介绍了一些常用的保留对象，但其实保留对象远远不止这些，QTP 本身在步骤生成器中还隐藏了一些保留对象，如 RegisterUserFunc、WebUtil、UnRegisterUserFunc 等，这些保留对象都是 QTP 的隐藏模式保留对象。你会发现步骤生成器中根本找不到这些保留对象，但是这些对象确实是真实存在的，比如：

- WebUtil：此对象在 QTP 的帮助文档里以及对象浏览器里都是找不到的，可以说是 QTP 的一个隐藏对象。

我们只需要在专家视图中输入 WebUtil 再加一个“点”，就会展开许多的方法，图 2-91 就是 WebUtil 的所有方法。

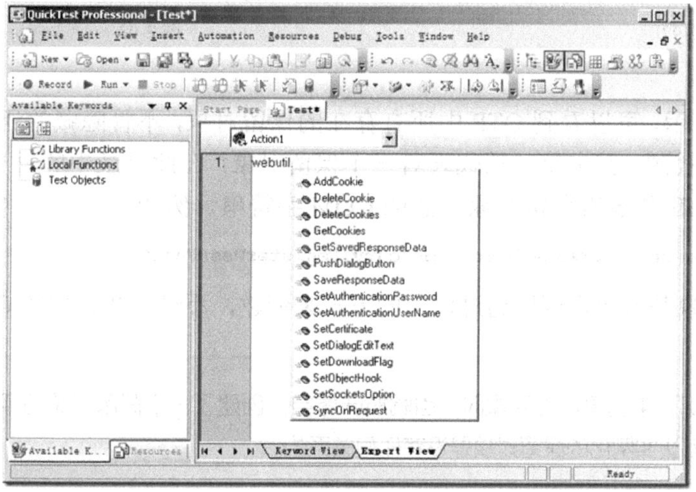

图 2-91

分析：

虽然这些隐藏保留对象在帮助文档里都没有相应的说明，但可以通过其方法名称来了解某些方法的使用方式。读者一定会感觉好奇，这些隐藏保留对象究竟是从哪里来的呢？其实它们都隐藏在注册表之中，现在就把它们统统显示出来。

（1）运行“regedit”进入注册表，如图 2-92 所示。

（2）依次单击 HKCU→Software→Mercury Interacitve→QuickTest Professional→MicTest→ReservedObjects 下的所有项，如图 2-93 所示。

图 2-92

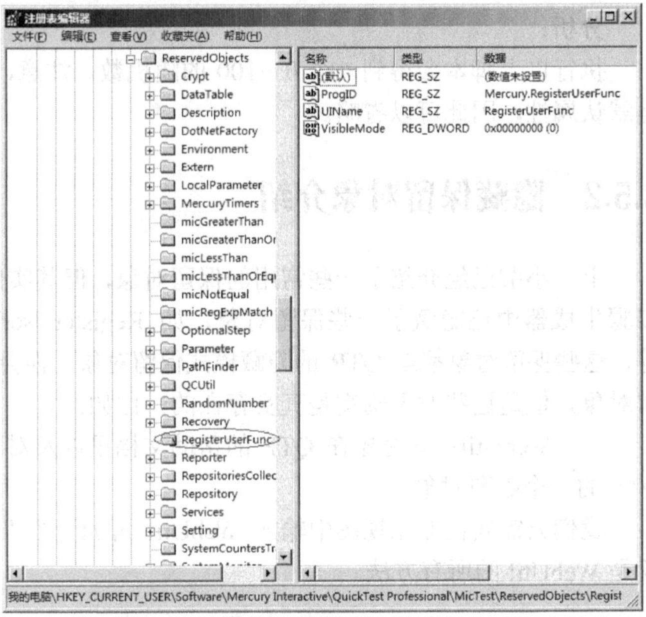

图 2-93

分析：

如图 2-93 所示，可以看到 QTP 中所有存在的保留对象，不管隐藏的还是非隐藏的保留对象都可以直接找到。其中每一项代表着一个保留对象，在此目录中的每一项下的 KEY 包含 ProgID。ProgID 代表着保留对象创建的 COM 字符串，例如：

```
Set oRegisterFunc = CreateObject("Mercury.RegisterUserFunc")
```

这些保留对象基本上都可以通过以上的方式来创建，不过有些只能在 QTP 中进行创建。

注意

当在 QTP 中创建这些对象时，也就意味着自行创建了一个保留对象的实例，而此实例与原来 QTP 默认实例化的保留对象是没有任何关系的。

2.5.3 自定义保留对象

在本小节中，还要给读者讲解一下什么是自定义保留对象。自定义保留对象需要并满足以下两个条件。

- 自定义的保留对象必须是 COM 组件。
- 需要添加自定义保留对象就必须更改注册表信息。

步骤：

（1）可以先用 WSC 来创建一个自定义 COM 组件，并保证可以使用 CREATEOBJECT 进行调用，如图 2-94 所示。

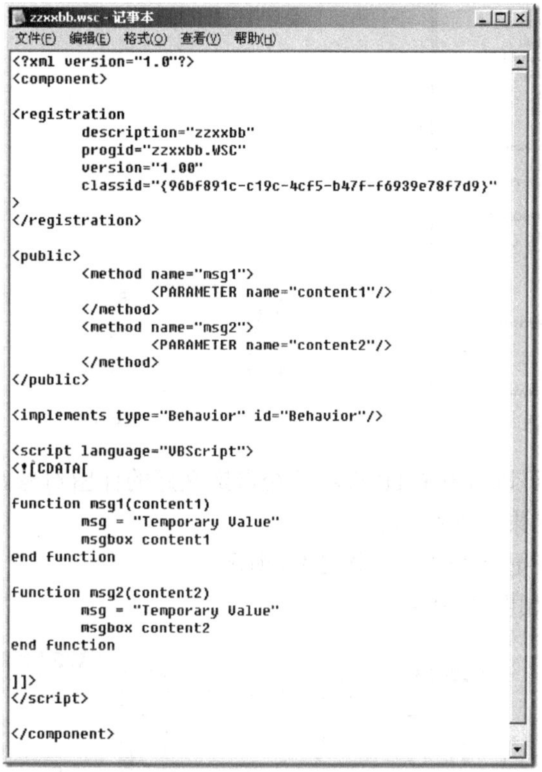

```
zzxxbb.wsc - 记事本
文件(F) 编辑(E) 格式(O) 查看(V) 帮助(H)
<?xml version="1.0"?>
<component>

<registration
	description="zzxxbb"
	progid="zzxxbb.WSC"
	version="1.00"
	classid="{96bf891c-c19c-4cf5-b47f-f6939e78f7d9}"
>
</registration>

<public>
	<method name="msg1">
		<PARAMETER name="content1"/>
	</method>
	<method name="msg2">
		<PARAMETER name="content2"/>
	</method>
</public>

<implements type="Behavior" id="Behavior"/>

<script language="VBScript">
<![CDATA[

function msg1(content1)
	msg = "Temporary Value"
	msgbox content1
end function

function msg2(content2)
	msg = "Temporary Value"
	msgbox content2
end function

]]>
</script>

</component>
```

图 2-94

（2）运行 regedit 进入注册表并找到路径：

```
HKEY_CURRENT_USER\Software\Mercury Interactive\QuickTest Professional\
MicTest\ReservedObjects\
```

新建项：Zzxxbb，如图 2-95 所示。

（3）进入此项后。

- 新建字符串值 ProgID，数值为 COM 组件的程序 ID，这里输入 zzxxbb.WSC。
- 新建字符串值 UIName，数值为保留对象的名字，这里填写 Zzxxbb。
- 新建 DWORD 值 VisibleMode，数值为显示模式，这里填写表示控制自动完成可见，在此输入 2，如图 2-96 所示。

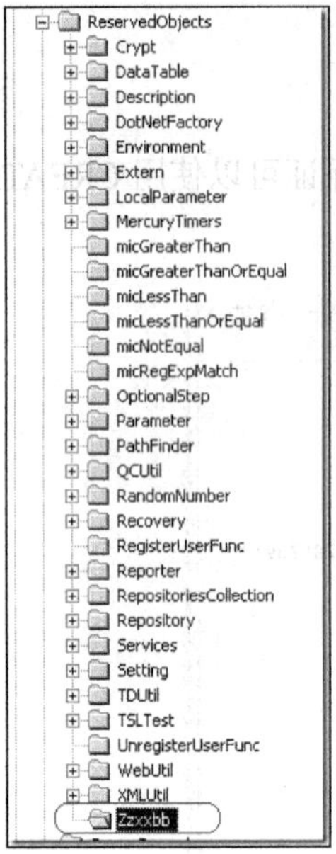

图 2-95

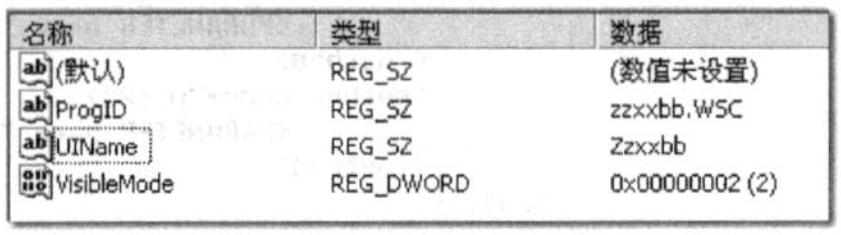

图 2-96

（4）设置完之后就可以打开 QTP 查看已经自定义好的保留对象。

- 按 F7 键显示结果，如图 2-97 所示。
- Complete Word 显示结果，如图 2-98 所示。
- 智能感知结果如图 2-99 所示。

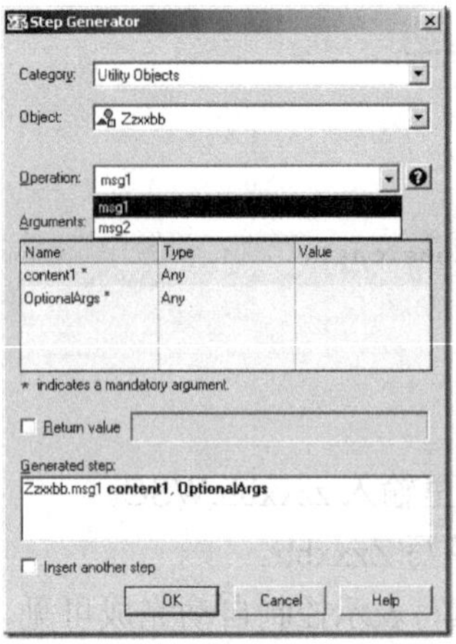

图 2-97

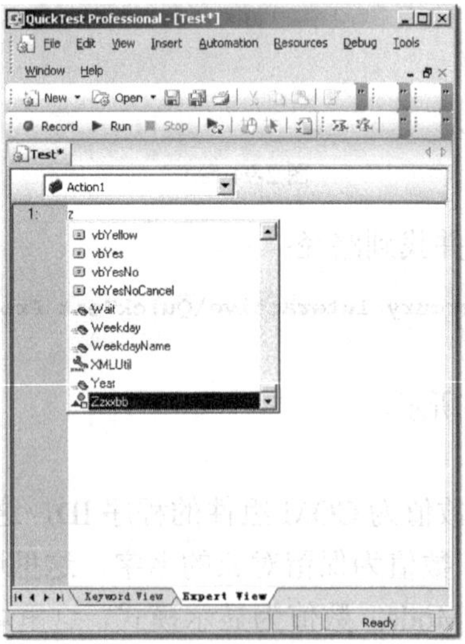

图 2-98

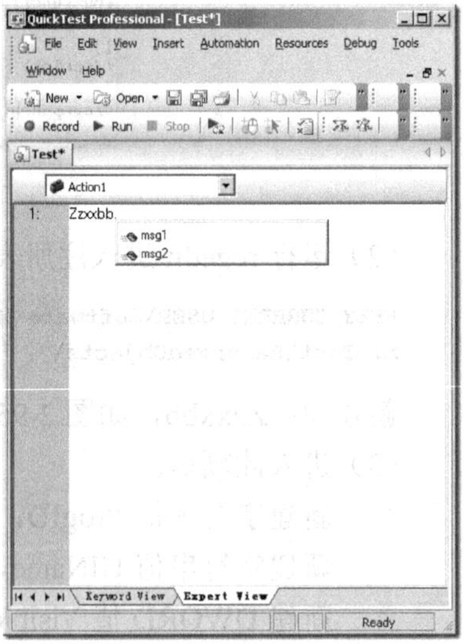

图 2-99

2.5.4　总结

这一节主要是扩展了一个自定义保留对象的应用知识，它是通过更改注册表，然后对 QTP 进行注入保留对象实现的。

2.6　QuickTest 自动化模型对象（AOM）

阶段要点

- 帮助了解不同环境下 AOM 的调用
- 深入理解 QTP 自动化模型的引用过程
- 掌握 AOM 具体实际用法
- 了解 AOM 常见问题与错误解决方法

2.6.1　不同开发环境下的 AOM 使用解析

AOM 是一个可以自动化 QTP 的自动化对象模型，它可以对 QTP 进行自动化配置操作，以及 QTP 的运行回放自动化等。

1. AOM：Automation Object Model（自动化对象模型）

下面就来看一个最简单的创建 AOM 的例子：

```
Dim qtApp
Set qtApp = CreateObject("QuickTest.Application")
 ' 创建对象
qtApp.Launch   'Start QuickTest
qtApp.Visible = True  ' 设置为可见
```

分析：

将以上代码保存为 VBS 后缀格式的文件后，双击运行即可自动启动 QTP 应用程序。以上脚本是一个最为简单的创建 AOM 对象并启动 QTP 的例子，实现的语言为 VBS。作为 DLL 模型调用，其调用方式还远远不止这些。

2. VB 调用方式

```
Dim qtApp As QuickTest.Application
' 申明 AOM 对象
Set qtApp = New QuickTest.Application
' 创建 AOM 对象
qtApp.Launch ' 启动 QTP
qtApp.Visible = True ' 设置为可见
```

3. C#调用方式

```
QuickTest.Application app = New QuickTest.Application();
// 创建 QTP 对象
app.Launch();
// 启动 QTP
app.Visible = True;
// 让 QTP 可见
```

4. JavaScript 调用方式

```
var qtApp = new ActiveXObject("QuickTest.Application");
// 创建 AOM 对象
qtApp.Launch(); // 启动 QTP
qtApp.Visible = true // 设置为可见
```

2.6.2 QTP 自动化模型的引用

在上一小节已经简单介绍了 QTP 自动化模型，以及其在不同环境下的 AOM 调用方式，那么在此就可以引申出一个问题，为什么那么多语言都能够调用 AOM 来自动化 QTP？这是因为 QTP 安装程序中已经注册了一个核心 DLL 文件的 COM，这个 DLL 就是在安装文件夹下的 BIN 目录下的 QTObjectModel.dll。

下面就来简单地完成一个启动 QTP→打开脚本→运行回放的这样的一个实例。在这里使用的是 VBSEdit 工具。

（1）首先在这里引用 QTObjectModel.dll。

引用方法。

- Tools - References - Add。
- 在 Prog ID 中输入 QuickTest.Application。
- 在 TypeLib path 中找到 dll 的路径，位于安装路径的 BIN 目录下，如图 2-100 所示。

（2）在引用完 dll 后就可以创建 AOM 对象了，并且会有相应的代码提示，如图 2-101 所示。

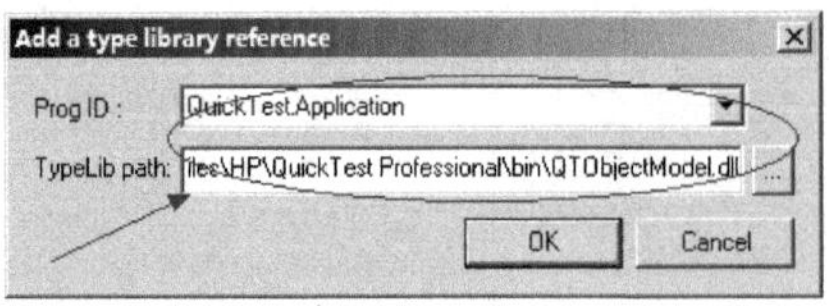

图 2-100

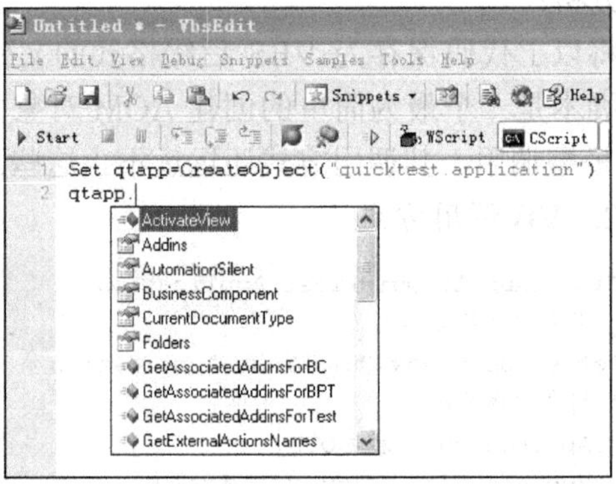

图 2-101

如图 2-101 所示，在 qtapp 后输入“点”，VBSEdit 即会自动通过 CreateObject 后的 Prog ID 去搜索相应的 dll 库，一旦搜索到之后，智能提示即会自动打开。

（3）当创建好 AOM 对象的同时，也可以在对象浏览器中看到这个 dll 下的所有方法和属性，如图 2-102 所示。

分析：

可以看见图 2-102 中存在非常多的对象和属性，在这些对象当中相信大家都已经看到了一些熟悉的面孔，如 Action、Addins、ObjectIdentification、Resources 等。当然，这里的那么多方法和属性，作者也不可能一一列举出来，详细的用法可以参见 QuickTest Automation Reference，读者可以利用网络资源下载到这份文档，如图 2-103 所示，或发送索取请求到作者的邮箱。

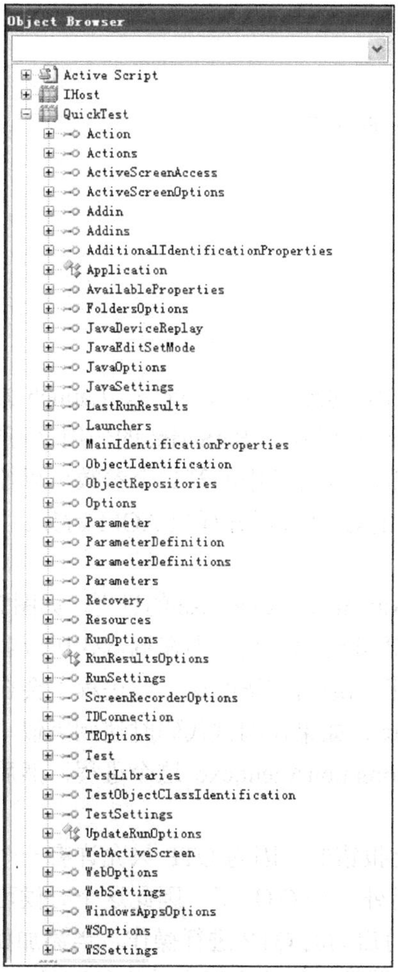

图 2-102

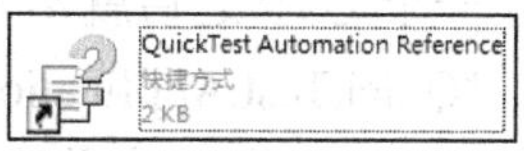

图 2-103

2.6.3 让 QTP 舞动起来

前面介绍了那么多理论上的东西，下面就来实践一下，让 QTP 真正地“动起来”，并自动完成一个“从启动到新建测试到输入脚本到执行到关闭的”完整的自动化测试流程。

- 实例：

```
'创建对象
Set qtapp = CreateObject("QuickTest.Application")
'启动 QTP
qtapp.Launch
'设置为可见
qtapp.Visible = True
'新建一个 test 脚本
qtapp.New
'为 Action1 设置需要执行的脚本字符串
qtapp.Test.Actions("Action1").SetScript "Msgbox 0"
'运行测试脚本
qtapp.Test.Run
'退出 QTP
qtapp.Quit
'释放
Set qtapp = Nothing
```

分析：

以上脚本是一个非常基础和简单的调用 AOM 的经典例子。首先，Launch 方法的作用是启动 QTP 应用；接着 New 方法的作用则是新建一个测试；SetScript 的作用是可以在 Action1 中自动输入对应的字符串；Run 方法为运行测试，注意其中的第二个参数可以控制是否等待 Run 方法执行完毕；最后使用 Quit 方法自动退出 QTP 应用并释放 AOM 对象。

注意事项：

（1）执行以上代码时，系统会多出一个 QTAutomationAgent.exe 的进程（如图 2-104 所示），此进程在运行完以上代码后会自动关闭。但是需要注意的是，当在调试代码或者是做非法终止以上代码的行为而最终又未能使以上代码执行到最后完毕的话，此进程不会自动关闭，这样就会导致第二次创建 AOM 对象时报错。因此，如果在调试代码时遇到类似“远程过程调用失败”的错误提示，就可以试试去掉 QTAutomationAgent.exe 这个进程，然后重新调试代码就可以了。

（2）如果在 QTP 直接创建 AOM 对象是会报错的，因为 QTP 只允许有一个实例对象，当已经开启了一个 QTP 之后就不可以再创建另外一个 QTP 了，因此这个时候可以直接使用 GetObject("", "QuickTest.Application") 来对当前启动的 QTP 进行操作，当添加如图 2-105 中的脚本后，一旦点击运行，当前 QTP 就会自动隐藏，运行完后自动恢复可见。

图 2-104

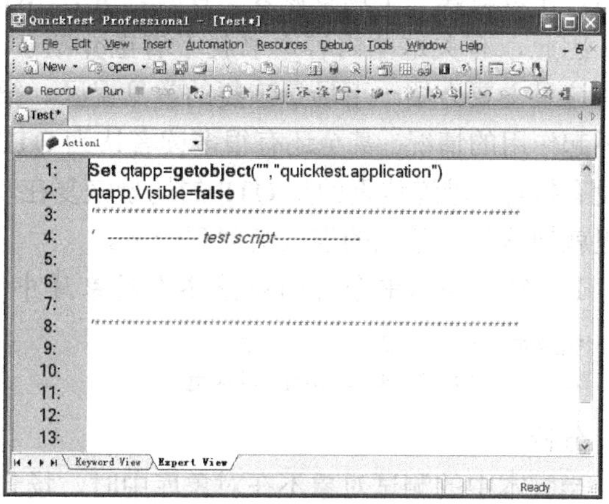

图 2-105

2.6.4　总结

本章节主要讲解了多脚本语言环境下调用 AOM 的不同方式，以及自动化模型的引用过程，这些基础对于以后独立建立测试执行框架有非常大的帮助。在后续的章节中，还会对对象库自动化模型（ORAOM）进行详细介绍。

本章节不设置习题，读者只需会套用模板代码并充分理解即可。

2.7　无人值守测试的守护神——场景恢复（Recovery Scenarios）

阶段要点

- 场景恢复的误区。
- 自定义场景恢复函数。

2.7.1　必须知道的几种场景恢复的误区

相信只要是有过自动化测试经验的读者一定会遇到过，在执行测试过程中碰到异常错误的情况，如弹出窗口、应用程序 Crash 等异常而导致测试执行的停止，这会使情况变得非常糟糕，因为并没有完成预期所需要执行完毕的所有自动化测试用例。正是在这种情况下，场景恢复被迫诞生了！

场景恢复可以应对多种类型的错误并进行恢复操作，在 QTP 中设置场景恢复还是比较简单的，在每新建一个场景恢复文件时都会有 Wizard 向导帮助我们去理解如何来设置场景恢复。因此，有关这些内容本书就不着重介绍了，如果有任何问题建议好好查看一下帮助文档。这里主要介绍一下场景恢复的常见误区，很多读者在使用场景恢复时经常会遇到场景恢复不起作用的情况，甚至还有很多读者认为 QTP 的场景恢复功能有问题，该执行场景恢复时却没有执行。难道这真的是 QTP 的场景恢复在功能上存在缺陷吗？这是很容易犯的错误。在这里就把这几个常见的误区给罗列一下。

1. 测试脚本中含有的对象不在对象库中

```
'此脚本中的测试对象不在对象库中
Browser("NotInObjectRepository").Sync
```

分析：

当脚本中的测试对象不在对象库中时，场景恢复不会被激活，并且会提示在对象库中找不到此对象，如图 2-106 所示。

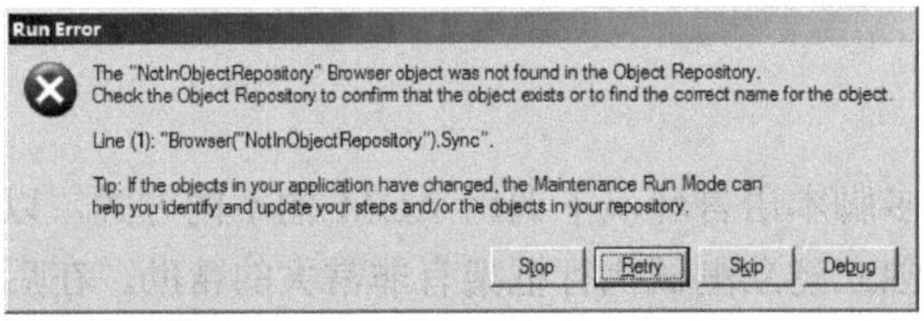

图 2-106

2. 场景恢复设置没有被激活

具体如图 2-107 所示。

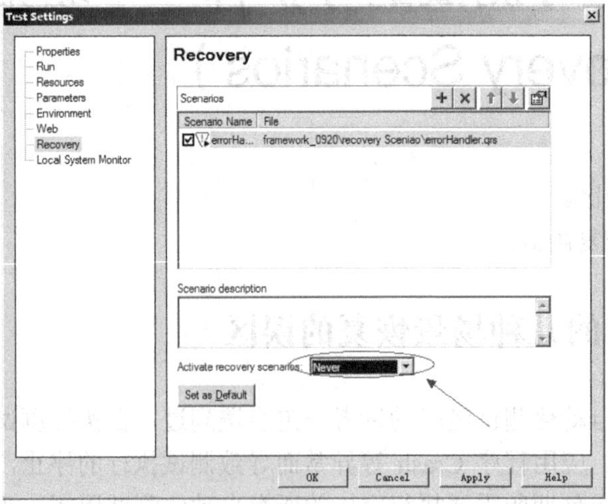

图 2-107

分析：

如果在 Activate recovery scenarios 下拉列表中选择了 Never，那么场景恢复无法被激活。此处下拉列表在正常情况下应该选择 Error，意味着当遇到符合指定条件的错误下才会被成功激活。

3. VbScript 脚本语言自身错误

```
'VBS 脚本语言出错
X = 1/0
```

分析：

类似以上脚本中出现的 VBS 语言本身的错误或者语法错误都无法激活场景恢复。当执行到此脚本时，程序会报出图 2-108 中的错误。

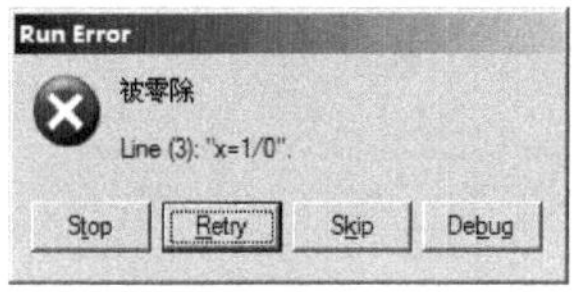

图 2-108

如图 2-108 所示，若是需要控制类似的 vbs 错误，通常会使用 On Error Resume Next 与 Err 对象来进行错误控制。

4. 当 MsgBox 切断测试过程时

```
Dim a
a = 1

Msgbox a

Browser("micClass:=Browser").Close
```

分析：

由于 MsgBox 弹出框自动切断了当前的测试执行链，也就是暂停了测试，但并没有出现测试 Error，因此场景恢复不会被激活。

小结：

- 必须是对象库中已经存在的对象错误才会自动激活；
- 必须是 QTP 自身封装对象错误才会自动激活；
- 对于 VBS 语言环境错误不会自动激活。

2.7.2 陌生的 Web 默认场景恢复

可能很多读者不太清楚，在 QTP 安装完毕之后，在它安装目录下存在这么一个 Recovery 文件夹，里面存放着测试 Web 时默认的场景恢复文件。此文件是 QTP 官方为我们 Web 自动化测试人员提供的场景恢复文件。

路径：<安装目录>\recovery\WebRecovery.qrs。

此文件是一个总的场景恢复库文件。在 Recovery Scenario Manager 中可以直接对此文件进行查看，如图 2-109 所示。

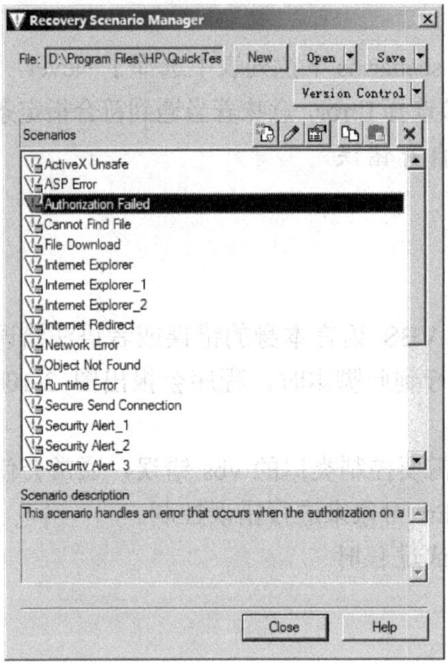

图 2-109

分析：

如图 2-109 所示，这些都是 QTP 官方提供的场景恢复文件中的所有弹出框场景，建议读者如果是在进行 Web 自动化测试过程中，可以使用此场景恢复文件与自己设计的场景恢复文件结合进行使用，效果更佳！

2.7.3 无所不能的自定义场景恢复函数

在上一个小节中已经提到过，通常在出现一些异常事件的情况下，如弹出框，被测程序 Crash 等，可以在 QTP 中加载相应的场景恢复机制，这样当错误发生的时候，QTP 就会自动激活它，进行测试场景的恢复，从而保证测试的继续执行，不至于让脚本卡着一直到超时失败。因此，RS 在自动化测试中的地位是相当重要的。

那么在这一小节，介绍一项非常实用的技术：场景恢复的自定义函数 RecoveryFunction，这个函数在 QTP 帮助文档中没有任何的信息来指导我们具体应该怎么做，因此在这里就简明地概述一下。

实例：当出现错误，利用场景恢复自动获取当前出错的测试对象、方法、参数。

1. 打开 Recovery Scenario Manager，如图 2-110 所示。
2. 点击新建一个场景恢复文件，如图 2-111 所示。
3. 进入到场景恢复向导，点击下一步，如图 2-112 所示。

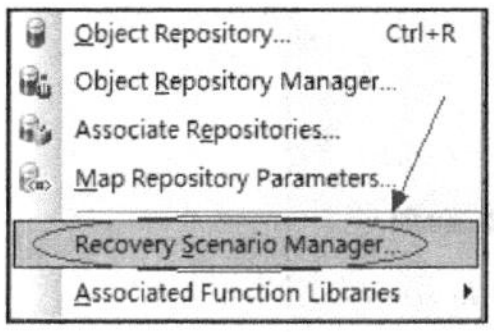

图 2-110

图 2-111

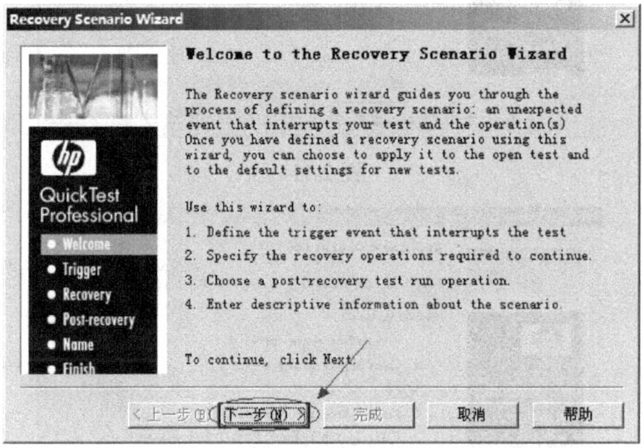

图 2-112

4. 选择 Test run error，如图 2-113 所示。

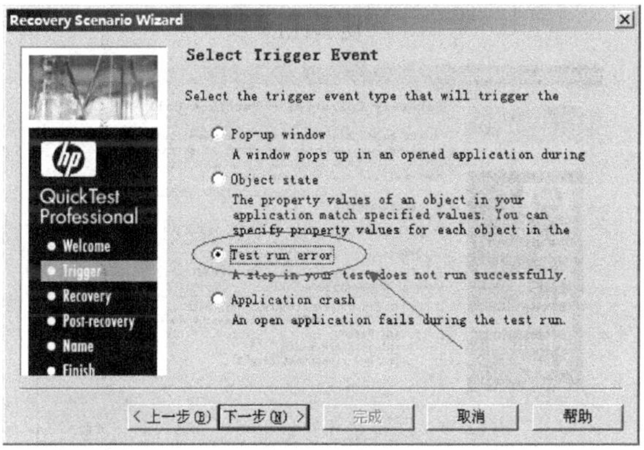

图 2-113

5. 选择 Any error，如图 2-114 所示。

6. 点击两次下一步后，选择 Function call 自定义场景恢复函数，如图 2-115 所示。

7. 选择一个空的场景恢复函数库文件，并为其定义场景恢复函数，如图 2-116 所示。

8. 完成自定义函数后，选择 Stop the test run，并把其场景恢复文件加载到当前设置。

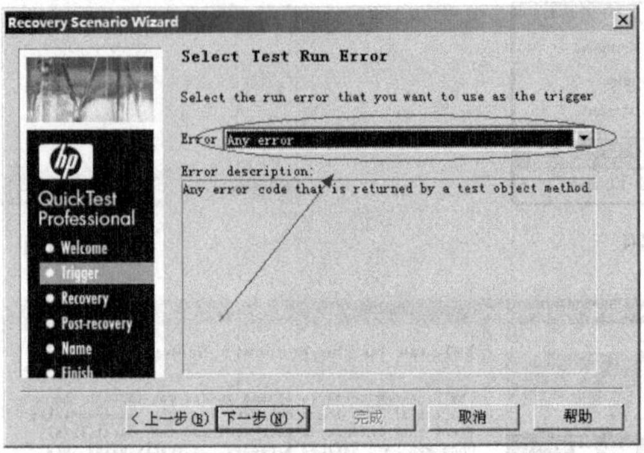

图 2-114

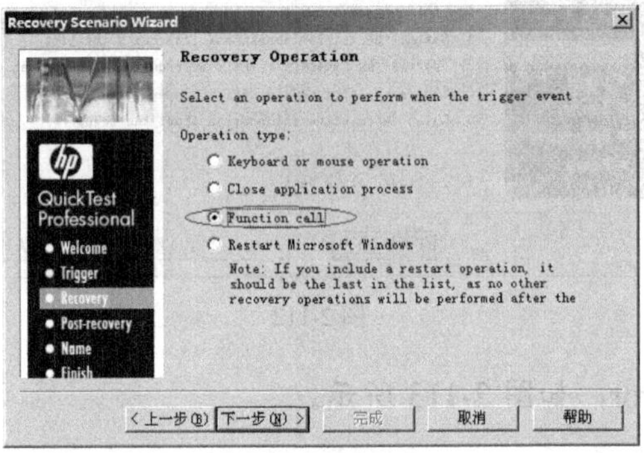

图 2-115

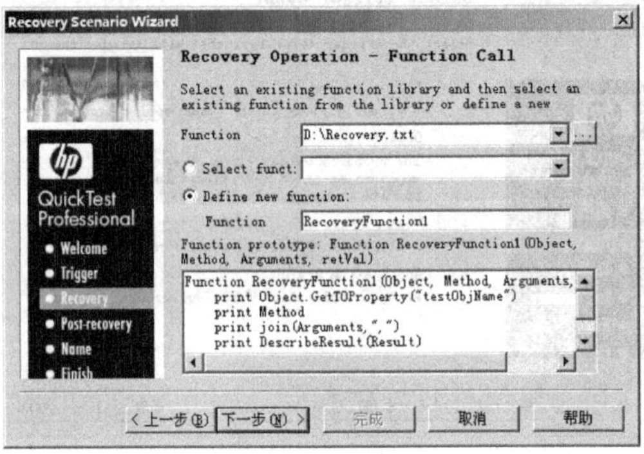

图 2-116

分析：

在函数中写入如下代码：

```
Function RecoveryFunction1(Object, Method, Arguments, retVal)
  Print Object.GetTOProperty("testObjName")
  Print Method
  Print join(Arguments,",")
  Print DescribeResult(Result)
End Function
```

可以看到 RecoveryFunction1 函数中有 4 个参数：Object、Method、Arguments、retVal。接下来，就为大家详细介绍这 4 个帮助文档中并没有进行解释的参数。

- **Object** 发生错误时自动映射当前错误的 QTP 封装测试对象。

用法： Print Object.GetTOProperty("testObjName")。

结果： 输出对象库中的 LogicName。

TestObjName 为隐藏属性。

- **Method** 发生错误时自动映射当前错误的 QTP 测试对象方法。

用法： Print Method。

结果： 输出测试对象的方法。

- **Arguments** 发生错误时自动映射当前错误的所有参数。

用法： Print join(Arguments, ", ")。

结果： 输出所有参数，以逗号分隔。

> **注意**
>
> 由于 Arguments 是一个数组，因此，这里直接使用 join 连接数组。

- **retVal** 发生错误时自动映射当前错误的具体错误信息。

用法： Print DescribeResult（Result）。

结果： 输出详细错误信息。

> **注意**
>
> retVal 是 Long 类型，所以不可直接输出，必须要使用 DescribeResult 方法进行转化。

小结：

一旦场景恢复被激活之后，它就会去查找那个自定义场景恢复文件中的对应的函数，从而分别打印出当前测试对象的关键字、当前测试对象的方法、当前错误的所有参数，以及当前错误的具体错误信息。

2.7.4　总结

场景恢复这项技术对于框架中的错误定位处理非常实用，结合本书的 Setting 保留对象的隐藏模式里介绍的行数定位即可完美解决一系列的错误定位问题，并且本技术在终章“自动化测试框架展示”部分也使用到。

请读者自行尝试不同的场景恢复（本章节不再设置练习题），多去设计“场景恢复”，多去触发“场景恢复”，不断地增加自己的实战经验。

Chapter 3

第3章 项目应用高级扩展实例精讲

3.1 正则表达式

阶段要点

- 何时该使用正则表达式。
- 怎样在 QTP 中正确应用正则表达式。
- 正则匹配动态对象之要点。
- Regxp 对象类之实例详解。

3.1.1 何时在脚本中设计正则表达式

正则表达式是一种通过特殊的符号来匹配对应模式下的字符串的方法，这样一种模糊匹配的模式一直在被广泛的应用，例如，当需要在计算机中查找文件时则需要输入“*.扩展名”，这其实就是一种正则表达式的最简单的应用。本小节主要讲解的是，何时该在 QTP 中采用正则表达式，以及正则表达式在 VBScript 中的应用。

下面就解析一下正则表达式在 QTP 中应用的时机以及它的重要性。

1. 对象动态属性

在自动化测试中，测试对象的识别始终起着举足轻重的作用，一旦对象无法识别，整个测试脚本就会失去对测试对象的控制权，接着测试执行就会进入错误处理模式。因此，需要保证测试对象鉴别属性的正确性，然而在真实的自动化测试项目中总是会遇到各种各样的问题。例如，测试对象的某个鉴别属性值是动态的，类似于 TestID_056、TestID_094、TestID_162，每个动态生成的值都是有规律的以 TestID_开头，由于后 3 位数字是系统随即生成的，因此，无法通过预判来对此属性值一一进行参数化，从而导致非常被动，而此时正则表达式就成了化解此问题的最佳解决方案。可以使用“TestID.*”来代替所有动态生成的属性值，这样就可以很好地避免对象属性变更而导致对象无法识别的情况。

2. 相似对象识别

当一个测试界面出现了许多相似对象时，例如，界面上有许多文本框，这些文本框的 name 属性都为 TestID_001、TestID_002、TestID_003 等，遇到此类情况，就可以使用正则表达式来描述测试对象的动态属性值，如果对象的其他属性完全一致，那么，可以增加 index 属性来进行匹配，不推荐使用 index 的方法来进行定位，尽量不要使用 index 进行定位。

3. 对象动态验证

验证点是自动化测试中的一个必须的，也是非常重要的校验过程。没有了验证点就好比没有了目标。当在做某些对象属性值的验证时，若是遇到动态的，可能就会束手无策。因为永远不知道下一个属性值的随机值是多少，最好的解决方式就是，直接使用正则表达式来匹配相应的动态属性值，这样无论生成的结果是什么，正则表达式都能够轻松帮你搞定。例如，当需要验证的对象属性值为 TestID_678，而后 3 位的数字是随即生成的，这样就可以通过“TestID.*”的方式来对验证的属性值进行正确的匹配。

4. 复杂长字符串

当在处理一些非常复杂或者较长的字符串时，也可以使用正则表达式进行简化输入，从而降低输入错误的风险，例如，当打开 blog.csdn/zzxxbb112 时，Browser 的 title 比较长，为“QTP 领先技术专栏 - CSDN 博客”，在描述此 title 属性时就可以使用正则表达式“QTP.*”来进行匹配。这样可以节省很多时间，也可以避免不必要的错误发生。

3.1.2 正则之对象属性参数化应用详解

前面说到了测试对象的属性为动态时，需要使用正则表达式来匹配这个动态值，具体在 QTP 中是怎样实现这样一个步骤的。下面举一个例子，获取 51testing 论坛里的 QTP 版块的每日发帖数，如图 3-1 所示。

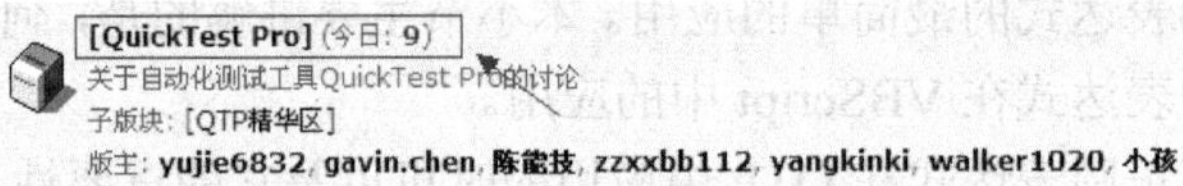

图 3-1

图 3-1 所示中的“[QuickTest Pro] (今日: 9)”发帖数为动态值，一旦帖子数量发生变化，最后的数字也会随着发生变化。该情况下，就可以使用正则表达式进行识别并获取到动态的值。

步骤 1：抓取测试对象。

需要把此测试对象抓取到对象库中，按 Ctrl+R 组合键打开对象库后，点击按钮，此时 QTP 会自动切换至最小化，接着抓取需要捕获的测试对象，抓取后的结果如图 3-2 所示。

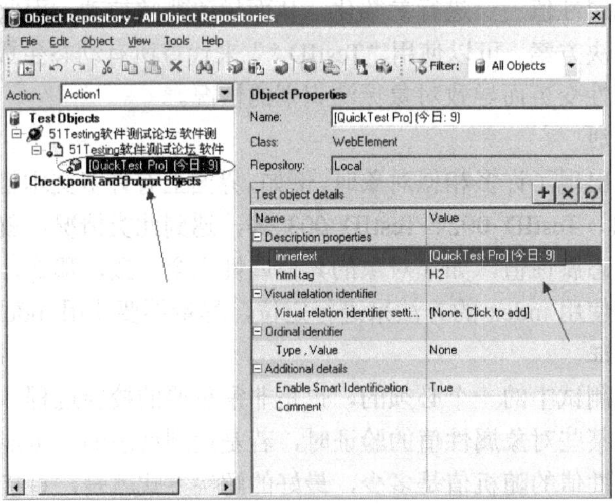

图 3-2

如图 3-2 所示中可以看到抓取的对象名最后为“[QuickTest Pro] (今日: 9)”，在 Description ProPerties 中的 innertext 属性也是“[QuickTest Pro] (今日: 9)”，前者因为是 QTP 对象库中的对象名称，因此就算帖子数发生变化也没有关系，但是后者是对象的鉴别属性，如果运行对象属性值发生变化，匹配就会出现问题，导致对象无法识别。因此，需要对鉴别属性 innertext “做一下手脚”，使得其能够识别动态生成的属性值。

步骤 2：对象属性正则化。

找到需要进行正则化对象的动态属性值后，选择 innertext 属性，如图 3-3 所示。

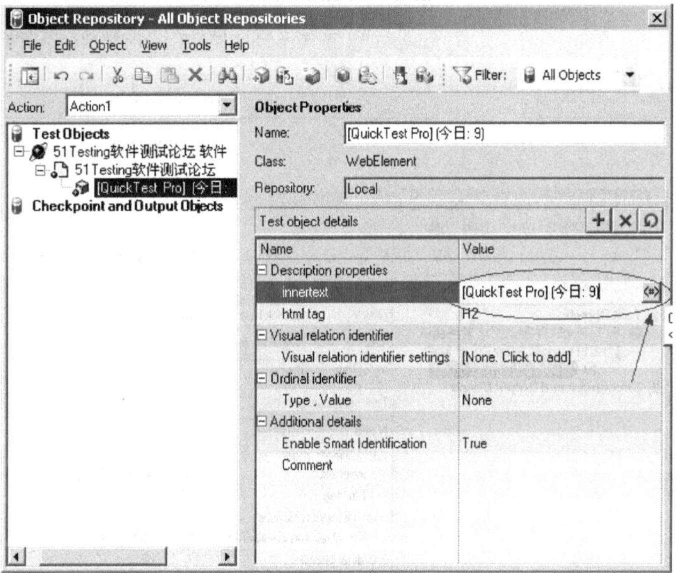

图 3-3

如图 3-3 所示，选中 innertext 属性值后，点击按钮，如图 3-4 所示。

如图 3-4 所示，选中红色区域的 Regular expression，也就是正则模式切换，如图 3-5 所示。

如图 3-5 所示，此对话框的意思是“是否转化特殊字符”，由于此处的属性值带有特殊符号在正则中需要将其转化，这里点击[Yes]就可以自动将这些特殊符号进行转化。这样 Regular expression 的选项就被自动勾选上了。接着可以看到原本 Constant 文本框里的字符串“[QuickTest Pro] (今日: 9)”自动被转化成了“\[QuickTest Pro\] \(今日:9\)”接着再把其更改为“\[QuickTest Pro\] \(今日:.*)”。这样，正则表达式就大功告成了。切换返回到对象库中，试着高亮度显示对象是不是一样可以识别到对象呢！最终表达式结果如图 3-6 所示。特别需要注意的是，正则转化时的特殊字符需要进行转义，这一点非常重要，绝对不可忽视，也希望读者能够牢记这一点。

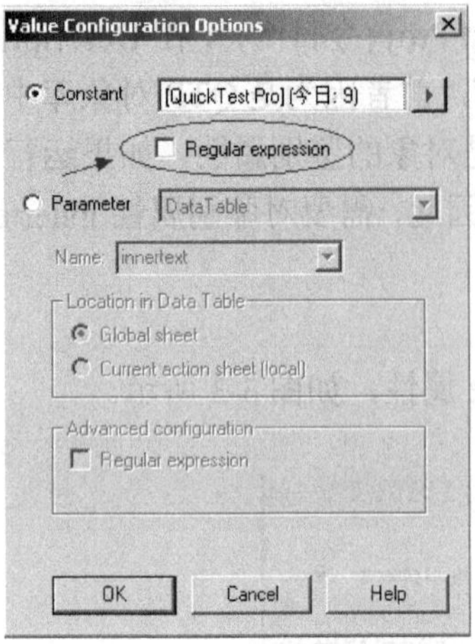

图 3-4

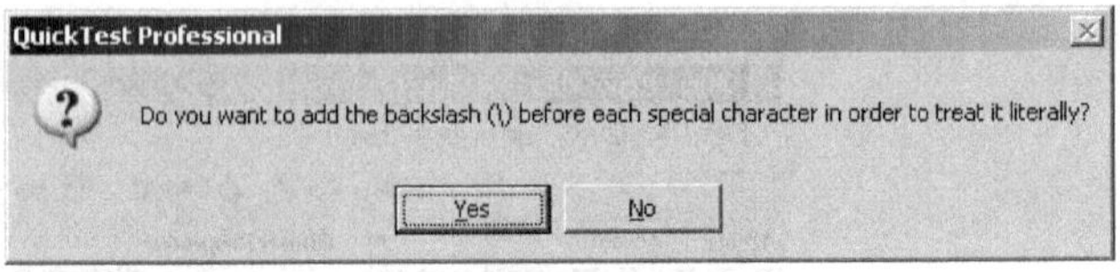

图 3-5

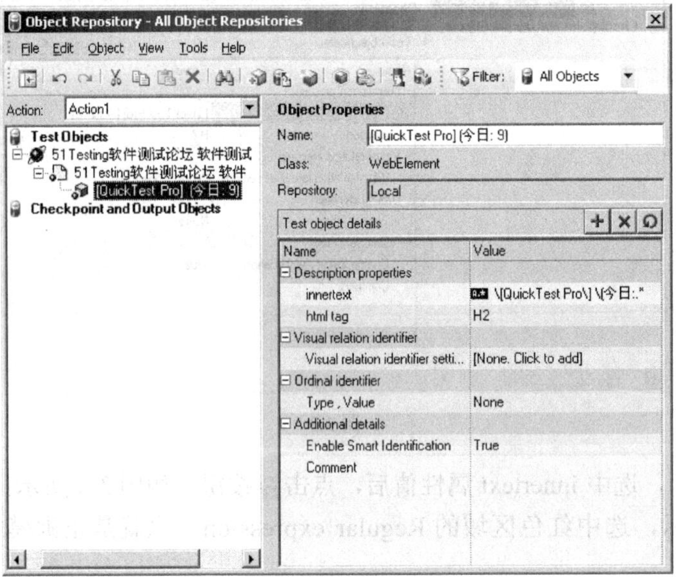

图 3-6

● 动态属性值获取。

一旦建立好对象库并对动态对象进行了属性正则化之后，就可以通过 GetROProperty 函数轻松地获取到它的动态属性值。脚本代码如下：

```
'获取 Page 对象
Set oPage = Browser("51testing 软件测试论坛").Page("51testing 软件测试论坛")
'获取运行时动态对象的 innertext 属性值
oInnertext = oPage.WebElement("[Quick Test Pro] (今日: 9)").GetROProperty("innertext")
'打印此属性值
msgbox oInnertext
```

小提示

正则表达式除了可以在对象库中进行动态属性的匹配之外，还可以在描述性编程中进行匹配。当在使用描述性编程描述一个对象的鉴别属性时，可以直接使用正则表达式来进行描述，非常灵活和简单。下面看一下具体的用法，请看脚本代码：

```
'创建一个 WebEdit 的描述对象
Set oWebEdit = Description.Create
'打开正则表达模式，此属性默认是 True 可以跳过，此处写出来只是让大家知道有这个属性
                    oWebEdit("name").RegularExpression = True
'使用正则表达式匹配 TestID 开头的字符串
oWebEdit("name") = "TestID.*"
```

3.1.3 RegExp 对象的应用讲解

在 VbScript 引擎中提供了针对正则表达的一个非常实用的 Class 类，而这个类就是 RegExp，简单解释一下 RegExp 这个类的属性和方法。

- 属性。

Global 属性 – 代表全局匹配。

IngnoreCase 属性 – 大小写忽略。

Pattern 属性 – 正则表达式。

- 方法。

Execute 属性 – 匹配搜索，返回匹配结果集合。

Replace 属性 – 匹配代替，返回替代匹配结果。

Test 属性 – 测试匹配，返回布尔类型。

接下来通过几个实例来重点掌握一下这些属性和方法的含义。

实例 1：判断正则匹配是否正确

```
Function IsRegMatch(patrn, strng)
 Dim regEx                          ' 创建变量 regEx
 Set regEx = New RegExp             ' 创建正则表达式 RegExp 类
 regEx.Pattern = patrn              ' 设置表达式
 regEx.IgnoreCase = False           ' 设置大小写
 IsRegMatch = regEx.Test(strng)     ' 执行搜索测试
 Set regex = nothing
End Function
MsgBox(IsRegMatch("zzxxbb112", "blog.csdn/zzxxbb112"))
```

分析：执行以上脚本后，函数返回 true，也就是说 test 函数的返回值是一个布尔类型的值，Pattern 属性即是事先定制好的正则表达式，而 test 方法的参数就是需要进行匹配的字符串。此函数可以很容易地帮助我们判断正则的匹配是否正确。

注意

此处设置 Global 属性没有任何效果，因为 Test 只返回布尔类型，无法体现。

实例 2：替换匹配字符串

```
Function ReplaceTest(strng,patrn, replaceStr)
 Dim regEx                                    ' 创建变量
 Set regEx = New RegExp                       ' 创建正则表达式
 regEx.Pattern = patrn                        ' 设置正则表达式
 regEx.IgnoreCase = True                      ' 忽略大小写
 regEx.Global = False                         '全局开关打开
 ReplaceTest = regEx.Replace(strng, replaceStr)   ' 进行替换
End Function
MsgBox(ReplaceTest( "QuickTest Pro 9.0 , LoadRunner 9.0","9", "10"))
 ' 将字符串中的 9 替换成 10
```

分析：

执行完以上脚本后，最终返回的值是“**QuickTest Pro 10.0 , LoadRunner 9.0**”，这里由于全局没有打开，因此只会替换第一个 9；如果打开全局属性，此处的返回结果就是所有出现的地方都会被替换。此方法的功能与 VBScript 中的 Replace 函数比较相近，只是稍微比它灵活一些。

实例 3：返回匹配内容

```
Function RegExpTest(patrn, strng)
 Dim regEx, Match, Matches                    ' 创建变量 regEx
 Set regEx = New RegExp                       ' 创建正则表达式 RegExp 类
 regEx.Pattern = patrn                        ' 设置表达式
 regEx.IgnoreCase = True                      ' 设置大小写
 regEx.Global = True                          ' 打开全局搜索
 Set Matches = regEx.Execute(strng)           ' 执行搜索匹配
 For Each Match in Matches                    ' 遍历所有匹配结果并打印出结果
       print  cstr(match.firstindex) + " "+match.value
 Next
End Function
RegExpTest "QuickTest .", "QuickTest 6 QuickTest 8 QuickTest 9"
```

分析：

执行完毕后，最终结果会把所有的符合 QuickTest 正则表达式的字符串和出现位置全部打印出来。注意，此处如果把 Global 属性设置为 false，那么结果就只能返回第一个匹配的字符串。而脚本中的 Execute 方法返回的是 Matches，是一个结果集，需要对此集合进行遍历才能获取，结果集中的每个元素都有 3 个属性：FirstIndex、Length、Value，分别对应的是匹配结果出现的位置、匹配结果的字符串长度以及匹配结果的值。

最后再来围绕此对象介绍一个比较实用的例子，此例子中的方法函数在项目实践中

一定能够起到重要的作用。大家都知道 WinList、WinComboBox、WebList 等这些对象都是一些直接可以进行选择的，接下来就是要通过正则表达式来模糊匹配这些对象中的 list 项，从而提高开发脚本的效率。首先可以在对象库里添加一个 list 对象，接着使用以下这个函数：

```
'###################################################
'###函数作用：可以使用正则模式进行模糊匹配 List 项####
'
Function SelectRegExp(Obj, patrn)

  Dim NumOfItems, i, CurrentValue, regEx, ItemToSelect, oldFilter
' 初始化正则表达式
  Set regEx = New RegExp
  regEx.Pattern = patrn
  regEx.IgnoreCase = False
  oldFilter = Reporter.Filter
  Reporter.Filter = 2
  ItemToSelect = -1

  ' 返回 list 项的个数
  NumOfItems = obj.GetROProperty("items count")
  For i=0 to NumOfItems-1

     CurrentValue = obj.GetItem(i)
     If regEx.Test(CurrentValue) Then
         If (ItemToSelect <> -1) Then
              SelectRegExp = -1 ' 项不唯一
              Reporter.Filter = oldFilter
              Exit Function
         End If
         ItemToSelect = i
     End If

  Next

  Reporter.Filter = oldFilter ' 恢复默认设置
  ' 实际选择
  If (ItemToSelect >= 0) Then
     SelectRegExp = obj.Select(ItemToSelect)
  Else
     SelectRegExp = -1
  End If

End Function
```

此函数主要实现的是，通过正则表达式来匹配 list 中每个项。如果模糊匹配成功，就自动选择相应的项，实际使用起来也比较方便，只需要使用 RegisterUserFunc 对 List 对象进行自定义函数注入我们自己的方法就可以直接进行使用了。

```
'注册自定义函数
RegisterUserFunc "WinComboBox", "SelectRegMode", "SelectRegExp"
'直接调用注入函数
 Window("Flight Reservation").WinComboBox("Fly From:"). SelectRegMode "Lon.*"
```

3.1.4 总结

正则表达式其实在真正做项目中用途还是相对比较广泛的，很多对象属性都是动态的，包括有时需要验证的属性也是动态的，这些情况都可以使用正则表达式来作为较好的一个解决方案。在本章的最后也介绍了 Regxp 对象类，也希望大家能够深刻理解，并牢牢掌握它在实际项目中的应用。

知识点巩固和举一反三练习

一、请尝试使用正则表达式结合 QTP 完成一个实例。

需求：

获取 Gmail 中未读邮件的个数。

步骤：

1. 登录 Gmail，进入到邮箱查看界面。
2. 左侧有一栏操作链接，找到未读邮件。

小提示

未读邮件在 Gmail 中是一个动态 link 对象

二、请利用本章中 3.1.3 小节所学的内容定位 51testing 首页上的“选择省份”下拉列表。

步骤：

1. 打开 www.51testing.com。
2. 找到图 3-7 所示的位置（滚动条大约拖至网页中间位置，该控件在“软件测试博客”下方）。
3. 利用正则表达式选择“上海”。

图 3-7

3.2 HTML DOM 测试应用

阶段要点

- DOM 的简单介绍。
- DOM 在 QTP 中使用的时机。
- DOM 对象与 IE 对象模型的结合应用。

- DOM 在 Web 测试中的具体应用。
- DOM 在 Web 测试中的显著优势。

3.2.1　了解 DOM 在 QTP 中应用的好处

3.2.1.1　什么是 DOM

DOM 全称为“Document Object Model”，从字面上来看叫做“文档对象模型”。它是一款主要应用于 Web HTML 中的一种独立的语言。在如今的网络时代，DOM 一直被广泛应用着，基本上在任何地方都能够看到它的身影，随意打开一个网页的源代码就能找到。HTML DOM 主要通过定义一套标准的对象通道接口，使得我们能够轻松地访问并控制 HTML 对象元素，它是一种用于 HTML 和 XML 文档的编程接口。作为开发人员可以通过 DOM 非常方便地控制文档对象中的属性、方法和事件。DOM 的表现方法是一种树形结构。所有网页中最外层的元素都是<html></html>，称作 DOM 的顶层元素，里面还会有很多的子元素，这些元素都会把它视作为一个个节点，也就是 node。通过 Document 对象就可以操控整个文档中的所有节点对象。下面是一段最简单的 Dom 应用脚本：

```
<html>
    <head>
        <script language = "vbscript">
                Function helloworld
                        document.write "test"
                End Function
        </script>
    </head>
    <body>
        <input type = "button" value = "click it" onclick = "helloworld">
    </body>
</html>
```

在脚本中可以看到顶层元素为<html>，这个之前已经提过，接着就是头和身体两大元素，在 body 中可以看到一个子元素 button，此元素含有一个点击事件，点击后即会触发 script 节点下的 helloworld 函数。此处函数中调用了 document 对象的 write 方法，当把以上代码保存为 html 文件后，点击 button 后即会执行 helloworld 方法，调用 document.write，整个页面被写入 test。那作为 document 这个可以操控整个文档对象的总入口究竟有哪些方法呢，让我们来看一下。

首先需要确保计算机里已经安装了 Office。其次打开 Office 安装目录下的 Office11**MSE7.EXE** 文件，此程序不管是对于 DOM 的查阅还是编写都是非常有帮助的。还有一个好处就是，不用另外安装其他软件，十分方便，接下来我们就来看一下它的威力。

新建一个 HTML PAGE，输入上述代码，当想调用 document 对象的方法的时候，可以同时看到其他部分对象属性和方法，如图 3-8 所示。

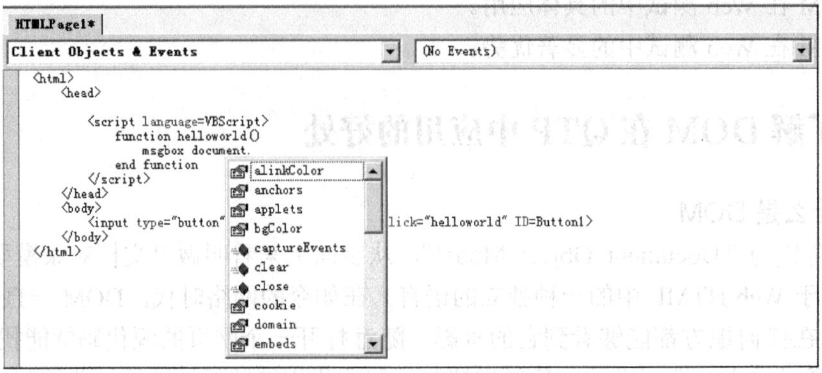

图 3-8

从图 3-8 所示可以看到此工具可以获取到 document 的部分属性和方法，以及进行代码提示，从而提高了开发人员编码的效率。由于很多工具都没有 dom 的提示，因此，在此处推荐这个 Office 附带的小工具。注意，为什么此处一直说是部分属性和方法，因为还有很多对象和方法被隐藏了起来，不过还是可以通过脚本定位跟踪法来查找其所有的方法。首先双击 document 对象，按下 F1 键后弹出 document 对象的帮助信息，如图 3-9 所示。

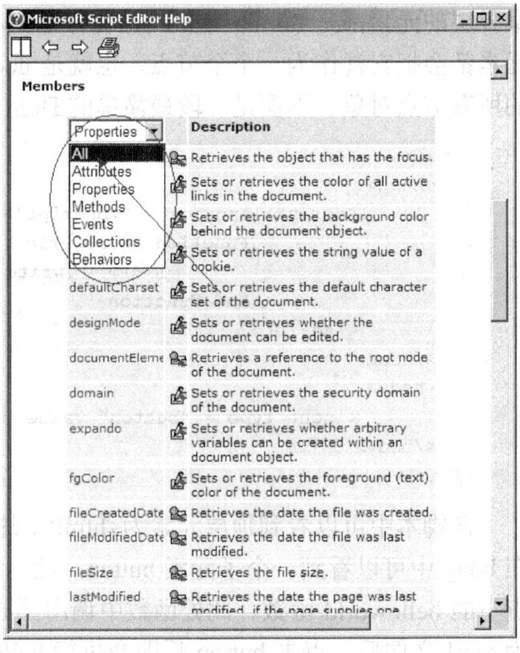

图 3-9

如图 3-9 所示，选择 All 后就可以很方便地查看 document 下的所有方法属性事件了，并配有相应的语法说明和实例，非常的好用。讲了那么多 DOM 概念，接下来看一下 DOM 在 QTP 中应用的好处。

3.2.1.2　何时在 QTP 中使用 DOM

在使用 QTP 测试 Web 页面时，首先需要加载 Web 插件，随后 QTP 就可以顺利地识别一些标准的控件，但有些时候网页中存在一些特殊控件或者存在大量的相同控件时，可以尝试使用 DOM 的方式来进行控制，因为 QTP 只对一些标准的控件支持比较好，而有些特殊的控件 QTP 无法识别，导致无法对其进行操作。DOM 是一种最底层的对象操作模型，使用它来控制对象不但速度快，而且可以访问很多 QTP 本身无法访问的东西。接下来就来一一举例说明。

1. 修改控件自身接口

此方法其实已经在第一章里详细讲解过它的应用，原理就是调用了 DOM 对象接口来修改控件的自身接口属性，这也是 QTP 本身所无法做到的。在实际测试过程也是一个非常有用的技术，关键时刻可以使问题迎刃而解。

2. DOM 对象下 CurrentStyle 对象应用

CurrentStyle 是一个可以与 HTML 对象元素的 style sheets 进行交互的接口，它可以获取对象元素的字体名、字体大小、颜色、是否可见等。在 Web 测试中真对一些特殊的界面验证点时能够发挥出很大的作用。在后续的章节中会详细对其进行分析讲解。

3. 性能提升

对于性能来说，DOM 的执行速度会比 QTP 的对象库执行速度快上好几倍，这是因为 DOM 相当于底层的对象接口，而 QTP 首先需要把对象属性进行封装，然后在脚本运行时调用对象库中的对象，最后与页面上的对象进行比对，如果属性匹配才可控制测试对象。而 DOM 却是直接找对象进行控制。所以，性能上相对于 QTP 的对象库有很大的提升，不过此优势一般只有在大量的相同对象或者一些特殊情况的时候才能有明显的区别，这个也会在后续章节详细进行讲解。

注意

使用 DOM 时也需要注意一点，虽然 DOM 有很多优势，但是也不要过分依赖 DOM，对象库才是 QTP 的核心，过分使用 DOM 会导致脚本维护方面相对比较繁琐，毕竟对象库维护起来是最方便的，否则 Mercury 也不用花费那么大的劲来开发对象库了，而且对于不熟悉 DOM 的自动化测试工程师来说，会增加他们的负担，所以在使用时也请注意这些细节问题。

3.2.2 IE 对象模型结合 HTML DOM 的 Web 应用

许多 Web 应用程序都是基于 IE 来开发，包括现在很多安全控件，密码控件等大多都只支持 IE 浏览器，以及使用 QTP 来对 Web 测试对象进行操作时也基本上使用的是 IE，虽然 QTP 现在最新的版本开始慢慢支持其他浏览器，但被测系统大多还是基于 IE 来测试的。因此，熟悉 IE 自动化模型成了学习 Web 自动化测试的一项重要任务。接下来看一下具体如何操作。

1. 启动 IE（3 种常见方法）

（1）在 QTP 中启动 IE：

```
'在 QTP 中启动 IE
systemutil.run "iexplore.exe"
```

（2）使用 WSH 启动 IE：

```
'使用 WSH 启动 IE
Set oShell = CreateObject("wscript.shell")
```

（3）使用 IE COM 对象：

```
'使用 IE COM 启动 IE
Set oIE = CreateObject("InternetExplorer.Application")
oIE.Visible = True  '设置可见
oIE.Navigate "http://www.baidu.com"  '跳转 URL
```

小技巧

使用此方法还可以获取窗口的句柄，并通过 QTP 来定位浏览器，代码如下：

```
'使用 IE COM 启动 IE
Set oIE = CreateObject("InternetExplorer.Application")
oIE.Visible = True  '设置可见
oIE.Navigate "http://www.baidu.com"  '跳转 URL
'获取窗口句柄
ieHwnd=oIE.HWND
'通过句柄定位浏览器并关闭
Browser("hwnd:= " & ieHwnd).Close
```

2. 等待页面加载

可以使用 IE COM 的 Busy 属性来确认浏览器是否处于加载状态。并为后续的操作做铺垫，若是没有此步骤，后续的一系列操作可能会无效。因为，当 IE 浏览器还没有加载完成时，对 Web 测试对象进行操作可能会出现无效的情况。因此，为了测试的顺利进行，需要在脚本中加入页面等待来保证后续的操作步骤顺利进行。

```
'使用 IE COM 启动 IE
Set oIE = CreateObject("InternetExplorer.Application")
oIE.Visible = True  '设置可见
oIE.Navigate "http://www.baidu.com"  '跳转 URL
'等待 IE 页面加载完毕
While oIE.Busy: Wend
```

接下来对比一下页面加载和没有加载的区别。

（1）添加页面加载等待脚本，最后一步 oIE.Document.f.wd.**value** = **"zzxxbb112"**先不用管，会在后面的内容中讲解：

```
'使用 IE COM 启动 IE
Set oIE = CreateObject("InternetExplorer.Application")
oIE.Visible = True  '设置可见
oIE.Navigate "http://www.baidu.com"  '跳转 URL
'等待 IE 页面加载完毕
While oIE.Busy: Wend
'百度搜索框输入
oIE.Document.f.wd.value = "zzxxbb112"
```

结果：执行成功，打开 IE 浏览器后，成功输入 zzxxbb112，如图 3-10 所示。

图 3-10

（2）不添加页面加载等待的脚本，去掉 While oIE.Busy: Wend 这步：

```
'使用 IE COM 启动 IE
Set oIE = CreateObject("InternetExplorer.Application")
oIE.Visible = True  '设置可见
oIE.Navigate "http://www.baidu.com"  '跳转 URL
'等待 IE 页面加载完毕
'While oIE.Busy: Wend
'百度搜索框输入
oIE.Document.f.wd.value = "zzxxbb112"
```

结果：执行出错，报出“缺少 oIE.document 对象”的错误信息，如图 3-11 所示。

原因分析：由于 IE 浏览器跳转 url 后需要一定的加载时间，如果在还没有加载页面时，就直接使用 document 对象是不可以的，必须等待加载完毕，才能够对 document 对象进行操作，因此，程序会抛出一个缺少对象的异常。

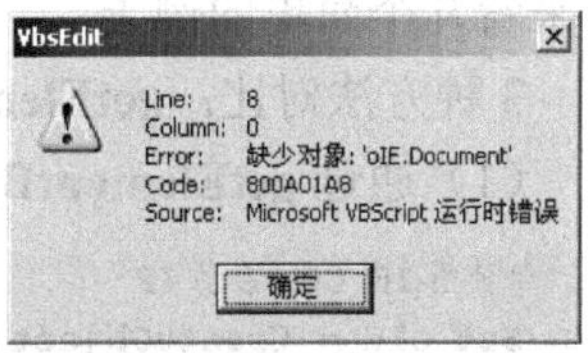

图 3-11

3. 遍历所有 IE 浏览器窗口

可以使用 Windows 的 SHELL.Application 遍历所有打开的 IE 浏览器窗口，并在所有打开的窗口中判断其窗口是否为 IE 浏览器窗口后存入字典对象集合中。在这里写一个遍历所有 IE 浏览器窗口并且返回一个字典对象集合的 Function 函数。

```
'遍历所有 IE 对象
Function EnumerateIE()
```

```
  On Error Resume Next
  '创建一个字典对象并返回所有当前打开的 IE 集合
  Set EnumerateIE = CreateObject("Scripting.Dictionary")
  '获取所有 Windows 窗口
  Set oWinShell = CreateObject("Shell.Application")
  Set allWindows = oWinShell.Windows
  '遍历每个 Windows 窗口
  For Each oWindow In allWindows
   '检查如果是 IE 就添加字典对象中
   If InStr(1, oWindow.FullName, "iexplore.exe",vbTextCompare) Then
    EnumerateIE.Add oWindow.hwnd, oWindow
   End if
  Next
End Function
```

接着就可以对此函数进行应用了，例如，关闭所有 IE 窗口：

```
'获取所有 IE 窗口对象的列表
Set allIE = EnumerateIE()
'关闭所有打开的 IE 窗口
For Each oIE In allIE.Items
  oIE.quit
Next
```

结果：通过调用刚才写的函数，成功关闭所有打开的 IE 窗口。同样的效果，如果在 QTP 中只需要一行代码就可以完成，代码如下：

```
SystemUtil.CloseProcessByName ("iexplore.exe")
```

4. 利用 DOM 操作测试对象

现在已经会使用 IE COM 组件来对 IE 浏览器进行自动化的操作，但是对于浏览器页面中的测试对象 IE COM 是无法对其进行操作的，这个时候就需要使用 HTML DOM 来对其进行操作。HTML DOM 是 HTML Document Object Model（文档对象模型）的缩写，它将网页中的各个元素都看作一个个对象，从而使网页中的元素也可以被计算机语言获取或者编辑。接下来看几个简单的例子。

3 种方法对比：**getElementByID**、**getElementsByName**、**getElementsByTagName**。

（1）通过 **getElementByID** 方法获取定位对象，并对其进行操作：

```
'使用 IE COM 启动 IE
Set oIE = CreateObject("InternetExplorer.Application")
oIE.Visible = True  '设置可见
oIE.Navigate "http://www.baidu.com" '跳转 URL
'等待 IE 页面加载完毕
While oIE.Busy: Wend
'获取 Document 对象
Set oDoc = oIE.Document
'使用 DOM 对测试对象进行操作
With oDoc
```

```
'搜索框输入
.getElementByID("kw").value = "zzxxbb112"
'点击百度搜索
.getElementByID("sb").Click
End With
Set oDoc = Nothing
Set oIE = Nothing
```

结果：运行后首先是打开浏览器跳转百度首页，等待加载完成之后，创建 DOM 对象，并使用 getElementByID 获取百度搜索框对象，并对其进行输入“zzxxbb112”后，再次通过 getElementByID 方法获取百度搜索按钮并进行点击，最终成功跳转搜索结果。

（2）通过 **getElementsByName** 方法获取定位对象，并对其进行操作：

```
'使用 IE COM 启动 IE
Set oIE = CreateObject("InternetExplorer.Application")
oIE.Visible = True '设置可见
oIE.Navigate "http://www.baidu.com" '跳转 URL
'等待 IE 页面加载完毕
While oIE.Busy: Wend
'获取 Document 对象
Set oDoc = oIE.Document
'获取元素名为 WD 的集合
Set oEdits = oDoc.getElementsByName("wd")
'遍历对象并对其进行操作
For Each oEdit In oEdits
      oEdit.value = "zzxxbb112"
Next
'点击百度搜索
oDoc.getElementByID("sb").Click
Set oDoc = Nothing
Set oIE = Nothing
```

结果：使用 getElementsByName 和 getElementByID 不同，getElementByID 是返回的单个对象，而 getElementsByName 返回的是一个元素的集合，需要通过遍历对象才能对其进行操作。

（3）通过 **getElementsByTagName** 方法获取定位对象，并对其进行操作：

```
'使用 IE COM 启动 IE
Set oIE = CreateObject("InternetExplorer.Application")
oIE.Visible = True '设置可见
oIE.Navigate "http://www.baidu.com" '跳转 URL
'等待 IE 页面加载完毕
While oIE.Busy: Wend
'获取 Document 对象
Set oDoc = oIE.Document
'获取 TAG 名为 INPUT 的元素集合
Set oEdits = oDoc.getElementsByTagName("INPUT")
'遍历对象并判断文本框对其进行操作
For Each oEdit In oEdits
      If oEdit.type="text" Then
```

```
        oEdit.value = "zzxxbb112"
        End If
    Next
    '点击百度搜索
    oDoc.getElementByID("sb").Click
    Set oDoc = Nothing
    Set oIE = Nothing
```

结果：使用 getElementsByTagName 获取 TAG 名，通过得到相同类型的元素及在遍历中进行判断控件类型并进行操作。

5. 利用 FORM 名来获取对象元素

如果使用 FORM 名来获取对象元素会大大简化我们的脚本。首先用 IE DEV 查看百度的搜索框对应的 FORM 名，在 IE DEV 中查看得到 FORM 名为 f，如图 3-12 所示。

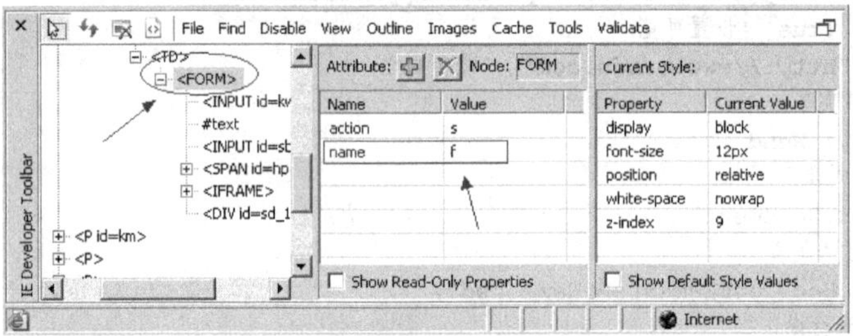

图 3-12

```
'使用 IE COM 启动 IE
Set oIE = CreateObject("InternetExplorer.Application")
oIE.Visible = True  '设置可见
oIE.Navigate "http://www.baidu.com"  '跳转 URL
'等待 IE 页面加载完毕
While oIE.Busy: Wend
'获取 Document 对象
Set oDoc = oIE.Document
'获取 FORM 名为 F 下名为 WD 的元素并输入
oDoc.f.wd.value = "zzxxbb112"
'获取 FORM 名为 F 下名为 SB 的元素并点击
oDoc.f.sb.Click
Set oDoc = Nothing
Set oIE = Nothing
```

结果：通过以上脚本可以看到代码非常简单，同样可以达到相同的效果。

6. 访问 Web 页面的 Script 脚本变量

通过 DOM 可以直接访问 Web 页面中的 JavaScript 或者 VBScript 中的变量。

首先打开百度的源文件，如图 3-13 所示。

可以看到，在百度源文件中的 JavaScript 脚本中定义了一个变量为 W，并且赋值为 document.f.wd，从上面的例子可以很明显地知道，此处的 W 代表的就是百度搜索框这个对象，那么就可以直接操控 W 这个对象来对百度文本搜索框进行自动测试。

```
<script>var w=document.f.wd;function s(o){if(w.value.length>0){var h=o.href;var
q=encodeURIComponent(w.value);if(h.indexOf("q=")!=-1){o.href=h.replace(new
RegExp("q=[^&$]*"),"q="+q)}else{o.href+="?q="+q}}};(function(){if(new
RegExp("q=([^&]+)").test(location.search)){w.value=decodeURIComponent(RegExp.$1)}})();if(navigat
or.cookieEnabled&&!/sug?=0/.test(document.cookie)){document.write('<script
src=http://www.baidu.com/js/bdsug.js?
v=1.1.0.3><\/script>')};if(window.attachEvent){window.attachEvent("onload",function(){w.focus();
})}else{window.addEventListener('load',function(){w.focus()},true)};window.onunload=function(){}
;</script></html><!--0e94a8fd6438cdd2-->
```

图 3-13

```
'使用 IE COM 启动 IE
Set oIE = CreateObject("InternetExplorer.Application")
oIE.Visible = True  '设置可见
oIE.Navigate "http://www.baidu.com"  '跳转 URL
'等待 IE 页面加载完毕
While oIE.Busy: Wend
'获取 Document 对象
Set oDoc = oIE.Document
'获取百度搜索框对象
Set oEdit=oDoc.parentWindow.w
'并对其进行输入
oEdit.value = "zzxxbb112"
'获取 FORM 名为 F 下名为 SB 的元素并点击
oDoc.f.sb.Cclick
Set oDoc = Nothing
Set oIE = Nothing
```

从以上代码可以看到，只需要通过 parentWindow 来访问 Web 页面 Script 中的变量即可。

7. 总结

这一章主要介绍了利用 IE 的 COM 以及 HTML DOM 来自动化 IE 浏览器，以及对浏览器的一些控件对象进行自动化的操作，包括启动 IE、等待页面加载、遍历所有 IE 窗口、利用 DOM 操作测试对象、利用 FORM 名来获取对象元素、访问 Web 页面的 Script 脚本变量、Browser 对象转化 Window 窗口对象、自定义浏览器应用程序，这些方法对于我们在自动化测试中也是起到比较重要的作用，并且能够辅助我们更好地完成 Web 自动化测试，当 QTP 不能达到我们想要达到的目的时，就可以使用这些方法来代替或者说来实现需要实现的方法，最终使 Web 自动化测试变得更加的轻松和容易。

3.2.3 DOM 在 QTP Web 测试中的应用

3.2.3.1 如何在 QTP 中使用 DOM

前面已经简单介绍了 DOM 在 QTP 中的好处，以及 DOM 与 IE 对象模型结合使用的应用，那么这一节就来看一下具体如何在 QTP 中使用 DOM 来获取并控制测试对象。

当在编写 QTP 脚本时，首先该做的就是将需要控制的测试对象添加到对象库，添加完毕后即可使用 QTP 的封装方法来控制测试对象。如果需要在 QTP 中访问 DOM，就只需要使用 Page 对象，并调用 Page 对象的 Object 封装属性，QTP 就能够访问到顶层 DOM 对象。

QTP 中访问 DOM 对象的方法：

```
'获取 DOM 对象
Set sDom = Browser("  ").Page("  ").Object
```

此处的 Object 属性目前只支持 IE，而对于其他浏览器目前还没有加入支持，通过 DOM，可以在 QTP 中修改 HTML 元素对象的属性，调用其方法，当在使用 Web 测试对象的 Object 属性时，事实上就已经自动获取到 DOM 对象的一个引用，这就意味着可以调用测试对象的 DOM 引用下的所有的属性、方法。作者一直认为 QTP 的这个功能做的非常不错。毕竟有了 DOM 可以解决很多 QTP 本身无法解决的问题。在了解了怎样在 QTP 中访问 Document 对象之后，就来看一下 QTP 在 Web 测试中具体是如何应用，如何来操控各类 HTML 元素的。

3.2.3.2 如何在 QTP 中使用 DOM 操控各类 HTML 元素

1. WebEdit 对象

HTML 源代码样例：

```
<INPUT type ="text" value="QuickTest" id="ID_001" name="NAME_001" >
```

QTP 中代码样例。

操控方式 1：

```
'获取 DOM 对象
set oDocument = Browser("Browser").Page("Page").Object

'使用 GetElementByID 获取对象元素，并更改文本框 WebEdit 的 value 属性值
oDocument.getElementById("ID_001").value = "zzxxbb112"
```

操控方式 2：

```
'获取 DOM 对象
set oDocument = Browser("Browser").Page("Page").Object

'使用 GetElementsByName 获取对象元素，并更改文本框 WebEdit 的 value 属性值
oDocument.getElementsByName("NAME_001")(0).value = "zzxxbb112"
```

操控方式 3：

```
'获取 DOM 对象
set oDocument = Browser("Browser").Page("Page").Object

'如果 ID 和 name 都是空的，可以使用 getElementsByTagName
Set allElements = oDocument.getElementsByTagName("INPUT")

For each element in allElements

If element.value="QuickTest" Then
```

```
element.value="zzxxbb112"
End If

Next
```

2. WebButton / Link 对象

HTML 源代码样例：

```
<input type = "Button" id = "ID_001" name = "name_001" value = "click this">
```

QTP 中代码样例。

操控方式 1：

```
'获取 DOM 对象
set oDocument = Browser("Browser").Page("Page").Object

'使用 GetElementByID 获取按钮对象并触发 onclick 事件
oDocument.getElementById("ID_001").click
```

操控方式 2：

```
'获取 DOM 对象
set oDocument = Browser("Browser").Page("Page").Object

'使用 GetElementsByName 获取按钮对象并触发 onclick 事件
oDocument.getElementsByName("NAME_001")(0).click
```

操控方式 3：

```
'获取 DOM 对象
set oDocument = Browser("Browser").Page("Page").Object

'使用 All 方法获取按钮对象并触发 onclick 事件
oDocument.all("ID_001").click
```

3. WebCheckBox 对象

HTML 源代码样例：

```
<input type = "CheckBox" id = "ID_001" name="name_001" >
```

QTP 中代码样例。

操控方式：

```
'获取 DOM 对象
set oDocument = Browser("Browser").Page("Page").Object

'使用 GetElementByID 方法获取按钮对象，选取 checkbox
oDocument.getElementById("ID_001").checked = true
```

4. WebList / WebComboBox 对象

HTML 源代码样例：

```
<SELECT name = "NAME_001">
        <option value = "child_001">child_001</option>
        <option value = "child_002">child_002</option>
        <option value = "child_003">child_003</option>
</SELECT>
```

QTP 中代码样例。

操控方式：

```
'获取 DOM 对象
set oDocument = Browser("Browser").Page("Page").Object

'使用 GetElementByName 方法获取 List 对象，
set ListObjElements = oDocument.getElementsByName("NAME_001").item(0)

'遍历 List 列表，根据关键字选取 List 项
For i=0 to ListObjElements.Options.length-1

If ListObjElements.Options(i).value = "child_002" Then
ListObjElements.Options(i).selected = true
End If

Next
```

5. WebRadioGroup 对象

HTML 源代码样例：

```
<input type="radio" name="sex" value="男" checked="checked"> 男
<input type="radio" name="sex" value="女"> 女
```

QTP 中代码样例。

操控方式：

```
'获取 DOM 对象
set oDocument = Browser("Browser").Page("Page").Object

'通过 GetElementsByName 获取对象元素后选取 Radio 单选按钮
oDocument.getElementsByName("sex").item(1).checked=true
```

6. WebTable 对象

HTML 源代码样例：

```
<table id="id_001" border=1>

                        <tr>
                               <td>A1</td>
                               <td>B1</td>
                        </tr>

                        <tr>
```

```
                        <td>A2</td>
                        <td>B2</td>
                </tr>
</table>
```

QTP 中代码样例。

操控方式：

```
'获取 DOM 对象
set oDocument = Browser("Browser").Page("Page").Object
'获取 WebTable 对象元素
set objTable = oDocument.getElementById("ID_001")

'打印 WebTable 的行数
msgbox objTable.rows.length

'打印 WebTable 的单元格数量
msgbox objTable.cells.length

'打印 WebTable 第二行第一个单元格中的内容
msgbox objTable.rows(1).cells(0).outertext
```

注意

此处表格对象含有两个对象集合：Rows （所有行）和 Cells（所有单元格）。

3.2.3.3　利用 DOM 完成 QTP 无法完成的任务

使用 **CurrentStyle** 验证对象

HTML 源代码样例：

```
<style>
        .class_visible { visibility:"visible"}
        .class_hidden  { visibility:"hidden"}
</style>
<div class=class_hidden id="ID_001">
        <p> DHTML using DISPLAY </p>
</div>
```

QTP 中代码样例：

```
'获取 DOM 对象
set oElementDocument = Browser("Browser").Page("Page")._
WebElement("html id:=id_001").Object

isVisible = oElementDocument.currentstyle.visibility

If isVisible="hidden" Then
msgbox "object is hidden"
```

```
else
msgbox "object is visible"
End If
```

注意

此处如果使用 QTP 的 exist 方法，结果永远是返回 True。因为此对象的确是存在于网页中，但是它被设置为了不可见，而 exist 方法只是验证对象是否存在，却不能验证是否隐藏。这样就无法达成我们需要验证的目的，而 document 对象下的 currentstyle 可以直接访问 style sheets，而且 QTP 从 10.0 版本开始已经支持 currentstyle 下的所有属性，提高了编码的效率，如图 3-14 所示。

除了验证对象是否为可见或者隐藏外，currentStyle 还可以验证许多 QTP 本身无法验证的属性，如字体名、字体大小、字体颜色等。在实际项目测试工作中，此对象也是经常被使用到，也请读者能够牢记，更多验证属性可参见 msdn.microsoft.com 中的 currentStyle 对象。

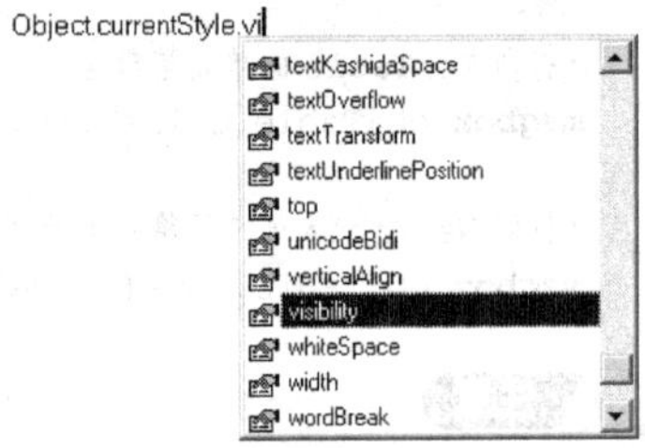

图 3-14

3.2.3.4 利用 DOM 提升性能

当对象数量较多时，使用 DOM 较为占优势，数量越多就越明显，这里简单做个对比假设一个页面一共有 100 个文本框，我们的需求是对这 100 个文本框分别输入 helloworld 这个字符串。为了能更好地让读者体现 DOM 在性能方面的优势，此处就自己构建一个含有 100 个文本框的 HTML 页面，每个文本框的 name 属性都是由 text_开头，之后由 1 到 100 递增，脚本如下所示：

```
<html>
        <head>
        <script language="vbscript">
                function msg
                        for i=1 to 100
                                tt = tt + "<input type ='text' name='text_"+cstr(i)+"'>"
                        next
                        Document.getElementbyid("zzxxbb").innerHTML = tt
                end function
        </script>
        </head>
        <body>

                <input type ="button" value="click it" onclick="msg">
                <div id='zzxxbb'></div>
        </body>
</html>
```

把以上脚本保存为 HTML 文件后，打开此文件，并打开 QTP 对象库，把 PAGE 对象加入到对象库中，为了能够更直观地看到最终的对比结果，再次特别加入了 QTP 中保留对象 Services 的 Transaction 属性，此方法主要用于计算事务时间的。来看两段不同的脚本。

QTP 描述性编程脚本：

```
Services.StartTransaction "inputBefore"
For i=1 to 100
        Browser("Browser").Page("Page").WebEdit("name:=text_"+cstr(i)).Set "zzxxbb112"
Next
Services.EndTransaction "inputBefore"
```

DOM 操作脚本：

```
Services.StartTransaction "inputBefore"
For i=1 to 100
        Browser("Browser").Page("Page").Object._
        getElementsByName("text_" + cstr(i))(0).value = " zzxxbb"
Next
Services.EndTransaction "inputBefore"
```

第一个脚本是使用了 QTP 的描述性编程，并对 text 后的动态数字进行了参数化，这样 QTP 就能顺利地对每个文本对象进行 set 方法的操作。第二个脚本使用了 page 对象的 object 属性，也就是获得了 DOM 对象的引用，接着使用 GetElementsByName 方法，动态循环获取文本框并进行输入。其实相信读者在运行以上两段代码时就应该深有体会，为了让读者更清晰地看到两种操作对象方法的性能差距，这里特地使用了事务，并在结果报告中进行了时间输出。

QTP 描述性编程的结果，如图 3-15 所示。

DOM 操作脚本的结果，如图 3-16 所示。

Object	Details	Result	Time
inputBefore	Transaction "inputBefore" ended with "Pass" status (Total Duration: 20.4169 sec Wasted Time: 9.6856 sec).	Done	2010 10 22 - 11:58:05

图 3-15

Object	Details	Result	Time
inputBefore	Transaction "inputBefore" ended with "Pass" status (Total Duration: 5.7129 sec).	Done	2010-10-22 - 11:54:55

图 3-16

分析：

由如上两张图可以看出，第一张图使用 QTP 描述性编程测试结果总消耗时间为 20.4 秒，而第二张图使用 DOM 操作脚本的结果图总消耗时间为 5.7 秒，经过对比分析后，可以得到的结论是，当需要输入 100 个文本框时，DOM 对象的性能要比 QTP 描述性编程方式快 2～4 倍，这个差距其实是非常惊人的，此处读者也可以想象一下，现在是 100 个文本框，若是有 500 个或者 1000 个，它们之间的差距又会相差多少。如果有兴趣的读者可以尝试一下后两种情况甚至更多，最终的性能提升差距可能会更大。

3.2.4 总结

本章节主要让读者了解了 DOM 在自动化测试过程中的优势，以及如何在 QTP 中使用、何时使用等。在实际项目应用过程中，只要是 Web 应用基本上都会有它的身影，而且它与测试对象的关系非常的紧密，可以脱离 QTP 操控 Web 对象元素的自身接口属性或者方法。因此，DOM 也算是必会的一个知识点。很多时候它也能够解决 QTP 无法解决的问题。本章所提到的几个优势只是实际应用中的一部分，还有许多优势只有自己在接触真实项目之后才可将其挖掘出来。例如，当遇到日期控件，文本框是 disable 状态的，类似这样的情况可以使用 DOM 接口访问控件的 value 属性直接注入需要的值。只要把 DOM 的作用充分发挥出来并与 QTP 完美结合，相信大多数测试对象问题一定都能迎刃而解。

知识点巩固和举一反三练习

一、利用 DOM 使支付宝的密码框变为只读。

步骤：

1．打开 www.alipay.com，找到密码框。

2．利用 DOM 技术使其密码框状态变为 Disable。

3.3 数据库操作(ADO)

阶段要点

- 何时使用 ADO 数据验证。
- 构建数据库连接字符串的两种方式。
- 利用 ADO 进行数据库操作。
- 建立自定义动态数据库验证函数。

3.3.1 何时使用 ADO 数据验证

数据库验证可能对于有些自动化测试工程师来说基本不太会使用到，因为对于自动化测试来说，主要验证的是前台的数据和功能，也就是最贴切用户的角度来测试。因此，对于后台的数据验证来说，自动化测试在一般情况下可能不需要那么严格来做这方面的验证。但是如果是在金融行业可能会深有体会，因为所有的测试用例只要和金额有关，都需要对其数据库进行验证，原因大家一定也都明白，对于保证金额正确性是公司最为重视的，若是一不小心就可能造成一定的资损，在这方面的测试都特别的严格。正由于其本身的这个特殊性，数据验证便成了自动化测试中的关键所在，在验证前台数据的同时还必须对后台的数据库进行验证才能算是一个完整严格的自动化测试用例。

大家都知道 QTP 工具本身提供了数据查询和验证功能，但是使用过的读者一定会感觉到，其功能使用起来比较麻烦，灵活性和复用性较低，那么是否有一种方法可以即灵活又快速地进行数据操作和验证呢？这就是 ADO 数据库操作对象组件，由于 QTP 基础平台脚本语言是 VBScript，因此，可以利用 VBScript 脚本语言调用 ADO 组件来进行数据操作，由于是脚本的形式来进行操作，优势显而易见。首先脚本的灵活性较高，可实现的功能也较多，可以随意地把需要实现的数据操作封装为函数，以便下次使用时可以直接调用此函数进行复用，提高测试的效率。介绍了那么多，接下来就看一下利用 ADO 操作数据库的 3 大主管对象。

ADO→Microsoft's ActiveX Data Objects

简单地说 ADO 就是一个可以访问并操作数据源的一个 COM 组件。开发人员可以通过此组件并通过脚本的形式对数据库进行简单的操作。

- Connection 对象。

此对象为 ADO 的第一大重要对象，它主要是掌管数据库的连接和关闭功能，有了它就可以通过对应的连接字符串来连接数据库，完成 ADO 操作的第一步工作。

- Command 对象。

此对象的作用主要是完成 SQL 语句的执行，包括查询语句、更新语句、创建语句、删除语句以及存储过程。

- RecordSet 对象。

此对象主要作用是存放执行后的数据结果集。当一个执行语句被执行后并返回给 RecordSet 对象之后，此时 RecordSet 对象就包括了当前所有执行结果集，并且可以通过 Eof 方法循环进行输出，此方法会在后续的内容中详细进行讲解。

3.3.2　构建数据库连接字符串的两种方式

在上一章中已经介绍了 ADO 操作数据库的 3 大主管对象，接下来的工作就是要详细解释这 3 大对象的用法。在讲这之前，先来看一下这个简单的连接数据库的例子：

```
Dim adoConn '定义ADO连接对象
Dim ConnectionStr '定义数据库连接字符串

'获取数据库连接字符串
ConnectionStr = "Driver=MySQL ODBC 5.1 Driver;"+ _
+"SERVER=localhost;UID=root;PWD=root;DATABASE=test;PORT=3306"

'创建数据库连接对象
Set adoConn = CreateObject("adodb.Connection")

'利用数据库连接字符串打开数据库
```

```
adoConn.Open ConnectionStr

'******************
'此处进行数据库操作
'******************

'关闭数据库
adoConn.Close
'释放数据库对象
Set adoConn = Nothing
```

分析：

从以上脚本可以看到，首先定义了一些 ADO 所需要的变量，一个是 ADO 对象，另一个是数据库连接字符串。其次创建了数据库连接对象，并打开数据库，对其进行操作后，关闭数据库并释放 ADO 对象。就在这样一个简单的脚本中，大家有没有注意到一个细节，关于 ConnectionStr 这个变量的值，也就是数据库连接字符串。可以看到这个字符串非常长，非常难记住，而且不同数据库的连接字符串也都完全不相同，若是每次都手工写的话不但容易出错，而且很有可能会有遗漏，况且此连接字符串可是连接数据库的关键密钥，若是出了问题，整个数据库的连接就会出错。因此，问题就转向了本小节的标题，也就是如何来获取 ADO 数据库连接的字符串。此处提供两种比较便捷的方法供读者选择。

方法一：Data Link 获取。

Data Link 方式是基于 Microsoft Access Service 的数据源配置文件。首先就来创建一个 udl 格式的文件，此处命名为“adoCon.udl”，接着双击此文件，如图 3-17 所示。

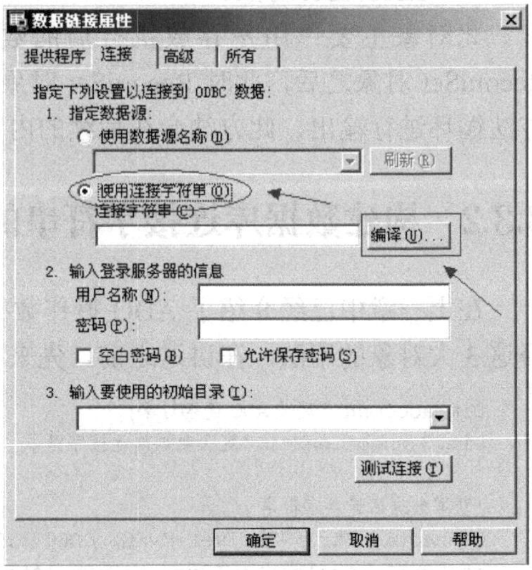

图 3-17

如图 3-17 中，可以发现当双击了 adoCon.udl 后，程序自动弹出了数据链接属性窗口，可以看到窗口选择对应的连接方式，这里的目的是获取连接字符串。接着就需要选择图 3-17 中标注的“使用连接字符串”单选框，点击“编译”按钮，同样见图 3-17 的方框标注位置。

如图 3-18 所示，弹出选择数据源窗口，需要选择连接数据库的文件数据源，如果没有建立过任何数据源，可以点击新建按钮，如图 3-19 所示。

在图 3-19 上，选择相应的数据源后，点击下一步，填写数据源名称后就可以成功创建数据源文件，如图 3-20 所示。

在弹出选择数据源窗口中，选择需要连接数据库的文件数据源，此处使用的是 mysql 的数据源，点击确定后，并通过连接测试，如图 3-21 所示。

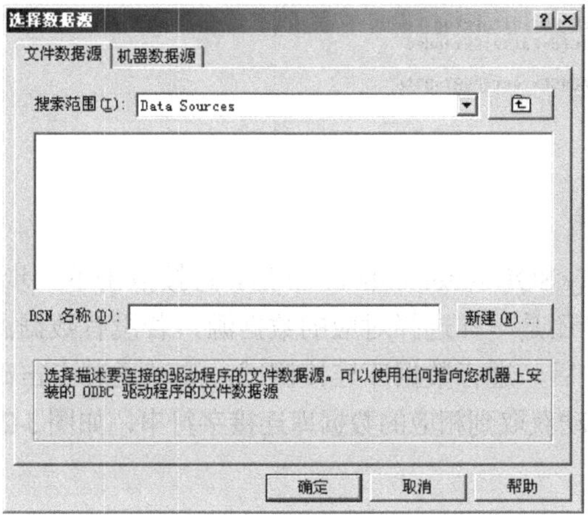

图 3-18

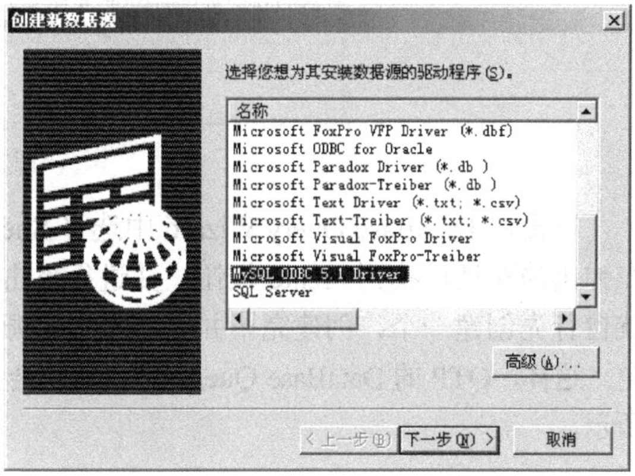

图 3-19

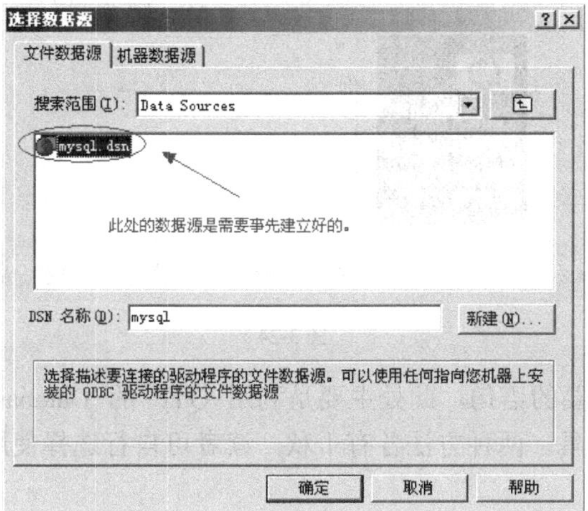

图 3-20

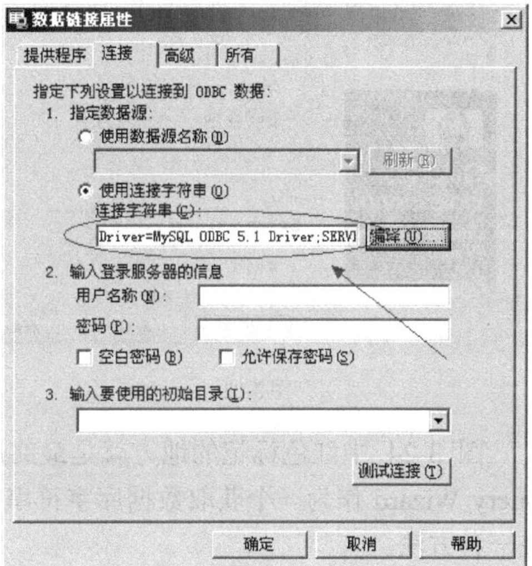

图 3-21

如图 3-21 所示，在连接字符串处标注的文本框中可以看到所需要的字符串已经被自动填入。剩下工作就非常简单了，只需要对其内容使用复制、粘帖来完成 ADO 的数据库连接字符串。此时如果对此文件使用记事本打开后也可以看到更多的细节，如图 3-22 所示。

方法二：巧用 QTP 获取。

使用 QTP 获取的方法来获取数据源的连接字符串更加便捷，只需要通过 dataTable 这个中间介质作为入口，即可轻松获取到想要的结果。首先启动 QTP，并打开 DATATABLE 视图，在 DataTable 中，任意在一个单元格中点击右键逐层进入到 From DataBase，如图 3-23 所示。

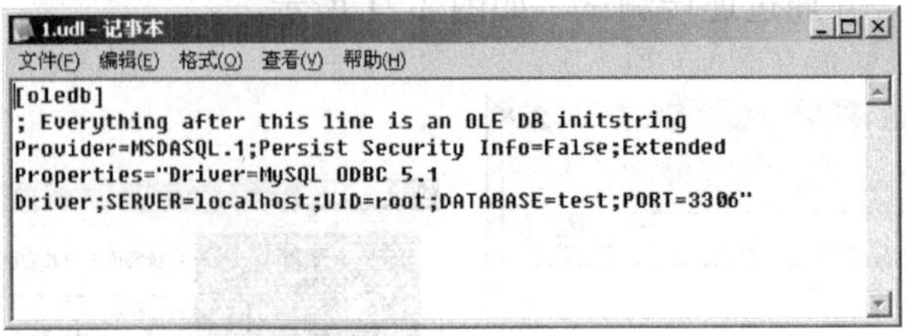

图 3-22

在窗口 DataBase Query Wizard 中选择 Specify SQL statementmamal 后，直接点击下一步，在弹出的对话框找到 create 按钮，并进行点击，还是一样选择对应的数据源，若没有数据源就自行先创建一个，创建完毕并“选择数据源”后，进行数据库连接测试，测试通过点击确定。这样，QTP 的 DataBase Query Wizard 就会自动获取到相应的数据库连接字符串，如图 3-24 所示。

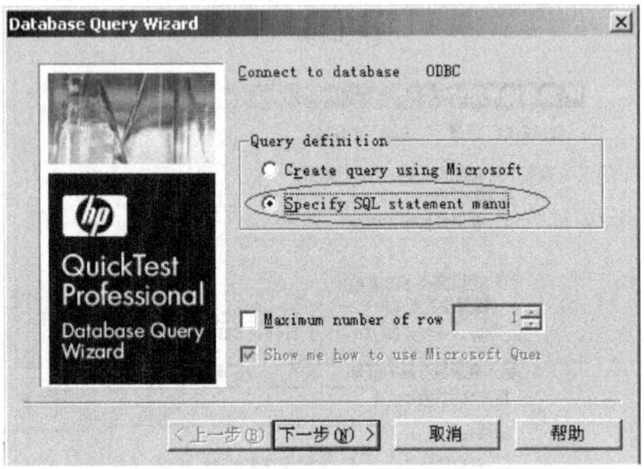

图 3-23

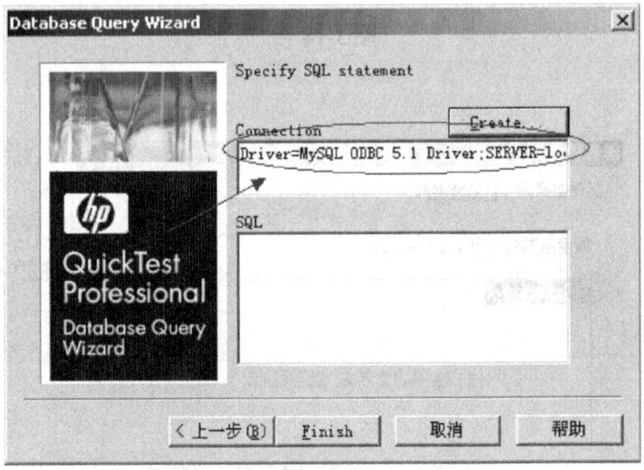

图 3-24

图 3-24 中红色标记的地方就是最终所需要的语句，此处主要是利用 QTP 的 Database Query Wizard 作为一个获取数据库字符串的工具。两种方法各有千秋，读者可自行选择使用任一种方法。

3.3.3 数据库查询

在前面两个小节中已经简单介绍了 ADO 对象，以及 3 大主管对象（Connection、Command、RecordSet），并且也已经把如何快速并方便地获取到数据库字符串的方法提供给了读者。从这一节开始就要开始进入 ADO 这一章的重头戏，也就是数据库的自动化操作，这里需要把前面所讲过的知识都串起来，并通过一个最简单的数据库查询的例子来让大家掌握，如何正确地使用 ADO 来对数据库进行操作。

实例 1：使用 where 语句查询某数据表的某个字段值

（1）需要有一个数据库来支持我们的脚本。这里直接使用 mysql 数据库。

（2）首先在数据库里新建一个数据表，如图 3-25 所示。

name	age
zzxxbb112	50
yujie	48
wuxin	40
jun luo	53
51testing	50

图 3-25

（3）创建 ADO 组件来查询数据表中 name 为 zzxxbb112 的 age 是多少：

```
Dim adoConn '定义ADO连接对象
Dim ConnectionStr '定义数据库连接字符串

'获取数据库连接字符串
ConnectionStr = "Driver=MySQL ODBC 5.1 Driver;"+ _
+"SERVER=localhost;UID=root;PWD=root;DATABASE=test;PORT=3306"

'获取数据库查询语句
sqlStr = "select * from user where name = 'zzxxbb112' "

'创建数据库连接对象
Set adoConn = CreateObject("adodb.Connection")

'利用数据库连接字符串打开数据库
adoConn.Open ConnectionStr

'执行sql语句并返回对应的结果集
Set adoRst = adoConn.Execute(sqlStr)

'获得结果集中年龄字段的值
MsgBox adoRst.Fields.Item("age").Value

'关闭数据库
adoConn.Close

'释放数据库对象
Set adoConn = Nothing
```

分析：

以上脚本首先是定义了连接字符串和 SQL 语句字符串这两个变量，接着就是创建 ADO.Connection 对象，通过数据库连接字符串打开数据库连接，这些都和上一小节中的例子一样，不过接下来这句 Execute 就是最关键的地方了，在 ADO 的 3 大主管之一的 connection 对象中存在一个 Execute 方法，方法参数为 SQL 语句字符串，此方法可以对数据库直接进行 SQL 语句执行操作，并且能够对其执行结果进行返回，返回的对象为 3 大主管对象的另一个对象 RecordSet。最后通过 RecordSet 对象的 Field 属性获取到 age 字段的值。最后再关闭数据库，释放数据库对象，这样一个最简单的数据库查询的例子就完成了。

在上面的例子中，如果遇到一些比较特殊的情况，可能脚本就会失效了，举个最简单的例子，之前那个实例是“使用 where 语句查询 name 为 zzxxbb112 这条记录中的 age 字段值”，那么现在重新更改一下要求，内容为“使用 where 语句查询 age 为 50 的 name 值”，细心的读者一定会发现，目前数据表有两条 age 为 50 的，通过 select 语句也可以查到：“select * from user where age=50;”，如图 3-26 所地。

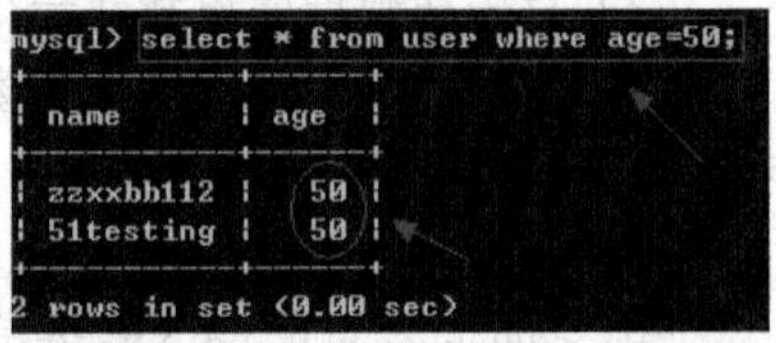

图 3-26

从图 3-26 中可以看到数据库中一共有两条 age 为 50 的记录，那么在脚本中只有一个 MSGBOX 来打印出结果。读者会说那就再重复打印一次 field 语句，那么就在原来那行 MsgBox adoRst.Fields.Item("age").Value 脚本下再复制一行：

```
'获得结果集中年龄字段的值
MsgBox adoRst.Fields.Item("name").Value

MsgBox adoRst.Fields.Item("name").Value
```

但是非常遗憾的是，在执行完以上脚本后，执行结果是两个值都是 zzxxbb112，而不是 zzxxbb112 和 51testing。为什么不会打印第二个？难道就没办法了吗。其实解决办法很简单，不过在解决这个问题之前，需要给读者介绍一个名词，它叫“游标”，我们都知道在测量中有游标卡尺，而游标在游标卡尺中的作用是可以移动到任何地方并测量出对应的结果数据。当然在数据库中也有这样一个概念，游标提供了一种对从表中检索出的数据进行操作的灵活手段，就本质而言，游标实际上是一种能从包括多条数据记录的结果集中每次提取一条记录的机制。当 SQL 语句执行完毕并获得多条结果集时，游标在初始状态下是指向第一条记录的，此处可以利用数据库游标来随意移动获取到需要的结果记录。

MoveNext 方法：用于移动游标到下一条记录

那么原来的脚本只需要改成：

```
'打印结果集的第一条记录
MsgBox adoRst.Fields.Item("name").Value

'将游标移动到下一条记录
adoRst.MoveNext

'打印结果集中的第二条记录
MsgBox adoRst.Fields.Item("name").Value
```

分析：

以上脚本其实已经完成了之前的要求，但还不是一个完整又灵活的脚本，因为现在我们是知道数据库查询结果集的个数，一旦数据集非常多的情况，又无法知道需要移动多少次游标时，这样的脚本就完不成任务了。那么应该如何去更改我们的脚本呢？在这里提供两种方法供读者参考。

方法 1：FOR 循环法。

```
'获取结果集的个数，并进行遍历
For i=1 To adoRst.Fields.Count

    '打印结果集中 name 的值
      MsgBox adoRst.Fields.Item("name").Value

    '移动游标到下一条记录
      adoRst.MoveNext

Next
```

分析：

执行脚本后能够正确获取到对应的两条记录结果，此处的 adoRst.Fields.Count 是获取记录集的个数，通过 for 循环进行遍历，并在每次循环 next 之前把游标移动到下一条记录上。从而获取到所有对应的记录值。

方法 2：EOF 循环法。

```
'如果游标不为最后一条记录就一直循环
While Not adoRst.EOF

        '打印结果集中 name 的值
        MsgBox adoRst.Fields.Item("name").Value

    '移动游标到下一条记录
        adoRst.MoveNext

Wend
```

分析：

注意，这里脚本中的 EOF 代表最后一条记录的意思，缩写为 End Of File，翻译过来就是文件结束。那么在脚本里是作为一个文件结束的标志，也就是说，如果游标定位没有移动到末尾处，也就是最后一行就继续循环，直到游标移动到最后一条记录跳出循环。执行以上脚本结果和上面的方法 1 完全一样，同样也是把所有记录都一一打印出来。

这里两种方式都是可以的，就看读者比较偏向哪一种了，本人比较偏向第二种，因为第二种方法可以省去一个循环变量 i，而且 EOF 方法是 ADO 内置的一种专门针对多条数据记录准备的，因此，个人认为，在性能或者是稳定性上应该比方法 1 好一些。

3.3.4　数据库修改

在自动化测试过程中，数据库的修改操作虽然没有查询用的那么普遍，但是在某些特定的情况下，能够使用脚本对数据库进行修改对于自动化测试来说还是非常有帮助的。举个最简单的例子：自动化测试数据初始化准备，这是重要的，因为当运行完用例脚本之后，数据库的一些数据和状态无法满足下一次脚本的运行。这样可能导致下一次再运行同一个自动化测试脚本时会出现脚本执行错误。如果要解决这样的问题，一种情况就是使用自动化脚本在用例里就直接回归原点（自动化测试用例设计那个章节中详细介绍过），例如，新建一条数据之后，如果有删除业务，就可以把删除和新增这两条用例合并作为一条自动化用例。这样就达到了回归原点的目的，在下一次执行脚本的时候就能够很好地避免脚本错误发生。如果是第一种情况也无法解决的情况下，那么就可以考虑使用 ADO 对象来对数据库做初始化回归操作。虽然很多情况下这类工作是由开发人员或者开发测试人员来完成的，但是作为一个合格的自动化测试工程师来说，应该也需要能够胜任这样的任务。接下来就简单介绍一下如何使用 ADO 对象来进行数据库的修改。

举例，修改 name 为 yujie 的那条记录的年龄 age 为 100：

```
Dim adoConn '定义ADO连接对象
Dim ConnectionStr '定义数据库连接字符串

'获取数据库连接字符串
ConnectionStr = "Driver=MySQL ODBC 5.1 Driver;"+ _
+"SERVER=localhost;UID=root;PWD=root;DATABASE=test;PORT=3306"

'获取数据库查询语句
sqlStr = "update user set age = 100 where name='yujie' "

'创建数据库连接对象
Set adoConn = CreateObject("adodb.Connection")

'利用数据库连接字符串打开数据库
adoConn.Open ConnectionStr

'执行sql语句并返回对应的结果集
adoConn.Execute sqlStr
'释放数据库对象
Set adoConn = Nothing
```

分析：

读者一定已经发现了，脚本其实没有多大的变化，这里只是更改了 SQL 语句，从原来的“select * from user where name = 'zzxxbb112' ”变为现在的“update user set age = 100 where name='yujie' ”。值得注意的是，这里由于是纯执行修改语句，而不是查询语句，因此不用返回任何结果集，也不用关闭结果集，因为结果集对象根本就没有打开。

当然以上脚本只是最简单的修改语句，如果需要进行数据初始化准备，肯定不会只是一条 SQL 语句就可以搞定的，一般可能都会把所有的 SQL 语句全部存放在一个文件里，那么接下来看一下如何实现多行语句执行。首先当我们需要实现多行语句执行时，我相信肯定有很多读者会想，多行不是一样，直接使用分号进行隔开，再赋值给 SQL 语句字符串，并交给

execute 方法执行下就可以了，就类似于 sqlStr = "update user set age = 88 where name='zzxxbb112' ; update user set age = 888 where name='yujie'" 这样，但其实运行此脚本的时候，你会发现，运行环境直接抛出一个错误，如图 3-27 所示。

图 3-27

如图 3-27 所示，错误信息中提示说，脚本中存在一个错误，SQL 的执行语句存在语法错误。ADO 方式在 mysql 数据章中使用这种方式进行多行 SQL 语句执行是行不通的。既然这样的方式行不通，可以用另一种方式来解决。这就是本章讲的重点“循环执行法”。

循环执行法——把所有的 SQL 语句分割成数组，并把数组全部取出进行循环执行 SQL：

```
Dim adoConn '定义 ADO 连接对象

Dim ConnectionStr '定义数据库连接字符串

'获取数据库连接字符串
ConnectionStr = "Driver=MySQL ODBC 5.1 Driver;"+ _
+"SERVER=localhost;UID=root;PWD=root;DATABASE=test;PORT=3306"

'获取 sql 语句数组集合
SQLCommands = GetSQLCommands("d:\sql.txt")

'创建数据库连接对象
Set adoConn = CreateObject("adodb.Connection")

'利用数据库连接字符串打开数据库
adoConn.Open ConnectionStr

'循环执行 sql 语句
For i=0 To UBound(SQLCommands)

        adoConn.Execute SQLCommands(i)

Next

'关闭数据库
adoConn.Close

'释放数据库对象
Set adoConn = Nothing
```

```
'******获取文本文件中的数据库查询语句集*********
Function GetSQLCommands(sqlPath)
    '创建 fso 模型对象
    Set fso=CreateObject("Scripting.FileSystemObject")

    '获取 txt 文本对象
    Set txtfile = fso.OpenTextFile(sqlPath)

    '获取 txt 中的所有文本
    allSQLCommand = txtfile.ReadAll

    '对所有文本通过回车进行分割，把 sql 语句分割成数组
    sqlcommands = Split(allSQLCommand ,Chr(10))

    '返回所有 sql 语句数组
    GetSQLCommands = sqlcommands

    '释放 txtfile
    Set txtfile = Nothing

    '释放 fso
    Set fso = nothing
End Function
'******************** END ********************
```

分析：

执行以上脚本，只需要另外再准备一个 SQL 语句的文本文件，会发现这样的脚本是把数据和脚本做了完全的分离，就相当于动态地取 SQL 语句。就是数据库初始化准备的 SQL 脚本发生了变化，也不会对脚本产生任何影响。因为所有脚本都是动态读取文本文件的，而一旦数据库准备的 SQL 语句发生变化，只需要直接更改 SQL 文本文件即可。

注意，此处使用换行符 chr（10）来进行分割是因为在这里读取的 SQL 文件的语句为换行分割的，如果是分号的，就用“；”来分割，这个看个人习惯了，一般使用回车符来分割语句比较常见。

3.3.5 自定义动态数据库验证函数

在本章的前几个小节已经把 ADO 的一些比较常用和基本的用法都介绍了，那么有了技能就需要开始进一步的实践了，一切都是为了最终的项目实际应用。那么接下来看一下实际的自动化测试过程中是如何来规范数据库验证的。

首先，要做数据库验证，先要选取对应的方法，数据库验证有两种，一种是 QTP 自带的数据库查询来验证，另一种就是整个章节一直在讲解的 ADO 组件。这里就选择 ADO 组件来作为验证方法，具体原因已经在第一小节中讲解过。

其次，还需要注意数据库是各种各样的，每个数据库连接字符串会有所区别，需要另外定制，这在第 2 小节的构建数据库连接字符串里已经详细讲解过，面对这样的情况就必须把这些数据作为变量分离出来，以便随时可以进行方便的配置。而这里常常会使用环境变量或者自定义外部 XML 文件作为一个数据配置文件来配合自动化数据验证。

最后，还需要考虑的是，数据库验证是属于测试流程中的一个重要的步骤，使用的频率也非常高，数据库验证的这个过程如果可以复用，那么就可以省掉很多多余的工作，提高了数据库验证的工作效率。

实例：使用 QTP 来验证数据库 user 表中 name 为 51testing 的 age

预期：age = 50。

在这里直接选取之前第 3 小节中的实例，并在此基础上进行数据抽离和封装，脚本如下所示：

```
'*************************************************************
'Description: 数据库验证函数
'Argument:
'[Constr] 数据库连接字符串
'[sqlStr] sql 语句
'[verifyProperty] 需要验证的字段名
'[expectValue] 验证预期值
'*************************************************************
Function
VerifySQLData(conStr,sqlStr,verifyProperty,expectValue)

       '创建数据库连接对象
       Set adoConn = CreateObject("adodb.Connection")

       '利用数据库连接字符串打开数据库
       adoConn.Open conStr

       '执行 sql 语句并返回对应的结果集
       Set adoRst = adoConn.Execute(sqlStr)

       '获得实际值
       actualValue = adoRst.Fields.Item(verifyProperty).Value

       '对比预期值与实际值
       If  cstr(expectValue) = cstr(actualValue) Then

          Reporter.ReportEvent micPass,"SQL_DATA_CHECK", _
          "[ expectValue = actualValue = " + cstr(actualValue)+" ]"

       Else

          Reporter.ReportEvent micFail,"SQL_DATA_CHECK", _
          "[ expectValue = " + cstr(expectValue) + _
          " ;actualValue = " + cstr(actualValue)+" ]"
```

```
        End If

        '关闭数据库
        adoConn.Close

        '释放数据库对象
        Set adoConn = Nothing

End Function
```

分析：

从以上脚本中可以看出，之前的脚本已经被封装成了 function 函数，并且一共抽离出了 4 大参数：conStr、 sqlStr、verifyProperty、expectValue 。constr 为数据库连接字符串，由于数据库可能会变化，因此作为参数处理，sqlstr 为 SQL 语句，这个肯定需要分离，这样可以随意定制需要的查询语句，verifyProperty 以及 expectValue 为需要验证的数据结果集的字段名和它的预期值，这两个参数也是必不可少的。最后在脚本的中间加上了判断，并利用 QTP 的保留对象 Reporter 写入执行结果中。这样，一个数据库验证函数就全部封装完毕了。

函数封装完毕之后，在调用函数之前，必须要把一些关键参数进行环境变量的配置，以便以后有任何变更可直接在配置文件里进行修改，而不是去更改脚本中的数值。假设现在构建一个路径，并建立一个 XML 文件，格式支持环境变量形式："D:\QTP Config\SQLConfiguration.xml"，文件内容如下：

```
<Environment>

        <Variable>
          <Name>ConnStr</Name>
<Value>
Driver=…;SERVER=…;UID=..;PWD=…;DATABASE=…;PORT=…
</Value>
        </Variable>

        <Variable>
          <Name>sqlStr</Name>
          <Value>select * from user where name = '51testing' </Value>
        </Variable>

</Environment>
```

在完成了环境变量配置文件之后，此处直接使用动态调用的方法来调用环境变量的 XML 文件：

```
'动态载入环境变量
Environment.LoadFromFile "D:\QTP
Config\SQLConfiguration.xml"
```

此方法的具体解释可见本书的环境变量那章。那么既然载入了环境变量后，就可以顺利调用数据库验证函数了。

```
'***********调用验证数据库函数**********
'验证字段: Age
'验证预期: 50
'****************************************
VerifySQLData Environment.Value("ConnStr"), _
        Environment.Value("sqlStr"), "age" , 50
```

执行结果如图 3-28 所示。

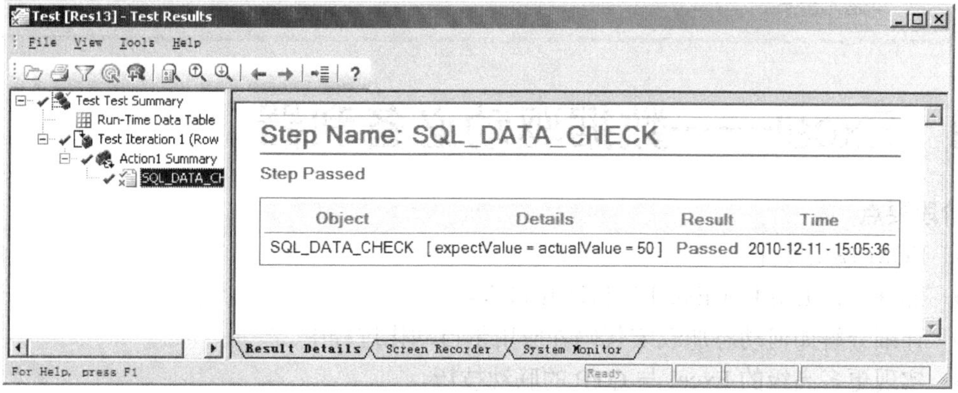

图 3-28

如图 3-28 所示，执行完脚本后，结果报告显示 Passed 通过，并显示预期值等于实际值为 50。最后再来执行下 select 语句，查询并验证一下最后数据表中的数值是否为 50，如图 3-29 所示。

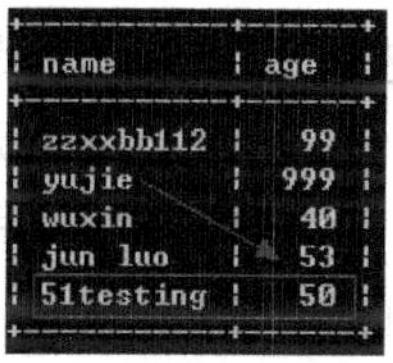

图 3-29

从图 3-29 中可以明显看到值为 50，因此，可以确定验证的函数没有问题。简单总结一下，这一节主要讲解了一个实际项目中，如何使用数据库动态验证的例子，如何封装函数，如何构建外部配置环境变量，如何进行动态调用环境变量等，这些都是在数据库验证中必不可少的方法，也请读者能够深刻理解并掌握这一节的内容。

3.3.6　总结

数据的验证与校验对于自动化测试过程来说是一个非常重要的阶段，因为一个严谨的测试用例，数据验证是自动化测试的核心，如果没了数据验证自动化测试还会有任何意义吗。所以，对于做好数据验证是学习自动化测试的重中之重。QTP 对数据库开发支持较少，但是可以利用它强大的后台语言 VBS 来支持开发动态数据库验证函数，并结合环境变量进行外部配置。希望读者能够熟练地运用好此验证模式。

知识点巩固和举一反三练习

一、请尝试使用 3.3.2 小节中的知识点构建数据源为 QT_Flight32 的数据库连接字符串

提示：用户名：admin 密码：mercury。

二、请尝试使用本文中的自定义数据库验证函数模式应用到自己的项目中

> **注**
>
> 本题无答案。

3.4 Excel——数据驱动必备利器

阶段要点

- EOM 模型简介。
- 熟练掌握 EOM 对 Excel 的自动化操作。
- 详细分解如何动态加载宏代码并应用于自动化过程中。
- 实现更多高级的 Excel 与 QTP 的联动技巧。

3.4.1 利用 EOM 自动化 EXCEL

3.4.1.1 EOM 模型简介

EOM：全称为 Excel Automation Object Model 即为 Excel 的自动化模型对象

在自动化测试过程中，经常会把数据和脚本进行分离，也就是平时所说的数据驱动模型，而在 QTP 中经常会使用参数化的方式，并结合 QTP 的 DataTable 对象来对数据表进行操作和储存数据。那读者一定会问，既然 QTP 已经存在了对数据表的操作，并且已经可以非常容易地使用了，为什么这里还要介绍 EOM 呢？其实本人也和大家想的一样，对于 QTP 的 DataTable 已经可以非常出色地满足基本的需求了，并且 mercury 当初对这块东西也封装的不错，使用过的朋友觉得很好用。但是作为一个自动化测试工程是来说，是否想过一个问题：在大多数情况下数据准备、环境准备都是由自动化测试人员来完成的，当我们手里有一份数据量较大的数据表，并且此数据表的格式并不是符合 QTP 读取 DataTable 的规范格式，那下一步该怎么办呢？

这里提供两种方式供大家选择。

- 通过编写 Excel Macros 把数据表的格式转化为 QTP 中 DataTable 的格式。
- 直接抛弃 DataTable 功能，使用 EOM 来对数据表进行操控。

两种方式都是不错的解决方案，但是个人比较喜爱第二种。因为第一种方式中间多了一个转化 Excel 格式的步骤，第二种方式直接根据数据表格式进行数据读取。读者可以根据自己的实际情况进行选择使用。接下来就看一下 EOM 到底有哪些“绝活”可以把 Excel“玩于鼓掌之中”。

3.4.1.2 Excel Automation

前面已经讲到了 EOM 是一个可以自动化 Excel 的自动化模型对象，既然需要使用 EOM 就必须先要对其进行引用，引用完毕之后才可以对其封装的所有方法进行调用，并对 Excel 进行自动化。当然引用一个 COM 组件对象时，必须要确定此组件对象的组件名和类名，Excel 的组件名和类名分别为 Excel 和 Application。确定好这些之后，就可以创建 Excel 的自动化模型了，脚本如下所示：

```
'创建 Excel 自动化模型对象
Set excelApp = CreateObject("excel.application")
```

执行结果：

当在 VBSedit 的编辑区域里输入以上脚本后，可以看到在 VBSedit 的 Object Browser 视图中自动添加了一本书的图标，如图 3-30 所示。

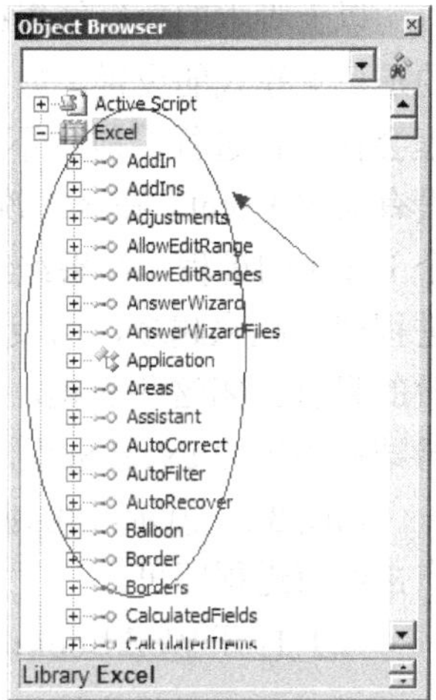

图 3-30

从图 3-30 中可以看出，Excel 自动化模型已经被成功引用加载到 VBSedit 中，也就是说 EOM 下的所有封装方法和对象都已经可以调用。为了能够顺利地讲解后续内容，此处首先要让读者明白两个概念，这两个概念就是 Book 和 Sheet。虽然这是一个比较基础的概念，但经常发现许多同行会混淆这个概念。

Book 与 Sheet 的区别。

Book 是 Excel 的一个最大的模块单元，具体点就是一个 Excel 的文件，也就是一个 Xls 文件。这里需要注意的是，Excel Book 和 Word Book 两者之间有着一个非常大的区别。细心的读者应该就会在平时的操作中发现，在打开多个 Excel Book 时（也就是打开多个 xls 文件），Excel 会自动把当前所有打开的 Excel Book 都归类在一个主窗口中，这个主窗口同时也已经绑定了所有的子 Book 窗口，要创建 Excel Book 就必须要有主窗口，要关闭主窗口就必须关闭所有子窗口。也正是因为这个原因，很多时候才会遇到，当关闭一个主窗口时，会提示保存所有的 Excel Book。Sheet 是 Book 下的一个分类子模块，在每个 Book 下默认都会有 3 个 Sheet，用户可以自动进行添加与删除。

在搞清楚 Book 与 Sheet 之间的区别之后，就可以进入到下一个环节，也就是如何通过 EOM 创建 Excel 工作表了。在 EOM 中有一个对象为 WorkBooks 对象，那么 Book 对象前面也已经进行了详细的介绍，这里的 WorkBooks 对象主要是用来管理 Excel 的 Book 对象，包括新增、打开。来看一下脚本是如何实现的。

1. WorkBook 操作

前面已经对 WorkBook 和 Sheet 的区别作了一个简单的介绍，接下来就来看一下 WorkBook 对象有哪些作用和方法。

（1）新增 WorkBook：

```
'创建 Excel 自动化模型对象
Set excelApp = CreateObject("excel.application")
'设置为可见模式
excelApp.Visible = true
'新增 WorkBook
excelapp.Workbooks.Add
'保存
excelApp.Save "d:\1.xls"
'关闭 Excel
excelApp.Quit
'释放 Excel 对象
Set excelApp = nothing
```

执行结果：

以上脚本的执行结果很简单，就是新建一个 WorkBook 后，保存并关闭。此处需要注意的是可见模式的设置，如果遗漏 Visible 属性设置，执行过程会在后台进行，前台不会进行显示。如果在代码的最后没有关闭 Excel，在第二次创建 EOM 时，后台就会多出一个 Excel 的进程，如果继续创建 EOM 对象，后台的 Excel 进程就会越来越多，而我们却无法对其进行操控。此时能做的只有关闭这些进程。方法很简单，直接通过任务管理器结束相应的 Excel 进程，如图 3-31 所示。

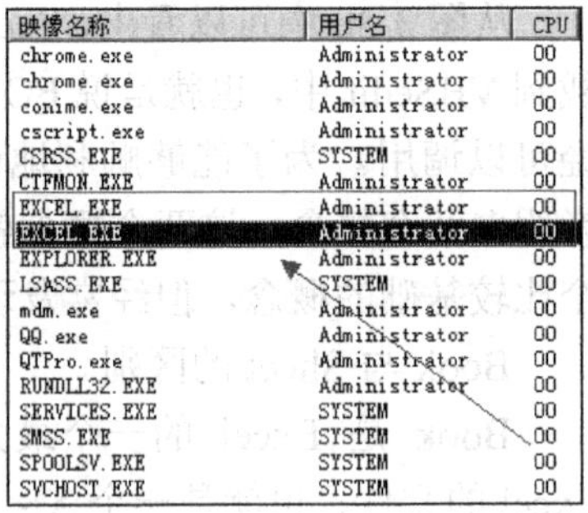

图 3-31

如图 3-31 所示，找到对应的 Excel.exe 进程名并选中，点击结束进程即可。

（2）打开 WorkBook：

```
'创建 Excel 自动化模型对象
Set excelApp = CreateObject("excel.application")
'设置为可见模式
excelApp.Visible = true
'打开 WorkBook
excelapp.Workbooks.Open "d:\1.xls"
'释放 Excel 对象
Set excelApp = nothing
```

执行结果：

此脚本很简单，执行结果就是直接打开了 D 盘中的 1.xls 文件，前提是文件必须存在，如果文件不存在，则会出错。因此，可以在代码中利用 fso 进行事先的文件是否存在的判断。

（3）获取 WorkBook 的数量：

```
'创建 Excel 自动化模型对象
Set excelApp = CreateObject("excel.application")
'设置为可见模式
excelApp.Visible = true
'打开 WorkBook
excelapp.Workbooks.Open "d:\1.xls"
'获取 WorkBook 的数量
MsgBox excelapp.Workbooks.Count
'释放 Excel 对象
Set excelApp = nothing
```

执行结果：

此脚本中的 Count 方法主要是获取 WorkBook 的数量，脚本执行过程；先打开对应路径的 Excel 后，获取对应的工作簿数量。这里需要注意的是，工作簿数量其实就是当前打开的 Excel 数量，相当于进程中的 xls 数量，也请读者不要搞混了。

2. WorkSheet 操作。

（1）新增 Sheet：

```
'创建 Excel 自动化模型对象
Set excelApp = CreateObject("excel.application")
'设置为可见模式
excelApp.Visible = true
'打开 WorkBook
excelapp.Workbooks.Open "d:\1.xls"
'为 1.xls 新增一个 Sheet
Set oSheet = excelapp.Sheets.Add
'重命名 Sheet 为"helloworld"
oSheet.name = "helloworld"
'释放 Excel 对象
Set excelApp = nothing
```

执行结果：

新增了一个名为“helloworld”的 Sheet，运行完毕之后可以看到，当前的 WorkBook 一共有 4 个 Sheet，其中一个就是刚才新建的名为“helloworld”的 Sheet，其余 3 个 Sheet 是 Excel 默认存在的，这样最终结果是，自动生成了一个包含 4 个 Sheet 的 WorkBook。

（2）获取 Sheet 对象并操作单元格：

```
'创建 Excel 自动化模型对象
Set excelApp = CreateObject("excel.application")
'设置为可见模式
excelApp.Visible = true
'打开 WorkBook
excelapp.Workbooks.Open "d:\1.xls"
'为 1.xls 新增一个 Sheet
Set oSheet = excelapp.Sheets.Item(1)
```

```
'重命名 Sheet 为"helloworld"
oSheet.name = "helloworld"
'为第一行第一列单元格赋值"QuickTest"
oSheet.cells(1,1) = "QuickTest"
'保存当前 WorkBook
excelApp.ActiveWorkbook.Save
'释放 Excel 对象
Set excelApp = nothing
```

执行结果：

还是一样打开 1.xls 文件之后，获取第一个 Sheet 对象，并对其第一行第一列的单元格进行赋值，并在最后进行 WorkBook 的保存操作，最终释放所有对象。

注意

此处需要注意的是，当执行了"Set oSheet = excelapp.Sheets.Item(1)"这段脚本时，脚本已经成功获取到了 Sheet1 对象的引用，当在 VbsEdit 中操作此对象时，会发现智能提示并没有开启，也就是说 Cells 方法是点不出来的，需要手工输入才行。而 Sheet1 对象也根本就没有被加载到 VBSedit 中，其实这是因为此时 Sheet1 还没有被实例化，因此无法获取到 Sheet1 的任何方法和属性，解决方法就是 Excel Macros。当打开 Excel 后，用快捷键 Alt+F11 进入到 Excel 自带的 Visual Basic 编辑器，可以看到左边的工程视图里有 3 个初始化 Sheet 对象以及当前的 WorkBook 对象，如图 3-32 所示。

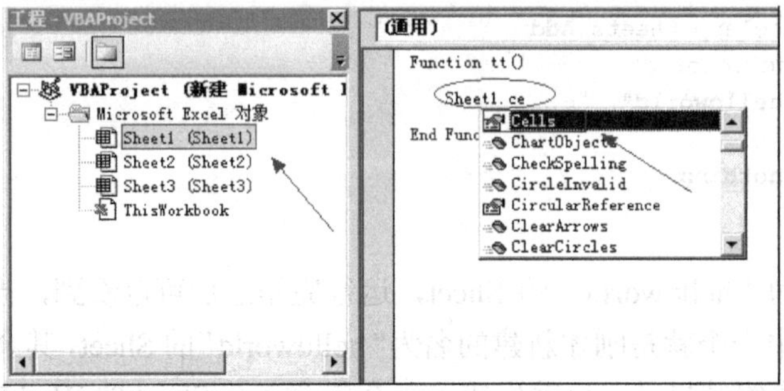

图 3-32

如图 3-32 所示，可以看到在 Excel 的 Visual Basic 编辑器中的工程视图，可以找到已经实例化的 Sheet1 对象，这样可以直接去调用它的所有方法和属性。并且在图 3-32 的右边可以清楚地看到 Sheet1，在输入点后会弹出相应的方法和属性。同时选中 Sheet1 后输入快捷键 F2，可以直接查看 Sheet1 对象的所有方法，如图 3-33 所示。

如图 3-33 所示，在对象浏览器中已经加载了 Sheet1 对象，并且可以看到其对象下的所有方法和属性。所以，在编辑区才可以成功进行代码提示。这里就是告诉读者，使用 VbSEdit 写 EOM 时，代码提示只能到达 Sheet 层对象，如果不是很熟悉的话，完全可以不用去背，直接打开 Excel，通过对象浏览器进行查找对应的方法，或者直接在 Excel 编辑器里写好再复制粘帖出来也是一个不错的方法。更简单些就是，VBSEdit 中调用 EOM 下的 Sheet 层对象，就是 Excel 宏中的 Sheet 对象，前者无代码提示，后者有代码提示。

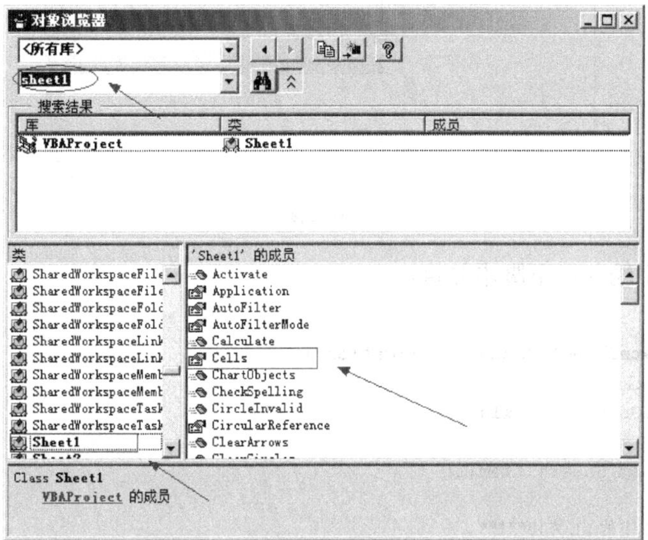

图 3-33

总结：

在这一小节中，通过一个最简单的例子让读者了解了，如何利用 EOM 自动化模型来对 WorkBook 以及 WorkSheet 进行自动化操作，包括它们两者之间的区别，读者也可在这些例子的基础上进行完善，并形成自己的方法来应用到项目中。

3.4.2 动态加载并运行宏代码

稍微有点 Excel 基础的应该都会知道 Excel 本身有一个相当强大的功能，那就是宏，在英文版里称为“Macro”，其实不止 Excel 中有，Office 中的几乎所有产品都带有宏这个功能，宏的作用就是可以让用户自行定义一些操作，并且通过计算机进行自动化，省去用户很多繁琐重复的操作。为什么要在此处提到宏的概念呢，看一下实例就明白了。

（1）沿用上一小节，打开 D 盘中的 1.xls 文件，打开后直接按下快捷键 Alt + F11，打开宏代码编辑器，并双击左边的 Sheet1 打开 Sheet1 库，并在右边的脚本区中输入如图 3-34 所示的 tt 函数。

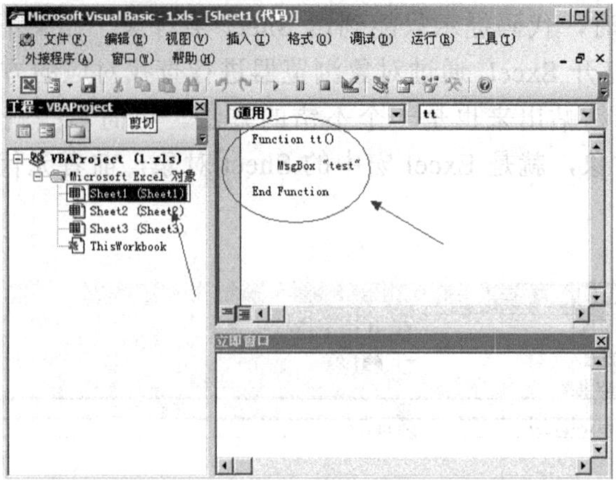

图 3-34

（2）在 QTP 中输入以下脚本并执。

```
'创建 EOM 对象
Set eom = CreateObject("excel.application")
'打开 D 盘中的 1.xls
eom.Workbooks.Open("d:\1.xls")
'获取到 Sheet1 对象
Set sheet1 = eom.Sheets.Item(1)

'****执行 Sheet1 下的 tt 方法*****
Sheet1.tt
'*******************************
'关闭当前工作簿
eom.ActiveWorkbook.Close
'退出 Excel 应用
eom.Quit
'释放
Set eom = Nothing
```

（3）最终执行结果显示 test 的消息框，如图 3-35 所示。

分析：

图 3-35

脚本的实现很简单，就是创建 EOM 对象，获取到 Sheet1 对象后，并调用 Sheet1 对象下的 tt 方法，关闭工作簿后退出应用。这里是想让读者学会此种用法，并且让读者知道，在 Excel 的宏下的所有方法函数都是可以通过 QTP 结合 VBS 来直接调用的。

- 重点解析：

通过在 Excel 中写脚本让 QTP 调用，实际上此功能有点类似于在 Visual Studio 中开发相应的库之后生成 DLL，供 QTP 进行调用。当然 Excel 的宏虽然没有 Visual Studio 那么强大，但是应对自动化测试也已经绰绰有余了。但是为什么这里还要另外提出来呢，既然有了 Visual

Studio 开发 DLL 库，那此方法不是就变得多余了吗？说到这里，我想有过调用 DLL 经验的 QTP 自动化测试人员应该知道，每个需要调用的 DLL 在使用之前都是需要进行注册（除了在生成 DLL 的本机上），同样在 Excel 中会发现，它不需要注册，也不需要任何的其他预备操作即可进行直接使用（相信大多测试机上是安装 Office 的），并且它还有一个更加强大的优势：动态地生成宏，并利用 QTP 进行调用，而 DLL 这样的加密文件是不可能做到的。既然是动态生成，那么不止是宏代码，甚至是 Excel 同样也需要动态，这样才是真正的动态，实现思路就是新建一个 Excel 和 WorkBook，动态加载宏后，运行宏的函数库中的方法后，不留任何痕迹的情况下关闭 Excel，最终达到全部动态生成的效果。接下来看一下如何才能实现动态方式。

1. 字符串加载方式

打开 QTP，并在其编辑区输入如下脚本：

```
'创建 EOM 对象
Set eom = CreateObject("excel.application")
'打开 D 盘中的 1.xls 文件
Set oWorkbook = eom.Workbooks.Add
'进入到宏编辑区并获取到 WorkBook 的脚本模块对象
Set oModule = oWorkbook.VBProject.VBComponents.Item("ThisWorkbook")
'定义动态脚本
Dim newCode
'所有脚本内容
newCode = "Function tt()" +vbNewLine
newCode = newCode + "msgbox ""test"""+ vbNewLine
newCode = newCode + "End Function"+ vbNewLine
'加载脚本
oModule.CodeModule.AddFromString newCode
'执行脚本
oWorkbook.tt
'关闭 WorkBook，此处 false 代表不保存直接关闭
oWorkbook.Close false
'退出 Excel 应用
eom.Quit
'释放
Set eom = Nothing
```

分析：

创建 EOM 对象，添加一个 WorkBook，获取到 VBProject 下的 VBComponents 中 WorkBook 的编辑区对象，并使用 codeModule 对象添加需要的代码，接着就可以直接执行方法函数，最后关闭 WorkBook。注意这里 close 方法需要添加一个 false 参数，否则 Excel 会自动跳出是否保存的界面，导致脚本执行失败，此处 false 代表不保存直接关闭。

2. 文本文件加载方式

前面是通过在运行代码中写入字符串实时加载需要的函数，称为字符串加载方式，接下来介绍一种更加实用的方式——文本文件加载方式，此方式可以直接把所有的函数放在一个 BAS 文件中，然后直接导入到 Excel 宏之中并运行。

首先需要创建一个 BAS 文件，此格式为 Excel 导出的宏文件格式。在这个 BAS 文件中加入需要的一些函数。此处就把前面的 tt 函数加入到 BAS 中，并且保存到 D 盘中，在真实项目中，建议使用相对路径，这样方便以后的移植。准备工作完成之后，就可以正式开始了。

```
'创建 EOM 对象
Set eom = CreateObject("excel.application")
'打开 D 盘中的 1.xls 文件
Set oWorkbook = eom.Workbooks.Add
'进入到宏编辑区并获取到 WorkBook 的脚本模块对象
Set oModule = oWorkbook.VBProject.VBComponents.Item("ThisWorkbook")
' 直接动态导入函数库文件
oModule.CodeModule.AddFromFile "d:\1.bas"
'执行脚本
oWorkbook.tt
'关闭 WorkBook，此处 false 代表不保存直接关闭
oWorkbook.Close false
'退出 Excel 应用
eom.Quit
'释放
Set eom = Nothing
```

分析：

调用 VBProject 模块并导入 1.bas 文件后，此处需要注意，如果直接执行以上脚本，会在执行到调用 VBProject 这一行出错，如图 3-36 所示。

这是因为Excel考虑到安全性的问题，默认是限制用户使用脚本直接访问VBProject程序，默认状态是没有设置为信任，因此把它的状态改为可信任状态即可。当打开 Excel 后，依次进入工具→宏→安全性，选择“可靠发行商”选项卡后，如图 3-37 所示。

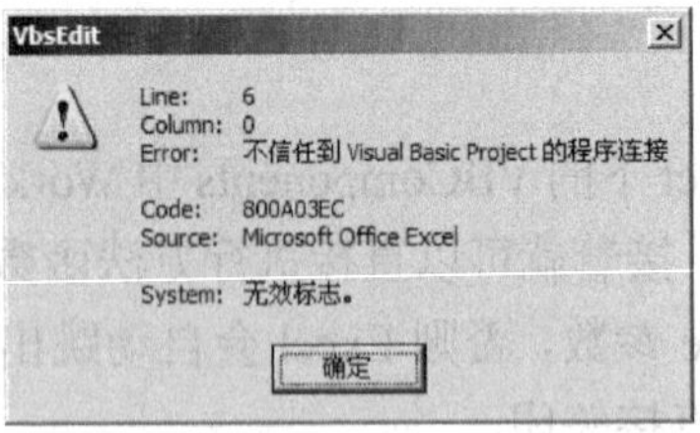

图 3-36

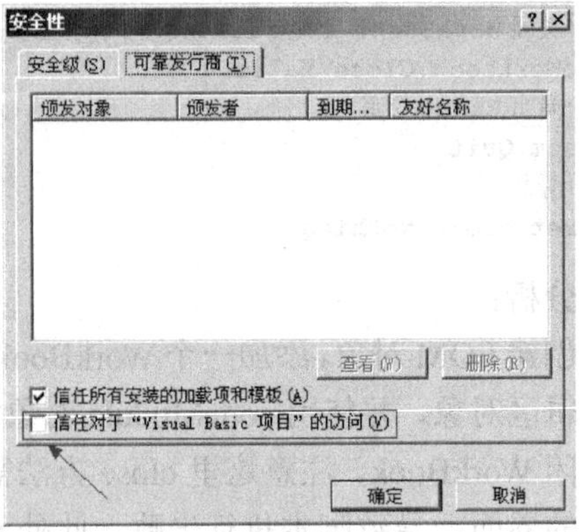

图 3-37

在红色边框区域可以看到“信任对于‘Visual Basic 项目’的访问”，默认状态下 Excel 是不会对其进行信任的，把此选项选上。即可做到对 VBProject 信任状态了。说到这里有些读者会问：既然是全部动态的，那么出了这个问题还一定要手工干预才能够解决问题，那不

是非常的被动吗，只要移植到其他计算机上就必须要在此处设置一下才行。在此告诉各位读者，其实完全不用在 Excel 中进行手工设置即可解决此问题。首先可以想一下，很多程序或者软件它的预设置都是存放在注册表中的，因此，只需要直接修改注册表即可，那要自动化注册表就很简单了，直接使用 WSH 对象即可轻松完成。接下来重新修改了脚本：

```
'创建 WSH 对象
Set oWshShell = CreateObject("wscript.shell")
'创建 EOM 对象
Set eom = CreateObject("excel.application")

'写入注册表，设置对 VBProject 进行信任
oWshShell.RegWrite _
"HKLM\SOFTWARE\Microsoft\Office\11.0\Excel\Security\AccessVBOM" _
, 1, "REG_DWORD"

'打开 D 盘中的 1.xls 文件
Set oWorkbook = eom.Workbooks.Add
'进入到宏编辑区，并获取到 WorkBook 的脚本模块对象
Set oModule = oWorkbook.VBProject.VBComponents.Item("ThisWorkbook")
' 直接动态导入函数库文件
oModule.CodeModule.AddFromFile "d:\1.bas"
'执行脚本
oWorkbook.tt
'关闭 WorkBook，此处 false 代表不保存直接关闭
oWorkbook.Close false
'退出 Excel 应用
eom.Quit

'删除注册表
oWshShell.RegDelete _
"HKLM\SOFTWARE\Microsoft\Office\11.0\Excel\Security\AccessVBOM"
'释放
Set oWshShell = Nothing
Set eom = Nothing
```

分析：

以上脚本和前面的脚本差别不是很大，只是在最开始和最后的地方加入了自动写和还原注册表。“HKLM\SOFTWARE\Microsoft\Office\11.0\Excel\Security\AccessVBOM”此路径的键值就是控制 Excel 自动连接 VBProject 的信任开关。在打开了此信任开关之后，脚本就可以顺利执行完毕。但是有一点需要注意，在最后需要把加入的键值删除掉来保证下一次执行时写入注册表不会出现系统错误。

3.4.3 Excel 使你可以实现更多

3.4.3.1 利用 ADO 打造 Excel 数据库

ADO 是一个可以自动化数据操作的 COM 组建，这点相信大多数自动化测试工程师都不

会陌生，在数据验证方面，ADO 是一个利器。但 ADO 在对 Excel 做数据验证时同样也具有相当不错的效果。接下来就来看一下具体如何使用 ADO 来对 Excel 进行数据验证。

首先在 D 盘新建一个 Excel 数据文件，并按照图 3-38 所示的格式输入数据。

这里需要注意一下，如果需要使用 ADO 数据源方式来操作 Excel，就必须按照图中的格式，ADO 默认 Excel 的每个 Sheet 为一个表，而每个 Sheet 的第一行即为字段名，从第二行开始即为字段值。每个字段值会根据当前的列与字段名一一对应。如果读者把此 Excel 文件导入到 QTP 的 DataTable 中，就会发现一个细节，DataTable 读取 Excel 的方式和 ADO 数据源读取 Excel 方式的格式是相同的，导入之后，DataTable 自动把第一行数据作为字段名来处理，如图 3-39 所示。

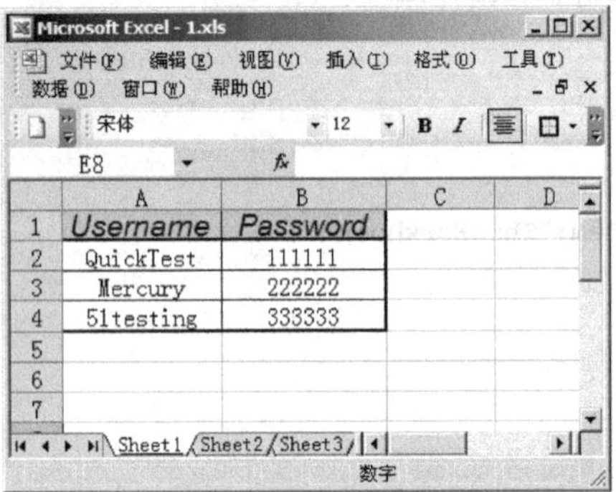

图 3-38

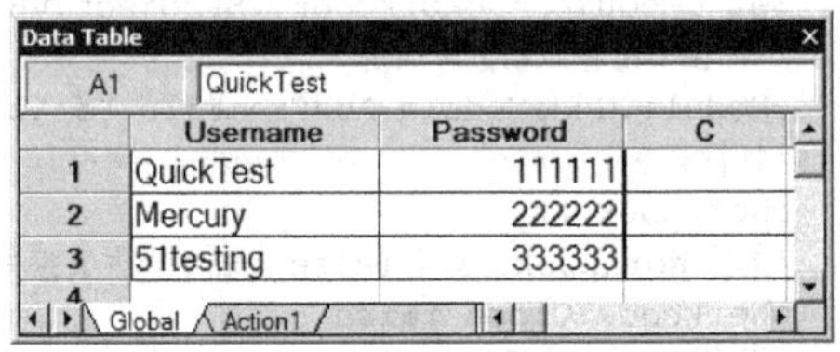

图 3-39

在上一章 ADO 数据库操作中已经介绍了 ADO 的使用步骤，接下来就按照前面的步骤来进行。首先需要对 ADO 数据库操作，肯定是需要进行数据库连接，而需要连接数据库就必须要先获取到数据库连接字符串，获取到连接字符串的方式一共有 3 种，具体使用哪一种读者可自行挑选，此处就直接给出连接字符串了："DSN=Excel Files;DBQ=D:\1.xls;"。

DSN 后面的值为数据源名称，DBQ 代表需要连接的 Excel 所在的路径。获得了字符串后，接下来就是编写 SQL 语句，这里给出一个最常用的例子："select * from [Sheet1$]"，前面提到过 Excel 的每个 Sheet 即为 SQL 的表名，但是在 Excel 中需要注意的是，SQL 语句中如果需要描述表名，需要在后面添加一个“$”符号才能识别，读者要注意这一点，不要遗漏了。准备工作都已经完成了，下面就来看一下具体是如何操作的：

```
'定义 SQL 连接字符串
sqlConnection = "DSN=Excel Files;DBQ=D:\1.xls;"
'定义 SQL 语句
sqlCommand = "select * from [Sheet1$]"
'创建 ADO 对象
Set oExcel = CreateObject("adodb.connection")
'打开数据连接
oExcel.Open sqlConnection
'执行 SQL 语句并获得查询结果集
```

```
Set oRst = oExcel.Execute(sqlCommand)
'获取 username 字段名对应的字段值
MsgBox oRst.Fields("username")
'关闭数据库
oExcel.Close
'释放资源
Set oRst = Nothing
Set oExcel = Nothing
```

执行结果如图 3-40 所示。

图 3-40

成功获取到 username 字段名对应的字段值，通过这种方式来管理数据源是一种相当高效的手段，在下一小节会详细讲解，如果使用 ADO 与数据字典结合来完成一种更加高效的数据驱动方式。

3.4.3.2　高效数据字典的实现

QTP 自带有 DataTable，相信大多数自动化测试工程师都会使用 DataTable 来作为数据驱动测试，它与 QTP 结合的非常好，并且使用起来也非常简单。但是由于 QTP 源代码是封闭的，因此功能上存在着一定的局限性使得我们无法对其进行扩展或者更改。但如果使用 Dictionary 字典对象与 ADO 结合就可以打造一个完美、高效、灵活的外部自定义 DataTable，并且可以自己进行任意的扩展。

前一小节已经介绍了怎样使用数据源 ADO 来控制 Excel 的数据，在控制数据方面上，其优势比 EOM 明显方便很多。接下来就来尝试一下使用数据源与 Dictionary 对象结合一起的操作。这里仍然延续使用上一小节 D 盘中的“1.xls”，并在其中多加两列属性和对应的数据，如图 3-41 所示。

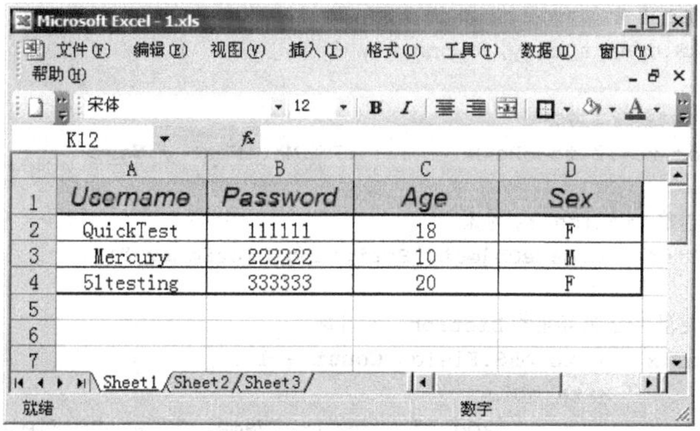

图 3-41

接着定义一个数据类，用于 QTP 直接来调用它，方便以后的使用，脚本如下所示：

```
Class oDataDic
        Private oDic                    '定义 Dictionary 对象
        Public oWorkBookPath            '定义 WorkBook 路径变量
        Public oSheetName               '定义 Sheet 名称
```

```
    Public oRowNo        '定义包含数据的 Excel 行数
    '==============================================================
    '载入 Excel
    Public Default Function Load(oWorkBookPath, oSheetName, oRowNo)
        With Me
            .oWorkBookPath = oWorkBookPath
            .oSheetName = oSheetName
            .oRowNo = oRowNo
        End With

        BuildContext
        Set Load = oDict
    End Function

'==============================================================
    Private Function BuildContext
        Dim oConn, oRS, arrData, x

        Set oConn = CreateObject("ADODB.Connection")
        Set oRS = CreateObject("ADODB.RecordSet")

        '打开数据源
        oConn.Open "Provider=Microsoft.Jet.OLEDB.4.0;" &_
                    "Data Source=" & Me.oWorkBookPath & ";" &_
                    "Extended Properties=""Excel 8.0;HDR=Yes;"";"

        '查询语句
        sQuery = "Select * From [" & Me.oSheetName & "$]"

        '执行查询
        oRS.Open sQuery, oConn, 3, 3, 1

        '移动数据库游标
        For x = 2 to oRowNo - 1 : oRS.MoveNext : Next

        '创建 Dictionary 对象
        oDict = CreateObject("Scripting.Dictionary")

        '使用 For 循环重构 Dictionary 对象
        For x = 0 to oRS.Fields.Count - 1
            With oDict
                .Add "" & oRS(x).Name, "" & oRS.Fields(x)
            End With
        Next
    End Function

    Private Property Let oDict(ByVal Val)
        Set oDic = Val
    End Property
```

```
        Private Property Get oDict()
                Set oDict = oDic
        End Property

End Class

'创建 oDataDic 类
Set mDataContext = New oDataDic
```

分析：

此脚本内容比较多，这里一步步解释一下。在类的最上方是一些变量定义，这些都是必备的一些变量，包括路径、Sheet 名、行数，并且这些变量都使用了 let 和 set 方法进行了封装，以方便之后的调用。那么接下来就是 Load 函数，此函数的作用就是载入这些变量，并执行 BuildContext 方法，其实在理解了之前讲解的 ADO 连接 Excel 的技术后，理解此函数应该没有什么大的问题，它的功能主要是连接数据库获取到数据结果集，并把数据集存储到 Dictionary 对象中。

在了解了 oDataDic 的这个核心类之后，接着就可以让它发挥应有的作用了。创建一个 txt 文件，写入以上脚本后保存。然后在 QTP 下的 Setting→Resources 中载入此类库，如图 3-42 所示。

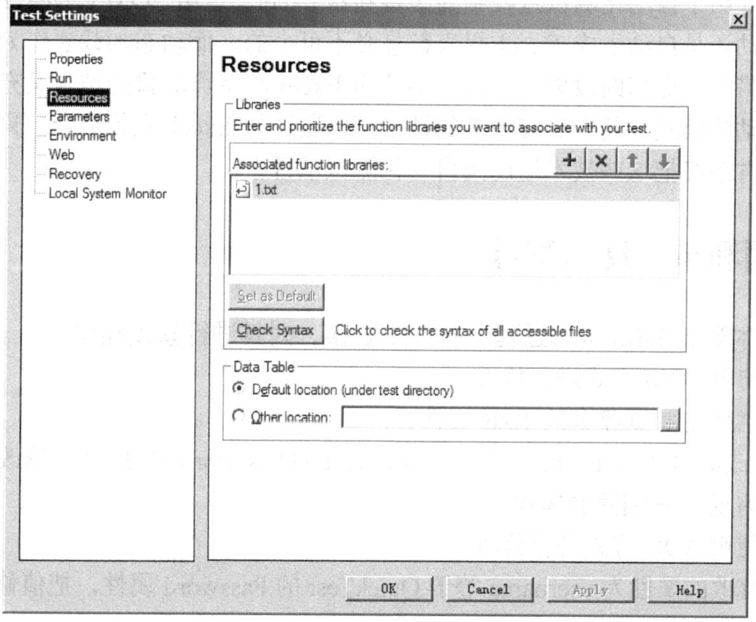

图 3-42

载入之后就可以在 QTP 中进行使用了，为了能够连接 Excel 进行交互，因此需要定义 Excel 文件的路径、Sheet 名称以及行数，接着就可以顺利载入数据和 Excel，投入使用了。

```
oWorkBookPath = "d:\1.xls"        '工作簿路径
oSheetName = "Sheet1"           'Sheet 名称'
oRowNo = 3                      '需要定位的行数
```

```
'载入 Excel 和所有变量
Set mDict = mDataContext.Load(oWorkBookPath, oSheetName, oRowNo)

MsgBox mDict("Age")      '获取年龄
MsgBox mDict("Sex")      '获取性别
MsgBox mDict("Username")'获取用户名
MsgBox mDict("Password") '获取密码
```

分析：

最开始定义完所有变量后，即可直接使用类库中定义过的 mDataContext 变量，此变量是 oDataDic 类的一个实例，因此可以直接调用此类中的所有方法，载入 Load 函数后，由于 Load 函数返回的是一个数据结果字典对象，因此，直接使用此对象即可获取所有的 Excel 中的数据。在 QTP 中运行以上脚本之后即可获取到需要的最终结果。

3.4.4 总结

本章主要介绍了自动化测试过程中的必备利器 Excel，运用 EOM 自动化 Excel 的技术，不管是数据驱动还是自动生成 Excel 报表都是必不可少的，而动态加载宏作为一种较为先进的技术为我们带来了更高的效率。最后一小节的 Excel 与字典对象的结合又充分发挥出了其高效的数据驱动的模式。其实还有很多的技术可以通过与 Excel 进行结合，只要能够想象就能实现更多，并最终把这些技术运用到自动化测试项目中。

知识点巩固和举一反三练习

一、沿用本章节 3.4.3 讲解过程中的文件 1.xls，对其进行修改操作

要求 1：使用 EOM 方式进行修改。

要求 2：直接使用 D 盘中的 1.xls 文件。

要求 3：修改的属性为 username 等于 QuickTest 的 Password 属性，把值修改为 helloworld。

二、完成和练习一相同的操作

要求 1：使用 ADO 方式进行修改。

要求 2：修改的属性为 username 等于 QuickTest 的 Password 属性，把值修改为 456456。

3.5 WshShell 对象常用方法介绍

阶段要点

- WshShell 对象的简单介绍。
- 激活窗口 AppActivate。

- 获取当前路径 CurrentDirectory。
- 最常用的 sendkeys 发送。
- 注册表信息的操作。

3.5.1　WshShell 对象介绍

这一节主要讲一下 WSH 对象的一些应用，在 QTP 项目实践中经常会遇到一些与 Windows 连接比较紧密的操作，这些操作如果使用 QTP 来完成可能并不是最佳的方案，甚至可能 QTP 就根本无法完成那么此时可以使用 WSH 对象来帮助解决此类问题，如最常见的就是读写注册表、运行（command）、发送键盘（sendkeys）等。以上这些操作步骤如果通过 WshShell 对象来操作即可以轻松完成。下面了解一下什么是 WshShell 对象。

1. Wscript 对象：Windows Script Host object model

首先了解 Wscript 根对象，简单地说，Wscript 对象就是一个 Windows 脚本宿主对象模型，而 Wscript 是一个基于 Windows 脚本宿主对象的根对象。利用它可以创建两种 COM 对象：WshShell 和 WshNetWork。

2. WshShell（Wscript.Shell）

可以使用此对象访问 Windows Shell 的一些应用，主要用于运行本地程序、操作注册表程序、创建快捷键、处理环境变量、发送键盘符等。

（1）实例：

```
'创建 WshShell 对象
Set WshShell = CreateObject("WScript.Shell")
'运行 notepad 命令，启动记事本
WshShell.Run "notepad"
'释放 WshShell 对象
Set WshShell = Nothing
```

分析：

脚本是利用 WshShell 对象运行 Windows 命令，启动记事本的操作。这里只是一个最简单的应用，下一节开始会重点讲解 COM 对象在自动化测试过程中的应用。

（2）WshNetWork (Wscript.NetWork)。

可以使用此对象访问局域网环境下的共享资源，主要用于连接网络共享、网络打印机、访问局域网中用户的信息。

```
'创建 WshNetWork 对象
Set WshNetwork = CreateObject("WScript.Network")
'打印计算机名
MsgBox WshNetwork.ComputerName
'打印用户所在的域名
MsgBox wshnetwork.UserDomain
```

```
'打印用户名
MsgBox wshnetwork.UserName
```

分析：

此处 WshNetWork 主要作用是，在局域网中获取用户的一些资源信息。这里就简单介绍一下。在自动化测试过程应用比较少，本节主要还是以 WshShell 的讲解为主。

3.5.2 激活窗口 AppActivat

窗口的激活经常会在自动化测试过程中被使用到，特别是在需要同步等待测试对象时，有时页面需要一定的切换时间，往往很多新手会认为，加适当的等待时间即可解决此问题，其实这样的想法绝对是错误的，因为测试机本身可能会出现不稳定的情况，举个例子，当一台测试机运行时间比较长了，或者此测试机正在做可靠性测试需要执行上千次脚本，那么此时用 wait 是比较危险的，其关键原因是因为，任何时候切换页面的间隔时间都是不等的，如果 wait 时间设置短了，可能由于计算机运行的次数太多，内存积攒多导致切换时间超过了 wait 时间，而如果 wait 时间太长，会浪费太多的时间。不管哪种方式都不是一个非常可取的办法，如果加入循环等待页面切换直到切换成功，这样便可更好地提高代码的执行效率。因此，循环判断页面切换是否成功就成了关键，WshShell 对象就提供了这样一个非常有用的功能。

- 语法：

```
object.AppActivate title
```

- 参数：

Title 为需要激活窗口的 title 属性值，也就是标题或者是 Process ID。

- 返回值：

布尔类型，如果当前窗口被激活，返回 True，反之返回 False。

实例：

完成一个打开记事本，循环判断其是否被激活，一旦窗口被激活成功之后即输入 字符串“zzxxbb112”。

```
'创建 WSH 对象
Set oWshShell = CreateObject("wscript.shell")
'启动 notepad 记事本应用
oWshShell.Run "notepad"
'循环等待记事本页面是否被激活，没有激活就一直循环直到激活为止
While Not oWshShell.AppActivate("无标题 - 记事本") : Wend
'发送字符串 zzxxbb112
oWshShell.SendKeys "zzxxbb112"
'释放对象
Set oWshShell = Nothing
```

分析：

执行以上脚本后可以看到，脚本自动启动了记事本后，在记事本中输入了 zzxxbb112 字

符串，看似非常简单，其实对于新手来说还是比较容易出错，如果此处没有“While Not oWshShell.AppActivate("无标题 - 记事本") : Wend”这一步骤，zzxxbb112 可能就无法输入到被打开的记事本中去，接下来我们就仔细探究竟。

比较两个脚本的运行结果。

（1）脚本 1：

```
'创建 WSH 对象
Set oWshShell = CreateObject("wscript.shell")
'启动 notepad 记事本应用
oWshShell.Run "notepad"
'激活记事本窗口
oWshShell.AppActivate("无标题 - 记事本")
'提示消息框
Msgbox "suc"
'释放对象
Set oWshShell = Nothing
```

（2）脚本 2：

```
'创建 WSH 对象
Set oWshShell = CreateObject("wscript.shell")
'启动 notepad 记事本应用
oWshShell.Run "notepad"
'循环等待记事本激活
While Not oWshShell.AppActivate("无标题 - 记事本") : Wend
'提示消息框
Msgbox "suc"
'释放对象
Set oWshShell = Nothing
```

脚本 1　执行结果如图 3-43 所示。

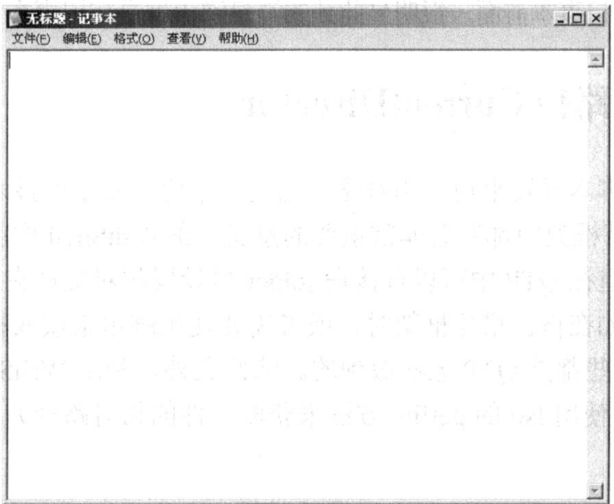

图 3-43

脚本 2　执行结果如图 3-44 所示。

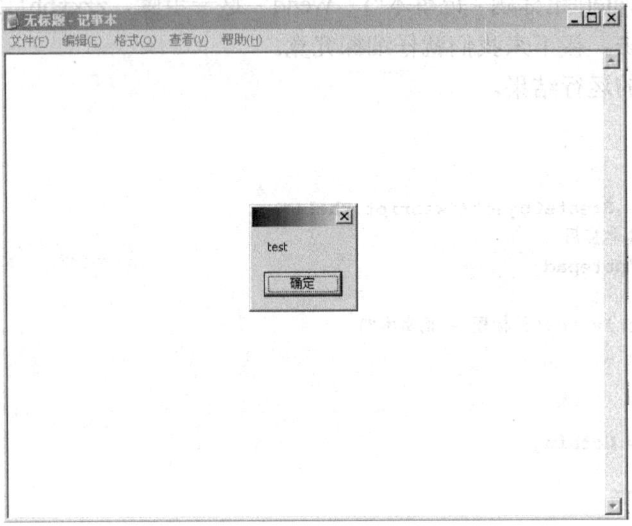

图 3-44

分析：

这个例子非常经典，在对比了这两脚本执行结果之后应该很明显地看到，第一个是在窗口激活之前就弹出消息框了，由于记事本挡住了，因此这里看不出。虽然已经在脚本中加入了 AppActivate 方法来激活记事本窗口了，但是由于脚本执行速度比激活窗口快很多倍，因此脚本执行激活窗口时，往往是还没来得及等窗口激活，就已经执行了下一句弹出消息框脚本了，就会出现不想看到的局面。但脚本 2 就很好地避免了这样的问题，通过循环遍历了对象的激活状态，同步窗口的激活状态，一旦窗口激活后才弹出消息框，这样的做法是最安全的。可以在图 3-43 中明显地看到消息弹出框在记事本前面，很明显此处的消息弹出框是在记事本窗口激活后才弹出的。

3.5.3　获取当前路径 CurrentDirectory

对于自动化测试脚本开发来说，相对路径也是一个比较常用的技术，不管是对于脚本移植，还是在自动化测试框架中都有着非常重要的意义。在 WshShell 中就有这样一个获取相对路径的方法，虽然知道在 QTP 中可以直接在 folder 里设置相对文件夹路径，但是本人认为，在一些特殊应用中，如在自己搭建框架时，或者需要使用脚本来获取相对路径时，再或者在纯 VBS 环境下等，这些都是 QTP 无法做到的。除此之外，利用 WshShell 也是非常方便的。（后续章节会讲解如何使用 fso 的 getfile 方法来获取文件的相对路径）

- 语法：

```
object.CurrentDirectory
```

- 参数：

无。

- 返回值：

布尔类型，如果当前窗口被激活，返回 True，反之则返回 False。

实例：实现相对路径。

首先建立一个文件夹，在文件夹下同级目录建立两个 VBS，一个命名为 main.vbs，另一个命名为 msg.vbs，在 msg.vbs 中输入一个 msgbox “zzxxbb112” 并保存，如图 3-45 所示。

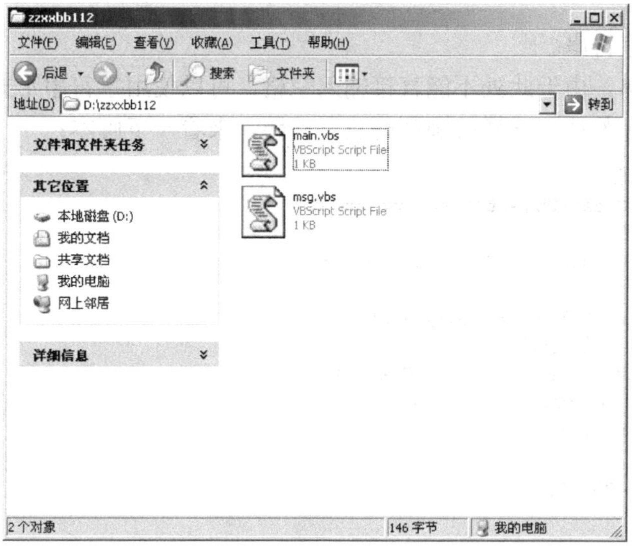

图 3-45

接着在 main.vbs 中输入以下脚本：

```
'创建 WshShell 对象
Set wshShell = CreateObject("wscript.shell")
'获取相对文件夹
RelativeFolder = wshShell.CurrentDirectory
'拼装需要执行文件的相对路径
msgVbsPath = RelativeFolder + "\msg.vbs"
'运行 msg.Vbs
wshShell.Run msgVbsPath
'释放对象
Set WshShell = Nothing
```

分析：

此脚本首先是调用了 currentDirectory 方法，获取了当前执行 VBS 文件的父文件夹，接着拼接需要执行的 vbs 文件路径后，执行此 msg.vbs 文件。在完成了以上脚本后，其实就已经实现了路径参数化，也就是相对路径。可以直接复制父文件夹到任何路径下来执行

Main.vbs。但是注意，如果路径中间出现的文件夹名存在空格，这种情况下会出现路径找不到的情况，例如，类似这样的路径“C:\Documents and Settings\Administrator\桌面\zzxxbb112 ”，因为 WshShell.run 方法必须保证路径中的文件夹名字不含有空格字符，否则就会报类似这样的错误，如图 3-46 所示。

图 3-46

如果要解决这问题，必须避免空格的直接输入，解决方案为。

- 引号转化字符串。

办法其实很简单，由于此处不能直接输入空格，可以使用字符串形式，这样 run 命令就会把此路径作为一个整体，这样就顺利解决了问题，来看一下脚本：

```
'创建 WshShell 对象
Set wshShell = CreateObject("wscript.shell")
'获取相对文件夹路径
RelativeFolder = wshShell.CurrentDirectory
'拼接相对路径
msgPath = RelativeFolder + "\msg.vbs"
'加入引号转化相对路径为字符串
chrMsgPath = Chr(34) & msgPath & Chr(34)
'运行相对路径下的 main.vbs
wshShell.Run chrMsgPath
'释放对象
Set wshShell = Nothing
```

分析：

此处脚本只是加入了 chr（34），由于脚本中需要加入引号时不可以直接添加，因此，VBS 特别设立了一些特殊符号的输入，chr（34）就是其中一个，表示为引号，这样就可以把相对路径成功转化为字符串方式来运行，也就不会报错了。

3.5.4 最常用的 sendkeys 发送

这一小节是本章的重点，虽然比较简单，但在自动化测试中往往能够解决很多难题，例如，当对象无法识别但是又需要在此对象中输入字符串时，即可先想办法点击此对象，然后使用 sendkeys 发送键值，又或者当遇到需要使用快捷键时，同样也可以使用 sendkeys 方法，当然它也支持一些特殊键，如 alt、ctrl、shift 等。首先来看一下 sendkeys 的语法。

- 语法：

```
object.SendKeys(string)
```

- 参数：

String 表示需要发送的字符串，以及一些特殊键盘。

● 返回值：无。

实例 1：模拟输入字符串。

```
'创建 WSH 对象
Set oWshShell = CreateObject("wscript.shell")
'启动 notepad 记事本应用
oWshShell.Run "notepad"
'循环等待记事本页面是否被激活，没有激活就一直循环直到激活为止
While Not oWshShell.AppActivate("无标题 - 记事本") : Wend
'发送字符串："zzxxbb112"
oWshShell.SendKeys "zzxxbb112"
'发送回车键：{enter}
oWshShell.SendKeys "{enter}"
'发送字符串"QuickTest"
oWshShell.SendKeys "QuickTest"
'释放对象
Set oWshShell = Nothing
```

分析：

执行完脚本后，可以看到打开了笔记本后，输入 zzxxbb112、输入回车、输入 QuickTest，此处{enter}代表回车符。

> **注意**
>
> 不存在{Space}键，如果需要输入空格键，可以直接使用“ ”。

实例 2：模拟特殊键。

此处特别说明一下几个常用的特殊键：CTRL、SHIFT、ALT 这 3 个常用组合键直接使用+、^、%，其余的除字母键外的功能键，如{Esc}、{Enter}。

键　名	参　数
SHIFT	+
CTRL	^
ALT	%

表 3-1 中的键名大多是通过组合键来使用，来看如下脚本：

```
'创建 WshShell 对象
Set wshShell = CreateObject("wscript.shell")
'发送 Ctrl+Shift + Esc 组合键
wshShell.SendKeys("^+{Esc}")
'释放 WshShell 对象
Set wshShell = Nothing
```

分析：

执行完以上脚本后，会自动弹出任务管理器。此处的“^+{Esc}”代表输入了组合键

Ctrl+Shift+Esc 调出了任务管理器，但是这里需要注意，使用 sendkeys 发送 Ctrl+Alt+Del 无法调出任务管理器。

3.5.5 轻松完成注册表的读写

在自动化过程中，某些特殊的情况下，可能会使用到注册表的操作，如需要加入启动项的操作，那么需要进入“HKLM\Software\Microsoft\Windows\CurrentVersion\Run”添加一个启动键值。此时 WshShell 就发挥作用了，它提供了 3 种方法供我们对注册表的操作：增加、读取、删除。

3.5.5.1 注册表信息增加

- 语法：

```
object.RegWrite(strName, anyValue [,strType])
```

- 参数：

StrName：键的路径名。

anyValue：键的 value 值。

strType：键的类型。

- 返回值：无。

实例：在启动项中增加一项。

```
'创建 WshShell 对象
Set wshShell = CreateObject("wscript.shell")
'初始化注册表路径
regPath = "HKLM\Software\Microsoft\Windows\CurrentVersion\Run\"'写注册表信息
wshShell.RegWrite  regPath+"zzxxbb112","d:\1.vbs","REG_SZ"
'释放对象
Set wshShell = Nothing
```

分析：

执行以上脚本后，可以在路径“HKLM\Software\Microsoft\Windows\CurrentVersion\Run\”下找到新建的一个键 zzxxbb112，它的 value 值为 d:\1.vbs ，类型为 REG_SZ，此路径即为 Windows 的启动项注册表路径。可以在此处随意添加自己想要的开机启动项，当执行了 RegWrite 方法后，注册表就会自动把 zzxxbb112 这个键注入到启动项里，如图 3-47 所示。

如图 3-47 所示，可以看到在 Run 路径下有很多的启动项，此处都是之前装软件时有些软件自动注入的，箭头指的地方就是刚才添加进去的一个字符串值，可以清楚地看到名字为 zzxxbb112，值为“d:\1.vbs”，一旦此值被添加后，在重新启动 Windows 时即会自动运行 d:\1.vbs，对于间断性重启的自动化测试来说，此方法是一个非常有用的。

3.5.5.2 注册表信息读取

- 语法：

```
object.RegRead(strName)
```

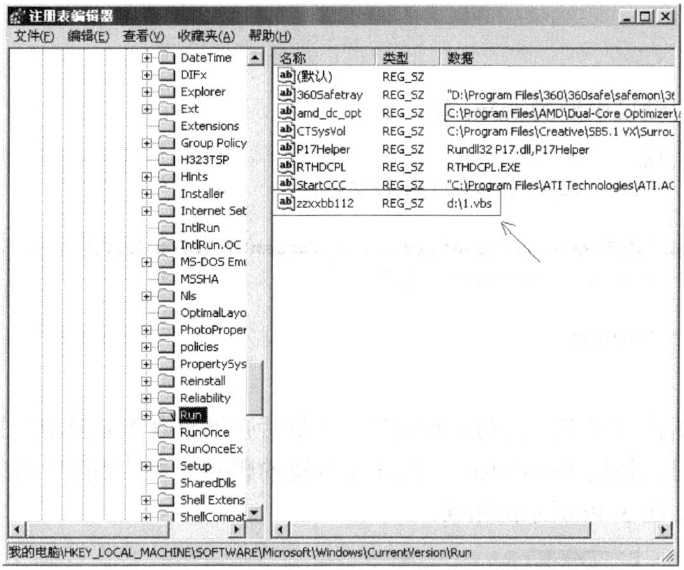

图 3-47

- 参数。

键的路径名。

- 返回值：

键的 value 值。

实例：读取启动项中键的 value 值。

```
'创建 WshShell 对象
Set wshShell = CreateObject("wscript.shell")
'初始化注册表路径
regPath = "HKLM\Software\Microsoft\Windows\CurrentVersion\Run\"'打印启动项中键名为 zxxbb112 的键值
MsgBox wshShell.RegRead(regPath+"zzxxbb112")
'释放对象
Set wshShell = Nothing
```

分析：

此处还是对启动项路径进行操作，使用 RegRead 方法获取键名为 zzxxbb112 的键值，此方法同时也可以用作验证之前添加的值是否正确。执行结果如图 3-48 所示。

图 3-48

3.5.5.3　注册表信息删除

- 语法：

```
object.RegDelete(strName)
```

- 参数。

strName：键的路径名。

- 返回值：

无。

实例：读取启动项中键的 value 值。

```
'创建 WshShell 对象
Set wshShell = CreateObject("wscript.shell")
'初始化注册表路径
regPath = "HKLM\Software\Microsoft\Windows\CurrentVersion\Run\"'删除键 zzxxbb112
wshShell.RegDelete(regPath+"zzxxbb112")
'释放对象
Set wshShell = Nothing
```

分析：

当在完成间断性持续重启自动化测试时，在最后必须要删除先前增加的启动项来还原测试环境，因此，可以使用 RegDelete 方法来进行键的删除。当然删除时必须要保证键已经存在，否则会出现如图 3-49 所示的错误。

图 3-49

3.5.6 总结

本节主要介绍了 WshShell 在自动化测试中的一些常用方法，这些方法的应用都能极大地简化自动化测试过程中的一些操作。除了这些常用的方法以外，它还存在着很多的方法，本节就不一一介绍和讲解了，关于更多 WSH 的方法和介绍可以参见微软的 MSDN 在线帮助。

注

本节不设置习题。

3.6 FSO 对象模型

阶段要点

- 详解 FSO 模型的一些操作技巧。
- 解说相对路径的应用。
- 更好地与 QTP 进行结合并完成日志输出。

3.6.1　利用 FSO 模型完成各种操作方式

3.6.1.1　FSO 模型简介

FSO：全称为 File System Object（文本文件系统对象）

FSO 是一个可以对系统文件进行操纵的 COM 组件。对于自动化测试来说，FSO 组件也经常可以帮助我们方便快捷地解决一些文本文件处理上的问题。最常见的包括写测试日志、测试报告等。当然还不止这些，在测试过程中往往还会遇到许多特殊的应用，如测试上传具有一定规范格式的文本文件，构建测试文件夹结构，以及导出某个文本文件，并读取验证文本内容等各个方面的操作与应用。对于这些问题，都可以利用 FSO 组件轻松完成。

- FileSystemObject Object：文件系统对象，操纵计算机的文件系统。
- Folder Object：文件夹对象，提供存取文件夹的所有属性以及操纵。
- TextStream Object：文本流对象，提供存取文件内容。
- Drive Object：驱动器对象，用于管理和操纵磁盘或者网络驱动器。

FSO 对象模型主要是由以上 4 个对象组成，主对象为 FileSystemObject，其他 3 个对象的入口都是由此对象来进行创建，对于自动化测试来说，最常用的是前面 3 个，Drive 对象用的比较少。因此，本章只对前面 3 个对象进行讲解。

3.6.1.2　文件夹操作方式

对于文件夹的操作来说，主要的对象还是基于 Folder 对象。但是在前面已经提到过此对象的入口为 FileSystemObject 对象，首先来看一下 FileSystemObject 对象下的所有方法和属性，如图 3-50 所示。

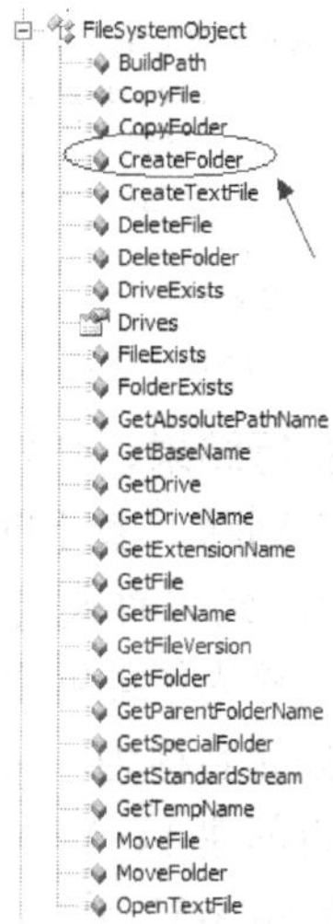

图 3-50

如图 3-50 所示，可以看到 FileSystemObject 节点下存在着各种方法，接下来看一些常用的方法。

1．创建文件夹：CreateFolder（参数：文件夹路径，返回一个 folder 对象）

```
'创建 FSO 对象
Set fso = CreateObject("scripting.filesystemobject")
'创建文件夹
Set oFolder = fso.CreateFolder("d:\自动化测试技术领航")
'释放对象
Set oFolder = Nothing
Set fso = Nothing
```

执行结果：系统自动在 D 盘下创建“自动化测试技术领航”这个文件夹。

2. 拷贝文件夹：CopyFolder（参数：源文件夹路径、目标文件夹路径）

```
'创建 FSO 对象
Set fso = CreateObject("scripting.filesystemobject")
'判断需要 copy 的源文件夹是否存在
If fso.FolderExists("d:\自动化测试技术领航") Then
        '复制目标文件夹到 C 盘路径下
        fso.CopyFolder "d:\自动化测试技术领航","C:\"
End If
'释放对象
Set fso = Nothing
```

执行结果：把 D 盘下的源文件夹移动到 C 盘根目录下，C 盘根目录下自动生成名为“自动化测试技术领航”的文件夹。

3. 删除文件夹：DeleteFolder（参数：需删除的文件夹路径）

```
'创建 FSO 对象
Set fso = CreateObject("scripting.filesystemobject")
'判断需要 delete 的文件夹是否存在
If fso.FolderExists("c:\自动化测试技术领航") Then
        '删除文件夹
        fso.DeleteFolder "c:\自动化测试技术领航"
End If
'释放对象
Set fso = Nothing
```

执行结果：判断需要删除的名叫“自动化测试技术领航”的文件夹是否存在，如存在，则成功删除 C 盘下的“自动化测试技术领航”文件夹。

4. 父文件夹与子文件夹：ParentFolder、SubFolders

这里为了能够更好地理解实例中的技术，需要先创建一个目录结构作为基础：首先在 D 盘下创建名称为“0parentFolder”的文件夹，随后在“D:\0parentFolder\”下分别再创建 1、2、3 这 3 个空文件夹，如图 3-51 所示。

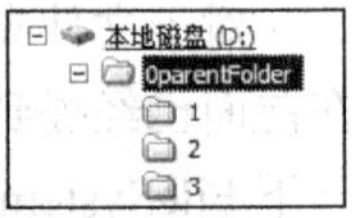

图 3-51

如图 3-51 所示，创建完毕之后，进入到下一步。

（1）SubFolders ---- 获取子文件夹的集合对象。

Script 1：

```
'创建 FSO 对象
Set fso = CreateObject("scripting.filesystemobject")
'获取 d 盘的所有子文件夹集合
Set oFolders = fso.GetFolder("d:\0parentFolder").SubFolders
'遍历所有子文件夹
For Each f In oFolders
        MsgBox f.Name
Next
'释放对象
Set oFolders = Nothing
Set fso = Nothing
```

Script 2：

```
'创建 FSO 对象
Set fso = CreateObject("scripting.filesystemobject")
'获取 d 盘的所有子文件夹集合
Set oFolders = fso.GetFolder("d:\").SubFolders.Item("0parentFolder").SubFolders
'遍历所有子文件夹
For Each f In oFolders
        MsgBox f.Name
Next
'释放对象
Set oFolders = Nothing
Set fso = Nothing
```

执行结果：打印“d:\0parentFolder”路径下所有子文件夹的名称。

脚本分析：

以上两个脚本实现的最终结果是一样的，但是中间的过程是有一定区别的，具体的区别就在于脚本 1 是直接获取到父文件夹对象，然后再获取其子文件夹对象。脚本 2 是首先获取 D 盘下的所有文件夹集合，然后获取名为“0parentFolder”的子文件夹，最后再获取其子文件夹。不管哪种方式，都是自动化测试过程中比较常用的，所以请读者都必须掌握。

（2）ParentFolder　----　获取父文件夹的集合对象：

```
'创建 FSO 对象
Set fso = CreateObject("scripting.filesystemobject")
'获取"d:\parentFolder\1"路径的父文件夹
Set oParentFolder = fso.GetFolder("d:\parentFolder\1").ParentFolder
'打印父文件夹名
MsgBox oParentFolder.Name
'释放对象
Set oFolders = Nothing
Set fso = Nothing
```

执行结果：打印“d:\parentFolder\1”这个路径的父文件夹的文件名。

3.6.1.3　文本文件操作方式

在前一小节已经详细讲解了 FSO 模型对于文件夹的一些简单操作，接下来讲解对文本文件的操作。首先，在学习之前，建议大家把上一小节的内容都熟悉了，这样对于本小节的学习会更加容易理解，因为这一小节是 FSO 模型的核心内容，请读者务必要打好基础。读者应该还记得上一小节讲的 4 大对象吧？FileSystemObject Object、Folder Object、TextStream Object、Drive Object，在文本文件的处理上需要用到的是 FileSystemObject 和 TextStream 这两个对象。下面看几个文本文件操作的例子。

1．文本文件创建：CreateTextFile（文件路径）

```
'创建 FSO 对象
Set fso = CreateObject("scripting.filesystemobject")
'创建一个 txt 文件，并返回一个 TextStream 对象
```

```
Set txtFile = fso.CreateTextFile("d:\1.txt",true)

'*******************************
'**********读写操作省略*********
'*******************************

'释放对象
Set txtFile = Nothing
Set fso = Nothing
```

执行结果：自动在 D 盘中创建一个名为 1.txt 的文件。

脚本分析：此处的 FSO 是 FileSystemObject，而 CreateTextFile 函数的返回对象其实就是 TextStream 对象。

> **注意**
>
> 此处的 true 代表文件可被重写。

2. 文本文件的写入：Write

```
'创建 FSO 对象
Set fso = CreateObject("scripting.filesystemobject")
Set txtFile = fso.CreateTextFile("d:\1.txt",true)
'写入文本并换行
txtFile.WriteLine "自动化测试技术领航"
'关闭 txtfile 对象
txtFile.Close
'释放对象
Set txtFile = Nothing
Set fso = Nothing
```

执行结果：在 D 盘中创建 1.txt，并写入“自动化测试技术领航”，最后关闭文件。在这里需要注意的是，利用 FSO 来写文件是不需要另外保存的，当执行完 write 语句之后，文件就已经自动保存好了。

> **注意**
>
> Write 与 WriteLine 的区别，如果不太清楚这两个方法的区别，对比下面图 3-52 和图 3-53 就能清楚理解它们之间的区别。

分析：从上面的图 3-52 和图 3-53 中可以明显地看出，两个脚本都是打印了 10 个数，从 0 到 10，WriteLine 的脚本每打印完一个数字都会重新换行再继续打印，而 Write 的脚本是不换行直接继续打印的。

3. 文本文件读取：OpenTextFile（文件路径）

```
'定义 I\O 模式
Const ForAppending = 8
```

```
Const ForReading = 1
Const ForWriting = 2

'创建 FSO 对象
Set fso = CreateObject("scripting.filesystemobject")
'创建一个 txt 文件，并返回一个 TextStream 对象
Set txtFile = fso.OpenTextFile ("d:\1.txt", ForReading ,true)

'********************************
'**********读写操作省略*********
'********************************

'释放对象
Set txtFile = Nothing
Set fso = Nothing
```

执行结果：此处脚本是通过 output 模式打开了 D 盘下的 1.txt 文件，为后续读写操作作准备。

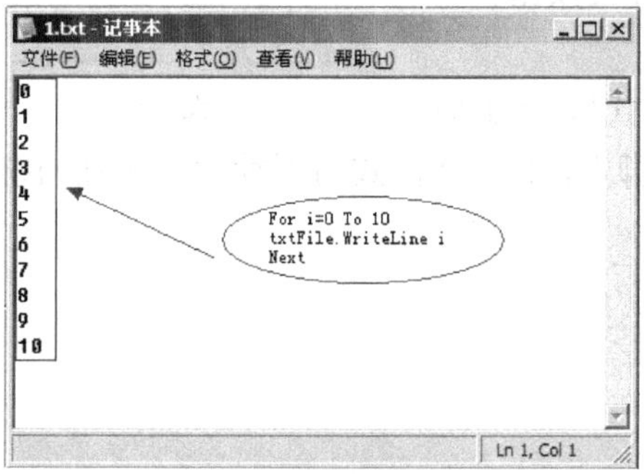

图 3-52

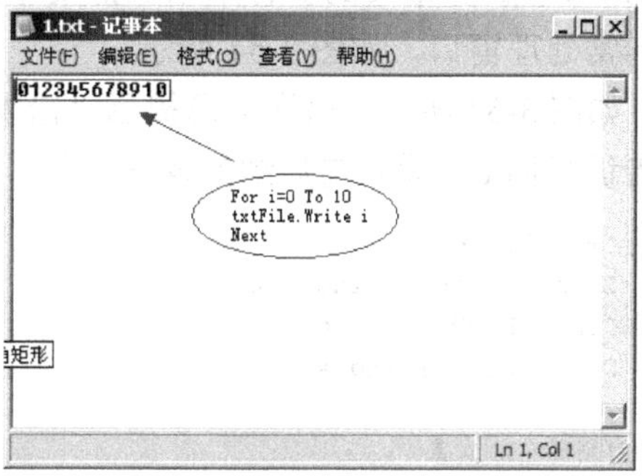

图 3-53

ForAppending、ForReading、ForWriting 3 个变量的区别。

在了解这 3 个变量的区别之前，先要认识到这 3 个变量是用于 OpenTextFile 的第二个参数中的，也就是说，它们必须依附于这个函数里才能被正确使用。下面看一下这 3 个变量的具体定义：ForReading 为读取模式、ForWriting 为写入模式、ForAppending 为打开文件后紧接着之前的内容，然后从末端位置继续写入。其实这 3 个变量就是一种 I\O 的模式，在 OpenTextFile 里需要事先定义好这样的模式，一旦定义好这些模式之后，在后面的操作中就绝对不可以违背此模式所对应的操作，一起来看下面这个例子：

```
'定义 I\O 模式
Const ForAppending = 8
Const ForReading = 1
Const ForWriting = 2

'创建 FSO 对象
Set fso = CreateObject("scripting.filesystemobject")

'创建一个 txt 文件，并返回一个 TextStream 对象，读取模式
```

```
Set txtFile = fso.OpenTextFile ("d:\1.txt", ForReading ,true)

'****************************
'在打开的 txt 文件中写入 test 字符串
txtfile.Write "test"
'****************************

'释放对象
Set txtFile = Nothing
Set fso = Nothing
```

脚本分析：此脚本想要实现的功能是，打开 D 盘的 txt 文件，并写入 test 字符串。请仔细观察 OpenTextFile 中的第二个参数，它的值是 ForReading（I\O 模式），也就是读取的意思。但是最后我们的操作却是 Write（写入）操作。因此很明显，此脚本后面的操作已经违背了之前所设定的 I\O 模式，最终的执行结果当然是不通过，并且直接抛出一个异常处理窗口，如图 3-54 所示。

图 3-54

如图 3-54 所示，错误信息提示“错误的文件模式”，此处就是告诉我们 I\O 模式与后续的操作不符。重新更改脚本，使 I\O 模式与后续的操作互相统一：

```
'定义 I\O 模式
Const ForAppending = 8
Const ForReading = 1
Const ForWriting = 2

'创建 FSO 对象
Set fso = CreateObject("scripting.filesystemobject")
'创建一个 txt 文件，并返回一个 TextStream 对象，设为读取模式
Set txtFile = fso.OpenTextFile ("d:\1.txt", ForReading ,true)

'读取 txt 文件中的所有内容
MsgBox txtfile.ReadAll

'释放对象
Set txtFile = Nothing
Set fso = Nothing
```

脚本分析：

以上脚本满足了后续操作与 I/O 模式一致性的原则，因此，在执行完脚本后，便能成功读取到脚本的所有内容。

小提示

很多读者一定会为了去记住 I/O 模式的 3 种变量的值而烦恼，其实可以不用去记，这里告诉读者一个技巧，可以让大家以最快速的方法获得这些模式的变量值。步骤很简单，当打开 VBSEdit 工具并创建了 FSO 对象的同时，可以看到 FSO 对象会被加载到 Object Browser 中，如图 3-55 所示。

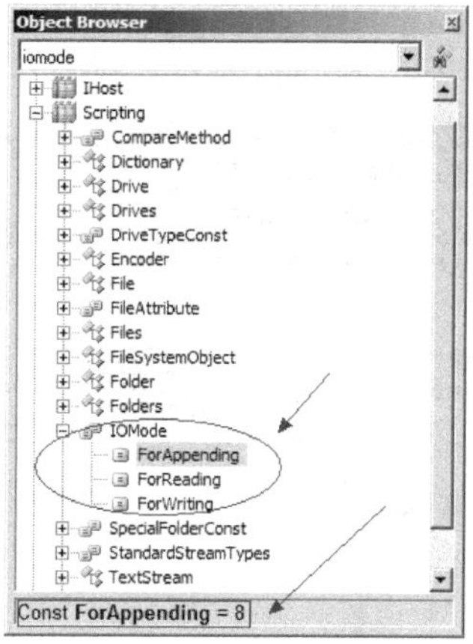

图 3-55

如图 3-55 所示，展开 Scripting 对象可以找到 IOMode，接着可以看到 IOMode 的 3 个变量（上方那个箭头指向位置），而下方那个箭头指向的地方就是对于我们最重要的“声明变量信息”。当我们需要使用哪个模式时，只需选择对应的模式，然后直接复制粘帖（下方那个箭头指向位置）代码即可。

3.6.2 相对路径的应用

相对路径不管是对于自动化测试脚本的移植还是对函数对象的管理，或者是在自动化测试框架中都经常会被使用到。当然，使用相对路径的方法有很多种，本小节着重介绍的是，如何利用 FSO 对象模型来构建和实现相对路径。那么既然需要构建相对路径，就肯定会有一个主文件夹，此文件夹即为母文件夹，一旦实现了相对路径，在移动母文件夹后，在母文件夹中的所有文件路径都会跟着进行相应的改变，从而达到动态获取路径的效果，不会出现路径错误。在介绍此方法之前，首先需要建立这个母文件夹，从而帮助我们更好地理解相对路径的实现。

1. 环境准备

步骤 1：在桌面新建一个文件夹，名字为 QuickTest。

步骤 2：在 QuickTest 文件夹下新建两个文件分别为 1.txt、1.vbs。

说明：其中母文件夹为 QuickTest，1.txt 为我们的参照物文件，1.vbs 为执行获取相对路径的文件，全部准备完毕后效果如图 3-56 所示。

如图 3-56 所示，已经全部准备完毕了，下面就可以开始我们的相对路径之旅。

2. 两种获取相对路径的方式

（1）文件参考路径（GetFile 方法）：

```
'创建 fso 对象
Set fso = CreateObject("Scripting.FileSystemObject")
```

```
'获取 1.txt 的路径
MsgBox fso.GetFile("1.txt")
```

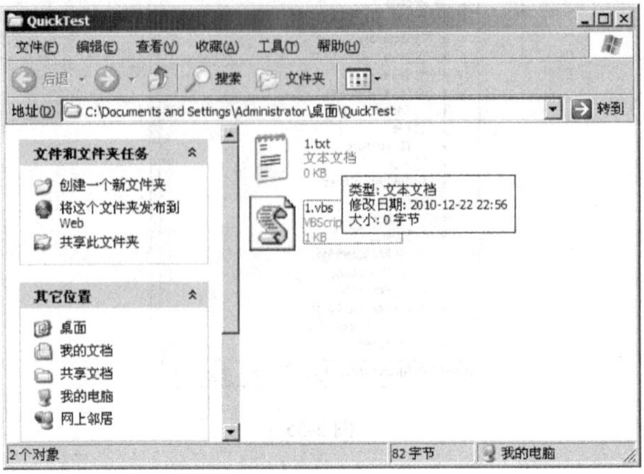

图 3-56

执行结果：

此处 GetFile 函数代表在当前执行文件所在的文件夹下进行搜索，若找到文件即返回此文件的相对动态路径。在这里可以直接双击 1.vbs 执行文件，脚本执行结果是，成功获取到了 1.txt 文件在系统中的相对动态路径，如图 3-57 所示。

如图 3-57 所示，成功显示了 1.txt 的完整路径。若文件没有找到，则会显示错误提示信息“错误：文件未找到”，如图 3-58 所示。

图 3-57

图 3-58

注意

在获取相对路径时，首先是需要获取指定参数所在的文件夹路径，然后以该文件夹路径为基础，再与文件名进行拼接，从而获得最终的动态路径。如果只需要获取其文件夹路径，就需要对脚本进行修改，具体如下所示：

```
'获取 1.txt 所在的文件夹路径
MsgBox fso.GetFile("1.txt").ParentFolder
```

执行结果：

双击 1.vbs 文件后，执行结果就是参数“1.txt”的文件夹路径了。因为 GetFile 方法返回的是 1.txt 当前的路径层，那么此对象的父对象即是 QuickTest。获取父对象在 FSO 中有现成的方法可以直接使用，就是 ParentFolder 方法。脚本的执行结果如图 3-59 所示。

（2）文件夹参考路径 （GetFolder 方法）。

现在将 1.vbs 的内容改为如下所示：

```
'创建 FSO 对象
Set fso = CreateObject("Scripting.FileSystemObject")
'获取 1.vbs 所在的文件夹的路径
MsgBox fso.GetFolder(".")
```

执行结果：

双击 1.vbs 文件后，成功获取到当前执行文件（即 1.vbs）所在的文件夹“QuickTest”的路径，如图 3-60 所示。

图 3-59

图 3-60

脚本分析：

GetFolder 方法的作用可分为 2 种，第一种是代码中的以“.”作为参数，其含义是获取当前执行文件“1.vbs”所在的文件夹的路径，也就是可以直接通过以上脚本获得所在文件夹的路径，相比之前增加一个 ParentFolder 方法是否更简单些呢？第二种写法是：fso.GetFolder("A 文件夹")，这种写法需要以执行文件（在这里指 1.vbs）所在的同级目录下的其他文件夹的名字作为参数（暂且假设同级目录下有“A 文件夹”）。简单总结一下第二种的作用是：获取执行文件同级目录下的其他文件夹的路径（注：参数中填写的文件夹必须与执行文件处于同一个目录）。所以，如果以上假设成立的话，那么在双击了“1.vbs”以后，其获取结果是：C:\Documents and Settings\Administrator\桌面\QuickTest\A 文件夹。

3.6.3 轻松利用 FSO 生成 QTP 测试日志

对自动化测试有一定了解的读者，一定会对日志生成的重要性有很多体会，日志的存在对于脚本的调试起着非常大的作用，好的日志可以一眼就看出脚本的问题出在什么地方，能够清楚地定位到脚本的错误瓶颈，以及脚本执行的所有过程。同时日志也算是一种脚本执行完毕的证据。

为了尽量做到日志的全面和减少脚本的开发量，在此设计了一种自动生成日志的脚本供读者参考。设计思想是通过使用 RegisterUserFunc 方法把日志函数全部注入到所有的对象方法中，这样当在执行每个对象方法时，程序都会自动执行一遍生成日志的步骤，免去自动调用的过程，下面是脚本的实现：

```
'注册函数
RegisterUserFunc "WebEdit", "Set", "WriteLog_WebEdit_Set"

'为对象 set 值
Browser("百度一下，你就知道").Page("百度一下，你就知道")._
WebEdit("wd").Set "自动化测试技术领航"


'@Description Auto Log  Generator
'@Documentation <test_object><Test object name><Test object type>
Function WriteLog_WebEdit_Set(Object,SetValue)

'执行原函数的步骤
       Object.Set SetValue

       '定义 I/O 模式
       Const ForAppending = 8
       Const ForReading = 1
       Const ForWriting = 2

       '创建 FSO 对象
       Set fso = CreateObject("scripting.filesystemobject")

       '创建一个 txt 文件，并返回一个 TextStream 对象，设为读取模式
       LogFileName = cstr(Year(Now)&Month(Now)&Day(Now)) + ".txt"
       oParentFolder = Environment.Value("ResultDir")
       LogFilePath = oParentFolder + "\" + LogFileName

    '判断日志文件是否存在，若不存在，则创建一个新的文件；若存在，则直接打开
       If not fso.FileExists(LogFilePath) Then
          set txtFile = fso.CreateTextFile(LogFilePath,false)
       else
          Set txtFile = fso.OpenTextFile (LogFilePath, ForAppending ,true)
       End If

'等待写入的日志内容
       WriteConent = cstr(Time)+" Object: ["+ _
 Object.GetTOProperty("micClass") + "-" + _
       Object.GetTOProperty("TestObjName") + _
"] - Description:"+" "Set Value is <" + SetValue + ">"+"" "

'进行写入
       txtFile.WriteLine WriteConent

        '释放对象
       Set txtFile = Nothing
       Set fso = Nothing

End Function
```

执行结果：

脚本执行完毕后，可以在 RES 文件夹中找到一个当前日期的 txt 文件，打开之后可以看到相应的测试日志内容，如图 3-61 所示。

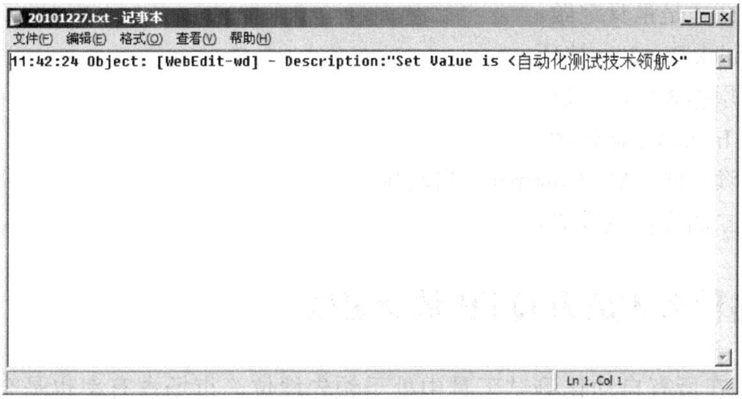

图 3-61

图 3-61 中可以清晰地看出该文件是 2010 年 12 月 27 日创建的，并且还可以看到对象的信息和测试输入的信息，这些都是通过注入函数后自动生成的内容，并不需要另外在脚本中另行添加调用函数来进行日志的添加，相当的给力。

小结：

日志在整个自动化测试执行过程中是一个不可或缺的元素，不管是对于调试还是问题排查都是非常有用的。本小节只是给读者提供一种参考的方法，让读者了解一个测试日志所必须的一些信息。读者也不必按照作者的思想和脚本来实现自己的日志功能，完全可以根据自己的实际情况与需求进行日志的个性化定制。

3.6.4　总结

本节的内容主要是讲解系统文件的一些操作，以及 FSO 的一些常见对象的使用，对于有一定基础的读者来说还是比较容易掌握的，但是往往基础的东西都是最重要的东西，因此，对于如何使 FSO 应用在相对路径上，以及如何更好地与 QTP 结合，还是需要读者多练习方能水到渠成。在 3.6.3 小节中介绍的测试日志扩展内容，有兴趣的读者也可以把其他的对象注入函数，进行补全，并且本章节不再另设习题。在此也希望读者能够把这个技术知识点真正利用到实际项目中，使其在项目中发挥出更大的优势。

最后，对于 FSO 的内容，还会在本书的最后一章“框架应用”中继续介绍与分享。

3.7 重要的 Test Design Studio

阶段要点

- 领略什么才是量身定做。
- 掌握 Quick Bundles 技巧。
- 熟练使用静态代码分析。
- 高效的 Intellisense 运用。
- 增加可读性的 XML Comments 自动生成。
- 独一无二的文档生成器。

3.7.1 领略什么才是为 QTP 量身定做

虽然 QTP 在所有自动化测试工具中处于领先地位，市场占有率也是全球最高的。它的整体框架、插件封装、对象识别，以及高级关键字驱动方式都是其他自动化测试工具无法比拟的。但如果你是一个比较专业的 QTP 自动化测试工程师，一定会发现 QTP 存在着一个非常显著的缺点，此缺点正是造成自动化测试过程中脚本开发效率低、维护成本高的主要原因之一，它就是在 QTP 专家视图中的脚本编辑能力。没有代码分析，没有树形收缩，没有 xml 注释生成，也不支持类的提示，只有一些简单的 Complete Word，这些对于习惯了 Visual Studio 开发环境的工程师来说，那差距就好比从豪宅搬进了平房，很难发挥出其应有的能力。

正是因为有这样一个非常被动的需求存在，一款为 QTP 脚本开发而量身定做的工具就这样诞生了。它是由著名的 Patterson Consulting 公司开发出的一款可以与 Mercury / HP 系列产品进行完美整合的开发工具 Test Design Studio（以下简称 TDS），它有着很多 QTP 自身开发环境所没有的强力分析能力，如 Quick Bundles、静态代码分析、强大的 Intellisense、智能 XML 注释、自动化构建、文档生成器等一系列有助于自动化测试人员进行脚本开发的功能。

说了那么多功能，请读者先不要着急，本章会详细对这些功能一一进行分解，这里首先需要把此工具下载到本地，请访问 patterson-consulting 的官方网站。目前的版本已经是 2.0 了，已经比当初 1.0 的时候先进了不少，下载完毕之后即可以进行软件的安装了。如果读者是首次使用此软件的话，软件会提示有 20 天的试用期，可以自行进行申请免费的 License，此处需要注意的是，此工具受美国法律法规版权保护，一旦 License 过期就无法再进行使用了，即便是重装系统或者 Ghost 还原也无济于事，这一点需要注意。接着刚才的 License 申请过程，首次打开此软件程序，会弹出如图 3-62 中的窗口。

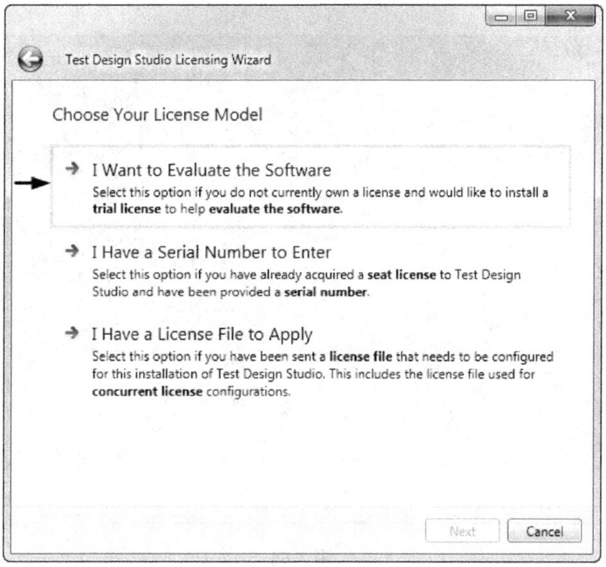

图 3-62

如图 3-63 所示，直接选择第一项：I Want to Evaluate the Software，并点击 Next 按钮。

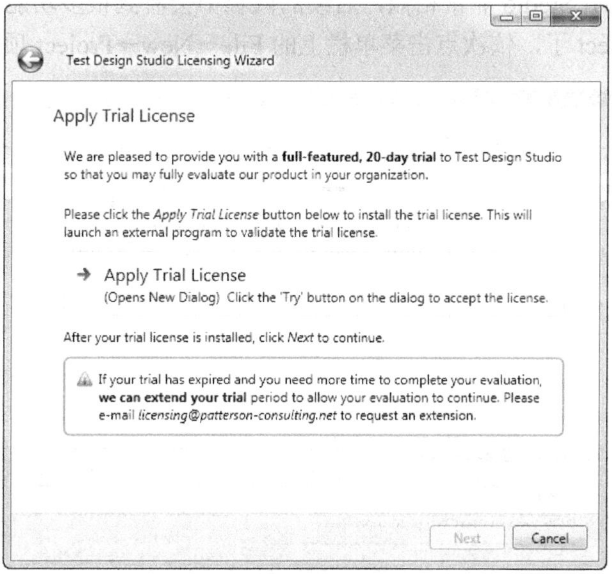

图 3-63

如图 3-63 所示，选择 Apply Trial License 即可申请一个 20 天免费的试用 license，如图 3-64 所示。

图 3-64

接着，随着 3 秒的等待时间过后，Try 被激活即可点击进入到 TD-S 的主界面，比过程中 TDS 需要加载一些必要的库，刚进入到主界面后，相信读者一定会有一种似曾相识的感觉，因为它的界面与 Visual Studio 非常相似，后续的内容中会看到很多功能也非常的接近。接着就可以创建一个 project 了，依次点击菜单栏上的 File→New→Project 项，如图 3-65 所示。

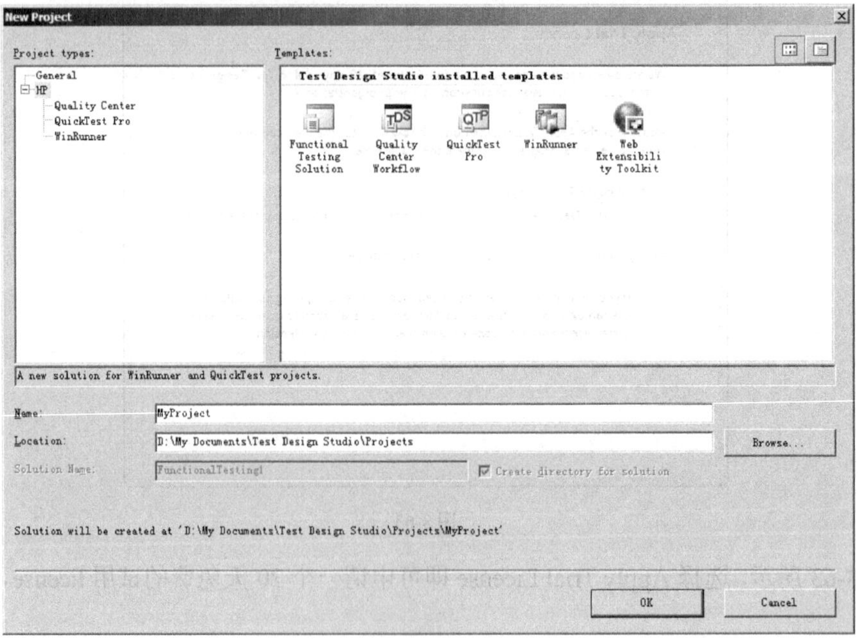

图 3-65

如图 3-65 所示，可以发现模版文件中不仅有 QTP，还有自动化测试工具 WinRunner、自动化测试管理工具 Quality Center，选择 QuickTest Pro，并在 name 文本框中输入 MyProject 后，点击 Ok 按钮。接着可以看到 TDS 右边有一个 Solution Explorer 自动生成了一个树形项目结构，如图 3-66 所示。

如图 3-66 所示，这个结构中包括了很多必须的元素：最顶层的 root 为 Solution，是最大的单元，表示一个解决方案，在其下面可以有很多 QTP 项目，而每个 QTP 项目下面又有很多元素，如 References、环境变量文件、函数库、对象库、启动引擎以及测试脚本库，这些元素都是一个完整的自动化测试解决方案中最基本且必须具备的要素，而每个要素都可以进行自我扩展，甚至可以自动构建一个自定义的核心结构出来，它支持自定义新建文件夹和文件，并且在每个文件夹中都提供了新增对应子项的功能，还提供了很多类型文件的创建以及模版文件创建，如图 3-67 所示。

图 3-66

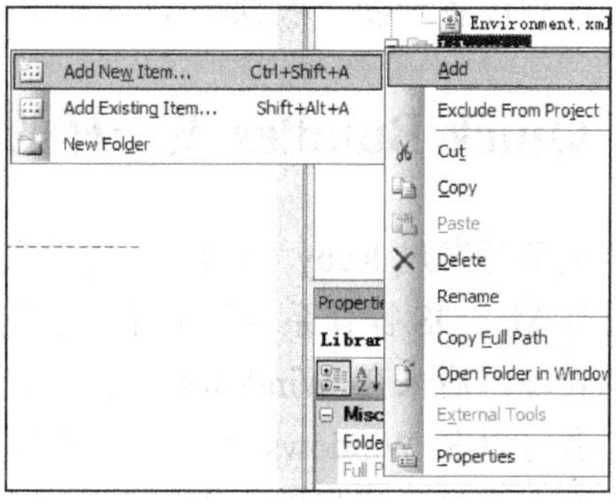

图 3-67

只需点击鼠标右键，进入 Add→Add new item 项，即可弹出子项选择框，如图 3-68 所示。

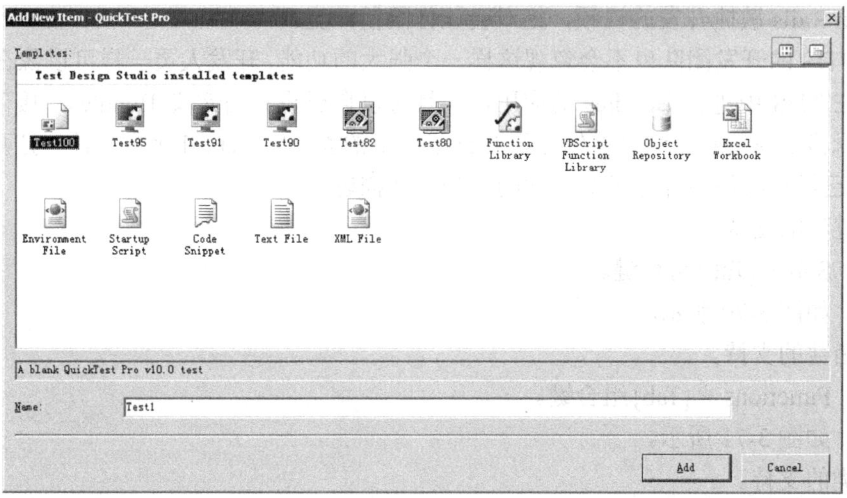

图 3-68

这里有很多模板文件以及不同类型的 QTP 支持，最高支持到 QTP10.0，甚至还可以创建对象库文件以及函数库文件，开发人员可以方便地进行选择，点击 Add 后即可成功创建。

还记得之前创建项目时，可以选择很多模版项目吗？其中有 QC 这一项，而这一项的主要目的是让开发人员可以直接进行 QC-OTA 接口的二次开发。那么既然有 QC 就表示，在此工具中可以进行 QC 的连接以及对其进行控制，可以直接查看 Server Explorer，默认情况下此视图是放置在 TDS 主界面的最左边一栏的，如图 3-69 所示。

图 3-69

如图 3-69 所示，此视图可以显示 QC 的树形结构，当点击它之后即会弹出相应连接 QC 的一些配置信息，输入之后即可直接连接上 QC。

总结：

本小节主要是简单介绍了 TDS 的一些最基本的要素，以及简单地创建项目解决方案的流程，后续带领读者一项一项领略 TDS 强大功能。

3.7.2 Quick Bundles 飞一样的速度

相信很多开发过 Ruby On Rails 的朋友应该都听说过 Mac OS 平台下的 TextMate 这款工具吧？它是 Mac OS 操作系统下非常著名的高效编辑器，并且赢得了很多的奖项。由于在 Mac 上的出色表现，后来在 Windows 平台上也出了一款相似的工具叫做 E-TextMate。没有 Mac 条件的读者可以在 Windows 上尝试，不过效果比其在 Mac 平台上可就大打折扣了。那么此工具凭什么会有这么优异的表现呢？主要还是在于其独特的一大亮点，官方称为 Bundles，意思就是代码块，简单的说就是，可以通过输入特定的快捷键后，自动生成相应的常用代码块，从而提高了代码开发的效率。如果没有接触过的朋友可以去网上找一下，用 TextMate 进行 Ruby On Rails 敏捷开发的视频，绝对会让你眼前一亮。

当然 TDS 的开发团队也不会忽视这样一个强大的功能，开发人员一样可以像在 TextMate 中那样，在 TDS 中进行 Bundles 的应用，并且可以自己进行自定义 Bundles，接下来看一下如何在编辑器中应用它，这里首先打开 Libraries 下的 MyProject.qfl 函数文件，打开之后可以看到 TDS 已经帮我们注释好了此文件的一些文件描述。

- 过程的支持。

输入：Sub + {Tab}组合键。

结果：如图 3-70 所示。

- 函数的支持。

输入：Functions + {Tab}组合键。

如图：如图 3-71 所示。

- 类的支持。

输入：Class + {Tab}组合键。

如图：如图 3-72 所示。

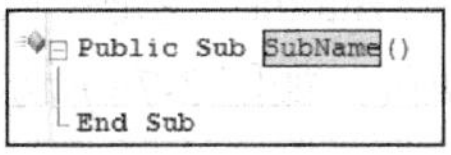

图 3-70

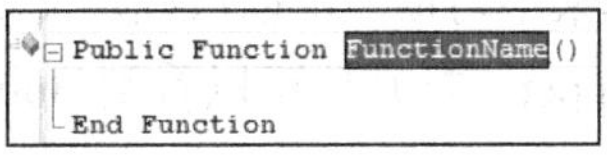

图 3-71

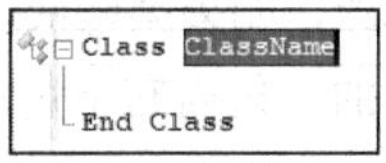

图 3-72

- Get\Let（Set）的支持。

输入：Prop(s)+ {Tab}组合键。

结果：如图 3-73 表示属性为普通的变量，图 3-74 表示属性为一个对象。

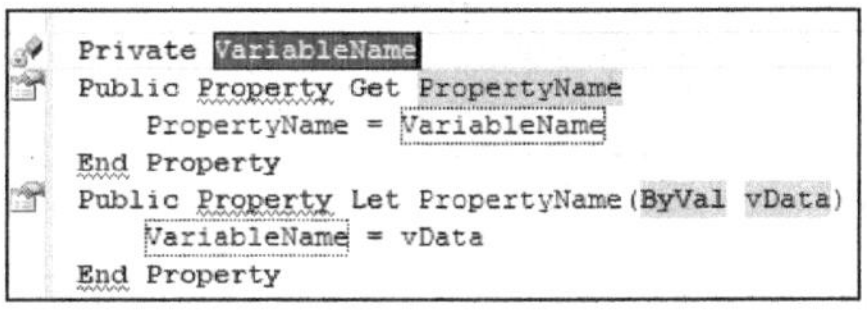

图 3-73

图 3-74

注意

此处需要看清楚，当使用 prop 时，设置属性变量用 Let，而使用 props 时设置属性对象用 Set，并且当在修改阴影处函数名和参数名后，后续脚本中会自动同步这些名称，这样就完全不用担心把 get/set 搞混了。

以上都是在开发过程中最常用的一些 Bundles，还有更多的 Bundles 可以进入 TDS 的 Code Snippets Manager 里进行查看，进入到 Tools→Code Snippets Manager，弹出窗口后，在 Language 一栏中选择 VBScript，接着就可以看到所有的 Bundles 了，如图 3-75 所示。

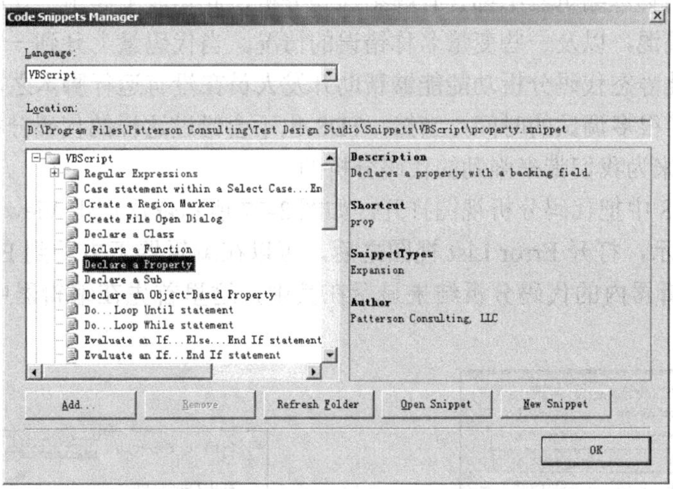

图 3-75

每一个 Bundles 都可以进行编辑，只需要选择相应的 Bundles 并点击 Open Snippet 后即可进行修改，如果某些快捷键感觉用起来不习惯，可以自己定义快捷键，包括 Bundles 也是可以自行定义的，只需右下角点击 New Snippet，打开后可以看到 Bundles 的编辑区，如图 3-76 所示。

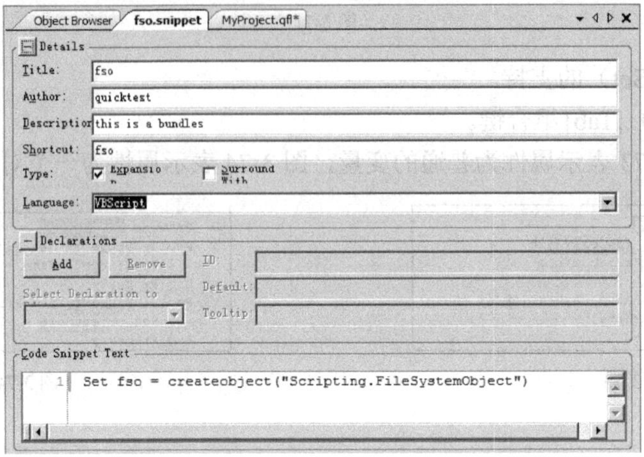

图 3-76

如图 3-76 所示，输入以上信息，关键是 shortcut 和 code Snippet Text 一定要输入正确，其余的几个属性关系不是很大，shortcut 代表 bundles 的快捷键，而 code Snippet Text 代表需要生成的代码块，保存之后可以直接在编辑区输入 FSO 敲击 TAB 键，看看是不是有不一样的感觉。

3.7.3 强大的静态代码分析

在许多高级的脚本编辑器中都含有静态代码分析，此功能主要用于在脚本编写过程中防止一些代码名称搞混，以及一些变量名称错误的情况。当代码量上升到一定程度之后就会感觉非常混乱，因此静态代码分析功能能够帮助开发人员在没有运行脚本之前就可以保证脚本编译通过，省去了很多调试的时间，当然，TDS 也不会错过这样的代码分析功能，具体看一下 TDS 究竟如何来为我们带来强劲的代码分析的。

首先，在 TDS 中把代码分析视图打开，如图 3-77 所示依次点击 View→Error List。

如图 3-77 所示，打开 Error List 视图之后，可以在编辑器下方看到 Error List 视图，此视图会把脚本编辑器内的代码分析结果显示在其中，这里首先在编辑器中输入以下代码，如图 3-78 所示。

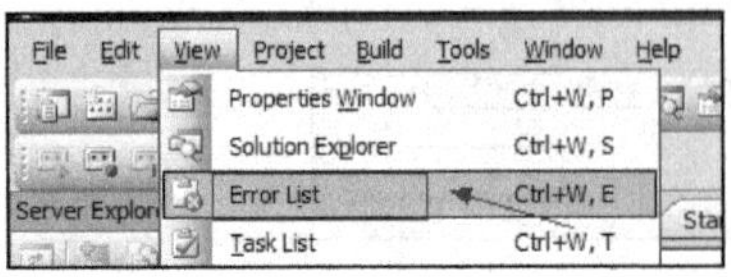

图 3-77

图 3-78

如图 3-78 所示，可以看到有 3 处地方有绿色波浪线提示，这就代表脚本中有警告，但也不是很大的问题，不修改脚本也可以正常运行。如果是有红色的波浪线提示，就说明脚本本身存在着语法错误，那么接下来请看一下 ErrorList 视图，在此视图中可以看到静态代码分析结果，如图 3-79 所示。

分析：

如图 3-79 所示，可以看到 ErrorList 的最终分析结果，在视图上面有一排菜单，第一个菜单直接从图标上就可以看到有多个文档进行检查，也就是对整个全局解决方案进行 check，而第二个图标只有一个文档，意思就是对当前脚本文件进行 check，而后面的菜单，如 Errors、Warning、Messages，即是对代码分析结果的一个过滤。最后再来看一下结果分析的内容，此处一共有 5 条结果分析，都是属于 Warning 级，一般 Warning 级别并不代表出错，只是表示脚本中存在着一些不规范的情况，比如第一条"Add the text 'option explicit'"表示变量申明没有严格定义，第二条和第四条表示参数申明了但是没有被使用，它可以帮助分析出一些垃圾变量和废弃变量，第三条则代表 MyProject 函数没有返回值，若是无返回值建议使用 sub 过程。最后一条是其他整个解决方案中的，其余函数文件中没有添加变量强制定义。

接着就可以根据代码分析中的一些问题进行修复，修改脚本如图 3-80 所示。

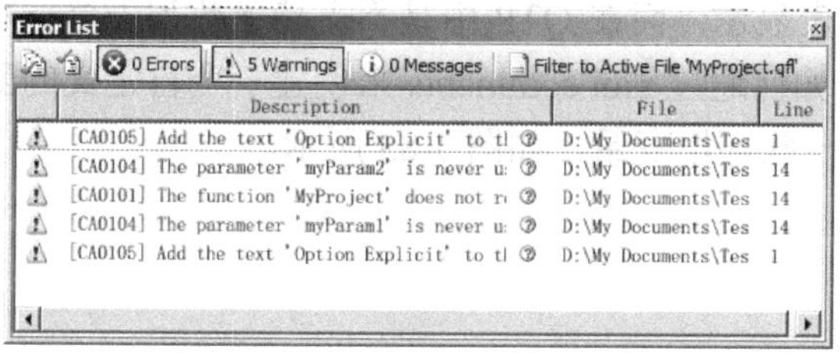

图 3-79

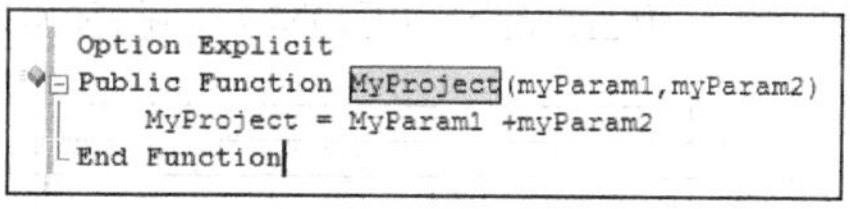

图 3-80

分析：

此处为原先脚本添加了 Option Explicit 严格变量定义，并且在 Myproject 函数中加入了两个函数参数的使用，以及给函数添加了返回值之后，此时便可以看到，在 Errorlist 中的错误分析结果都已经清空了。

总结：

本人非常钟爱此代码分析功能，如果在含有此功能的编辑器中写过脚本之后，再回到比较简陋的 QTP 中写脚本，你会有一种非常不安全的感觉，会总感觉脚本有这样和那样的问题，而在 TDS 中就非常安全和放心，因为有任何的错误它都能像 Spy 一样侦查出来，让你第一时间找出脚本中的一些深层次的错误。

3.7.4 堪比 Visual Studio 的 Intellisense

Intellisense 俗称"智能提示"，主要作用是为开发人员避免一些遗漏和提高代码输入的效率，下面就来看看 TDS 的最佳特性。

- Complete Word。

出现条件：Ctrl + Space，如图 3-81 所示。

分析：

此处有一点需要注意，Ctrl + Space 由于是输入法切换，如果没有关闭此功能的话，此快捷键在 TDS 中的智能提示是失效的，因为输入法切换的优先级最高。

- Parameter List（见图 3-82）。

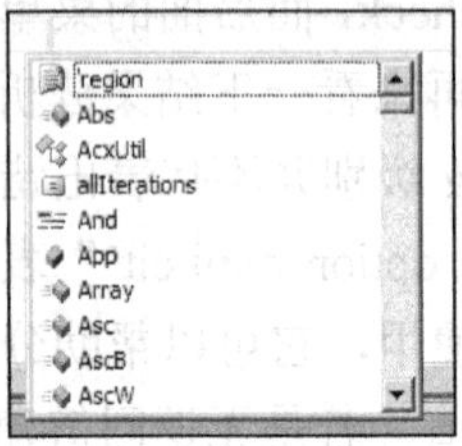

图 3-81

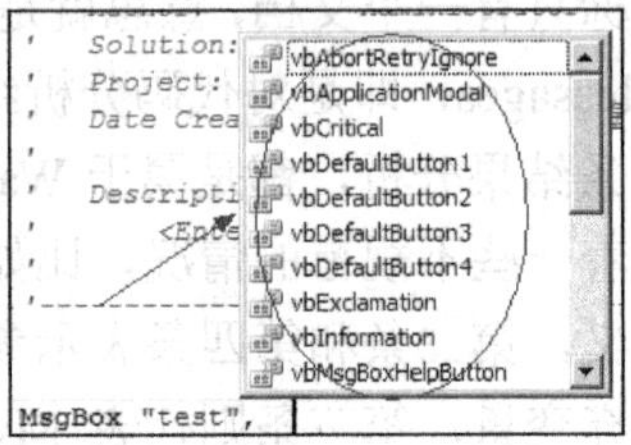

图 3-82

分析：

在 TDS 中，它支持很多函数中的参数列表显示，而在 QTP 中是不支持参数列表这一功能，并且在下一小节作者会为读者详细讲解，如何通过 xml comments 来创建一个自定义的函数参数列表。同样此功能也支持 QTP 内建的一些环境变量，如图 3-83 所示。

- Reference（COM）（见图 3-84）。

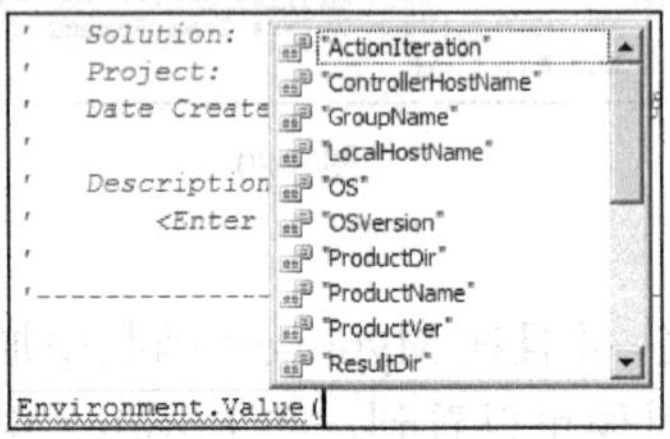

图 3-83

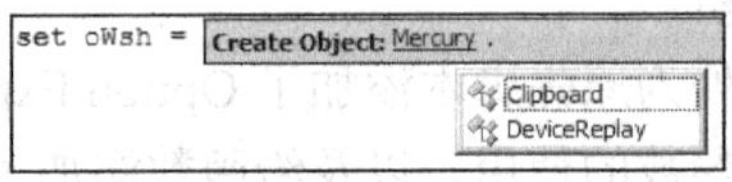

图 3-84

分析：

当在 TDS 中创建 COM 组件时，输入 createobject 后，工具本身会出现 progid 的提示，此功能对于一些不熟悉 COM 组件类型名称的测试人员来说，其实是非常有帮助的，通过智能提示的方式，可以让测试人员在短时间内找到正确的 COM 组件名，并且在创建完毕之后不是立即加载此 COM 库，而是需要 load 此库才行。

- Class 内部方法提示（见图 3-85）。

分析：

TDS 中还支持类的内部函数提示，虽然 QTP 在 10.0 版本开始也已经支持了此功能，但是，在跨文件时仍然无法支持，而 TDS 却可以，这一点对于喜欢使用类来进行脚本开发的读者是非常重要的。因为在大多数情况下，自动化测试人员都会把某些类归在某个特定的文件里，然后在其他文件中进行调用，如果能够支持跨文件访问的话就可以方便很多。

- OR List（见图 3-86）。

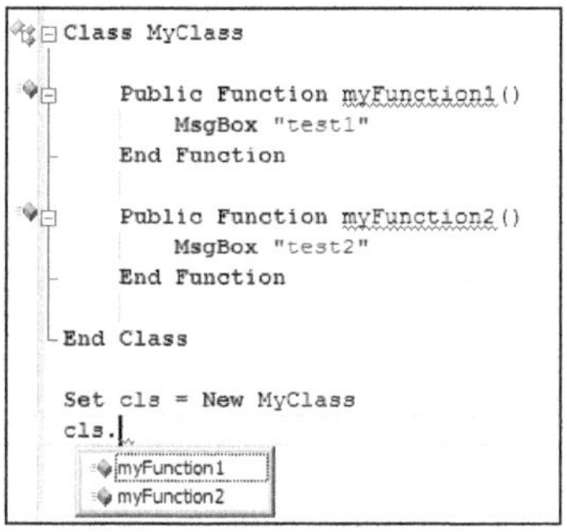

图 3-85

图 3-86

分析：

如果成功在 TDS 中加载了 TSR 对象库文件之后，在函数文件或者测试脚本文件中即可出现智能对象关键字提示功能。

- 隐藏对象及隐藏属性（见图 3-87）。

分析：

如果读者对 Reporter 对象比较熟悉的话，应该会了解在 QTP 编辑器中能智能访问到它下面的 3 个属性和一个方法。使用 TDS 的话它会自动把 reporter 对象下的所有隐藏方法都暴露出来。

图 3-87

3.7.5 智能 XML Comments 自动生成

XML Comments，根据这个名称相信读者也应该可以猜到，其实就是通过 XML 的形式来对脚本中的一些需要解释的地方进行注释，并且它具有一定的书写规范。在 TDS 中其实只需要输入非常简短的快捷键之后即可生成一段有规范的 XML Comments 注释，并且此注释可以与之后的文档生成器进行联动。那么接下来就来了解一下，TDS 具体是如何实现这样的功能的，它又是如何来提高脚本的可读性的。

1. 注释方式

分析：

如图 3-88 所示，自动化测试开发人员只需要在 Public Function 的上一行输入 3 个单引号即可生成类似的 XML 形式的注释代码，此处如果输入相应的 summary 以及 type 类型后，在以后调用的过程中

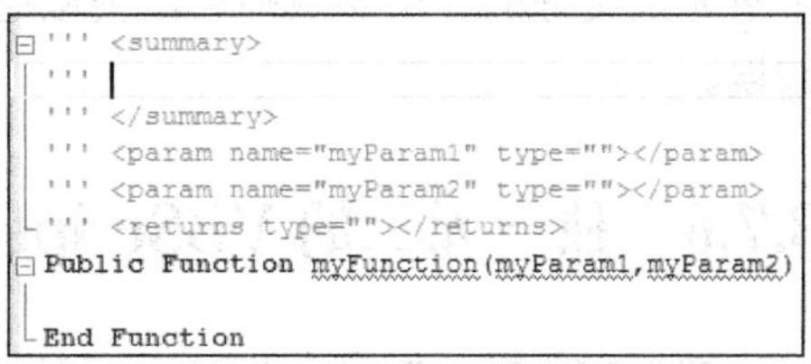

图 3-88

会有相关的提示。

2. 参数类型提示（见图 3-89）

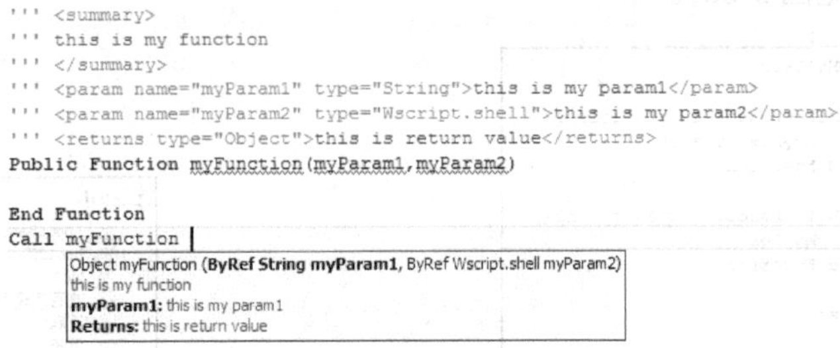

图 3-89

分析：

如图 3-89 所示，此功能虽然看似不显眼，但对团队开发以及自动化项目交接时是非常有用的，因为一个带有良好的注释脚本可以让新手快速上手，并且也节省了一定的时间成本，包括一些代码量堆积到一定程度的自动化项目维护，注释是很重要的。

3. 自定义参数列表提示

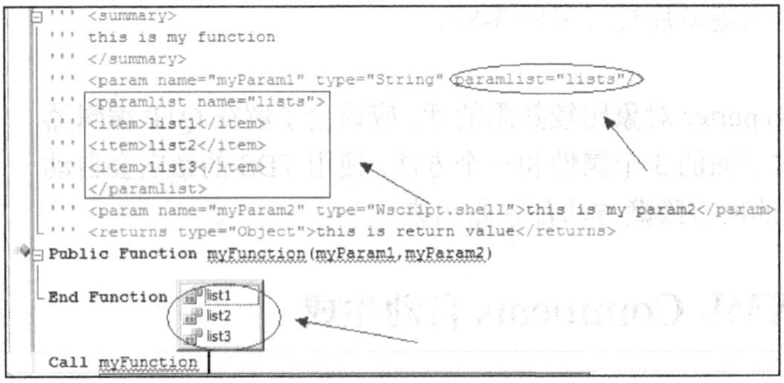

图 3-90

分析：

如图 3-90 所示，在 Param 节点中增加一个 Paramlist 属性，并在此节点后增加一个 Paramlist 节点和 item 子节点，如图 3-88 中的格式进行编写后，在最后调用此函数时，即可弹出注释中事先定义好的 3 个参数列表，类似这样的提供可选择形式的参数能够很好地避免脚本中的错误。

3.7.6 独一无二的 VBScript 文档生成

在 TDS（Test Design Stadio）问世之前，一直没有一款工具能够提供 VBScript 文档生成的完美解决方案，即便是有也支持的不是特别的出色。TDS 却能很好地提供一个文档生成器，下面就来看一下具体是如何来进行操作的。

首先进入到菜单栏 Tools→Documenter Wizard。

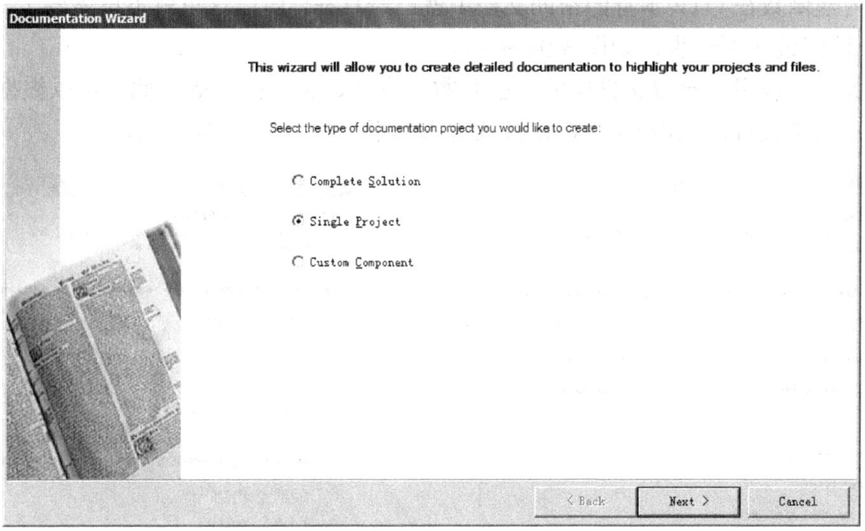

图 3-91

如图 3-91 所示，进入到 Documenter Wizard 后一共有 3 个选项，Complete Solution 为完整解决方案的文档生成、Single Project 为单一项目的生成、Custom Componment 为自定义部件的生成。此处选择 Single Project，点击下一步按钮，如图 3-92 所示。

选择 Custom Setting 项，点击 Next 按钮进入到下一步，如图 3-93 所示。

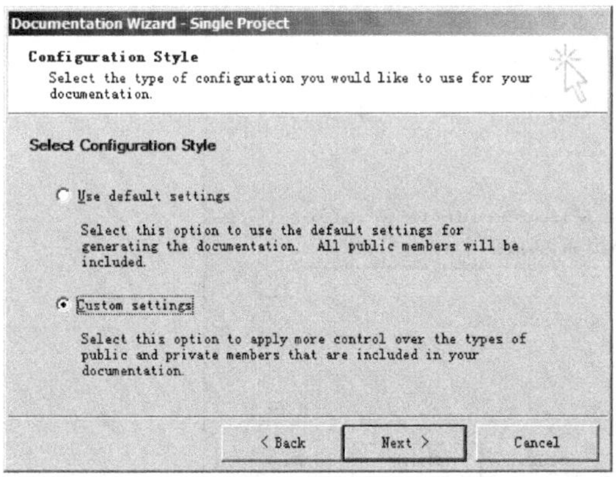

图 3-92

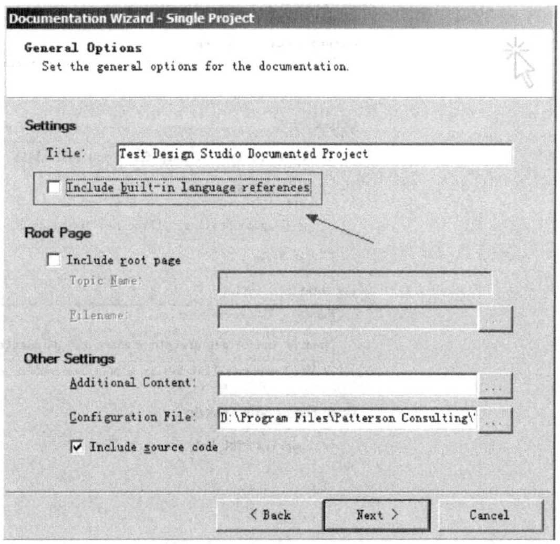

图 3-93

注意，此处的 Include built-in language references 建议取消选中设定，因为如果勾选上此设置，最后文档生成器会把 QTP 所有的内建函数和方法都一起生成了，这个会比较耗费时间，而且这些内建函数在 QTP 本身的帮助文档中就已经存在，所以这里就不再需要了。接着直接点击 Next 按钮进入下一步，如图 3-94 所示。

这一页主要是用于设置文件中的一些函数、方法、类、接口等，此处可以根据你的需求进行选择，这里就直接点击 Next 按钮继续进入到下一步，如图 3-95 所示。

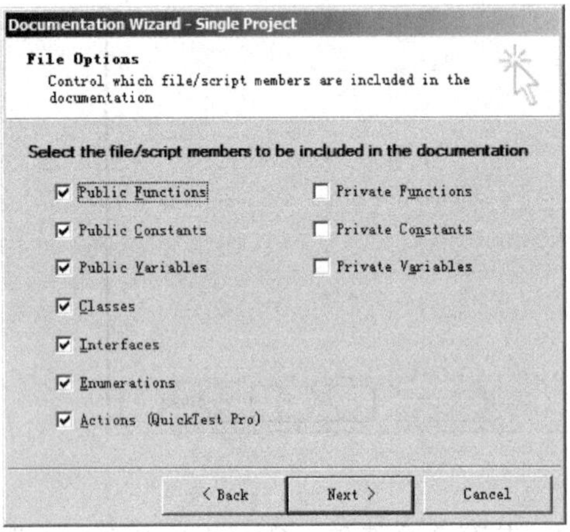

图 3-94

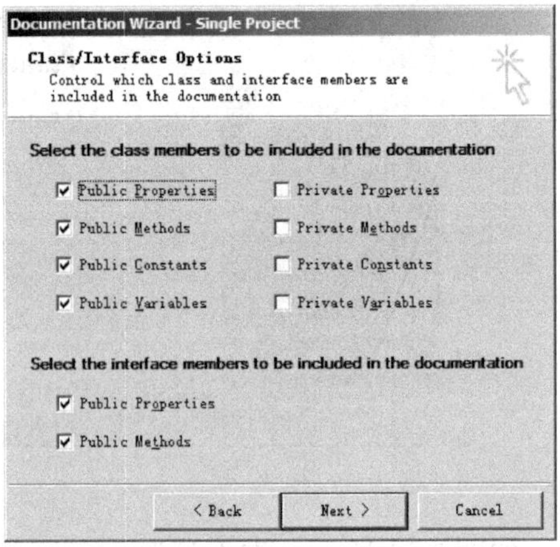

图 3-95

此页面主要是用于选择类中的一些属性和方法，还是点击 Next 按钮进入下一步，如图 3-96 所示。

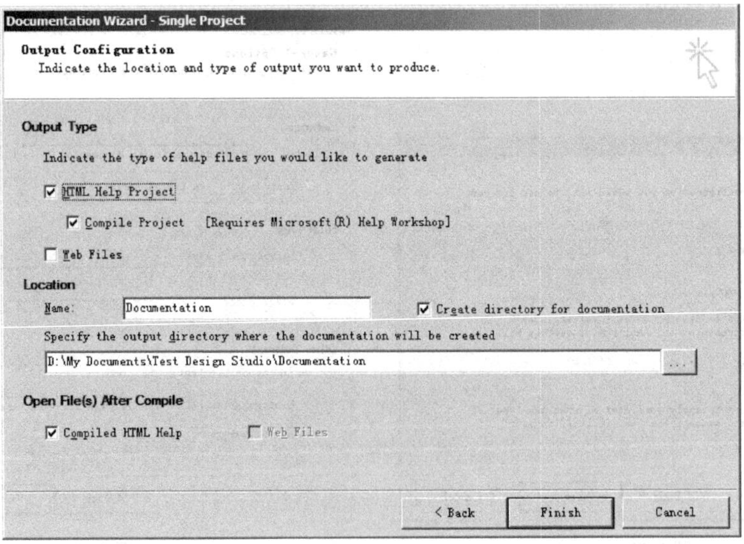

图 3-96

此页面只需要进行路径的设置以及文档名称设置即可，设置完毕后直接点击 Finish 按钮，在等待一段时间后，即可完成文档生成，以下是最终文档生成的结果如图 3-97 所示。

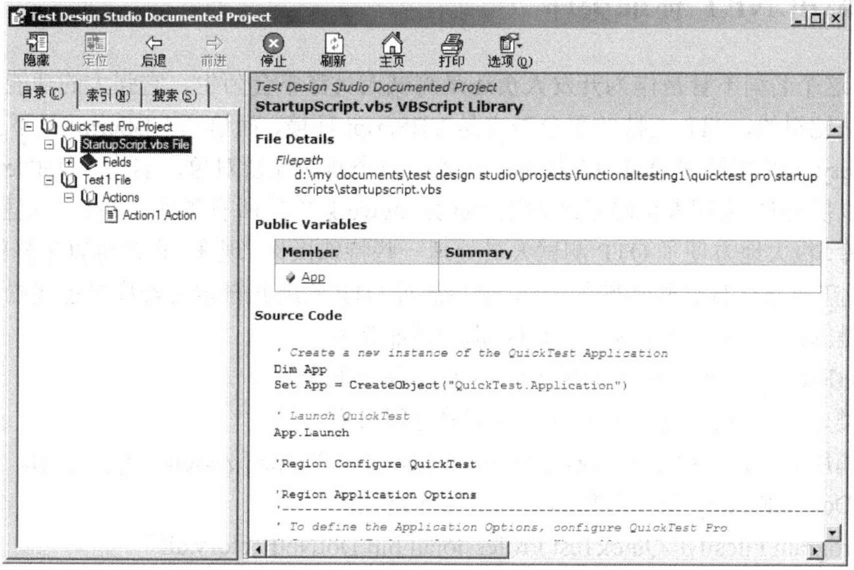

图 3-97

3.7.7 总结

本节主要介绍了一款 QTP 为自动化测试开发人员量身定做的工具 Test Design Studio（TDS），此工具比较适合需要开发复杂类型的测试框架或者设计模式的自动化测试工程师应用，在本书后面的设计模式中会详细讲解使用此工具进行开发。

知识点巩固和举一反三练习

一、修改 Class Bundles 为带有初始化和销毁化的完整类。

要求：需要含有 Class_Initialize 和 Class_Terminate。

3.8 DotnetFactory 对象

阶段要点

- 明确 DotnetFactory 对象的使用方法。
- 学习使用 DotNetFactory 来解决实际问题。
- 学会调用开发人员编写的自定义.NET 类库。

- 获取到 QTP 生成的 Net Form 输入数据。

3.8.1 调用.NET 标准类库

.NET 这个名词不管是作为开发人员还是测试人员都不会陌生，它强大的功能是 QTP 等工具所无法比拟的，QTP 支持的平台语言是 VBScript 环境，而恰巧 VBScript 又不支持.NET，因此 Mercury 当时特地在 QTP 9.2 版本中加入了一个新的保留对象，名为“DotNetFactory”，此对象可以供 QTP 测试人员轻松地调用.Net framework 中的所有类库，并且一定程度上支持自定义类库，极大地方便了 QTP 测试人员处理一些特殊操作。现在，直接可以选择使用 Visual Studio 开发工具来代替这些特殊的操作，最后通过 QTP 调用此自定义类库既能轻松完成任务。这样只要是.NET 下能完成的操作，QTP 也一样能完成。

DotNetFactory 对象：用于调用.NET 类库的保留对象。

- 类方法：Declare：声明 DLL 内部的过程引用。
- 调用方法：DotNetFactory.CreateInstance (TypeName [,Assembly] [,args])。

存放 DotNetFactory 保留对象的动态链接库路径：

“D:\Program Files\HP\QuickTest Professional\bin\DotNetFactory.dll”

同时可以在注册表中的如下路径中找到 DotNetFactory 保留对象的一些信息：

HKLM → SOFTWARE → MERCURY INTERACIVE → QUICKTEST PROFESSIONAL → MICTEST → RESERVEDOBJECTS → DOTNETFACTORY，打开后，可以看到如图 3-98 所示的一些信息。

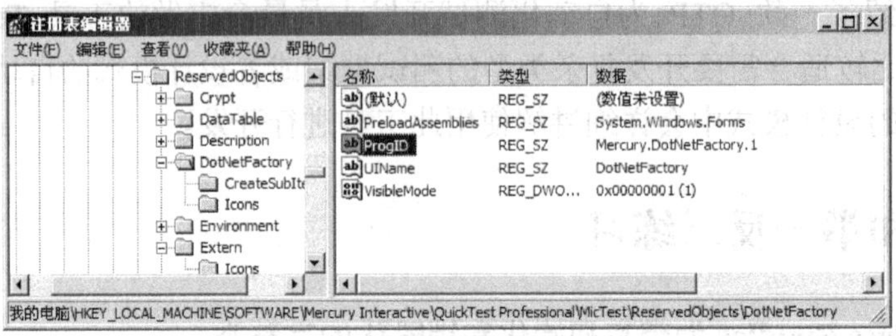

图 3-98

如图 3-98 所示，我们可以看到。

ProgID: Mercury.DotNetFactory.1。

UIName：DotNetFactory。

ProgID 其实就是此保留对象创建时的关键 ID，每次当 QTP 启动之后，它都会自动通过 createobject 过程加载 DotNetFactory 保留对象，其实完全也可以自行创建一个 DotNetFactory 对象的会话实例：

```
'创建一个全新的 oDotNetFactory 对象
```

```
Set oDotNetFactory = createobject("Mercury.DotNetFactory.1")
```

分析：

以上就是用 DotNetFactory 创建的一个过程。QTP 就是通过这种方式使得在它启动之时就预先把此保留对象创建好。

介绍了那么多，可能读者到现在还没有一个实质性的认识，接下来就以几个典型的实例来讲解，如何在 QTP 中使用 DotNetFactory 对象。

实例 1：调用 Windows Form。

首先请读者来看一个最简单的例子，在 QTP 脚本编辑区中输入上面说明到的.NET 调用方法后，使用 F1 键跟踪法双击 CreateInstance（点击 F1 键）会弹出 DotNetFactory 的详细说明。为了能够让读者更好地理解其使用方法，此处第一个实例先使用 F1 键中的实例一进行讲解。

```
'创建一个 Form 类的实例
Set var_CreateInstance = _
DotNetFactory.CreateInstance("System.Windows.Forms.Form", _
"System.Windows.Forms")

'显示一个 Windows Form
var_CreateInstance.Show

'持续两秒钟
wait 2

'关闭 form
var_CreateInstance.Close
```

分析：

运行完脚本之后可以清楚的看到，在执行 QTP 的过程中自动创建了一个 Windows 的 form，并且显示了两秒钟后自动关闭脚本。这里对 CreateInstance 进行简单的分析，首先可以看到，它的第一个参数是“System.Windows.Forms.Form”，也就是需要调用的.NET 类名，若是希望使用 GAC（全局程序集缓存），就加上脚本中所示的第二个参数，当然第二个参数也是可以直接省略的，省略的前提是，必须为系统已经注册过的.NET 类库。

实例 2：I\O 读写。

I\O 读写是平时自动化测试中使用频率比较高的.NET 类对象，它主要是分为两个子类：一个是 System.IO.StreamWriter 类，另一个是 System.IO.StreamReader 类。由于平时在自动化测试中经常会用到读文件或者写文件的操作，如写日志、读配置文件等，所以，能够掌握好这两个类的使用方法是很有必要的。

写文件

```
'*********************使用.NET 类写文件************************
Set oFile = DotNetFactory("System.IO.StreamWriter", , "d:\test.txt")
'写文件
oFile.Write "test report  "
```

```
oFile.WriteLine now
'关闭文件
oFile.Close
'清除对象
oFile.dispose
'释放对象
Set oFile = Nothing
Set oEncoder = Nothing
```

分析：

首先，第一行是创建.NET 对象，类库名为“System.IO.StreamWriter”，由于此类是.NET FrameWork 自带的类，因此可以确认已经被注册到 Windows 中，可以直接省略掉第二个参数。那么第三个参数又是什么呢？它其实是创建类时所需要的一个参数，可从 MSDN 中查找 StreamWriter 的用法，及参数的含义？

```
Imports System
Imports System.IO

Class Test
    Public Shared Sub Main()
        ' Create an instance of StreamWriter to write text to a file.
        Using sw As StreamWriter = New StreamWriter("TestFile.txt")
            ' Add some text to the file.
            sw.Write("This is the ")
            sw.WriteLine("header for the file.")
            sw.WriteLine("-------------------")
            ' Arbitrary objects can also be written to the file.
            sw.Write("The date is: ")
            sw.WriteLine(DateTime.Now)
            sw.Close()
        End Using
    End Sub
End Class
```

图 3-99

如图 3-99 中的红色区域，可见 StreamWriter 类在创建时需要有一个参数，此参数就是需要创建的文本文件的路径字符串变量。这样一解释，相信读者也应该能够想通为什么在上面 QTP 脚本中的路径变量是放在第三个变量的位置了。下面的 Write 和 WriteLine 作用主要是写入操作内容和操作时间，并在最后进行换行，最终清除对象并释放对象。

读文件：

```
'*********************使用.NET 类读文件************************
Set oFile = DotNetFactory("System.IO.StreamReader", , "d:\test.txt")
'读文件
msgbox oFile.readLine
'关闭文件
oFile.Close
'清除对象
oFile.dispose
'释放对象
Set oFile = Nothing
Set oEncoder = Nothing
```

分析：

读文件的脚本和之前写文件的脚本差不多，创建方式是一样的，在保留之前创建的文件的前提下，运行以上脚本即可获取到文本文件里的内容。

实例 3：ArrayList 数组应用。

ArrayList 相信很多做过开发的读者一定不会陌生，它也是一个较为常用的.NET 对象类，有着强大的处理数组的能力，如果在 QTP 中能够把它应用起来就可以更加完善我们的自动化脚本了。

```
'创建 ArrayList 类库
Set MyList = DotnetFactory.CreateInstance("System.Collections.ArrayList")

'往 list 中添加需要的内容
With MyList
.Add("zxb001")
.Add("zxb006")
.Add("zxb003")
.Add("zxb004")
  .Add("zxb005")

  '添加完成后进行排序
    .Sort()
End With

'循环遍历
For i =0 to mylist.count-1

      print mylist.item(CInt(i))

Next

'释放对象
Set MyList = nothing
```

分析：

首先创建 mylist 数组对象，添加完需要的内容后，进行排序。这里使用 sort 方法来完成排序，具体还有更多的方法可参见“MSDN”帮助。接着进行遍历所有内容，打印的结果如图 3-100 所示。

如图 3-99 所示，把无序的字符加入到数组中并执行排序函数后，Log 窗口中成功对数组里的所有内容进行了排序。这里还有一个地方需要注意，就是在循环遍历中的打印语句：

```
print mylist.item(CInt(i))
```

这里对 i 变量进行了强制整型转化，因为 item 在这里只能接受整型变量，若是没有加上就会出现如图 3-101 中的错误。

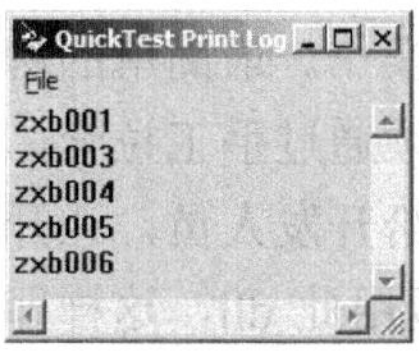

图 3-100

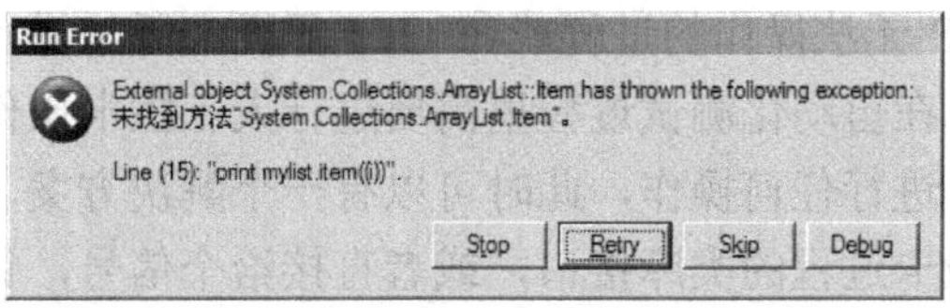

图 3-101

如图 3-100 所示。arraylist 对象下的 item 属性报出了一个异常，并提示未找到方法，脚本无法继续下去，这里是需要读者注意的。

实例 4：Computer 类库进行修改注册表。

在之前的 WSH 章节中，已经介绍了如何使用脚本进行修改注册表，这一节同样介绍如何利用 DotNetFactory 保留对象调用 Computer 类库来进行修改 Windows 注册表信息。

```
'创建 Computer 类库
Set dc = DotNetFactory("Microsoft.VisualBasic.Devices.Computer",_
"Microsoft.VisualBasic")
'创建注册表类型类库
Set registerType = DotNetFactory("Microsoft.Win32.RegistryValueKind")
'定义需要修改的注册项路径
RegistryPath = _
"HKEY_LOCAL_MACHINE\SOFTWARE\MercuryInteractive\QuickTestProfessional\MicTest\ReservedObjects\DotNetFactory"
'打印 DotNetFactory 注册项下的名称为 visibleMode-key 的 value 值
print "before update:" & dc.Registry.GetValue(RegistryPath,"VisibleMode","")
'修改 VisibleMode 的值
dc.Registry.SetValue RegistryPath,"VisibleMode",0,registerType.DWord
'还原注册表
print "after update:" & dc.Registry.GetValue(RegistryPath,"VisibleMode","")
dc.Registry.SetValue RegistryPath,"VisibleMode",1,registerType.DWord
```

分析：

这里一共创建了两个.NET 对象，一个是用于修改注册表的 Computer 对象，另一个是用于获取到注册表类型的对象 RegisterValueKind，最终结果如图 3-102 所示。

总结：

这一小节主要对一些常用的.NET FrameWork 库中的一些对象进行了简单的讲解，在庞大的 MSDN 中对象都可以为我们所用，需要哪个即可直接使用.NET Factory 对象进行调用。下一小节将详细讲解如何利用.NET Factory 来调用自定义的.NET 类库。

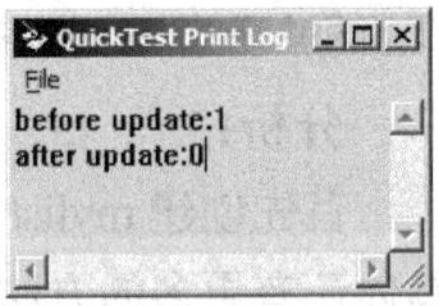

图 3-102

3.8.2 调用自定义编写的.NET 类库

在上一小节中，已经对.NET Factory 保留对象的使用方法以及一些常用的.NET 对象的调用进行了细致的讲解，但有时候光有.NET FrameWork 中的这些类还远远不够，例如，一些特殊的 QTP 无法操作的过程或在 GUI 界面上无法进行触发硬件的操作。最简单的例子就是银行项目，在自动化测试过程里需要进行人工拉卡操作，此操作必须通过手工拉卡，且不可以在界面上进行任何操作，此时可以有一个解决方案，就是把需求给开发人员，让开发人员提供一个拉卡过程的类库接口，或者直接给个信号，让 QTP 直接调用此 dll，这样即可完成这个自动化测试需求了。

既然要自己写类库，就一定需要 Visual Studio，此书用的是 Visual Studio 2005 版本。接下来主要讲解一下 VB.NET 方式生成的类库如何通过 QTP 来调用。注意，这两种模式生成出来的 dll 都是可以通过 QTP 调用的，但不可通过 CreateObject 进行调用，因为此 dll 并非是 ActiveX 类型的 dll，这是需要读者注意的。

利用 VB.NET 方式，首先需要先打开项目类型 Visual Basic，模板选择类库。具体方式如图 3-103 所示。

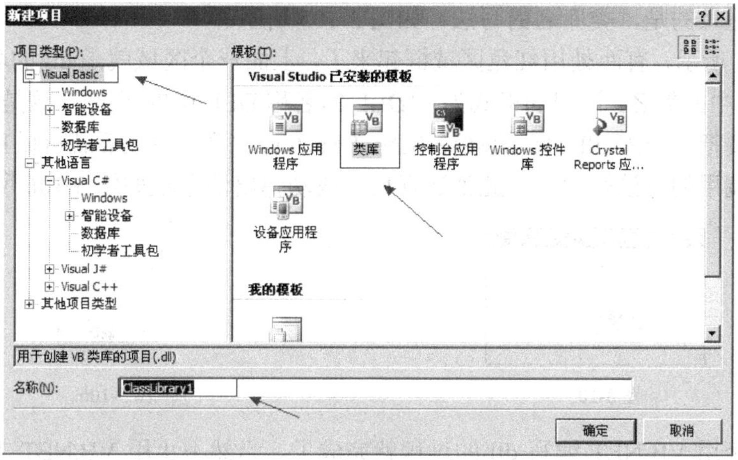

图 3-103

如图 3-103 所示，需要注意的是，在图的底下名称要进行填写，因为这个名称关系到后面的调用，此处就直接用默认值，然后点击确定按钮。为了能够让读者更好的理解，此处就用基础的例子讲解。在脚本编辑区中输入以下脚本：

```
Public Class Class1

 Sub t1()
  MsgBox("t1")
 End Sub

 Sub t2()
  MsgBox("t2")
 End Sub

End Class
```

写入代码之后，就要生成对应的 dll 类库。具体步骤：找到菜单栏中的“生成”→“生成 ClassLibrary1”，如图 3-104 所示。

图 3-104

接着找到生成的 dll，为了讲解的更加清晰，把此 dll 复制到了 D 盘的根目录下。完成这一步，准备工作就都完成了，接下来的工作就交给.NET Factory 了。最后，打开 QTP，在编辑区输入以下脚本：

```
'创建此 dll 的类库对象
Set oTest = DotNetFactory.CreateInstance("ClassLibrary1.Class1", _
"d:\ClassLibrary1.dll")
'调用此类库中的 t1 函数方法
oTest.t1
```

分析：

此处需要注意的是，类库名的写法，如图 3-105 所示。

如图 3-105 所示，有两处用红色区域框起来了，上面一个区域就是 dll 的名称，下面这个区域就是此 dll 中的类名，调用的格式为：“DLL 的名称.DLL 中的类名”。这是类库名的写法。第二个参数需要把此类库 dll 的存放路径给.NET Factory 对象。完成后就可以直接使用定义的对象调用需要调用的方法函数了。此处运行后，成功弹出消息框如图 3-106 所示。

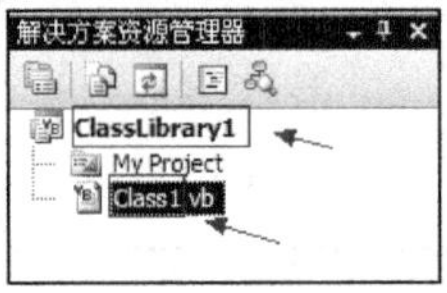

图 3-105

图 3-106

到此，一个用 VB.NET 编写 dll 的过程就完成了。当然不止用 VB.NET 方式，它同样支持 C#方式，一样可以进行调用，方法完全是一样的，只不过语言环境不一样，调用方式一样。

3.8.3 建立 GUI 数据配置交互的.Net Form

在之前的小节主要都是讲解如何来调用.NET 类，以及如何调用自定义的.NET 类。这一小节主要是把 QTP 调用.NET 技术领域进行了扩展。通过 QTP 调用.NET Form 下的一些控件元素来组成一个含有多种输入型控件的 Form 窗口，并且可以在执行 QTP 后进行一些简单的操作，来看一下具体的例子：

```
'##############################################################
'DATE: 12/06/10 LAST MODIFIED
'AUTHOR:  XU BIN ZHAO
'##############################################################
Set MyForm = DotNetFactory._
CreateInstance("System.Windows.Forms.Form", "System.Windows.Forms")

Set MyText = DotNetFactory._
CreateInstance("System.Windows.Forms.TextBox", "System.Windows.Forms")

Set MyRunButton = DotNetFactory._
CreateInstance("System.Windows.Forms.Button", "System.Windows.Forms")
```

```
Set MyClassLabel = DotNetFactory._
CreateInstance("System.Windows.Forms.Label", "System.Windows.Forms")

Set MyNoLabel = DotNetFactory._
CreateInstance("System.Windows.Forms.Label", "System.Windows.Forms")

Set MyLineLabel = DotNetFactory._
CreateInstance("System.Windows.Forms.Label", "System.Windows.Forms")

Set MyComboBox = DotNetFactory._
CreateInstance("System.Windows.Forms.ComboBox","System.Windows.Forms")

Set Pos = DotNetFactory._
CreateInstance("System.Drawing.Point", "System.Drawing",x,y)

'############# My Form ##############
        MyForm.width = 231
        MyForm.height = 125
        MyForm.text = "Test Execute Wizard"

'############# My ClassLabel ##############
        Pos.X = 12
        Pos.Y = 9
        MyClassLabel.Location = Pos
        MyClassLabel.text = "URL:"
        MyClassLabel.width = 59
        MyClassLabel.Height = 13

'############# My No Label ##############
        Pos.X = 12
        Pos.Y = 37
        MyNoLabel.Location = Pos
        MyNoLabel.text = "Iteration:"
        MyNoLabel.width = 76
        MyNoLabel.Height = 13

'############# My LineLabel ##############
        Pos.X = 12
        Pos.Y = 57
        MyLineLabel.Location = Pos
        MyLineLabel.text = "______________________________"
        MyLineLabel.width = 206
        MyLineLabel.Height = 13

'############# My  ComboBox #############
        Pos.X = 99
        Pos.Y = 6
        MyComboBox.Location = Pos
        MyComboBox.Items.Add "www.baidu.com"
        MyComboBox.Items.Add "www.51testing.com"
```

```
        MyComboBox.text = ""
        MyComboBox.Width = 112
        MyComboBox.Height = 21

'############# My  TextBox #############
        Pos.X = 99
        Pos.Y = 34
        MyText.Location = Pos
        MyText.Width = 112
        MyText.Height = 21
        MyText.text = ""

'############# My  RunButton #############
        Pos.X = 99
        Pos.Y = 73
        MyRunButton.Location = Pos
        MyRunButton.text = "Run"
        MyRunButton.width = 112
        MyRunButton.Height = 23

'############# Load All Controls #############
        MyForm.Controls.Add MyClassLabel
        MyForm.Controls.Add MyNoLabel
        MyForm.Controls.Add MyLineLabel
        MyForm.Controls.Add MyComboBox
        MyForm.Controls.Add MyRunButton
        MyForm.Controls.Add MyText

'###########Display the Dialog##########
        MyForm.CancelButton = MyRunButton
        MyForm.ShowDialog
        oURL = MyComboBox.text
        oIteration = MyText.text

'###########Destroy all variable#########
        Set MyText = Nothing
        Set MyButton = Nothing
        Set Pos = Nothing
        Set MyForm = Nothing
        Set MyComboBox = Nothing

"##########Print all Value##############
        print "URL: "+ oURL
        print "Iteration: "+ oIteration
```

分析：

脚本一开始主要是声明了许多.NET 控件类，接着是对每个控件的位置坐标大小以及它的各种属性进行了设置，然后再把所有配置好的所有控件类注入到 Form 里去，释放对象，最后打印之前操作的值。执行以上脚本后，QTP 会把所有的元素组合在一起，并拼接成了一个完整的 Form，就好像在 Visual Studio 里写程序一样。基本上我们能想到的控件都可以调用到，只要.NET Framework 里有这个控件类即可。需要注意此时的 QTP 是一直处于 Running 运行状态，除非用户关闭此窗口或者终结此窗口对象实例，如图 3-106 所示。

如图 3-107 所示，QTP 调试引擎的黄色箭头指向的是 MyForm.ShowDialog 语句。然后 Form 实例被 Destroy 了。

再切换回刚才的 Form，选择 URL 为 51testing，Iteration 输入 5，如图 3-108 所示，点击 Run 按钮，此时 QTP 的黄色箭头释放，继续执行 MyForm.ShowDialog 后的脚本，直到脚本执行完毕，最终可以在 print 对话框中看到之前已经在 form 中输入的一些信息，如图 3-109 所示。

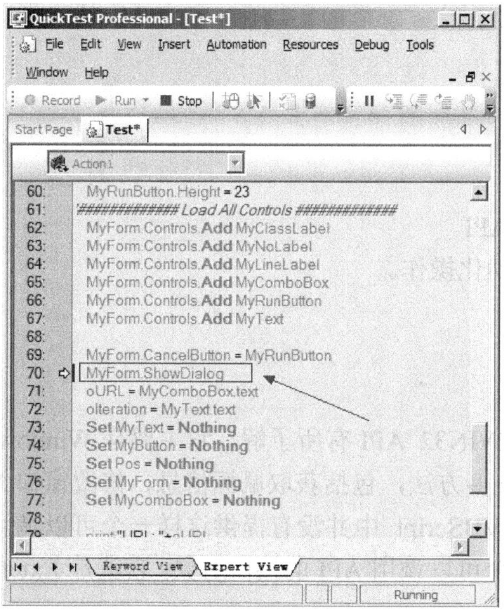

图 3-107

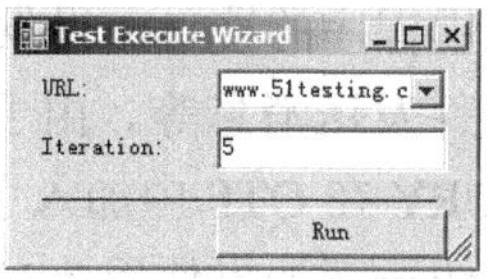

图 3-108

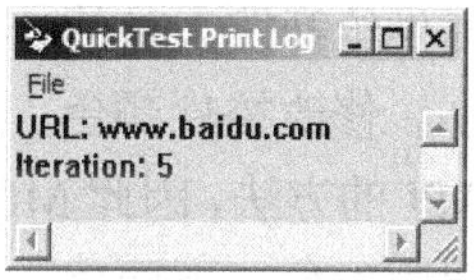

图 3-109

注意

此处有一点需要记住，在 QTP 中只能调用.NET 中的类库，不可以像 Visual Studio 中那样直接使用其事件功能，只能通过使用设置 CancelButton 来终结 Form 对象，并获取到输入的一些参数信息，看起来好像是执行了一个点击事件，但这是一个假象。

3.8.4　总结

本章节所介绍的.NET Factory 对象的使用属于比较重要的一项技术，在实际项目测试中经常会遇到一些 QTP 无法满足而必须要借助到强大的.NET 类来完成的一些情况。在介绍调用自定义类库的第二个小节后，可以对 QTP 进行无限地扩充，某些特殊的测试需求完全可以和开发人员合作完成。

知识点巩固和举一反三练习

一、利用.NET Factory 保留对象在 QTP 中创建一个 messagebox 类，并显示出来。

要求 **1**：Message 显示的内容为“QuickTest”。

要求 **2**：Message 标题为“helloworld”。

3.9 API 的应用

阶段要点

- 透彻分析 Extern 对象实际用法。
- 区分 3 种 DLL 调用方式。
- 快速掌握如何把原始 VB API 转化为 QTP API。
- 如何通过 VBS 调用 API 实现简单 GUI 自动化操作。

3.9.1 Extern 对象详解

做过 Windows 程序开发的工程师们一定会对 WIN32 API 有所了解，它主要是 Windows 提供给开发人员的一个应用程序的接口，提供了很多方法，包括获取鼠标信息、修改窗口大小、修改控件颜色、给控件发送消息等。由于在 VBScript 中并没有提供这样一个可以调用 API 的方法，因此 MERCURY 在 QTP 中加入了一个可以调用 API 的接口对象，它就是 Extern 保留对象。下面就详细介绍一下如果使用此对象。

Extern 对象：用于调用 Win32 API 的保留对象

类方法：Declare：声明 DLL 内部的过程引用。

调用方法：Extern.Declare (RetType, MethodName, LibName, Alias [, ArgType(s)])

需要使用 API 接口首先就必须在 QTP 中声明，一旦成功声明了一个内部函数引用后，QTP 就会自动加载此方法，并且在调用 Extern 之后提供了很方便的 Intellisence。

这里需要对此函数的几个参数进行一下解释，第一个 RetType 是需要调用函数返回值的数据类型，MethodName 就是函数名，这个从字面上就能够看出来，LibName 则是需要调用的 DLL 库文件的路径，如果是 Windows 系统，DLL 则直接引用 DLL 的文件名即可，如果是自定义，则需要写入完整路径才可以进行调用。Alias 则是 DLL 中的方法名，如果函数需要参数，可以在最后一并加上。具体调用方式如图 3-110 所示。

如图3-110所示，第一行代码的作用是申明需要调用的方法和DLL，此处调用的是user32.dll 中的 GetForegroundWindow 的方法，声明完毕之后，可以看见 Extern 对象实例已自动加载了之前声明的方法到 intellisense，即可直接通过 Extern 保留对象点出刚才直接声明的方法。

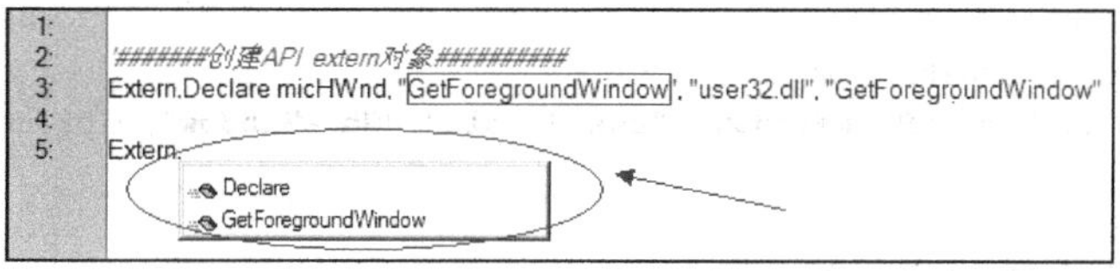

图 3-110

> **注意**
>
> 此处的 Extern 有一个缺陷，就是 intellisense 的更新问题，当声明好一个 API 方法之后，QTP 首先需要运行一次才会为 Extern 保留对象自动添加这个声明好的变量。如果删除声明的这一行脚本，QTP 的 intellisense 中仍然会保留原先的 API 方法，而不会自动删除。

API 的用法和一些注意事项都已经说的很清楚了，下面就通过几个实际的例子讲一下如何来使用 API。

实例 1：获取当前窗口的句柄。

句柄是一个在自动化测试中经常会使用到的、能够唯一识别控件的属性。但是句柄往往是动态的，每一次重新打开窗口之后，此窗口的句柄就会发生变更，因此，只有通过动态获取到当前打开的窗口句柄来定位对象窗口，下面看一下 QTP 中具体是如何实现的：

```
'#######启动浏览器########
systemutil.Run "iexplore.exe"

'#######创建 API  Extern 对象##########
Extern.Declare micHWnd, _
"GetForegroundWindow", "user32.dll", "GetForegroundWindow"

'######使用 WIN32 API 获取窗口的句柄######
hwnd = Extern.GetForegroundWindow()

'########通过获取的句柄控制浏览器窗口并跳转百度#####
Browser("hwnd:=" & hwnd).Navigate "http://www.baidu.com"
```

分析：

首先运行了 IE 浏览器，之后声明 WIN32 大中的 GetForegroundWindow 方法，此处的 GetForegroundWindow 方法代表动态获取当前窗口的句柄，最后使用 QTP 的描述性编程直接定位 Browser 对象，并转至百度页面。

实例 2：运行测试脚本时最小化 QTP 窗口。

在执行自动化测试过程中，经常会出现 QTP 窗口挡住测试程序界面的现象，特别是在进行脚本调试的时候，需要去判断到底问题是出在哪个环节上，如果 QTP 把界面给挡住了，将会非常不方便，每次都需要使用 Tab 键来进行切换才可以，不过当有了 WIN32 API 之后，就可以直接调用它的 ShowWindow 方法来直接把 QTP 自身对象窗口最小化：

```
Const SW_MINIMIZE = 6
'声明 user32.dll 中的 ShowWindow 方法
Extern.Declare micLong,"ShowWindow","user32.dll","ShowWindow",micLong,micLong

'高亮 QTP 窗口对象
Window("text:=QuickTest.*").highlight

'获取 QTP 自身的窗口对象的句柄属性
ohwnd = Window("text:=QuickTest.*").GetROProperty("HWND")

'调用 ShowWindow 方法 并加入最小化窗口参数
Extern.ShowWindow ohwnd,SW_MINIMIZE

'等待两秒钟
wait 2
```

分析：

代码中的第一行相信读者应该在之前的例子中已经掌握了它的用法。接着脚本通过描述性编程的方式来获取到 QTP 对象窗口（此处也可以使用对象库，为了讲解方便，直接用描述性编程来代替），并使用 GetROProperty 方法获取到其 QTP 对象窗口的句柄属性值，并加入到后面 ShowWindow 函数的第一个参数中，作用是定位需要更改窗口显示状态的窗口对象，第二个参数则是代表需要更改的窗口状态，此处为 SW_MINIMIZE，即代表最小化窗口。

注意

QTP 本身并没有加入反 HOOK 注入，因此，同样可以把 QTP 自身程序窗口加入到对象库中并对其进行一些操作。以上脚本就是直接通过 Window("text:=QuickTest.*")获取到 QTP 对象窗口的，获取到之后即可方便做操作。

小提示

QTP 主要提供了 3 种 DLL 的调用方式，这 3 种调用方式分别为 Extern、CreateObject、DotNetFactory，而这 3 种调用方式都分别对应着不同类型的 DLL。首先 Extern 所调用的 DLL 为 WIN32 API－DLL，Createobject 所调用的是 ActiveX 类型的 DLL，这类 DLL 其实应用的最多，AOM\EOM 等都是此类型的 DLL，最后一种.NET Factory 是直接调用.Net framework 或者.NET 自定义的 DLL。这些希望读者能够把它们区分开。

3.9.2 VB API 转化 QTP API

在前一小节中大致讲解了如何在 QTP 中调用 WIN32 API 以及 Extern 的语法和实际使用。

但是如果不熟悉 WIN32 API，每次使用 WIN32 API 之前都需要使用 API viewer 查找到相应的函数声明语句，找到这些相应的函数声明语句之后还不可以直接进行使用，因为 QTP 本身的语法只支持 VBS，而 VBS 并不支持直接调用 WIN32 API，只能将之前的函数声明语句转化成 Extern 调用声明语句来适应 QTP 的使用。其实细心的读者一定会发现它们之前的转化是有一定的规律的。因此，完全可以去实现一个自动化转化的过程，当然在这里要告诉大家一个好消息，印度的 QTP 大师 Tarun Lalwani 已经为我们完成了这样一个工作，这样就可以直接拿来使用了。这里通过一个简单的例子来讲解如何一步步实施。

1. 下载并安装 API Viewer tools

由于.NET 程序不像在 Visual Studio 中有 API Viewer 这样的工具，因此，需要自行去下载一个，或者计算机上同时也装有 Visual Studio 6.0 即可。下载地址请访问 activevb.de 网站。

2. 打开 API Viewer 并加载相应的库

打开时窗口中的很多控件都是 Disable 状态，即不可用的，因为此时还没有对程序加载相应的库文件，API Viewer 是空的状态，现在加载相应的 WIN32 库文件，点击 File→Open，选择 Win32api.apv，如图 3-111 所示。

在选中 WIN32api.apv 后，点击打开按钮，就会加载相应的库。所有控件的数据都被自动填入并可供选择使用，如图 3-112 所示。

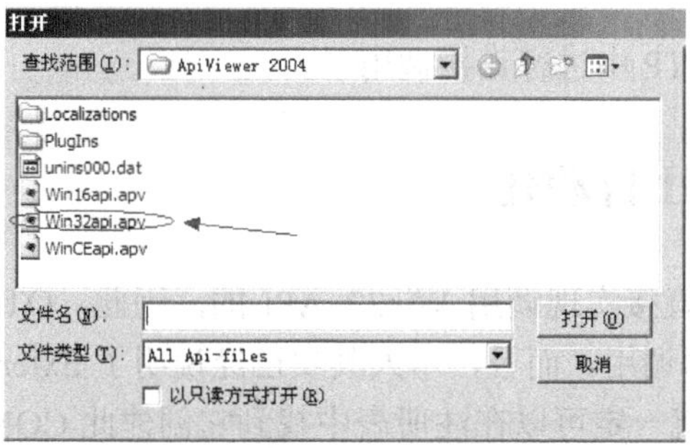

图 3-111

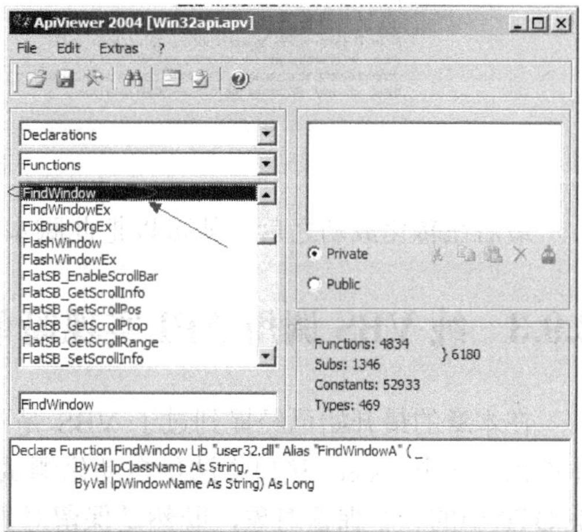

图 3-112

如图 3-10 所示，已经选中了 FindWindow，同时此工具自动生成了相应的 VB API 脚本。

3. 下载并安装 VB To QTP API Declaration Converter

在获取了原始 API 脚本之后，就需要把它转化为 QTP 调用 API 的脚本了。首先需要把前面提到的 Tarun Lalwani 提供的工具下载下来。

下载地址请访问 knowledgeinbox 网站。

下载并安装完此工具之后，打开主程序，可以看到窗口中有两个 TextArea 文本域，第一个文本域的作用是用于写入原始 VB API ，第二个 TextArea 文本域是用于转化第一个原始 VB API 成 QTP API 以后的结果。了解了此转换器的功能后，只需要直接把刚才获取到的 VB API 脚本粘帖到第一个 TextArea 里，接着直接点击转换按钮 Convert to QTP API Declarations 即可。这样第二个文本域中就会自动生成了与之前 VB API 对应的 QTP API，如图 3-113 所示。

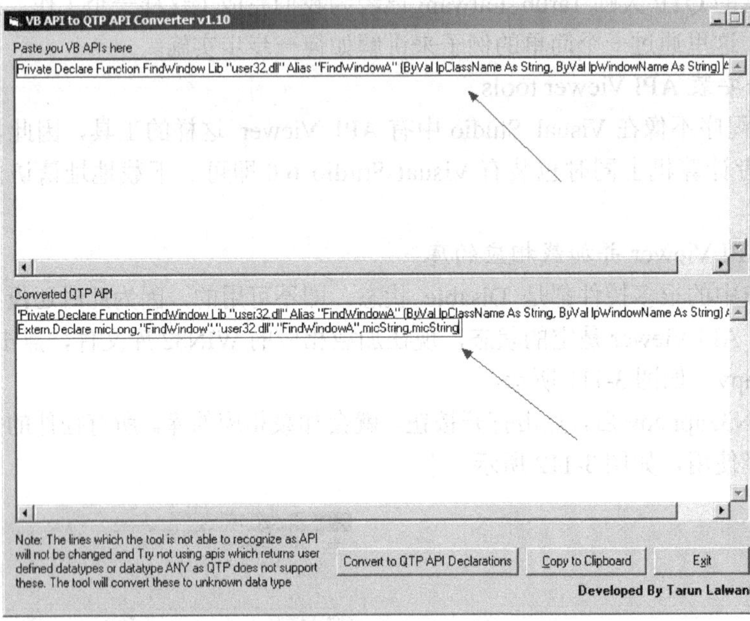

图 3-113

最后在转化成功之后，就可以把此脚本放到 QTP 中进行直接调用了。

3.9.3 纯 VBS 调用 API 实现简单 GUI 自动化

在本章的最开始已经提到过了 VBS 是不可能直接实现调用 Win32 API 的，因此，QTP 才提供了一个 Extern 接口方法供自动化测试工程师调用。而且，本人其实已经说明了 Extern 是 QTP 中的一个保留对象，既然是保留对象，那就一定可以在注册表中找到它创建此 COM 对象所对应的 ProgID，如图 3-114 所示。

从图 3-114 中可以看见 Extern 的 ProgID 值已经被暴露出来了，并且可以通过 Icons 项来找到相应的库路径：D:\Program Files\HP\QuickTest Professional\bin\MicExternCall.dll，这就可以通过 CreateObject 创建一个新的 Extern 实例作为独有的对象了，QTP 启动时即调用的保留对象。它具体有什么样的好处呢，一起来看一下，直接在 VbsEdit 中创建此 ActiveX com 对象。

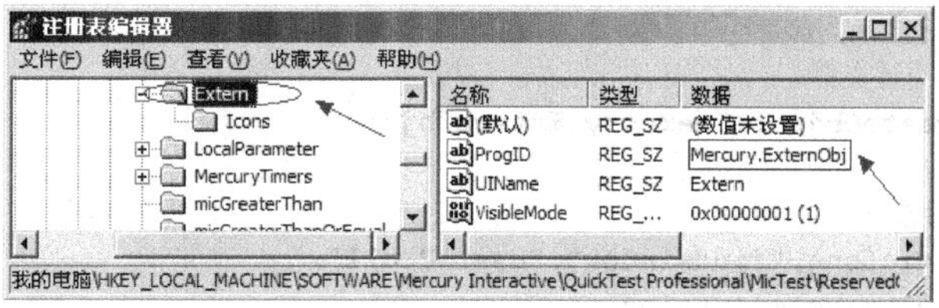

图 3-114

```
'创建 Extern 对象的会话实例
Set Extern = CreateObject("Mercury.ExternObj")
```

在写入以上脚本之后，可以在 VbsEdit 中的 Object Browser 下找到已经实例化的对象，如图 3-115 所示。

同时在使用此对象时，VbsEdit 会自动加载相应的属性，如图 3-116 所示。

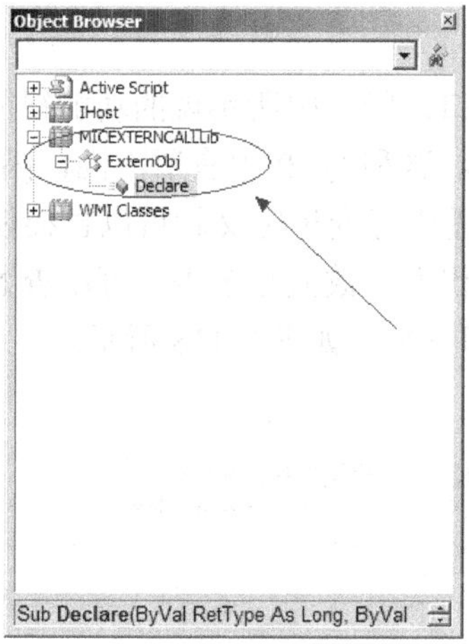

图 3-115

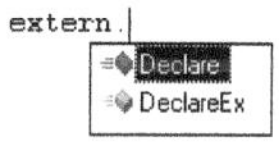

图 3-116

注意

如果是第一次在 VBS 中直接创建此对象，可能会出现问题，需要先注册此 DLL 或者直接在 VbsEdit 的 References 中进行注册，如图 3-117 所示。

如图 3-117 所示，在 VbsEdit 中引用需要的库后，工具会自动帮助我们进行注册，注册完毕之后即可直接在 VBS 中运行调用，包括 QTP 关闭状态下。一起来看几个简单的例子。

实例 1：获取窗口句柄：

```
'定义变量
Const micLong = 3
Const micString = 8
```

```
'创建 Extern 对象的会话实例
Set oExtern = CreateObject("mercury.ExternObj")

'声明 FindWindow 对象
oExtern.Declare micLong,"FindWindow","user32.dll", _
"FindWindowA",micString,micString

'获取记事本对象窗口的句柄
hwndWindow = oExtern.FindWindow(vbNUllString,"无标题 - 记事本")

'打印记事本返回的句柄值
MsgBox hwndWindow

'释放对象
Set oExtern = Nothing
```

分析：

首先，执行此脚本之前需要打开一个记事本窗口，脚本中所实现的功能很简单，就是获取到记事本窗口的句柄，此处一开始需要定义变量，这和 QTP 中有所不同，因为在 QTP 的脚本引擎中，已经默认给这些变量进行了赋值，无需进行变量定义就可以直接使用。在 VBS 中是不可以直接使用的，如果记不住这些变量分别代表的数值是多少，可以查 MSDN，也可以直接在 QTP 中输入以下脚本即可把这些值给打印下来，如图 3-118 所示。

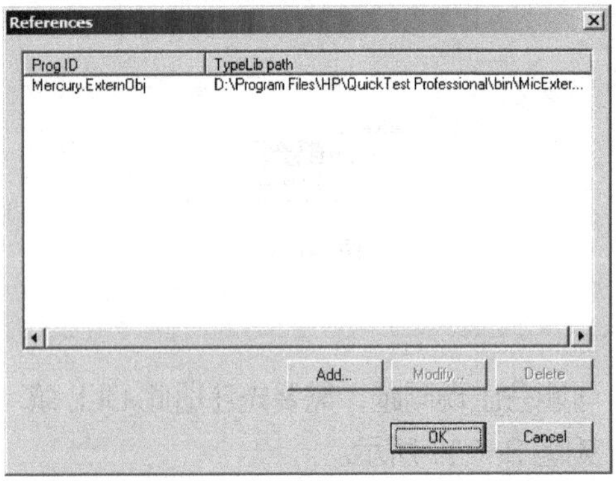

图 3-117

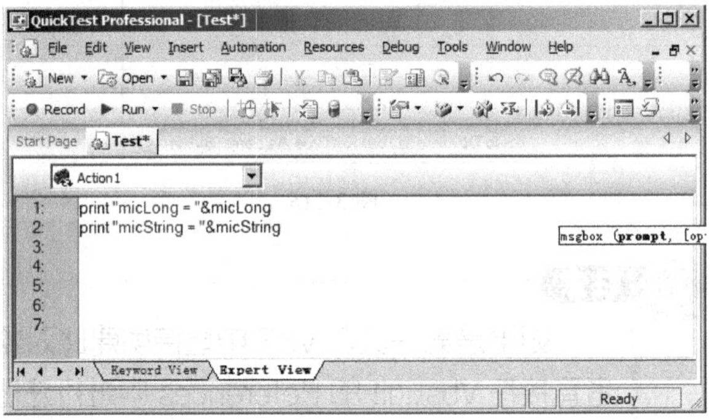

图 3-118

执行结果如图 3-119 所示。

如图 3-119 所示，直接把这些值复制过去就可以使用了，后面的步骤，除了创建一个新的 Extern 对象的会话实例外，其他和在 QTP 中没有什么太多的区别。

实例 2：实现一个按钮的点击操作。

假设有如图 3-120 所示的一个消息框，如何能够直接通过 VBS 调用 API 来点击确定按钮呢，如图 3-120 所示。

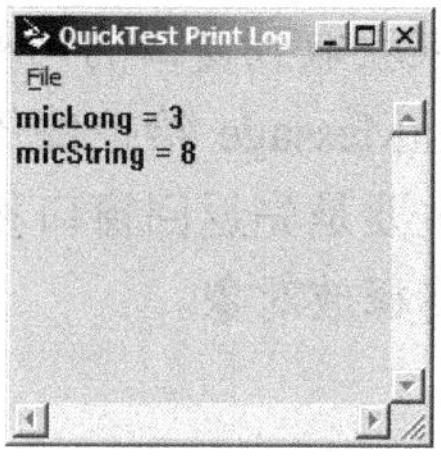

图 3-119

图 3-120

请看以下脚本：

```
'定义变量
Const micLong = 3
Const micString = 8
Const micRef = 32768
Const BN_CLICK = 245

'创建 Extern 对象的会话实例
Set oExtern = CreateObject("Mercury.ExternObj")

'*************声明所有 API 函数方法*****************
oExtern.Declare micLong,"FindWindow","user32.dll", _
"FindWindowA",micString,micString

oExtern.Declare micLong,"FindWindowEx","user32.dll", _
"FindWindowExA", micLong,micLong,micString,micString

oExtern.Declare micLong,"PostMessage","user32.dll", _
"PostMessageA",micLong,micLong,micLong,micRef+micLong

oExtern.Declare micLong,"SetActiveWindow","user32.dll", _
"SetActiveWindow",micLong
'**************************************************

'返回消息框窗口的句柄
hwndWindow = oExtern.FindWindow(vbNUllString,"hello")
'返回确定按钮的句柄
hwndButton = oExtern.FindWindowEx(hwndWindow,0,vbNullString,"确定")
'激活消息框窗口
oExtern.SetActiveWindow hwndWindow

'发送点击事件消息给确定按钮
oExtern.PostMessage hwndButton,BN_CLICK,0,0

'释放对象
Set oExtern = Nothing
```

分析：

以上脚本一共定义了 4 个 API 函数，分别是 FindWindow、FindWindowEx、PostMessage、

SetActiveWindow。第一个 FindWindow 是通过窗口 title 名来获取到窗口的句柄，FindWindowEx 根据句柄和控件名来获取到控件的句柄，第三个函数 PostMessage 给控件传送消息，最后一个是 SetActiveWindow 代表激活窗口。脚本的执行过程主要是先返回窗口和控件的句柄，随后激活窗口，并为窗口下的按钮控件加入点击事件，最终释放对象。

3.9.4 总结

本节主要对 Extern 对象进行了详细讲解，并且介绍了一些较为基础的 API 函数的使用方法，以及在 VBS 中直接使用 API。其实 API 在实际的自动化测试中应用的频率并不是非常高。一旦在自动化测试过程中遇到一些比较特殊的问题，或者 QTP 无法解决的问题导致无法继续自动化测试时，API 就能显现出它强大的威力了。举一个简单的例子：当 QTP 操控 Web 中的选取文件路径对象时就会卡在 Dialog 对话框上，一旦 QTP 激活了 file 控件并弹出对话框后，QTP 就会变成，无法停止，也无法继续进行后续脚本的运行状态。只有手动关闭此对话框才可继续执行后续脚本。此种情况就可以使用本节讲到的 API 来解决。其实 Win32 已经提供了非常丰富的 API 供开发人员进行使用，测试人员还可以利用它来实现更多，只有你想不到，没有你查不到。

知识点巩固和举一反三练习

在 QTP 环境下利用 Win32 api 最大化当前打开的浏览器窗口。

要求 1：使用 Extern 对象。

要求 2：准备一个最小化的 IE 浏览器窗口。

Chapter 4

第 4 章

QTP 领先技术之走向世界

4.1 QTP 深入探索

阶段要点

- 访问对象自身接口的特殊渠道。
- 重载页面后 Web 对象的重用。
- ORM 对象库自动化模型。
- 重写 Report 对象。
- XML 联合 XSL 输出 HTML 报表。
- 创建保留对象的会话实例。
- AutoItX 技术的应用。

4.1.1 访问对象自身接口的特殊渠道

在这里介绍扩展另一种访问对象自身接口的技巧，就是通过 QTP 封装函数来获取，这个技巧非常实用。

方法："attribute/自身接口属性名"。

使用这个方法，我们就可以通过 QTP 封装的方法来访问其自身接口了，而不用再使用 object 来获取，此方法可以结合很多 QTP 的方法进行使用，并且可以发挥出很强大的作用。

1. 结合 GetROProperty 使用（见图 4-1）

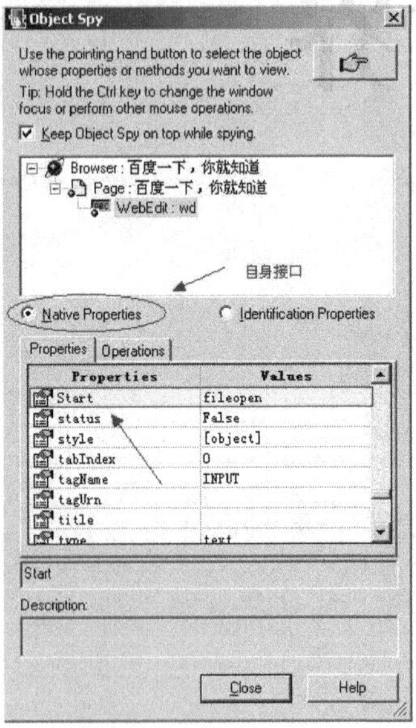

图 4-1

获取自身接口属性 Start 的值：

```
Msgbox Browser("百度一下，你就知道").Page("百度一下，你就知道")._
WebEdit("wd").GetROProperty("attribute/Start")
```

结论：使用此方法可以获取自身接口的 Start 属性。

2. 结合 CheckProperty 使用

验证自身接口属性 Start 的值是否正确：

```
Browser("百度一下，你就知道").Page("百度一下，你就知道")._
WebEdit("wd").CheckProperty "attribute/Start","fileopen"
```

结论：使用此方法可以验证自身接口的属性，避免了再使用.object 来获取并进行判断的麻烦。

3. 结合 WaitProperty 使用

```
Browser("百度一下，你就知道").WaitProperty "attribute/ReadyState","4"
```

结论：我觉得与此方法结合最实用。大家都知道 QTP 的这 3 个方法都是 QTP 封装的方法，这些方法都只能支持 QTP 封装的属性，而自身接口属性是不能使用此方法进行访问的，这样如果需要使用 WaitProperty 方法去等待自身属性就会不可实现的，若使用 attribute 进行转化就可以轻松完成我们的需求。

4.1.2 重载页面后 Web 对象的重用

这个小节主要讲解页面同步和对象同步后重用失败的问题，在测试中经常会出现在两个页面中使用同一个对象的情况，出现这样的情况一定是使用同一个对象来处理，这样才不会出现重复对象，如使用百度搜索，当打开百度时有一个搜索框，输入一些内容并提交后，页面会重载并且搜索框这个对象仍然存在，这个时候如果需要再次控制搜索框这个对象，一定会想到直接使用之前对象库里的那个搜索框对象，因为它们是同一个对象。接下来我们，一步步进行操作和讲解。来看下面的例子，实现的是在输入搜索内容并点击提交后，页面跳转完成，然后继续对搜索框进行输入。

实例：

```
SystemUtil.Run "iexplore.exe"
Set oBrowser = Browser("micClass:=Browser")
Set oEdit = oBrowser.Page("micClass:=Page").WebEdit("name:=wd","index:=0")
oBrowser.Navigate "www.baidu.com"
With oEdit
  .Set "zzxxbb112"
  .Submit
End With
oEdit.Set "blog.csdn/zzxxbb112"
```

分析：

在运行以上脚本后，QTP 首先是输入搜索内容然后提交，在提交的瞬间也就是页面还有跳转完成时就提前输入了另一个值，而这并不是我们想要的效果，我们需要的是等页面跳转完成之后，再输入另一个搜索内容。解决这个问题的办法是添加同步函数 sync，脚本如下所示，添加注释的地方为修改处：

```
SystemUtil.Run "iexplore.exe"
Set oBrowser = Browser("micClass:=Browser")
Set oEdit = oBrowser.Page("micClass:=Page").WebEdit("name:=wd","index:=0")
oBrowser.Navigate "www.baidu.com"
With oEdit
  .Set "zzxxbb112"
  .Submit
End With
oBrowser.Sync  '使页面加载完成之后再进行输入搜索内容
oEdit.Set "blog.csdn/zzxxbb112"
```

分析：

在添加完同步脚本之后，QTP 就会等待页面缓冲完成之后，才对搜索框进行输入操作，但是问题又来了。运行以上脚本后却碰到了另一个问题。QTP 无法对重载页面后的搜索框对象进行操作，其实它们是一个对象。

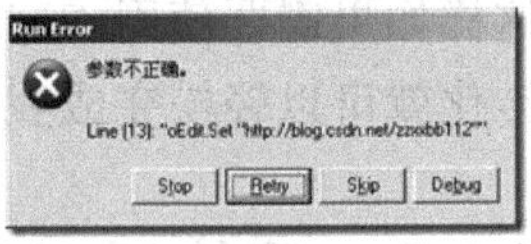

图 4-2

产生这个问题的原因是，因为当页面同步完成时，测试对象还没有被同步，因此导致无法对其进行操作，而报出了以上的错误。不过幸好 QTP 提供了一个方法可以解决此问题。

脚本如下所示：（添加注释的地方为修改处）

```
systemutil.Run "iexplore.exe"
Set oBrowser = Browser("micClass:=Browser")
Set oEdit = oBrowser.Page("micClass:=Page").WebEdit("name:=wd","index:=0")
oBrowser.Navigate "www.baidu.com"
With oEdit
  .Set "zzxxbb112"
  .Submit
End With
oBrowser.Sync
oEdit.init ‘添加一句 init 方法来同步测试对象
oEdit.Set "blog.csdn/zzxxbb112"
```

分析：

执行以上脚本后，成功做到了在 Web 页面加载后对象的复用。obj.init 方法为 QTP 的隐藏方法，在帮助文档中都没有任何的介绍，用于重新同步页面上的测试对象。可以通过使用 Vsual Studio 2008 改装过的 Debug 引擎来查看此方法，如图 4-3 所示。

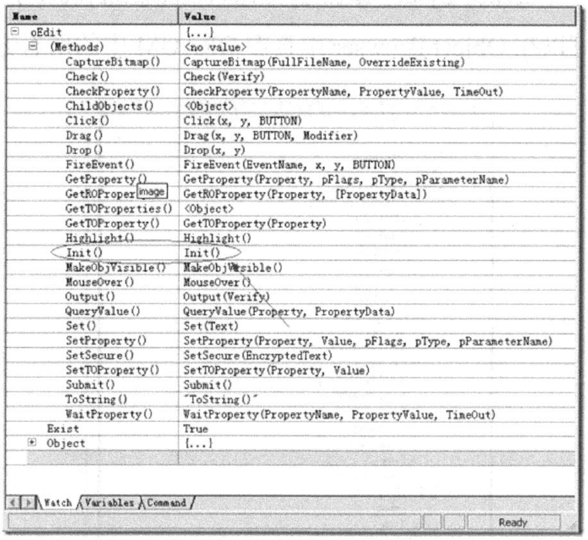

图 4-3

4.1.3 ORM 对象库自动化模型

读者还应该记得在本书之前的内容中已经介绍过了 AOM 的相关知识点，主要是用于把 QTP 工具本身的一些操作自动化，它是 QTP 本身提供的一套组件。本节的 ORAOM 同样也是 QTP 提供的一项组件，它的作用主要是自动化 QTP 中的对象库。

```
ORAOM: Object Repository automation object model （对象库自动化模型对象）
```

说明：

就像 QTP 自动化模型对象来自动化 QTP 的操作一样，可以在 QTP 外部使用 ORAOM 中的对象和对象的方法，并通过脚本形式来完成多个对象的共享操作，而不是使用 Object Repository Manager 来手工进行操作，如测试对象的增、删、改，XML 对象库的导出和导入，检索与复制测试对象等。

对象描述如表 4-1 所示。

表 4-1

Object Model	Description
ObjectRepositoryUtil	以 QTP 外部对象库文件中的对象进行操作和管理
TOCollection	测试对象的集合可以通过 ObjectRepositoryUtil 返回

实例：

（1）在 VBSEdit 中创建 ObjectRepositoryUtil 对象：

```
Set autoRepository = CreateObject("Mercury.ObjectRepositoryUtil")
```

创建完对象后，可以在 Object Browser 中查看 ORAOM 中的所有方法，如图 4-4 所示。

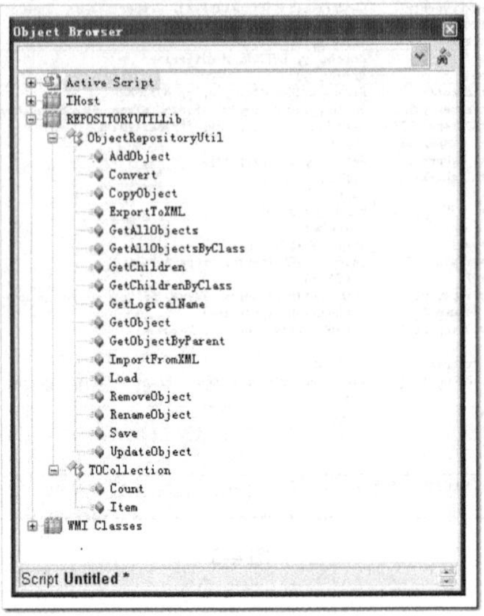

图 4-4

（2）准备一个 TSR 格式的对象库文件，还是以百度为例，在对象库中添加一个搜索文本框对象，两个链接对象（贴吧、知道）后导出 TSR 文件，如图 4-5 所示。

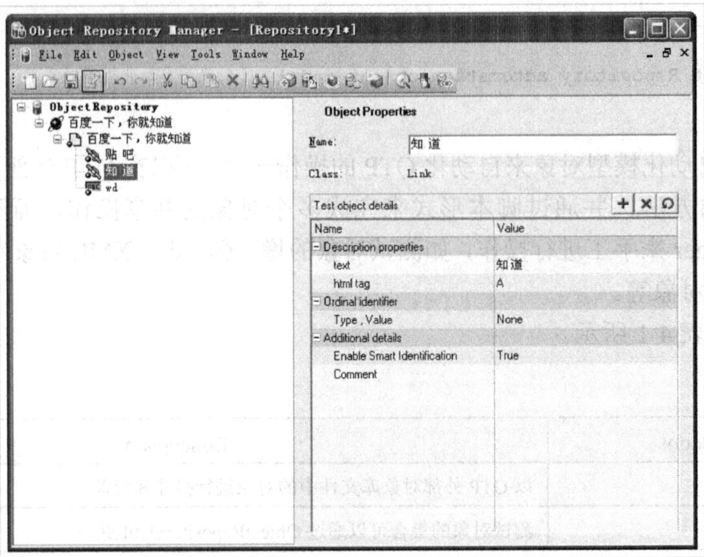

图 4-5

（3）保存好 TSR 文件之后，就可以使用 ORAOM 来导入 TSR 文件，并对其进行操作了。

代码如下：

遍历对象库找到对应的测试对象，并对其进行对象名和属性名的更改：

```
Option Explicit '强制所有变量的显式声明
'声明变量
Dim  autoRepository,TOCollection,testobject,i
'创建 ORAOM 对象
Set autoRepository = CreateObject("Mercury.ObjectRepositoryUtil")
 '导入对象库文件
autoRepository.Load "d:\baidu.tsr"
 '获取所有链接类的对象集合
Set TOCollection = autoRepository. _
GetAllObjectsByClass("Link")
For i = 0 To TOCollection.count - 1  '遍历所有测试对象
  Set testobject = TOCollection.item(i) '获取测试对象
  '判断对象名称为“知道”则执行操作
  If autoRepository.GetLogicalName(testobject) = "知 道" Then
     '更改对象库的 TEXT 属性为“图 片”
     testobject.SetTOproperty "text","图 片"
     autoRepository.UpdateObject testobject   '更新对象
     autoRepository.RenameObject testobject,"图 片"  '重命名对象名称
     autoRepository.Save  '保存对象库
     Exit For  '退出循环
  End If
Next
'释放所有对象
Set testobject = Nothing
Set TOCollection = Nothing
Set autoRepository = Nothing
```

注意

以上代码的对象释放不可省略，并且要由里向外释放，否则会造成运行时报错，这一点在 QTP 的帮助文档里也没有提到。不过经试验，运行多次仍然会报如图 4-6 所示的错误。这可能是 QTP 工具本身的 Bug。

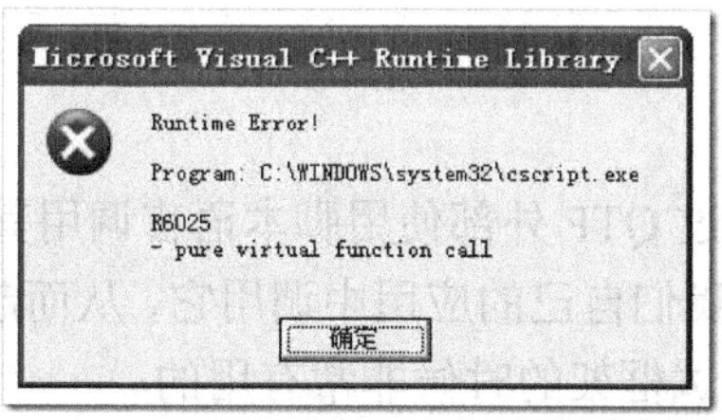

图 4-6

执行完以上脚本之后，重新打开之前的那个 TSR 文件，可以清楚地看到之前 Link 类的“知 道”对象的对象名和属性名已经都被改成了“图片”，此时原来的“知道”对象就已经不

存在了，而“图片”这个对象则取代了它的位置。

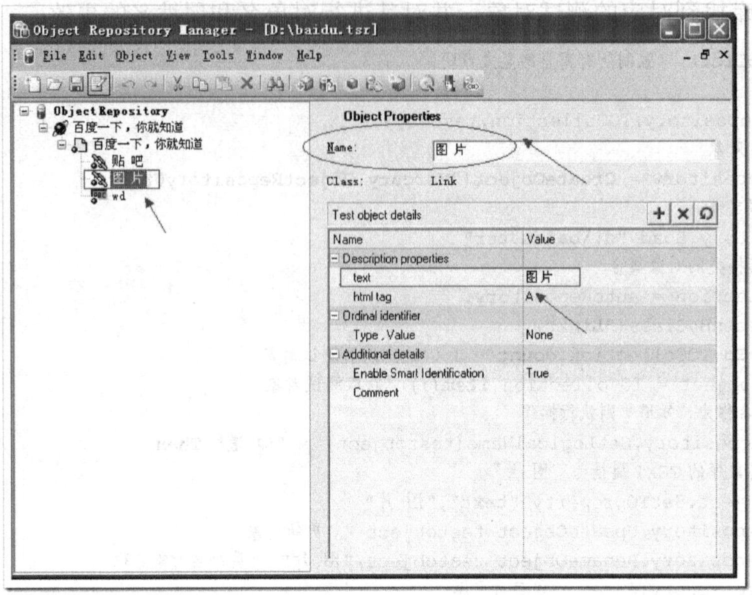

图 4-7

当选择“图片”这个对象，然后点一下高亮之后，可以清楚地看到，这个对象已经定位在图片链接上了，如图 4-8 所示的 Highlight 部分。

图 4-8

总结：

ORAOM 的作用主要是通过 QTP 外部使用脚本语言调用其 COM 自动化对象模型来对其对象库进行操作，甚至可以在我们自己的应用中调用它，从而起到自动化测试对象库的效果，这些都是在自己开发自定义测试框架的时候非常有用的。

4.1.4 重写 Reporter 对象

不知道大家有没有使用过自定义的 Reporter，QTP 的 Reporter 应用非常局限，甚至有时感觉设计的不是很合理，其实完全可以写自定义的结果报告，不过本小节不是讲解怎么设计结果报告，而是讲解通过重写 QTP 中的 Reporter 对象来完成自定义的结果报告。这样做的优势很明显，其一是让能够熟练使用 Reporter 对象的读者继续使用他们熟悉的函数，其二是可以充分利用 Reporter 对象的智能代码提示功能。省去配置自定义保留对象的麻烦：

```
'重写自定义类
Dim Reporter
Set Reporter = New clsReporter
'定义可以被 Action 调用的 FUNCTION
Public Function GetReporter
  Set GetReporter = Reporter
End Function
'类定义
Class clsReporter

  Dim oFileReporter

  Public Sub ReportEvent(iStatus, sStepName, sDetails)
    oFileReporter.AppendAllText "D:\hello.txt", _
    sStepName & " - " & sDetails  & " - " &Now & vbCrLf
  End Sub

  Private Sub Class_Initialize
    Set oFIleReporter = DotNetFactory("System.IO.File")
  End Sub

End Class
```

分析：

首先介绍一下 clsReporter 这个类，它主要实现的是，新建一个 TXT 文件，然后在里边写入内容。里面有一个函数名字为 ReportEvent，注意这个函数名是不能改的，因为 QTP 中 Reporter 有一个方法也叫 ReportEvent，这样才能够重写此函数，在类的最后还有一个初始化类，使用的是.WETFactory 这个接口来调用.NET 类，这个类中牵涉的知识点还是比较多的，若是不清楚某些基础知识，可到本书前面的章节中进行补习。

> **注意**
>
> 如果需要将此类应用到 QTP 的 Resources 中，就必须在此函数文件中定义类的实例化函数，这是因为 QTP 的 Rescources 不支持直接读取函数文件中的 Class 类，因此，需要增加一个步骤让 QTP 可以访问到函数库中的 Class：

```
Set Reporter = New clsReporter
'定义可以被 Action 调用的 Function
Public Function GetReporter
  Set GetReporter = Reporter
End Function
```

分析：

创建 clsReporter 这个类并返回 Reporter 对象，并通过 GetReporter 这个函数来把 Reporter 对象进行返回。接着就可以把以上所有的代码都保存为一个 VBS 文件，并通过 QTP 的 Associated Function Libraries 把此文件加载进来，这样就可以直接用代码来调用此函数，从而达到重写 QTP 中 Reporter 的方法的功效。

- 资源池加载视图（见图 4-9）。

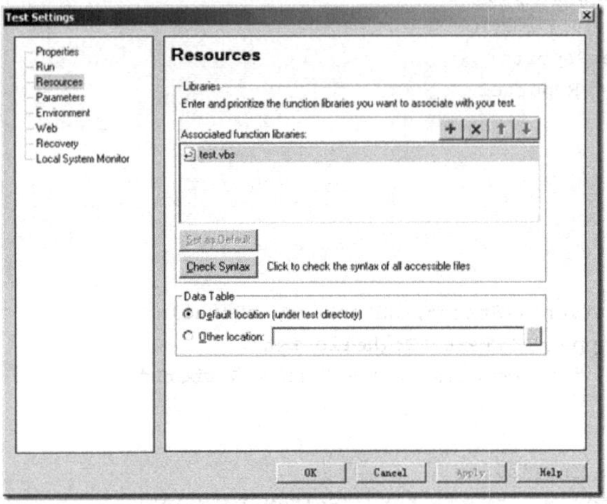

图 4-9

如图 4-9 所示，当完成了函数库文件后，即可直接在 QTP 的 Recources 中加载此函数库文件进行使用。那么，如何来使用此函数库中的类文件呢，具体使用如下：

```
Dim Reporter
Set Reporter = GetReporter
```

- 脚本试图代码（见图 4-10）。
- 结果文件（见图 4-11）。

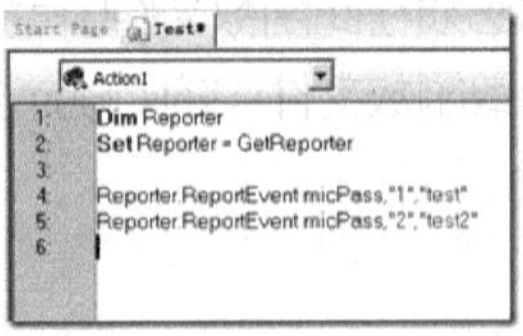

图 4-10

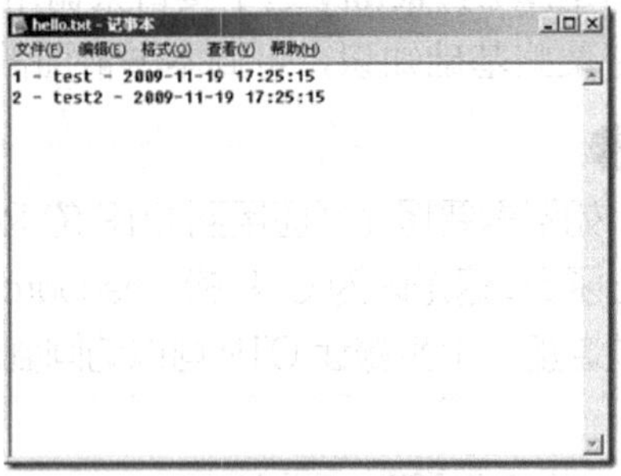

图 4-11

总结。

Reporter 对象其实还有很多我们不为人知的秘密，有很多值得我们去探索的地方，例如：

通过 Visual Studoin 8 的 Debug 引擎查到的许多隐藏方法，以及在 Reporter 载入 HTML 文件并显示等。

4.1.5　XML 联合 XSL 输出 HTML 报表

在讲这一章节之前，首先要介绍一下 XSL 是什么。

- XSL：简单的说就是一个模板文件，它可以和 HTML 中的标记一起使用，并用来设置格式。

在大致了解了 XSL 后，我们就可以开始这一节的学习了。首先都知道，平时当我们运行完 QTP 脚本后，QTP 都会生成一个 Test Result，如图 4-12 所示。

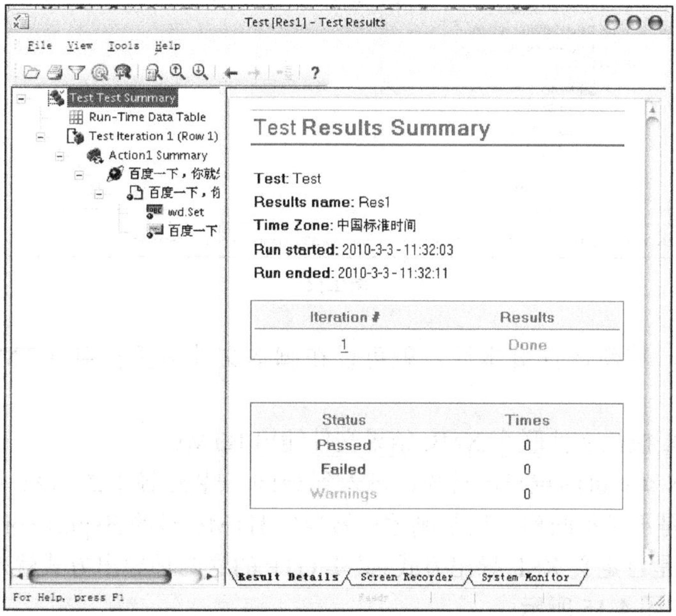

图 4-12

在这个结果页面里我们进入 File→Export Report，如图 4-13 所示。

这里的文件类型就选择 HTML，然后 Export Format 这里就暂时先不管，先选择 Short，然后点击 OK 按钮，就可以生成一份非常漂亮的，根据这个 Report 转化的 HTML 文档了，但是如果每个脚本都这样导出会显得十分麻烦，因此，需要想办法把这一步骤进行自动化，方法有两种。

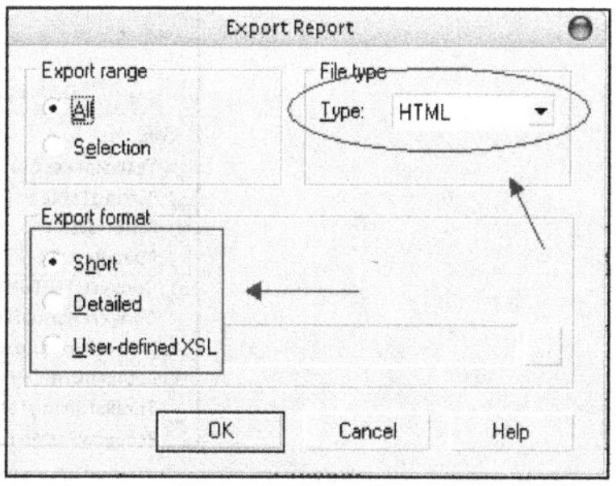

图 4-13

（1）修改注册表（见图 4-14）。

如果 QTP 是 9.2 版本的话可以直接修改注册表里的值，进入：HKLM→SOFTWARE→Mercury Interactive→

QuickTest Professional→Logger→Media→Log，然后把 Active 的属性改成 1，默认为 0。

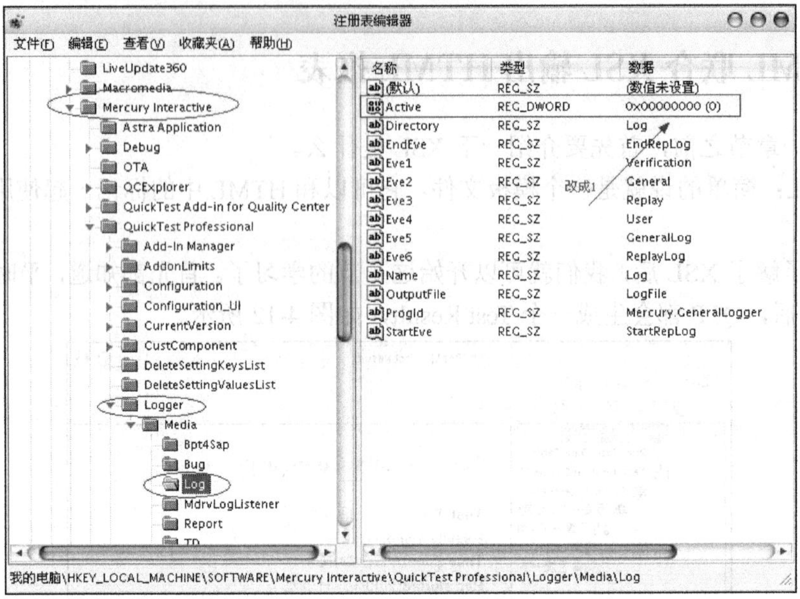

图 4-14

关闭注册表，重新运行脚本后，就可以在脚本文件夹里找到 HTML 格式的结果文件了。

（2）使用 XSL 模板文件联合 XML 结果文件输出 HTML。

这个方法是本节要讲的重点。首先，进入到 QTP 安装路径下的 DAT 目录，可以看到这两个 XSL 文件，是不是很眼熟，这是刚才在做导出 HTML 时的 Export Format 栏中的两种导出方式，最后一项是自定义 XSL 导出方式。其实 QTP 的这两种导出方式就是依靠这两个 XSL 的模板文件的，如图 4-15 所示。

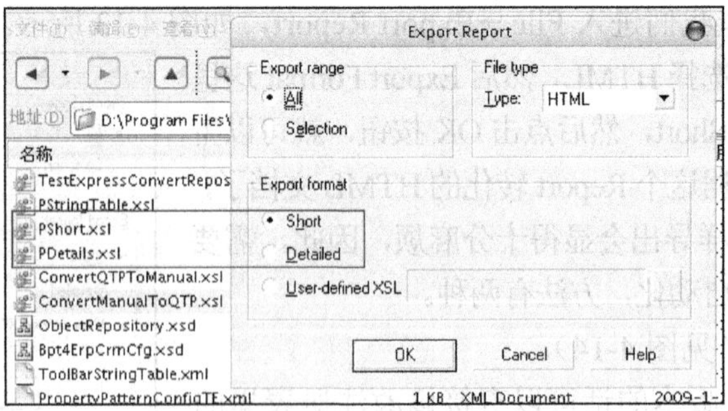

图 4-15

接下来这段脚本是本人在 SQA 论坛上找到的一段手程序，把它进行了改写，加入了对中文的支持，原来 HTML 都是不支持中文的，显示时是乱码。这里直接用了 REPLACE 替代函数把字符集更换成了 GB2312，这样生成的 HTML 就可以正确地显示中文了，脚本如下所示：

```
'QTP 的结果文件 RES 中的 XML 文件
sResultsXML = _
"C:\Documents and Settings\Administrator\桌面\Test1\Res3\Report\Results.xml"
'需要的模板文件 XSL
sDetailedXSL = "D:\Program Files\HP\QuickTest Professional\dat\PDetails.xsl"
'调用转换函数输出 HTML
ApplyXSL sResultsXML, sDetailedXSL, "C:\tt.html"
'转换函数
Public Function ApplyXSL _
(ByVal inputXML, ByVal inputXSL, ByVal outputFile)
 sXMLLib = "MSXML.DOMDocument"
 Set xmlDoc = CreateObject(sXMLLib)
 Set xslDoc = CreateObject(sXMLLib)

 xmlDoc.async = False
 xslDoc.async = False
 xslDoc.load inputXSL
 xmlDoc.load inputXML
 outputText = xmlDoc.transformNode(xslDoc.documentElement)
 outputText = Replace(outputText,"UTF-16","GB2312")
 Set FSO = CreateObject("Scripting.FileSystemObject")
 Set outFile = FSO.CreateTextFile(outputFile,True)
 outFile.Write outputText
 outFile.Close
 Set outFile = Nothing
 Set FSO = Nothing
 Set xmlDoc = Nothing
 Set xslDoc = Nothing
 Set xmlResults = Nothing
End Function
```

初始化相应参数并运行以上代码后，可以看到在 C 盘中有个 tt.html 文件，先不急着打开此文件，先把 DAT 目录下的 Presults.css 文件复制到 tt.html 的同级目录下，然后就可以打开了此文件，运行效果如图 4-16 所示。

总结：

其实如果对 XSL 熟悉的话，完全可以自己写一个自定义的模板，并通过此文件来生成自己想要的 HTML 格式。我们可以看到，在 QTP 自带的两个 xsl 文件中都有导入另一个 PStringTable.xsl 文件，此文件就是储存运行完成的 QTP 结果的参数值，感兴趣的读者可以自己研究一下，尝试来做一个属于自己的 Report（报表）。

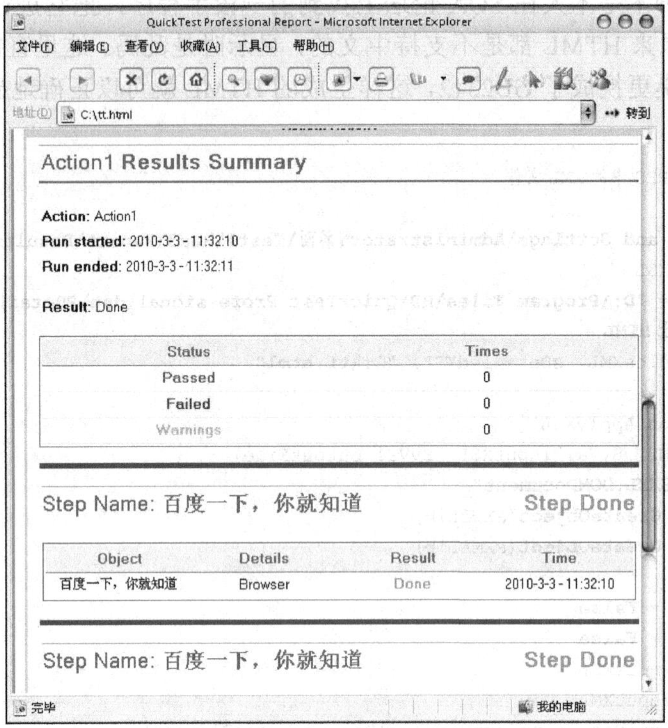

图 4-16

4.1.6 创建保留对象的会话实例

在之前的章节中已经讲解了，如何使用 QTP 来调用 Win32 API 的方法，主要是使用了 QTP 中 Extern 这个对象，当使用 Extern 对象时会暴露出一个问题，Extern 是 QTP 的保留对象，当 QTP 被打开时，Extern 这个对象只会被实例化一次并一直持续下去。但当我们在开发测试脚本的时候，经常会把一些 DLL 中的方法传递到 Extern 中，若重新修改其中的方法或者 DLL 时，Extern 对象有时会出现“不能及时获得改动之后的一些方法”或者“不能及时收到 DLL 的传递信息”的情况。有时候可能需要重启 QTP 才能生效，就此这里提供了一个很好的解决方法，通过创建自己的 Extern 对象实例，而不是 QTP 启动时创建的 Extern，当需要更改 Extern 对象的声明时，只需要重新运行我们的脚本即可，创建方法如下。

Mercury.ExternObj：用于创建 Extern 对象

```
'#######启动浏览器#########
SystemUtil.Run "iexplore.exe"
'#######创建 API  Extern 对象##########
Set myExtern = CreateObject("Mercury.ExternObj")
myExtern.Declare micHWnd, "GetForegroundWindow", _
```

```
"user32.dll", "GetForegroundWindow"
'######使用 Win32 API 获取窗口的句柄######
hwnd = myExtern.GetForegroundWindow()
'########通过获取的句柄控制浏览器窗口并跳转到百度#####
Browser("hwnd:=" & hwnd).Navigate "http://www.baidu.com"
'############释放对象实例########
Set myExtern = Nothing
```

分析：

运行以上代码可以看到，通过创建自己的一个 myExtern 对象一样可以调用 API。大家肯定要问 Mercury.ExternObj 这个值是怎么获取的呢？下面就来看一下。

（1）首先运行注册表（见图 4-17）。

图 4-17

（2）进入到 HKEY_CURRENT_USER\SOFTWARE\MERCURY INTERACTIVE\QUICKTEST PROFESSIONAL\MICTEST\ReservedObjects\Extern 下的 ProgID 值，如图 4-18 所示。

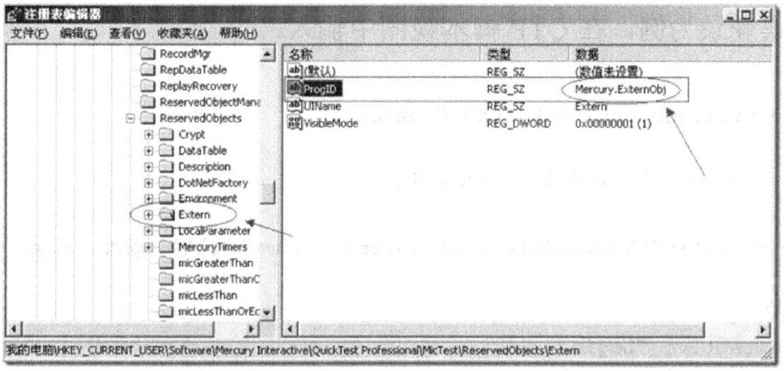

图 4-18

4.1.7 AutoLtX 技术的应用

AutoIt v3 是用以编写并生成具有 Basic 语言风格的脚本程序的免费软件，它被设计用来在 Windows GUI（用户界面）中进行自动操作。通过它可以组合使用模拟键击、鼠标光标移动和窗口/控件操作等来实现自动化测试任务。这是其他语言无法做到或尚无可靠方法实现的（如 VBScript 的 SendKeys）。

要使用 AutoIt 肯定需要先安装它，安装文件网上很多，这里就不提供下载地址了，大家可以自己通过百度去搜。安装完成之后，AutoIt 会自动注册一个 AUTOITX 的 DLL COM 组件。接下来就可以在 QTP 里编写脚本了。如果是 QTP 10.0 版本，可以直接在 QTP 里编写；如果不是，就先在 VBSEdit 里编写（原因：见代码提示）。

（1）在 QTP 脚本视图里输入：

```
Set oAutoIt = CreateObject("AutoItX3.Control")
```

（2）由于在安装 Autoit 过程中已经自动注册过了 COM，所以，通过 oAutoIt 这个对象可以点击出很多方法和属性，如图 4-19 所示。

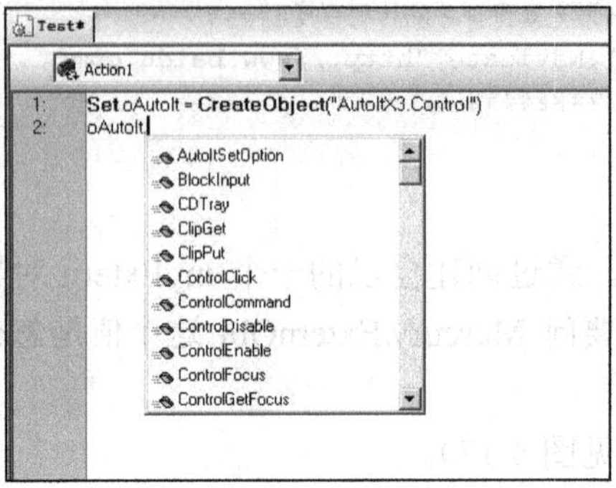

图 4-19

知道了怎么调用之后，就可以通过一个最简单的实例来了解一下 AutoIt 究竟是什么 QTP 白带，它能够做些什么？

就以飞机订票登录为例，在 QTP 脚本视图中输入：

```
'创建对象
Set oAutoIt = CreateObject("AutoItX3.Control")

'启动飞机订票   注意路径，每个计算机上的路径可能不一样
oAutoIt.Run _
"D:\\Program Files\\HP\\QuickTest Professional\\samples\\flight\\app\\flight4a.exe"

'等待登录窗口弹出
oAutoIt.WinWaitActive "Login"

'给用户名控件发送消息：zzxxbb112
oAutoIt.ControlSend "Login","","Edit1","zzxxbb112"

'给密码控件发送消息:mercury
oAutoIt.ControlSend "Login","","Edit2","mercury"

'点击 Login 按钮
oAutoIt.ControlClick "Login","","Button1"

'释放对象
Set oAutoIt = Nothing
```

分析：

（1）创建 COM 对象：

```
Set oAutoIt = CreateObject("AutoItX3.Control")
```

（2）Run 方法，启动对应路径的应用程序，这里因为是 QTP 10.0。因此，路径是在 HP 下。QTP 10.0 以下版本路径是在 Mercury 下的，这个可以直接查找一下目标即可：

```
oAutoIt.Run _
 "D:\\Program Files\\HP\\QuickTest Professional\\samples\\flight\\app\\flight4a.exe"
```

（3）这一步是等待 Login 窗口弹出，变为当前激活窗口后，再执行后续的脚本，不然可能出现错误：

```
oAutoIt.WinWaitActive "Login"
```

（4）用户名文本框中输入 Edit1，至于为什么是 Edit1，可以使用 AutoIt v3 Window Info 查看，它就相当于 QTP 的 SPY：

```
oAutoIt.ControlSend "Login","","Edit1","zzxxbb112"
```

（5）这一步就是输入密码，和前面用户名：

```
oAutoIt.ControlSend "Login","","Edit2","mercury"
```

（6）也可以通过 info 来查控件属性：

```
oAutoIt.ControlClick "Login","","Button1"
```

（7）最后释放对象：

```
Set oAutoIt = Nothing
```

这样一个简单登录就完成了，运行一下看看是不是自动化测试了。

总结：

由于 AutoIT 对于对象识别都在底层，特别是对 C\S 结构的识别还是不错的，因此有些时候可以用于弥补 QTP 对象不能识别不足，如在 B\S 项目中可能会遇到密码控件不能识别或者一些控件不能成功识别的情况，可以考虑使用 AutoIT 的消息发送试试。在 AutoIT 中还有很多实用的方法，读者可以自己去尝试一下。总之，AutoIT 绝对是一款非常有用的自动化测试辅助工具。

附：AutoIT 帮助文档：请访问 **dreams8** 官方网站。

4.2　QTP 深层机密

阶段要点

- 访问.NET 控件对象私有属性。
- 保留对象 Setting 的隐藏模式。
- 管理动态保留对象的隐藏组件。
- 自定义 Class 类注入测试对象。
- 注册异类子控件强制注入开启 Hook。
- MFL 自动化路径模型对象应用。
- 映射无法识别的.NET 对象类。

4.2.1 访问.NET 控件对象私有属性

当 QTP 测试.NET 程序过程中，经常会遇到一些对象无法成功识别的情况，如最终识别为 SwfObject 这样的类型。而一旦遇到这样的类型，无非就是使用两种方法进行处理，一种是进行插件扩展开发，还有一种就是直接通过访问控件的自身属性来解决此类问题。但是有时往往事不如愿，普通情况下 QTP 需要访问一些控件对象的自身属性，这是没有任何问题的，但是如果访问的是.NET 控件的自身属性，QTP 就没有任何法子了。因为 QTP 本身就没有开放对其控件的私有属性进行探测。因此，想要利用 QTP 探测属性是不可行的，那么怎么办呢？

不知道读者还记不记得 QTP 本身提供了一个，可以与.NET Framework 互相连接的桥梁，它就是 DOTNETFactory，只需要有一个自定义获取到.NET 控件所有属性的类，接着利用这个 DOTNETFactory 保留对象来调用它，即可实现私有属性的获取。这里提供一个 CodeProject 开发出来的一款可以探测.NET 控件对象的 ObjectSpy 工具。可以利用此工具来访问.NET 控件对象的私有属性。

1. 如何利用 ObjectSpy 探测.NET 对象控件

（1）打开 ObjectSpy（图 4-20）。

（2）点击白色区域的方块，并拖动中间的瞄准仪，对准需要探测的控件对象并松开鼠标键。

（3）点击 Inject Object Browser 对称，把对象注入到属性列表控件中（图 4-21）。

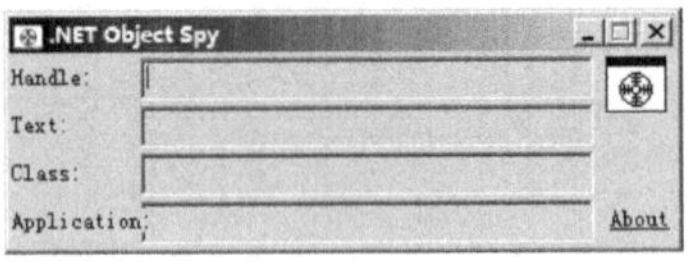

图 4-20

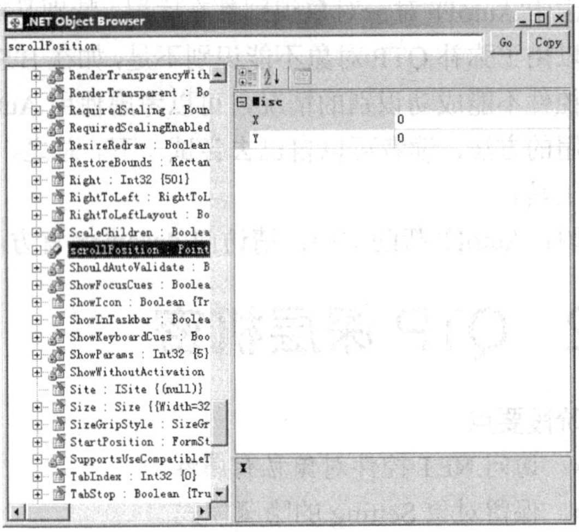

图 4-21

分析：

利用此工具可以帮助自动化测试工程师，在没有 QTP Spy 的情况下访问到.NET 对象的所有属性方法，并且能够探测到控件的私有属性，图 4-21 中的 scrollPosition 属性即为 Form1 窗口的私有属性。下面就具体来看一下，如何利用 QTP 结合 Object Spy 完成控件私有属性的访问。

2. 分析为何 QTP 无法访问私有属性。

先看一下如何利用 QTP 访问.NET 控件的自身方法：

```
Msgbox SwfWindow("Form1").Object.Text
```

分析：

利用以上方法可以直接进行访问.NET 对象控件的自身属性。但并不能利用此方法访问控件对象的私有属性，具体如下所示：

```
Msgbox SwfWindow("Form1").Object.ScrollPosition.X
```

分析：

一旦使用以上语句访问.NET 控件对象的私有属性，当 QTP 在执行到此句脚本时，即会报对象不支持此属性或方法，如图 4-22 所示。

图 4-22

也就是说，QTP 本身根本不具备对控件私有属性进行探测，因此，也无法使用脚本来获取到其私有属性的任何信息。

3. 利用 QTP 与.Net ObjectSpy 结合来完成私有属性的访问

具体如下所示：

```
Function GetPrivateProperty(oQTPSWFObject, sProperty)
  Const sSpyDir = "C:\ObjectSpy" '.NET Spy 路径

  Dim sResult '存放结果数据
  Dim Int32 '定义 int32 变量
  Dim IntPtr '定义句柄
  Dim Injector '定义注入对象
  Dim Arg '定义数组
  Dim ObjectType '定义 Type 类型对象

  '创建一个 int32 对象
  Set int32 = DotNetFactory("System.Int32", "")
  Set Int32 = Int32.Parse(cStr(oQTPSWFObject.GetROProperty("hwnd")))  '获取句柄

  '创建指针
  Set IntPtr = DotNetFactory("System.IntPtr", "", Int32)

  '安装对象注入
  Set Injector = DotNetFactory("Bds.Inject.Injector", sSpyDir &"\InjectLib.dll")

  '定义.NET 类型对象
  Set Args = DotNetFactory("System.Array")
  Set ObjectType = DotNetFactory("System.Type")
  Set Args = Args.CreateInstance(ObjectType.GetType("System.Object"), 2)

  '把值传送给对象数组
  Args.SetValue IntPtr, 0
```

```
    Args.SetValue sProperty, 1

    '调用 dll 库中的 Evaluate 方法，获取到属性值
     Result = Injector.InvokeRemote(IntPtr,  sSpyDir & "\ObjectSpyLib.Dll", _
      "Bds.ObjectSpy.ObjectSpyEvaluator", "Evaluate", Args)

     '把获取到的结果数组返回给函数名
      GetPrivateProperty = Result
End Function
```

调用方法：

```
Set oWindow = SwfWindow("Form1")
privateProp = "scrollPosition.x"
Msgbox GetPrivateProperty (oWindow, privateProp)
```

分析：

以上脚本实现的核心部分主要是，通过调用 ObjectSpyLib.Dll 这个类库中的 Evaluate 函数来获取到对象控件的私有方法。

4.2.2 保留对象 Setting 的隐藏模式

本节主要介绍一个 QTP 的保留对象 Setting 的隐秘模式，其实读者在读过本书之前的 1.3.4 章节的“有必要让你掌握尤其重要的 QTP 回放机制”后，应该已经对此对象相对比较熟悉了。但是，此保留对象的功能远远不止这些。在此告诉读者，QTP 工具本身的默认设置有 80%是存储在此 Setting 对象中的如之前提到的程序：

```
Setting.WebPackage("ReplayType") = 2
```

那么此 ReplayType 是从哪里来的呢？为什么要用这样一段字符串控制？可以从注册表中探个究竟。

运行 regedit 打开注册表，依次进入到 HKLM→SOFTWARE→MERCURY INTERACTIVE→QuickTest Professional→MicTest→Packages→WebPackage→Settings，如图 4-23 所示。

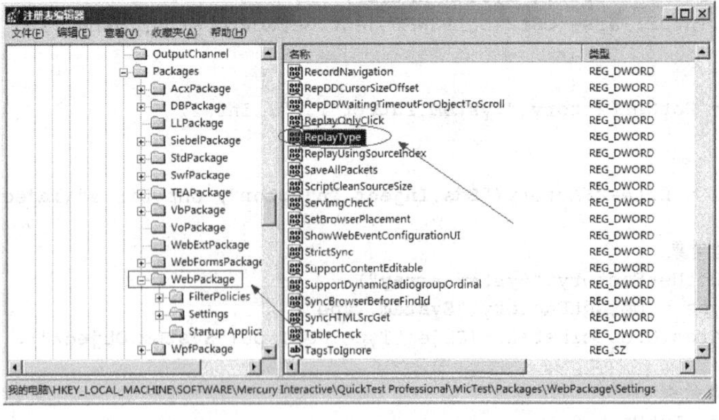

图 4-23

如图 4-23 所示，读者可以找到 ReplayType 项，QTP 就是从这里找到 ReplayType 这个属性。当然，图 3-23 中的其余部分属性也是可以使用的。Setting 保留对象也远远不止这些属性可以使用，如在 SettingInfo 里，有很多的属性就可以使用，利用这些方法可以完成一些平时无法完成的很多操作。

在注册表中查看路径为：

HKLM→SOFTWARE→MERCURY INTERACTIVE→QuickTest Professional→MicTest→SettingInfo。

如图 4-24 所示。

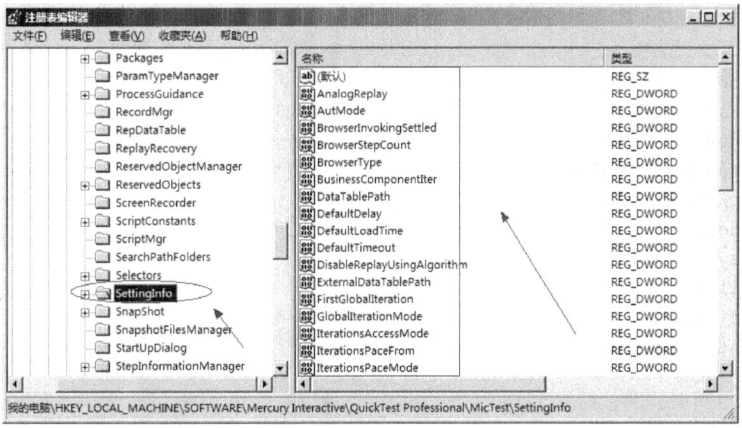

图 4-24

分析：

图 4-24 右边的一些属性，如 BrowserType 是设置浏览器类型，DataTablePath 设置 DataTable 的路径，还有 DefaultTimeout 设置默认超时时间。如现在就是使用 Setting("DefaultTimeout")来动态设置需要的自定义超时时间。

既然 Setting 有了那么多属性，是不是已经全部显现了呢？其实还没有，那么究竟 Setting 保留对象一共有多少个属性和对象呢？下面将一一呈现。

首先分析一下 Setting 对象，在 QTP 编辑器中输入 Setting 后，点击一下看看能点击出那些方法和属性，如图 4-25 所示。

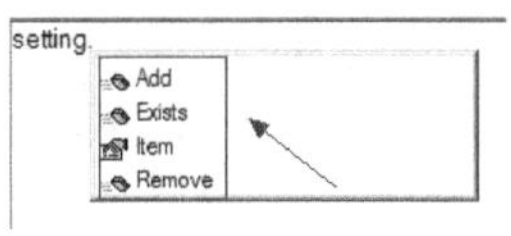

图 4-25

从图 4-25 中能发现什么呢？它就是 Dictionary 对象，如果创建一个 Dictionary 对象会发现它同样也有这些方法和属性。既然是 Dictionary 对象，就说明此字典对象中一定存储了不少好“东西”。现在就打印出这些东西的数量总和，实现程序如下。

```
Msgbox Setting.count
```

分析：

运行结果为 160，具体是一些什么“东西”？

在 QTP 脚本编辑器中输入以下脚本，遍历 Setting 保留对象下的所有“料”：

```
For each s in setting
Print s
Next
```

运行结果：

```
(default)
actionsspath
activepanetab
addin manager
additionalfunclibfileslist
advancedlockmode
allowtdconnect
analogreplay
appendresfiles
appfunclibfileslist
applicationtypename
attributes
autmode
automaticlinkcheck
automaticlinkrun
autotmprunmode
browserinvokingsettled
browserstepcount
browsertype
businesscomponentiter
checkbrokenlinks
checkforupdates
checkforupdatesinterval
checkhtmlcontent
checkhtmltag
checkimagessource
checklinksurl
checkloadtime
checknumberofimages
checknumberoflinks
closebrowser
connectscriptdebuger
currentreportpath
datatablepath
debuginitfailure
defaultdelay
```

```
defaultloadtime
defaulttimeout
disabledynamiclistofvalues
disablereplayusingalgorithm
disableserializetree
enablevorecording
executionline
expandtreeonrun
externaldatatablepath
firstglobaliteration
funclibreturnerrortocaller
funclibreturnuistringfromitem
funclibsaveencoding
generatewithstatements
globaliterationmode
globalvariables
hooks
hooksmgr
intellisenselastlistheight
isreadonly
iterationsaccessmode
iterationspacefrom
iterationspacemode
iterationspaceto
lastcheckedforupdates
lastexecutionmodeselected
lastglobaliteration
lastnfbstepindex
lastobjidentificationexportpath
lastoptionsexportpath
lastreplayerror
lastreportpath
lastresultpathmode
lastsettingsexportpath
launchreport
licensetype
locallinks
lrselectnextrow
moviereportmode
nextbrowserindex
objectmanager
onabort
onexternalreplay
ongeneratescript
onpause
onrecord
onreplay
onreplayerror
onreplayerrorremote
packages
```

```
pertesthooks
processguidance
queryallbptbcaddins
reducememsizeondoc
reducememsizeoniters
regapproot
regtestroot
renamesyncscript
replayanimatedstepdelaytime
replayrecovery
reporteventmask
reservedobjects
rmtagentname
runmode
runtimedatatablepath
runtimeexternaldatatablepath
runtimetestfunclibfileslist
runtimeuseexternaldatatablepath
savemdrvfiles
scalablemode
selectors
showcheckinexplaindlg
showinnerloopexplaindlg
showlockedtestsexplaindlg
showmakereusableautoinsert
showobjectnotfounddlg
showpathdlg
showreusabletreeonrun
showtsrpathwarning
showwelcome
showwhatsnew
skipenvironmentchecks
smartidreportflags
snapshot
snapshot\capturesettings
snapshotonerroractiveui
snapshotreportmode
startupdialog
startwebbrowser
stdpackagehistory
steps
summarydata
supportautomation
supportfunctionslibrary
system counters
tdlastrunname
tdrunlocationwasassigned
tdsrvurl
test objects
testcomponent
```

```
testfunclibfileslist
testpath
testresourcessupport
testsdirectory
thinclient
timetosetfocus
treepathdelimiter
tsrmanager
uimode
unblockinputonstoprun
updatemodeflags
updatemodeflagspersist
url
usedebugrespath
useexternaldatatablepath
visiblepane
vodirectory
vusermode
webpackage
webpackagehistory
webrunfromline
webtimeout
webviewerhwnd
withstatementsgroupfactor
```

分析：

从运行结果中可以看到，QTP 竟然还“隐藏”着如此之大的“秘密—属性”，并且这些属性中有很多极为有用。在此虽然不能一一列举，下面举一个实例介绍一下。

其中有一个 ExecutionLine 属性，在翻译过来就是当前执行的行数，如果读者对 VBS 错误处理了解，就一定知道 VBS 语言是无法像.NET 和 Java 一样来反射出当前出错的行数的。但如果利用此属性就可很方便处理，很简单就反射出当前出错的行数，能够轻松地定位错误的位置。那么来看一下如何让这把利刃发挥出它的作用。

获取出错时的行数：

在之前的场景恢复的章节中，读者应该还记得自定义场景恢复函数，其实只需要将 ExecutionLine 放入自定义场景恢复函数中即可，程序如下所示：

```
Function RecoveryFunction1 (Object,Method,Arguments,retVal)
    Print Setting("executionline") + 1
End Function
```

当场景恢复触发之后，即会执行以上脚本，定位并获取到当前出错的代码行数。

总结：

本节介绍了 QTP 的 Setting 保留对象中的一些隐藏用法，以及如何通过其中的隐藏方法结合场景恢复来获取到出错时的行数，这是一个非常重要的技能，希望读者能够掌握，如果有兴趣可以尝试研究其余的对象的用法。

4.2.3 管理动态保留对象的隐藏组件

这一节主要讲解如何使用 QTP 的隐藏组件来管理需要自定义的保留对象。

Mercury.ReservedObjectManager 管理保留对象的 COM 组件。

此组件名大家应该都比较陌生，没关系，可以先通过 VBSEdit 来查看一下此组件下的方法和属性。首先在 VBSEdit 中创建此 COM 组件，创建方式如下：

```
Set mRom = CreateObject( "Mercury.ReservedObjectManager" )
```

创建完毕之后，可以在 object Browser 里看到此对象的所有方法和属性，如图 4-26 所示。

下面使用此对象，看看这些方法究竟是怎么用的，如图 4-27 所示。

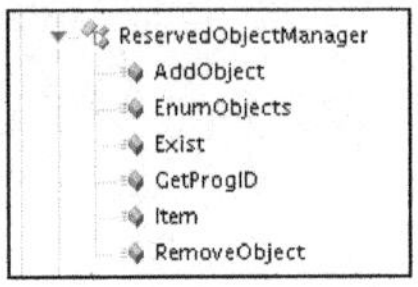

图 4-26

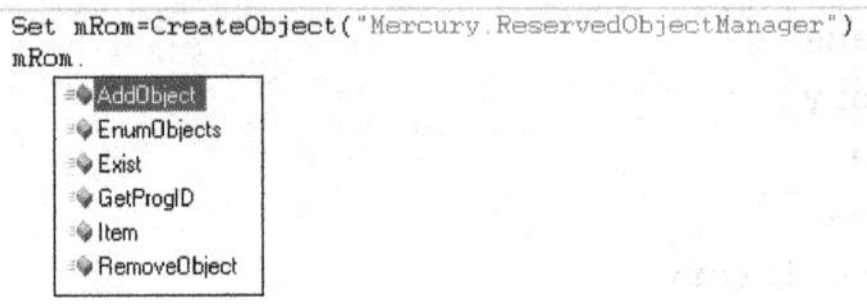

图 4-27

当在对象后加上“点”，出现了代码提示，所有方法都显示出来了。下面要做的就是如何去运用此组件。

实例：

（1）添加对象：

```
Option Explicit

Dim mRom,progId
Set mRom = CreateObject("Mercury.ReservedObjectManager")
With mRom
.AddObject "oWsh","","wscript.shell"
.AddObject "oDic","","scripting.dictionary"
.AddObject "oFso","","scripting.filesystemobject"
End With
```

（2）使用对象：

```
progId=mRom.GetProgID("oWsh")
mRom.Item("oWsh").popup progId
```

（3）销毁对象：

```
mRom.RemoveObject("oWsh")
Set mRom = Nothing
```

运行时，脚本会首先通过获取对象然后返回此对象的 progid，接着用 wsh 对象的 Popup 方法把其通过消息框的方式打印出来，如图 4-28 所示。

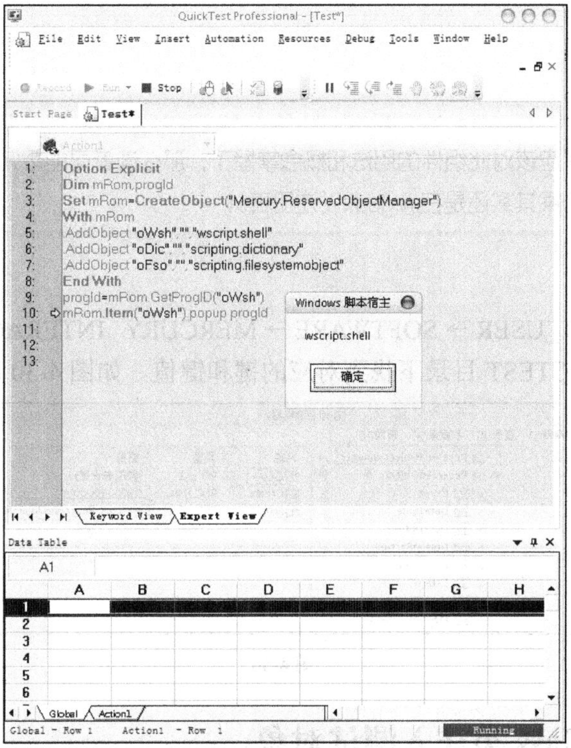

图 4-28

注意

此代码必须在 QTP 中执行，直接在 VBS 里执行会报出“找不到指定模块”的错误，如图 4-29 所示。

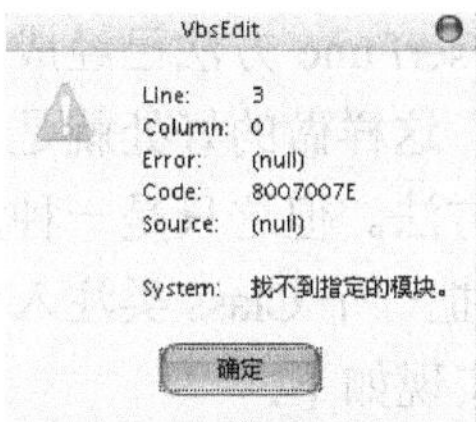

图 4-29

总结：

通过此组件，可以在运行时动态加载需要自定义的保留对象，并进行封装使用。

优点：

（1）动态加载；

（2）随时销毁。

缺点：

代码提示不可用。

> **小提示**
>
> 通过举例读者应该对此组件的用法和概念掌握了，那么读者可能想知道作者是怎么知道这个隐藏组件的吧！答案其实还是在 regedit（注册表）！

读者可以进入到：

HKEY_CURRENT_USER→SOFTWARE→MERCURY INTERACTIVE→QUICKTEST PROFESSIONAL→MICTEST 目录下找到对应的键和键值，如图 4-30 所示。

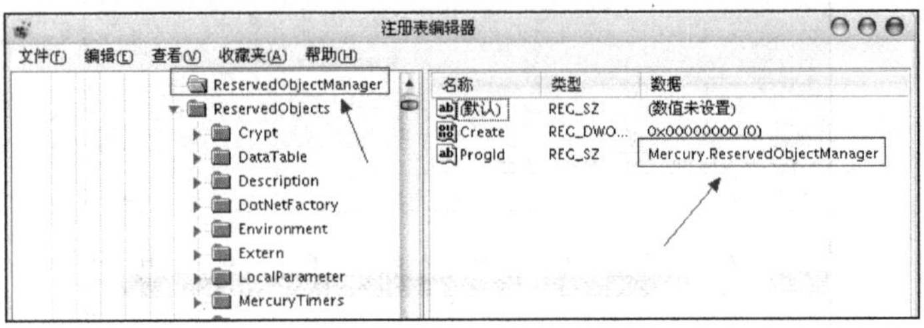

图 4-30

4.2.4 自定义 Class 类注入测试对象

熟悉 QTP 方法注册的读者应该对 QTP 的 RegisterUserFunc 比较了解，此函数的作用主要是把用户自定义的函数直接注入到 QTP 的封装测试对象中，这样对于自动化测试脚本开发工程师来说非常方便，可以在 QTP 中直接利用智能提示的方式找出所需要的方法，如图 4-31 所示。

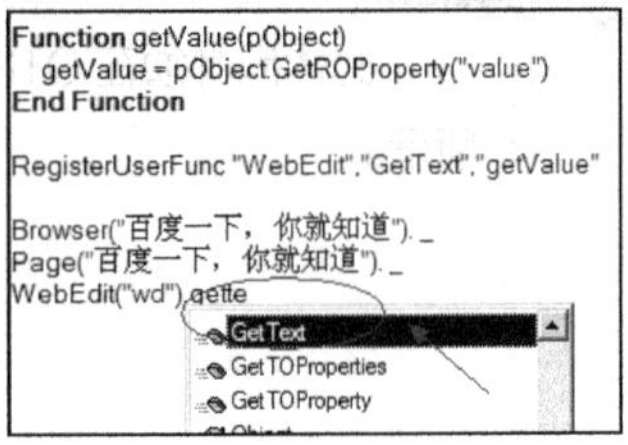

图 4-31

如图 4-31 所示，通过 RegisterUserFunc 方法已经成功注入了 GetValue 方法到 WebEdit 对象中，这样做的好处就是，可以在每个 WebEdit 对象上都能使用此方法。但这只是一种注入函数的普通方法。本节要介绍的是如何把一个 Class 类注入到一个 QTP 封装对象中供我们使用，具体实现如下：

```
Class customWebEdit
  Private oWebEdit
      Public property set item(pObject)
              Set oWebEdit=pObject
      End Property

      Public property let item(pObject)
              Set item = oWebEdit
      End Property
```

```
Function GetText()
        GetText = oWebEdit.GetROProperty("value")
End Function

        Function GetHWND()
         GetHWND = oWebEdit.GetROProperty("hwnd")
        End Function
End Class

Function cWebEdit(pObject)
         Set cWebEdit = nothing
         Set cWebEdit = new customWebEdit
         Set cWebEdit.item = pObject
End Function

RegisterUserFunc "WebEdit","Extend","cWebEdit",True

Print Browser("百度一下，你就知道"). _
Page("百度一下，你就知道").WebEdit("wd").Extend.GetText
```

分析：

通过以上方式即可把类强制注入到 QTP 封装对象中，这就相当于为某个测试对象定义了一套方法，并统一归类封装在一个类对象里。注意，在类中使用了 Get/Let 来存放测试对象。虽然这个类在 QTP 中无法进行智能提示，但如果开发环境是 Test Design Studio 就完全没有任何问题，如图 4-32 所示。

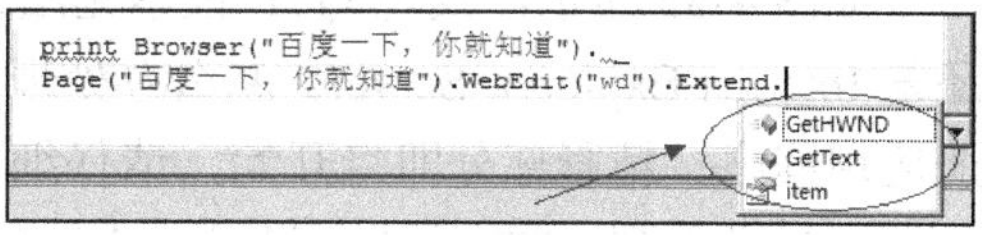

图 4-32

4.2.5　注册异类子控件强制注入开启 Hook

注册异类子控件授予强制 Hook，简单地说就是，在一个 QTP 可识别的 A 类插件窗口对象中存在着 B 类插件的控件对象，最常见的例子就是在应用程序中内嵌一个 Browser 对象子控件，就是内嵌一个浏览器，注意这里的大前提是此应用程序是可以被 QTP 识别的。如果出现所说的此类情况，那么 QTP 是绝对不可能去自动识别此应用程序中的浏览器控件对象的，原因很简单，QTP 只把这个应用程序看作是一个 A 类插件的控件对象，因此它根本不会去识别它。那么本节就讲一下，如何通过注册异类子控件的方法来强制注入启动 Hook，简单来看一下图 4-33 所示。

如图 4-33 所示，是在.NET 中建立的一个非常简单的浏览器程序，可以看到此应用程序一共只有三个控件，一个是地址文本框，另一个是“Go”按钮用于提交地址栏，还有一个就是 Browser 对象控件，此浏览器是内嵌在.NET 程序中的。现在打开 QTP，加载.NET 和 Web 插件，首先看一下 Spy 识别.NET 程序中的“Go”按钮，如图 4-34 所示。

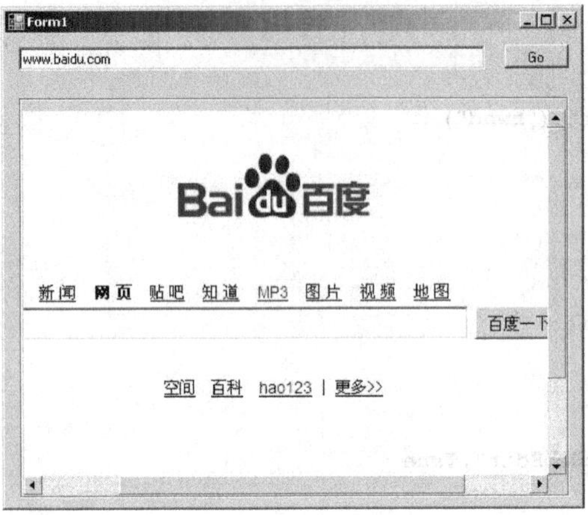

图 4-33

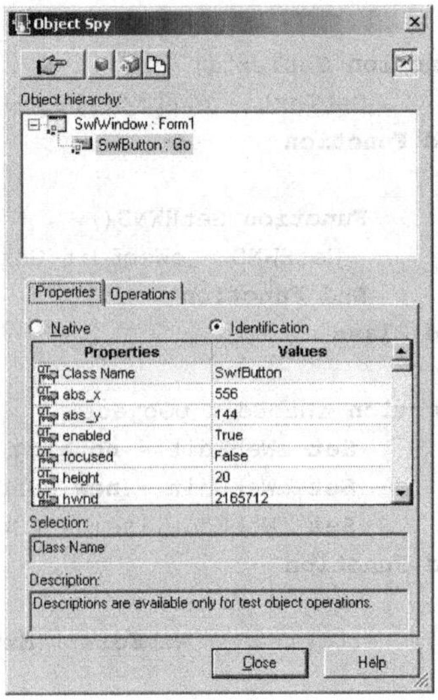

图 4-34

验证一下 QTP 是否能够识别浏览器为 Page 对象。再次使用 Spy 对 Browser 控件进行捕获，如图 4-35 所示。

如图 4-35 所示，发现 QTP 根本无法识别 Browser 对象，直接抛出一个 WinObject，title 还是 Internet Explorer_Server。怎么办处理呢？直接切入 QTP 的核心 Hook 配置文件，强制注册应用程序。精彩部分即将开始，请仔细看下去。

（1）进入到 QTP 的核心目录：安装目录的\bin 下找到 mic.ini（此文件是关键文件），如图 4-36 所示。

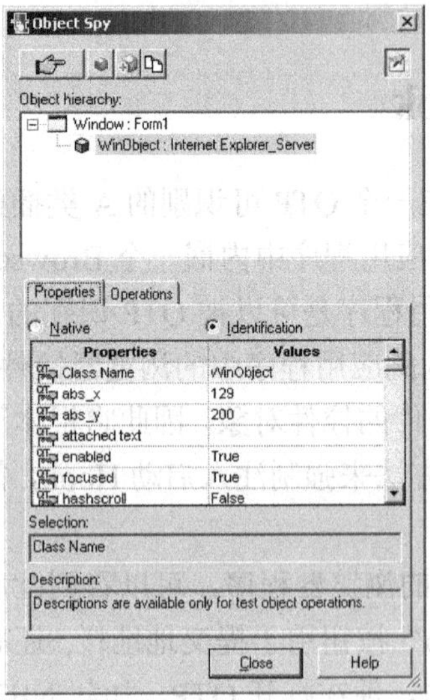

图 4-35

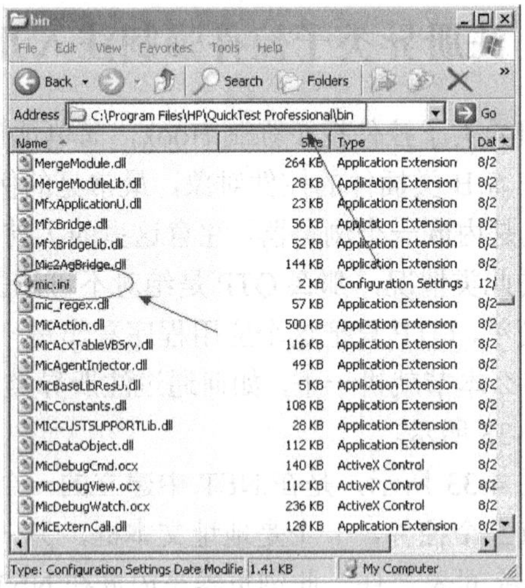

图 4-36

（2）用记事本打开此 INI 文件。INI 格式的都是配置文件，可以直接在里面更改需要的配置。

（3）找到[ie_hook]部分段落，如图 4-37 所示。

（4）在这一栏的最后添加一行应用程序的 文件名+后缀名= yes 后保存，如图 4-38 所示。

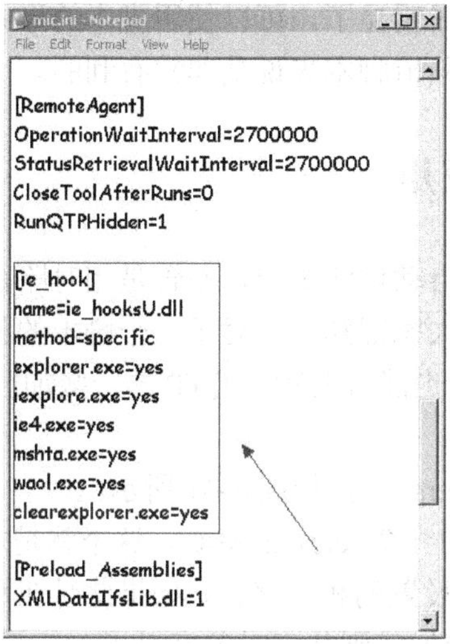

图 4-37

图 4-38

（5）修改完毕之后，重启 QTP，再次重启刚才的应用程序，此时再来看 Spy 的结果，如图 4-39 所示。

如图 4-39 所示，可以看到结果很明显，经过我们的努力，成功地把 Browser 对象识别为 Page 对象，包括对象库也可以任意添加，如图 4-40 所示。

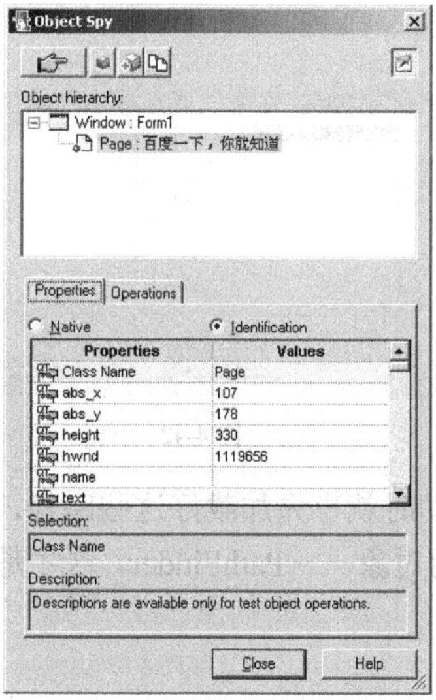

图 4-39

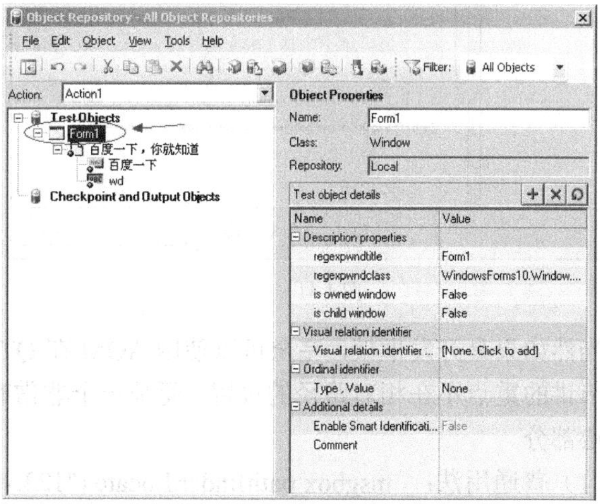

图 4-40

总结：

整个例子完成后，返回再看 mic.ini 文件，除了 ie_hook 外，还有很多其他的配置可以改，有兴趣的读者也可尝试探索一番。提醒注意，此方法就是 QTP 的 Register New Browser Control 的一个执行过程。但是此方法比它好的地方就很明显了，可以使用脚本的形式来对 INI 文件进行配置，不需要人工介入去另行注册。对于移植脚本来说是非常有利的。

4.2.6 MFL 自动化路径模型对象应用

这一节的内容比较精彩，也比较重要。在自动化测试中，不管是相对路径还是保留对象 PathFinder，在框架开发中都是常用+实用的。大家都知道，对于一个脚本的相对路径的实现是非常重要的，这样方便以后的脚本移植，同样也能方便管理 QTP 的一些加载的对象、函数、场景恢复 Function、环境变量等。

相对路径设置方法：Tools→Options→Folders →，如图 4-41 所示。

如图 4-41 所示，可以看到 QTP 默认存在的一个<current test>，这个就是本 test 的一个动态路径，此处添加了“D:\framework\”，也就是设置的相对路径，如果此时在这个路径下有一个 tsr 的对象库文件，就可以直接使用相对路径加载到共享对象库里了，如图 4-42 所示。

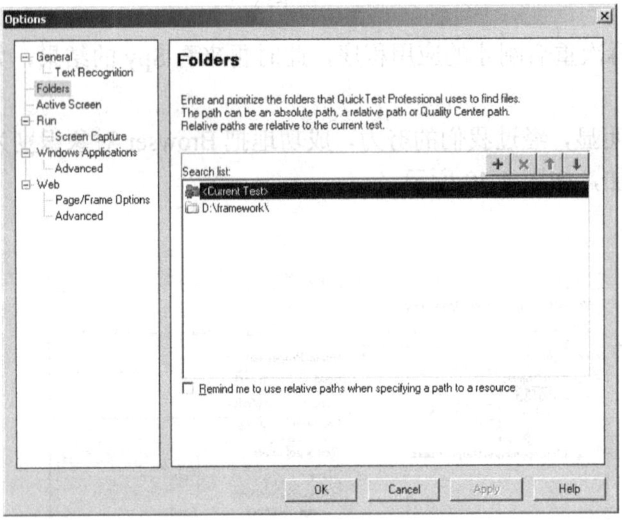

图 4-41

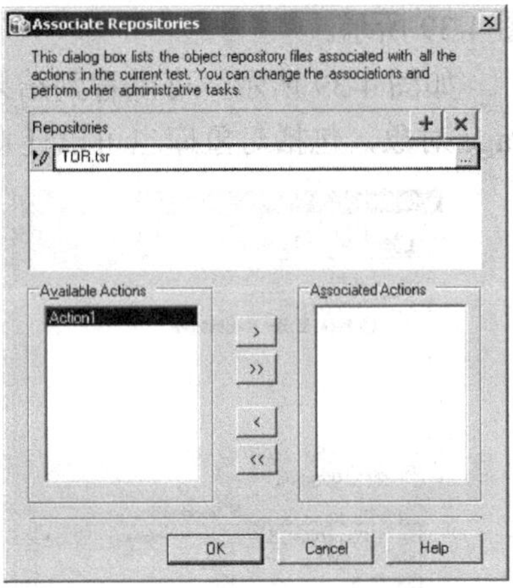

图 4-42

当然如果是开发框架，完全可以使用 AOM 在 QTP 启动时就事先加载好这些路径，不过这一节讲的重点不在相对路径的设置，而是一个非常有用的对象——PathFinder，这才是要讲的核心部分。

（1）普通用法： msgbox pathfinder.Locate ("123.vbs")。

当在 QTP 中输入 pathfinder 之后再输入".",QTP 会由于 Complete Word 而自动补充 Locate

方法，也就是说在 QTP 中，pathfinder 就只有这一个 Locate 方法。此方法返回一个相对路径的完整路径。由于之前设置过“D:\framework\”的相对路径，运行后会显示完整的路径，如图 4-43 所示。

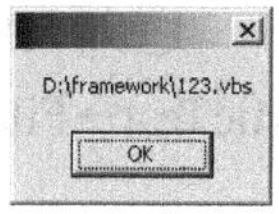

图 4-43

（2）隐藏用法：（MFL 自动化路径模型）Mercury.FileLocator。

其实这个 MFL 自动化路径模型对象就是在 QTP 中的 PathFinder 对象，那我们就来见识一下 MFL 对象的“庐山真面目”。打开 vbsEdit，输入 Set mfl = CreateObject("Mercury.FileLocator")，查看 MFL 的方法，如图 4-44 所示。

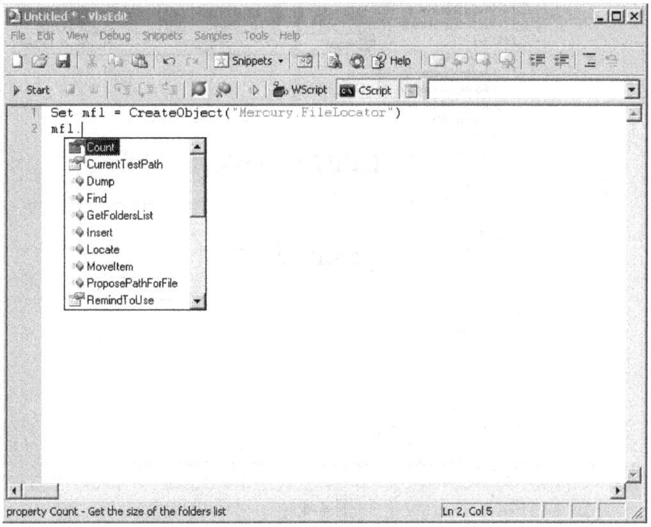

图 4-44

在 vbsEdit 中可以发现 MFL 对象的所有方法，当然，Locate 方法也在里面。接下来可以使用其中的几个方法。

（1）count 方法，获取相对路径的个数：

```
Msgbox PathFinder.count
```

（2）CurrentTestPath 方法，获取当前测试路径：

```
Msgbox PathFinder.CurrentTestPath
```

（3）Insert 方法，运行时动态插入一条相对路径，参数 1 为路径，参数 2 为相对路径的 index：

```
PathFinder.Insert "D:\Program Files", PathFinder.count+1
```

在以上脚本运行完成后，Tools→Options→Folders 下会自动插入一条记录。

小结：

剩下的方法读者可以自行去研究，这里就简单地介绍几个比较实用的。这一节主要就是讲 MFL 的这个对象，此对象在路径控制上非常有用，特别是在框架开发中。读者一定还在琢磨本人为什么会知道这个对象？其实很简单，还是通过注册表！

宝藏地点：

进入 HKCU→SOFTWARE→MERCURY INTERACTIVE→QuickTest Professional→MicTest→FileLocator，可以看到 Prog Id 的键值为：Mercury.FileLocator，如图 4-45 所示。

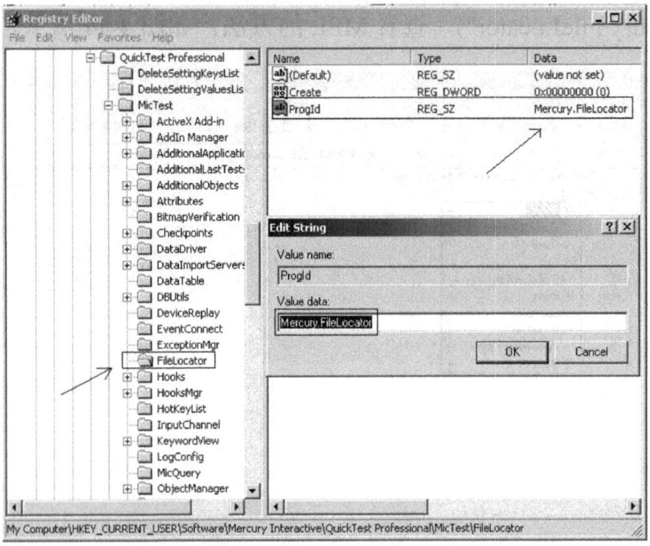

图 4-45

4.2.7 映射无法识别的.NET 对象类

在自动化测试过程中，经常会遇到对象无法正常识别为对应插件的封装测试对象，在此类情况中，有时可以采取对象映射的方式来强制把对象改变成插件类型的封装对象。这个步骤也很简单，直接可以在 Object Identification 下的 User-Defined 下的 object-mapping 中，把需要映射的对象加入到此列表中即可，这样 QTP 如果再次捕获此对象时就会把它强制转化为映射类型的封装对象。但是使用过此功能的读者应该都知道，QTP 本身只支持标准 Windows 类型的对象映射，并不支持.NET 类型的对象映射，也就是说无论如何映射，运行的结果也只能是 Windows 类型的封装对象，无法映射成.NET 类型，如图 4-46 所示。

作者发现当使用 QTP 映射一个无法识别的对象为普通封装对象时，在注册表中会自动生成一条记录。

映射标准封装对象位置：HKEY_USERS→

S-1-5-21-1708537768-2049760794-682003330-500 (可能后面一串字符会和读者的不一样)→

Software→Mercury Interactive→QuickTest Professional→MicTest→Packages→StdPackage→ClassMap 下，如图 4-47 所示。

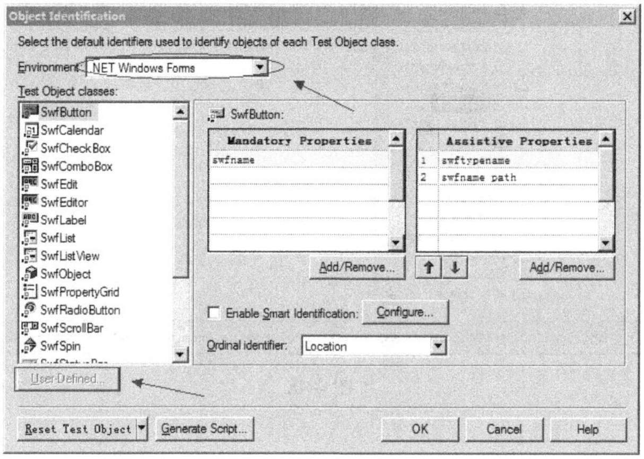

图 4-46

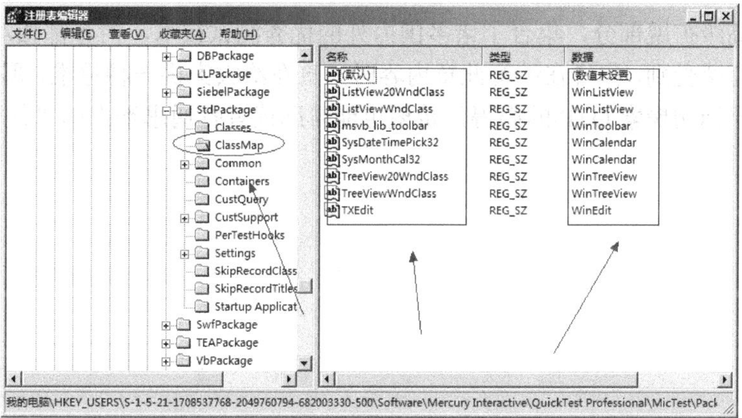

图 4-47

如图 4-47 中，可以发现一些默认的映射对象以及之前映射的对象记录。左边的方框是无法识别的测试对象类型，右边方框为需要映射的封装测试对象类型。同理，如果在.NET 包下也能找到这样一个 ClassMap 就一定可以直接进行映射了。

映射.NET 对象位置：HKEY_USERS→S-1-5-21-1708537768-2049760794-682003330-500（可能后面一串字符会和读者的不一样）→Software→Mercury Interactive→QuickTest Professional→MicTest→Packages→SwfPackage→ClassMap 下，如图 4-48 所示。

分析：

只需要按照图 4-48 所示的规则添加一行需要映射的记录即可成功映射为.NET 对象，有兴趣的读者不妨试一试，此方法也是一种相当实用的技巧。

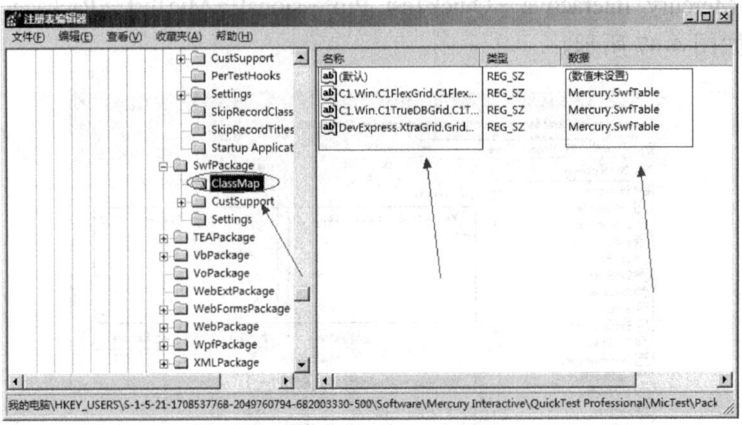

图 4-48

4.3 总结

这章属于高级扩展部分，集合了诸多国内外的优秀测试技术，内容都相对比较独立。不知道读者有没有感受到，作者在编写此章内容时一直在给大家讲一种思维，那就是活学活用！作者给出了自己当初探索 QTP 的心得，希望也能帮助读者打通思维上的“任督二脉”！

Chapter 5

第5章 QTP 领先技术之模式设计

5.1 QTP 设计模式

阶段要点

- 带你进入设计模式的世界。
- 单例模式设计。
- 工厂模式设计。
- 命令包装模式设计。
- 回调模式设计。
- 函数指针模式设计。
- 类的继承模式。

5.1.1 初识设计模式（Design Patterns）

设计模式这个名称相信对于有过面向对象开发经验的读者来说不佰生，最早是国外的 GoF 四人帮发表了 23 个基础的设计模式，并对其进行了规范化，后来被人们广泛应用于程序设计中，设计模式（Design pattern）是一套被反复使用、多数人知道的、经过分类编码目的、代码设计经验的总结。使用设计模式是为了可重用代码、让代码更容易被他人理解、保证代码可靠性。毫无疑问，设计模式使代码编制真正工程化，设计模式是软件工程的基石。

在很多面向对象的语言中，设计模式使用起来非常方便，并且有些模式实现起来相当简单，这是因为底层的代码设计上都已经为这些模式"铺好了路"，而在 QTP 中，它的脚本编辑器底层语言是 VBScript，而此语言本身相比很多面向对象的高级语言来说。具有明显的劣势和差距。大多数同行都认为 VBScript 自身根本不能使用设计模式，这是它本身存在的缺陷。作者经过多年的研究以及查阅国外的一些技术文献后，得出一个结论：VBScript 虽然不能直接实现众多设计模式，但可以间接通过脚本的后期优化来实现。

在本章接下来的内容中将讲解，如何使用 VBScript 来实现一些常用的代码设计模式，其包括：单例设计模式（Singleton Pattern）、工厂设计模式（Factory Pattern）、命令包装模式（Command Pattern）、回调设计模式（CallBack）、函数指针模式（Function Pointer）、类的继承模式（Class Inheritance）等，相信这一定会成为本书最大亮点。

5.1.2 单例设计模式（Singleton）

从本节开始就为大家介绍，先从单例设计模式开始。试想一下，当一位自动化测试工程师需要实现一个相对复杂的脚本，此脚本又需要连接数据库或者 Excel 的 Sheet 表，并且对其进行读写等多项操作，要在 VBS cript 中实现这些操作，首先需要创建这些 COM 组件，如

Excel.Appliction、WScript.Shell，若在操作流程或者脚本流程比较繁多或者复杂的情况下，就会出现一个 COM 组件被创建多次的现象，那么怎样才能避免这样的现象呢？这里就引入了 VBScript 的单例模式应用。

首先来看一个非常简单的例子：

```
Option Explicit

Public oExcel '声明全局变量
Dim bAleadyInit '判断对象是否存在的标志位

'检查对象是否已经被初始化
bAlreadyInit = False

If IsObject(oExcel) = True Then

   '对象初始化
   If Not oExcel is Nothing Then

      '激活状态
        bAlreadyInit = True

   End If

End If

'如果标志位是 False，则创建一个实例对象
If bAlreadyInit = False then
        Set oExcel = CreateObject("Excel.Application")
end if

'注意：此处的 Whatever 只是代表任意方法的意思，并没有此方法
oExcel.Whatever
```

分析：

脚本中首先声明了两个变量，一个为 Excel 对象变量，另一个为标志位，用于判断 Excel 是否已经被实例化。接着把标志位设置为 False，并判断 Excel 对象变量是否为一个对象，如果不是一个对象，那么就直接退出，说明没有被实例化，需要新创建一个；如果 Excel 对象变量是一个对象，继续判断此对象是否已经被释放，如果没有被释放，那么就可以把它设为已实例化状态，并在下次调用时通过判断标志位为已实例化状态而不会重新去创建一个新的实例。虽然此脚本已经完成了所需要的功能，但此脚本调用起来非常繁琐，每次都需要使用这样的重复代码，效率十分低，因此，这里必须使用函数对其进行封装，方便以后重复进行调用：

```
Option Explicit

Function GetExcel
```

```
    Public oExcel '声明全局变量
    Dim bAleadyInit '判断对象是否存在的标志位

    '检查对象是否已经被初始化
    bAlreadyInit = False

    If IsObject(oExcel) = True Then

      '对象初始化
      If Not oExcel is Nothing Then

        '激活状态
         bAlreadyInit = True

      End If

    End If

    '如果标志位是 False，则创建一个实例对象
    If bAlreadyInit = False then
    Set oExcel = CreateObject("Excel.Application")
    end If

    '将 oExcel 对象返回给当前函数
    Set GetExcel = oExcel

End Function

Set oExcelApp = GetExcel '获取 excel 对象
oExcelApp.Whatever
'注意：此处的 Whatever 只是代表任意方法的意思，并没有此方法
```

分析：

使用以上方法就可以达到永远只有一个实例对象，如果有创建，直接引用已创建的实例，如果没有创建，则直接创建一个，使 oExcel 这个全局变量永远只有一个实例。但是这样写程序我们会发现一个问题，当在创建多个对象并将指针指向全局变量的这个实例时，我们都需要销毁这些对象，但是就算把这些对象全部销毁，全局变量的实例还是一直会持续下去，不会释放。因此，需要使用类进行包装来改善这种情况，实现如下所示：

```
Option Explicit

Public oExcel '声明全局变量

Class ExcelWrapper

  Private oExcelObject
```

```
    '初始化类
    Private Sub Class_Initialize

      Dim bAleadyInit '判断对象是否存在的标志位

     '检查对象是否已经被初始化
      bAlreadyInit = False

      If IsObject(oExcel) = True Then
          '对象初始化
          If Not oExcel is Nothing Then

              '激活状态
              bAlreadyInit = True

          End If

      End If

      '如果标志位是False，则创建一个实例对象
          If bAlreadyInit = False then

                    Set oExcel = CreateObject("Excel.Application")

         end If

      Set oExcelObject = oExcel

    End Sub
    '类销毁时退出Excel，并且释放Excel对象引用
    Private Sub Class_Terminate
       oExcelObject.Quit
      Set oExcelObject = Nothing
    End Sub

    Public Sub Open(oFileName)
     '写入打开文件的代码
     End Sub

    Public Function GetSheetData(oSheet)
     '写读取单元格的代码
    End Sub

    '********等等，可以写更多方法*******

  End Class

  Set oExcelInstace = New ExcelWrapper

  oExcelInstace.Open("……")
```

分析：

以上脚本主要是为之前的步骤封装了一层类，以及对其类的初始化和销毁做了相应的处理，并加上了一些自定义的方法。这样，一个完美的单例模式就完成了。当创建 ExcelWrapper 这个类包装的时候就只会调用单个实例，在类销毁时，会自动销毁此全局变量的实例，这样就再也不会在进程里看到 N 多个 Excel 进程实例了。

单例模式在 QTP 中的应用：

在 QTP 中可以使用环境变量来代替，把之前的全局变量更改为环境变量作为对象。调用方法还是和原来的方法一样，代码如下所示：

```
Class ExcelWrapper

    Private oExcelObject

    Private Sub Class_Initialize

    Dim bAleadyInit '判断对象是否存在的标志位

    On Error Resume Next

    bAlreadyInit = IsObject(Environment("Excel_Object"))
    '检查对象是否已经被初始化

    If Err.Number <> 0 Then bAlreadyInit = False
         On Error Goto 0

    If bAlreadyInit = True Then
      If Environment("Excel_Object") is Nothing Then bAlreadyInit = False
    End If
    If bAlreadyInit = False Then
      Environment("Excel_Object") = CreateObject("Excel.Application")
    End If
    Set oExcelObject = Environment("Excel_Object")
  End Sub
  Private Sub Class_Terminate
     oExcelObject.Quit
     Set oExcelObject = Nothing
  End Sub
  Public Sub Open(sFileName)
   '写入打开文件的代码
  End Sub
  Public Function GetSheetData(sSheet)
   '写入读取单元格的代码
  End Sub
 '********等等，可以写更多方法*******
End Class
```

总结：

单例模式可以帮助我们很好地管理对象的生命周期，使用它能够更好地帮我们集中对象的实体，更好地控制对象。后续会讲解更加强大的工厂设计模式来使脚本变得更加强大。

5.1.3　工厂设计模式（Factory）

工厂模式引入

它是一种创建模式，也就是说它可以用于创建和初始化某个对象，就像它的名字一样，可以把我们需要的东西都放在这个“工厂”里，并可以根据我们的需要为此“工厂”抽象出一些方法，并提供相应的接口来调用，这样就可以自由地通过这些接口来用“工厂”里的方法，这就是此设计模式的作用。接下来看一个最简单的例子。

（1）基本模型：

```
Function ObjectFactory(sObjectName)

    Select Case sObjectName

    Case "Search Edit"

      Set ObjectFactory = Browser("micClass:=Browser")._
      Page("micClass:=Page").WebEdit("name:=wd")

    Case "Search Button"

      Set ObjectFactory = Browser("micClass:=Browser")._
      Page("micClass:=Page").WebButton("name:=百度一下")

    Case Else

      Set ObjectFactory = Nothing

    End Select

End Function

ObjectFactory("Search Edit").Set "zzxxbb112"
ObjectFactory("Search Button").click
```

分析：

以上代码是一个简单的示例演示，主要是为了能让大家更好地理解工厂模式，使用以上方法可以很方便地管理我们需要的对象，并对其进行命令式的调用，并可以为这些对象创建一个公共接入点。

（2）工厂与单例的完美结合。

以上这个例子可以随意使用，并且调用方便、易于实施和维护，但它有一个缺陷，就是当使用工厂模式创建完对象后，如果再次进行创建，它就会再实例化一个对象出来(特别是针对 CreateObject 命令的情况下)，这样就会出现对象混乱的情况，解决方案就是使用单例模式凝聚对象实体，工厂模式来管理、实施各个对象。来看一个示例：

```
Public oOutputs

Set oOutputs = New OutFactory


Class OutFactory

    Public Channels '定义变量

  Private Sub Class_Initialize
    Set Me.Channels = CreateObject("Scripting.Dictionary")
    End Sub

  Private Sub Class_Terminate
    Set Me.Channels = Nothing
    End Sub

    Public Sub Construct (sChannelName, sChannelType)

    Dim oNewChannel

    Select Case sChannelType

      Case "excel"
        '创建一个 Excel 的 SINGLETON 类
        Set oNewChannel = New ExcelWrapper

      Case "fso"
        '创建一个 FSO 的 SINGLETON 类
        Set oNewChannel = New fsoWrapper

      Case "DB"
        '创建一个 ADO 的 SINGLETON 类
        Set oNewChannel = New DBWrapper

    End Select

    '把类都存储起来
    Me.Channels.Add sChannelName, oNewChannel

    End Sub

End Class

'***********构造方法**********
oOutputs.Construct "excel_instance","excel"
```

```
oOutputs.Construct "fso_instance","fso"
oOutputs.Construct "DB_instance","DB"
'************直接取我们需要的东西，并进行操作************
oOutputs.Channels("excel_instance").whatever
'此处的 Whatever 是 Excel 的 SINGLETON 类中的自定义方法
```

分析：

通过上面的封装可以得到一个独立凝聚的单体，且易于实施和管理、维护的工厂类。通过工厂的核心来创建、储存、管理需要的输出机制，并利用关键字请求进行对象输出，它是一种在测试设计中非常重要的设计模式。

5.1.4　命令包装模式（Command）

1. 命令包装模式

命令包装模式把一个请求或者操作封装到一个对象中。命令包装模式运行系统使用不同的请求把客户端参数化，对请求排队或者记录请求日志，可以提供命令的撤销和恢复功能。它是一种将函数命令包装成一个类对象的模式，在运行时实例化一个类获取实例化对象，并使实例化对象获得一个函数的引用。

2. 模式实现方式

首先需要先定义一个完整类，并在类中封装一个 Default 函数，这样当在调用创建此类时即可把 Default 函数的指针指向新建的那个对象类，程序实现如下：

```
'创建 oPattern 类
Class oPattern

        '创建一个类中的默认函数
        Public Default Function oExec

                MsgBox "test"

        End Function

End Class

'实例化一个 oPattern 类
Set t = New oPattern

'使用命令模式
Call t
```

分析：

此脚本中加入了一个比较另类的用法，它就是前面提到的在类中封装一个 Default 方法，这样在后续创建这个 oPattern 类时，可以直接把 oExec 函数的指针指向新实例化的 t 对象。

注意，此处 Default 不可省略，否则就会报错，如图 5-1 所示。

报错原因很简单，因为在 oPattern 中没有默认函数方法，那么就无法传送指针给 t 对象。

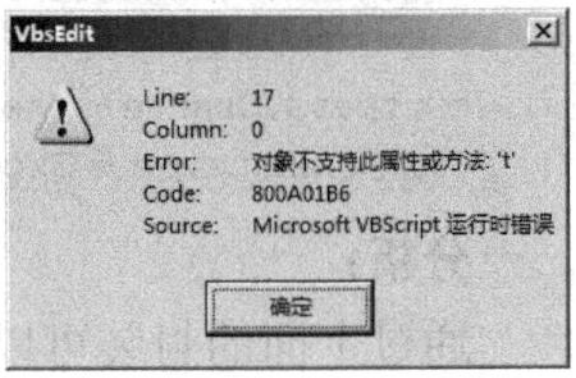

图 5-1

3. 从普通函数到命令包装模式的转化

为了让读者真正对命令模式有一个认识，接下来就通过一个非常简单的例子来讲解一下，如何把一个普通函数转化为命令包装模式方式并调用它：

（1）转化前：

```
'定义一个乘法函数
Function Multiply(number)

       Multiply = number * number

End Function

'直接打印函数返回值
MsgBox Multiply(3)
```

（2）转化后：

```
'定义一个 oCommadn 类
Class oCommand

      '定义输入
      Private VarIntNum
      Public Property Get Number
             Number = VarIntNum
      End Property

      Public Property Let Number(ByVal oNum)
             VarIntNum = oNum
      End Property

      '定义输出
      Private VarResult

      Public Property Get Result
             Result = VarResult
      End Property
      Public Property Let Result(ByVal oResult)
             VarResult = oResult
      End Property

      '默认主函数
      Public Default Function Exec()
```

```
            Me.Result = Number * Number
            Exec = Me.Result
        End Function

    End Class

    '创建一个构造器
    Function Constructor(ByVal newNumber)
            Set Constructor = New oCommand
            Constructor.Number = newNumber
    End Function

    '调用构造器并输入参数
    Set con1 = Constructor(3)

    '命令模式
    Call con1

    '获取命令执行结果
    MsgBox con1.result
```

分析：

脚本中的 con1 即 Client 对象，主要负责发布命令，至于发布给谁它不管。那个构造器是命令模式的 Invoker 对象，作用主要是传递命令，它需要知道具体是给谁传命令。最终传递到 oCommand 对象的命令执行者也就是 Receiver 对象。其实简单的分析一下就会豁然开朗：Client 对象就相当于公司的 BOSS，他只管发布命令下去，至于这个命令去指派给谁或者谁来完成这个由中层领导（Invoker）来决定，BOSS 不会管，而中层领导在其中会根据不同的命令来分配给不同的人，具体的执行者交由 Receiver 对象来执行就行了。

5.1.5 回调设计模式（CallBack）

回调设计模式是在很多高级语言中的一种注册事件，主要用于一个模块执行完毕后，脚本自身会去回调一个所需要执行的代码块，这就是回调模式，一种非常实用的设计模式。在 VBScript 脚本语言中，由于其本身不是一个事件驱动语言，因此，也就意味着需要实现这样的功能存在着一定的限制。这小节就来讲解如何通过后期的代码设计处理来完成一个 VBScript 中的回调模式。

首先来看一段回调设计模式的最初设计脚本，这里主要的出发点还是依靠类的销毁化函数引申出来的：

```
    '创建一个类
    Class Callback
```

```
        '类的销毁化
        Sub Class_Terminate()
                MsgBox "callback"
        End Sub
End Class

'实例化 callBack 类
Set cb = New Callback

'打印 Script end 字符串
MsgBox "script end"
```

分析：

以上脚本主要就是创建了一个 callback 类，并在类的销毁化里添加了一行 MsgBox 函数，接着实例化这个类，并打印一个 script end 字符串，执行后会发现，当 script end 执行完毕后，相当于所有脚本全部执行完毕后，引擎还会再执行 callback 类的销毁化函数。其实它就是一种类的销毁化事件，VBS cript 中都是在当前域执行完毕后自动对类进行销毁化，因此，callback 消息框是在 script end 消息框后弹出的。

上面的脚本只是最简单的一种回调设计模式的原型，真正的回调设计模式还需要对其进行改进，如需要回调的代码块。如果需要回调其他内容的脚本，就需要重新建立一个回调类，这其实是一种效率非常低下的做法。要做到一个通用性的回调设计类，做法很简单，只需要在类中加入 Execute 反射即可，具体如下所示：

```
'创建一个类
Class Callback
        '被调用的对象
        Dim Caller

        '回调的动态脚本
        Dim CallBackScript

        '类的销毁化
        Sub Class_Terminate()
                Execute CallBackScript
        End Sub
End Class

'定义回调变量
Dim CB

'实例化 callback 类
Set CB= New Callback

'定义动态回调过程
CB.CallBackScript = "call msg()"
```

```
'msg 函数
Function msg

        MsgBox "callback scripting"

End Function

'脚本执行完毕
MsgBox "script end"
```

分析：

运行以上脚本不难发现，整个运行结果还是和原先例子一样，首先是运行 script end。在运行完毕所有脚本之后，再执行回调脚本。此处读者应该已经注意到了，这里使用了 Execute 直接把代码块进行了参数化，这样就只需使用一个 callback 类即可，如果我们在脚本最后执行哪个函数，只需要给回调类的 CallBackScript 属性赋值想要执行的代码行即可。当你一旦使用了此设计模式，你一定会喜欢上它。

以上脚本就是一个完整的回调设计模式的流程，但是回调模式远不止这点，这只是在整个 script 层中的回调，其实它还可以在 function（函数）执行完毕时进行回调。来看一下例子：

```
On Error Resume Next

'创建一个类
Class Callback
        '被调用的对象
        Dim Caller

        '回调的动态脚本
        Dim CallBackScript

        '类的销毁化
        Sub Class_Terminate()
                Execute CallBackScript
        End Sub
End Class

'Test 函数
Function Test()

        '定义回调变量
        Dim CB

        '实例化回调 Callback 类
        Set CB = New Callback

        '加入回调设计代码块
        CB.CallBackScript = "Msgbox ""Function end callback"""
```

```
        '错误代码
        x = 2/0
    '无法执行到的脚本
        Msgbox "can not running"

End Function

'调用 test 函数
Call Test()
```

分析：

以上脚本是回调设计模式中较为实用的一种用法，当运行此脚本时，你会发现最终结果只执行了 Function end CallBack，并没有执行 can not running，这是因为，此脚本在开头加入了 On Error Resume Next，也就是说当出现错误时，脚本自动跳过错误运行层，当前运行层是在 Function 体内，因此运行到错误脚本时就会直接跳出 Function，相当于 Exit function 的效果，因此脚本永远都无法执行到 can not running 这句代码，而由于此处脚本中加入了回调代码块，这样在退出 function 域时，脚本会自动调用回调代码块，因此，脚本只执行了 Function end callback 消息框。此用法在错误处理中非常实用。

5.1.6 函数指针模式（Function Pointer）

所谓函数指针就是指向函数的指针变量，利用函数指针设计模式可以帮我们实现很多平常无法实现的一些技巧，如重写 QTP 函数、实现动态调用函数等。

模式用法：GetRef 函数。

说明：主要的作用是获取函数的引用。

参数：需要引用的函数名字符串。

实现方法：

```
'创建一个名为 tt 的函数
Function tt

        MsgBox "quicktest"

End Function

'利用 GetRef 函数将 oRef 对象的指针指向 tt 函数
Set oRef = GetRef("tt")

'调用 oRef
Call oRef
```

分析：

可以看到脚本中虽然没有调用 tt 函数，但通过函数指针的方式，一样可以对其进行调用，这种写法的好处就是可以动态调用需要的函数。

在了解了函数指针的使用方法之后，接下来就具体讲解一下关于函数指针的一些实际用法。

（1）建立动态测试流：

```
'函数 tt1
Function tt1

        MsgBox "tt1"

End Function

'函数 tt2
Function tt2

        MsgBox "tt2"

End Function

'函数 tt3
Function tt3

        MsgBox "tt3"

End Function

'建立测试流函数
Function TestFlow(LoadFuncs)

        '遍历所有载入的函数名，并利用函数指针进行调用
        For i=0 To UBound(LoadFuncs)-LBound(LoadFuncs)

                '将 CallFunc 的指针指向动态载入的函数
                Set CallFunc = GetRef(LoadFuncs(i))

                '调用指针
                Call CallFunc

        Next
End Function

'调用测试流
Call TestFlow(Array("tt1","tt2"))
```

分析：

在以上脚本中可以发现，测试流控制起来非常容易，Function 就相当于一个测试模块，当需要添加或者删除模块时，只需要在调用时更改 LoadFunc 数组即可，无需改动核心脚本的代码逻辑。这种模式在自动化测试中是经常被使用到的一种控制测试流的技术手段。

（2）利用函数指针重写 QTP 方法：

```
'定义变量
Dim print

'定义函数
Function helloworld(content)

  msgbox content

End Function

'把 Print 的指针指向 Helloworld 函数
Set print=GetRef(helloworld)

'调用 Hellowrold 函数，此时 Print 方法已被重写
print "zzxxbb112"
```

分析：

此代码首先是定义了一个变量，变量名 Print,注意此处故意定义 print，这样才能重写 print 方法，接着定义一个函数，就一个消息框，然后通过 GetRef 把 print 变量的指针指向 helloworld 函数，此时 QTP 原本的 print 方法已不存在了，只留下了指向 helloworld 方法的 print 方法，因此在执行以上代码后，最终结果会执行 helloworld 方法，并弹出消息框。

5.1.7 类的继承模式（Extends）

继承是一种由已有的类创建新类的机制。利用继承，可以先创建一个共有属性的一般类，根据该一般类再创建具有特殊属性的新类，新类继承一般类的状态和行为，并根据需要增加它自己的新状态和行为。由继承而得到的类称为子类，被继承的类称为父类、超类。

VBScript 本身是完全不支持类的继承的，但是依然可以像前几小节中一样，通过后期的脚本处理技巧，使用一些取巧的方式来变相实现这些设计模式，来看一个例子：

```
'创建一个继承类库
Class ClassHelper
        private dict

        '添加方法
        public default function addMethod(name)
                set dict(name) = getRef(dict("type") & name)
        end function

        '创建字典对象
        private function createDict()
                set createDict = CreateObject("scripting.dictionary")
        end function
```

```
        '复制字典对象
        private function copyDict(super,child)
                dim key

                for each key in super
                        if isObject(super(key)) then
                                set child(key) = super(key)
                        else
                                child(key) = super(key)
                        end if
                next

                set copyDict = child
        end function

        '新建一个类
        public function newClass(name)
                set dict = createDict()
                dict("type") = name
                set newClass = dict
        end function

        '继承方法
        public function extends(super,childType)
                set dict = copyDict(super,createDict())
                set dict("parent") = super
                dict("type") = childType
                set extends = dict
        end function

        '新建继承类
        public function [new](super,arrParams)
                dim dict : set dict = copyDict(super,createDict())
                call dict("initialize")(dict,arrParams)
                set [new] = dict
        end function
end class

'载入继承帮助类
dim Mercury : set Mercury = new ClassHelper

'##################################################
'创建一个 AutoTestTools 新类
'START NEW CLASS
        dim AutoTestTools : set AutoTestTools = Mercury.newClass("AutoTestTools")

        'PROPERTIES
        AutoTestTools("effect") = "Automation Testing"


        'METHODS
```

```
        function AutoTestToolsInitialize(this,arrParams)
                this("effect") = arrParams(0)
        end function : Mercury "initialize"

        function AutoTestToolsLaunch()
                MsgBox "Launch AutoTestTools"
        end function : Mercury "Launch"

'END CLASS
'################################################

'################################################
'创建一个新继承 AutoTestTools 的类
'START NEW CLASS
        dim QuickTest : set QuickTest = Mercury.extends(AutoTestTools,"QuickTest")

        'PROPERTIES
        QuickTest("name") = "QuickTest Professional"
        QuickTest("support") = "all"

        'METHODS
        function QuickTestInitialize(this,arrParams)
                this("support") = arrParams(0)
        end function : Mercury "initialize"

        function QuickTestLaunch()
                MsgBox "Launch QuickTest"
        end function : Mercury "Launch"
'END CLASS
'################################################

'初始化 QuickTest 类
dim QuickTestCls : set QuickTestCls = Mercury.new(QuickTest,array("web"))

'打印 support 属性,此时已经被初始化为 Web
MsgBox QuickTestCls("support")

'执行 QuickTest 类中的 Launch 方法
Call QuickTestCls("Launch")()

'执行 QuickTest 类的父类的 Launch 方法
Call QuickTestCls("parent")("Launch")()
```

分析：

以上脚本可以完美地实现类的继承模式，最核心的类就是 ClassHelper 类，它其实就是一个可以帮助我们实现类的继承模式的一个源代码包，通过调用它可以实现很多，此处脚本创建了一个 AutoTestTools 的类，并通过此类创建了它的子类 QuickTest，此处需要注意。

- 调用属性：类名（“类属性”）。
- 调用方法：Call 类名（“类方法名”）()。

读者也可以通过修改以上的核心继承代码块来实现更多自己想要的需求。

5.1.8 总结

设计模式不管在哪里都起着举足轻重的作用，它不但可以提高代码的可读性，更关键的是，它可以使脚本更加高效、灵活、易于维护。这应该都是每个自动化测试工程师所追求的。本章通过一些比较简明易懂的例子，为读者打开了设计模式的篇章。其实还有很多设计模式等着我们去探索，也希望学有余力的测试人员可以对其进行更加深入地改进和研究。如果有任何创新的想法，也随时欢迎与作者一起沟通。

5.2 GUI 层面向对象的扩展设计

5.2.1 层的概念

本章节主要介绍的是 QTP 的一种较为先进的技术，本技术是由 AdvancedQTP SOLMAR 自动化测试专家组所采纳的一种面向对象的设计模式，由 Meir Bar-Tal 于 2008 年 12 月 20 日发表，作者将会详细介绍此设计模式的每个类以及方法、设计模式的使用、设计模式的优缺点。

此模式主要是通过 QTP 描述性编程以及装载 GUI 对象的 Dictionary 对象，通过业务驱动的方式来得到体现，最有价值的地方在于，其对象识别的先发机制，可以有效的防止 QTP 在运行时识别对象出现卡住的现象，当对象出现不匹配时，能使测试顺利退出，并在报告中具体定位细节。从而有效降低了测试的维护量，并节省了自动化测试的时间。

自动化测试的核心问题就是如何减少维护量，例如，我们应该使用对象库还是描述性编程？如果选择“OR”，那么可以在每个 Action 中使用共享对象库或者本地对象库，那如果选择“DP”，可以有什么方式来实现吗？成本效益和可维护性是我们在做自动化测试中最为关注的，在此引出一个概念——GUI 层扩展。这一概念经过 SOLMAR 自动化专家组的分析和观察已被采纳，使用它就可以尽可能地提高代码重用性（通过使用面向对象的方法来提高效率，并分解出若干个抽象层，可维护性较高）。

前面已经提到了 GUI 层，那层的作用是什么呢？这里先简单解释一下，层可以使重用性发挥到最大极限，定义一个类（封装一个图形用户界面层）通过相应的接口来控制应用程序 GUI 界面中的测试对象，从而把这个类称之为 GUI 层。

5.2.2 封装测试对象类

为了能够使大家更加容易理解此设计模式，在这里重新修改了原文中“层”的方法和对象，这里就通过把百度搜索页封装成 GUI 层作为一个最简单的例子来讲解，代码如下所示：

```
Class BaiduSearch

  Private m_htChildObjects      '定义变量作为 Scripting.Dictionary

    '***************为变量设置 Get Set 方法***************
  Public Property Get ChildObjects()
    Set ChildObjects = m_htChildObjects
  End Property

  Public Property Let ChildObjects(ByRef dic)
    Set m_htChildObjects = dic
  End Property

  '*************初始化 GUI 界面上的测试对象**************
  Public Function Init()
   ChildObjects = CreateObject("Scripting.Dictionary")
   With ChildObjects
    .Add "Browser", Browser("name:=百度一下，你就知道")

    .Add "Page", ChildObjects.item("Browser"). _
    Page("title:=百度一下，你就知道")

    .Add "SearchContent", ChildObjects.item("Page"). _
    WebEdit("html id:=k")

    .Add "Submit", ChildObjects.item("Page"). _
    WebButton("value:=百度一下")

  End With
  Init = IsContextLoaded(ChildObjects)

  End Function

  '**********业务行为函数 - 百度输入搜索内容**********
  Public Function SetSearchContent()
   ChildObjects.item("SearchContent").Set "zzxxbb112"
  End Function

  '**********业务行为函数 - 百度点击搜索***************
  Public Function Submit()
   ChildObjects.item("Submit").Click
  End Function

End Class
```

首先看程序中最外层的 BaiduSearch 类，它代表百度的一个 GUI 层。我们在类中定义了一个 Scripting.Dictionary 对象，并且为其设置 Get/Let 方法。接着是一个初始化的函数 Init，这个函数主要的作用是，把页面内的所有对象全部封装在一个 Scripting.Dictionary 容器对象中，并通过描述性编程，及结合迭代式的对象封装，有效地提高了代码的重用性。最后还有两个业务行为函数，一个是在文本框中输入搜索内容的行为函数，另一个是点击搜索按钮的行为函数，这两个函数都是可以直接在字典对象中进行搜索关键字来定位对象的，并针对对象进行操作来达成关键字字典对象驱动。这样，一个“百度”的 GUI 层就已经封装好了，并且这个类还具备了两种业务行为函数的接口。

下面讲另一个重要的函数，用过 QTP 的应该知道，当 QTP 在运行时，测试对象一旦发生变化，如与对象库中的对象无法匹配时，QTP 就会停止运行直到超时，然后弹出错误框。在 QC 里执行也是一样，只是没有出现错误框，这样的情况会导致在自动化测试中浪费很多时间。因此，在 GUI 层中的 Init 函数的最后加入了 IsContextLoaded 函数，此函数的作用就是，检查 GUI 层中所有对象是否已经存在，并且把结果进行返回，实现程序如下：

```
Public Function IsContextLoaded(ByRef htContext)

Dim allExist, ix, aItems, aKeys, strDetails, strAdditionalRemarks
allExist = True
aItems = htContext.Items
aKeys = htContext.Keys
For ix = 0 To htContext.Count-1

IsContextLoaded = aItems(ix).Exist(0)
strDetails = strDetails & vbNewLine & _
"Object #" & ix+1 & ": '" & akeys(ix) & "' was"

If IsContextLoaded Then
        strDetails = strDetails & ""
        strAdditionalRemarks = ""
Else
        strDetails = strDetails & " not"
        strAdditionalRemarks = " Please check the object properties"
        allExist = False
End If
IsContextLoaded = IsContextLoaded And allExist
Select Case IsContextLoaded
        Case True intStatus = micPass
        Case False intStatus = micWarning
End Select
strDetails = strDetails & " found." & strAdditionalRemarks
Next
Reporter.ReportEvent intStatus, "IsContextLoaded", strDetails

End Function
```

由于 QTP 不提供从外部文件中读取类的方法，因此，在这里添加一个创建类的函数，接着就是把外部文件封装好，直接保存为*.vbs 后就可以为 QTP 运行服务了：

```
Public Function CreateLogin()
  Dim objLogin
  Set objLogin = New BaiduSearch
  Set CreateLogin = objLogin
End Function
```

5.2.3 调用业务行为

在 QTP 中加载之前保存的 VBS cript 文件后，在专家视图中输入图 5-2 所示的脚本，就可以完成业务行为的调用。

当脚本执行完毕后，会在结果报告中显示对象是否存在，如果在运行时出现某个对象不能识别，或者说出现属性不匹配的情况，QTP 就会立刻退出，并在结果报告中显示不匹配的那个对象来方便我们进行定位，其实这也是本设计模式的一个比较明显的优势。

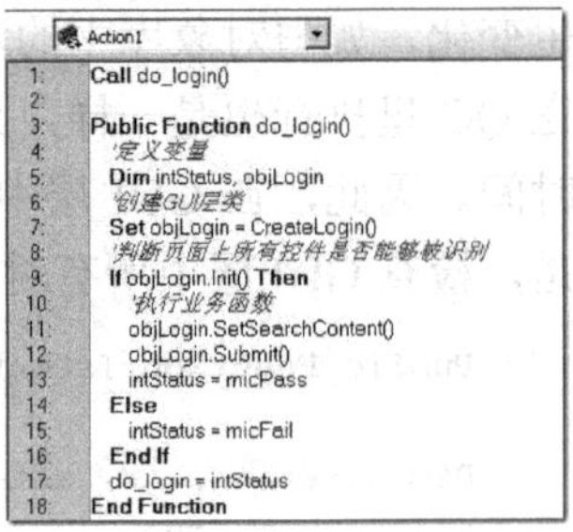

图 5-2

5.2.4 对象识别结果分析

图 5-3 是对象识别全部通过的结果。

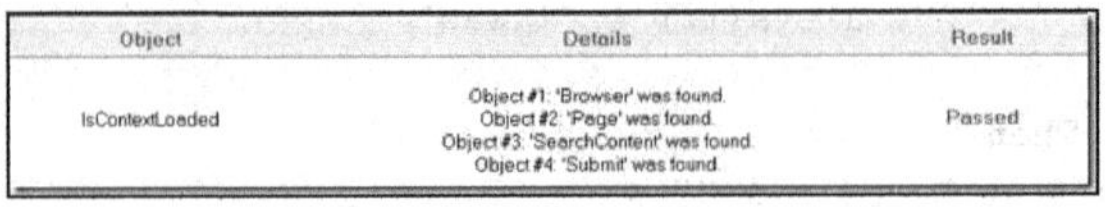

图 5-3

图 5-4 是个别对象识别未通过的结果图。

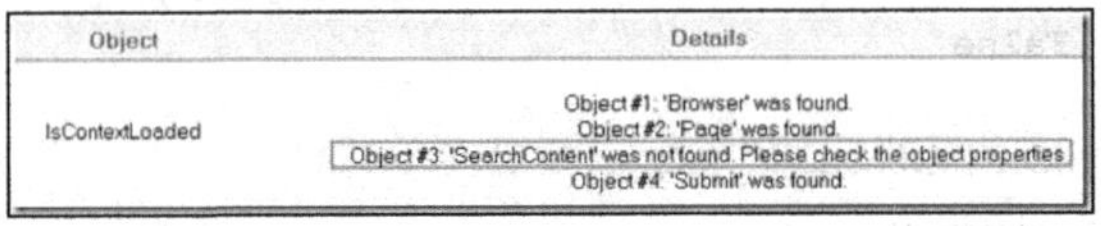

图 5-4

通过图 5-4 可以看到，当对象出现不匹配时，我们能很容易地在结果报告中进行定位。

总结：

优点：

- 高效的重用化，有效减少了代码的维护量。
- 关键字字典驱动有效地提高了编码的效率。
- GUI 层提供的行为函数接口，使脚本与业务能够更好地关联起来。

- 对象检查的先发机制可以有效防止 QTP“卡住”的现象。
- 对不匹配的对象能够在结果报告中自动定位。

缺点：

- 由于 QTP 缺少“类”这一功能的提示，因此，脚本编写没有了代码提示功能。
- 前期工作量较多，比较适合大型的自动化测试项目。
- 需要有一定的编程能力。

5.2.5　总结

此设计模式是一种自动化测试设计思想，本章主要讲的是脚本的设计模式，没有牵涉对象库。如果单独使用对象库会增加代码的开发量和维护量，必须把 DP 描述提炼成基于外部的对象库来单独管理测试对象，推荐与框架一起结合使用方法。

Chapter 6

第 6 章 QTP 原创框架设计展示

6.1　框架设计理念

阶段要点

- 核心框架简介。
- 框架设计图解。
- 框架结构透析。
- 框架目录细分。

6.1.1　框架核心介绍

6.1.1.1　自动化测试框架简介

软件自动化测试框架一直以来都是自动化测试的终极目标，但是，很多测试新手会误解其真正的含义，要么就是把它看得相当深奥、复杂，要么就是随便构建了些脚本就自认为是一个框架。在国内的论坛上“测试框架”一直是一个非常敏感的词汇，讨论的激烈程度也是远远高于其他一些测试技术问题。目前国内一直没有一个比较成熟的自动化测试框架，导致国内很多测试人员对框架的理解出现参差不齐的现象。

那么什么才是自动化测试框架呢？自动化测试框架究竟能够为我们带来什么呢？其实自动化测试框架就是一种规范的集合体，在自动化测试团队开发过程中，经常会遇到很多这样和那样的问题，例如：

- 测试脚本不统一，出现很多重复脚本；
- 在对象库中含有很多重复对象，导致对象混乱；
- 测试脚本全部为 Hard Code，没有实现部分可配置，导致维护成本过大。

以上这些只是一些比较常见的问题，其实在自动化测试过程当中遇到的问题还远远不止这些，那么要解决这些问题，就必须要为其定义适合项目的规范。例如，脚本不统一，可以对每个脚本写法定义严格的规范，定制共享函数库；对象库重复混乱，可以使用共享对象库来解决；测试脚本全部为 Hard Code，则可以把部分的关键字进行分离。这些都是可以采取的措施，当然还包括脚本实行可配置、测试执行管理、状态监控、报表管理等，当这些措施规范都集合在一块的时候，我们就把其称之为自动化测试框架。

6.1.1.2　用例解析驱动测试介绍

在本章将展示自己的原创自动化测试框架，但在展示测试框架之前，先介绍框架的整体思想：个人认为，一个好的测试框架应该能够让更多人利用起来，而不是只有开发框架的本人才会使用，这才是框架所需要做的。前面已经提到了，框架是一个标准规范的集合体，因此，一旦制定好了一定的规范，别人就能够根据此标准规范来进行测试脚本的编写。那么，如何才能最大限度地体现出这一点呢，作者根据国外的一些经验总结出了一套属于自己的“用例解析驱动测试”理论。什么是用例解析驱动呢？本书的一开始就已经介绍过了自动化测试并不是简单的写写脚本，在写脚本之前需要考虑并验证很多环节才可进行到编码阶段，一般会有以下这样几个阶段：

- 需求分析→自动化测试需求分析→自动化测试方案制定；
- 自动化测试设计→自动化测试用例设计→自动化测试脚本设计与开发；
- 执行自动化测试用例→提交测试结果→测试结果分析。

这是一个完整的自动化测试流程，但在实际项目中往往没有这么简单，就如同下面这样：

自动化用例设计→ **重新设计脚本** →重新维护测试脚本

当应用软件完成了一个版本的测试之后进入到下一版本时，此时会需要重新设计测试用例，有些需要添加，有些则需要对用例进行更新，在更新完毕之后，还是需要重新再把更新的用例转化为适合最新版本的测试脚本，然后再继续执行提交结果。相信在这样一个流程中你会发现，只要每次一有新版本出现，如果应用软件先前的设计一旦有变动，那么就需要重新编写测试用例，并将用例转化为自动化测试脚本。作者认为这样的流程是存在问题的，其中存在着许多重复的无用功，完全可以把测试脚本包装一层，抽象到测试用例层面，让测试用例直接驱动自动化测试脚本，而不是每一次更改都需要重新转化测试脚本，如下：

自动化用例设计→ **自动转化脚本** →自动生成测试脚本

利用这种用例解析驱动测试模式可以减轻每次人工去重写维护脚本的时间。那么，如何完成这个中间过程呢？我们知道每个人写出来的用例都是不一样的，要做到让所有人写出来的用例都能成功转化成脚本，那是根本不可能的，因此，这里首先要做的就是，要把用例的标准规范进行统一化，把用例的每个步骤进行标准化的拆分：

- 测试对象（具体的对象关键字）；
- 测试行为（具体的行为函数名）；
- 测试数据（具体的测试数据）。

一旦规范化好了这些元素转化，工作就会容易很多，可以严格要求测试用例的格式只能使用这三种元素的关键字的组合，去代替平常的一些测试用例，这样的做法还有一个好处就是，统一测试用例、规范测试用例，让清楚规则的人一看就能够理解测试用例。这样就不会造成看不懂别人所写的用例的尴尬局面，并且能够带动测试脚本的统一化。那么如何才能把标准化的用例具体化到脚本层呢？很简单，如图 6-1 所示。

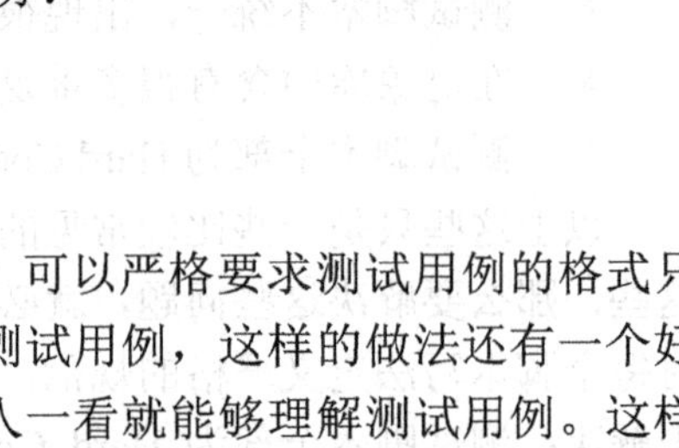

图 6-1

从图 6-1 中可以看到，在自动化测试脚本中，最关键的元素就是测试对象、测试行为和测试数据，测试对象由父对象和子对象组成；测试行为在脚本中即为一个动作事件，如点击，输入、验证等；测试数据即为需要输入的数据。

Window	TestObject	ObjectType	Action	*Param 1*
首页	用户名	SwfEdit	***Set***	Mercury
首页	密码	SwfEdit	***Set***	Mercury
首页	登录	SwfButton	***Click***	

图 6-2

如图 6-2 所示就是正确的标准化用例写法。此种写法有很多好处：第一，对于用例描述一目了然，比文字性描述理解起来更加容易；第二，这样的写法对于最终生成自动化测试脚本较为容易实现。最终生成脚本的样式：

```
SwfWindow("首页").SwfEdit("用户名").Set "Mercury"
SwfWindow("首页").SwfEdit("密码").Set "Mercury"
SwfWindow("首页").SwfEdit("登录").Click
```

所有的脚本都将会是动态生成的，可以看到，脚本中的关键元素在用例中已经全部纳入。那么由这种方式从用例层解析，并自动地具体化到脚本层的模式称为“用例解析驱动测试”。

6.1.2　框架设计总图

框架设计总图如图 6-3 所示。

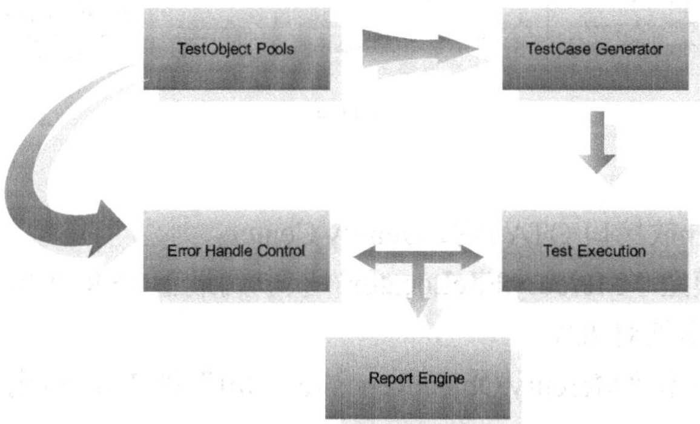

图 6-3

说明。

Test Object Pools:

测试对象池，用于存放所有的测试对象，并供用例层进行读取。

Test Case Generator:

自动化测试用例生成器，方便测试人员根据一定的标准来完成用例。

Error Handle Control:

错误处理控制器，对错误实时监控，发生错误会进行相应的控制。

Test Execution:

测试执行调度，利用 AOM 自动启动 QTP 执行脚本，并进行过程控制。

Report Engine:

整个测试运行完毕，生成完整的测试报告。

6.1.3 框架结构细分

6.1.3.1 TestObject Pools

对象库一直是自动化测试脚本中的精髓，它可以把自动化测试脚本中的对象属性描述与脚本完美的分离，以便有利于脚本的维护，当然这也是框架中必不可少的。团队开发中往往会采用公共对象库，并且放置于一个所有人都可访问的位置，本框架采用了与 QC 相连并进行远程调用，最终把 TSR 文件转化生成 XML 文件，此处的 XML 文件主要是用于用例解析的读取，具体流程如图 6-4 所示。

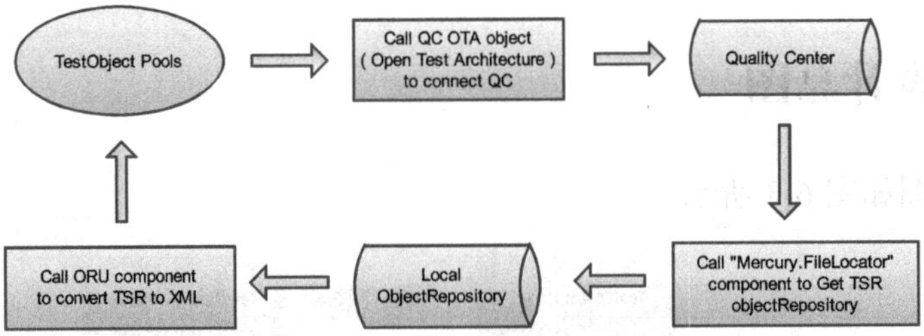

图 6-4

流程：

- 利用 QC 的开放接口 OTA 连接 Quality Center；
- 调用 MFL 模型“Mercury.FileLocator”获取到最新 TSR 共享对象库；
- 自动更新到本地对象库；
- 利用 ORU 模型“Mercury.ObjectRepositoryUtil”把 TSR 转化为 XML。

> **注意**
>
> 此框架的主要对象库的存放空间就是对象池，在框架中的对象池中存放着 TSR 文件和 XML 文件，主要实现了两种方式的更新。

（1）自动更新来自于 QC 的共享对象库。

（2）手工更新本地对象库（没有 QC 的情况下）。

6.1.3.2 TestCase Generator

用例生成模块可以说是整个框架的核心部分，它可以方便测试人员选取列表中的测试对象、测试行为，并可输入自己想要的测试数据来生成用例。从连接对象库到获取到对象库中的关键字，并组成测试用例步骤，最后完成一个完整的测试用例这样一个过程中，始终贯彻用例解析驱动测试模型来进行，此模块在后面也会详细讲解，如图 6-5 所示。

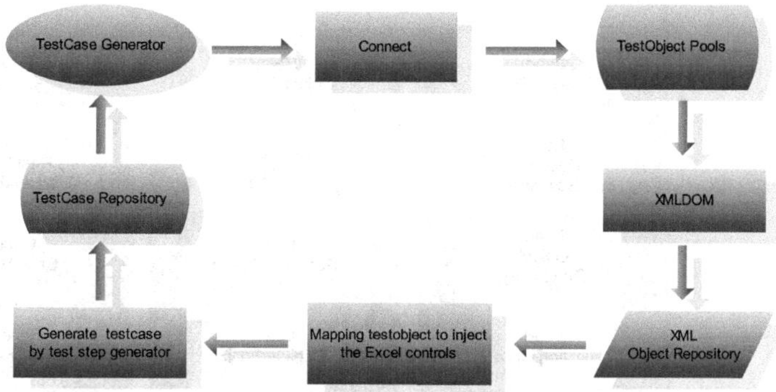

图 6-5

流程：

- 连接测试对象池；
- 利用 XML Dom 读取对象池中的 XML 对象库文件；
- 映射读取到的测试对象到用例生成器中；
- 完成每一个测试步骤生成测试用例；
- 合并到测试用例库中。

注意

此模块中的 XML 文件其实就是之前测试对象池中的从 tsr 文件自动转化的结果文件。然后采用单选框的方式读取到测试对象库中的所有父对象和子对象，用以避免测试人员手工输入时出现错误而导致脚本最终执行出现没有必要的错误。

6.1.3.3　Test Execution

Test Execution 称为测试执行模块，可以完成多脚本的运行，运行不同状态的用例。负责实现全局测试流程控制，主要技术实现方式还是依靠 QTP 的自动化测试模型 AOM，包括初始化 QTP、自动加载初期设置、自动生成测试脚本、运行脚本、生成结果报告，如图 6-6 所示。

流程：

- 选择需要执行的测试用例。
- 初始化 QTP。

a．动态加载相对路径（RP）。

b．动态加载场景恢复（RS）。

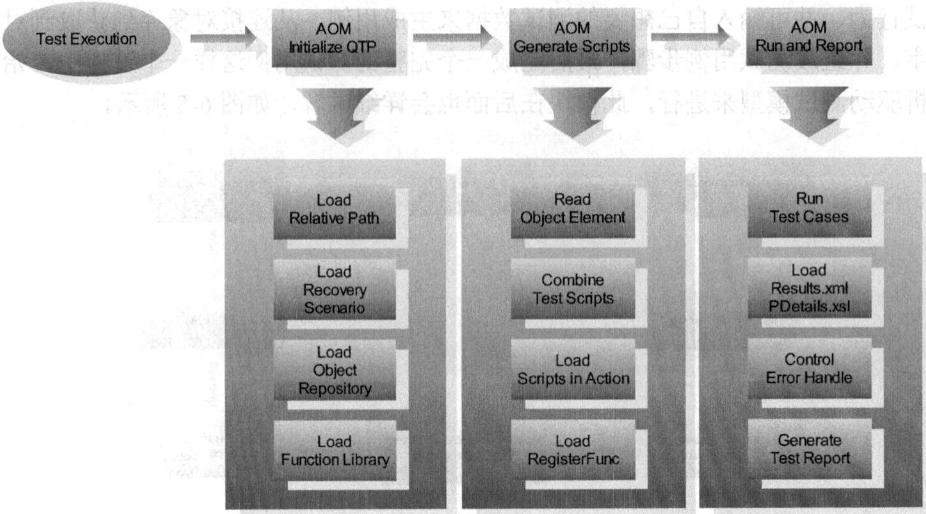

图 6-6

c．动态加载公共对象库（OR）。

d．动态加载公共函数库（FL）。

- 脚本动态生成。

a．读取对象关键字元素。

b．拼接测试脚本。

c．载入生成脚本到 QTP。

d．使用 RegisterFunc 注入自定义测试行为。

- 运行测试与结果报告。

a．执行测试用例。

b．载入 Results.xml 和 PDetails.xml。

c．错误监控实时发送结果报告。

d．执行完毕，生成测试结果。

6.1.3.4 Error Handle Control

错误处理在自动化测试过程中一直是一件非常繁锁的事情，我们经常会遇到因为脚本的一个小错误而“卡住”所有其他测试用例的执行，也经常在复杂的框架中无法对自己脚本的执行结果出现的错误进行定位，这些问题我们都可以通过 QTP 的 Recovery Scenario 这个场景恢复机制来解决，如图 6-7 所示。

流程：

- 执行自动化测试用例。
- 监控执行状态，一旦发生错误即调用错误处理模块。

- 启动自定义场景恢复 RecoveryFunction 定位错误。
- 把错误定位信息注入测试报告。

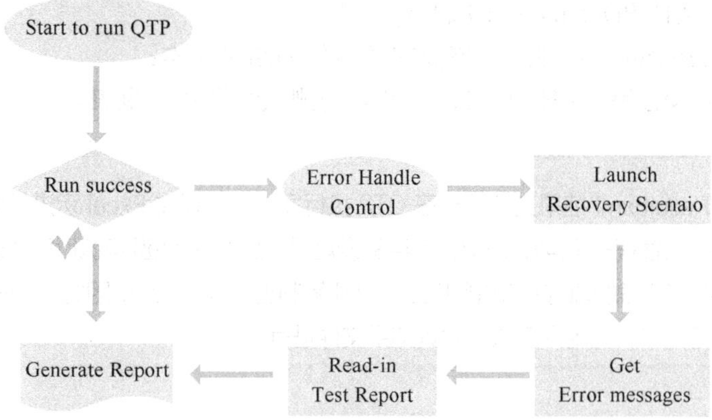

图 6-7

注意

此处在场景恢复中并没有加入异常弹出窗口的控制，因为每个项目都会有不同的情况，这部分内容可由读者自行抓取异常窗口后，加载到场景恢复的函数中即可。此处只用作定位错误测试对象以及错误测试行为，方便测试人员进行随后的调试。

6.1.3.5 Report Engine

一个好的测试报表能够让最终执行的测试结果一目了然，它包括执行时间、执行用例名称、执行结果状态、详细结果报告等。由于 QTP 本身不带有多脚本运行的测试结果状态，需要借助其他辅助工具才能实现，并且每个用例脚本的测试结果的 HTML 输出也是需要手工才可进行输出的，因此，在此框架中加入了动态生成 HTML 的方式，如图 6-8 所示。

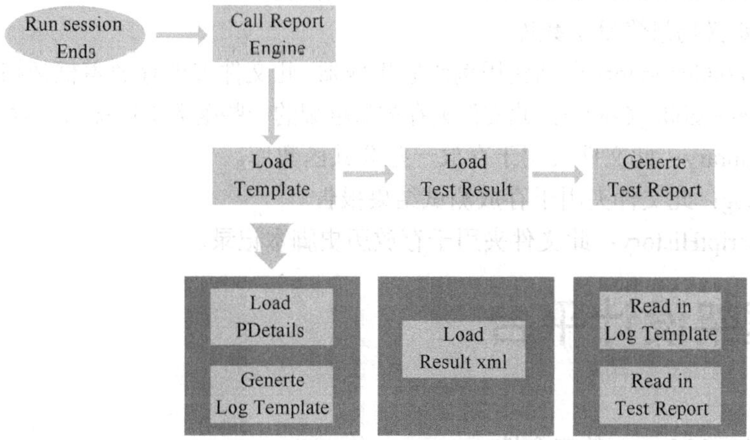

图 6-8

流程：

- 测试脚本运行完毕自动调用 Report 引擎；
- 载入模板文件 PDetails 并生成 Log 日志；
- 外部载入 Result.xml 并结合模板文件转化为结果文本；
- 转化为 HTML 写入用例结果，以及全局测试结果状态报表。

注意

此处的 Result.xml 结果文件需要在 QTP 执行完毕后，通过 Excel 宏进行获取，因为，如果在 QTP 中执行会存在一个问题，QTP 本身的设定是，当 QTP 还没有执行完毕时，本身是不会生成任何结果文件的。就算把脚本内的 Result.xml 复制出来也是空的，因此，唯一的解决方法就是，等待 QTP 运行完毕，利用外部脚本对其结果文件进行解析。

6.1.4 框架目录结构

框架的核心采用的开发平台为 Excel，主要还是考虑到 Excel 使用起来非常方便、高效，利用 Excel 强大的 Macros 来完成框架的模型，具体的框架目录结构如图 6-9 所示。

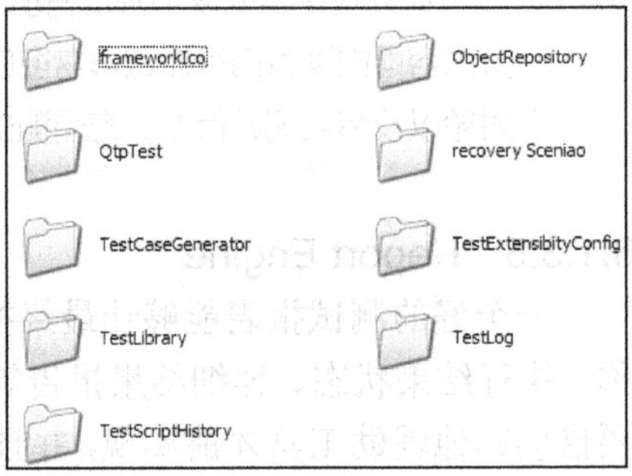

图 6-9

如图 6-9 所示，框架主要包含了以上几个模块文件夹。

- frameworkIco：此文件夹主用于存放一些框架所需要用到的图片。
- ObjectRepository：此文件夹用于存放对象库文件，包括 tsr 和 xml 格式的。
- QtpTest：存放所有的 QTP test 的文件夹。
- recovery Sceniao：此文件夹用于存放场景恢复主文件以及自定义场景恢复函数库。
- TestCaseGenerator：自动化用例步骤生成器，此文件夹内存放着框架核心 Excel 文件。
- TestExtensibilityConfig：此文件夹存放着框架的一些函数扩展接口，对象的默认方法。
- TestLibrary：此文件夹用于存放一些公共函数库。
- TestLog：此文件夹用于存放测试结果报告。
- TestScriptHistory：此文件夹用于存放历史脚本记录。

6.2 框架设计平台

阶段要点

- 理解 Excel Macros 的安全性。

- 学习如何动态加载自定义工具栏。
- 掌握 UserForm 的使用法则。
- API 可以让你做更多。

6.2.1　认知 Excel Macros

宏的作用主要是把任务需求自动化。开发人员可以利用它编写功能强大的 VBA（Visual Basic for Applications“VBA”：Microsoft Visual Basic 的宏语言，用于编写基于 Microsoft Windows 的应用程序，内置于多个 Microsoft 程序中）宏，这些宏可以在计算机上运行多条命令。因此，VBA 宏会引起潜在的安全风险。在默认的情况下 Excel 本身对于宏还是有些敏感的，某些操作会被 Excel 的宏安全给屏蔽掉。下面，我们打开框架下的 TestCaseGenerator 文件夹下的核心文件 New Microsoft Excel Worksheet.xls，第一次打开可能会弹出宏安全的问题，如图 6-10 所示。

如图 6-10 所示，如果宏设置过高，即会弹出如图 6-10 所示的安全警告，并且会自动屏蔽所有宏代码。因此，这里建议读者把宏安全级别设置为低。设置方法：菜单栏中找到工具→宏→安全性，如图 6-11 所示。

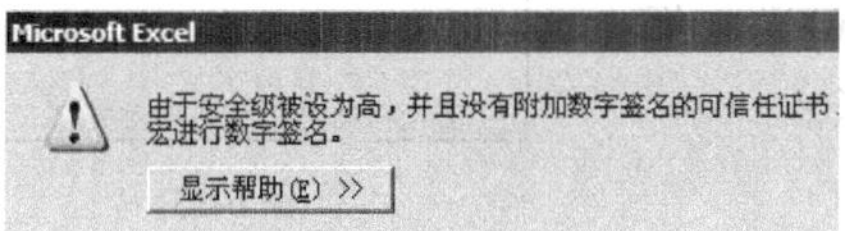

图 6-10

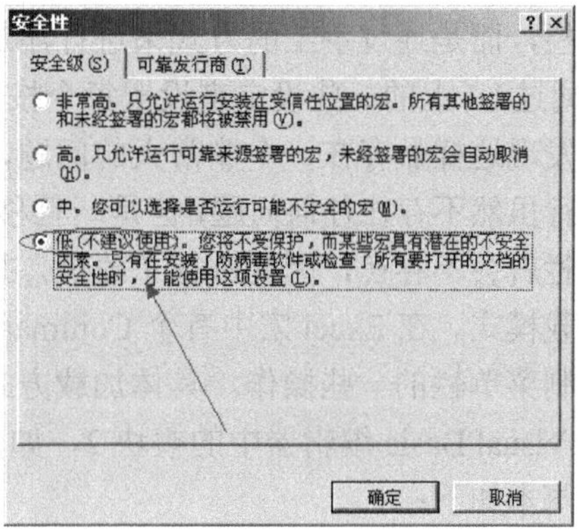

图 6-11

进入到安全性窗口中，设置安全性为低，点击确定后，重新启动此 Excel 文件，即可成功加载框架的所有宏代码。成功加载后可在界面上的左边看到新增了一列自定义菜单，如图 6-12 所示。

如图 6-12 所示，说明宏已经完全加载成功了，如果对安全性问题不放心，建议读者可以把安全性设置为中，这样每次打开之前，Excel 都会让你本人进行选择确认是否加载对应的宏，增加了自由度，也提高了安全性，就是每次打开时都会弹出确认框稍繁锁一些。

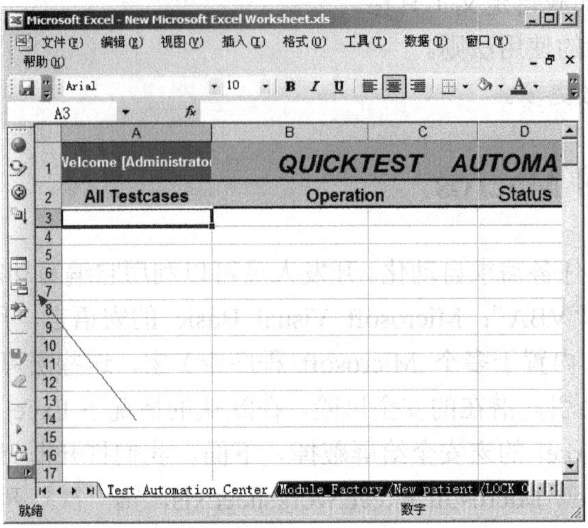

图 6-12

6.2.2 自动加载自定义工具栏

在作者开始编写此框架时，用的并不是动态加载自定义工具栏，而是通过手工的方式来进行添加工具栏以及命令按钮，通过 UI 上的一些设定来设置每个按钮对应的命令。但是后来发现这样做存在一个非常大的问题，框架在本地计算机上运行虽然不存在任何问题，但是一旦移植到其他计算机上，菜单栏就会不存在，因此进行了改进，把预定义模式改为动态加载模式。在 Excel 宏中有个 CommandBars 对象，主要用于控制菜单栏的一些操作。具体加载方式的宏代码可进入框架的 Visual Basic 编辑器中的模块 2，如图 6-13 所示。

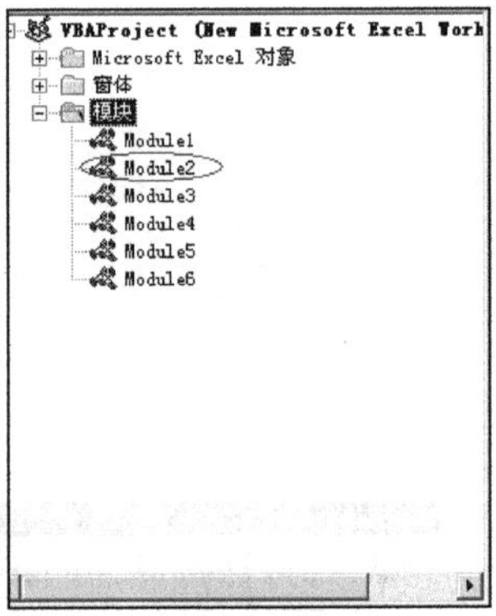

图 6-13

脚本如下：

```
'创建自定义工具栏
Set custom = CommandBars.Add(Name:="custom", Position:=msoBarLeft)

'加载 QC 控件按钮
Set myQCControl = custom.Controls _
  .Add(Type:=msoControlButton)

'加载刷新控件按钮
Set myFleshControl = custom.Controls _
  .Add(Type:=msoControlButton)

'加载返回控件按钮
```

```
Set myBackControl = custom.Controls _
  .Add(Type:=msoControlButton)

'加载用例排序控制
Set mySortCaseControl = custom.Controls _
  .Add(Type:=msoControlButton)

'加载菜单栏分割控件
Set mysplitControl1 = custom.Controls _
  .Add(Type:=msoControlButton)

'加载用例管理控件
Set myTestControl = custom.Controls _
  .Add(Type:=msoControlButton)

'加载模块管理控件
Set myModuleControl = custom.Controls _
  .Add(Type:=msoControlButton)

'加载插入 QTP 独立脚本控件
Set myQTestControl = custom.Controls _
  .Add(Type:=msoControlButton)

'加载菜单栏分割控件
Set mysplitControl2 = custom.Controls _
  .Add(Type:=msoControlButton)

'加载步骤生成器控件
Set myStepControl = custom.Controls _
  .Add(Type:=msoControlButton)

'加载用例清空控件
Set myclearTest = custom.Controls _
  .Add(Type:=msoControlButton)

'加载菜单栏分割控件
Set mysplitControl3 = custom.Controls _
  .Add(Type:=msoControlButton)

'加载测试执行管理控件
Set myExecuteControl = custom.Controls _
  .Add(Type:=msoControlButton)

'加载测试报告导出控件
Set myReportControl = custom.Controls _
  .Add(Type:=msoControlButton)
```

分析：

以上脚本主要是加载了左边的菜单栏以及一些命令按钮，但是这些只是加载了一些空按钮，并没有对这些按钮加载任何动作，因此还需要对它们加上命令，具体如下所示：

```
'#########加载对应控件的图标和 Action#########
With mySortCaseControl
  .FaceId = 656
  .OnAction = "SortTestCaseControl"
  .TooltipText = "Sort Test Case"
End With

With myBackControl
  .FaceId = 4085
  .OnAction = "goBackControl"
  .TooltipText = "GoBack"
End With

With myQTestControl
  .FaceId = 2605
  .OnAction = "InsertQTest"
  .TooltipText = "Insert QTP Test"
End With

With myReportControl
  .FaceId = 1679
  .OnAction = "exportReportControl"
  .TooltipText = "export HTML Report"
End With

With myFleshControl
  .FaceId = 2010
  .OnAction = "refreshTestCase"
  .TooltipText = "Refresh All TestCase and all TestModule"
End With

With myTestControl
  .FaceId = 302
  .OnAction = "ShowUserForm2"
  .TooltipText = "New TestCase"
End With

With mysplitControl1
  .FaceId = 613
  .Enabled = False
End With

With mysplitControl3
  .FaceId = 613
  .Enabled = False
End With

With myModuleControl
```

```
    .FaceId = 303
    .OnAction = "ShowUserForm3"
    .TooltipText = "New TestModule"
  End With

  With myStepControl
    .FaceId = 538
    .OnAction = "ShowUserForm1"
    .TooltipText = "New TestStep"
    .Enabled = False
  End With

  With myclearTest
    .FaceId = 47
    .OnAction = "clearTest"
    .TooltipText = "Clear the content of this page"
  End With


  With mysplitControl2
    .FaceId = 613
    .Enabled = False
  End With

  With myExecuteControl
    .FaceId = 186
    .OnAction = "executeControl"
    .TooltipText = "Run"
    .Enabled = True
  End With

  With myQCControl
    .FaceId = 610
    .OnAction = "ShowUserForm5"
    .TooltipText = "Update Testobject from QC"
    .Enabled = True
  End With

  indexSheet.Activate

  custom.Visible = True
```

分析：

每个 With 语句块包含了每个控件对象的属性设置。

- FaceId 属性：每个按钮所对应的图标编号，此编号可通过 Google 很容易找到。
- OnAction 属性：对应的函数名引用。
- TooltipText 属性：当前按钮的提示信息。
- Enabled 属性：设置按钮是否可用。

最后封装以上脚本，并在 ThisWorkbook 类中调用已封装类函数，即可达到启动 Excel 时动态加载宏的效果，如图 6-14 所示。

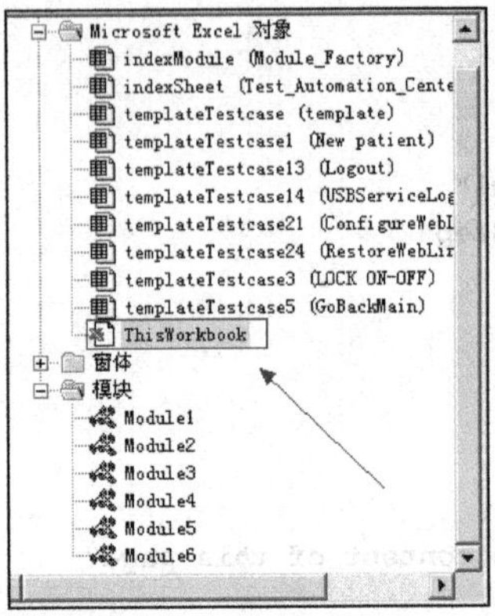

图 6-14

```
Private Sub Workbook_Open()
 Module2.init
End Sub
```

分析：

Workbook_Open 在 Excel 中是一个事件，代表了当打开此 WorkBook 时的初始化函数，Init 函数就是所有动态加载菜单栏和命令按钮的封装函数。

6.2.3 UserForm 的使用

在 Excel 中不止可以编写 VBA 脚本，还可以利用 Excel MACROS 编写 GUI 的界面，如 Windows Form 窗口，如图 6-15 所示。

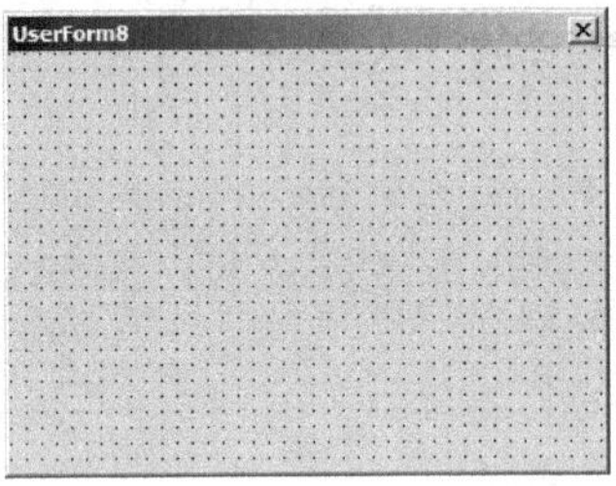

图 6-15

如图 6-15 所示，可以自行添加 Form 窗口，并加载到命令按钮中，开发者可以对其添加一些控件，包括文本框、按钮、单选框等，具体实验如下：

```
Sub ShowUserForm1()
 UserForm1.Show
```

```
End Sub

With myStepControl
  .FaceId = 538
  OnAction = "ShowUserForm1"
  .TooltipText = "New TestStep"
  .Enabled = False
End With
```

分析：

利用 UserForm1.Show 触发之前创建的 userform1 显示，并在按钮对象控件的 OnAction 属性中加入"函数名"字符串引用即可。

6.2.4 利用 API 让 UserForm 界面焕然一新

由于在 Excel 中的 Form 不能像 Visual Studio 一样那么灵活，并不是很多操作都可以实现，如果要实现某些特定的操作，如隐藏标题栏，此时就可以调用强大的 Win32 API 来帮助完成。

声明脚本：

```
' API 函数
Public Declare Function FindWindow Lib "user32" Alias "FindWindowA" ( _
      ByVal lpClassName As String, _
      ByVal lpWindowName As String) As Long

Public Declare Function ShowWindow Lib "user32" ( _
      ByVal hwnd As Long, _
      ByVal nCmdShow As Long) As Long

Public Declare Function GetWindowLong Lib "user32" Alias "GetWindowLongA" ( _
      ByVal hwnd As Long, _
      ByVal nIndex As Long) As Long

Public Declare Function SetWindowLong Lib "user32" Alias "SetWindowLongA" ( _
      ByVal hwnd As Long, _
      ByVal nIndex As Long, _
      ByVal dwNewLong As Long) As Long

Public Declare Function SetWindowPos Lib "user32" ( _
      ByVal hwnd As Long, _
      ByVal hWndInsertAfter As Long, _
      ByVal x As Long, _
      ByVal y As Long, _
      ByVal cx As Long, _
      ByVal cy As Long, _
      ByVal wFlags As Long) As Long

Public Declare Function SetLayeredWindowAttributes Lib "user32" ( _
```

```
        ByVal hwnd As Long, _
        ByVal crKey As Long, _
        ByVal bAlpha As Byte, _
        ByVal dwFlags As Long) As Long

Public Declare Function DrawMenuBar Lib "user32" (ByVal hwnd As Long) As Long
Public Declare Function GetMenuItemCount Lib "user32" (ByVal hmenu As Long) As Long
Public Declare Function RemoveMenu Lib "user32" ( _
        ByVal hmenu As Long, _
        ByVal nPosition As Long, _
        ByVal wFlags As Long) As Long
Public Declare Function DeleteMenu Lib "user32" ( _
        ByVal hmenu As Long, _
        ByVal nPosition As Long, _
        ByVal wFlags As Long) As Long
Public Declare Function GetSystemMenu Lib "user32" ( _
        ByVal hwnd As Long, _
        ByVal bRevert As Long) As Long
Public Declare Function SendMessage Lib "user32" Alias "SendMessageA" ( _
        ByVal hwnd As Long, _
        ByVal wMsg As Long, _
        ByVal wParam As Long, _
        lParam As Any) As Long
Public Declare Function GetSystemMetrics Lib "user32" (ByVal nIndex As Long) As Long
Public Declare Function GetClientRect Lib "user32" (ByVal hwnd As Long, lpRect As RECT) As Long
Public Declare Function AnimateWindow Lib "user32" ( _
        ByVal hwnd As Long, _
        ByVal dwTime As Long, _
        ByVal dwFlags As Long) As Long
Public Declare Function MoveWindow Lib "user32" ( _
        ByVal hwnd As Long, _
        ByVal x As Long, _
        ByVal y As Long, _
        ByVal nWidth As Long, _
        ByVal nHeight As Long, _
        ByVal bRepaint As Long) As Long
Public Declare Function GetWindowRect Lib "user32" (ByVal hwnd As Long, lpRect As RECT) As Long

' API 常量
Public Const GWL_STYLE = (-16)
Public Const GWL_EXSTYLE = (-20)


Public Const WS_MAXIMIZEBOX = &H10000
Public Const WS_MINIMIZEBOX = &H20000
Public Const WS_THICKFRAME = &H40000
Public Const WS_EX_LAYERED = &H80000
Public Const WS_SYSMENU = &H80000
Public Const WS_CAPTION = &HC00000
```

```
Public Const SW_HIDE = 0
Public Const SW_SHOWNORMAL = 1
Public Const SW_SHOWMINIMIZED = 2
Public Const SW_SHOWMAXIMIZED = 3

Public Const LWA_ALPHA = &H2

Public Const MF_BYCOMMAND = &H0
Public Const MF_BYPOSITION = &H400&
Public Const MF_DISABLED = &H2&
Public Const MF_REMOVE = &H1000&

Public Const SC_CLOSE = &HF060
Public Const SC_MOVE = &HF010

Public Const WM_SYSCOMMAND = &H112

Public Const AW_ACTIVATE = &H20000
Public Const AW_BLEND = &H80000

Public Enum ESetWindowPosStyles
  SWP_SHOWWINDOW = &H40
  SWP_HIDEWINDOW = &H80
  SWP_FRAMECHANGED = &H20
  SWP_NOACTIVATE = &H10
  SWP_NOCOPYBITS = &H100
  SWP_NOMOVE = &H2
  SWP_NOOWNERZORDER = &H200
  SWP_NOREDRAW = &H8
  SWP_NOREPOSITION = SWP_NOOWNERZORDER
  SWP_NOSIZE = &H1
  SWP_NOZORDER = &H4
  SWP_DRAWFRAME = SWP_FRAMECHANGED
  HWND_TOPMOST = -1
  HWND_NOTOPMOST = -2
End Enum

Public Type RECT
  Left As Long
  Top As Long
  Right As Long
  Bottom As Long
End Type
```

分析：

把一些常用的 API 函数声明放进一个模块里，这样以后有需要使用时就可直接进行调用。在本框架中主要是利用 Win32 去掉标题栏，请看下面这段“去标题函数”：

```
' 控制标题栏和边框
Function TitleBar(ByVal bState As Boolean)
```

```
    Dim lStyle As Long
    Dim tR As RECT

    ' 获取窗体范围尺寸
    GetWindowRect hwnd, tR
     lStyle = GetWindowLong(hwnd, GWL_STYLE)

    ' 重设窗体风格
    If (bState) Then
        Me.Caption = "标题栏和边框示范"
        lStyle = lStyle Or WS_SYSMENU
        lStyle = lStyle Or WS_CAPTION
    Else
        Me.Caption = ""
        lStyle = lStyle And Not WS_SYSMENU
        lStyle = lStyle And Not WS_CAPTION
    End If
    SetWindowLong hwnd, GWL_STYLE, lStyle

    ' 设定窗体位置，使无标题栏和边框的窗体与有标题栏和边框的窗体保持一致
    SetWindowPos hwnd, 0, tR.Left, tR.Top, tR.Right - tR.Left, tR.Bottom - tR.Top, _
       SWP_NOREPOSITION Or SWP_NOZORDER Or SWP_FRAMECHANGED
End Function
```

分析：

此函数主要是通过句柄首先获取到窗口，接着去除标题栏，并重新设定窗口尺寸大小。我们只要在 userform 中的 Initialize 事件中加入这个去标题函数即可：

```
'userform初始化函数
Private Sub UserForm_Initialize()
  hwnd = FindWindow(vbNullString, Me.Caption)
  TitleBar False
End Sub
```

6.3 公共对象管理

阶段要点

- 了解测试对象的捕获方式。
- 掌握测试对象文件储存与转化原理。
- 理解测试对象自动更新。

6.3.1 测试对象捕获

在自动化测试过程中最难的两大问题就是对象识别和脚本维护，脚本中真正流程上的变动相对来说比较少，变动最大的就是对象层。因此，QTP 引进了对象库，那么在开始设计脚

本之前，首先必须完成测试对象的捕获，考虑到便于统一管理对象，本框架使用了全局共享对象库，如图 6-16 所示。

解释一下，两个文件都是 QTP 生成的，为什么此处需要有两个文件进行解析。

- TOR.tsr 文件主要用于修改与更新测试对象，测试执行时直接动态加载 tsr 对象。
- TOR.xml 文件主要用于 Excel 文件对其测试对象的关键字进行读取使用。

读到这里，对测试对象自动化模型（Mercury.ObjectRepositoryUtil）比较熟悉的读者可能会问，为什么不直接使用 ORAOM 在 Excel 中直接去读 tsr 对象的关键字呢？其实作者之前也想过使用 ORAOM，但是实践后发现，QTP 的早期版本，如 10 以前这个 ORAOM 组件一直存在着一些问题，当 ORAOM 对象最终释放的时候，QTP 在某些计算机或者特定的情况下会自动 crash，即使加上对象释放还是不起作用，这个问题在 QTP 11 版本中已经成功解决了，但是由于考虑到框架的通用性，最终还是舍弃了这个想法。如果读者在这里对此问题有什么高见，也请联系作者。那么接下来就开始讲解如何捕获对象。

1. 首先打开 QTP 的 Object Repository Manager

由于此处需要使用全局共享测试对象库，并且是以文件形式保存，且能够导入 xml 对象库文件的只有 Object Repository Manager。

2. 利用 ObjectRepository Manager 打开 Framework\ObjectRepository\TOR.tsr

手工添加以及更新测试对象，此处需要注意添加完对象后，建议把每个对象的关键字进行修改，除非 QTP 在抓取完毕后关键字比较容易识别，并且能和抓取到的对象匹配起来，如图 6-17 所示。

图 6-16

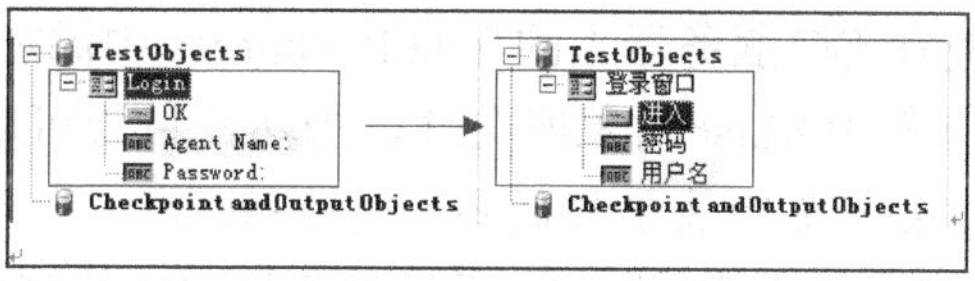

图 6-17

注意

关键字定制的好坏是非常重要的，此处的关键字内容会直接影响到后面在 Excel 中用例的关键字读取。由于此处的名称更改和对象识别没有任何的关系，因此，可以随心去定制这些关键字信息。

6.3.2 对象文件存储及转化

在捕获完测试对象之后，必须把这些测试对象储存起来，此处需要注意的是，当保存了 TSR 文件之后，QTP 的 ObjectRepository Manager 不会去自动更新 xml 对象库文件，这里必须通过手工的方式使用 Export test objects to xml 来进行 xml 测试对象库文件的更新。

步骤 1，点击 File→Export test objects to xml。

步骤 2，找到框架下的 ObjectRepository 文件夹并覆盖 TOR.xml。

步骤 3，点击确定按钮即可，如图 6-18 所示。

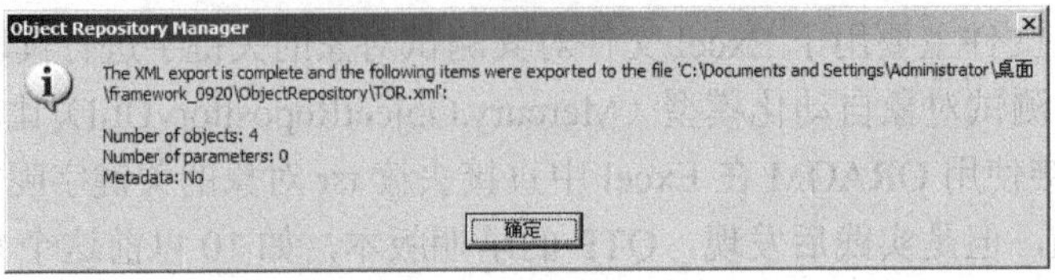

图 6-18

6.3.3 测试对象自动更新

在团队开发过程中，为了减少重复对象以及对象杂乱的现象，自动化团队经常会使用公共对象库，而使用公共对象库必须要通过专人来进行版本的管理，绝不是每个人想改就改的！因为在共享对象中，可能一个对象会被 N 多脚本牵涉。因此，如果需要更新对象，就必须经过审核批准才可。那么在框架中是如何来完成测试对象变更的呢？下面来简单介绍一下，如何把工具和 QC 进行联动（注意，此框架作者设定了两种方式，只有在存在 QC 的情况才能自动更新，否则只能手动进行更新，手动更新方式见前文）。

1. 在 QC 上建立共享对象库

首先在 QC 服务器上的 Test Resources 中添加一个 Object Repository 目录，接着在此目录下新建一个 TOR.tsr 对象库文件，当然此目录可以在脚本中自行定义。

2. 点击左侧菜单栏的第一个按钮

点击后，弹出如果 6-19 所示的连接 QC 的窗口，可以看到此窗口中含有 QC 服务器地址，还有 QC 的用户名和密码，以及需要登录的域和项目，这些都是连接 QC 的必要条件，下面还有一个 Save All Informations 选项，这个是用于保存所有信息的，可以在下次使用时保存之前的内容，而不用每次都重复去输入。注意此时的 UpdateTestObject 是 Disabled 状态，它现在是不可用的。

3. 完成登录 QC 的操作

第一步，Connect to 也就是连接 QC 服务器，这里需要填写正确的 QC 路径。

第二步，填写权限用户名和对应的密码。

第三步，填写域和项目，接着点击 Connect 连接按钮，如图 6-20 所示。

当成功连接到 QC 服务器时，可以看到 UpdateTestObject 按钮已经从 Disabled 状态被成功激活为 Enabled 状态。所有文本框均设为了 Disabled，不可修改状态。

4. 点击 UpdateTestObject 按钮

再等待一些时间，对象即可更新完毕，如图 6-21 所示。

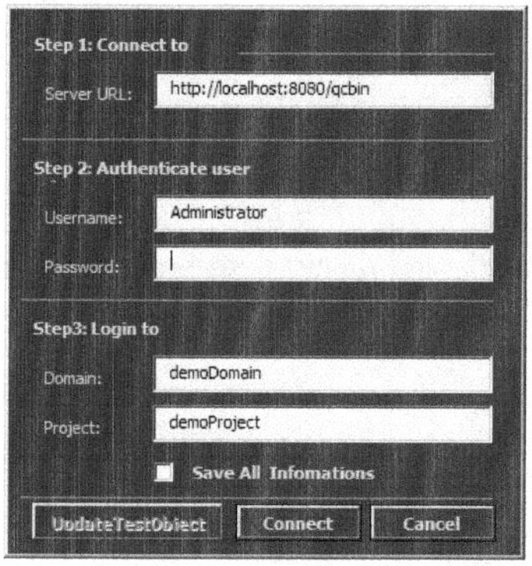

图 6-19

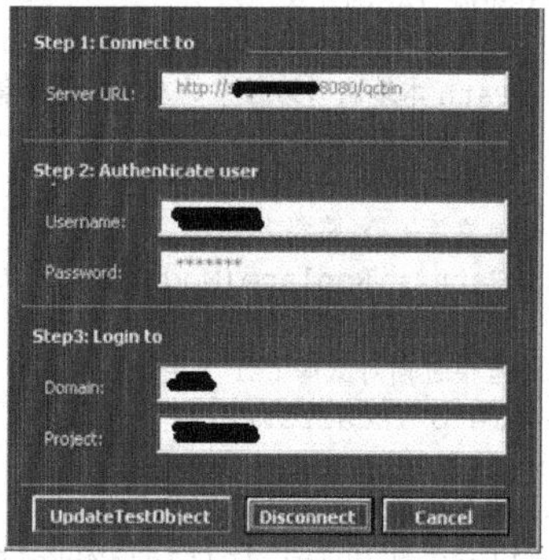

图 6-20

图 6-21

5. 点击 Disconnect 或者 Cancel 按钮即可自动断开与 QC 连接

完成以上操作后，测试对象就已经成功从 QC 上取到了最新的版本。在这里作者解释一下以上实现的大致原理。

- 删除本地的 TSR 对象库文件和 XML 对象库文件。

– FSO 组件实现。

- 获取到 QC 最新 TSR 对象库映射到本地临时的路径。

– 利用 qtapp.Folders.Locate 方式获取本地的绝对路径。

- 复制临时路径的 TSR 对象库文件到本地框架对象库模块路径下。

– FSO 组件实现。

- 转化本地框架 TSR 对象库为 XML 对象库。

– ORAOM 组件实现。

具体实现的脚本：

```
Function UpdateTestObjectFromQC()

  '预设 QC 的对象库路径
  qcORpath = "[QualityCenter\Resources] Resources\ObjectRepository\TOR.tsr"

  '进度条状态 10
  loadingShow (100)

  '获取到 QC 最新对象库，并映射到本地临时的路径
  tsrPath = qtapp.Folders.Locate(qcORpath)

  '进度条状态 40
```

```
    loadingShow (400)

    '替换tsrPath本地临时路径中的双斜杠为单斜杠
    sTsrPath = Replace(tsrPath, "\\", "\")

    '本地框架对象库tsr路径
    localTsrPath = Replace(Module1.initialXMLPath, ".xml", ".tsr")

    '删除本地框架过期对象库tsr文件
    deleteFileto localTsrPath

    '删除本地框架过期对象库xml文件
    deleteFileto Module1.initialXMLPath

    '复制最新对象库到本地框架对象库tsr
    copyfileto sTsrPath, localTsrPath

    '进度条状态设为60
    loadingShow (600)

    '把本地框架tsr路径和xml路径参数传递给环境变量
    qtapp.test.Environment.Value("xmlPath") = Module1.initialXMLPath
    qtapp.test.Environment.Value("tsrPath") = localTsrPath


    '对象文件自动由tsr转化为xml
    scriptExe = "QCUtil.QCConnection.RefreshConnectionState" + vbCrLf _
          + "Set tor = CreateObject(""Mercury.ObjectRepositoryUtil"")" + vbCrLf _
          + "tor.ExportToXML Environment.Value(""tsrPath""),Environment.Value(""xmlPath"")" + vbCrLf _
          + "set tor = nothing"

    '在QTP中隐身执行以上脚本
    qtapp.test.Actions("Action1").SetScript scriptExe

    '状态设定为80
    loadingShow (800)

    '运行测试
    qtapp.test.Run

    '状态设定为100%完毕
    loadingShow (1000)

    '弹出success成功
    MsgBox "success!!"

End Function


Private Sub copyfileto(sourceFile, destinationFile)
```

```
  Set fso = CreateObject("scripting.filesystemobject")
  fso.CopyFile sourceFile, destinationFile, True
  Set fso = Nothing
End Sub

Private Sub deleteFileto(filePath)
  Set fso = CreateObject("scripting.filesystemobject")
  If fso.FileExists(filePath) Then
     fso.DeleteFile filePath
     Set fso = Nothing
  End If
End Sub
```

分析：

以上脚本比较关键的地方就在 tsr 转化 xml 的过程，主要是通过把两个值传递给环境变量，接着使用 ORAOM 的 ExportToXml 方法把 tsr 转化成 XML。注意，此处特地让脚本在 QTP 中执行，其实此步骤完全是可以在 Excel 的宏中执行，但是之前也提到过，因为 QTP 的 ORAOM 组件不是很稳定，在早期版本容易出现 crash，因此才出现此下策，让 QTP 隐身执行这一块功能。

6.4　用例设计管理

阶段要点

- 用例创建。
- 步骤生成。
- 步骤修改。
- 重用模块。

6.4.1　用例创建

测试用例一直是测试的核心部分，自动化测试的质量最终还是取决于用例的质量。因此建立一个高质量的测试用例是必不可少的。本章主要是展示框架为主，因此并不对用例设计层面多做解释。曾经在本章的第一小节介绍过用例解析驱动测试，通俗地说就是，从用例层到脚本层的自动化转变。那么接下来来介绍关于自动化测试用例在此框架中是如何创建的。

（1）点击图标：New TestCase（见图 6-22）。

（2）弹出消息框后，输入 TestCase ID 和 Description 后点击 New 按钮（见图 6-23）。

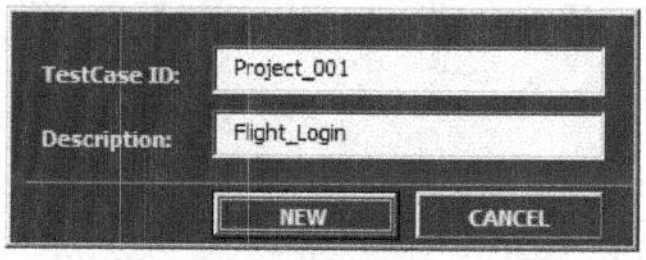

图 6-22

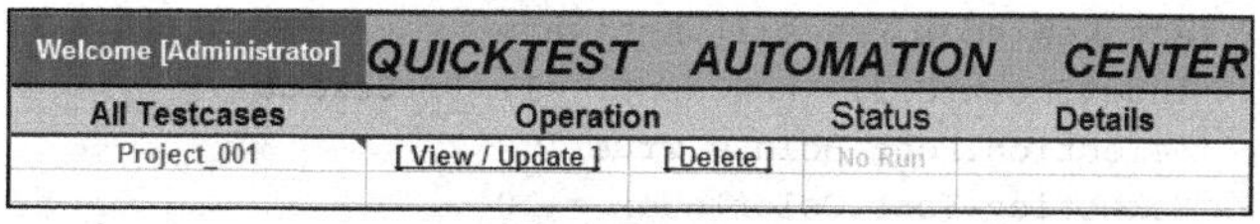

图 6-23

（3）查看“Test_Automation_Center”这个 Sheet 自动插入了一条测试用例。

所生成的用例含有用例编号，查看以及修改用例、删除用例、用例状态以及详细结果。

实现程序如下：

```
'###########################################################
'############### New Test Case Function:#####################
'###########################################################
Function newTestCase(testcasename, caseDescription, QTestOrNot)

  '调整报表
  indexSheet.Activate
  Windows("New Microsoft Excel Worksheet.xls").Activate
  ActiveWindow.Panes(1).Activate
  Cells(3, 1).Select
  Module1.InitChart

  '判断是否是 QTP 脚本
  If Not QTestOrNot Then

      Sheets("template").Copy Before:=Sheets.Item(Sheets.Count)

      Sheets("template (2)").Name = testcasename

      Sheets(testcasename).Visible = xlSheetVisible

      Status = Sheets(testcasename).Cells(1, 2)

      Sheets(testcasename).Cells(1, 5) = caseDescription

      testcaseDescription = "[Iteration: " + CStr(Status) + "]" + Chr(10) + "[Description:
" + CStr(caseDescription) + "]"

  Else

      testcaseDescription = "[QuickTest]: " + testcasename

      testcasename = "[Q] " + testcasename

  End If

  '生成用例步骤
  indexSheet.Activate
  RowCount = indexSheet.UsedRange.Rows.Count
  indexSheet.Cells(RowCount + 1, 1) = testcasename
  ActiveWindow.Panes(1).Activate
  indexSheet.Cells(RowCount + 1, 1).Select
  Selection.Font.Bold = True
  Selection.Font.ColorIndex = 10
```

```
    indexSheet.Cells(RowCount + 1, 2) = "[ View / Update ]"
    ActiveWindow.Panes(1).Activate
    indexSheet.Cells(RowCount + 1, 2).Select
    ActiveSheet.Hyperlinks.Add Anchor:=Selection, Address:="", _
        TextToDisplay:="[ View / Update ]"
        Selection.Font.Bold = True
        Selection.Font.ColorIndex = 5

    indexSheet.Cells(RowCount + 1, 3) = "[ Delete ]"
    ActiveWindow.Panes(1).Activate
    indexSheet.Cells(RowCount + 1, 3).Select
    ActiveSheet.Hyperlinks.Add Anchor:=Selection, Address:="", _
        TextToDisplay:="[ Delete ]"
        Selection.Font.Bold = True
        Selection.Font.ColorIndex = 9

    indexSheet.Cells(RowCount + 1, 4) = "No Run"
    ActiveWindow.Panes(1).Activate
    indexSheet.Cells(RowCount + 1, 4).Select
    With Selection.Validation
        .Delete
        .Add Type:=xlValidateList, AlertStyle:=xlValidAlertStop, Operator:= _
        xlBetween, Formula1:="Passed,Warning,Failed,Stopped,No Run"
        .IgnoreBlank = True
        .InCellDropdown = True
        .InputTitle = ""
        .ErrorTitle = ""
        .InputMessage = ""
        .ErrorMessage = ""
        .ShowInput = True
        .ShowError = True
     End With

    '添加单元格注释
    indexSheet.Cells(RowCount + 1, 1).AddComment
    indexSheet.Cells(RowCount + 1, 1).Comment.Visible = False


    indexSheet.Cells(RowCount + 1, 1).Comment.Text Text:=testcaseDescription

    Selection.Font.Bold = True

    Selection.Font.ColorIndex = 15
    ActiveWindow.Panes(1).Activate
    Module1.GenerateReport
    Module1.GenerateChart

End Function
```

分析：

此处创建测试用例的原理很简单，就是直接在 Excel 中创建一个新的 Sheet，并且为这个 Sheet 名赋上用例名称，新建的这个 Sheet 的样式是事先准备一个隐藏的模板 Sheet，随后所有创建的 Sheet 样式都会根据此模板 Sheet 复制一份出来作为一个自动化测试用例，如图 6-24 所示。

Iteration:	1	Case Description:		Flight_Login			
Window	TestObject / TestModule	ObjectType	Action	Param 1	Param 2	Param 3	Param 4

图 6-24

如图 6-24 所示，图中的样式即为一个框架中的自动化测试用例，可以看到第一行包含了 Iteration 和 Case Description 这两个字段，第一个即为迭代次数，可直接手工进行填写；第二个则为之前创建用例时填写的用例名称描述。关于第二行的各种字段，作者会在“6.4.2 步骤生成”中详细进行介绍。

6.4.2 步骤生成

若是作为一个普通的自动化测试用例来说，一般都是直接进行手工形式通过文字的方式来进行步骤描述的，然后脚本设计人员通过读懂了此自动化测试用例之后再将其转化为自动化测试用例，这个步骤其实是很耗时间的。如果利用“用例解析驱动”方式即可省去步骤。具体的原理已经在“6.1.1.2 用例解析驱动测试介绍”中详细讲解过了，接下来就来看一个实际的例子。

（1）点击需要创建步骤的测试用例【View/Update】（见图 6-25）。

（2）点击进入之后，点击左边自定义工具栏中的（New TestStep）。

在进入到此测试用例之前，此图标是 Disabled 状态的，也就是不可用状态，就是为了防止用户点了不该点的功能按钮。当进入到了测试用例之后，图标自动激活为 Enabled 状态。在点击此按钮之后，弹出用例生成器窗口，如图 6-26 所示。

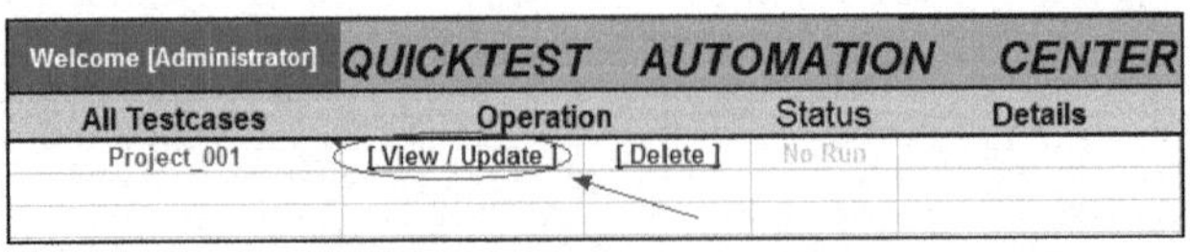

图 6-25

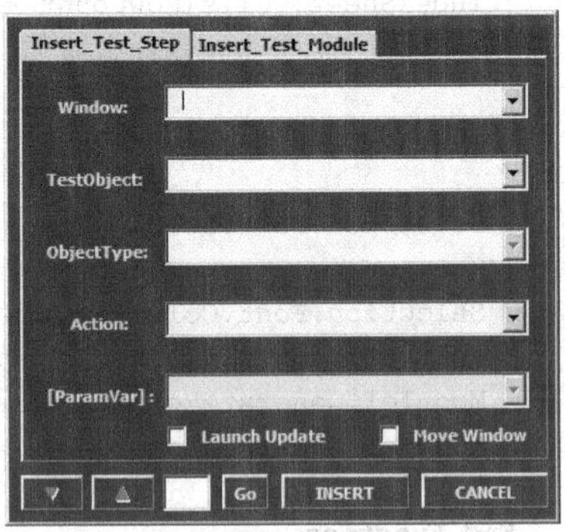

图 6-26

如图 6-26 是一个测试步骤生成器，它主要包括 Window（窗口）、TestObject（测试对象）、ObjectType（对象类型）、Action（行为动作）、[ParamVar]为参数设定，此选项在此处无作用，主要是使用在重用模块中的，这个会在后面进行介绍。下面有两个 CheckBox（选择框），一个是打开更新步骤（此功能会在 6.4.3 小节中进行详细介绍）、一个是移动窗口（此处为了美观把标题栏去掉了，如果需要移动窗口可以勾选上此选项）；最后一排控件：左边是上下移动和定位行数，都是用于步骤修改的，这里主要看右边的 INSERT 按钮，此按钮主要用于把选择好的关键字对象、关键字行为插入到用例步骤中。

（3）选择需要进行控制的控件和其顶层父窗口关键字，以及 Action（注意关键字是自己设定的）（见图 6-27）。

如图 6-27 中，选择了 Window 关键字之后，第二个控件 TestObject 控件会去实时读取当前选择的主窗口下的所有子对象关键字，接着就可以直接通过下拉列表选择对应的测试对象关键字了，待选择完毕之后，ObjectType 即会自动生成测试对象的类型了，如图 6-28 所示。

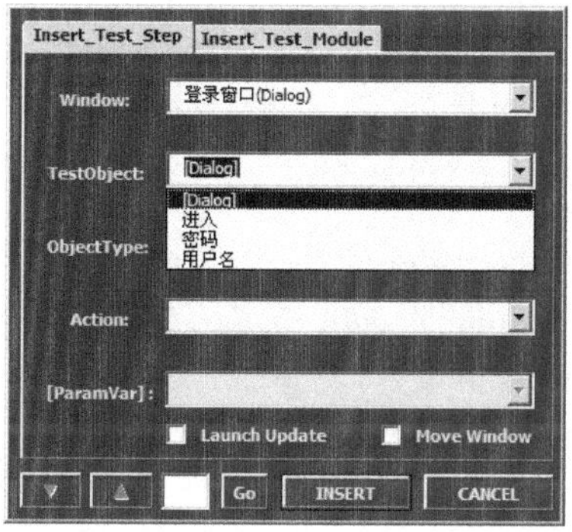

图 6-27

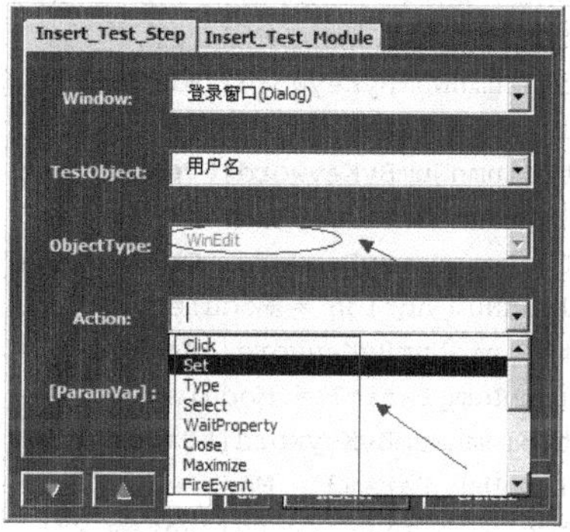

图 6-28

小提示

此处的所有下拉列表框都是直接手工输入的，并且支持类似 Google Suggestion 的模糊匹配功能，方便在元素非常多的时候快速筛选。

（4）Action 关键字选择完毕之后，点击 INSERT 按钮，把生成步骤直接插入到用例步骤表中（图 6-29）。

Iteration:	1	Case Description:		Flight	
Window	TestObject / TestModule	ObjectType	Action	Param 1	Param 2
登录窗口(Dialog)	用户名	WinEdit	Set	mercury	
登录窗口(Dialog)	密码	WinEdit	Set	mercury	
登录窗口(Dialog)	进入	WinButton	Click		

图 6-29

利用此步骤，生成器即可非常快速地插入我们需要的用例，不但无需任何自动化测试编程经验，而且也把该分离的东西都给分离出来了。

此处的 Param1 参数是需要生成用例步骤后，自己手工填写上去的，由于比较方便，就没有对其做自动填写功能。

关键脚本实现：

```
Function GetColumnNumByKeyword(keyword)

  '根据关键字获取列数
  For i = 1 To ActiveSheet.UsedRange.Columns.Count
    If Cells(2, i) = keyword Then
        Exit For
    End If
  Next
  GetColumnNumByKeyword = i
End Function

'获取用户选择的关键字信息
columnNum_Window = Module1. _
GetColumnNumByKeyword("Window")
columnNum_TestObject = Module1. _
GetColumnNumByKeyword("TestObject / TestModule")
columnNum_ObjectType = Module1. _
GetColumnNumByKeyword("ObjectType")
columnNum_Action = Module1. _
GetColumnNumByKeyword("Action")
columnNum_Param1 = Module1. _
GetColumnNumByKeyword("Param 1")
columnNum_Param2 = Module1. _
GetColumnNumByKeyword("Param 2")
columnNum_Param3 = Module1. _
GetColumnNumByKeyword("Param 3")
columnNum_Param4 = Module1. _
GetColumnNumByKeyword("Param 4")

'插入用例步骤关键字
Cells(insertRow, columnNum_Window) = ComboBox1.Value
Cells(insertRow, columnNum_TestObject) = ComboBox2.Value
Cells(insertRow, columnNum_ObjectType) = ComboBox3.Value
Cells(insertRow, columnNum_Action) = ComboBox4.Value
```

6.4.3 步骤修改

在上一小节已经介绍了如何利用测试步骤生成器自动生成测试步骤，这一节主要讲解，如何对已经生成好的测试步骤进行编辑修改。

首先切入到需要修改的测试步骤中，仍然还是点击图标后，选中 Launch Update

（见图6-30）。

选中了Launch Update之后，修改功能立刻会被激活，同时会看到此窗体背后的表格上出现了一条测试步骤修改定位选中行，它可以告诉我们当前正在修改的是哪一行，如图6-31所示。

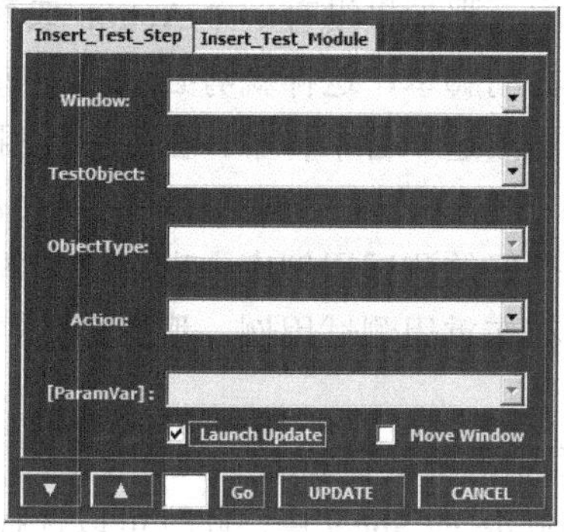

图6-30

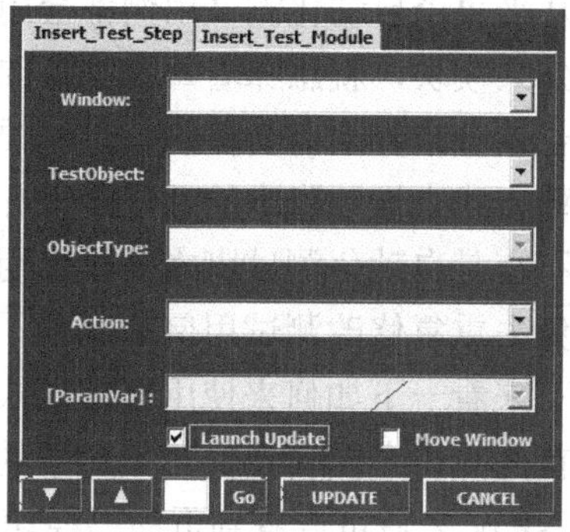

图6-31

如图6-31中，底下一栏的左边是用于控制定位选中行的，可进行上下移动或根据行数直接进行定位。此时读者可以看到图6-31中的4个核心关键字都是空白的，当用户通过此一系列的功能键选中了含有内容的步骤之后，4个核心关键字即会自动填入，如图6-32所示。

如图6-32所示，选中了填写密码控件步骤，并把Set方法更改成了纯键盘输入的Type动作，然后直接点击右下侧的UPDATE按钮，如图6-33所示。

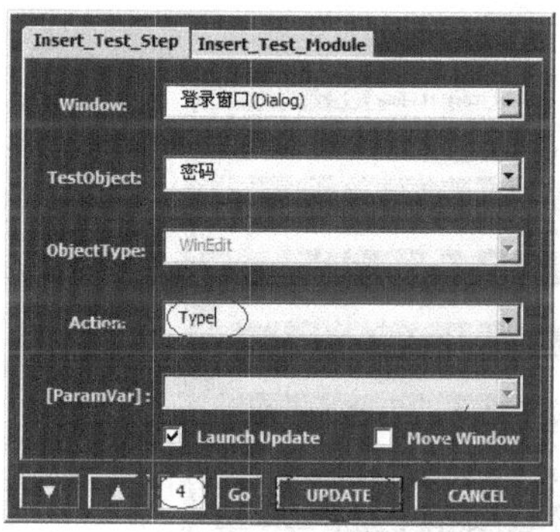

图6-32

Window	TestObject / TestModule	ObjectType	Action	Param 1	Param 2
登录窗口(Dialog)	用户名	WinEdit	Set	mercury	
登录窗口(Dialog)	密码	WinEdit	Type	mercury	
登录窗口(Dialog)	进入	WinButton	Click		

图6-33

此时就可以从图6-33中看到定位行中的Set已经被成功改成了Type动作。这样一个步骤修改的过程就完成了。总体来说还是比较方便的。

小提示

在修改的时候，如果需要插入一行，可直接使用Excel本身的插入行功能，然后通过代码行定位到插入的新行后即可进行修改。

6.4.4 重用模块

在自动化测试过程中，经常会使用到 Action 或者是 Function 来作为公共模块，就好比登录模块，几乎每个自动化测试用例都会用到此段脚本，那如果没有一个 Action 或者 Function 来包装成公共模块，就意味着每次都需要重复写这样的脚本，这样就势必造成，如果有一百个脚本，若是登录界面有变更的话，就要跟着重新更改这一百个脚本。在整个项目中，若全部使用这种方式来设计脚本的话，可以很明确地说：这样的自动化测试最终一定会是失败的。

其实不止是自动化测试脚本需要重用模块，一个好的测试用例库中也应该具备重用测试用例，以免去重复修改测试用例的麻烦。那么既然存在重用测试用例，那在框架中也一定不能少。接下来看一下如何来使用重用模块。

（1）首先点击左侧自定义工具栏中的图标（New TestModule）（见图 6-34）

点击 NEW 之后可以看到页面已经切换到了 Module 的 Sheet 中，此时可以选择底下的名为“Module_Factory” Sheet 表查看所有的模块，此时当点击进入 Sheet 中，会发现什么都没有出现，这因为此时模块还没有被刷新，只需点击左侧的刷新按钮即可，刷新后即可在 Module_Factory Sheet 中看到之前新建的重用模块，此时可以点击进入到此模块中进行步骤编辑，具体怎么插入一些测试步骤，这里就不做过多的介绍了，在本章的前两小节中都已经详细介绍过，此处具体介绍如何来插入带有参数变量的用例步骤。

（2）还是点击步骤生成器按钮，填入相应的参数后，在 ParamVar 中填入模块变量参数（见图 6-35）。

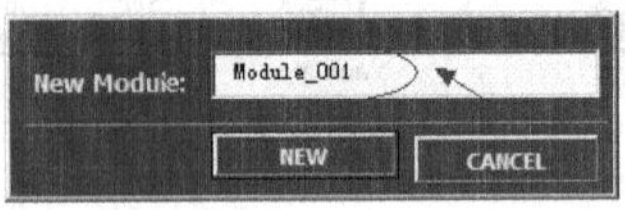

图 6-34

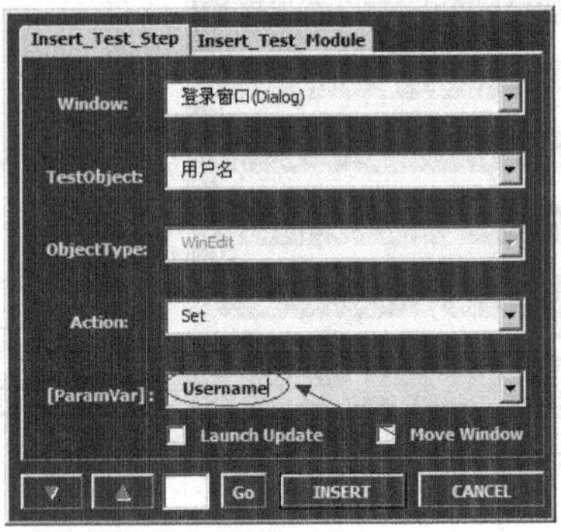

图 6-35

注意

此处如果含有多个参数，请使用半角的逗号进行分割。如 Username, Password。当点击 INSERT 之后，用例生成器会自动将这两个参数插入到用例步骤中的参数栏中。

（3）点击 INSERT 之后，可以发现当前模块 Sheet 插入了相应的步骤和变量参数（见图 6-36）。

Window	TestObject / TestModule	ObjectType	Action	Param 1
登录窗口(Dialog)	用户名	WinEdit	Set	<<Username>>
登录窗口(Dialog)	密码	WinEdit	Set	<<Password>>
登录窗口(Dialog)	进入	WinButton	Click	

图 6-36

注意

此处的参数以“《 》”形式来与常量字符串驱动。当完成了模块参数之后，即可对其进行调用。

（4）切换到一个测试用例 Sheet 中，进入步骤生成器选择 Insert_Test_Module（见图 6-37）。

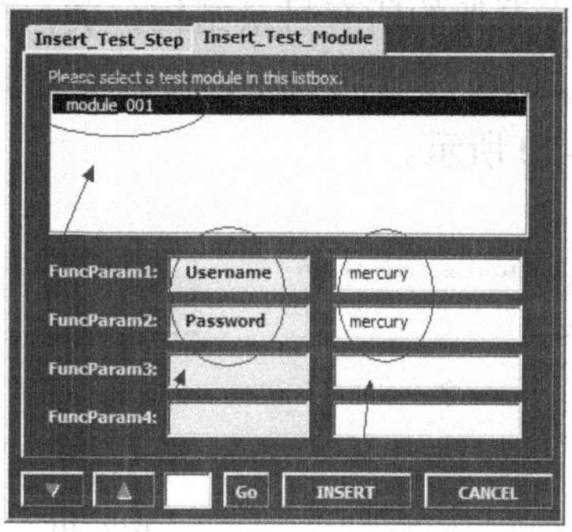

图 6-37

注意

在切换到 Insert_Test_Module 并选择了相应的测试重用模块之后，在下面的参数栏中即会自动生成对应的参数变量名，接着用户只需很方便地填写对应的参数值即可。填写完毕直接点击 INSERT 后即可插入测试重用模块，如图 6-38 所示。

Window	TestObject / TestModule	ObjectType	Action	Param 1	Param 2	Param 3	Param
登录窗口(Dialog)	[Dialog]	Dialog	ValidateProperty	name	Login		
	module_001	TestModule	Call	mercury	mercury		

图 6-38

如图 6-38 中，黄色条代表着一个测试模块，并且从图 6-38 中可以看到，当点击某个参数值的单元格时，系统自动会弹出其参数变量名，使得用户能够清晰地了解每个参数值所对应的参数变量名称。

6.5　公共函数工厂

阶段要点

- 了解公共函数在框架中的作用。

- 能够区分常用行为函数与业务行为函数。
- 掌握如何注册一个自定义的行为。

6.5.1 公共函数介绍

常用公共函数是自动化测试中不可或缺的部分，而在此框架中，同样把一些常用的动作行为函数封装了一层，并在每一层函数中加入了写入日志功能。主要作用是在后期为操作对象绑定对应的操作行为。

如图 6-39 所示，可以看到主框架的所有目录结构分类，在本框架中，公共函数工厂，即存放在主框架根目录中的 TestLibrary 文件目录中，双击打开此目录之后，可以看到文件夹中有 3 个 VBS cript 文件，如图 6-40 所示。

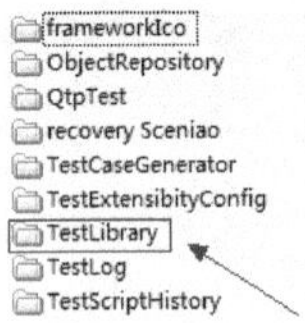

图 6-39

图 6-40

分析：

- BussinessFunction.vbs：此文件主要存放静态业务行为函数。
- LibFunctions.vbs：此文件主要存放静态常用行为函数。
- RegisterFuncLib.vbs：此文件主要用于动态加载注册行为函数。

具体的函数脚本在 6.5.2 小节讲叙。

6.5.2 常用行为函数

常用行为函数主要存放在 LibFunctions.vbs 文件中，此处作者封装了一些最简单的，也是最常用的行为函数，如输入、点击、选择等，脚本如下所示：

```
'############### Launch the event on the testobject #############
Function oFireEvent(testObject,eventName)

        testObject.FireEvent eventName
        Reporter.ReportEvent micDone, "FireEvent Method", _
    "Launch <<" + eventName + ">>" + _
    " on the testobject: " + _
    "<<" + testobject.gettoproperty("testobjname") + ">>"

End Function
```

```
'################ Object.SelectCell 1,1 #############
Function oSelectCell(testObject,row,column)

        testObject.SelectCell row,column
        Reporter.ReportEvent micDone, "SelectCell Method", _
    "Select  <<" + row + ","+column+">>" + _
    " in the Table" + _
    "<<" + testobject.gettoproperty("testobjname") + ">>"

End Function

'################## Object.set "helloworld" ###################
Function oSet(testObject,setContent)

  If setContent = "RandomInt" Then
                  setContent=RandomNumber (000000,999999)
       ElseIf setContent="RandomStr" then
                  setContent=""
                  For i=0 to 5
                            setContent=setContent + chr(RandomNumber(97,122))
                  Next
      Else
  End If
  testObject.Set setContent
    reporter.ReportEvent micDone, "Set Method", _
    "Input  << "+setContent+" >>" + _
    in the test object: " + _
    "<<" + testobject.gettoProperty("testobjname") + ">>"

End Function

'################## Object.Close ###################
Function oClose(testObject)

  testObject.Close
    Reporter.ReportEvent micPass, "Close Method", _
    "Testobject: <<"+ _
    testobject.gettoProperty("testobjname") + _
    " has been closed >>"

End Function

'################## Object.oMaimize ###################
Function oMaximize(testObject)

        testObject.Maximize
        Reporter.ReportEvent micPass, "Close Method", _
    "Testobject: <<" + _
    testobject.gettoProperty("testobjname") + _
```

```
" has been oMaximized>>"

End Function

'################### Object.click ####################
Function oClick(testObject)

     testObject.Click
     reporter.ReportEvent micDone, "Click Method", _
    "Click  the Object : <<" + _
    testObject.gettoProperty("testobjname") + ">>"

End Function

'################### Object.type #####################
Function oType(testObject,typeContent)
     testObject.Type typeContent
     reporter.ReportEvent micDone, "Type Method", _
    "Type  << "+typeContent+" >>" + _
    "  in the test object: " + _
    "<<"+testobject.gettoproperty("testobjname")+">>"
End Function

'#################### Object.select ####################
Function oSelect(testObject,SelectContent)
     testObject.Select SelectContent
     reporter.ReportEvent micDone, "Select Method", _
    "Select the  <<" + SelectContent + ">>" + _
    "  in the list: " + _
    "<<"+testObject.gettoproperty("testobjname")+">>"
End Function

'################### Object.Waitproperty "value","123" ##########
Function oWaitProperty(testObject,propertyName,propertyValue)
     testObject.WaitProperty propertyName,propertyValue
     reporter.ReportEvent micDone, "WaitProperty Method", _
    "Wait the  <<" + _
    testObject.gettoProperty("testobjname") + ">>" + _
    "'s  propertyValue to  " +propertyValue
End Function
```

注意

为了区分常用行为函数和业务行为函数，此处如果需要自定义常用行为函数的话，需要在每个函数名前加上“o”，这样解析器才能正确地把此函数注册到操作对象上，业务函数则不存在这样的问题，可查看动态生成的 RegisterFunc 函数动态生成方式：

```
txtfile.WriteLine "RegisterUserFunc " + transChar(objectType) + "," + _
transChar(GeneralAction(cc)(0)) + "," + transChar("o" + GeneralAction(cc)(0))
```

6.5.3　业务行为函数

常用业务行为函数通常用于封装一些重用的业务函数，或者是一些使用纯关键字脚本无法完成的动作，例如，脚本中含有循环或者是判断等，这类函数可以写入到业务行为函数中，这样就可以自己随意地发挥了。

注意

有些读者一定会觉得本框架虽然使用起来比较方便，但是不能直接在界面操作输入循环或者判断，其实这是作者故意不加入到框架中的，原因也很明显。

分析：

（1）此框架的步骤生成器即为一个用例，当你把它看成用例时就会发现，它就应该简洁和规范。

（2）为了提高可读性，有了循环和判断那就跟脚本几乎没有区别，降低了可读性。

（3）繁琐的脚本应该封装在后台，前台只关心业务行为，这样对于手工测试人员来说也可以顺利完成用例。

6.5.4　注册行为函数

本章已经介绍了框架中的两种行为函数，一种是常用行为函数，另一种是注册行为函数。但是如何才能把这两类函数一起关联到框架步骤生成器的 Action 中呢？此处作者在框架中设计了一个配置文件，主要用于配置这些行为函数的加载，并且可支持自定义行为函数的扩展。主要原理就是，读取这些配置文件中的函数名，并动态生成 RegisterFunc 函数，把这些操作行为注册到对应的操作对象上。

配置方法。

（1）进入到主框架中的 TestExtensibilityConfig 文件目录中，在这个目录文件下含有 4 个文件，如图 6-41 所示。

- BusinessListConfig.txt 用于配置常用公共行为函数。
- controltoAction.xml 用于配置对象的默认行为函数。
- GeneralAction.txt 用于配置业务行为函数。
- QCMessage.xml 用于储存 QC 连接用户信息。

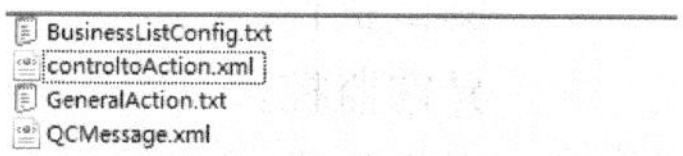

图 6-41

此处只需要关心 BusinessListConfig 和 generalAction 两个配置行为函数文件即可。

（2）添加配置信息。

GeneralAction 配置文件信息：

```
Action | paramCount|Param(s)
Click,0
Set,1,<<SetValue>>
Type,1,<<TypeValue>>
Select,1,<<SelectItem>>
WaitProperty,2,<<PropertyName>>,<<PropertyValue>>
Close,0
Maximize,0
FireEvent,1,<<EventName>>
SelectCell,2,<<Row>>,<<column>>
```

BussinessListConfig 配置文件信息：

```
toAction | paramCount
ValidateProperty,2,<<PropertyName>>,<<PropertyValue>>
SelectFlight,1, <<ItemIndex>>
```

分析。

根据这两个配置文件的第一行可知，此配置文件一共有 3 列：

- 第一列为 Action，也就是需要注册的操作行为；
- 第二列为参数的个数，此配置主要作用是为了在 Excel 中有更好的提示；
- 第三列为所有参数名，此配置会使参数名显示在 Excel 步骤生成器中。

小提示

如果需要自定义一些操作行为也是可以使用以上方法的，只需要一开始在 generalAction 或者 businessListConfig 文件中事先定义好操作行为即可。

6.6 测试执行管理

阶段要点

- 配置加载。
- 语句拼接。
- 测试执行。
- 异常监控。
- 报告生成。

6.6.1 配置加载

本框架采用的是全动态脚本生成方式进行测试执行，每一次执行一个测试用例，都是直接 New 创建一个 QTP Test 后，加载所有配置，执行完毕后不保存直接关闭 QTP。因此，整个过程是一个全方位动态生成的。看具体脚本：

```
Sub loadingQTP(visibleStatus, smartIdentifiStatus)

  '创建 aom 自动化模型对象
  Set qtapp = CreateObject("quicktest.application")
  qtapp.Visible = visibleStatus

  '创建一个动态脚本
  qtapp.New

  '移除所有工作路径
  qtapp.Folders.RemoveAll

  '添加框架根目录为工作路径
  qtapp.Folders.Add Replace(initialXMLPath, "ObjectRepository\TOR.xml", " ")

  '出现错误设置为停止
  qtapp.test.Settings.Run.OnError = "Stop"

  '识别对象超时时间
  qtapp.test.Settings.Run.ObjectSyncTimeOut = 25000

  '加载场景恢复
  Set qtTestRecovery = qtapp.test.Settings.Recovery
   If qtTestRecovery.Count > 0 Then
     qtTestRecovery.RemoveAll
   End If

  '加载自定义场景恢复文件
   qtapp.test.Settings.Recovery.Add _
   "recovery Sceniao\errorHandler.qrs", "errorHandler", 1

  '开启所有场景恢复
  For intIndex = 1 To qtTestRecovery.Count
   qtTestRecovery.Item(intIndex).Enabled = True
  Next
  qtTestRecovery.Enabled = True
  qtTestRecovery.SetActivationMode "OnError"

  '加载对应的对象库
  Set qtOR = qtapp.test.Actions("Action1").ObjectRepositories
  qtOR.Add Replace(Module1.initialXMLPath, ".xml", ".tsr")

  '加载所有的函数库
  qtapp.test.Settings.Resources.Libraries.RemoveAll
  qtapp.test.Settings.Resources.Libraries.Add "TestLibrary\BusinessFunction.vbs"
  qtapp.test.Settings.Resources.Libraries.Add "TestLibrary\libFunctions.vbs"
  qtapp.test.Settings.Resources.Libraries.Add "TestLibrary\registerFuncLib.vbs"

End Sub
```

6.6.2 语句拼接

前面已经讲过了用例的创建，那其中每个用例都是以特定规范的关键字组合成的。那么根据用例解析驱动测试原理，我们应该如何把其所有的关键字动态转化成自动化测试脚本呢？这就需要一个语句拼接的过程，如图 6-42 所示。

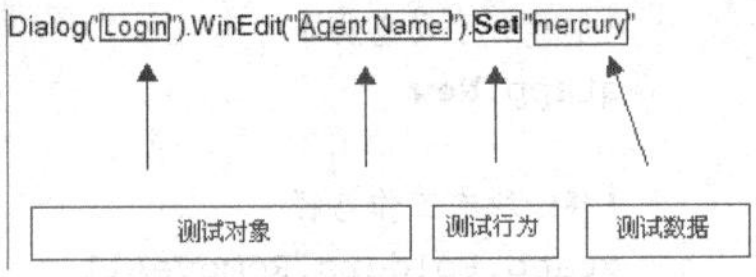

图 6-42

如图 6-42 所示，由于测试对象、测试行为、测试数据这 3 种关键字都已获得，那么接下来只需要把这 3 个元素作为变量并拼接为支持 QTP 的脚本格式即可，来看脚本如何实现：

```
'获取所有的关键字信息
windowType = Replace(Split(testcaseSheet.Cells(j, 1), "(")(1), ")", "")
windowName = Split(testcaseSheet.Cells(j, 1), "(")(0)
testobject = testcaseSheet.Cells(j, 2)
objectType = testcaseSheet.Cells(j, 3)
testAction = testcaseSheet.Cells(j, 4)
param1 = testcaseSheet.Cells(j, 5)
param2 = testcaseSheet.Cells(j, 6)
param3 = testcaseSheet.Cells(j, 7)

'判断测试对象是否选择了带[]的窗口对象
If testobject = "[" + windowType + "]" Then
  '拼接父窗口对象语句
  testscriptString = testscriptString + _
                     windowType + _
                     "(" + transChar(windowName) + _
                     ")." + testAction + " "

Else
  '拼接测试对象子控件对象语句
  testscriptString = testscriptString + _
                     windowType + _
                     "(" + transChar(windowName) + _
                     ")." + objectType + _
                     "(" + transChar(testobject) + _
                     ")." + testAction + " "
End If

generalPath = Replace(initialXMLPath, _
              "ObjectRepository\TOR.xml", _
              "TestExtensibityConfig\GeneralAction.txt")

BusinessListPath = Replace(initialXMLPath, _
                   "ObjectRepository\TOR.xml", _
                   "TestExtensibityConfig\BusinessListConfig.txt")

'遍历所有公共行为函数和业务函数名称
```

```
Set GeneralAction = GetAllGeneralAction(generalPath)
Set BusinessList = GetAllGeneralAction(BusinessListPath)

For cc = 0 To GeneralAction.Count - 1
  If testAction = GeneralAction(cc)(0) Then
     Exit For
  End If
Next

  If cc = GeneralAction.Count Then
     For dd = 0 To BusinessList.Count - 1
        If testAction = BusinessList(dd)(0) Then
           Exit For
        End If
     Next
     '生成带参数的语句（业务行为）
     If BusinessList(dd)(1) = 0 Then
        testscriptString = testscriptString + vbCrLf
         ElseIf BusinessList(dd)(1) = 1 Then
        testscriptString = testscriptString + _
                                transChar(param1) + vbCrLf
     ElseIf BusinessList(dd)(1) = 2 Then
      testscriptString = testscriptString + _
                                transChar(param1) + "," + _
                                transChar(param2) + vbCrLf
     ElseIf BusinessList(dd)(1) = 3 Then
      testscriptString = testscriptString + _
                               transChar(param1) + _
                               "," + transChar(param2) + _
                               "," + transChar(param3) + vbCrLf
      ElseIf BusinessList(dd)(1) = 4 Then
         testscriptString = testscriptString + _
                                 transChar(param1) + _
                                 "," + transChar(param2) + _
                                 "," + transChar(param3) + _
                                 "," + transChar(param4) + vbCrLf
      Else
        End If
        '动态生成业务行为注册函数语句
        txtfile.WriteLine "RegisterUserFunc " + _
                          transChar(objectType) + _
                          "," + transChar(BusinessList(dd)(0)) + _
                          "," + transChar(BusinessList(dd)(0))
   Else
     '生成带参数的语句（常用行为）
    If GeneralAction(cc)(1) = 0 Then
      testscriptString = testscriptString + vbCrLf
    ElseIf GeneralAction(cc)(1) = 1 Then
      testscriptString = testscriptString + _
                                transChar(param1) + vbCrLf
    ElseIf GeneralAction(cc)(1) = 2 Then
      testscriptString = testscriptString + _
```

```
                                    transChar(param1) + _
                                    "," + transChar(param2) + vbCrLf
        ElseIf GeneralAction(cc)(1) = 3 Then
           testscriptString = testscriptString + _
                                    transChar(param1) + _
                                    "," + transChar(param2) +_
                                    "," + transChar(param3) + vbCrLf
        ElseIf GeneralAction(cc)(1) = 4 Then
           testscriptString = testscriptString + _
                                    transChar(param1) + _
                                    "," + transChar(param2) + _
                                    "," + transChar(param3) +_
                                    "," + transChar(param4) + vbCrLf
      Else

      End If
      '动态生成常用行为注册函数语句
      txtfile.WriteLine "RegisterUserFunc " + _
                          transChar(objectType) + _
                          "," + transChar(GeneralAction(cc)(0)) + _
                          "," + transChar("o" + _
                          GeneralAction(cc)(0))

    End If
```

注意

以上脚本是一个完整的用例关键字拼接过程，当拼接完成之后，即可把脚本直接赋值到 QTP 的脚本编辑器中，程序如下所示：

```
Qtapp.test.Actions("Action1").SetScript geneTestScript(testcaseSht)
```

6.6.3 排序执行

测试执行调度模块一直是测试框架的重点，其涉及的面非常广，在本框架中，作者特地加载了一个测试执行控制窗口，此测试执行窗口可对测试用例的执行进行特殊处理，如多脚本排序执行、多脚本分类执行，来看一下具体如何操作。

（1）点击左侧自定义菜单那栏中的按钮（6-43）。

如图 6-43 所示，可以看到左侧的 All Testcase List 可显示所有自动化测试用例表，而右边的用例列表则显示的是需要被执行的测试用例，中间有 4 个按钮，分别代表着左右单项移动和全用例移动。

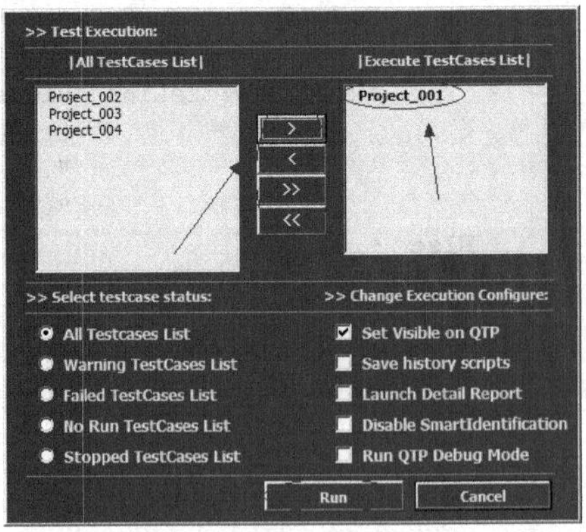

图 6-43

（2）点击 Run 按钮。

此时 Excel 的宏会首先把 QTP 应用程序启动起来，这里需要等待一段时间，接着 Excel 会加载相应的 QTP 启动配置信息，并去解析用例 Sheet 中的关键字，并转化为 QTP 语句进行执行。

分析：

右边的待执行用例列表是完全根据前后顺序执行的，如果能够合理地运用好中间的用例移动按钮，就可以排列出自己想要的执行顺序。

6.6.4　分类执行

在执行自动化测试过程中，当所有用例都执行完毕后，可能会在用例结果状态中找到许多不同状态的测试用例，如 Warning、Stop、Fail 等，有时为了需要确认具体的错误情况，可能我们会需要专门针对这些不同状态的测试用例进行分类执行。考虑到这样的因素，作者在此框架中加入了分类执行的功能，同样也是在刚才的测试执行调度窗口中，如图 6-44 所示。

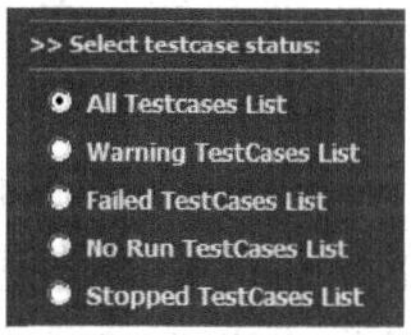

图 6-44

如图 6-44 所示，一共有 5 种状态供自动化测试人员选择，当选择了不同的状态后，用例执行调度窗口左边的全用例列表栏即会筛选出相应状态的用例供选择。

脚本实现：

```
Function runType(runStatus)
  '清除列表
  ListBox2.Clear
  '遍历主 Sheet 中的所有用例状态
  For j = 3 To indexSheet.UsedRange.Rows.Count
      '判断 Sheet 中用例状态与选择状态。凡是一致的…
      If indexSheet.Cells(j, 4) = runStatus Then
         '…添加到左边的所有用例栏中
         ListBox2.AddItem indexSheet.Cells(j, 1)
      End If
      Next
End Function
```

6.6.5　异常监控

异常监控或者说是错误处理一直是自动化测试过程中的一个难题，因为自动化测试中存在着许多未知的错误，当出现了一些未知错误后会导致脚本无法继续运行下去。如果没有任何错误处理，就会很被动，例如，我们平时可能会下班后运行一堆测试脚本，准备第二天早上过来看具体的测试结果，但第二天早上来才发现脚本只运行了第一个 Case 就出了错，并且弹出一个错误框出来，就一直“卡”在那，后面的 N 多 Case 一个都没运行。要解决这种被动局面，其实也很简单，只需要为 QTP 测试用例中加载一个场景恢复文件。

主框架目录下有一个 Recovery Sceniao 目录文件夹，此文件夹下存放着 QRS 场景恢复管理文件，以及自定义场景恢复处理函数，如图 6-45 所示。

如图 6-45 所示，errorHandler.qrs 即为场景恢复管理文件，frameworkErrorHandler.vbs 为自定义场景恢复处理函数。QRS 设置为当出现任何 Error 就执行 frameworkErrorHandler 文件中自定义场景恢复函数，并直接 Stop 当前用例，接着执行下一个用例，此处关于 QRS 的设置，在这里就不多作介绍，本书之前的场景恢复章节中已经介绍过了。

特别注意（见图 6-46）：

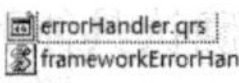

图 6-45

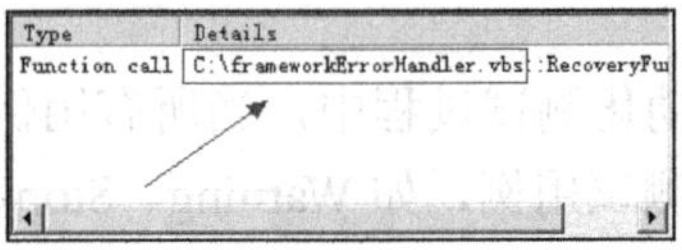

图 6-46

图 6-46 所示的是 QRS 文件中保存的自定义场景恢复处理函数文件的路径，由于主框架的所有文件都是使用相对路径的，而此处的路径就算之前创建时使用的是相对路径，但是一旦生成完 QRS 文件后，此路径即会转变为绝对路径，并且无法对其进行修改，作者认为这可能是 QTP 本身的一个 Bug，那么既然这里是绝对路径，又要把此文件整合成与框架的相对路径一致，只有一个办法，就是指定一个路径，并动态生成一个自定义场景恢复函数。这样也就完美解决了此问题，来看下面这段脚本：

```
Set fso = CreateObject("scripting.filesystemobject")
fso.CopyFile Replace(initialXMLPath, _
                    "ObjectRepository\TOR.xml", _
                    "recovery Sceniao\frameworkErrorHandler.vbs"), _
                    "c:\frameworkErrorHandler.vbs"
Set fso = Nothing
```

分析：

脚本实现每次运行测试用例前，自动先把主框架目录下的自定义场景恢复函数复制到 C 盘根目录中。这样不管主框架放在计算机中的哪个位置，QRS 文件都可以顺利读取到自定义场景恢复函数文件。

6.6.6 报告生成

框架的报告生成方式主要是以 HTML 模式来呈现，报告的源头还是 QTP Result 文件，主要实现方式是通过 Results.xml 和 PDetails.xsl 或者 PShort.xsl 来进行生成：

```
'QTP result 转化 HTML 结果报告
Public Function ApplyXSL(ByVal inputXML, ByVal inputXSL, ByVal outputFile)
 sXMLLib = "MSXML.DOMDocument"
```

```
    Set xmlDoc = CreateObject(sXMLLib)
    Set xslDoc = CreateObject(sXMLLib)

    xmlDoc.async = False
    xslDoc.async = False

    xslDoc.Load inputXSL
    xmlDoc.Load inputXML

    outputText = xmlDoc.transformNode(xslDoc.documentElement)
    outputText=replace(outputText,"UTF-16","gb2312")
    Set fso = CreateObject("Scripting.FileSystemObject")

    Set outFile = fso.CreateTextFile(outputFile, True)
    outFile.Write outputText
    outFile.Close

    Set outFile = Nothing
    Set fso = Nothing
    Set xmlDoc = Nothing
    Set xslDoc = Nothing
    Set xmlResults = Nothing
  End Function
```

框架中还加入了 HTML 模式的自定义验证，使得过程校验时定位错误更加容易。以下的 ValidateProperty 函数已经注册为所有操作对象的常用操作行为，可直接在测试步骤生成器中进行使用。

脚本实现方式：

```
  '################### Report Generator #####################
  Private Function HReport(ExpectedValue,ActualValue,testStatus,nodename)
    Set oEventDesc = CreateObject("Scripting.Dictionary")
    '添加状态
    oEventDesc("Status") = micFail
    '添加是否过滤
    oEventDesc("EnableFilter") = False
    '添加节点名称
    oEventDesc("NodeName") = nodename
    '添加 HTML 结果
    oEventDesc("StepHtmlInfo") = "<TABLE border='1'>" & _
          "<TR><TD>Expected Value</TD><TD>"+cstr(ExpectedValue)+"</TD></TR>" & _
          "<TR><TD>Actual Value</TD><TD>"+cstr(ActualValue)+"</TD></TR>" & _
          "<TR><TD>Checkpoint Status</TD><TD style='background-color:red'><b>Failed</b></TD></TR>" & _
          "</TABLE>"
    '判断状态
    If testStatus Then
        oEventDesc("Status") = micPass
        oEventDesc("StepHtmlInfo") = Replace(oEventDesc("StepHtmlInfo"),_
        "<TD style='background-color:red'><b>Failed</b></TD>","<TD style='background-color:
green'><b>Passed</b></TD>")
    End If
```

```
    '生成报告
    newEventContext = Reporter.LogEvent ("Replay",oEventDesc,Reporter.GetContext)
    '释放资源
    Set oEventDesc = nothing
End Function

'################### Custom Process Verify ################
Function ValidateProperty (sObject, PropertyName, ExpectedValue)
    Wait 1
    '判断预期是否与实际值相等
    If Cstr(sObject.GetROProperty(PropertyName)) = Cstr(ExpectedValue) Then
        '成功
                On error resume next
                testobjectname = sObject.GetTOProperty("testObjName")
        HReport ExpectedValue,sObject.GetROProperty(PropertyName),True,_
        "check "+testobjectname+"<"+PropertyName+"> property"
                On error goto 0
        ValidateProperty = True

        Exit Function
      Else
        ' 失败
            On error resume next
            testobjectname=sObject.GetTOProperty("testObjName")

        HReport ExpectedValue,sObject.GetROProperty(PropertyName),False,_
        "check "+testobjectname+"<"+PropertyName+"> property"
                On error goto 0
        ValidateProperty = False

        Exit Function
    End If
End Function
```

最终运行结果如图 6-47 所示。

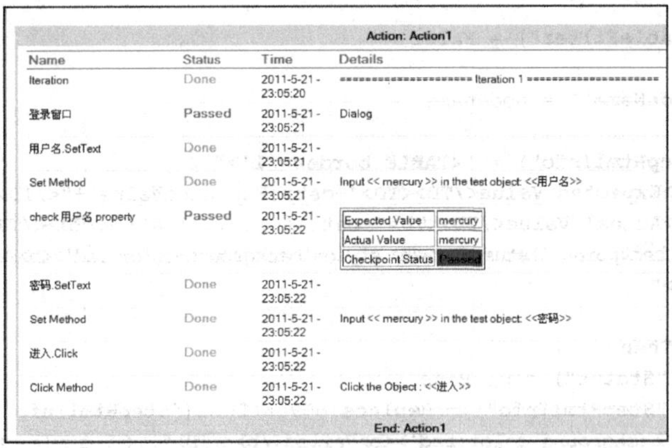

图 6-47

6.7 测试报表管理

阶段要点

- 测试执行状态。
- 错误定位信息。
- 结果分布统计。
- 测试报表导出。

6.7.1 测试执行状态

测试最终的执行结果状态是测试人员判断测试用例执行成功与否的第一标准，本框架中，当执行完所有用例之后，其最终的测试结果状态都会自动生成到 Excel 主用例列表中，如图 6-48 所示。

All Testcases	Operation		Status
Project_001	[View / Update]	[Delete]	Passed
Project_002	[View / Update]	[Delete]	Failed

图 6-48

脚本实现如下：

```
'获取测试用例执行结果
testResult = qtapp.test.LastRunResults.Status

'填入测试结果
indexSheet.Cells(t, 4) = testResult

indexSheet.Activate

indexSheet.Cells(t, 4).Select
'为不同状态的测试结果添加色彩样式
If testResult = "Stopped" Or testResult = "Failed" Or testResult = "Warning" Then
  Selection.Font.ColorIndex = 3

  Rows(CStr(t) + ":" + CStr(t)).Select
  With Selection
    .HorizontalAlignment = xlCenter
    .VerticalAlignment = xlCenter
    .WrapText = False
    .Orientation = 0
    .AddIndent = False
    .IndentLevel = 0
    .ShrinkToFit = False
    .ReadingOrder = xlContext
    .MergeCells = False
  End With
  'MsgBox qtapp.Test.LastRunResults.LastError
```

```
      indexSheet.Cells(t, 5) = qtapp.test.Description

      indexSheet.Cells(t, 5).Select

      ActiveCell.FormulaR1C1 = Replace(CStr(qtapp.test.Description), "|", Chr(10))
      With ActiveCell.Characters(Start:=1, Length:=200).Font
        .Name = "Arial"
        .FontStyle = "Regular"
        .Size = 10
        .Strikethrough = False
        .Superscript = False
        .Subscript = False
        .OutlineFont = False
        .Shadow = False
        .Underline = xlUnderlineStyleNone
        .ColorIndex = 3
      End With

      ActiveSheet.Hyperlinks.Add Anchor:=Selection, Address:="..\TestLog\" + indexSheet.Cells(t, 1)
+ ".html"

      Cells(1, 1).Select

    ElseIf testResult = "Passed" Then

      Selection.Font.ColorIndex = 10
      Cells(t, 5).Select
      ActiveSheet.Hyperlinks.Add Anchor:=Selection, Address:="..\TestLog\" +
indexSheet.Cells(t, 1) + ".html", _
      TextToDisplay:="View the log"

    Else

      Selection.Font.ColorIndex = 0

    End If
```

分析：

以上脚本主要还是通过 qtapp.**test**.LastRunResults.Status 这个属性来获取到测试用例的最终测试结果状态，当写入到相应的单元格后，添加色彩样式以及添加报告的超链接。

6.7.2 错误定位信息

考虑用例解析驱动测试在调试上不是非常方便，因此，特地在错误定位信息上添加了定位当前出错时的操作对象、操作行为以及操作数据，这样对于我们在定位脚本执行错误时是非常有帮助的。

实现方法：

```
Function RecoveryFunction1(Object, Method, Arguments, Result)
       Set qtapp = getObject("","quicktest.application")
       qtapp.Test.Description = "TestObject => [" + _
       Object.GetTOProperty("testObjName") + "]|"+ _
       "Action => ["+CStr(Method)+"]|"+ _
       "Params => ["+join(Arguments,",")+"]|"+ _
       "ErrorResult => ["+DescribeResult(Result)+"]"
End Function
```

分析：

通过自定义场景恢复函数定位当前出错测试步骤的所有关键字，并将其赋值给 Description 属性，然后把此内容写入到 Excel 主用例 Sheet 中，如图 6-49 所示。

All Testcases	Operation		Status	Details	Execute Time
Project_001	[View / Update]	[Delete]	Warning	TestObject => [用户名] Action => [Set] Params => [mercury] ErrorResult => [Cannot identify the test object]	2011-5-21 23:37

图 6-49

如图 6-49 所示，当出现对象找不到或者无法识别的情况下，QTP 会自动把当前出错的定位信息赋值给 Details 单元格中，并且如果需要查看详细信息可直接点击进入查看 HTML 格式的详细测试报告。

6.7.3　结果分布统计

我们可以看到，图 6-50 就是详细测试报告。

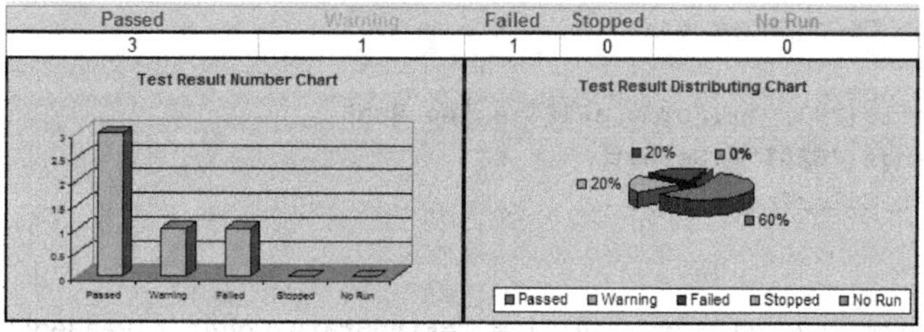

图 6-50

具体实现如下：

```
'生成状态分布报告
Function GenerateReport()

  ActiveWindow.Panes(2).Activate
  indexSheet.Rows("201:201").Select
```

```
    With Selection.Interior
      .ColorIndex = 15
      .Pattern = xlSolid
    End With
    Selection.Borders(xlDiagonalDown).LineStyle = xlNone
    Selection.Borders(xlDiagonalUp).LineStyle = xlNone
    Selection.Borders(xlEdgeLeft).LineStyle = xlNone
    Selection.Borders(xlEdgeTop).LineStyle = xlNone
    With Selection.Borders(xlEdgeBottom)
      .LineStyle = xlContinuous
      .Weight = xlMedium
      .ColorIndex = xlAutomatic
    End With
    Selection.Borders(xlEdgeRight).LineStyle = xlNone
    Selection.Borders(xlInsideVertical).LineStyle = xlNone
    Selection.Font.Bold = True

    indexSheet.Cells(201, 1).FormulaR1C1 = "Passed"
    indexSheet.Range("A201").Select
    Selection.Font.ColorIndex = 10

    indexSheet.Cells(201, 2).FormulaR1C1 = "Warning"
    indexSheet.Range("B201").Select
    Selection.Font.ColorIndex = 45

    indexSheet.Cells(201, 3).FormulaR1C1 = "Failed"
    indexSheet.Range("C201").Select
    Selection.Font.ColorIndex = 3

    indexSheet.Cells(201, 4).FormulaR1C1 = "Stopped"
    indexSheet.Range("D201").Select
    Selection.Font.ColorIndex = 3

    indexSheet.Cells(201, 5).FormulaR1C1 = "No Run"
    indexSheet.Range("E201").Select
    Selection.Font.ColorIndex = 48


    indexSheet.Cells(202, 1).FormulaR1C1 = "=FindStatusCount(""Passed"")"
    indexSheet.Cells(202, 2).FormulaR1C1 = "=FindStatusCount(""Warning"")"
    indexSheet.Cells(202, 3).FormulaR1C1 = "=FindStatusCount(""Failed"")"
    indexSheet.Cells(202, 4).FormulaR1C1 = "=FindStatusCount(""Stopped"")"
    indexSheet.Cells(202, 5).FormulaR1C1 = "=FindStatusCount(""No Run"")"

End Function

'生成状态分布柱形图
Sub GenerateChart()
```

```
  ActiveSheet.ChartObjects(1).Activate
  ActiveChart.ChartArea.Select
    ActiveChart.SetSourceData Source:=Sheets("Test_Automation_Center"). _
                           Range( "A201:E202"), PlotBy:=xlRows

  ActiveSheet.ChartObjects(2).Activate
  ActiveChart.ChartArea.Select
    ActiveChart.SetSourceData Source:=Sheets("Test_Automation_Center"). _
                           Range("A201:E202"), PlotBy:=xlRows

End Sub

'初始化柱形图
Sub InitChart()
  ActiveWindow.Panes(1).Activate
  indexSheet.Cells(1, 1).Select
  ActiveWindow.Panes(2).Activate
  indexSheet.Rows("201:202").Select
  Selection.Delete Shift:=xlUp
  Selection.Insert Shift:=xlDown
End Sub
```

6.7.4　测试报表导出

自动化测试的最终结果往往需要通过邮件发送给上级领导，作者一直认为 HTML 形式的报表比较容易共享，并且不存在任何版本问题，因此框架中也提供了此类功能。

（1）点击左侧自定义工具栏中的按钮（见图 6-51）。

图 6-51

（2）填入文件名后，点击保存。

（3）双击 htm 文件，最终结果显示如图 6-52 所示。

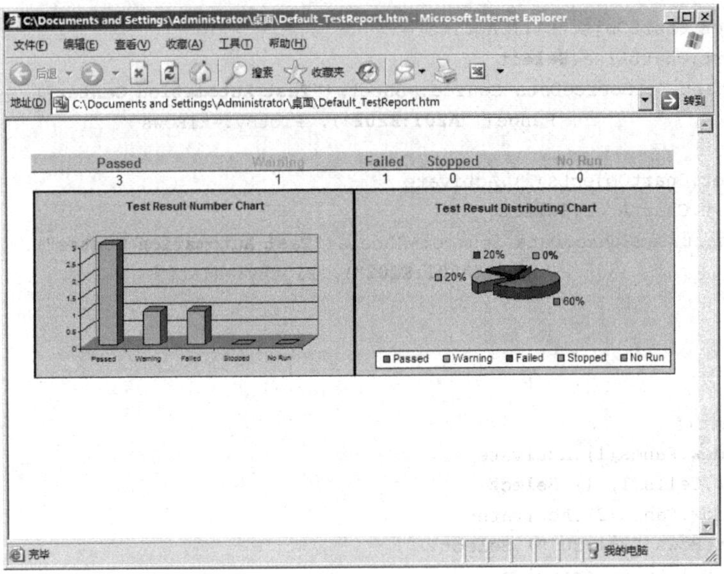

图 6-52

脚本实现方式：

```
Function exportHTMLReport()
  fileSaveName = Application.GetSaveAsFilename( _
    InitialFileName:="Default_TestReport.htm", _
    fileFilter:="HTML Files (*.htm), *.htm")

  If fileSaveName <> False Then
    With ActiveWorkbook.PublishObjects.Add(xlSourceRange, fileSaveName, _
    "Test_Automation_Center", "$A$201:$E$213", xlHtmlStatic, _
    "New Microsoft Excel Worksheet", "")
    .Publish (True)
    .AutoRepublish = False
    End With
    ActiveWindow.Panes(1).Activate
    Range("A1:F1").Select
  End If
End Function
```

6.8 一点写给读者的话语（总结）

最后一个章节，同时也是最难写的一个章节“自动化测试框架”终于写完了。在这个过程中，作者反复修改了不下 20 次，思考了将近两个月！但是直到写完，作者仍然觉得本书的“自动化测试框架”仍然不是最完美的。我们很重视这个章节，因为本书非常想真正地去面向各个层次的读者，我们一样想让高级读者在看了本书后有所真正的收获。之前在论坛上也已经感受到了很多高级读者对本书的自动化测试框架的期待，之前也已经明确过我们的想法和担忧：自动化测试框架不可能适合任意项目、任意读者！

是的！真的是这样的，写这一章节真的很不容易！但是，其实作者也有预料性，一定不能满足所有的高级读者！但是，作者可以肯定地说，这个章节是作者花了很多心血在其中。希望读者去品味这个章节的内容，而不是看到以后发现和自己的理想中的框架不对路而直接束之高阁！我们相信，如果真正地去品鉴这个章节，里面还是会有很多内容值得参考的。即使无法满足你的测试框架需求，但是希望你能学习到一些真正有用的细节：自动化测试框架的概念？搭建的过程？设计的思想等。关键还在于品鉴，我们的源代码是完全公开的，本书所写的自动化测试框架也是一个完整的框架，没有丝毫保留，而且是经过实际大型项目历练的！

自动化测试框架，也许已经有“很牛”的了，但是真正能以文字形式展现的恐怕国内屈指可数，真正用心地、系统地完成文献的那就更少了！每个人的理解能力都是有限的，包括作者在写文章时的输出能力也有限，内容上是很有可能无法完全让所有读者明白的。考虑到了这一点，如果在阅读中遇到问题或者有什么更好的想法和改进意见，请随时联系作者，先在此言谢了！我们也会尽可能地通过在线的方式去帮助读者充分理解、学习本章节的知识！

最后，我们希望达到的效果是，读者能够在学习本章节的内容后学会模仿和举一反三，定制出自己的一套自动化测试框架，毕竟我们的源代码都已经共享了！最后，作者以一句话表达本章节的主题、在写的过程中的、写完所有内容后的感想：

自动化测试框架的水很深，“趟”写自动化测试框架的这水其实更浑，没有做好一切充分思想准备的请三思而后行！自动化测试框架这 7 个字是敏感的且富有争议的，不过，本书的两位作者已经完全做好了“挑战”的准备，我们没有别的底气，唯独具备一点，它叫做“用心”！

Appendix 1

附录一：QTP 科普问答典藏 30 例

一、我们都知道"+"和"&"都是连接符，那它们到底有什么区别呢？

（1）"+"：加法运算符。

如果两个String"表达式"都是Numeric，则相加。

如果两个表达式都是String，则连接。

如果一个表达式是Numeric，另一个是String，则把String转换成Numeric，然后再相加。

（2）"&"：字符串连接符

把两个表达式都转换成String，然后相连接。

举例：

```
'把两个表达式都转换成String，然后相连接的案例，这里要注意 "2"是String
Msgbox "2" & 3    '结果：23
'一个表达式是String而另一个是Numeric，则把String转换成Numeric，然后相加的案例
Msgbox "2" + 3    '结果：5
'使用&符号只会把表达式"3"转换成String，然后相连接的案例
Msgbox "你好" & 3    '结果：你好3
'两个String相连接的案例
Msgbox "你好" + "3"    '结果：你好3
'错误案例：无法将 "你好"转化成Numeric，所以报错
Msgbox "你好" + 3  ' Type mismatch: '[string: "你好"]'
```

二、如何通过脚本更换对象库

以下脚本摘自51Testing论坛某网友：

```
Function LoadGuiMap(QtpApp,ActionName,GuiMapPath)
    Set qtRepositories =_
    Eval( QtpApp&".Test.Actions(ActionName).ObjectRepositories")
        qtRepositories.RemoveAll
        qtRepositories.Add GuiMapPath, 1
    Set qtRepositories = Nothing
End Function
```

三、导致QTP无法正常使用的软件冲突解决方法

卡巴斯基、360杀毒等软件都可能与QTP产生冲突，以360举例，经常会发现软件装到一半会被提示不安全，此时一定要选择添加信任！否则安装的QTP一定会有问题。另外，使用QTP时，最好把插件什么都屏蔽，防止有冲突。

四、QTP菜单消失的解决办法

解决办法一：点击QTP上方菜单栏"Tools" menu→Options项，点击"General" tab，最后点击"Restore Layout"按钮。

解决办法二：还有种情况就是可能连"Tools" menu都消失了，此时可以在工具栏的空白处单击鼠标右键，选择"Customize…"，然后选择Toolbars项，最后点击"Restore All"按钮即可，如下图。

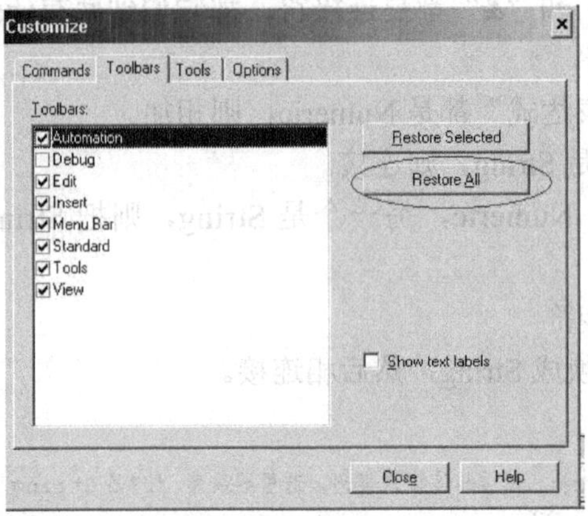

五、请问 QTP 在哪种情况下会被频繁使用，自动化测试工程师只需要使用 QTP 就可以对整个子流进行测试工作了吗？不需要一点手工操作？

该问题摘自本书作者的“我要做专家”活动。

答：需要自动化测试的时候就可以用 QTP 了（或者其他任何能完成任务且达到目标的一款自动化测试工具），一个自动化测试工程师不仅要写脚本，还要写自动化测试用例等很多事情，在设计前人为地去操控项目也是必不可少的，只有通过大量的手动测试实践后才能确定系统的业务逻辑、自动化测试可实现性，最后才能设计用例、编写脚本。如果我们的自动化测试脚本都有业务逻辑 Bug，那自动化测试也变成 Bug 了！

六、如果有一个基于 Linux 的 Web 系统，但是测试时需要借助 Windows 下的一个模拟工具，这种情况，可以使用 QTP 进行自动化测试吗？

该问题摘自本书作者的“我要做专家”活动。

答：既然是 Web 系统，那就和它本身是架构在 Windows 上还是 Linux 上就没有关系了。QTP 测试的是这个系统的在线平台，任何在线网站（Web 项目）都可以用 QTP 写脚本，当然，前提是对象能够被识别。至于那个 Windows 下的模拟工具，很可能 QTP 无法进行完美识别。

七、QTP 如何才能做基于 Web 的 Flash 的测试？网上找了很多资料，试了很多方法都不行，Flash 相关的动作都录制不下来。请问具体应该怎么做呢？

该问题摘自本书作者的“我要做专家”活动。

答：Flash 需要相对应的插件，可以咨询 HP 购买正版，也可以尝试下载 Flex4 的插件，网上有教程。还有一种方法，不过有点“旁门左道”，Flash 控件的控制，我们完全可以使用 Mercury. DeviceReplay 方法配合 VK 码来控制快捷键，不过有个前提，就是项目中的 Flash 支持使用快捷键操作。

八、QTP 要怎样才能识别 Delphi 开发的 DBLookUpComboBox 之类的控件？

该问题摘自本书作者的“我要做专家”活动。

答：这个目前来说只有购买相对应的 Delphi 插件了，别无它法！

九、一个 Login 的动作，但是它不是通过按钮来触发的，而是通过<a>和 Click 事件绑定后触发的，这个怎么才能让 QTP 录制进去呢？还有一个只能用鼠标键点击的 Pin 码，QTP 怎么都录制不进去，怎么办呀？

该问题摘自本书作者的“我要做专家”活动。

答：1．鼠标事件

1.1 使用自带的 Click 方法

看 QTP 的帮助，每个对象都有自带的 Click 方法，通过其中第三个参数指定具体鼠标事件。例如：

```
Browser("New Browser").Page("New Page")._
WebElement("html tag:=Form").Click 0,0,micRightBtn
```

注：Click 方法的前两个参数是相对坐标，即相对于对象控件的坐标。然而执行脚本时常会发现右键功能无法回放，这需要通过设置回放级别解决。例如：

```
Setting.WebPackage("ReplayType") = 2
Browser("New Browser").Page("New Page")._
WebElement("html tag:=Form").Click 0,0,micRightBtn
Setting.WebPackage("ReplayType") = 1
```

1.2 使用自带的 FireEvent 方法

具体的使用方法请参考 QTP 的帮助文档，上面再详细不过了！需要提醒一下，右键菜单的弹出对应的是 " **oncontextmenu** " 事件，这个帮助文档里没有提到。

1.3 使用 Mercury.DeviceReplay

例如：

```
Set devReplay = CreateObject("Mercury.DeviceReplay")
devReplay.MouseClick absx+4, absy+4, 2
```

1.4 使用 Windows 底层的 mouse_event

如果上面的方法仍然不管用，就要采用更底层的方法了。不过这种方式不推荐，因为 mouse_event 识别的是绝对坐标，还需要在调用 mouse_event 前获取对象的绝对坐标。需要说明的是，如果没有使用 MOUSEEVENTF_ABSOLUTE，函数默认的是相对于鼠标光标当前位置的点，用“0，0”表示的话会被认为是当前鼠标光标所在的点，例如：

```
Extern.Declare micVoid, "mouse_event", "user32.dll", "mouse_event", _
micByte, micByte, micDWord, micULong

Extern.mouse_event MOUSEEVENTF_RIGHTDOWN, 0, 0, 0
```

2．键盘事件

2.1 SendKeys

最常用的模拟键盘操作的事件就是 SendKeys，具体说明请参考 QTP 的帮助文档或网络资源，而且本书前面的内容也已经涉及这部分内容，所以不再多作阐述了。下面是一个打开“字母大写开启”的灯，3 秒后自动关闭，非常形象的例子：

```
Set WshShell = CreateObject("Wscript.Shell")
WshShell.SendKeys "{CAPSLOCK}":Wait 3
WshShell.SendKeys "{CAPSLOCK}"

'当然我们也可以先定义一个 Function，然后每次都调用这个 Function
Public Function sendKeys(stringWord)
Dim WSH
    On Error Resume Next
    Set WSH = CreateObject("WScript.Shell")
    WSH.SendKeys stringWord
    Set WSH = Nothing
End Function

'调用 Function
sendKeys ("{CAPSLOCK}")  '注意括号中的写法
Wait 3
sendKeys ("{CAPSLOCK}")  '注意括号中的写法
```

2.2Mercury.DeviceReplay

```
Set devReplay = CreateObject("Mercury.DeviceReplay")
devReplay.SendString("a")
```

2.3 使用 Windows 底层的 keybd_event

```
Extern.Declare micVoid, "keybd_event", "user32.dll", "keybd_event",_
micByte, micByte, micDWord, micULong

Extern.keybd_event 42, 0, 0, 0   '注意:这里的第一个参数是 10 进制的

'SendKeys 与 Mercury.DeviceReplay 相比，使用要方便一点，但是稳定性不如
'后者，这里选择使用后者
Function RtClick( Obj )
  absx = Obj.GetROProperty("abs_x")
  absy = Obj.GetROProperty("abs_y")
  Set devReplay = CreateObject("Mercury.DeviceReplay")
  devReplay.MouseClick absx+4, absy+4, 2
  Set devReplay = Nothing
End Function
```

十、QTP 适合游戏测试领域吗？很多游戏中的控件都无法识别，在这种情况下有什么方法能更好地应用 QTP 支持游戏测试中的自动化测试。游戏测试中的交互不像测试应用软件那样交互的变数不大，游戏的变数太大了！

该问题摘自本书作者的“我要做专家”活动。

答：首先，网页游戏可以用 QTP 测试，完全胜任，如“偷菜”等，其他大型网络游戏、

单击游戏，QTP 不能胜任，根本原因就是无法识别游戏中的控件，至今还没有听说过有同行用 QTP 测试游戏的！

十一、请教以下几个问题：

（1）如何跳过验证码。

（2）录制鼠标光标悬停显示菜单项的方法。

该问题摘自本书作者的“我要做专家”活动。

答：（1）QTP 对付验证码的办法有 OCR 技术（51Testing 论坛里有教程）。或者让开发人员给你一个万能验证码。最直接的也是最好的办法就是让开发人员屏蔽验证码功能，反正验证码功能完全可以使用手工测试完成，而且 OCR 识别技术似乎也不太稳定和可靠。

（3）见“问题十”，已解答。

十二、全职 QTP 自动化测试工程师的工作内容是什么？问几个心中一直以来的疑问和困惑：

（1）QTP 是针对功能测试的，主要是自动化地去做测试，那么它强大的地方在哪儿呢？是它能够发现大量潜在的问题？（似乎没感觉到），还只是说可以做到无限重复的执行？我们公司用 QTP 只是重复运行，用来采集性能数据，所以并不能体会 QTP 这款产品“赢”在哪方面。

（2）一个全职的 QTP 测试人员，每天的工作内容是什么呢？每天修改完善脚本、增加逻辑覆盖率？假如一个成熟的产品有成熟的脚本，那么测试人员每天只要点一下 QTP 运行按钮，然后直接拿测试结果？总体来说，还是感觉 QTP 要求很多，用起来很难且收获也不大。

该问题摘自本书作者的“我要做专家”活动。

答：很好的一个问题，很有代表性！

首先回答第 1 个问题，从这位同行的提问中，作者断定他对 QTP 的认识一定只停留在录制阶段，他把 QTP 当成了按键精灵。QTP 的强大体现在它是解决自动化测试的最好的工具。其实提问的这位同行对自动化测试的概念一样很模糊，他以为做自动化测试只是简单地重复工作而没有考虑过验证这个问题。做测试，手工测试是怎么做的？其实说白了，也就是用我们的眼睛验证，那么 QTP 就是那个能代替人类眼睛的测试工具。就像机器人一样，它不是智能的，它的智力是由人去赋予的，所有它能做的操作都是人类事先已经知道的。QTP“赢”在它的一切，卖得那么贵、市场份额那么高不是没有道理的，如果去使用其他测试工具一段时间后再回来使用 QTP，相信一定会有感叹，真是一个好工具啊！然后，QTP 和采集性能数据又被这位同行联系在了一起，这个不就是在大材小用吗？

接着回答第 2 个问题，一个全职的 QTP 人员他要做的事情和开发是一样的，都是一脉相承的。他也要需求、也要架构、也要开发、也要维护……并且，修改完善脚本并不是每天要做的事情，而是每一个版本发布后要做的事情。如果有一个成熟的产品，用 QTP 写出了成熟的脚本，那自动化测试的目的不是达到了吗？我们的目的就是每天“点”一下，快速拿到测试结果从而解放人力并可以投入到其他项目的测试中去，这也就是自动化测试的目的和意义。

另外，QTP 基本上只能发现已知的缺陷，目的是为了保证在新功能加进来以后老功能不受影响；同时也能够回归以前有问题的功能在修复后是否又重现了。QTP 几乎不可能发现新缺陷，那是手工测试阶段做的事情。当然，QTP 也真的不是万能的，如它肯定不可能比开源的自动化测试工具更 Open（开放）、扩展性强等，但是世界上是没有万能的事物的！

十三、我想知道 QTP 过于频繁的崩溃，究竟是什么原因导致的？

该问题的回答摘自 51Testing 论坛的一位热心网友，由作者进行整理&编辑。

答：所谓的濒繁崩溃，具体要看哪个层面。QTP 本身作为商业软件，应该稳定性很好。不过 QTP 属于应用层软件，在运行时要 Hook 住鼠标、键盘，这种行为就是典型的“木马”，所以，如果本机安装了防病毒之类的软件，会具有一定的风险性。虽然 QTP 在测试领域应用较为广泛，但毕竟是小众软件，所以不是每个杀毒软件公司都会去“兼容”这个“木马”的。另外，随着商业化的逐步深入，集成的功能也越来越多，有些集成 DLL 模式，有些集成.exe 模式，基本主程序没问题，但其他的附属 EXE 未必能够正确执行。还有就是当前很多操作系统并非完整版，如过去的“番茄花园”，一些 QTP 自身依赖的系统库是否完备，不得而知，而随机安装是否有，也不一定。

至于如果是自己写的脚本崩溃，那问题有很多，如 Web 服务是否可用，网络传输性能，丢包等问题；对于 Windows 桌面应用程序，CPU 当前的资源情况、进、线程管理，如待测试程序申请已被占用的独占资源，当然会引起进程等待。QTP 代码没有 Timeout 机制，也没有回滚的机制，报错退出是很正常的事情。QTP 所使用的 VBScript 语言本身较弱，所能提供的灵活性比较低，需要在编程之前有良好的结构设计和容错机制。至于此类的编程问题，多写写代码就通了。

十四、我建立了两个虚拟对象，在录制时为什么有时候可以识别出来而有时候却不能呢？说的详细点就是，把一个 Image 的按钮虚拟成一个 Button，但是录制的时候，还是以 Image 来录的。这是为什么？有时候却又以虚拟对象来表示。

该问题摘自本书作者的“我要做专家”活动。

答：首先，Image 控件是可以直接 Click 的，所以没有必要虚拟成 Button 后再点击。其次，作者在项目中不会去用到虚拟对象这个功能，像提问的这位网友遇到的这种情况可能是选择区域时范围不是非常准确导致的。虚拟对象利用的是坐标，这对于项目来说实在太不可靠了，并且虚拟对象的移植相当麻烦，如果需要在其他计算机上运行脚本那就太繁琐了。总之，虚拟对象的使用还是越少越好，我们完全可以利用其他一些技术来弥补，如对象映射，不过它也不是常用的；或者使用相对坐标（abs_x，abs_y），通过 getRO（“x”）、getRO（“y”）然后配合使用 WSH 接口完成；亦或者利用 DOM 组件的一些接口应用技术，不过这不属于 QTP 层的。

十五、准备建立自动化测试平台框架，是完全利用 HP 已有的呢？还是需要自己搭建一套测试框架？请用实例说明利用 HP 现有的这个自动化测试平台进行自动化测试的优势在哪儿。

该问题摘自本书作者的“我要做专家”活动。

答：如果自动化测试用 QTP 基本就能完成的话，配合 QC 组成一个 QTP + QC 的自动化框架效果更佳！覆盖从 Dailybuild 到 Automatic test 直至 Test 报告以及邮件通知、场景设计与恢复等全部过程，最重要的是它是现成的；如果单纯使用 QTP 难以达到自动化测试需求，则我们可以借鉴 QC 和类似 QTP 运行的机制（AOM）来摸仿写一个自定义的测试框架，当然这需要工作量。为什么要借鉴 QC？因为它很成功、很实用！

十六、在 QTP 安装完毕后，为什么 Debug Tools 下的 Item 都是灰色的并且无法使用？如何恢复？

这主要是因为在安装过程中，因某种原因导致 Debugger 组件没有完全安装成功，这样会导致 Debug Tools 下的一些关键 Item 不能使用，例如，F9 断点。我们只需重新双击 QTP 安装程序，选择修复即可，QTP 会自动帮你完成。

十七、如何在脚本运行时动态加载对象库？

使用 RepositoriesCollection 保留对象即可实现对象库的动态加载，示例程序如下：

```
'Syntax
RepositoriesCollection.Add RepositoryPath [, Position]

'Example1
RepPath = "D:\test1.tsr"
RepositoriesCollection.Add "D:\test1.tsr"

'Example2
RepPath = "D:\test2.tsr"
RepositoriesCollection.Add RepPath
```

十八、如何将 QC 中自动化测试集批量运行结果写成 Excel 格式或 HTML 格式报告？最好可以有实例程序。

该问题摘自本书作者的“我要做专家”活动。

答：参考程序如下：

```
Private Sub SaveTestSetResult(ByVal TestSetList, ByVal ConnHandle)

    Dim LogName:LogName = "autorunlog.xls"
    Dim CurLogName
    CurLogName = AutoTestLogPath + "\" + LogName

    Dim xlsApp:xlsApp = CreateObject("Excel.Application")
    Dim xlsBook
    Dim xlsWork
    xlsApp.Visible = False
    xlsApp.DisplayAlerts = False

    Dim tabName = TestSetList.Name

    If System.IO.File.Exists(CurLogName) Then
    xlsBook = xlsApp.Workbooks.Open(CurLogName)
    Else
```

```
        xlsBook = xlsApp.Workbooks.Add()
    End If

    xlsWork = xlsApp.Worksheets.Add()
    xlsWork.Columns(2).ColumnWidth = 80
    xlsWork.Name = tabName

    xlsWork.Cells(1, 1) = "Case ID"
    xlsWork.Cells(1, 2) = "Case Name"
    xlsWork.Cells(1, 3) = "Test Status"

    Dim TSTestFact
    Dim TSTestsList
    Dim theTSTest
    TSTestFact = TestSetList.TSTestFactory
    TSTestsList = TSTestFact.NewList("")

    Dim row = 2
    For Each theTSTest In TSTestsList
      xlsWork.Cells(row, 1) = theTSTest.TestId
      xlsWork.Cells(row, 2) = theTSTest.Name
      xlsWork.Cells(row, 3) = theTSTest.Status
      row = row + 1
    Next theTSTest

    xlsBook.SaveAs(CurLogName)

    xlsBook.Close()
    xlsApp.Quit()
    xlsBook = Nothing
    xlsApp = Nothing

End Sub
```

十九、如何才能将 QTP 自动化测试从无到有地应用到项目中。怎样才能成功实施？有什么成功要素吗？

该问题摘自本书作者的“我要做专家”活动。

答：这个问题其实问得范围非常广，要回答好很不易，现在分享本人之前自动化测试的一些经验。首先需要了解自动化测试的一个总体实施流程，当接到一个项目之后，需要了解影响自动化测试实施的一些需求，如项目的周期长短、需求变更的频繁度、工具的选择以及工具对测试对象的识别能力等。这样做的目的就是为了确定项目是否适合做自动化测试，并不是每个项目都适合做自动化测试，失败的例子实在是太多了，很大一部分原因就是前期根本就没有做足分析才会导致后期的被动局面，因此绝对不能忽视前期的这块内容。当这些都确定完成之后，还需要完成一个简单的Demo，用于验证工具对项目中对象识别的能力，这些内容可以归类在前期的可行性分析方案中。接着需要进行自动化测试设计阶段，这个阶段包括需求分析、自动化用例转化与编写，这里需要注意。不是所有手工测试用例都可以转化为自动化测试用例，有些用例完全不适合做自动化测试，或者说不能用自动化测试完成，也或者需要投入很大的精力才能完成。所以，需要在设计阶段就定义好这些可自动化的测试用例，并且还需要定义好公共的用例库以及用例的复杂度。当以上内容都定义完毕后，就可以开始下一步核心工作了，也就是自动化测试框架开发，其大致包含：创建一些公共的组件、公共函数库、公共对象库、测试执行调度机制、外部配置、错误处理、报表生成等功能，当然，如果不是经验非常丰富的测试人员，在框架这块处理上是不可能一步到位的，需要后期来适应项目并不断地进行改进。一旦核心功能完成之后，可以说已经离成功又近了一大步了。最后的工作就是把用例全部完完整整地转化为测试脚本，如果框架搭建的比较牛，这一步的实现其实是比较轻松的。当然，一些特殊的难题另当别论，如小部分对象怎么都识别不了，那只能通过专家组共同讨论解决方案。

二十、QTP 对象库中的对象变更了，怎样才能有效、更快地维护对象库？能否用 Spy 直接更新该对象？

该问题摘自本书作者的“我要做专家”活动。

答：对象变更是每个自动化测试过程中的大问题，这个是无法避免的，如果前期没有规划好公共对象库的话，后期会有很多重复的对象或者是一些陈旧的对象冗余，导致维护成本非常高。要改变这个局面，需要把对象库放在一个公共对象库中集中维护，并定制出统一规范且友好的对象关键字，如果是团队开发的话，还需要做版本控制，不可轻易地对对象进行修改，否则会影响到别人的测试脚本。

二十一、QTP 高手会在 QTP 方面遇到困难和阻碍吗？遇到困难时是如何应对的？

该问题摘自本书作者的“我要做专家”活动。

答：当然会！而且问题不比新手少！遇到困难时最好的老师就是百度、谷歌以及用 F1 键查询“兵法书—帮助文挡”，当然，我们也要做到勤思考！

二十二、某网友说他感觉 QTP 自带的 F1 帮助好像是一条一条知识点的汇总，并不能系统地帮助到自己！看 User Guide.pdf 文档重要吗？看完（学习完）并理解这个文档后能成为专家级别吗？

该问题摘自本书作者的“我要做专家”活动。

答：看 User Guide 文档是非常重要的，可以了解 QTP 的基本知识，一共 877 页，本书的两位作者当初也是一页页啃下来的。当然，即使看完了也只是一个开始，后面还有很多路要走，还有很多技术要学习，毕竟学无止尽！更何况，自动化测试很大程度上还需要看我们的全局观、经验等多方面，绝对不是学会了技术就能称霸天下的！不过，现在又多了一条精通 QTP 的很捷径的捷径，那就是系统化地学习本书！

二十三、HP 官方有没有文档是关于 QTP 框架的介绍？据说有一个 Web 框架，叫做 Saffron！

该问题摘自本书作者的“我要做专家”活动。

答：QTP 唯一的官方框架：Saffron；另外，著名的世界级 QTP 学习圣地“AdvancedQTP”

出品的框架叫：FramWorkManager。读者如果有兴趣可以通过网络资源轻松地找到。

又是关于自动化测试框架的问题，回答这些问题是需要技巧的，不然会得罪人。就这么说吧，目前市面上没有一款成熟的框架可以很好地完成任何自动化测试项目。不同的项目它的框架是不一样的。就算是统一平台的跨项目的自动化测试框架也是需要二次开发的。还是一句话，一开始技术没有到达一定程度的时候不要过分迷恋自动化测试框架，它只是一个“传说”！

二十四、某网友想以公司的项目练习 QTP，公司的项目是在 Visual Studio 上用 C#语言开发的 SmartClient，但是用 QTP 录制的时候感觉识别得不是很好，请问该加载哪种插件？有哪些应该注意的事项？

该问题摘自本书作者的“我要做专家”活动。

答：如果对象层是包在一个大的容器里，识别肯定麻烦。可以通过 Extensibility 组件进行扩展，或者直接让开发人员写 dll 接口，用 QTP 来调用。当然，如果这样的话，QTP 只能说是提供了一个自动化测试平台，“功臣”肯定就不是它了！而且，也失去了想拿 QTP 练习的意义，建议放弃拿这个项目练习 QTP 的念头，另找一个项目。其实，开源的东西很多，如开心网、51Testing 网站、谷歌、人人网等，几千个开源网站任意选择！

二十五、为什么很多公司都说要建立一个自动化测试团队，但极少能建立起来？

该问题摘自本书作者的“我要做专家”活动。

答：根据作者多年来所见，总结有以下几点可能。

（1）太过于相信自动化测试，且没有经过严格的自动化测试流程和前期分析设计就草率地进行脚本的开发，最终的结果一定是失败！

（2）国内的公司很少有专属的自动化测试团队，往往都是信心十足最后却又虎头蛇尾！这其中也分两种情况：其一，缺乏真正可以做自动化测试的技术人员，每个成员都是在学习阶段，那还谈什么组成自动化测试团队？这最多也就叫做兴趣小组？其二，的确有牛人在团队中，但是我们都知道，国内很少有公司会专门组建一个专职做自动化测试的团队，国内现在大多数情况是手工测试和自动化测试并作。那么，自动化测试的优先级肯定是没有手工测试高的，而且项目的任务又多，久而久之，自动化测试的愿景又被搁置于一旁了。

（3）其实自动化测试已经做的不错了，但是领导看不到短期内有任何的回报，最后还是搁置了！这其中一方面牵扯成本问题，另一方面则是领导对自动化测试从意识上就存在误区，没有真正认清什么才是自动化测试的真谛！

二十六、1 个人的测试小组都需要干什么？自动化测试要做吗？

该问题摘自本书作者的“我要做专家”活动。

答：1 个人的测试团队其实现在国内也不多见了，这又是个极端。这种情况下，还是老老实实地把手工测试做好，把握好项目的质量比较好！

二十七、关于脚本健壮性的问题：我（某网友）现在做到的是使用正确的数据做正确的事，错误的数据做的事情是未知的。当然，我们可以通过强化脚本来定义出未知的事情，但这需要更多的成本开销。是否有一个健壮性平衡点的参考呢？

该问题摘自本书作者的“我要做专家”活动。

答：这其实不是脚本健壮性的问题，而是前期设计时的测试用例选择问题。自动化测试脚本是来源于 Case 的，脚本的质量也是取决于 Case，因此，成本的开销在当初 Case 的筛选时就该大致定义好，包括哪些 Case 易于自动化、哪些又不易于自动化的实现，最终根据优先级综合进行考虑。其实，这位网友的例子也犯了同样的错误，由于前期没有很好地进行分析导致现在的被动局面。

二十八、对象库的维护挺繁琐的，使用描述性编程可以脱离对象库，那么整个项目都使用描述性编程是否可行？运行速度上是否会变慢？一般大公司的项目是描述性编程为主还是对象库编程为主？还是两者相结合？

该问题摘自本书作者的“我要做专家”活动。

答：不要迷恋描述性编程，它其实是自动化测试的早期脚本，那时还没有做到对象分离，后来就是因为考虑到对象变更频繁才特意加上了对象库这个功能。其实对象库维护哪里繁琐了？恰好相反，觉得很好用、很给力，如对象库改名脚本自动更改、对象库智能识别、对象库合并、对象库快速编程、对象库快速更新等这么多项经典功能，DP 哪个具备了？我们绝对不能捡了芝麻丢了西瓜！更何况，描述性编程早已经是过去式。使用纯描述性编程的团队的结果一定是失败！另外，无论大公司还是小公司，都是为了把测试做好，所以，选择对象库编程不光应该是大公司的首选，也应该是小公司的参照，除非你没有选择使用 QTP。

二十九、如何突破 QTP 学习瓶颈？

需要从 QTP 里跳出来，要站在更高的角度上看待问题，如何时使用 QTP 比较合适？怎么样才能最大限度减少测试人员的手工测试工作量？当读者感悟到这一层面的时候，QTP 学习瓶颈就突破了，也可以说是真正地开悟了，其实这个高度才是真正的自动化测试高度，QTP 只是我们利用的武器而已。

三十、为什么 QTP 不能像对 IE 那样正确识别 FireFox 里的控件？FireFox 版本是 2.0，QTP 版本是 9.5，在 IE 上能抓取到的对象在 FireFox 上抓取，被抓取的对象的 Class 全部是 WinObject，Name 全部是 MozillaWindowClass，为什么？另外，我（某网友）已经安装了 1 个 Web Add-in Extensibility SDK 9.5，但是仍然在 FireFox 上显示不出对象，是否还需要安装其它的 Add-in 呢？

注明：根据官方的介绍，QTP9.5 支持的 Web Browsers 有：

（1）Microsoft Internet Explorer 6.0 Service Pack 1，7.0；

（2）Netscape Browser 8.1.3，9.0；

（3）Mozilla Firefox 1.5，2.0.x，3.0 Alpha 7 等，所以当前使用的 Firefox 2.0.0.12 应该是支持的，为什么还会出现这种情况？

注：这个问题是一个比较有技术含量的问题，最终这位网友自己解决了该问题，作者将其摘录进本书并做了部分整理，现在分享给广大读者（该问题的版权不归作者所有）。

首先可以肯定的是，QTP 对 FireFox 2.0 是支持的，QTP 可以支持到 FireFox3.0 Alpha 7。接下来，让我们一起来看看这位网友解决问题的历程和方法。

（1）依次选择 QTP → Automation → Record and Run Settings → Web 里，这位网友选择的是 Open the following address when a record or run session begins，然后在第一个下拉框里填写自己所需要测试的网址。这样在录制的时候会直接打开一个所需要录制的 Web 网页，最后在第二个下拉框里选择 Firefox 2.0 （因为现在要测试的就是 Firefox2.0 版本，读者今后可以根据自己实际的项目需要选择，当然前提是要被支持）。

（2）根据 Help 文档的描述为：Mozlla Firefox uses the Java 2， Java 5， or Java 6 Virtual Machine as an external plug-in。所以，需要安装一个 Java Virtual Machine，这位网友的版本是 jdk1.5.0_11。

（3）还是根据 HELP 文档，文字如下：

If your applet runs in Mozilla Firefox:

In Mozilla Firefox， select Tools > Java Console.

If you do not see the Java Console option in the Tools menu， install the Open Java Console extension from **addons.mozilla/firefox/141/.** This extension provides the menu option on the Tools menu for opening the Java Console from Mozilla Firefox. It also provides a toolbar button in the JavaScript Console for opening Java Console.

根据所给的链接（粗体显示部分），去下载一个 Java Console。这位网友下载的是 open_java_console-1.6-fx，下载完毕并安装上以后，在 FireFox → Tool 下就会有一个 Java Console 的选项了。此时，QTP 就可以全部识别 FireFox 里的所有控件了。

补充：如果还有什么问题的话，还可以尝试安装两个 Add-in:

QuickTest Professional Web Add-in Extensibility SDK

QuickTest Professional Java Add-in Extensibility SDK

Appendix 2

附录二：

章节练习详解及参考答案

1.1 练习题一

要点分析与解题思路。

在本题中，作者一方面可以指引读者编写一个自动化测试用例的 Demo，但最重要的是作者在题中的素材 5 中设下了一个局，同时也给了暗示，意欲告诉读者不要忘记，在“自动化测试用例设计详解”那章中提到的重点，也是刚踏入自动化测试领域的新人比较容易犯的一个错误，总是记不住“每一个自动化测试用例必须设置还原点！”。如果在测试用例中你没有设计或者忽略了还原点的情况，那么自动化测试用例是不合格的，今后根据用例编写出来的测试脚本也会出现问题。作者给出的素材既是一个习题又是一个非常直观的例子，如果不设置还原点，那么下次系统就会记录上次的登录信息，不用再次输入账号、密码就可以成功登录系统了，虽然这的确是方便了用户，但是却对我们的自动化测试脚本起着不好的作用！

那么本题的还原点怎么设计？其实最简单的就是两种。其一，点击“退出系统”；其二，每次在执行脚本之前清除一下系统 IE 缓存，可以手工清除，也可以写一段脚本自动清除。当然，最好、最简易的解决方法就是点击“退出系统”了，它肯定是最好的解决方法！

通过本题的练习和实例，读者可以再次加深印象，即形象又深入了解到自动化测试用例设计过程中必不可少的要素“设置还原点”。

标准参考答案。

以下是作者设计的自动化测试用例（注：用例设计没有标准答案，仅供参考）。

用例编号	所测功能模块	作者	版本
ATC01	系统登录模块	余杰	1.0
步骤序列	业务操作描述	预期结果	测试所用数据
1	进入“XX 自动化测试用例设计练习系统”登录页面	进入<登录页面>（校验的可以是 URL）	
2	输入[用户名]		Jerome（建议以参数化形式）
3	输入[密码]		123456（建议以参数化形式）
4	点击[重置]按钮	[用户名]、[密码]输入框中的内容为空	
5	重新输入[用户名]	文本框中的值等于已输入的数据	同上
6	重新输入[密码]		同上

续表

用 例 编 号	所测功能模块	作 者	版 本
7	点击[登录]按钮	跳转到<内容页面>，页面中可以找到文字“欢迎回来，Jerome”	
8	点击[退出系统]按钮	返回到<登录页面>，再次校验 URL	

1.1 练习题二

要点分析与解题思路。

本题的重点是“转换”，希望通过练习题的方式来为读者巩固一个概念，那就是“手工测试用例的设计过程中往往每一步都有预期结果，而在自动化测试用例设计过程中却非如此”。在作者给出的自动化测试用例模板中有“测试所用数据”这个属性。这并不是必须的，读者也完全可以根据企业自身的具体要求设计用例模版。

最后，作者又强调，就算是从手工测试用例转换到自动化测试用例，也不要忘记设计还原点！

标准参考答案。

以下是作者转换的自动化测试用例（注：用例设计没有标准答案，仅供参考）。

用 例 编 号	所测功能模块	作 者	版 本
ATC02	注册模块	余杰	1.0
步骤序列	业务操作描述	预期结果	测试所用数据
1	进入“XX 自动化测试用例设计练习系统”首页		…
2	点击[注册]按钮	进入<注册页面>（校验的可以是 URL 也可以是页面中的某个具有代表性的控件）	…
3	输入[用户昵称]	文本框中的值等于已输入的数据	自动化新人
4	输入[账户密码]		123456
5	选择[密码找回问题]		例如：你在哪儿出生？
6	输入[密码找回提示问题答案]		上海
7	点击[确定]，完成注册	注册成功，进入“下一个”页面（校验方法同 Step2，也可以根据需求校验生成的“账号”）	
8	设置还原点（勿忘！）		

1.2 练习题一

非常简单的一道练习题，出这道题的目的只是想让新人读者自己动手尝试一次，仅此而已！（作者始终相信亲自做过和看过的测试有着本质的区别）。

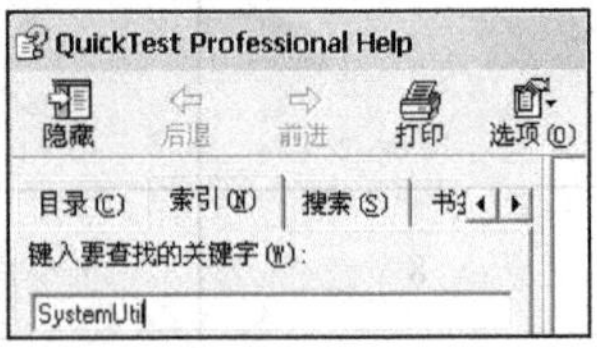

标准参考答案。

第一步：快捷键“F1”调出帮助文档。

第二步：在索引中键入要查找的关键字“SystemUtil”，参见下图。

第三步：点击“回车”键，查询到 SystemUtil 的一些相关方法，参见下图。

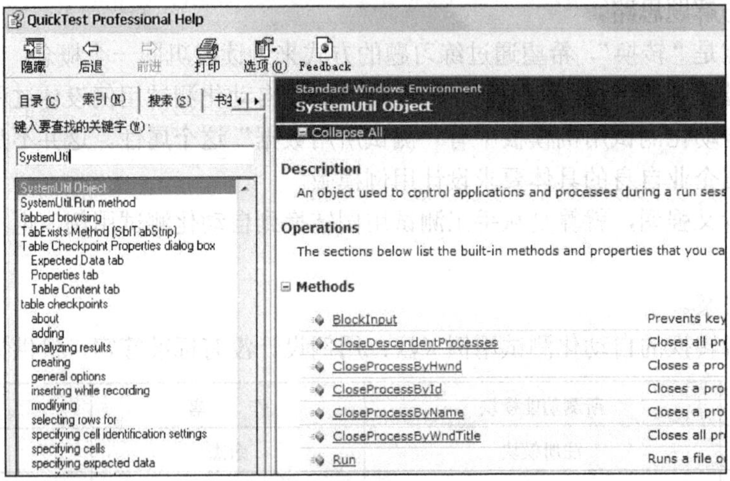

1.2 练习题/二

要点分析与解题思路：

出本题的目的是为了复习光标定位到关键字，并利用“F1”进行搜索的技巧。本题要求我们查阅 filter 的方法，所以，需要选中 filter 这个关键字（双击这个单词），然后通过快捷键“F1”召唤帮助文档，参见下图。

这样，帮助文档内的索引就会自动变成 filter，参见下图。

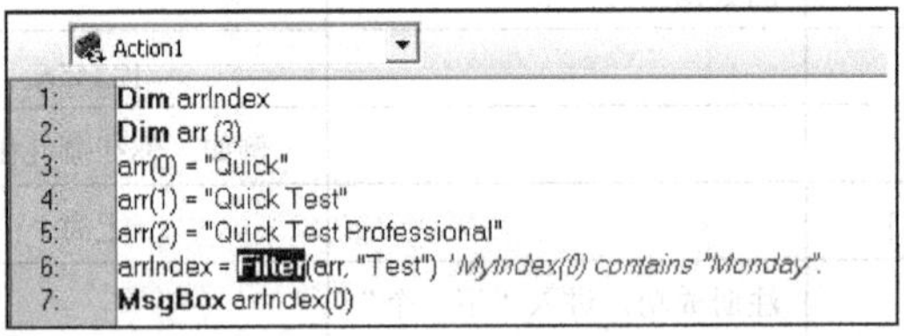

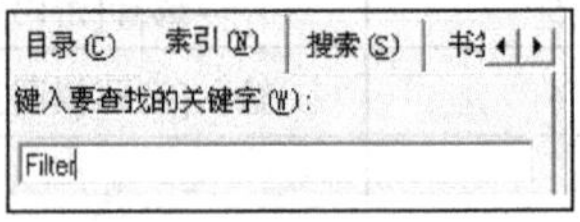

但是，到这一步还不算最终完成，必须再点击一下“回车”键，这样才能搜索到 filter 的一些方法（在标准参考答案中，将直接给出搜索结果）

本题和本章节第一题的区别在于，本题是通过脚本中的关键字直接搜索帮助文档，而上一题是在打开的帮助文档内通过在索引中输入关键字来进行相关搜索。

标准参考答案。

下图的显示效果为部分搜索结果（不完整）。

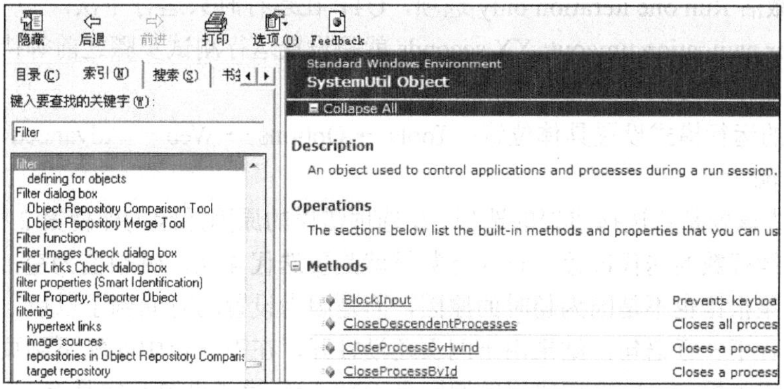

1.3 练习题一

（1）<排列题> 请排列 QTP 业务操作及执行流程的顺序。（D、B、A、C）

A．录制　　B、打开浏览器　　C、回放　　D、打开 QTP

分析：本题较容易混淆的顺序是 B 和 D，因为有 BHO 机制，所以必须先打开 QTP 再打开网页浏览器。

（2）<选择题> QTP 的两种脚本运行模式分别是 Normal 和 Fast，它们之间的区别是什么？请在下面 4 个选项中给出正确的选择。（A、D）

A、以 QC 调用的方式执行脚本，运行模式是 Fast。

B、脚本运行时，如果左侧有黄色箭头，则代表这种运行模式是 Fast。

C、Normal 运行模式的执行速度最快。

D、可以在 Normal 运行模式中设置间隔时间，单位是毫秒。

分析：该题 B 和 C 是错误的。B 选项错在如果左侧有黄色箭头，应该是 Normal 模式，Fast 模式是没有的。切记：C 选项错在 Fast 才是执行速度最快的运行模式。

（3）<选择题> 请在以下 4 个选项中选择正确的选项。（B）

A、QTP 停止运行的快捷键是 Ctrl+Alt+F5，但不提供个性化设置。

B、QTP 具有 Event 和 Mouse 两种回放模式。

C、QTP 具有 Slow、Normal 和 Fast 3 种运行模式。

D、QTP 具有两种录制模式，它们是 Analog Recording 和 Low Level Recording

分析：该题只有 B 是正确的。A 选项错在 QTP 是可以为停止运行自定义快捷键的；C 选项错在 QTP 只有两种运行模式 Normal（正常模式）和 Fast（快速模式），Slow 模式纯属作者捏造；D 选项错在 QTP 中具有 3 种录制模式，选项中少了最主要的“正常录制模式”，Analog Recording 和 Low Level Recording 只是正常录制模式的分支和辅助而已。

（4）<选择题> 请在以下 4 个选项中选择错误的选项。（A、C、D）

A、假设在运行设置中选择 Run on all rows 选项，在 QTP 的 Data Table 中建立 4 行数据，其中第 2 行的值为空，则 QTP 在执行 2 次迭代后运行结束。

B、如果激活 Run one iteration only 选项，QTP 在运行时只运行 1 次。

C、Browser navigation timeout: XX seconds 就是设置运行测试步骤之前等待网页加载时间的最大值，超出了该值后脚本直接退出并报错。

D、QTP 的运行模式设置具体位置：Tools → Options → Web → Advanced → Run settings 下的 Replay type

分析：首先该题是要选择错误的选项。A 选项错误的原因是因为即使第 2 行的值是空值，也不会影响后续行数的迭代过程，有 4 行数据就是要迭代 4 次，哪怕值为空；C 选项错误的原因是脚本如果报错也不是因为超时的原因，而是因为设置的时间到了以后，脚本不再等待网页加载而执行下一行语句，结果由于网页还没打开，在下一行中匹配不到页面上的控件而导致的脚本退出和报错；D 选项错误的原因是 QTP 运行模式设置其实是 Run mode，位置应该是在 File → Settings → Run，而选项中的位置是脚本回放模式设置的位置，Event 跟踪模式和 Mouse 跟踪模式，不要混淆运行模式和回放模式两个完全不同的概念。

（5）<选择题> 正确开启模拟录制（Analog Recording）的方法是：（A、B、C、D）

A．选择 QTP 上方菜单栏→Automation→Analog recording 项。

B．直接使用快捷键“Shift+Alt+F3”。

C．在 QTP 界面上点击模拟录制的图标。

D．以上都是。

分析：4 个答案全部是正确的，但读者千万别忘记，其实题中还少了一个必要选项，那就是正确开启模拟录制的方法就是先开启正常录制，有了这个前提才能进行后续选项中的操作。

1.3 练习题二

（1）Setting.WebPackage("ReplayType") = 2，这段代码可以灵活控制 QTP 的回放模式，“2”代表 Event 跟踪模式，那么如果设置成“1”，QTP 就会切换到 Mouse 跟踪模式。（错）

分析：题中正好相反了，“1”应该是 Event 跟踪模式，“2”才是 Mouse 跟踪模式，切记！

（2）QTP 在录制过程中，遇到部分 Web 事件无法模拟操作，此时的解决方案就是进入 Web Event Recording Configuration 设置框，并将 Event configuration level 提升至最高的 High 等级即可解决所有问题。（错）

分析：虽然提高等级至 High 可以解决大部分问题，但是无法解决所有问题，如果 High 等级都无法解决的问题，可以进行个性化定制 Custom Settings 来解决。

（3）低级录制模式分两种：其中第一种是相对于指定窗口的录制，另一种是相对于屏幕的录制。（错）

分析：错在不应该是低级录制模式而应该是模拟录制模式，切勿混淆。

（4）在开始录制之前，应关闭录制会话不需要的所有浏览器、网页或应用程序。（对）

分析：这是作者总结的录制的一些良好习惯之一，读者可再自行回忆下其他的几条。

（5）在开启模拟录制模式前的必要条件是开启正常录制模式。（对）

分析：需要另外记住开启低级录制模式的必要条件同样也是开启正常录制模式。

（6）使用低级录制前无需开启正常录制模式，直接使用快捷键 Ctrl+Shift+F3 即可。（错）

分析：同上。开启正常录制模式是根本。

1.4 练习题一

本题的目的是为了帮助新人读者进行巩固，更加熟悉专家视图（Expert View）中代码的结构，真正做到心会、神会、意会。

标准参考答案。

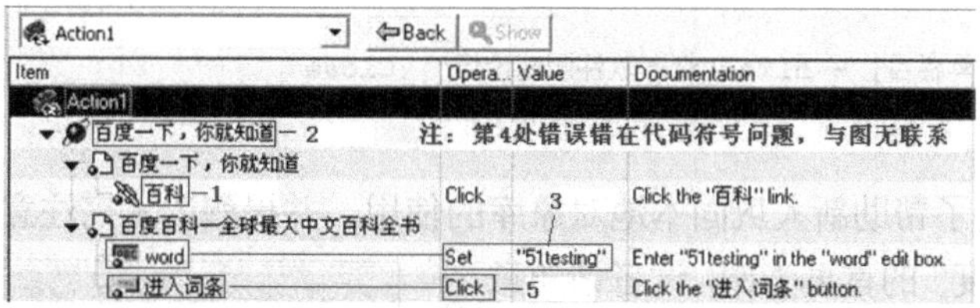

图 1.4-2

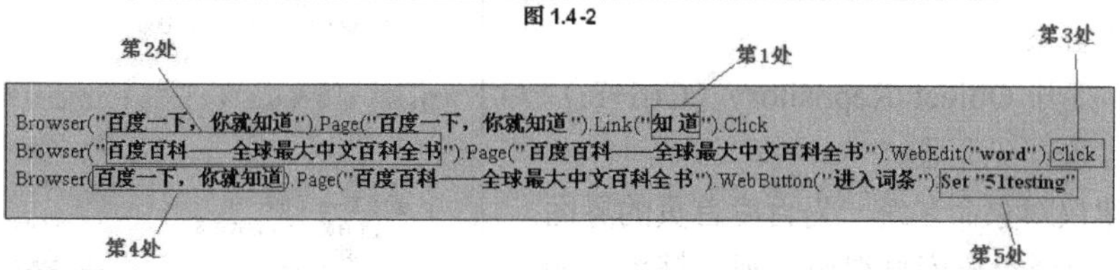

错误详解

第1处：如图中“1”，Link对象的名称应该是“百科”，而在第一句代码中Link对象的名称变成“知 道”了。
第2处：如图中“2”，整个业务流程中只有唯一的一个Browser对象，其它所有的对象都寄托在这个名叫“百度一下，你就知道”的Browser下，而代码中出现了不同的Browser“百度百科--全球最大中文百科全书”。
第3处：如图中“3”，WebEdit(“word”)控件使用的方法是Set，参数是“51testing”，而代码中是Click方法。
第4处：图中没有对应之处，该处错误错在没使用英文状态下的引号，新人经常会发生类似代码符号出错的问题。
第5处：如图中“5”，WebButton(“进入词条”)控件使用的方法是Click，而在代码中它抢占了“3”应该使用的方法。“3”和“5”的方法应该互换！

1.4 练习题二

本题的用意是在完成了第一题后乘热打铁完成完全由自己写出整段代码，相信新人读者如果能够顺利完成任务就一定完全地掌握了专家视图中的代码结构。

标准参考答案。

```
'句 1
Browser("51Testing 软件测试网-中国软件测试人的精神家园")._
Page("51Testing 软件测试网-中国软件测试人的精神家园").Link("测试工具栏目").Click
'句 2
Browser("[测试工具栏目] - 51Testing 软件测试论坛")._
Page("[测试工具栏目] - 51Testing 软件测试论坛").Link("[QuickTest Pro]").Click
'句 3
Browser("[测试工具栏目] - 51Testing 软件测试论坛")._
Page("[QuickTest Pro] - 51Testing 软件测").Link("发帖").Click
'句 4
Browser("[测试工具栏目] - 51Testing 软件测试论坛")._
```

```
Page("[QuickTest Pro] - 51Testing 软件测").WebEdit("subject").Click
                                                                        '句 5
Browser("[测试工具栏目] - 51Testing 软件测试论坛")._
Page("[QuickTest Pro] - 51Testing 软件测")._
WebEdit("subject").Set "勇敢摆脱录制的束缚"
'句 6
Browser("[测试工具栏目] - 51Testing 软件测试论坛")._
Page("[QuickTest Pro] - 51Testing 软件测").WebEdit("message").Click
'句 7
Browser("[测试工具栏目] - 51Testing 软件测试论坛")._
Page("[QuickTest Pro] - 51Testing 软件测").WebEdit("message").Set "我一定行！"
'句 8
Browser("[测试工具栏目] - 51Testing 软件测试论坛")._
Page("[QuickTest Pro] - 51Testing 软件测").Link("关闭").Click
'句 9
Browser("[测试工具栏目] - 51Testing 软件测试论坛").Close
```

1.5 练习题一

本题的目的是为了帮助新人巩固本地对象库的使用，并提醒读者需注意对象的命名规范。在此，作者仍借用“百度”的首页为例，读者请随意。

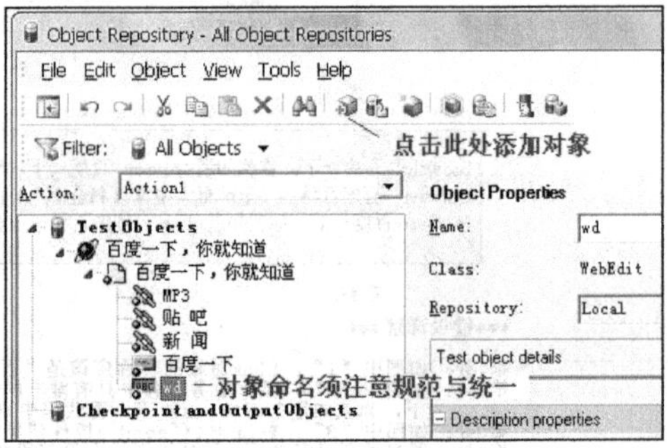

标准参考答案。

步骤 1，打开 Object Repository（Crtl+R）并添加一些对象，见下图。

步骤 2，建议对象命名统一为百度首页的界面呈现文字，从而使对象库显得更直观、精炼，如可将“wd”这个对象更名为“搜索编辑框”等。

步骤 3，导出对象（下图左）至“D:\test”根目录下，并命名为 local.tsr（下图右），使其成为对象库文件。

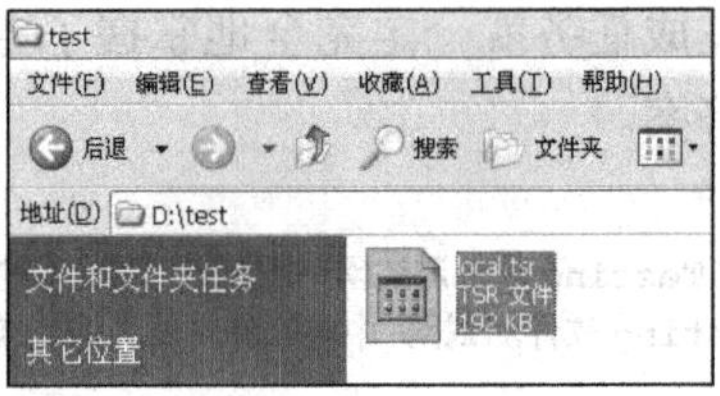

1.5 练习题二

本题的目的是为了帮助读者重温公共对象库的思想与具体实现方法，并复习如何调用公共对象库。在此，作者仍借用“百度”的首页为例，随意请读者用例。

标准参考答案。

步骤 1，进入 Object Repository Manager 界面，并打开 local.tsr 文件，完成此一系列步骤

后的效果见下图。

步骤 2，点击 Enable Editing 按钮，然后新增一些对象，见下图。

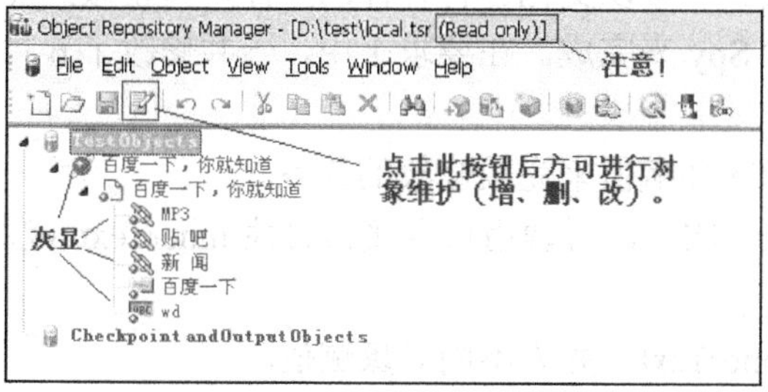

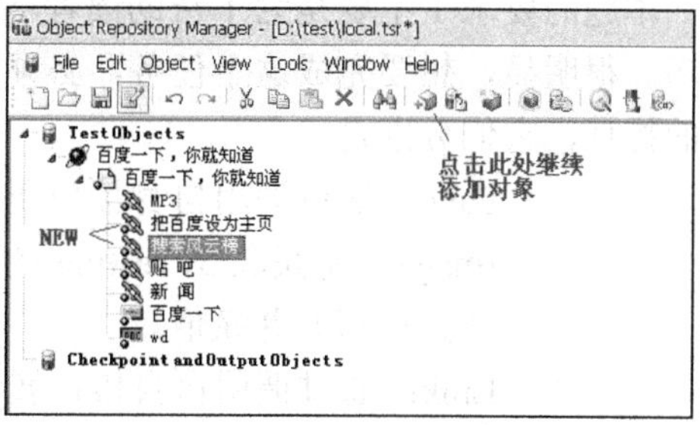

步骤 3，以另存为的方式将维护以后的对象库保存至“D:\test”根目录下，并命名为 public.tsr，使其成为一个公共对象库，见下图（2 个图）。

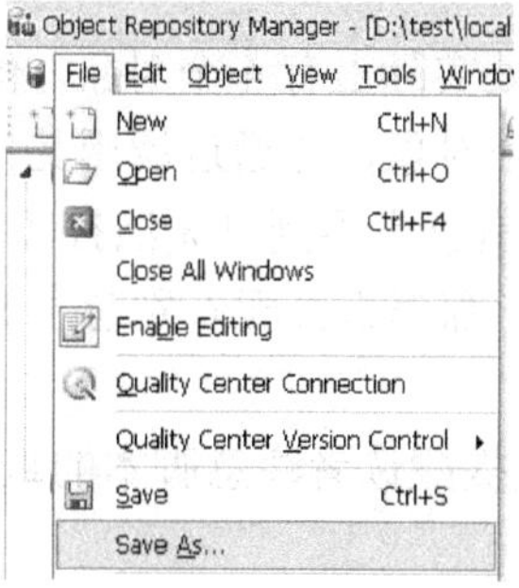

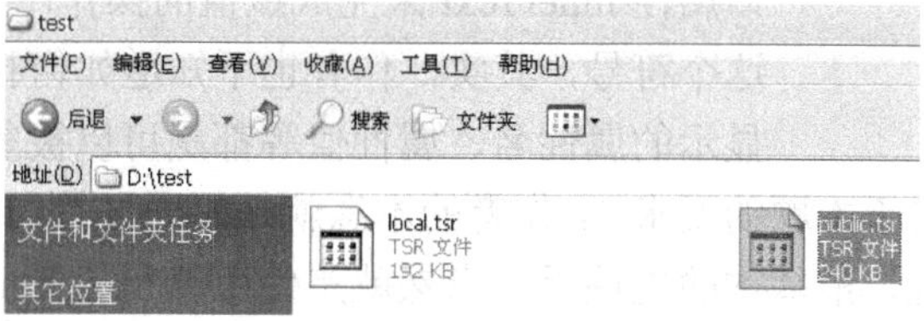

步骤 4，点击 QTP 上方工具栏→Resources→Associate Repositories，进入副对象库（也可以叫做辅助对象库）界面。

步骤 5，添加 public.tsr 文件并选择 Action，最后点击“OK”按钮，整个调用公共对象库的过程完毕，见下图。

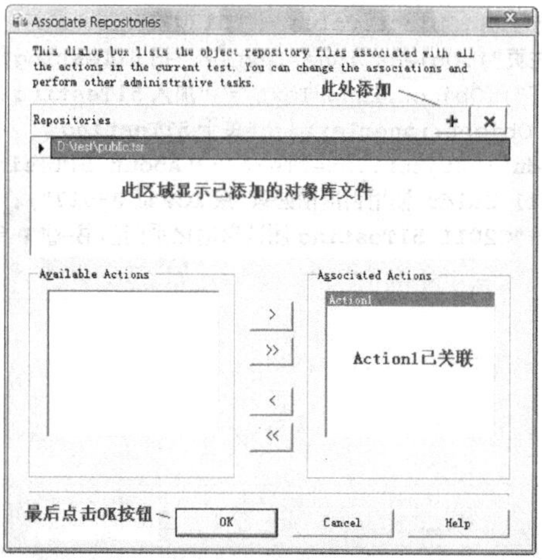

1.6 练习题一

要点分析与解题思路。

本题的要求 1 主要是为了帮助读者举一反三，可以变化各种各样的控件，真正做到熟能生巧。很明显，想要完成这个任务，必须借助 Spy 来完成。在要求 1 中，一共修改了 6 种不同的控件，它们分别是。

- Page：通过调用自身接口属性 title 并赋值来完成修改的任务。
- Image：先获取 51Testing 的 Logo_URL，再调用自身接口属性 innerText（注意有大小写）并赋值。
- Link：通过调用自身接口属性 innerText，并为不同对象赋值。
- WebEdit：调用自身接口属性 disabled，并赋值“True”（有大小写区分）后，即代表不可用。
- WebButton：调用自身接口属性 value，并赋值。
- WebElement：使用 Spy 探测时，我们不难发现本处实际上有 4 个对象，但是想要把整段文字修改掉，需要捕获 WebElement 这个对象，并通过调用其自身接口属性 innerText 来完成赋值的操作。不知道有没有读者遇到过无法打印“©”这个符号，其实，作者也不知道如何打印该符号，那怎么办呢？别忘了 Spy 里显示的属性名、属性值等都是可以被复制的。

对于本题的要求 2，作者的本意就是想通过练习的方式再次提醒读者注意脚本的直观性、维护性，最基本的提炼手段当然就是使用 With...End With 了。

标准参考答案：

```
With Browser("百度一下，你就知道").Page("百度一下，你就知道")
        .Object.title = "QTP 自动化测试技术领航"
        .Image("baidu_sylogo1").Object.src="http://www.51testing.com/images/new/logo.gif"
        .Link("贴 吧").Object.innerText = "51Testing 专家博客"
        .WebEdit("wd").Object.disabled = "True"
        .WebButton("百度一下").Object.value = "51 搜索"
        .Link("把百度设为主页").Object.innerText = "把 51Testing 设为主页"
        .Link("加入百度推广").Object.innerText = "加入 51Testing 推广"
        .Link("关于百度").Object.innerText = "关于 51Testing"
        .Link("About Baidu").Object.innerText = "About 51Tesing"
        .WebElement("©2011 Baidu 使用百度前必读 京 ICP 证 03017")._
        Object.innerText="©2011 51Testing 测试自动化系列丛书-QTP 自动化测试技术领航"
End With
```

1.6 练习题二

无参考答案。

1.7 练习题一

标准参考答案：

```
'句 1
```

```
title = Browser("micClass:=Browser").Page("micClass:=Page")._
Object.title : Msgbox title
'句 2
Msgbox Browser("micClass:=Browser").Page("micClass:=Page")._
WebButton("name:=百度一下").GetROProperty("value")
'句 3
Browser("title:=百度一下，你就知道").Page("title:=百度一下，你就知道")._
Link("text:=关于百度","html tag:=A").Click
```

要点分析与解题思路。

句 1：用 micClass 描述 Browser 和 Page 控件。描述性编程一样支持调用自身接口属性。

句 2：对象库编程方式支持的语句描述性编程都支持，如 Msgbox、调用 GetROProperty 封装接口属性。

句 3：Browser 和 Page 也可以使用 title 来描述。Link 属性如何描述，请参考书中“1.7.3 Object Identification 与 Spy 结合 DP 的妙用”小节，可以同时描述两个或多个属性。

1.7 练习题二

标准参考答案：

```
'段落 1
Set dpBrowser = Description.Create()
dpBrowser("micClass").Value = "Browser"
'段落 2
Set dpPage = Description.Create()
dpPage("title").Value = "百度一下，你就知道"
'段落 3
Set dpWebButton = Description.Create()
dpWebButton("name").Value = "百度一下"
'段落 4
Set dpLink = Description.Create()
dpLink("name").Value = "关于百度"
dpLink("html tag").Value = "A"
'段落 5
Set Browser_Page = Browser(dpBrowser).Page(dpPage)
title = Browser_Page.Object.title : Msgbox title
With Browser_Page
       .WebButton(dpWebButton).GetROProperty("value")
       .Link(dpLink).Click
End With
'段落 6
Set Browser_Page = Nothing
Set dpLink = Nothing
Set dpWebButton = Nothing
Set dpPage = Nothing
Set dpBrowser = Nothing
```

要点分析与解题思路。

段落 1：以 Description.Create 方法描述 Browser 对象。

段落 2：以 Description.Create 方法描述 Page 对象。

段落 3：以 Description.Create 方法描述 WebButton 对象。

段落 4：以 Description.Create 方法描述 Link 对象（注意，描述了多个属性）。

段落 5：将 Browser 和 Page 组合成一个公共对象；用 With 方法提炼公共部分代码。

段落 6：释放对象，顺序从内到外。

1.8 练习题一

要点分析与解题思路。

本题旨在培养读者多查“F1”这本“兵书”的习惯，所有题目的答案其实都能在帮助文档中查到，并且有现成的 Example，读者只要稍微修改就能顺利完成任务。

标准参考答案。

（1）删除脚本中 Action1 这个 Sheet。

--删除之前--

代码如下：

```
DataTable.DeleteSheet "Action1"
```

--删除之后--

注意：该过程是动态的，脚本运行结束后 Action1 即会恢复。

（2）将某个 Excel 表格全部导入 QTP 的 Datatable 中。

--导入之前--

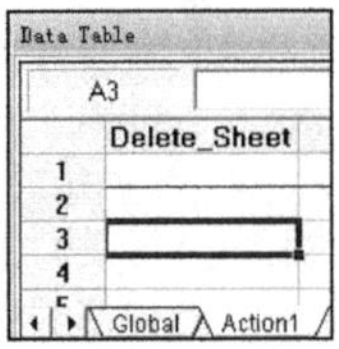

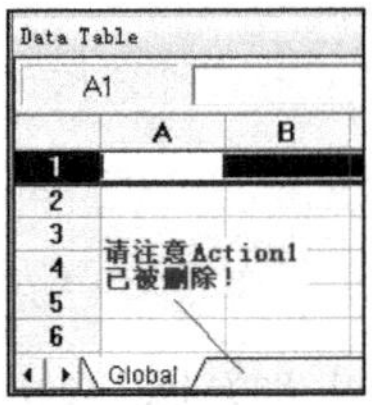

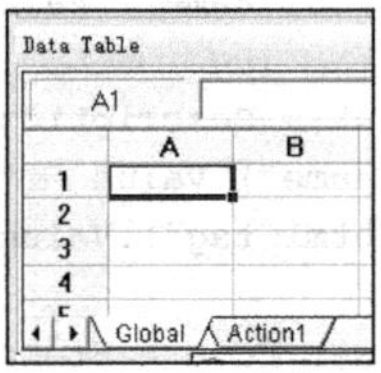

代码如下：

```
DataTable.Import ("D:\Test1.xls")
```

--导入之后--

注意：

Test1 这个表格中有 3 个 Sheet（默认都有 3 个），假设 QTP 当前只有两个 Sheet（也是默认的），那么 QTP 只会接受 Test1.xls 文件的 Sheet1 和 Sheet2，第 3 个 Sheet 它接受不了，因为它自身已经没有空余的地方接受它了。

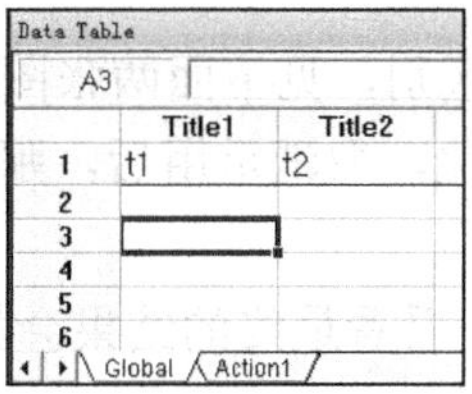

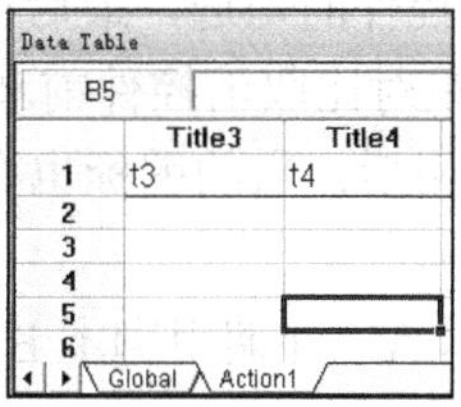

在 Excel 中的第一行、第一列是 Title1，而在导入 QTP 后它就变成了一个 Column，这个其实挺好理解的。提醒大家别被 QTP 的 Datatable 中的“第 1 行”给误导，其实它相对 Excel 文件已经是第二行了。所以，在 Excel 中做测试数据准备时要注意到这一点，别把测试数据放到第一行中去，别让它们变成 Column 的 Title!

当然，这又是一个动态过程。

1.8 练习题二

要点分析与解题思路。

本题中共分两个知识点：第一个是如何获取 Sheet 数（这个之前没有介绍过），第二个就是将数据填入 Global 中。在这道题目做完以后，还等同于复习了以下内容。

（1）如何对 Datatable 进行赋值。

（2）如何选择指定 Sheet。

（3）如何将值写入指定单元格。

标准参考答案（如下图所示）：

--原貌—

代码如下：

```
SheetCount = DataTable.GetSheetCount
DataTable(1,"Global") = SheetCount
```

--写入值以后--

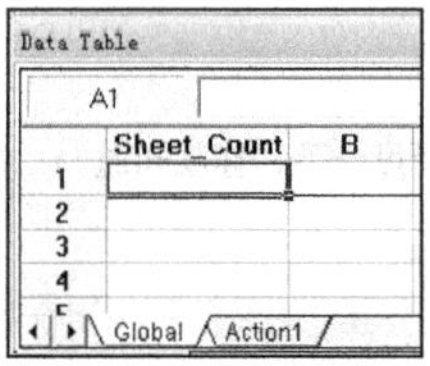

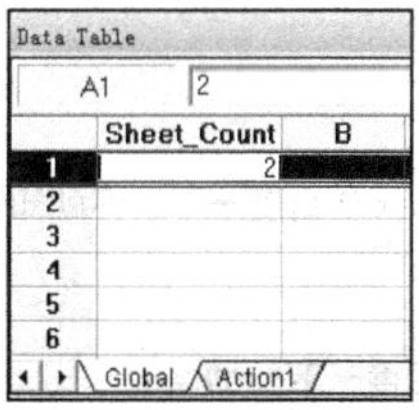

注意：同样，这个过程是动态的！

1.9 练习题一

标准参考答案。

作者在 1.9.1 小节的末尾介绍过 Action 一共分为 3 个种类，其中有一个是非重用型。让我们来尝试调用非重用型的 Action。

Step 1，建立脚本 B，并右键点击其 Action，点击 Action Properties。待进入设置窗口后取消 Reusable Action 控件的勾选，最后保存。

Step 2，让我们来对比取消控件前和取消后的区别，见下面两张图。我们可以看到，将 Action 设置为不可重用后，它的图标也有略微的变化，取消重用后，那个“循环箭头”符号就消失了（见下图右）。

Step 3，建立脚本 A，并调用脚本 B 的 Action，看看最终的结果会如何？

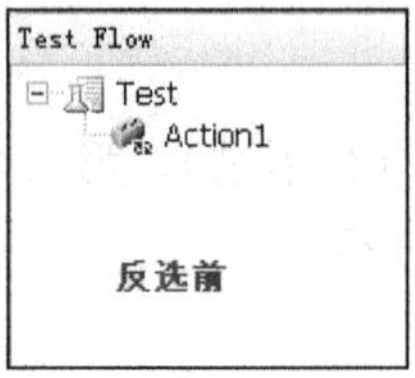

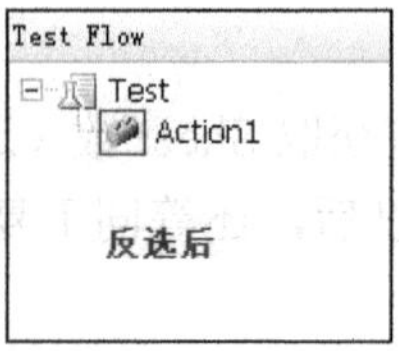

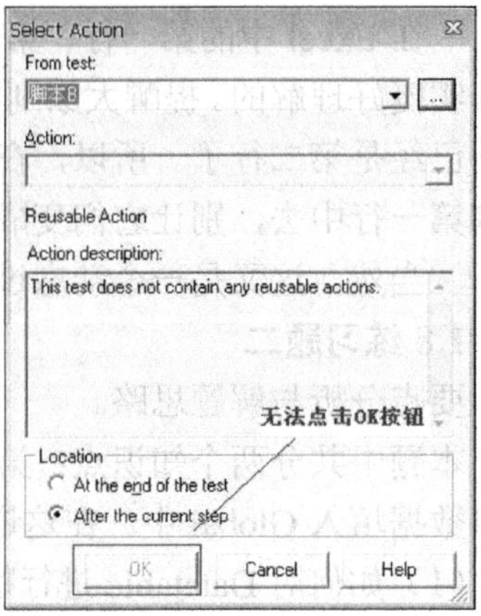

结论：QTP 无法成功调用非重用型的脚本 Action。当然，如用的是手写代码的形式，那么，一旦运行以后，QTP 就会报错！

1.10 练习题一

要点分析与解题思路。

该题的关键点在于如何验证“百度一下”这个按钮符合需求。其实这里的确有点咬文嚼字，怎么才算符合需求？很明显，那么多年了，“百度一下”这个搜索按钮就一直叫这个名字，从来没变化过。所以，如果我们能获得到一个属性，它的值如果是“百度一下”，那就说明符合需求且测试完通过了。怎么获得而且不能使用封装属性，只能使用自身接口属性？

标准参考答案：

```
    checkpoint = Browser("百度一下，你就知道").Page("百度一下，你就知道").WebButton("百度一下
").Object.value

    If checkpoint = "百度一下" Then
           Reporter.ReportEvent micPass,_
           "[测试步骤]：验证""百度一下""按钮是否符合需求","[预期结果]：符合需求。"
    Else
           Reporter.ReportEvent micFail,_
           "[测试步骤]：验证""百度一下""按钮是否符合需求","[预期结果]：符合需求。"
    End If
```

运行结果：测试成功。Test Result 见下面两张图。

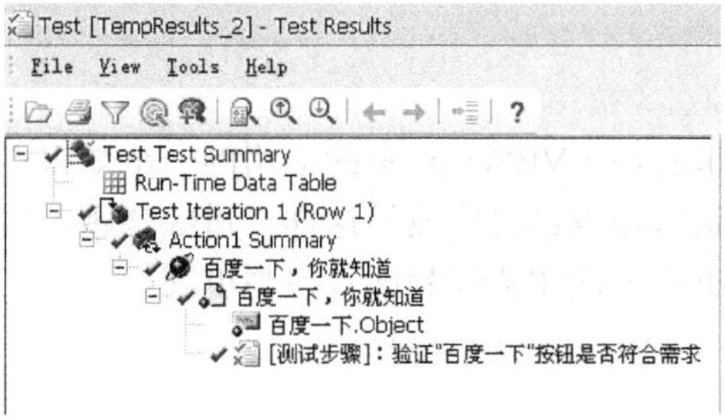

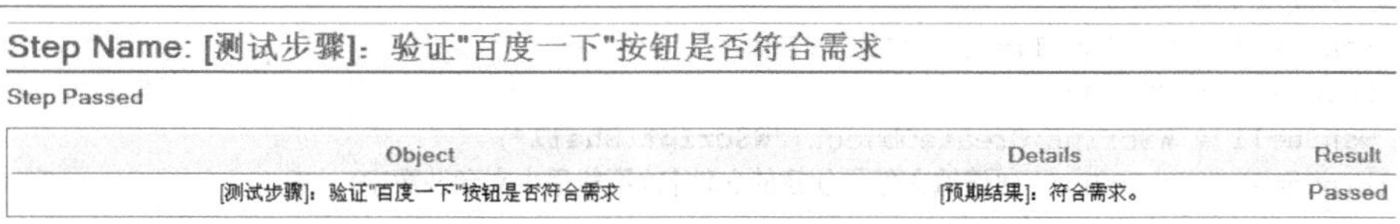

1.10 练习题二

要点分析与解题思路。

有时候，验证点往往会失败，此时如果我们能将验证的属性写入测试报告，那么在看测试报告时就可以一目了然地知道实际结果的值究竟在哪里和预期结果的值不一致了。

我们借用上一题中的案例，继续将代码改进，把验证数据写入自动化测试报告中去。

标准参考答案：

```
    checkpoint = Browser("百度一下，你就知道").Page("百度一下，你就知道").WebButton("百度一下
").Object.value

    If checkpoint = "百度一下" Then
            Reporter.ReportEvent micPass,_
            "[测试步骤]：验证""百度一下""按钮是否符合需求",_
            "[预期结果]：符合需求。 ——>[验证点实际结果值]："""& checkpoint &""""
    Else
            Reporter.ReportEvent micFail,_
            "[测试步骤]：验证""百度一下""按钮是否符合需求",_
            "[预期结果]：符合需求。 ——>[验证点实际结果值]："""& checkpoint &""""
    End If
```

运行一下上面这段脚本，测试报告见下图。

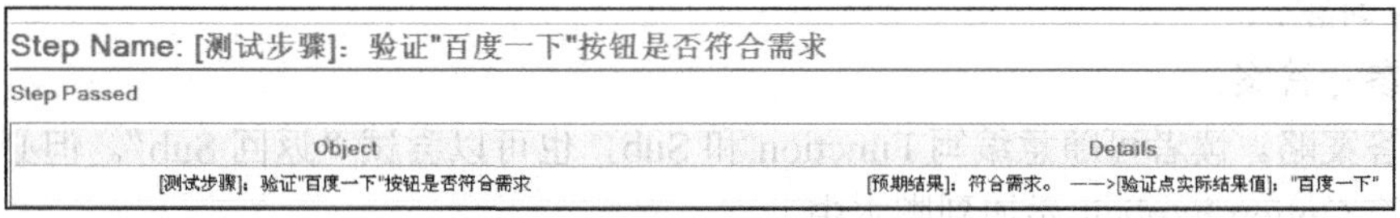

如上图所示，checkpoint 的值已被写入到 Test Report 中。当然，这里验证是通过的，如果遇到脚本运行失败了，就可以根据这个值很方便地判断出究竟哪里出错了，也减少了维护成本。

2.1 练习题一

要点分析与解题思路。

本题其实是关于 SendKeys 在 VBScript 中的应用的一个知识点大集合，作者将其分解为相对较独立的 4 个步骤，这些步骤最终凑成了这样一道综合题，相信读者通过思考并完成以后一定可以对这个知识点进行一次印象深刻地复习与巩固。

标准参考答案：

```
'步骤一：定义变量和对象
Dim WshShell, AutoSaveTime, TXTFileName
AutoSaveTime = 300000
Set WshShell = WScript.CreateObject("WScript.Shell")
TXTFileName = InputBox ("请输入你要创建的文件名(不能用中文和纯数字)：")

'步骤二：打开并激活记事本
WshShell.Run "notepad"
WScript.Sleep 200
WshShell.AppActivate "无标题 - 记事本"

'步骤三：使用通过 InputBox 函数输入的文件名保存到本地
WshShell.SendKeys "^s"
WScript.Sleep 300
WshShell.SendKeys TXTFileName
WScript.Sleep 300
WshShell.SendKeys "%s"
WScript.Sleep AutoSaveTime

'步骤四：自动定时保存
While WshShell.AppActivate ( TXTFileName ) = True
WshShell.SendKeys "^s"
WScript.Sleep AutoSaveTime
Wend
WScript.Quit
```

2.1 练习题二

标准参考答案。

本题答案略。读者可随意编写 Function 和 Sub，也可以尝试“返回 Sub”。但必须注意编程规范，将 Option Explicit 添加到脚本中。

2.2 练习题一

要点分析与解题思路。

本题是一个综合实例，是为了帮助读者再巩固一遍之前的学习成果。本题涵盖了所有本章节内容中提到的对象控件和部分未提到的对象控件。下面是参考答案，但是读者完全不必按照作者的思路去完成，只要最终目的达到即可！

标准参考答案。

对象库图。

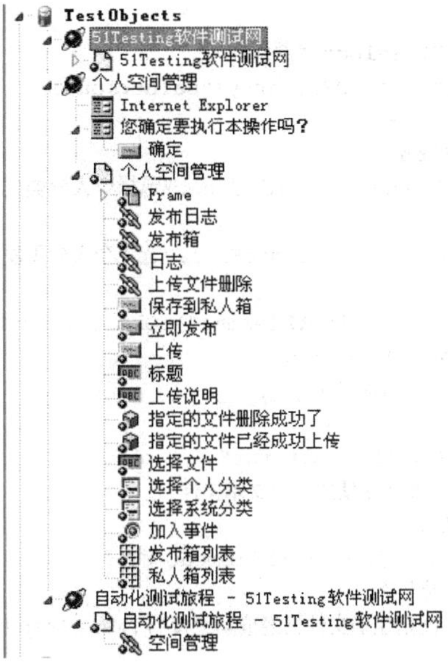

QTP 脚本：

```
'Step 1----------------------------------------------------->
SystemUtil.Run "www.51testing.com"

'Step 2----------------------------------------------------->
Browser("51Testing 软件测试网").Page("51Testing 软件测试网")._
Link("我的个人空间").Click
Browser("51Testing 软件测试网").Close

'Step 3----------------------------------------------------->
Browser("自动化测试旅程 - 51Testing 软件测试网")._
Page("自动化测试旅程 - 51Testing 软件测试网").Link("空间管理").Click
Browser("自动化测试旅程 - 51Testing 软件测试网").Close

'Step 4----------------------------------------------------->
With Browser("个人空间管理").Page("个人空间管理")
       .Link("日志").Click
       .Link("发布日志").Click

'Step 5----------------------------------------------------->
       .WebEdit("标题").Set "QTP 自动化测试技术领航"
```

```
        .WebList("选择系统分类").Select "娱乐休闲生活"
        oSelect = .WebList("选择系统分类").GetROProperty("selection")
'Checkpoint start ------------>
        If oSelect = "娱乐休闲生活" Then
                Reporter.ReportEvent micPass,"选择系统分类成功",""
        Else
                Reporter.ReportEvent micFail,"选择系统分类发生错误啦！",""
        End If
        .WebList("选择个人分类").Select "原创"
        .WebList("选择个人分类").GetROProperty("selection")
'Checkpoint start ------------>
        If oSelect = "原创" Then
                Reporter.ReportEvent micPass,"选择个人分类成功",""
        Else
                Reporter.ReportEvent micFail,"选择个人分类发生错误啦！",""
        End If
        .Frame("Frame").WebElement("WebElement").Object.innerText="这是一个综合实例！"
        .WebRadioGroup("加入事件").Select 0
'       这里出现了之前没有介绍过的 WebFile 对象，
'       它和 WebEdit 对象的用法是一样的
        .WebFile("选择文件").Set "D:\test.txt"
        .WebEdit("上传说明").Set "随便放一个文本文件"
        .WebButton("上传").Click
'       一旦上传成功会出现这个提示，它是一个 WebElement 对象，
'       所以可以好好利用它，加入对象库
        oVisible=.WebElement("指定的文件已经成功上传").WaitProperty("visible", "True", 20)
'Checkpoint start ------------>
        If oVisible Then
                Reporter.ReportEvent micPass,"指定的文件已经成功上传！",""
        Else
                Reporter.ReportEvent micFail,"上传文件出现了一点小意外！",""
        End If
        .Link("上传文件删除").Click
'       WaitProperty 很实用也很灵活，它可以一直等待一个属性变到它的预期值
'       当然，等多久是我们设定的，超出了设定时间才会报错
'       如果设置了 1000 秒，如果在第 1 秒的时候它读到了预期值那就不用再
'  继续等 999 秒了
       oVisible = .WebElement("指定的文件删除成功了").WaitProperty("visible", "True", 20)
'Checkpoint start ------------>
        If oVisible Then
                Reporter.ReportEvent micPass,"指定的文件删除成功了！",""
        Else
                Reporter.ReportEvent micFail,"删除文件出现了一点小意外！",""
        End If
        .WebButton("保存到私人箱").Click
End With
Browser("个人空间管理").Dialog("Internet Explorer").Close

'Step 6---------------------------------------------------------->
With Browser("个人空间管理").Page("个人空间管理")
```

```
        tRow = .WebTable("私人箱列表").RowCount
        For cRow = 0 To tRow -1
                cellData = .WebTable("私人箱列表").GetCellData(cRow+1, 2)
                search = "QTP 自动化测试技术领航"
                return = Instr(1,cellData,search)
    'Checkpoint start ------------>
                If return <> 0 Then
                        Reporter.ReportEvent micPass,"Step 6","Passed"
                        Set oWebCheckBox = _
                .WebTable("私人箱列表").ChildItem(cRow+1, 1, "WebCheckBox", 0 )
                            oWebCheckBox.Set "on"
                        Set oWebCheckBox = Nothing
                        Exit For
                End If
                If cRow = tRow -1 Then
                        Reporter.ReportEvent micFail,"Step 6","Failed"
    '           作者觉得如果找不到，那后果很严重，流程也没必要继续走下去了，所以这里退出本次 Action
的一次迭代，说不定下次会“好”
                        ExitActionIteration
                End If
        Next
        .WebButton("立即发布").Click
    End With
    '这个 Dialog 要加到对象库中才能操作，这是 IE 的提示，没什么特别可讲的
    Browser("个人空间管理").Dialog("您确定要执行本操作吗？").WinButton("确定").Click

    'Step 7------------------------------------------------------->
    With Browser("个人空间管理").Page("个人空间管理")
        .Link("发布箱").Click
        tRow = .WebTable("发布箱列表").RowCount
        For cRow = 0 To tRow -1
                cellData = .WebTable("发布箱列表").GetCellData(cRow+1, 2)
    '           变量 search 的复用
                return = Instr(1,cellData,search)
    'Checkpoint start ------------>
                If return <> 0 Then
                        Reporter.ReportEvent micPass,"Step 7","Passed"
                        Exit For
                End If
                If cRow = tRow - 1 Then
                        Reporter.ReportEvent micFail,"Step 7","Failed"
                        ExitTest '如果这里出错，作者觉得也别测试下去了，失败了
                End If
        Next
    End With
```

2.3 练习题一

答案请参阅本章节所介绍的内容并完成本练习。

2.3 练习题二

无参考答案

2.4 练习题一

标准参考答案：

```
' 注：以下内容摘抄自“兵法书”
'Check if an External Environment file is loaded and if not, load it.
fileName = Environment.ExternalFileName
If (fileName = "") Then

    Environment.LoadFromFile("C:\Environment.xml")

End If

'display value of one of the Environment variables from the External file
msgbox Environment("MyVarName")
```

2.4 练习题二

要点分析与解题思路。

本题缺少的是一个调用的过程，共调用两次：其一，调用外部环境变量配置文件；其二，调用环境变量的值。

标准参考答案：

```
'************************** 初始化环境变量 ******************************

getVariable allEnvVar,"url", "http://www.baidu.com"
getVariable allEnvVar,"username", "yujie"
getVariable allEnvVar,"password", "zhaoxubin"

'******************** 生成外部环境变量 XML 文件 ****************************

generateEnvFile "D:\test.xml", allEnvVar

'章节作业添加代码，位置需要放在函数调用完毕之后
'读取外部文件
Environment.LoadFromFile "D:\test.xml"
'获取环境变量的值
URL = Environment.Value("url")
USERNAME = Environment.Value("username")
PWD = Environment.Value("password")
'打开网页
SystemUtil.Run URL
'作业完成
```

```
'***********************************************************************
'Description:获取所有环境变量字符串
'Parameters: XmlVar(指针变量,环境变量字符) varName(环境变量名) varValue(环境变量值)
'Return Value: 无
'***********************************************************************
Function getVariable(byRef xmlVar,byVal varName,byVal varValue)
   xmlVar = xmlVar + _
   "<Variable>" + vbCrLf + _
    "<Name>" + varName + "</Name>" + vbCrLf + _
    "<Value>" + varValue + "</Value>" + vbCrLf + _
   "</Variable>" + vbCrLf
End Function

'***********************************************************************
'Description: 生成环境变量 XML 文件
'Parameters: envPathName(路径名) getVar(获取的环境变量字符)
'Return Value: 无
'***********************************************************************
Function generateEnvFile(envPathName,getVar)
   envStream = _
   "<Environment>" + vbCrLf + _
    getVar + _
   "</Environment>"
   Set fso = CreateObject("Scripting.FileSystemObject")
   Set envStreamFile = fso.CreateTextFile(envPathName)
   envStreamFile.Write envStream
   Set envStreamFile = Nothing
   Set fso = Nothing
End Function
```

3.1 练习题一

标准参考答案。

首先链接“未读邮件”添加到对象库，并改为正则表达式，如下图所示。

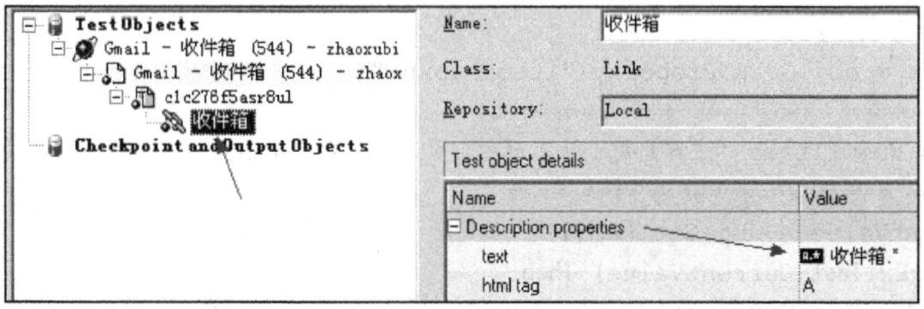

添加完对象库后，在 QTP 中输入以下脚本即可获取未读邮件数：

```
LinkText = Browser("Gmail - 收件箱").Page("Gmail - 收件箱")._
Frame("c1c276f5asr8ul").Link("收件箱").GetROProperty("text")
endStr = split(LinkText,"(")(1)
emailNumber = split(endStr,")" )(0)
```

```
msgbox emailNumber
```

脚本分析：主要还是通过正则表达式来定位动态对象，接着使用 GetROProperty 获取运行时的封装属性 text 的值，并对其进行分割选取，最终获取到邮件的个数。

3.1 练习题二

要点分析与解题思路。

大致的思路和书中 3.1.3 小节中的例子基本一致，但是和例子中的区别在于，一个是飞机订票的单机程序应用，一个是 Web 应用。因此，在函数应用上会有些区别，具体位置在标准答案的脚本中（已详细标明）。在这道题中，我们注册正则函数到 webList 后，直接在 weblist 对象中调用此方法即可。在执行了标准答案中的脚本后，即可自动根据正则表达式选取到相应内容。

标准参考答案。

首先我们添加好下拉列表的对象库。接着在 QTP 中输入以下脚本：

```
RegisterUserFunc "WebList", "SelectRegMode", "SelectRegExp"

Browser("51Testing 软件测试网-中国软件测试人的精神家园")._
Page("51Testing 软件测试网-中国软件测试人的精神家园")._
WebList("省份").SelectRegMode "上"

Function SelectRegExp(Obj, patrn)

    dim NumOfItems, i, CurrentValue, regEx, ItemToSelect, oldFilter
        '初始化正则表达式
    Set regEx = New RegExp
    regEx.Pattern = patrn
    regEx.IgnoreCase = False
    oldFilter = Reporter.Filter
    Reporter.Filter = 2
    ItemToSelect = -1

    ' 返回 list 项的个数
    NumOfItems = obj.GetROProperty("items count")
'========================================
    For i=1 to NumOfItems '注意此处 i 从 1 开始，和飞机订票有所不同
'========================================
        CurrentValue = obj.GetItem(i)
        If regEx.Test(CurrentValue) Then
             If (ItemToSelect <> -1) Then
                  SelectRegExp = -1 ' 项不唯一
                  Reporter.Filter = oldFilter
                  Exit Function
             End If
             ItemToSelect = i
        End If
```

```
    Next

    Reporter.Filter = oldFilter ' 恢复默认设置
    ' 实际选择
    If (ItemToSelect >= 0) Then
            '=========================================
        SelectRegExp = obj.Select(ItemToSelect-1) 此处 select 方法是从 0 开始
            '=========================================

    Else
        SelectRegExp = -1
    End If

End Function
```

3.2 练习题一

要点分析与解题思路。

遇到这类问题时，首先可以先利用 Spy 查看对象，如下图所示。

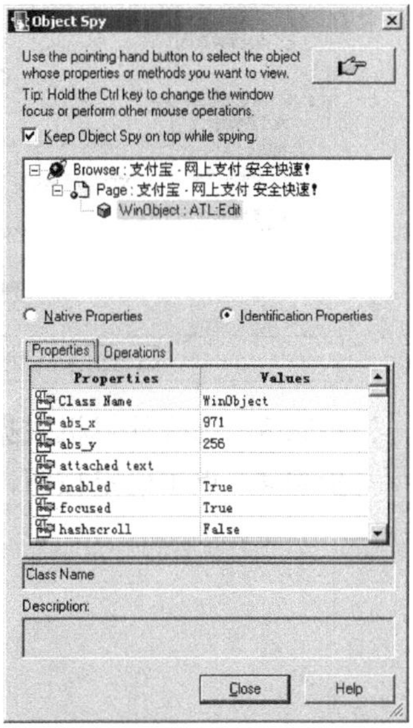

从上图中可以看到密码框对象并不是一个标准的 Web 对象，而是一个 QTP 无法识别的 WinObject 对象。那么我们试着抓取此对象到对象库，然后试着在脚本编辑器里点出 object 方法，你会发现根本无法访问到程序的自身接口。这是为什么？因为此对象并不是 QTP 封装的标准对象，因此 QTP 本身也无法对其进行识别。那么我们就来看一下如何利用 DOM 来解决此对象的识别问题。

其实只需要一行代码就可以顺利完成对密码框的识别。我们需要使用 GetElementById 方法定位到此密码框的 DOM 对象节点，一旦对象定位成功之后，那么后面的事情就简单很多了，只需要直接更改其 ReadOnly 属性就可以。另外，此处大家一定会问这个“id”是怎么获取到的，spy 中明明就查不到这个值，其实很简单，只需要使用 IEDevToolBar（没有这个工具的读者用百度搜索一下）这个工具就可以轻松查找到。

标准参考答案：

```
Browser("支付宝 - 网上支付 安全快速！").Page("支付宝 - 网上支付 安全快速！")._
Object.getElementById("_fmu.l._0.p_ie").ReadOnly = true
```

执行的最终结果图。

我们可以看到此处的密码框已经变为灰色了，说明已经成功把它置为只读状态了。

注意：实际上，如果加载 ActiveX 插件的话是可以识别此密码控件的，但是使用 DOM 方法可以省去加载插件的麻烦。

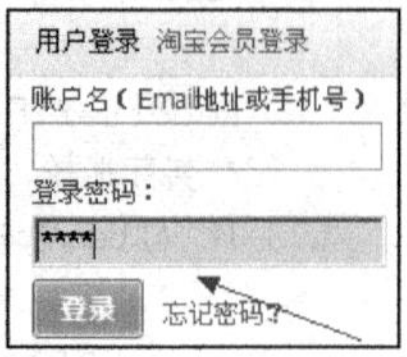

3.3 练习题一

要点分析与解题思路。

本题其实只要认真学习完 3.3.2 小节后，读者一定会表示毫无压力！首先 QT_Flight32 是 QTP 样例程序中自带的一个数据源，此数据源是基于 Access 数据库的，当我们安装完毕 QTP 之后，此数据源会被自动注册到系统中，因此无需再重新去注册一次，那么接下来的任务就是用选取并获取连接字符串的方式。

标准参考答案。

步骤 1，在任何地方新建一个 ado.udl 文件，并双击文件，如下图所示。

步骤 2，选择使用连接字符串，并点击编译，如下图所示。

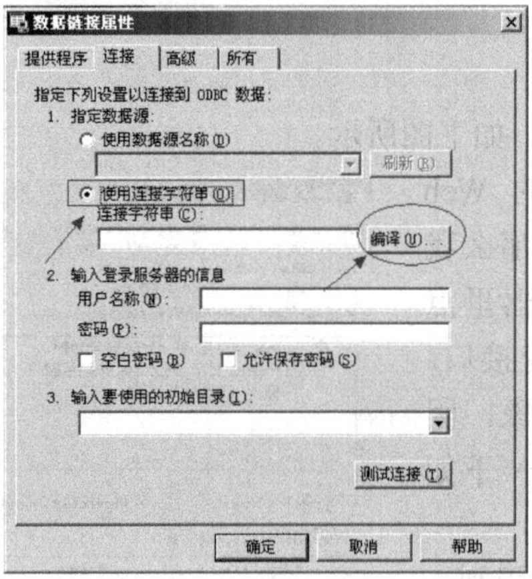

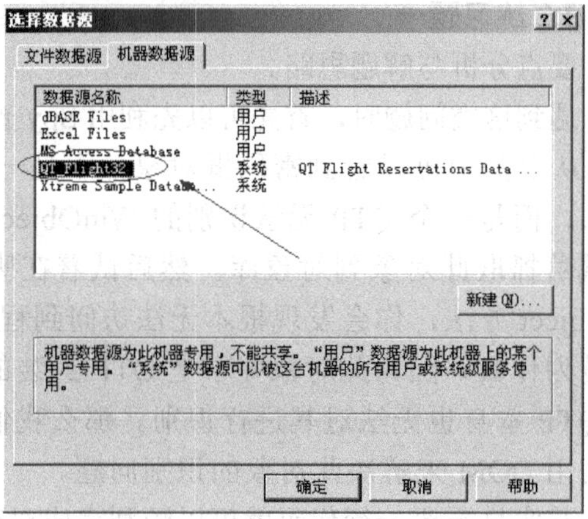

步骤 3，选择计算机数据源选项卡下的 QT_Flight32，并点击新建按钮，如下图所示。

步骤 4，点击确定按钮，成功获取到数据库连接字符串，如下图所示。

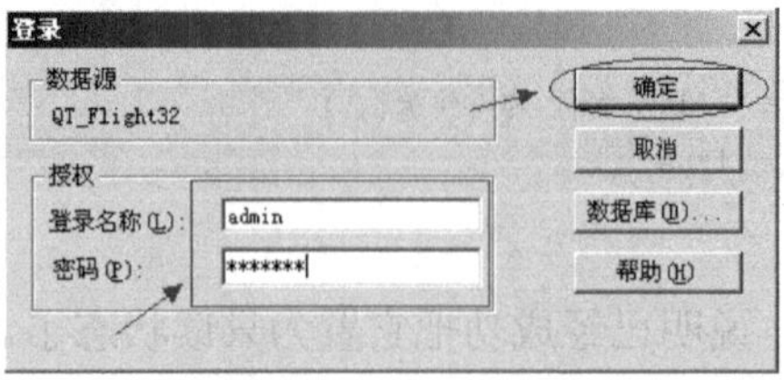

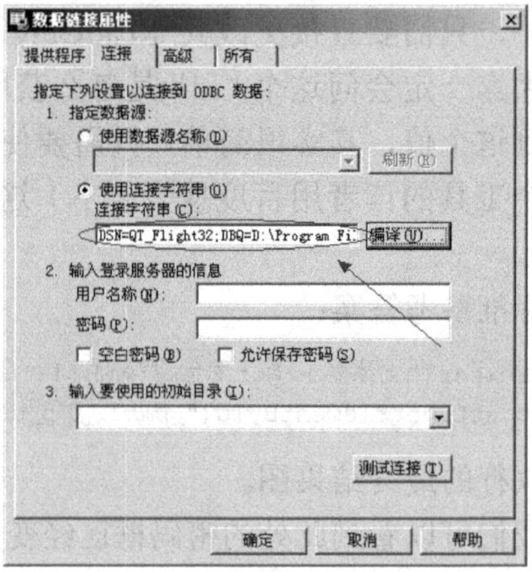

3.4 练习题一

要点分析与解题思路。

本题主要还是考验读者对 EOM 的掌握能力，首先必须要找到 Username 为 Quicktest 的这一条数据，然后再找到 Password 的列数，接下来就很容易了，直接用 cells 方法进行修改即可。

标准参考答案：

```
'创建 Excel 自动化模型对象
Set excelApp = CreateObject("excel.application")
'打开 WorkBook
excelapp.Workbooks.Open "d:\1.xls"
'为 1.xls 新增一个 Sheet
Set Sheet1 = excelapp.Sheets.Item(1)
'重命名 Sheet 为"helloworld"

oRow = GetDataRow(Sheet1, "Username", "QuickTest")
oCol = GetColumnByProperty(Sheet1, "Password")
Sheet1.Cells(oRow, oCol) = "123123"
'保存当前 Workbook
excelApp.ActiveWorkbook.Save
excelApp.ActiveWorkbook.Close
excelapp.Quit
'释放 Excel 对象
Set excelApp = nothing

Function GetColumnByProperty(oSheet, oProperty)

    colCount = oSheet.UsedRange.Columns.Count
    For i = 1 To colCount

        If oSheet.Cells(1, i) = oProperty Then

            Exit For

        End If

    Next

    GetColumnByProperty = i

End Function

'根据单元格内容获取行数
Function GetDataRow(oSheet, oProperty, oValue)

    colCount = oSheet.UsedRange.Columns.Count
    RowCount = oSheet.UsedRange.Rows.Count
```

```
        For i = 1 To colCount

            If oSheet.Cells(1, i) = sqlProperty Then

                Exit For

            End If

        Next

        For j = 2 To RowCount

            If oSheet.Cells(j, i) = sqlValue Then

                Exit For

            End If

        Next


        GetDataRow = j

    End Function
```

3.4 练习题二

要点分析与解题思路：

本题相对于练习一来说要容易的多，因为对于处理数据来说 ADO 是强项，只要使用 SPL 中的 Where 语句直接进行修改即可。

标准参考答案：

```
'定义 SQL 连接字符串
sqlConnection = "DSN=Excel Files;DBQ=D:\1.xls;"

'定义 SQL 语句
sqlCommand = _
"Update [Sheet1$] Set [Password]='456456' where [Username]='QuickTest'"
'创建 ado 对象
Set oExcel = CreateObject("adodb.connection")
'打开数据连接
oExcel.Open sqlConnection
'执行 SQL 语句并获得查询结果集
oExcel.Execute(sqlCommand)

'关闭数据库
```

```
oExcel.Close
'释放资源
Set oRst = Nothing
Set oExcel = Nothing
```

3.7 练习题一

要点分析与解题思路。

本题主要的突破口就是需要进入 Code Snippets Manager 修改对应 class 的 bundles 文件，为代码块中添加类的初始化函数和销毁化函数即可。

标准参考答案。

进入 tools → Code Snippets Manager，在 Language 处选择 Vbscript，在 bundles 中选择 Delare a Class，点击 open Snippet，弹出 class 的 bundles 设置框，只需要把生成的代码块内容更改为如下图所示的内容即可。

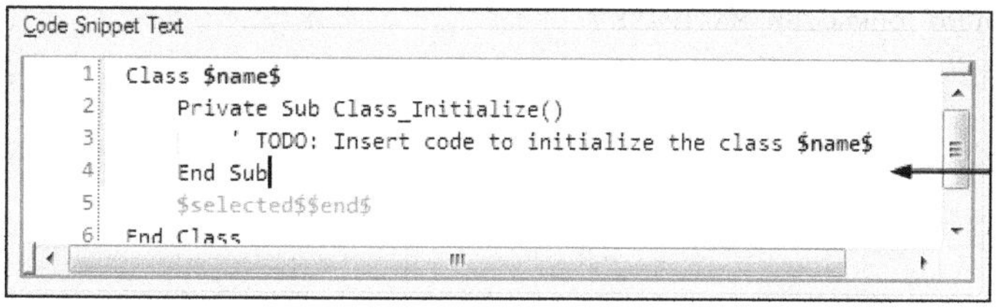

3.8 练习题一

要点分析与解题思路：

本题如果做过.NET 开发的话就会很容易了，不熟悉的读者可以直接查询 MSDN。Message 类其实就是 forms 下的"System.Windows.Forms.MessageBox"，直接声明之后即可直接调用。

标准参考答案：

```
'声明 Message 类对象实例方法
Set MyMsgBox = DotNetFactory._
CreateInstance("System.Windows.Forms.MessageBox","System.Windows.Forms")

'显示消息框
MyMsgBox.Show "QuickTest", "helloworld"

'释放对象
Set MyMsgBox = Nothing
```

3.9 练习题一

要点分析与解题思路。

本题其实和本章第一小节中的实例类似，关键点还是在声明 API 函数方法上，选对了 API 函数的话就非常容易了，此处由于需要改变窗口的状态，那么只需要定义 ShowWindow

函数方法即可。

标准参考答案：

```
' 定义变量
Const SW_MAXIMIZE = 3

'声明User32.dll中的ShowWindow方法
Extern.Declare micLong,"ShowWindow","user32.dll", _
"ShowWindow",micLong,micLong

'高亮浏览器窗口对象
Browser("creationTime:=0").highlight

'获取浏览器窗口对象的句柄属性
ohwnd = Browser("creationTime:=0").GetROProperty("HWND")

'调用ShowWindow方法， 并加入最大化窗口参数
Extern.ShowWindow ohwnd,SW_MAXIMIZE

'等待两秒钟
wait 2
```

Appendix

3

附录三：

参考文献&在线答疑

一,、参考文献

[1] M. Bar-Tal Holdings Ltd.　AdvancedQTP.　(advancedqtp 网站)

[2] Tarun Lalwani.　<<QuickTest Professional Unplugged>>.

二，在线答疑

访问 iquicktest 网站。